위치모수의 검정과 추정

	부호	부호순위	순위합
검정통계량(T)	$B=\sum_{k=1}^{n}\psi(X_i-\theta_0)$	$W^+=\sum_{k=1}^{n}\psi(X_i-\theta_0)\cdot R_i^+$	$W=\sum_{j=1}^{n}R_j$ $\left[U=\sum_{i=1}^{m}\sum_{j=1}^{n}\psi(Y_j-X_i)\right]$
$p-value$ (x:T의 관측값) $H_1:\theta>\theta_0(\Delta>0)$ $H_1:\theta<\theta_0(\Delta<0)$ $H_1:\theta\neq\theta_0(\Delta\neq0)$	$P_0(B\geq x)$ $P_0(B\leq x)$ $2\cdot min\ \{P_0(B\geq x),P_0(B\leq x)\}$	$P_0(W^+\geq x)$ $P_0(W^+\leq x)$ $2\cdot min\ \{P_0(W^+\geq x),P_0(W^+\leq x)\}$	$P_0(W\geq x)$ $P_0(W\leq x)$ $2\cdot min\ \{P_0(W\geq x),P_0(W\leq x)\}$
평균$(E_0(T))$	$\frac{n}{2}$	$\frac{n(n+1)}{4}$	$\frac{n(m+n+1)}{2}$ $\left[\frac{mn}{2}\right]$
분산$(Var_0(T))$	$\frac{n}{4}$	$\frac{n(n+1)(2n+1)}{24}$	$\frac{mn(m+n+1)}{12}$
$(min\ ,\ max)$	$(0\ ,n)$	$\left(0,\frac{n(n+1)}{2}\right)$	$\left(\frac{n(n+1)}{2},\frac{n(2m+n+1)}{2}\right)$
$Z=\frac{T-E_0(T)}{\sqrt{Var_0(T)}}$	$\frac{B-\frac{n}{2}}{\sqrt{n/4}}$	$\frac{W^+-\frac{n(n+1)}{4}}{\sqrt{\frac{n(n+1)(2n+1)}{24}}}$	$\frac{W-\frac{n(m+n+1)}{2}}{\sqrt{\frac{mn(m+n+1)}{12}}}$
$\hat{\theta}(\hat{\Delta})$	$med\{X_i\}$	$med\{W_{ij}\}$, $W_{ij}=\frac{X_i+X_j}{2}$, $i\leq j$	$med\{V_{ij}\}$, $V_{ij}=Y_j-X_i$, $i=1,2,\cdots,m$, $j=1,2,\cdots,n$
$C_\alpha=max+1-T_{\alpha/2}$ 대표본근사 $C_\alpha=E_0(T)-z_{\alpha/2}\sqrt{Var_0(T)}$	$n+1-b(\alpha/2,n)$ $\frac{n}{2}-z_{\alpha/2}\sqrt{\frac{n}{4}}$	$\frac{n(n+1)}{2}+1-w^+(\alpha/2,n)$ $\frac{n(n+1)}{4}-z_{\alpha/2}\sqrt{\frac{n(n+1)(2n+1)}{24}}$	$\frac{n(2m+n+1)}{2}+1-w(\alpha/2,m,n)$ $\frac{mn}{2}-z_{\alpha/2}\sqrt{\frac{mn(m+n+1)}{12}}$
신뢰구간	$X_{(C_\alpha)}$, $X_{(n+1-C_\alpha)}$ $(n: \#\ of\ X_i{}'s)$	$W_{(C_\alpha)}$, $W_{(\frac{n(n+1)}{2}+1-C_\alpha)}$ $\left(\frac{n(n+1)}{2}: \#\ of\ W_{ij}{}'s\right)$	$V_{(C_\alpha)}$, $V_{(mn+1-C_\alpha)}$ $(mn: \#\ of\ V_{ij}{}'s)$

비모수통계학 R과 함께

송문섭 · 박창순 · 김홍기 지음

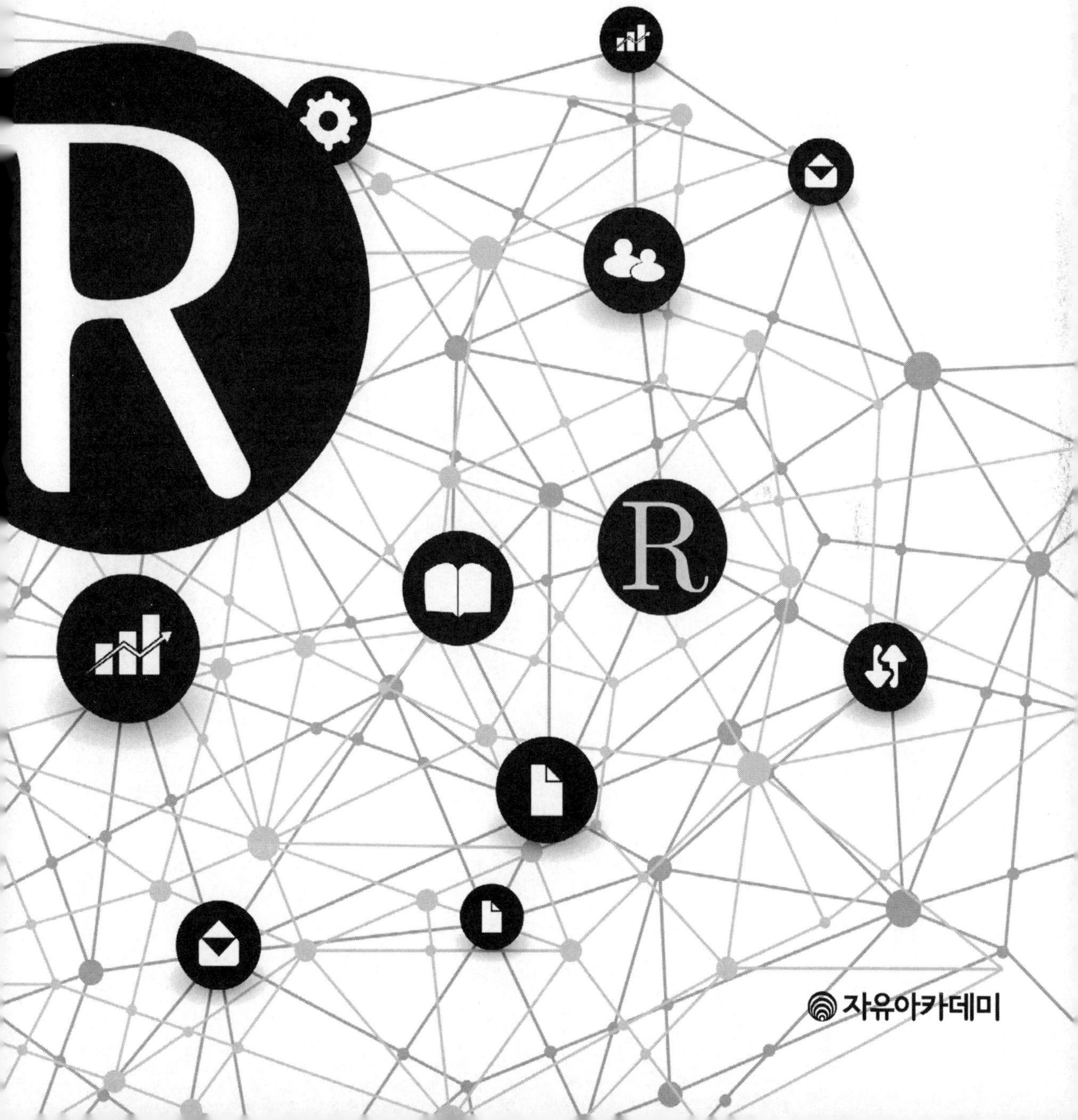

자유아카데미

머리말

비모수통계학(nonparametric statistics)에서는 주로 모집단의 정규성 가정이 어렵고 동시에 표본수가 작은 경우 관심 모수에 대한 통계적 추론을 다룬다. 사실 이러한 추론은 분포무관(distribution free) 방법이라고 하는 것이 더 정확하고, 분포의 형태 등에만 관심을 갖는 경우처럼 아예 모수 자체에 관심이 없는 추론(이 경우에도 대부분 표본수는 작다.)을 비모수적 방법이라고 해야 하지만 관례상 모두 비모수적 방법이라고 한다. 이 책에서 다루는 내용의 대부분도 분포무관 추론이다. 하지만 한 가지 분명한 것은 어느 쪽이던 표본수가 작은 경우의 통계적 해결 방법을 제시한다는 점이다.

20세기 중반 통계분석에서 비모수적 방법의 필요성이 대두된 것은 제한된 비용으로 연구를 수행하다 보니 충분한 표본수(실험 연구이든 관찰 연구이든)를 확보하기가 어려웠고, 종종 모집단의 분포를 정규분포로 가정하고 개발된 통계적 방법(모수적 방법이라 통칭)들을 직접 적용하는 데 한계를 느꼈기 때문이었다. 그 후 경제 발전과 더불어 풍부한 연구 개발비는 연구자들로 하여금 비모수적 방법의 도움으로부터 자유로울 수 있게 되는 계기를 마련해 주었다. 즉, 아주 없다고는 할 수 없겠으나 비용의 문제로 표본수가 작게 되는 상황은 많이 줄었다. 표본수가 커지면 중심극한정리의 도움으로 근사적으로나마 모수적 방법을 적용해 통계적인 문제들을 해결할 수 있다는 것을 독자들도 잘 이해하고 있으리라 믿는다. 결과적으로 비모수적 방법이 연구자들로부터 관심을 끌지 못하는 기간이 꽤 오래 지속되었다.

하지만 대부분의 대중적인 연구 주제들이 해결되고 연구자들의 관심이 점점 세분화되면서 최근 비모수적 방법이 다시 관심을 끌기 시작하는 단계에 들어섰다. 희귀병 연구와 같이 본래 모집단이 작거나, 표본 비용이 워낙 고가(로켓 실험, 인공 위성 실험 등)인 경우 등 표본수가 작은 연구 주제들이 과거와 달리 연구자들의 관심을 끌고 있는 것이다. 한편, 비모수적 방법의 이해 없이는 훌륭한 통계학도가 될 수 없다는 것이 본 저자들의 믿음이다.

이 책은 저자들이 2003년 펴낸 "S-LINK를 이용한 비모수통계학"을 R 프로그램을 활용하여 내용을 재구성한 것으로서, 학사과정 고학년이나 석사과정에서 교재로 사용할 수 있도록 집필하였다. 또한 저자들이 수년간의 강의에서 부족하다고 느낀 점들, 특히 모집단에 대한 여러 가정을 구체화하고 각 검정법에서 이러한 가정과 검정법이 갖는 관계의 이해에 많은 설명을 할애하였다. 2003년 판에서는 모든 통계 용어들을 1997년에 한국통계학회에서 발간한 "통계학 용어집"에 따랐으나 이 책에서는 선제적 차원에서 외국 연구자의 이름을 중심으로 현대적 감각에 맞게 수정하였다. 예를 들면, Ansari(안사리->앤서리), Mann-Whitney(만-위트니->맨-휘트니), Kruskal-Wallis(크루스칼-왈리스->크러스칼-월리스) 등이다.

이 책은 R 프로그램을 사용하여 관련 계산을 수행하는 절들이 포함되어 있다. 통계분석에서 통계 패키지의 활용은 계산의 편리성뿐 아니라 계산에 대한 공신력의 확보가 주목적이라 하겠다. SAS나 SPSS 등의 패키지를 사용하여 이러한 계산을 하는 것이 불가능한 것은 아니지만 상당히 번거롭고 사용권 때문에 이들 패키지의 가용성이 문제가 된다. 그에 반해 R은 저작권 문제없이 사용할 수 있을 뿐만 아니라 앞의 대용량 패키지들에 반해 실질적으로 사용이 간단하고 편리하여 여러 가지 비모수적 방법의 실현에 가장 적당한 프로그램이라고 할 수 있다. 따라서 이 책에서 제공하는 R 프로그램을 사용하면 관련 계산을 함으로써 필요한 공신력의 확보가 가능하리라 생각한다.

이 책을 큰 어려움 없이 이해하기 위해서는 한 학기 정도의 기초통계학에 대한 지식이 필요하다. 수리통계학에 대한 지식은 꼭 필요한 것은 아니지만 이론적인 측면을 이해하는 데에는 도움이 될 것이다. 시간이나 수준의 제약 때문에 생략해도 좋은 절은 *로 표시하였다. 각 장에서 비모수적 방법을 소개하기 전에 모수적 방법을 소개하였으며, 이론적인 배경은 "해설"로 취급하여 부담을 덜도록 하였다. 비모수적 방법은 전통적으로 사용해오던 필산에 의한 방법을 먼저 소개하고, 각 장마다 마지막 절에서 R 프로그램을 이용한 실습 내용을 수록하였다. 또한 R 프로그램을 이용하여 데이터의 변화가 분석 결과에 어떤 영향을 미치는지 알아보고, 이를 통하여 모수적 방법과 비모수적 방법의 차이도 쉽게 경험할 수 있도록 하였다.

책이 출간되도록 도와주신 많은 분들에게 감사드린다. 그 중 구석구석 실수를 지적해 준 중앙대학교 응용통계학과의 이재현 교수, R 프로그램 작성에 도움을 준 같은 과 대학원의 유지연 학생, 원고 작성과 그래픽에 도움을 준 충남대학교 정보통계학과 대학원의 윤유정 학생에게 특별히 고마움을 표하고, 자유아카데미 여러분들께도 감사드린다. 출간 후에라도 수정사항이 있을 경우에는 자유아카데미 홈페이지(www.freeaca.com) 자료실에 제공하겠다.

2015년 1월
저자 씀

차 례

4장 이표본 척도문제

5장 분포(함수) 문제

6장 일원배치법

7장 이원배치법

8장 독립성과 순위상관

9장 회귀분석

1장 서론

1.1 비모수적 방법

통계학에서 다루는 내용은 그 분석방법에 따라 크게 **기술통계학**(descriptive statistics)과 **추측통계학**(inferential statistics)으로 분류할 수 있다.

기술통계학은 데이터를 기록, 정리하고 데이터가 갖고 있는 특징을 요약하기 위하여 대푯값, 산포도, 분포의 형태 등에 대한 정보를 계산하거나 그림으로 나타내는 방법을 다루는 분야이다. 기술통계학에서는 단순히 데이터를 정리하여 데이터가 갖는 특성을 그림으로 나타내거나, 데이터의 평균, 표준편차 등을 계산하는 것으로 그친다.

한편 추측통계학은 데이터가 갖고 있는 정보를 기초로 하여 불확실한 사실에 대한 추측을 하거나 의사결정을 하는 분야이다. 추측통계학에서 다루는 문제들의 대부분은 추정(estimation)과 가설검정(test of hypothesis)의 문제이며, 주요 관심의 대상에 따라 위치(location) 문제, 척도(scale) 문제, 일원배치법, 이원배치법, 회귀모형, 독립성 문제 등으로 나눌 수 있다. 추측통계학에서 추정과 가설검정의 차이는 관심의 대상에 대한 선입관이 없느냐 있느냐에 있다고 할 수 있다. 즉, 선입관이 없다면 자료를 통한 관심 대상에 대한 "추정" 문제가 되고, 선입관이 있다면 자료를 통한 이 관심 대상의 선입관에 대한 "가설검정" 문제가 되는 것이다.

이와 같이 표본으로부터의 정보를 이용하여 모집단에 대한 추측 또는 의사결정을 하는 과정을 **통계적 추론**(statistical inference)이라 하며 그 접근 방법에 따라 모수적 방법, 비모수적 방법, 베이즈적 방법 등으로 분류될 수 있다. 통계적 추론이 과학적인 방법이 되는 주요 이유는 어떤 추정 또는 검정을 할 때에 추정의 정확도나 검정의 신뢰도에 관한 진술을 확률로 표현할 수 있다는 데 있다. 그러나 일반적으로 이와 같은 확률적 진술이 가능하기 위해서는 데이터가 얻어진 모집단의 분포에 대한 정보를 필요로 한다. 따라서 모집단의 분포에 대한 정보를 얼마만큼 갖고 있는가에 따라 주어진 문제에 대한 접근방법이 달라질 수밖에 없게 된다.

예를 들어 위치문제를 생각해 보자. 모집단 분포의 중심위치에 관한 추론문제를 다룰 때 흔히 표본평균을 사용한다. 중심위치의 추정을 위해 표본평균을 사용하는 이유는 많다. 그 중에서도 표본평균은 데이터의 평균이며, 모평균의 불편추정량(unbiased estimator)이고, 중심극한정리(central limit theorem)가 성립한다. 특히, 모집단의 분포가 정규분포에 따를 때 표본평균은 모평균에 대한 최소분산(minimum variance) 불편추정량으로서 소위 최량(best) 추정량이 된다. 즉, 표본평균은 정규분포 가정하에 얻어진 가장 좋은 추정량이며, 표본평균의 분포를 이용하여 모평균에 대한 신뢰구간, 검정 문제를 다룰 수 있다. 그러나 정규분포는 이론적인 분포로서, 실제로 어느 데이터가 정밀한 정규모집단에서 얻어지는 경우는 없다. 다만, 모집단의 분포가 정규분포에 가까운 경우가 많거나 또는 표본통계량의 분포가 중심극한정리에 의해 정규분포에 근사된다. 한편, 표본통계량의 분포가 정규분포에 수렴하는 속도가 아주 느리거나, 특히 데이터들 가운데 이상점(outlier)이 있는 경우에는 표본평균에 기초한 추정이나 검정의 효율은 급격히 떨어지게 된다. 예를 들어 모평균에 대한 95% 신뢰구간을 구한 것이 실제로는 90%에 가까운 신뢰구간일 수도 있으며, 유의수준 5%에서 시행한 검정이 실제로 유의수준 3%에서 검정한 것과 같아서 검정력이 심각하게 떨어지는 경우도 있다.

이와 같이 모집단에 대하여 구체적인 분포함수를 가정하는 것이 무리일 때에는 모집단 분포에 대한 가정을 약화시키는 것이 오류의 가능성을 줄이고, 때로는 효율도 높일 수 있는 대안이 된다. 이와 같은 방법을 통칭하여 **비모수적**(nonparametric) **방법**이라 하며 비모수적 방법은 엄밀히 나누면 **순수 비모수적**(truly nonparametric) **방법**과 **분포무관**(distribution free) **방법**이 있다.

순수 비모수적 방법은 모집단의 모수 자체에 관심을 두지 않는 통계적 방법을 뜻한다. 예를 들어, 이 책의 5장에 있는 적합도 검정의 경우 모집단의 모수가 아닌 모집단의 분포 형태에 대한 검정을 다루고 있는데, 순수 비모수적 방법의 한 예라 할 수 있다.

한편, 분포무관 방법은 약간 다른 개념이다. 예를 들어, **분포무관 검정법**은 귀무가설하에서 검정통계량의 분포가 모집단 분포와 무관한 검정법을 뜻하며, **분포무관 신뢰구간**은 신뢰구간이 모집단의 분포함수에 영향을 받지 않는 구간추정법을 뜻한다. 일반적으로 비모수적 방법의 대부분은 분포무관 방법이나 관례상 비모수적 방법으로 불리우고 있다. (일부 교과서는 그 제목이 "분포무관 방법"인 경우도 있다.) 이제부터 우리도 두 방법을 구별하지 않고 비모수적 방법이라 부르기로 한다.

비모수적 방법에서 흔히 사용하는 모집단에 대한 가정은 "연속성"이며, 모형에 따라서 "대칭성"을 추가로 가정하는 경우가 많다. 전통적인 비모수적 방법에서 흔히 사용되는 도

구는 관측값의 **부호**(sign)와 **순위**(rank) 또는 순위에 기초한 **점수**(score)이다.

일반적으로 관측값 대신에 관측값의 부호와 상대적 크기인 순위만 사용한 경우에 정보의 손실이 많으리라고 예상되나, 실제로 많은 분포에서는 그 정보의 손실이 심각하지 않다. 예를 들어, 모집단이 정규분포에 따른다는 가정하에 얻어진 최량의 절차와 비모수적 절차를 비교할 때, 정규분포하에서는 비모수적 절차의 효율이 정규이론에 의한 절차에 비하여 약간만 떨어지는 것이 보통이다. 그러나 모집단의 분포가 정규분포로부터 멀어지면서 꼬리가 두터운 분포에 따를 때는 비모수적 절차의 효율이 정규이론에 의한 절차보다 훨씬 높게 되는 것이 보통이다.

그러나 비모수적 방법이 모든 문제에서 성공적인 것은 아니다. 일표본 또는 이표본 위치 문제에서는 성공적임에도 불구하고, 회귀모형, 시계열모형, 실험계획 등에서는 아직도 모수적 방법과 비교할 때 많은 연구가 더 필요하다.

일반적으로 비모수적 방법의 장단점을 요약하면 다음과 같다.

비모수적 방법의 장점

1. 일반적으로 최소한의 가정하에서 개발된 통계적 방법이므로, 가정이 만족되지 않음으로서 발생하는 오류의 가능성이 적다.
2. 데이터가 구간척도(interval scale)나 비율척도(ratio scale) 등으로 주어지지 않고 순위척도(ordinal scale)로 주어져서, 상대적인 크기로 데이터가 주어질 경우에는 순위에 기초한 비모수적 방법이 유용한 분석 방법이다.
3. 통계적 의미를 직관적으로 이해하기 쉬운 경우가 많다. 따라서 대부분의 비모수적 방법들은 수리통계적 깊은 이론이 없이도 쉽게 접근할 수 있다.
4. 비모수적 방법에서 통계량의 계산은 모수적 방법에서 사용되는 통계량의 계산보다 계산이 단순한 경우가 많다. 따라서 컴퓨터나 계산기에 의존하지 않고 필산을 해야 할 경우에는 계산이 쉬운 장점이 있다.

비모수적 방법의 단점

1. 비모수적 추론에 사용되는 통계량의 분포는 일반적으로 복잡하며, 이론 전개에 어려움이 많다. 즉, 비모수적 추정량의 분포와 비모수적 검정통계량의 대립가설하에서의 분포는 일반적으로 매우 복잡하여 소표본(small sample) 분포를 이용할 수 없으며, 점근분포의 성질에 의존하는 경우가 많다.
2. 특정한 분포를 가정하고 얻은 모수적 절차에 비하여 그 특정 분포에서는 효율이 떨어지는 경우가 많다.
3. 비모수적 통계량의 계산이 단순하기는 하나, 그의 계산이 지루하고 단순 반복 작업을 요구하는 경우가 많다.

참고

모수적 방법과 비모수적 방법의 중간적인 추론방법도 존재하며 준모수적(semi-parametric) 방법이라 불린다. 구체적인 확률분포함수의 형태를 가정하지 않고 특정 모수만을 대상으로 전개하는 추론 방법으로 예를 들면 Ghosh and Kim(2007)의 연구가 있다.

1.2 기본개념

통계적 추론은 크게 두 분야로 분류되어, 추정과 검정으로 나눌 수 있음은 앞에서 지적하였다. 이 절에서는 추정법과 검정법에 대한 기본 개념들을 간단히 살펴보기로 한다.

추정법

통계학의 주요 목적 가운데 하나는 표본에 기초하여 모집단의 미지의 모수를 추정하는 것이다. 이때에 관심의 대상이 되는 모수는 모평균(종종 모중앙값), 모분산, 모비율, 확률 등이다. 추정은 다시 두 분야로 나누어 **점추정**(point estimation)과 **구간추정**(interval estimation)으로 분류된다. 점추정에서는 데이터로부터 한 추정량의 값을 구하여 우리가 추정하고자 하는 모수에 대한 추측을 하는 과정이다. 이에 대하여 구간추정은 **신뢰구간**(confidence interval)을 이용하여 추정하고자 하는 모수가 포함될 구간을 신뢰도에 의하여 표현하는 추정법이다. 예를 들어, 어떤 모수의 95% 신뢰구간이란 뜻은 추정하고자 하는 모수가 그 구간에 포함될 가능성에 대하여 95%의 확신을 할 수 있다는 뜻이다. 일반적으로 구간추정은 점추정에 오차의 개념이 추가된 개념이므로 점추정보다 더 많은 정보를 제공해 주는 추정법이다.

구간추정에 대한 의미는 두 가지로 해석할 수 있다. 첫째는 신뢰구간의 확률적 해석이다. 즉, 확률변수 L, U에 대하여

$$P\{L < \theta < U\} = 1 - \alpha$$

로 나타낼 수 있을 때, 구간 $(L,\ U)$를 θ의 $100(1-\alpha)\%$ 확률구간(random interval)이라고 한다. 한편, L과 U의 관측값 l과 u를 사용하여 구한 구간$(l,\ u)$를 $100(1-\alpha)\%$ 신뢰구간이라 하며, 이 신뢰구간을 구하는 일을 반복할 때, 이 신뢰구간들 가운데 약 $100(1-\alpha)\%$에 해당하는 개수의 $(l,\ u)$는 θ를 포함할 것을 기대할 수 있다. 예를 들어 [그림 1-1]은 t 통계량을 이용하여 모평균 μ에 대한 95% 신뢰구간을 나타낸 것이다. 신뢰구간 중에는 μ를 포함하는 것도 있으며, μ를 포함하지 않는 것도 있다. 이때에 전체의 약 95% 정도는 μ를 포함하리라고 기대할 수 있다.

둘째는 실제적 해석이다. 실제로 신뢰구간을 구할 때에는 L과 U를 한번만 구하여 $(l,\ u)$를 신뢰구간으로 구한다. 따라서 이때에는 확률적 표현은 할 수 없으며 신뢰수준(confidence level)에 의한 표현을 하게 된다. 즉, θ가 구간$(l,\ u)$에 포함되는 것을 100(1−α)% 신뢰할 수 있다는 뜻이다. 구간추정법에서 사용되는 신뢰수준 $1-\alpha$를 신뢰계수(confidence coefficient)라고 한다.

확률과 신뢰수준의 차이를 이해하기 위해 다음의 예를 생각해 보자. 그동안 한 말의 95%가 진실이고 5%가 거짓말인 친구가 있다. 이 친구가 조금 있다 할 말이 진실일 "확률"은 95%이다.

한편, 방금 전에 이 친구가 한 말, 예를 들어 "오늘 휴강"은 진실이든지 거짓이든지 이미 결정되어 있으며 우리는 믿음의 정도(신뢰수준) 95%를 부여하게 되는 것이다. 사실 이 두 개념을 엄밀하게 구분하지 않아도 통계적 추론을 이해하는 데 심각한 문제를 초래하지는 않는다.

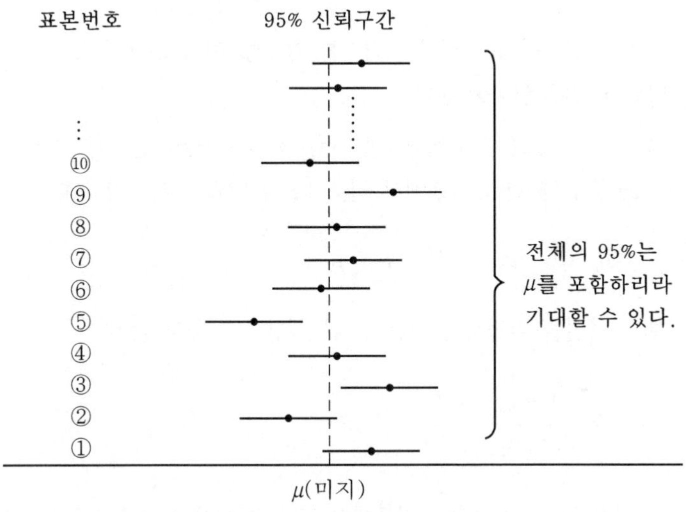

[그림 1-1] μ의 95% 신뢰구간

▌검정법

모집단의 분포의 모양, 모수 등에 대한 가설을 세우고, 모집단에서 추출한 표본에 기초하여 가설의 채택이나 기각을 결정하는 통계적 기법을 **가설검정**이라고 한다. 가설에는 H_0로 표시되는 귀무가설과 H_1으로 표시되는 대립가설이 있다.

가설검정의 결과는 다음 두 가지 중의 하나가 된다.

(1) 귀무가설 H_0를 기각한다.

(2) 귀무가설 H_0를 기각하지 못한다.

일반적으로 귀무가설을 기각한다는 것은 대립가설을 채택함을 뜻한다. 또한, 귀무가설을 기각시키지 못한다는 것은(따라서 귀무가설을 채택한다는 것은) 표본으로부터 판단하건데 귀무가설을 기각시킬 만큼 확실한 근거가 없다는 뜻이다. 많은 경우에 우리는 귀무가설보다 대립가설에 관심이 있다. 대립가설이 채택될 때에는 대립가설이 상당 부분 참이라는 확신을 할 수 있으나, 귀무가설이 채택될 때에는 아무런 확신도 할 수 없음에 유의해야 한다. 즉, 귀무가설이 채택된다는 것은 대립가설이 참이라는 확실한 근거가 아직 없다는 뜻이다.

가설검정에는 **양쪽검정**과 **한쪽검정**이 있다. 예를 들어, 두 모평균 μ_1, μ_2의 비교에 대한 가설은 다음과 같다.

(i) $H_0 : \mu_1 = \mu_2,\qquad H_1 : \mu_1 \neq \mu_2$ (양쪽검정)

(ii) $H_0 : \mu_1 = \mu_2,\qquad H_1 : \mu_1 > \mu_2$ (한쪽검정)

(iii) $H_0 : \mu_1 = \mu_2,\qquad H_1 : \mu_1 < \mu_2$ (한쪽검정)

가설을 검정하기 위해서는 적절한 **검정통계량**을 선택하고, 귀무가설하에서 그 검정통계량의 분포를 알아야 한다.

예를 들어, 모집단이 정규분포 $N(\mu,\sigma^2)$에 따른다는 가정하에, 모분산 σ^2을 알 경우에 모평균 μ에 관한 검정에서 귀무가설과 대립가설을 각각 다음과 같다고 하자.

$$H_0 : \mu = \mu_0, \quad H_1 : \mu > \mu_0 \tag{1.1}$$

위의 가설을 검정하기 위한 검정통계량은 다음과 같이

$$Z = \frac{\overline{X} - \mu_0}{\sigma / \sqrt{n}} \tag{1.2}$$

로 주어진다. 식 (1.2)의 검정통계량 Z는 H_0하에서 표준정규분포 $N(0,1)$에 따른다. 만약 대립가설 $H_1 : \mu > \mu_0$이 참이라면, μ의 추정량인 $\overline{X}$의 값은 (확률적으로) 크게 될 것이고, 따라서 Z의 값이 너무 크면 H_0를 기각하고 H_1을 채택하는 결정을 내리게 된다. 즉

$$Z \geq c \tag{1.3}$$

일 때에 H_0를 기각한다. 식 (1.3)과 같이 귀무가설 H_0를 기각시키는 관측값의 영역을 **기각역**(critical region)이라 한다.

그러면 검정통계량 Z의 값이 얼마만큼 클 때 H_0를 기각할 것인지를 결정해야 한다. 즉, 식 (1.3)에서 상수 c를 결정해야 한다. 이를 위해서는 우선 오류의 종류를 생각해 보자.

검정에는 두 가지 오류가 있다. 즉, H_0가 참일 때 H_0를 기각시키는 오류와 H_1이 참일 때 H_0를 기각시키지 못하는 오류가 있다. 이들을 요약하면 다음과 같다.

의사 결정 \ 실제 현상	H_0 참	H_1 참
H_0 채택	(옳은 결정)	제2종 오류
H_1 채택	제1종 오류	(옳은 결정)

일반적으로 검정에서는 제1종 오류를 관리하게 된다. 그 이유는 제1종 오류가 더 심각하기 때문이다. 사실 훨씬 심각한 오류를 제1종 오류라 부른다는 것이 더 정확한 표현이라 하겠다. 예를 들어 1억원을 투자하는 문제를 생각해 보자. 투자할 곳에 하거나, 안 할 곳에 안하는 건 올바른 결정이다. 해서는 안 되는 곳에 투자하는 실수가 할 곳에 안하는 실수보다 훨씬 심각한 결과를 초래하게 됨은 자명하다. 이 예의 경우 해서는 안 되는 곳에 하는 투자가 제1종 오류인 것이다.

즉, 제1종 오류를 관리하는 방법으로 이 오류를 범할 확률이 주어진 값 이내로 되도록 기각역을 정한다. 이때에 제1종 오류를 범할 최대허용확률을 **유의수준**(significance level)이라 한다. 유의수준은 흔히 α로 나타내며, 많이 사용되는 유의수준의 값은 $\alpha =$ 0.05, 0.01, 0.10 등이다.

예를 들어 식 (1.3)의 c 값은 표준정규분포표에서 얻을 수 있으며, 식 (1.1)의 가설을 식 (1.2)의 Z통계량을 이용하여 Z-검정을 시행할 때 (1.3)식의 기각역은 다시 다음과 같이 나타낼 수 있다.

$$Z \geq z_{\alpha} \tag{1.4}$$

여기서 z_{α}는 H_0하에서 $P_0\{Z \geq z_{\alpha}\} = \alpha$를 만족하는 상수로서 표준정규분포표에서 찾을 수 있다. 이때에 z_{α}와 같은 기각역의 경계값을 **기각값**(critical value)이라 한다. 이들을 그림으로 나타내면 [그림 1-2]와 같다.

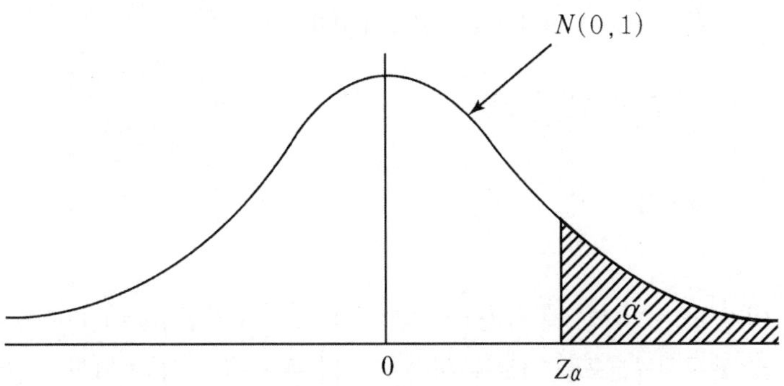

[그림 1-2] 기각역의 예

고정된 표본크기에서는 제1종의 오류를 범할 최대 허용확률인 유의수준을 작게 할수록 제2종의 오류를 범할 확률이 커진다. 따라서 제1종의 오류와 제2종의 오류를 범할 확률을 주어진 값 이내로 관리하기 위해서는 표본의 크기를 결정해야 한다. 그러나 비모수 검정통계량의 경우에는 계산이 너무 복잡한 단점이 있으므로 이 책에서는 다루지 않기로 한다.

실제 검정 결과에서는 검정통계량의 값이 기각값보다 아주 크거나 작아서 주어진 유의수준에서 귀무가설을 단순히 기각하거나 채택하는 것만으로는 표본이 갖고 있는 정보를 충분히 나타내지 못하는 경우가 많다. 따라서 유의수준보다 더 많은 정보를 제공해 주는 개념이 필요하며, 다음과 같이 정의한다.

표본에서 얻은 검정통계량의 관측값에 대하여 귀무가설 H_0를 기각시킬 수 있는 최소의 유의수준을 **유의확률**(significance probability) 또는 p값(p-value)이라 한다. 따라서 유의확률이 유의수준보다 작거나 같으면 귀무가설을 기각하게 된다. 일반적으로 유의확률이 유의수준과 정확히 일치하는 경우는 거의 없으나, 비모수적 방법으로 신뢰구간을 구할 때는 유의확률이 유의수준과 같으면 귀무가설을 기각해야 한다는 사실이 유용하게 쓰이게 됨을 나중에 보게 된다. 또한 유의확률이 작을수록 그만큼 대립가설이 참이라는 근거가 확실해지게 된다. 통계 패키지에서는 유의확률을 흔히 $p < 0.0001, 0.01 < p < 0.05, p = 0.125$ 등과 같이 나타낸다.

예제 1.1 어느 전구 생산 공정에서는 평균수명 $\mu = 1{,}000$시간 , 표준편차 $\sigma = 100$시간이 되도록 품질관리를 하고 있다. 어느 날 공정에 이상이 있는지를 검사하기 위하여 25개의 전구를 랜덤하게 추출하여 표본평균을 구하였더니 $\overline{x} = 940$시간을 얻었다고 하자. 표준편차는 $\sigma = 100$으로 변함이 없다고 가정할 때 유의수준 $\alpha = 0.05$에서 공정에 이상이 있다고 확신할 수 있는가?

풀이 공정에 이상이 있다는 것은 평균수명이 1,000시간 이하로 떨어졌다는 것을 뜻하며, 따라서 귀무가설과 대립가설을 각각 다음과 같이 세운다.

$$H_0 : \mu = 1{,}000, \ H_1 : \mu < 1{,}000 \tag{1.5}$$

이에 대한 검정통계량은

$$Z = \frac{\overline{X} - \mu_0}{\sigma / \sqrt{n}}$$

이며, $n = 25$이므로 중심극한정리에 의해 귀무가설 $\mu = 1{,}000$이 사실일 때, 근사적으로 표준정규분포를 따르게 된다. 유의수준 α에서 식 (1.5)의 가설에 대한 기각역은

$$Z \le -z_\alpha$$

로 주어진다. 한편, 검정통계량의 값은

$$z = \frac{\bar{x} - \mu_0}{\sigma/\sqrt{n}} = \frac{940 - 1000}{100/\sqrt{25}} = -3.0$$

이 되고, 따라서 유의확률은 [부록 표 1]에서

$$P_0\{Z \le -3.0\} = P_0\{Z \ge 3.0\} = 0.0013$$

이며, 이를 그림으로 나타내면 [그림 1-3]과 같다. 유의확률 0.0013은 $\alpha = 0.05$보다 작으므로 귀무가설을 기각하게 되고, 또한 매우 작은 값이므로 공정에 이상이 있다는 확신을 가지게 된다.

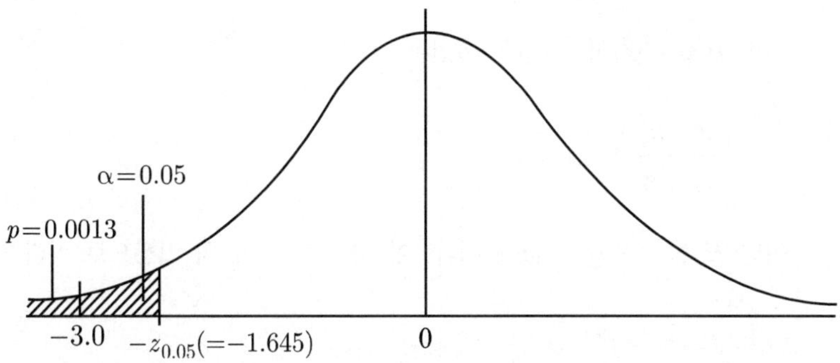

[그림 1-3] 표준정규분포에서 유의확률이 0.0013, 유의수준이 0.05인 경우

■

신뢰구간과 양쪽검정

모집단이 정규분포에 따르고 모분산(σ^2)이 알려져 있는 경우의 $100(1-\alpha)\%$ μ의 신뢰구간은, 관찰된 표본평균 $\bar{x}$를 중심으로 갖는 구간

$$(l, u) = (\bar{x} - z_{\alpha/2}\frac{\sigma}{\sqrt{n}},\ \bar{x} + z_{\alpha/2}\frac{\sigma}{\sqrt{n}}) \tag{1.6}$$

으로 주어짐은 웬만한 통계학 입문 교과서에는 다 나와 있고, 이 책을 접하는 학생들이라면 이미 잘 이해하고 있을 것이다. 우선 이 μ의 신뢰구간은 미지의 모평균 μ가 가질 수 있는 모든 값들의 집합(보통 $(-\infty, \infty)$)의 부분집합임을 알 수 있다. 즉, 식 (1.6)에서 주어진 구간은 μ를 위한 구간인 것임을 기억하자.

이제 관찰된 표본평균 $\bar{x}$를 이용하여

$$H_0 : \mu = \mu_0 \quad H_1 : \mu \neq \mu_0 \text{(양쪽검정)}$$

의 가설검정을 유의수준 α에서 실시한다고 하자. 보통의 가설검정 문제에서는 μ_0가 먼저 주어지고 $\bar{x}$가 나중에 주어지나 여기서는 $\bar{x}$가 먼저 주어지고(변하지 않고) μ_0값을 바꿔가며 가설검정을 실시하는 상황이다.

이때의 검정통계량의 값은

$$z = \frac{\bar{x} - \mu_0}{\sigma / \sqrt{n}}$$

이고 양쪽검정이므로

$$\left| \frac{\bar{x} - \mu_0}{\sigma / \sqrt{n}} \right| \geq z_{\alpha/2} \tag{1.7}$$

이면 H_0를 기각하게 된다. 한편

$$\left| \frac{\bar{x} - \mu_0}{\sigma / \sqrt{n}} \right| < z_{\alpha/2} \tag{1.8}$$

이면 H_0를 기각하지 않게 된다. 이 식 (1.8)을 μ_0의 입장으로 정리하면

$$\bar{x} - z_{\alpha/2} \frac{\sigma}{\sqrt{n}} < \mu_0 < \bar{x} + z_{\alpha/2} \frac{\sigma}{\sqrt{n}}$$

이 된다. 즉, $\bar{x}$, σ, n이 주어진 상수이고 μ_0가 변할 때, 식 (1.8)이 성립한다는 것은 μ_0가 식 (1.6)에 주어진 신뢰구간에 속한다는 것과 동일해지게 된다. $H_0 : \mu = \mu_0$의 가설검정을 양쪽검정으로 실시할 때, μ_0가 $100(1-\alpha)\%$ μ의 신뢰구간에 속하면 기각되지 않고, μ_0가 μ의 신뢰구간에 속하지 않으면 기각되게 되는 것이다. 이 상황을 역으로 생각하면 $H_0 : \mu = \mu_0 (H_1 : \mu \neq \mu_0)$의 가설검정을 μ_0를 바꿔가며 유의수준 α에서 시행할 때, 기각되지 않는 μ_0값들을 모아 놓은 것이 μ의 $100(1-\alpha)\%$ 신뢰구간이 됨을 알 수 있다. 이것이 신뢰구간을 비모수적으로 구하는 원리이다.

예제 1.2 $\sigma^2 = 16$으로 알려져 있는 정규 모집단에서 크기가 $n = 16$인 확률 표본을 뽑아 $\bar{x} = 10$을 얻었다.

(1) 미지의 모평균 μ의 95% 신뢰구간을 구하여라.
(2) $H_0 : \mu = 9$, $H_1 : \mu \neq 9$의 가설검정을 유의수준 $\alpha = 0.05$에서 실시하여라.

(3) $H_0: \mu = \mu_0$, $H_1: \mu \neq \mu_0$의 가설검정을 유의수준 $\alpha = 0.05$에서 실시할 때, 기각되지 않는 μ_0 값들의 집합을 구하여라.

풀이

(1) $z_{0.025} = 1.96$이므로 식 (1.6)에 의해

$$(10 - 1.96\frac{4}{\sqrt{16}},\quad 10 + 1.96\frac{4}{\sqrt{16}}) = (8.04,\quad 11.96)$$

(2) 검정통계량의 값을 구하면

$$z = \frac{10-9}{4/\sqrt{16}} = 1$$

이고, 절댓값이 1.96보다 크거나 같지 않으므로 H_0를 기각하지 않는다.

(3) 검정통계량

$$\left|\frac{10-\mu_0}{4/\sqrt{16}}\right|$$

의 값을 μ_0를 바꿔가며 계산한 후 1.96보다 작게 되는 μ_0들을 구하면 된다. 즉

$$\left|\frac{10-\mu_0}{4/\sqrt{16}}\right| < 1.96$$

을 만족하는 μ_0 값들의 집합이며 이는 (1)에서 구한 μ의 신뢰구간과 같아 짐을 알 수 있다. ■

식 (1.6)에 주어진 μ의 신뢰구간이 열린구간(open interval)임을 주목할 필요가 있다. [예제 1.2]에서 $H_0: \mu = 8.04$, $H_1: \mu \neq 8{,}04$의 가설검정이 갖는 검정통계량의 값은 정확히 1.96이 된다. 식 (1.7)에 주어진 기각역에 의하면 검정통계량의 값이 기각값과 동일하므로 H_0를 기각하게 된다. 한편 이때의 유의확률은 정확히 0.05가 된다. 즉, 신뢰구간이 열린구간이면 기각역에 등호가 있어야 하고 유의확률이 유의수준과 같으면 H_0를 기각해야 한다.

1.a 신뢰구간은 열린구간

1.b 검정통계량의 값이 기각값보다 <u>크거나 같으면</u> H_0 기각

1.c 유의확률이 유의수준 α보다 작거나 같으면 H_0 기각

만약, 신뢰구간을 닫힌구간으로 한다면

2.a 신뢰구간은 닫힌구간
2.b 검정통계량의 값이 기각값보다 크면 H_0 기각
2.c 유의확률이 유의수준 α보다 작으면 H_0 기각

1번 세트를 택하느냐, 2번 세트를 택하느냐는 선택의 문제이나 1번 세트의 항목과 2번 세트의 항목을 섞어 쓰는 것은 오류이다. 정규분포 가정하에 연속형 변수들을 다루는 통계학 입문 수준에서는 이런 오류가 아무 문제도 발생시키지 않으나 비모수적 추론에서는 종종 문제를 발생시키므로 명확히 해야 한다. 대부분의 교과서가 1번 세트를 따르므로 이 책에서도 1번 세트를 따르기로 한다.

점근 상대효율(*)

어떤 모수에 대한 추정이나 검정에는 여러 가지 방법들이 있다. 이들 추정법이나 검정법을 비교하는 한 방법으로 **점근 상대효율**(asymptotic relative efficiency; ARE)이 있으며, 점추정, 구간추정, 검정에서의 점근 상대효율은 다음과 같다.

(1) 추정량의 점근 상대효율

모수 θ의 추정량 $\hat{\theta}$이 얼마나 좋은 추정량인가 하는 것은 흔히 $E[(\hat{\theta}-\theta)^2]$의 크기로 나타낸다. 따라서 $\hat{\theta}$가 θ의 불편추정량일 때에는 분산인 $Var(\hat{\theta})$의 크기로 추정량의 효율을 나타낸다. 즉, 분산이 작을수록 좋은 추정량이 된다. 이와 같은 개념을 이용하여 두 추정량의 상대적인 효율을 생각할 수 있다.

모수 θ에 대한 두 추정량 $\hat{\theta}_1$와 $\hat{\theta}_2$의 점근 상대효율은 다음과 같이 정의된다. $\hat{\theta}_1$와 $\hat{\theta}_2$는 모두 확률적으로 θ에 수렴하는 **일치추정량**(consistent estimator)이라 하자. $\hat{\theta}_1$와 $\hat{\theta}_2$의 분산의 역비인 σ_2^2/σ_1^2이 어느 극한값에 수렴할 때, 이 극한값을 $\hat{\theta}_1$의 $\hat{\theta}_2$에 대한 점근 상대효율이라 하고, 기호 $ARE(\hat{\theta}_1, \hat{\theta}_2)$으로 나타낸다.

일반적으로 σ_1^2과 σ_2^2은 모집단 분포에 따라 다르며, 따라서 점근 상대효율은 분포에 따라 변하게 된다. $\hat{\theta}_1$의 $\hat{\theta}_2$에 대한 점근 상대효율 $ARE(\hat{\theta}_1, \hat{\theta}_2)$이 1보다 클 때는 $\hat{\theta}_1$의 분산이 $\hat{\theta}_2$의 분산보다 작음을 뜻하므로 $\hat{\theta}_1$가 $\hat{\theta}_2$보다 더 좋은 추정량이 된다. 반대로 1보다 작을 때는 $\hat{\theta}_2$가 $\hat{\theta}_1$보다 더 좋은 추정량임을 뜻한다.

예를 들어, 표본중앙값 M의 표본평균 $\overline{X}$에 대한 점근 상대효율을 여러 분포에서 요약하면 [표 1-1]과 같다. 이 [표 1-1]에 나타난 분포는 균등분포에서 이중지수분포로 갈수록 분포의 꼬리가 두터운 분포를 나타내고 있다. 정규분포의 가정하에 최량 추정량인 표본평균은 모집단 분포의 꼬리가 두터워질수록 표본중앙값에 비하여 효율이 떨어진다.

[표 1-1] 표본중앙값의 표본평균에 대한 점근 상대효율

분포함수	$\mathrm{ARE}(M, \overline{X})$
균등(uniform)분포	$\frac{1}{3}$
정규(normal)분포	$\frac{2}{\pi}(=0.637)$
로지스틱(logistic)분포	$\frac{\pi^2}{12}(=0.822)$
이중지수(double exponential)분포	2

[그림 1-4]는 네 종류의 분포에 대한 확률밀도함수를 보여 주고 있다. 이때 네 종류의 분포는 모두 평균이 0, 분산이 1이 되도록 조정하여 분포의 꼬리 부분의 두터움을 공정하게 비교할 수 있도록 하였다. 그림에서 정규, 로지스틱, 이중지수분포의 경우는 꼬리 부분의 확률밀도함수가 너무 작아 상대적 크기를 시각적으로 비교하기 어렵다. 이 대신 중심부분의 첨도(kurtosis)는 쉽게 구분이 되며, 첨도가 약할수록 꼬리 부분이 두텁다고 생각할 수 있다.

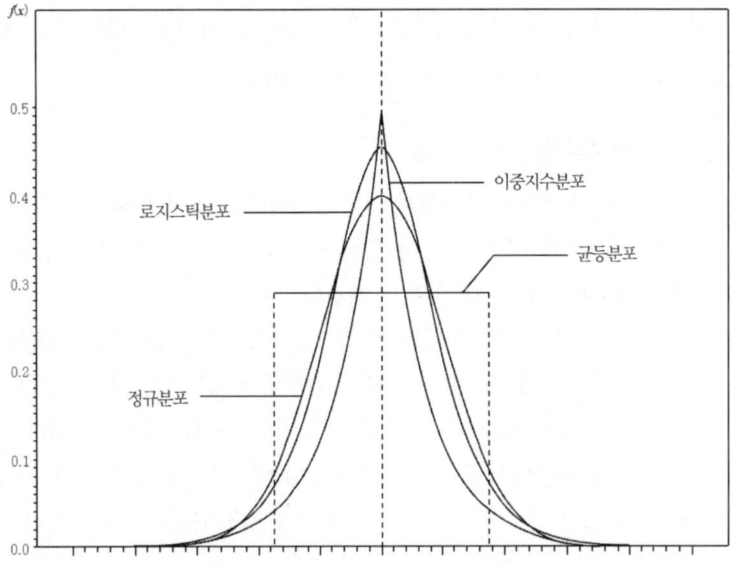

• 균등분포 : $f(x)=\frac{1}{2\sqrt{3}},\ -\sqrt{3}<x<\sqrt{3}$

• 정규분포 : $f(x)=\frac{1}{\sqrt{2\pi}}e^{-\frac{x^2}{2}},\ -\infty<x<\infty$

• 로지스틱분포 : $f(x)=\frac{\pi}{\sqrt{3}}e^{-\frac{\pi x}{\sqrt{3}}}\frac{1}{\left[1+e^{-\frac{\pi x}{\sqrt{3}}}\right]^2},\ -\infty<x<\infty$

• 이중지수분포 : $f(x)=\frac{1}{2}e^{\sqrt{2}\,|x|},\ -\infty<x<\infty$

[그림 1-4] 여러 분포의 확률밀도함수 곡선

(2) 신뢰구간의 점근 상대효율

모수 θ에 대하여 신뢰계수가 다 같이 $1-\alpha$인 두 신뢰구간 $(\theta_{1L},\ \theta_{1U})$와 $(\theta_{2L},\ \theta_{2U})$에 대하여, 신뢰구간의 길이를 각각 L_1, L_2라고 하자. 즉,

$$L_1=\theta_{1U}-\theta_{1L},\quad L_2=\theta_{2U}-\theta_{2L}$$

두 신뢰구간의 길이의 제곱의 역비인 L_2^2/L_1^2이 어느 극한값에 수렴할 때, 이 극한값을 $(\theta_{1L},\theta_{1U})$의 $(\theta_{2L},\theta_{2U})$에 대한 점근 상대효율이라 한다.

추정량의 상대효율과 신뢰구간의 상대효율은 밀접한 관계를 갖고 있다. 즉, 신뢰구간 $(\theta_{1L},\theta_{1U})$와 $(\theta_{2L},\theta_{2U})$가 각각 추정량 $\hat{\theta}_1$, $\hat{\theta}_2$에 기초한 신뢰구간이면, $\hat{\theta}_1$와 $\hat{\theta}_2$가 각각 점근적으로 정규분포에 따를 때, 추정량 $\hat{\theta}_1$의 $\hat{\theta}_2$에 대한 점근 상대효율은 신뢰구간 $(\theta_{1L},\theta_{1U})$의 $(\theta_{2L},\theta_{2U})$에 대한 점근 상대효율과 같다.

(3) 검정의 점근 상대효율

검정법 1과 검정법 2 중에서 어느 검정법이 더 효율이 좋은가 하는 것은 대립가설이 참일 때 이 사실을 어느 것이 더 잘 탐지할 수 있는가를 뜻한다. 즉, 같은 유의수준에서 검정력(power)이 높을수록 좋은 검정법이 된다.

두 검정법의 검정력은 대립가설의 한 고정된 모수값에서는 표본크기가 증가할수록 커져 궁극적으로 1에 수렴한다. 따라서 검정력을 비교하는 대신, 동일한 유의수준을 만족시키는 표본크기를 비교하는 방법을 사용하여 효율을 비교하게 된다.

같은 유의수준에서 두 검정법을 시행할 때, 대립가설하의 같은 모수점들에서 검정법 1과 검정법 2가 같은 검정력을 갖기 위한 표본크기를 각각 n_1, n_2라고 하자. 이때 대립가설하의 모수값이 귀무가설의 모수값으로 가까워질 때 두 표본크기의 역비인 n_2/n_1의 극

한값을 검정법 1의 검정법 2에 대한 점근 상대효율이라 한다.

두 검정법의 점근 상대효율은 흔히 **피트만 상대효율**(Pittman relative efficiency)이라고도 한다. 두 검정법이 각각 검정통계량 T_1, T_2를 사용할 때, T_1 검정법의 T_2 검정법에 대한 점근 상대효율은 기호 $\mathrm{ARE}(T_1, T_2)$로 나타낸다. 점근 상대효율을 구하는 방법은 일반적으로 복잡하여 이 책의 범위를 벗어나므로, 이 책에서는 각 장에서 결과만 소개하기로 한다.

1.3 부호와 순위

전통적인 비모수통계학에서는 관측값의 부호, 순위를 이용하여 검정통계량을 만들며, 대부분의 비모수적 추정량은 이론적으로 검정통계량으로부터 유도된다. 따라서 부호와 순위의 이해는 비모수통계학에서 필수적으로 요구된다.

부호는 관측값이 기준값보다 크면 1, 아니면 0으로 부여된 값을 나타낸다. 순위는 관측값을 작은 값에서 큰 값의 순으로 나열하였을 때의 순서를 나타낸다. 한편, 순위는 전체 표본 내에서 자신보다 작은 관측값의 개수에 1을 더한 값이 됨을 주목할 필요가 있겠다. 순위를 부여할 때 표본 중에 같은 값을 가지는 관측값이 있으면 같은 순위를 부여하게 된다. 이때 부여하는 순위는 같은 값을 가진 관측값들이 만약 서로 다른 값이라면 가지게 될 순위들의 평균값이 된다. 이렇게 결정하는 순위를 **평균순위**(midrank, 또는 average rank)라 한다. 예를 들어 표본이

X_1	X_2	X_3	X_4	X_5
4.5	25.2	18.3	75.9	18.3

로 관측되었다면 작은 값에서 큰 순으로 나열할 때

4.5	18.3	18.3	25.2	75.9

가 되고 4.5의 순위는 1, 25.2의 순위는 4, 75.9의 순위는 5가 됨을 쉽게 알 수 있다. 여기서 두 숫자 18.3이 4.5와 25.2 사이에 있으면서 서로 다른 경우에는 순위가 2와 3이 되므로 평균순위는 2와 3의 평균인 2.5로 순위가 부여된다. 이런 방법으로 관측값에 평균순위를 부여하면 다음과 같다.

관측값	4.5	18.3	18.3	25.2	75.9
평균순위	1	2.5	2.5	4	5

다음의 두 예제를 통하여 부호와 순위의 사용에 대하여 알아보자.

예제 1.3 $X_1, X_2, \cdots, X_{10}$을 분포함수 $F(x|\theta)$를 갖는 모집단에서의 확률표본이라 하자. 다만, $F(x|\theta)$는 연속이다. 즉, X_1, $X_2, \cdots, X_{10}$은 서로 독립이며, 모두가 같은 분포함수 $F(x|\theta)$에 따른다. 이제 중앙값 θ에 관한 귀무가설 "$H_0 : \theta = 0$"를 대립가설 "$H_1 : \theta > 0$"에 대하여 검정하는 문제를 생각해 보자.

풀이 이와 같은 가설을 검정하기 위해 10개의 관측값을 얻고, 이에 대한 검정통계량을

$$B = (0\text{보다 큰 관측값의 개수})$$

로 정의하면, 검정법은 다음과 같은 꼴로 정의될 수 있다. 즉,

$$B \geq c\text{이면 } H_0\text{를 기각}$$

이때 c의 값을 구하기 위해서는 H_0하에서 B의 분포를 알아야 한다. 이제 지시(indicator) 함수 $\psi(x)$를

$$\psi(x) = \begin{cases} 1, & x > 0\text{일 때} \\ 0, & x \leq 0\text{일 때} \end{cases}$$

로 정의하면

$$B = \sum_{i=1}^{10} \psi(X_i)$$

로 나타낼 수 있다. 이때 $\psi(X_i)$는 X_i의 부호를 나타내는 확률변수로서, B는 관측값 가운데 있는 양의 부호의 개수에 해당된다. 관측값의 분포가 연속이므로 H_0하에서 (즉, H_0가 참일 때)

$$P_0 \{\psi(X_i) = 1\} = P_0\{X_i > 0\} = \frac{1}{2}$$

이다. 여기서 위의 확률이 0.5인 것은 귀무가설에서 중앙값이 0 으로 주어졌기 때문이다. 만약 귀무가설이 "평균이 0이다."로 주어진다면 이 확률이 0.5라는 보장이 없어지게 되고,

검정통계량 B의 분포는 모분포의 지배를 받게 된다. 이 점이 비모수적 방법에서는 관심 위치모수로 중앙값을 선호하는 근본 이유이기도 하다.

이제 검정통계량 B는 H_0하에서 모집단의 분포 F와 무관하게 이항분포 $B(10, 1/2)$에 따른다. 따라서 B는 H_0하에서 분포무관(distribution-free)인 검정통계량이고, B에 기초한 검정은 분포무관 검정법이 된다. 이와 같이 부호에 기초한 검정법은 분포무관인 경우가 많다.

[부록 표 5]에서 $B \sim B(10,\ 1/2)$일 때 $P_0\{B \geq 8\} = 0.0547$이므로, 유의수준 $\alpha = 0.0547$에 기각역은 "$B \geq 8$"인 영역이다. ■

예제 1.4 $X_1,\ X_2,\ X_3$를 위치모수(혹은 중앙값)가 θ인 연속분포함수 $F(x|\theta)$를 갖는 모집단에서의 확률표본이라 하고, $Y_1,\ Y_2$를 위치모수(혹은 중앙값)가 $\theta+\Delta$인 연속분포함수 $F(x|\theta+\Delta)$를 갖는 모집단에서의 확률표본이라 하자.

이동모수(shift parameter) Δ에 대한 귀무가설 $H_0: \Delta = 0$를 대립가설 $H_1: \Delta > 0$에 대하여 검정하는 문제를 생각해 보자.

풀이 H_0하에서 X와 Y는 같은 연속분포에 따르며, 따라서 H_0하에서 X_1, X_2, X_3, $Y_1,\ Y_2$는 서로 독립이고 모두 같은 분포를 갖는 확률변수들이다. 이제, X와 Y의 혼합표본에서 Y_j의 순위를 R_j라고 하자. 즉,

$$R_j = (\{X_1,\ X_2,\ X_3,\ Y_1, Y_2\}\text{에서 } Y_j\text{의 순위}),\ j=1,2$$

로 정의한다. 이제, 혼합표본에서 Y들의 순위의 합인

$$W = \sum_{j=1}^{2} R_j$$

을 검정통계량으로 정의하자. 그러면 대립가설하에서 Y가 X보다 확률적으로 크므로, 혼합표본에서 Y_j의 순위인 R_j들은 커지는 경향이 있을 것이다. 따라서 검정법은

$$W \geq c\text{이면 } H_0\text{를 기각}$$

으로 정의할 수 있다. 이때 주어진 유의수준에 따른 c값을 구하기 위해서는 귀무가설 하에서 W의 분포를 알아야 한다. 이 경우에는 앞의 [예제 1.3]와는 달리 관심 위치모수를 꼭 중앙값으로 한정할 필요는 없게 된다. 하지만 모분포가 대칭인 경우는 평균과 중앙값이 같고, 또 가설검정의 일관성을 위해 편의상 관심 모수를 중앙값으로 한정시키게 된다.

[표 1-2] X_1, X_2, X_3, Y_1, Y_2의 모든 배열과 W값

번 호	배 열	W값	확 률
1	YYXXX	3	0.1
2	YXYXX	4	0.1
3	YXXYX	5	0.1
4	YXXXY	6	0.1
5	XYYXX	5	0.1
6	XYXYX	6	0.1
7	XYXXY	7	0.1
8	XXYYX	7	0.1
9	XXYXY	8	0.1
10	XXXYY	9	0.1

[표 1-2]는 3개의 X와 2개의 Y의 모든 배열에 대한 W값을 나타낸 표이다. 표에서 10가지의 모든 배열들은 귀무가설하에서 같은 확률로 일어나며, 따라서 각 배열의 확률은 0.1이다. 이로부터 H_0하에서 W의 분포를 구하면 [표 1-3]과 같다. [표 1-3]으로부터, $P_0(W \geq 9) = 0.1$이므로 유의수준 $\alpha = 0.10$에서 기각역은 "$W \geq 9$"로 주어진다.

[표 1-3] W의 분포

W	3	4	5	6	7	8	9	계
$P_0\{W=w\}$	0.1	0.1	0.2	0.2	0.2	0.1	0.1	1.0

H_0하에서 W의 분포는 [표 1-3]과 같으며, 이는 모집단 분포 F에 무관하다. 따라서 W에 기초한 검정은 분포무관 검정법이 된다. 이와 같이 순위에 기초한 검정통계량은 H_0하에서 분포무관인 경우가 많다. ■

[예제 1.3]와 [예제 1.4]에서 본 바와 같이, 부호와 순위를 이용한 검정통계량은 H_0하에서 분포무관인 경우가 많으며, 따라서 비모수통계에서는 관측값의 부호와 순위를 많이 이용한다.

부호와 순위를 이용한 검정통계량의 분포는 연속이 아니다. 따라서 일반적으로 주어진 유의수준 α와 같은 크기의 기각역을 구할 수 없다. 이와 같이 검정통계량의 분포가 연속이 아닐 때에는 유의수준과 같은 크기의 기각역을 구하는 대신, 유의확률을 계산한 다음 유의수준과 비교하여 검정결과를 나타내는 것이 일반적이다. 이와 같은 문제는 구간추정에서도 발생하여, 미리 설정한 신뢰계수를 만족하는 신뢰구간을 구할 수 없을 때에는 원래의 신뢰계수에 가장 가까운 신뢰계수값을 가지는 신뢰구간을 선택한다.

2장 일표본 위치문제

2.1 서론

이 장에서는 한 모집단에서 위치모수(location parameter)의 추론에 대한 문제를 생각해 보기로 한다. 즉, 하나의 모집단에서 얻어진 확률표본으로부터 그 모집단의 위치모수를 어떻게 추정하고 검정하는가 하는 문제를 다루기로 한다. 먼저, 이러한 문제가 일어날 수 있는 예를 다음의 세 가지 예에서 살펴보자.

예 2.A 어떤 공장에서 생산되는 손전등 전구수명의 위치모수를 알아보고자 한다. 7개의 전구를 랜덤하게 추출하여 그 수명을 측정한 결과는 [표 2-1]과 같다.

(1) 전구수명의 위치모수는 얼마인가?

(2) 전구수명의 위치모수가 35시간보다 크다고 할 수 있는가?

[표 2-1] 전구의 수명 (단위: 시간)

전 구	1	2	3	4	5	6	7
수 명	25	16	44	62	36	58	38

예 2.B 어떤 식료품 상점의 주인이 자기 상점에서 고객이 구입한 물품의 개수를 계산대에서 조사하였다. 12명의 고객이 구입한 물품의 개수를 조사한 결과는 [표 2-2]와 같다.

(1) 고객이 구입하는 물품의 개수의 위치모수는 얼마인가?

(2) 구입개수의 위치모수는 10보다 적다고 할 수 있는가?

[표 2-2] 구입한 물품의 개수

고 객	1	2	3	4	5	6
물품의 개수	22	9	4	5	1	16

고 객	7	8	9	10	11	12
물품의 개수	15	26	47	8	31	7

예 2.C 어떤 지역(A)에서는 약물 중독 환자에 대한 연구결과 평균 IQ가 107임을 알아냈다. 다른 지역(B)에서 약물 중독 환자의 평균 IQ를 조사하기 위해 15명을 측정한 결과 [표 2-3]과 같았다.

(1) 지역 B에서 약물 중독 환자의 IQ의 위치모수는 얼마인가?

(2) 약물 중독 환자의 IQ가 지역(A, B)에 따라 다르다고 할 수 있는가?

[표 2-3] 16세 이상 약물 중독자의 IQ (지역 B)

환 자	1	2	3	4	5	6	7	8
IQ	99	100	90	94	135	108	107	110

환 자	9	10	11	12	13	14	15	
IQ	119	104	127	109	117	105	125	

이와 같이 한 모집단에서 얻어진 확률표본을 이용하여 그 모집단의 위치모수에 대한 추정과 검정을 시행하는 방법은 크게 모수적 방법과 비모수적 방법으로 나눌 수 있는데, 어느 방법이 적용되느냐는 모집단에 대해 어떤 가정을 할 수 있느냐에 따라 결정된다.

우선 필요한 모형과 함께 가정의 종류 및 위치모수의 종류, 대표적인 모수적 방법 등을 살펴보기로 한다.

데이터

모집단으로부터 크기 n인 확률표본의 관측값을

$$X_1, X_2, \cdots, X_n$$

이라 한다.

가정

일표본 문제에 대하여 다음과 같은 가정을 한다.

A1. 일표본 문제의 기본 모형은 다음과 같다.

$$X_i = \theta + e_i, \quad i = 1, 2, \cdots, n \tag{2.1}$$

다만, θ : (미지의) 위치모수

e : 오차항

A2. n개의 오차항 e들은 서로 독립이다.

A3. n개의 e들은 동일한 연속분포에 따른다.

위치모수 θ의 점추정량은 $\hat{\theta}$으로 나타내며, θ에 대한 검정은 일반적으로 다음과 같은 세 가지 가설에 대한 검정으로 표현할 수 있다.

	(귀무가설)	(대립가설)	
(i)	$H_0 : \theta = \theta_0$	$H_1 : \theta > \theta_0$	(2.2)
(ii)	$H_0 : \theta = \theta_0$	$H_1 : \theta < \theta_0$	(2.3)
(iii)	$H_0 : \theta = \theta_0$	$H_1 : \theta \neq \theta_0$	(2.4)

통계학에서 위치모수로 사용되는 것들로는 평균(mean, μ), 중앙값(median, M), 최빈값(mode) 등이 있다. 이 중 최빈값은 극히 제한적인 상황에서만 사용되므로 논외로 한다. 나머지 평균과 중앙값 중 어느 것이 관심위치모수가 되느냐 하는 것은 모집단에 대한 가정, 또는 모형 (2.1)의 오차항에 대한 가정에 따라 결정된다. 우선 오차항 e가 연속분포이면 중앙값이 존재하고 이 중앙값을 0이라고 가정해도 된다. 즉 앞의 가정 A3을 아래의 A3'로 대신할 수 있다. 만일 e의 중앙값이 0이 아니라면 0과 나는 차이만큼 위치모수 θ를 수정함으로써 e의 중앙값이 항상 0인 모형을 만들 수 있다. 이 경우 위치모수 θ는 모집단 분포(X가 갖는 분포)의 중앙값이 되게 되며 기호 M으로 표시한다. 더 나아가 오차항 e의 분포가 대칭임을 가정할 수 있으면 $E(e) = 0$ 인 모형을 생각할 수 있으며, 이때는

$$E(X) = \theta + E(e)$$

의 관계로부터 위치모수 θ가 관찰변수 X의 기댓값(평균)이 됨을 알 수 있다. 재미있는 사실은 이때는 X의 분포가 대칭이므로 θ를 중앙값으로 생각해도 된다는 것이다. 마지막으로 e의 분포가 정규분포(물론 평균은 0)임을 가정할 수 있으면 θ는 당연히 μ가 된다.

A3'. 오차항 e의 중앙값이 0이다.

A4. 오차항 e는 0에 대하여 대칭인 분포에 따른다.

A5. $e \sim N(0, \sigma^2)$

가정 A3'는 e가 연속분포이면 당연히 성립하고 위 세 가정은 뒤의 것이 성립하면 앞에 것도 성립하는 관계에 있음을 보게 된다. A3'가 성립한다는 가정하에 진행되는 것이 2.2절의 부호검정이고, A4가 성립한다는 가정하에 진행되는 것이 2.3절의 윌콕슨 부호순위 검정이다. A3', A4 둘 다 분포의 형태에 대한 언급이 없음에 유의하기 바란다. A5가 성립한다는 가정하에 진행되는 방법이 모수적 방법이다. 이때 A5에서 알려진 어떤 분포를 가정해도 모두 모수적 방법이 되나, 정규분포를 가정하는 것이 가장 보편적인 모수적 방법인 것이다.

모수적 방법

모집단의 분포를 정규분포라고 가정할 수 있을 때 즉, 오차항 e가

$$e \sim N(0,\sigma^2) \tag{2.5}$$

일 때, 모집단의 위치모수에 대한 점추정의 대표적인 모수적 방법은 다음과 같이 정의된 표본평균이다. 즉,

$$\hat{\theta}= \overline{X}(= \frac{1}{n}\sum_{i=1}^{n} X_i) \tag{2.6}$$

이며, 위치모수 θ에 대한 $100(1-\alpha)\%$ 신뢰구간은 다음과 같다.

(1) 분산 σ^2을 알 때

$$\left(\overline{x}- z_{\alpha/2} \cdot \frac{\sigma}{\sqrt{n}}, \overline{x}+ z_{\alpha/2} \cdot \frac{\sigma}{\sqrt{n}}\right) \tag{2.7}$$

여기서 z_α는 표준정규분포의 상위 100α 백분위수로서 Z가 표준정규분포 $N(0,1)$에 따를 때 $P\{Z \geq z_\alpha\}= \alpha$를 만족하는 값이며, 표준정규분포표인 [부록 표 1]에서 찾을 수 있다.

(2) 분산 σ^2을 모를 때

$$\left(\overline{x}- t(\alpha/2,n-1) \cdot \frac{s}{\sqrt{n}}, \overline{x}+ t(\alpha/2,n-1) \cdot \frac{s}{\sqrt{n}}\right) \tag{2.8}$$

여기서 $t(\alpha,n)$은 자유도 n인 t 분포의 상위 100α 백분위수로서 t가 자유도 n인 t 분포 $t(n)$에 따를 때 $P\{t \geq t(\alpha,n)\}= \alpha$를 만족하는 값이다. $t(\alpha,n)$값은 t 분포표인 [부록 표 2] 에서 찾을 수 있다. 또한 S는 표본표준편차로서

$$S = \sqrt{\sum_{i=1}^{n} (X_i - \overline{X})^2 / (n-1)}$$

로 정의된다.

가설 (2.2), (2.3), (2.4)에 대한 검정은, 관측값이 정규분포에 따른다는 가정하에 다음 두가지로 나누어 생각할 수 있다.

(1) 분산 σ^2을 알 때 : 검정통계량

$$Z = \frac{\overline{X} - \theta_0}{\sigma / \sqrt{n}} \tag{2.9}$$

을 이용한다. 귀무가설 $H_0 : \theta = \theta_0$ 하에서 (즉, H_0가 참일 때) Z는 표준정규분포에 따른다. 따라서, 유의수준 α인 검정 절차는 다음과 같다.

(i) $H_1 : \theta > \theta_0$일 때
$Z \geq z_\alpha$이면 H_0를 기각

(ii) $H_1 : \theta < \theta_0$일 때
$Z \leq -z_\alpha$이면 H_0를 기각

(iii) $H_1 : \theta \neq \theta_0$일 때
$|Z| \geq z_{\alpha/2}$이면 H_0를 기각

이와 같이 Z 통계량을 이용한 검정법을 Z-검정이라고 한다.

(2) 분산 σ^2을 모를 때 : 검정통계량

$$t = \frac{\overline{X} - \theta_0}{S / \sqrt{n}} \tag{2.10}$$

을 이용한다. 귀무가설 $H_0 : \theta = \theta_0$ 하에서 t는 자유도 $n-1$인 t 분포 $t(n-1)$을 따른다. 따라서 유의수준 α인 검정절차는 다음과 같다.

(i) $H_1 : \theta > \theta_0$일 때
$t \geq t(\alpha, n-1)$이면 H_0를 기각

(ii) $H_1 : \theta < \theta_0$일 때
$t \leq -t(\alpha, n-1)$이면 H_0를 기각

(iii) $H_1 : \theta \neq \theta_0$일 때

$|t| \geq t(\alpha/2, n-1)$이면 H_0를 기각

이와 같이 t 통계량을 이용한 검정법을 t **-검정**이라 한다.

표준정규분포와 t 분포를 이용한 추정법 및 검정법은 오차항 e가 정규분포를 따른다는 가정하에 얻어지는 방법이다. 모집단의 분포가 정규분포가 아닌 경우에는 구간추정에서의 신뢰계수가 $1-\alpha$가 되지 않고, 검정에서는 유의수준이 α가 되지 않는다. 뿐만 아니라, 구간추정에서는 신뢰구간의 길이가 길어지고 검정에서는 검정력이 떨어지는 경우도 있다.

따라서 모집단의 분포에 관계없이 원하는 신뢰계수와 유의수준을 만족시킬 수 있는 추정법과 검정법에 대한 필요성을 느끼게 된다. 다음 네 절에서는 두 종류의 분포무관 검정법에 대해 설명하고, 그 검정을 이용한 점추정법과 구간추정법에 대해 설명하기로 한다.

2.2 부호검정

부호검정(sign test)은 위치모수에 대한 비모수적 검정 중에서 가장 오래되고 간단한 검정법으로서, 귀무가설 H_0하에서 위치모수의 값 θ_0보다 큰 관측값의 개수만을 이용하여 검정하는 것이 그 특징이다. 가정 A1, A2, A3 정도의 성립하에서도 진행할 수 있으므로, 사실상 모집단에 대한 가정이 전혀 없을 때 쓸 수 있는 가장 광범위한 검정법이라 할 수 있다. 여기서 위치모수 θ가 중앙값임을 기억하자. 유의수준 α에서 부호검정의 절차는 다음과 같다.

절차

1. 부호검정통계량 :

$$B = \sum_{i=1}^{n} \psi(X_i - \theta_0) \tag{2.11}$$

여기서, $\psi(x)$는 다음과 같이 정의된 지시함수(indicator function)이다.

$$\psi(x) = \begin{cases} 1, & x > 0 \text{일 때} \\ 0, & x \leq 0 \text{일 때} \end{cases}$$

즉, B는 θ_0보다 큰 관측값의 개수를 나타낸다.

2. 검정법 :

(i) $H_1 : \theta > \theta_0$일 때

$B \geq b(\alpha, n)$이면 H_0를 기각

(ii) $H_1 : \theta < \theta_0$일 때

$B < b(1-\alpha, n)$이면 H_0를 기각

(iii) $H_1 : \theta \neq \theta_0$일 때

$B \geq b(\alpha/2, n)$ 또는 $B < b(1-\alpha/2, n)$이면 H_0를 기각

여기서 $b(\alpha,\ n)$는 표본의 크기 n일 때 귀무가설하에서 부호검정통계량 B의 상위 100α 백분위수로서 $P_0\{B \geq b(\alpha,\ n)\} = \alpha$를 만족하는 값이며 [부록 표 5]에서 얻어진다.

참고

$P_0\{B \geq b(1-\alpha, n)\} = 1-\alpha$이므로 $P_0\{B \leq b(1-\alpha, n) - 1\} = \alpha$가 성립한다. 따라서 (ii) $H_1 : \theta < \theta_0$일 때의 기각역은 $B \leq b(1-\alpha,\ n) - 1$로 나타낼 수도 있다. 또한 (iii) $H_1 : \theta \neq \theta_1$일 때의 기각역 $B < b(1-\alpha/2, n)$은 $B \leq b(1-\alpha/2, n) - 1$로 나타낼 수도 있다.

귀무가설이 사실이면($\theta = \theta_0$) 관측값이 θ_0보다 클 확률이 0.5이므로 검정통계량 B는 이항분포 $B(n, 1/2)$을 따른다. 만약 θ_0가 모집단의 평균이면 이 확률이 0.5라는 보장이 없음에 주의해야 한다. 유의수준 α인 부호검정의 기각역과 유의확률은 다음과 같다.

대립가설	기각역	유의확률(x 는 B의 관측값)
(i) $H_1 : \theta > \theta_0$	$\{B \geq b(\alpha, n)\}$	$P_0(B \geq x)$
(ii) $H_1 : \theta < \theta_0$	$\{B < b(1-\alpha, n)\}$	$P_0(B \leq x)$
(iii) $H_1 : \theta \neq \theta_0$	$\{B \geq b(\alpha/2, n)\}$ 또는 $\{B < b(1-\alpha/2, n)\}$	$\begin{cases} 2P_0(B \geq x), & x \geq n/2\text{일때} \\ 2P_0(B \leq x), & x < n/2\text{일때} \end{cases}$

확률 $P_0(B \geq x)$ 또는 $P_0(B \leq x)$는 [부록 표 5]에서 구할 수 있다.

해설

귀무가설 $H_0 : \theta = \theta_0$하에서 부호검정통계량 B는 그 평균 $\frac{n}{2}$에 대하여 대칭인 분포를 갖는다. 따라서

$$b(\alpha, n) - \frac{n}{2} = \frac{n}{2} - [b(1-\alpha, n) - 1]$$

임을 알 수 있고, 이 식으로부터 관계식

$$b(1-\alpha, n) = n + 1 - b(\alpha, n) \tag{2.12}$$

를 얻는다.

대표본 근사

표본의 크기 n 이 충분히 큰 경우에는 표준화된 B 통계량을 이용하여 검정할 수 있다. 귀무가설 $H_0 : \theta = \theta_0$ 하에서 B 통계량의 평균과 분산은 이항분포의 성질을 이용하여 다음과 같이 얻어진다.

$$E_0(B) = \frac{n}{2}, \quad Var_0(B) = \frac{n}{4} \tag{2.13}$$

따라서 표준화된 B 통계량을 다음과 같이 정의한다.

$$Z_B = \frac{B \pm 1/2 - E_0(B)}{\sqrt{\mathrm{Var}_0(B)}} = \frac{B \pm 1/2 - n/2}{\sqrt{n/4}} \tag{2.14}$$

여기서 $\pm 1/2$은 연속성보정요인(continuity correction factor)으로 이산형인 이항분포를 연속형인 정규분포로 근사시키는 데 따른 차이를 최소화하기 위한 항이다. 대립가설이 (i)이면 $-1/2$, (ii)이면 $+1/2$을 취한다. 대립가설이 (iii)일 때는 B의 값이 $n/2$보다 크면 $-1/2$, 작으면 $+1/2$을 취하면 된다. 만약 통계량 B의 값이 충분히 크다면 생략될 수도 있다.

표본의 크기 n 이 충분히 클 때, 귀무가설 H_0 하에서 Z_B는 근사적으로 표준정규분포를 따르므로 대표본 Z-검정은 다음과 같이 정의할 수 있다.

(i) $H_1 : \theta > \theta_0$ 일 때
$Z_B \geq z_\alpha$ 이면 H_0를 기각

(ii) $H_1 : \theta < \theta_0$ 일 때
$Z_B \leq -z_\alpha$ 이면 H_0를 기각

(iii) $H_1 : \theta \neq \theta_0$ 일 때
$|Z_B| \geq z_{\alpha/2}$ 이면 H_0를 기각

동점 처리

표본 중에서 θ_0와 같은 관측값이 있는 경우에는 그 관측값을 표본에서 제외시키고 표본 크기를 그 개수만큼 줄인 후에 부호검정을 실시한다. θ_0와 같은 관측값을 표본에서 제외시킨다는 것은 모형 (2.1)의 가정 중 A3(e들이 연속분포에 따른다)를 없애는 것과 같은 효과를 내게 된다. 연속분포하에서는 관측값이 특정한 값(여기서는 θ_0)과 같은 확률이 0이지만 실제적으로 관측값이 θ_0와 같아지는 상황이 벌어지곤 한다. "표본에서 제외"라는 동점처리 룰은 가정 A3 조차도 필요 없게 만들어 부호검정을 사실상 모든 상황에서 적용할 수 있는 검정법이 되도록 하는 것이다. 다시 보면 [예 2.B]에 주어진 관측값들도 연속이 아니나 부호검정을 실시할 수 있다. 부호검정은 사실상 관측값의 독립성 가정만 요구되는, 통계적 검정 중 가장 간단한 검정법이라 할 수 있다. 한편, 관측값들끼리 동점이 있는 경우, 그 값이 θ_0와 같지만 않으면 이러한 값들은 검정 절차에 아무런 영향을 주지 않는다.

예제 2.1 [예 2.A(2)]에 대해 유의수준 $\alpha = 0.05$에서 부호검정을 시행해 보자.

풀이 먼저, 귀무가설과 대립가설을 다음과 같이 설정한다.

$$H_0 : \theta = 35, \qquad H_1 : \theta > 35$$

위 가설은 가설 (2.2)에서 $\theta_0 = 35$일 때와 동일하며, [표 2-1]의 데이터에서 35보다 큰 관측값의 개수는 5개이다. 따라서 부호 검정통계량의 값은 $B = 5$이다. 한편, [부록 표 5]에서 $n = 7$일 때 $P_0(B \geq 5) = 0.2266$이므로 유의확률은 $p = 0.2266$이다. 따라서 $p = 0.2266 > \alpha = 0.05$이므로 H_0를 기각하지 못한다. 즉, 전구수명의 위치모수(중앙값)가 35시간 보다 크다고 단정할 수 없다.

참고로 같은 데이터에 t-검정을 시행하고 그 결과를 비교해 보자. 데이터로부터 구한 표본평균과 표본분산의 값은 각각 다음과 같다.

$$\overline{X} = 39.857, \quad S^2 = 274.143$$

따라서, t 통계량의 값은 다음과 같다.

$$t = \frac{39.857 - 35}{16.557/\sqrt{7}} = 0.776$$

[부록 표 2]에서 $t(0.05, 6) = 1.943$이므로 유의수준 $\alpha = 0.05$에서 H_0를 기각하지 못한다. 유의수준 $\alpha = 0.05$에서 부호검정의 대표본 근사를 이용한 검정을 시행해 보자. 표준화된 B 통계량의 값은 다음과 같다. 이때 n이 작으므로 연속성보정이 고려되어야

한다.

$$Z_B = \frac{B - 1/2 - E_0(B)}{\sqrt{\mathrm{Var}_0(B)}} = \frac{5 - 1/2 - 7/2}{\sqrt{7/4}} = 0.76$$

한편, $Z_B = 0.76 < z_{0.05} = 1.645$이므로, 유의수준 $\alpha = 0.05$에서 H_0를 기각할 수 없다. 즉, 대표본 근사를 이용한 검정의 결과에서도 전구 수명의 위치모수(중앙값)값이 35시간보다 크다고 단정할 수 없다. $Z_B = 0.76$이 갖는 유의확률은 $p = P_0(Z \geq 0.76) = 0.2236$이다. ■

예제 2.2 [예 2.B(2)]에 대해, 유의수준 $\alpha = 0.05$에서 부호검정을 시행해 보자.

풀이 먼저, 귀무가설과 대립가설을 각각 다음과 같이 설정한다.

$$H_0 : \theta = 10, \qquad H_1 : \theta < 10$$

위 가설은 가설 (2.3)에서 $\theta_0 = 10$일 때와 동일하며, 부호검정 절차에서 $B=6$을 얻는다. [부록 표 5]에서 $n=12$일 때 $P_0(B \leq 6) = 0.6128$이므로 유의확률은 $p=0.6128$이다. 따라서 $p=0.6128 > \alpha = 0.05$이므로 H_0를 기각하지 못한다. 즉, 고객이 구입하는 물품의 개수의 위치모수(중앙값)는 10개보다 적다고 단정할 수 없다.

참고로 같은 데이터에 t-검정을 시행하고 그 결과를 비교해 보자. 관심위치모수가 모평균임을 염두에 두고 데이터로부터 $\overline{X}$와 S^2의 값을 계산하면

$$\overline{X} = 15.916, \qquad S^2 = 182.447$$

이 되며, t 통계량의 값은 다음과 같다.

$$t = \frac{15.916 - 10}{13.507/\sqrt{12}} = 1.517$$

[부록 표 2]에서 $-t(0.05, 11) = -1.796$이므로 유의수준 $\alpha = 0.05$에서 H_0를 기각하지 못한다. $\overline{X}$ 값이 H_1에 역행함에 주의하라. ■

참고

[예 2.B]의 데이터에서 2번째 고객이 구입한 물품의 개수가 10이라고 가정하자. 그러면, 관측값과 H_0에서 명시된 θ_0와의 값이 같아 동점이 발생한다. 동점이 발생하면 그 관측값을 제외시키므로 새로운 데이터는 다음과 같다.

고 객	1	2	3	4	5	6	7	8	9	10	11
물품의 개수	22	4	5	1	16	15	26	47	8	31	7

이 경우에, 유의수준 $\alpha = 0.05$에서 부호검정을 시행해 보자.

가설과 검정절차는 [예제 2.2]와 동일하나, 관측값의 개수만 12개에서 11개로 줄여서 계산한다. [예제 2.2]에서와 마찬가지로 검정통계량의 값은 $B=6$이며, [부록 표 5]에서 $n=11$일 때 $P_0(B \le 6) = 0.7256$이므로 유의확률은 $p=0.7256$이다. 따라서, $p=0.7256>\alpha = 0.05$이므로 H_0를 기각하지 못한다. 즉 고객이 구입하는 물품의 개수는 10개보다 적다고 단정할 수 없다.

예제 2.3 다음의 데이터는 12명의 환자가 의사에게 치료를 받기 위하여 기다리는 시간을 나타낸 것이다.(단위 : 분)

17 15 20 20 32 28 12 26 25 25 35 24

환자가 보편적으로 20분 이상 기다리는지 확인하기 위하여 유의수준 $\alpha = 0.05$에서 부호검정을 시행해 보자. 이때의 관심위치모수는 무엇인가?

풀이 먼저, 귀무가설과 대립가설은 각각 다음과 같이 설정한다.

$$H_0 : \theta = 20, \qquad H_1 : \theta > 20$$

주어진 데이터에서 $\theta_0 = 20$과 같은 관측값이 2개가 있으므로 원래 데이터의 개수 12개에서 2개를 제외시키고 10개를 이용한다.

부호검정통계량의 값은 $B=7$이며, [부록 표 5]에서 $n=10$일 때 $P_0(B \ge 7) = 0.1719$이므로 유의확률은 $p=0.1719$이다. 따라서 $p=0.1719>\alpha = 0.05$이므로 H_0을 기각할 수 없다. 즉, 기다리는 시간의 중앙값이 20분 이상이라는 충분한 증거가 없다. 다시 말해, 환자가 치료를 받기 위하여 20분 이상 기다린다고 단정할 수 없다. ■

예제 2.4 다음의 데이터는 어떤 울타리 작업에서 사용한 기계의 배터리를 재충전하는데 필요한 시간을 나타낸 것이다.(단위 : 시간)

1.5 2.2 0.9 1.3 2.0 1.6 1.5 2.0 1.2 1.7

유의수준 $\alpha = 0.05$에서 부호검정을 이용하여 재충전하는 데 필요한 시간의 중앙값이 1.8시간인지를 검정해 보자.

풀이 먼저 귀무가설과 대립가설은 각각 다음과 같이 설정한다.

$$H_0 : \theta = 1.8, \qquad H_1 : \theta \neq 1.8$$

위 데이터에서 1.8보다 큰 관측값의 개수는 $B=3$이다. $B=3 < \frac{n}{2} = 5$이므로 [부록 표 5]에서 $n=10$일 때 $P_0(B \le 3) = 0.1719$를 얻고 유의확률은 $p=2\times 0.1719= 0.3438$이 된다. 즉, $p=0.3438 > \alpha = 0.05$이므로 H_0를 기각하지 못한다. 참고로 표준화된 B 통계량의 값은 다음과 같다.

$$Z_B = \frac{B+1/2-E_0(B)}{\sqrt{\mathrm{Var}_0(B)}} = \frac{3+1/2-10/2}{\sqrt{10/4}} = -0.95$$

한편, $|Z_B| = 0.95 < Z_{0.025} = 1.96$ 이므로, $\alpha = 0.05$에서 H_0를 기각할 수 없다. 즉 재충전에 필요한 시간의 중앙값이 1.8시간이 아니라고 단정할 수 없다.
참고로 $Z_B = -0.95$가 갖는 유의확률은

$$2P_0(Z \ge 0.95) = 2 \times 0.1711 = 0.3422$$

이다. 만약 연속보정인자 $+1/2$을 고려하지 않으면
$Z_B = -1.27$과 유의확률이

$$2P_0(Z \ge 1.27) = 2 \times 0.1020 = 0.2040$$

이 되어 부호검정에서 얻은 유의확률 0.3438과 큰 차이를 보이게 된다. ■

참고문헌

부호검정은 Fisher(1925)에 의해 1925년부터 사용되었다. 부호검정의 이론과 응용에 관한 최초의 논문으로 Dixon and Mood(1946)를 들 수 있고 Walsh(1949, 1951)는 실제 응용에 있어서 부호검정 절차에 사용된 가정들의 유효성을 연구하였다.

참고 일상생활에서의 부호검정

이 절에서 공부하는 부호검정은 가장 오래된 통계적 검정방법이다. 나아가서 그 개념은 인류 문명과 역사를 같이 하고 있다 해도 과언이 아닐 것이다. 일상생활에서 발생하는 다음의 예를 살펴보자.
우리는 친구를 좋은 친구와 나쁜 친구로 판명하기 위해 그 친구가 나에게 한 호의적 행동(+)들(점심 사주기, 보고서 빌려주기, 대출 등)과 적대적 행동(−)들(꿔간 돈 떼먹기, 뒤에서 욕하기 등)을 기억하고 이 정보가 어느 정도 쌓인 후 다음의 가설들에 대한 검정을 하게 된다.

H_0 : 그렇고 그런 친구 H_1 : 좋은 친구
H_0 : 그렇고 그런 친구 H_1 : 나쁜 친구

대립가설이 어느 것이냐는 상황에 따라 선택하게 되고(초기 행동들이 +쪽 경향을 보이면 H_1 : 좋은 친구, −쪽 경향을 보이면 H_1 : 나쁜 친구) 충분한 관측값들(+와 −개수)이 모인 후 각자의 유의수준에 따라 결정을 하게 되는 것이다. 이때 귀무가설이 사실일 때, 즉 친구가 그렇고 그런 친구일 때 내게 호의를 보일 확률과 적대적 행동을 보일 확률이 각각 $1/2$임을 알 수 있으며, 호의도 아니고 적대적도 아닌 행동들은 고려대상에서 빠지게 된다(부호검정에서 θ_0와 같은 관측값을 표본에서 제외하는 것과 같은 원리). 결국 + 행동들과 − 행동들의 합 중에서 +의 개수(이것이 B통계량이다)로 의사결정을 하는 것이다. 이런 예에서 보듯이 상당히 많은 경우에 부호검정의 원리를 이용하여 갖가지 결정을 하는 것이다.

부호검정원리에서는 호의적 행동인 점심 사주기 중 “라면 사준 것”과 “스테이크 사준 것”을 그냥 똑같이 1회로 특별히 구별하지 않는다. 하지만 실제로는 “스테이크 사준 것”을 훨씬 더 비중 있게 취급하게 된다. 이처럼 행동(관측값)의 방향에다 상대적인 크기도 고려하여 검정을 실시하고자 하는 것이 다음 절에서 다루는 윌콕슨 부호순위검정이다. 참고로 모든 호의적 행동과 적대적 행동을 수량화(예: 금액으로 표현) 할 수 있고, 이들이 정규분포라고 가정할 수 있으면 모수적 검정원리를 사용할 수 있게 된다.

2.3 윌콕슨 부호순위검정

앞 절에서 다룬 부호검정에서는 θ_0보다 큰 관측값의 개수만이 검정에 사용되었으나, 여기서는 일표본 위치모수에 대한 다른 검정방법으로서 **윌콕슨 부호순위검정**(Wilcoxon signed rank test)에 대해 설명하기로 한다. 부호순위검정은 관측값이 θ_0보다 크고 작음뿐만 아니라 관측값의 상대적인 크기도 고려하여 검정을 실시하는 방법으로서, 일표본 문제에서 가장 널리 사용되는 비모수적 검정법이다.

부호순위검정의 적용을 위해서는 가정 A1, A2, A3 외에 또 하나의 가정이 필요하다.

가정

A4. 오차항 e는 0에 대하여 대칭인 분포에 따른다.

가정 A1~A4를 만족할 때, 유의수준 α에서 윌콕슨 부호순위검정은 다음과 같은 절차에 따른다. 이때 가정 A1에서 주어진 위치모수 θ는 역시 중앙값이나, 대칭성을 가정하고 있으므로 평균으로 해석해도 무관하게 된다.

절차

1. X_i와 θ_0의 차를 구한다. 즉,

$$Z_i = X_i - \theta_0, \quad i = 1, 2, \cdots, n \tag{2.15}$$

2. $|Z_1|, |Z_2|, \cdots, |Z_n|$ 중에서 $|Z_i|$의 순위를 R_i^+라고 한다. 즉

$$R_i^+ = (\{|Z_1|, |Z_2|, \cdots, |Z_n|\}\text{에서 } |Z_i|\text{의 순위}) \tag{2.16}$$

3. 윌콕슨 부호순위검정통계량 :

$$W^+ = \sum_{i=1}^{n} \psi(X_i - \theta_0) \cdot R_i^+ \tag{2.17}$$

다만, $\psi(x) = \begin{cases} 1, & x > 0\text{일 때} \\ 0, & x \le 0\text{일 때} \end{cases}$

4. 검정법 : 유의수준 α에서

(i) $H_1 : \theta > \theta_0$일 때

$W^+ \ge w^+(\alpha,\ n)$이면 H_0를 기각

(ii) $H_1 : \theta < \theta_0$ 일 때

$W^+ < w^+(1-\alpha,\ n)$ 이면 H_0 를 기각

(iii) $H_1 : \theta \neq \theta_0$ 일 때

$W^+ \geq w^+(\alpha/2,\ n)$ 또는 $W^+ < w^+(1-\alpha/2, n)$ 이면 H_0 기각

여기서 $w^+(\alpha, n)$ 은 H_0 하에서 부호순위검정통계량 W^+ 의 상위 100α 백분위수를 나타낸다. 즉, $P_0\{W^+ \geq w^+(\alpha, n)\} = \alpha$ 를 만족하는 상수로서 [부록 표 6]에서 얻는다.

참고

가설 (ii) $H_1 : \theta < \theta_0$ 일 때의 기각역은 $W^+ \leq w^+(1-\alpha, n) - 1$ 로 나타낼 수도 있다. 또한 가설 (iii) $H_1 : \theta \neq \theta_0$ 일 때의 기각역 $W^+ < w^+(1-\alpha/2, n)$ 은 $W^+ \leq w^+(1-\alpha/2, n) - 1$ 로 나타낼 수도 있다.

유의수준 α 인 부호순위검정의 기각역과 유의확률은 다음과 같다.

대립가설	기각역	유의확률(x 는 W^+ 의 관측값)
(i) $H_1 : \theta > \theta_0$	$\{W^+ \geq w^+(\alpha, n)\}$	$P_0(W^+ \geq x)$
(ii) $H_1 : \theta < \theta_0$	$\{W^+ < w^+(1-\alpha, n)\}$	$P_0(W^+ \leq x)$
(iii) $H_1 : \theta \neq \theta_0$	$\{W^+ \geq w^+(\alpha/2, n)$ 또는 $W^+ < w^+(1-\alpha/2, n)\}$	$\begin{cases} 2P_0(W^+ \geq x),\ x \geq \dfrac{n(n+1)}{4} \text{ 일 때} \\ 2P_0(W^+ \leq x),\ x < \dfrac{n(n+1)}{4} \text{ 일 때} \end{cases}$

확률 $P_0(W^+ \geq x)$ 또는 $P_0(W^+ \leq x)$ 는 [부록 표 6]에서 얻어진다.

해설

1. H_0 하에서 W^+ 의 분포는 관측값 X 의 분포와 무관하다. 즉 윌콕슨 부호순위검정은 분포무관 검정법이다. 이와 같은 성질의 엄격한 증명은 이 책의 수준을 넘으므로 여기서는 직관적인 이유만 설명하기로 한다. 먼저 $(R_1^+, \cdots, R_n^+)$ 는 $(1, \cdots, n)$ 의 모든 배열(순열) 위에서 균등분포를 따르므로 관측값의 분포에 무관하며, $\psi(X_i - \theta_0)$ 의 값은 관측값이 θ_0 보다 큰지 또는 아닌지에 따라 결정되므로 절대순위인 R_i^+ 와 독립이다. 따라서 W^+ 는 관측값의 분포에 무관한 분포를 갖게 되며, 따라서 관측값의 원래 분포에 관계없이 W^+ 의 분포를 알 수 있고 $w^+(\alpha, n)$ 의 값을 구할 수 있게 된다.

2. 예를 들어 $n=3$일 때 W^+의 분포를 구해 보자.

R_i^+는 1,2,3의 값을 가질 수 있으며, 대응되는 Z_i의 부호와 W^+의 값은 다음 표와 같다.

R_i^+			
1	2	3	W^+
−	−	−	0
+	−	−	1
−	+	−	2
−	−	+	3
+	+	−	3
+	−	+	4
−	+	+	5
+	+	+	6

따라서 W^+의 분포는 다음과 같이 관측값의 분포와 무관하게 주어진다. 이때 가정 A4(e의 대칭성)가 필요하다. $|Z_i|$의 순위가 R_i^+이고, H_0가 사실일 때 Z_i가 +일 확률과 −일 확률이 같아야 위 표에 주어진 8가지 경우가 각각 $1/8$의 확률을 갖게 되는데, 그렇게 되기 위해서는 Z_i의 대칭성(즉, e_i의 대칭성)이 필요하게 된다. 위 표를 귀무가설하에서 W^+가 취하는 값에 따른 확률로 표현하면 아래 표와 같다.

x	0	1	2	3	4	5	6
$P_0(W^+=x)$	$\frac{1}{8}$	$\frac{1}{8}$	$\frac{1}{8}$	$\frac{2}{8}$	$\frac{1}{8}$	$\frac{1}{8}$	$\frac{1}{8}$

3. 귀무가설 $H_0: \theta=\theta_0$하에서 부호순위검정통계량 W^+는 그 평균 $n(n+1)/4$에 대하여 대칭인 분포를 갖는다. 따라서

$$w^+(\alpha,n)-\frac{n(n+1)}{4}=\frac{n(n+1)}{4}-[w^+(1-\alpha,n)-1]$$

임을 알 수 있고, 이 식으로부터 관계식

$$w^+(1-\alpha,n)=\frac{n(n+1)}{2}+1-w^+(\alpha,n) \tag{2.18}$$

을 얻는다.

대표본 근사

표본의 크기 n이 충분히 큰 경우에는 표준화된 W^+ 통계량을 이용하여 검정을 할 수 있다. 귀무가설 $H_0 : \theta = \theta_0$ 하에서 W^+ 통계량의 평균과 분산은 각각 다음과 같다.

$$E_0(W^+) = \frac{n(n+1)}{4},$$

$$\mathrm{Var}_0(W^+) = \frac{n(n+1)(2n+1)}{24} \tag{2.19}$$

따라서 표준화된 W^+ 통계량은 다음과 같이 정의한다.

$$Z_{W^+} = \frac{W^+ - E_0(W^+)}{\sqrt{\mathrm{Var}_0(W^+)}} = \frac{W^+ - n(n+1)/4}{\sqrt{n(n+1)(2n+1)/24}} \tag{2.20}$$

이 경우에도 연속보정요인을 고려해야 하나 통계량 W^+의 값이 크므로 생략해도 무방하다. 연속보정요인을 고려하면 그 차이가 어떻게 되는가를 [예제 2.5]에서 설명하겠다. 표본의 크기 n이 무한대로 갈 때, 귀무가설 H_0하에서 Z_{W^+}의 정규성을 이용한 대표본 근사 Z-검정은 다음과 같다.

(i) $H_1 : \theta > \theta_0$일 때
$Z_{W^+} \geq z_\alpha$이면 H_0를 기각

(ii) $H_1 : \theta < \theta_0$일 때
$Z_{W^+} \leq -z_\alpha$이면 H_0를 기각

(iii) $H_1 : \theta \neq \theta_0$일 때
$|Z_{W^+}| \geq z_{\alpha/2}$이면 H_0를 기각

동점 처리

1. 표본 중에서 θ_0와 같은 관측값이 있을 경우에는 그 관측값을 표본에서 제외시키고 표본의 크기를 그 개수만큼 줄인다.
2. 표본 중에서 $|Z_i|$이 0이 아니면서 동점이 있는 경우에는 R_i^+를 구할 때 평균 순위를 사용하여 부호순위검정을 실시한다. 또한, 대표본 근사를 사용하는 경우에는 W^+의 분산은 다음과 같이 수정하여 사용한다. 관측값들 중에 동점이 생기면 통계량의 분산이 감소하게 되어 이를 고려해야 한다.

$$\mathrm{Var}_0(W^+) = \frac{1}{24}\left[n(n+1)(2n+1) - \frac{1}{2}\sum_{j=1}^{g} t_j(t_j-1)(t_j+1)\right] \tag{2.21}$$

다만, g =(동점그룹의 수)

t_j =(j 번째 동점그룹의 크기 즉, 동점그룹에 포함된 관측값의 개수)

식 (2.21)에서 동점이 아닌 관측값은 크기 1인 동점그룹으로 취급되어 $t_j=1$이 된다. 만약 동점이 일어나지 않으면 식 (2.21)은 식 (2.19)와 동일함을 알 수 있다.

예제 2.5 [예 2.C(2)]에 대해 유의수준 $\alpha = 0.05$에서 윌콕슨 부호순위검정을 시행해 보자.

풀이 먼저, 귀무가설과 대립가설을 각각 다음과 같이 설정한다.

$$H_0: \theta = 107, \qquad H_1: \theta \neq 107$$

데이터에 $\theta_0 = 107$과 같은 값이 하나 있으므로 이 값은 제외시킨다.

$Z_i = X_i - 107$을 구하면 다음과 같다.

−8	−7	−17	−13	+28	+1	+3
+12	−3	+20	+2	+10	−2	+18

윌콕슨 부호순위검정통계량은 다음 [표 2-4]와 같이 계산한다. 즉, Z_i가 음수와 양수인 경우로 구분하고 그 절댓값의 크기순으로 나열한 다음 $\psi(Z_i)$와 R_i^+를 계산하여 구한다. $|Z_i|$에 0이 아닌 동점이 있으므로 평균순위를 사용한다.

[표 2-4] 부호순위통계량 계산표

Z_i	$\lvert Z_i\rvert$	$\psi(Z_i)$	R_i^+
−2	2	0	2.5
−3	3	0	4.5
−7	7	0	6
−8	8	0	7
−13	13	0	10
−17	17	0	11

Z_i	$\lvert Z_i\rvert$	$\psi(Z_i)$	R_i^+
1	1	1	1
2	2	1	2.5
3	3	1	4.5
10	10	1	8
12	12	1	9
18	18	1	12
20	20	1	13
28	28	1	14

$W^+ = 64$

위 표로부터 부호순위검정통계량의 값은 $W^+ = 64$이다. $W^+ = 64 > n(n+1)/4 = 52.5$이므로 [부록 표 6]에서 $n = 14$일 때 $P_0(W^+ \geq 64) = 0.2508$을 얻고 유의확률은 $p = 2 \times 0.2508 = 0.5016$이 된다. 따라서 $p = 0.5016 > \alpha = 0.05$이므로 H_0를 기각할 수 없다. 즉, 약물 중독자의 평균 IQ가 지역에 따라 심각하게 다르다고 단정할 수는 없다.

참고로 같은 데이터에 t-검정을 시행하고 그 결과를 비교해 보자.

표본평균과 표본분산은 각각 다음과 같다.

$$\overline{X} = 109.93, \quad S^2 = 158.76$$

따라서,

$$t = \frac{109.93 - 107}{12.60/\sqrt{15}} = 0.9$$

[부록 표 2]에서 $t(0.025, 14) = 2.145$이므로 유의수준 $\alpha = 0.05$에서 H_0를 기각하지 못하며 부호순위검정과 같은 결론을 얻는다.

유의수준 $\alpha = 0.05$에서 부호순위검정의 대표본 근사를 이용한 검정을 시행해 보자. $|Z_i|$에 동점이 있으므로 식 (2.21)을 사용하면

$$\begin{aligned}\mathrm{Var}_0(W^+) &= \frac{1}{24}[14(14+1)(2\times 14+1) \\ &\quad - \frac{1}{2}\{2(2-1)(2+1) + 2(2-1)(2+1)\}] = 253.50\end{aligned}$$

따라서 표준화된 W^+ 통계량의 값은 다음과 같다.

$$Z_{W^+} = \frac{64 - 14(14+1)/4}{\sqrt{253.50}} = 0.72$$

$|Z_{W^+}| = 0.72 < z_{0.025} = 1.96$이므로 H_0를 기각할 수 없다. 즉 대표본 근사를 이용한 검정에서도 같은 결론을 얻는다. 참고로 $Z_{W^+} = 0.72$가 갖는 유의확률은 $p = 2P_0(Z \geq 0.72) = 0.4716$이며, 앞 페이지에서 구한 통계량 W^+의 유의확률 0.5016과 그리 큰 차이가 나지 않음을 볼 수 있다. 이 경우에도 식 (2.20)에서 연속 보정인자 $\pm 1/2$을 고려하면 두 유의확률의 차이를 더 줄일 수 있다. $n = 14$이지만 W^+의 값이 64로 크므로 연속 보정인자를 생략해도 그 차이가 작은 것이다. 참고로 이 연속보정을 하면 $Z_{W^+} = 0.69$가 되고 유의확률은 $p = 2P_0(Z \geq 0.69) = 0.4902$로 W^+의 유의확률에 더 근접함을 볼 수 있다. ■

예제 2.6 다음은 어떤 대학의 신입생 중에서 13명의 학생을 랜덤하게 추출하여 수학능력시험 성적을 조사한 결과이다.

249 250 240 244 285 258 261 269 254 277 259 267 275

부호순위검정을 시행하여 이 학생들의 평균 수학능력시험 성적이 257과 심각하게 다른지를 유의수준 $\alpha = 0.05$에서 알아보자.

풀이 귀무가설과 대립가설은 각각 다음과 같다.

$$H_0 : \theta = 257, \qquad H_1 : \theta \neq 257$$

먼저 $Z_i = X_i - 257$을 구하면,

−8 −7 −17 −13 +28 +1 +4 +12 −3 +20 +2 +10 +18

윌콕슨 부호순위검정통계량의 값은 다음 [표 2-5]와 같이 계산한다.

[표 2-5] 부호순위검정통계량 계산표

Z_i	$\lvert Z_i \rvert$	$\psi(Z_i)$	R_i^+
−3	3	0	3
−7	7	0	5
−8	8	0	6
−13	13	0	9
−17	17	0	10

Z_i	$\lvert Z_i \rvert$	$\psi(Z_i)$	R_i^+
1	1	1	1
2	2	1	2
4	4	1	4
10	10	1	7
12	12	1	8
18	18	1	11
20	20	1	12
28	28	1	13

$W^+ = 58$

위 표로부터 부호순위검정통계량의 값은 $W^+ = 58$이다.

한편, $W^+ > n(n+1)/4 = 45.5$이므로 [부록 표 6]에서 $n = 13$일 때 $P_0(W^+ \geq 58) = 0.2072$를 얻고 유의확률은 $p = 2 \times 0.2072 = 0.4144$가 된다. 따라서 $p = 0.4144 > \alpha = 0.05$이므로 H_0를 기각할 수 없다. 즉, 이 학생들의 평균 수학능력시험 성적은 257과 다르다고 할 수 없다. ■

예제 2.7 다음은 지난 10년간에 걸친 15명 축구 선수들의 평균 몸무게를 조사한 것이다.(단위 : 파운드)

188.0	211.2	170.8	212.4	156.9	223.1	235.9	183.9
214.4	221.0	162.0	222.8	174.1	210.3	195.2	

윌콕슨 부호순위검정을 이용하여 축구 선수들의 평균 몸무게가 163.5파운드보다 크다고 할 수 있는지 유의수준 $\alpha = 0.05$ 에서 알아보자.

풀이 먼저, 귀무가설과 대립가설은 각각 다음과 같다.

$$H_0 : \theta = 163.5, \qquad H_1 : \theta > 163.5$$

$Z_i = X_i - 163.5$ 를 구하면

+24.5	+47.7	+7.3	+48.9	−6.6	+59.6	+72.4	+20.4
+50.9	+57.5	−1.5	+59.3	+10.6	+46.8	+31.7	

부호순위검정통계량은 다음 [표 2-6]과 같이 계산한다.

[표 2-6] 부호순위검정통계량 계산표

Z_i	$\|Z_i\|$	$\psi(Z_i)$	R_i^+
−1.5	1.5	0	1
−6.6	6.6	0	2

Z_i	$\|Z_i\|$	$\psi(Z_i)$	R_i^+
7.3	7.3	1	3
10.6	10.6	1	4
20.4	20.4	1	5
24.5	24.5	1	6
31.7	31.7	1	7
46.8	46.8	1	8
47.7	47.7	1	9
48.9	48.9	1	10
50.9	50.9	1	11
57.5	57.5	1	12
59.3	59.3	1	13
59.6	59.6	1	14
72.4	72.4	1	15
			$W^+ = 117$

[부록 표 6]에서 $n=15$일 때 $P_0(W^+ \geq 117) = 0.0002$이므로 유의확률은 $p=0.0002$이다. 따라서 $p=0.0002 < \alpha = 0.05$이므로 H_0를 기각한다. 즉, 축구 선수들의 평균 몸무게는 163.5보다 크다고 단정할 수 있다. ■

예제 2.8 다음은 어떤 보험회사에서 6개월간 16명의 판매원들의 보험계약 건수를 나타낸 것이다.

136	103	91	122	96	145	140	138
126	120	99	125	91	142	119	137

과거 3년간의 실적에 의하면, 같은 기간동안 판매원의 평균 보험 계약 실적이 119건이었다. 최근 6개월 동안의 평균 보험 계약 실적이 119건과 확실히 다르다고 할 수 있는지를 알아보기 위해, 유의수준 $\alpha = 0.05$에서 윌콕슨 부호순위검정을 시행해 보자.

먼저, 가설을 다음과 같이 설정한다.

$$H_0 : \theta = 119, \qquad H_1 : \theta \neq 119$$

검정에 앞서 데이터를 살펴보면 $\theta_0 = 119$와 같은 관측값이 1개 있으므로 검정절차에서는 관측값 119를 제외시키고 관측값의 개수를 15로 사용한다.

$Z_i = X_i - 119$를 구하면 다음과 같다.

+17	−16	−28	+3	−23	+26	+21	+19
+7	+1	−20	+6	−28	+18		

$|Z_i|$이 0이 아니면서 동점이 있으므로, 평균순위를 사용하여 부호순위검정통계량은 다음 [표 2-7]과 같이 계산한다.

[표 2-7] 부호순위검정통계량 계산표

Z_i	$\lvert Z_i \rvert$	$\psi(Z_i)$	R_i^+
−16	16	0	5
−20	20	0	9
−23	23	0	11.5
−28	28	0	14.5
−28	28	0	14.5

Z_i	$\lvert Z_i \rvert$	$\psi(Z_i)$	R_i^+
1	1	1	1
3	3	1	2
6	6	1	3
7	7	1	4
17	17	1	6
18	18	1	7
19	19	1	8
21	21	1	10
23	23	1	11.5
26	26	1	13

$W^+ = 65.5$

위 표로부터 부호순위검정통계량의 값은 $W^+ = 65.5$이다. $W^+ = 65.5 > n(n+1)/4 = 60$이므로 [부록 표 6]에서 $n = 15$일 때 $P_0(W^+ \geq 65.5)$는 다음 관계를 만족한다.

$$P_0(W^+ \geq 66) = 0.3808 \leq P_0(W^+ \geq 65.5) \leq P_0(W^+ \geq 65) = 0.4020$$

따라서 $P_0(W^+ \geq 65.5)$를 보간법을 이용하여 대략 구하면 0.3914가 되고 유의확률은

$$p = 2 \times P_0(W^+ \geq 65.5) = 0.7828$$

이 된다. $p > \alpha = 0.05$이므로 H_0를 기각하지 못한다. 즉, 이 보험회사 판매원의 6개월간 평균 계약 실적은 119건과 심각하게 다르다고 할 수 없다. 다시 한번 강조하지만 윌콕슨 부호순위검정을 사용하는 경우에는 관심위치모수가 평균이어도 됨을 기억해야 한다.

참고문헌

부호순위검정통계량 W^+는 Wilcoxon(1945)이 제안하였다. Pratt(1959)는 θ_0와 같은 관측값과 동점들의 취급방법에 대한 자세한 연구를 하였고, Hollander(1971)은 기본모형 (2.1)보다 더 일반적인 모형 하에서 처리효과에 대한 검정절차를 고려하였다.

참고 부호검정을 쓸 것인가? 부호순위검정을 쓸 것인가?

지금까지는 검정의 종류를 지정하여 주로 검정 진행 절차를 공부하였다. 실제 응용에서 두 검정법 중 어느 것을 쓸 것인가는 전적으로 가정 A4(e의 대칭성)의 성립여부에 달려있다.

즉, 관찰변수 X의 모분포의 대칭성을 받아들일 수 있느냐에 달려있는 것이다. 이를 위해 다음의 두 가지를 고려하여 통계분석가가 종합적인 판단을 내리게 된다.

(1) 관찰변수가 대칭의 특성을 갖는가?

(2) 관찰값들이 대칭성을 보이는가?

[예 2.B]의 경우 관찰변수인 "구입물품개수"는 비대칭 특성을 가짐을 짐작할 수 있고, 실제 관측값들을 간단히 아래의 점분포도(dot diagram)을 그려 봄으로써 0쪽에서는 몰리고 오른쪽으로 갈수록 꼬리가 길어지는 비대칭 분포형태임을 확인할 수 있다. 따라서 부호검정의 사용이 올바른 선택이라 할 수 있다.

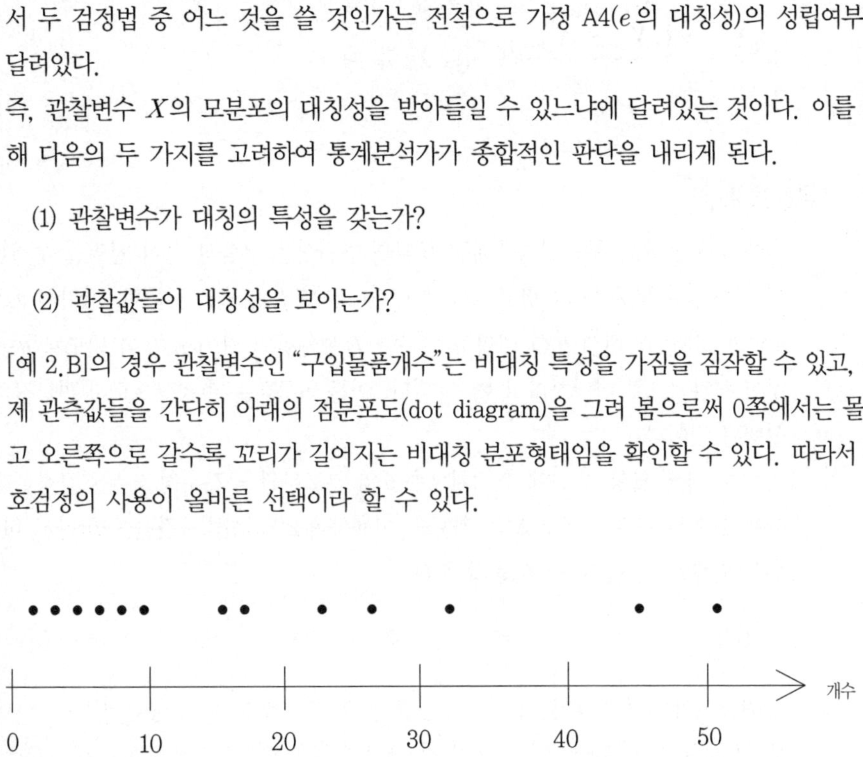

2.4 부호검정에 기초한 추정

관측값 기본 모형 (2.1)에서 위치모수 θ는 부호검정에 기초하여 추정할 수 있으며, 그 절차는 다음과 같다. θ를 부호검정에 기초하여 추정한다는 것은 부호검정을 실시하기 위한 가정의 성립 하에 추정한다는 의미이고, 이때 θ는 모중앙값이 된다.

절차

1. 관측값을 작은 것부터 크기순으로 배열하여

$$X_{(1)}, X_{(2)}, \cdots, X_{(n)}$$

이라 한다. 즉, $X_{(1)} \le X_{(2)} \le \cdots \le X_{(n)}$인 **순서통계량**(order statistic)이다.

2. 부호검정통계량을 이용한 θ의 추정량 $\hat{\theta}$은 관측값들의 중앙값으로 설정한다. 즉,

$$\begin{aligned}\hat{\theta} &= \mathrm{med}\{X_i, i=1,2,\cdots,n\} \\ &= \begin{cases} X_{(k+1)}, & n=2k+1\text{일 때} \\ \dfrac{X_{(k)}+X_{(k+1)}}{2}, & n=2k\text{일 때} \end{cases}\end{aligned} \tag{2.22}$$

해설

위에서 구한 $\hat{\theta}$와 부호검정통계량 B와의 연관성은 다음과 같이 설명될 수 있다. $\theta=\theta_0$인 경우 통계량 B는 그 평균 $n/2$에 대하여 대칭인 분포를 갖는다. 따라서 θ의 추정량을 $\hat{\theta}$이라 하면, θ_0 대신 $\hat{\theta}$를 대입하여 구한 B 통계량의 값이 $n/2$이 되도록 $\hat{\theta}$을 정의하는 것이 직관적으로 타당하다고 할 수 있다. 이를 만족하는 추정량으로서 관측값의 중앙값이 선택된 것이다.

이제 기본 모형 (2.1)에서 위치모수 θ의 분포무관 구간추정을 부호검정통계량을 이용하여 시행해 보자. [예 2.A]의 자료를 이용하여 90% 신뢰구간을 구한다고 하자. 편의상 우선 자료를 순서화하면 다음과 같다.

16 25 36 38 44 58 62 $(n=7)$

위의 n개의 각기 다른 관찰값들은 θ가 가질 수 있는 값의 공간인 $(\infty, -\infty)$를 8개의 구간으로 나누고 있다. 이제 θ_0가 각 구간에 있을 때, $H_0: \theta=\theta_0$, $H_1: \theta \ne \theta_0$의 가설검정을 유의수준 10%에서 시행해 보자. B 통계량의 성질에 의해 θ_0가 이 8개의 구간 중

어느 하나에 속하면 그 구간 내에서는 통계량의 값이 같음을 주목해야 한다. $\theta_0 \in (-\infty, 16)$일 때는, $B=7$이고 양측검정이므로 유의확률은

$$p = 2 \times P_0(B \geq 7) = 2 \times 0.0078 = 0.0156$$

이므로 H_0가 기각된다. 즉, $(-\infty, 16)$은 90% 신뢰구간에 들어가지 않는다. B통계량의 대칭성에 의해 구간 $(62, \infty)$도 90% 신뢰구간에 들어갈 수 없다. 만약 이들 구간이 신뢰구간에 들어가면, 신뢰구간이 모든 실수의 집합이 되어야 하는데, 실제 응용 예에서는 발생하지 않는다.

$\theta_0 \in (16, 25)$일 때는, $B=6$이고 유의확률은

$$p = 2 \times P_0(B \geq 6) = 2 \times 0.0625 = 0.1250$$

로 H_0가 기각되지 않는다. 즉, 구간$(16, 25)$와 (B의 대칭성에 의해) 구간$(58, 62)$는 90% 신뢰구간에 포함된다. 관측값들로 인해 생긴 8개의 구간 중 이 두 개의 구간보다 더 중심 쪽에 있는 구간에서는 통계량 B의 유의확률이 더 커지므로(왜냐하면 통계량 B가 $n/2$에 점점 가까워지게 되므로), 중심쪽 구간들은 90% 신뢰구간에 속하게 된다. 결과적으로 구간$(16, 62)$가 90% 신뢰구간에 속하게 된다. 하지만 이 구간$(16, 62)$가 갖는 신뢰수준이 정확히 90%는 아니다.

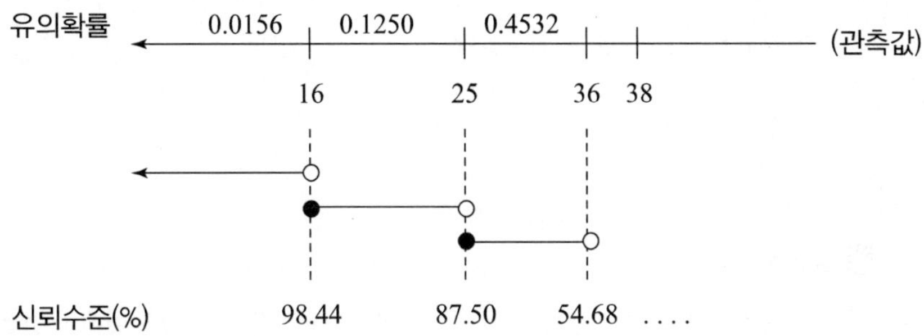

θ_0가 두 번째 구간 $(16, 25)$ 또는 $(58, 62)$ 사이에 있을 때, 검정통계량 B의 유의확률은 0.1250이다. $\alpha = 0.10$에서 기각되지 않을뿐더러 α가 0.1250 직전까지 (0.1250^-) 상승해도 기각되지 않는다. 한편, 0.10보다 작은 모든 α에서도 기각되지 않는다. 하지만 α가 0.0156(가장 바깥구간이 갖는 유의확률)보다 작아지면 이 바깥구간이 새로이 신뢰구간으로 들어오게 된다. 그러므로 구간 $(16, 62)$가 갖는 신뢰수준의 값은 98.44%(경계 포함)부터 87.50%(경계 불포함)이 된다. 한 구간이 여러 신뢰수준을 가질 수 있다면 그 구간이 갖는 신뢰수준은 가질 수 있는 최댓값을 가지는 것으로 보는 게 합리적이다. 즉, 구간 $(16, 62)$는 θ의 98.44% 신뢰구간인 것이다. 같은 이유로 그 다음 고려대상 구간인 $(25, 58)$이 갖는 신뢰수준은 87.50%이다. 둘 중 90%에 가까운 87.50%를 택해 구간

(25,58)을 θ의 신뢰구간으로 정하고 신뢰수준 87.50%를 부여한다. 다음의 절차에 따르면 지금까지 설명한 θ의 분포무관 신뢰구간을 얻게 된다.

절차

1. [부록 표 5]에서 $b(\alpha/2,n)$을 구하고,

$$C_\alpha = n+1-b(\alpha/2,n) \tag{2.23}$$

이라 한다. 이때 C_α는 귀무가설 $H_0 : \theta = \theta_0$ 하에서 다음을 만족하는 상수이다.

$$P_0\{C_\alpha \le B \le n - C_\alpha\} = 1-\alpha \tag{2.24}$$

2. 관측값을 작은 것부터 크기순으로 배열하여

$$X_{(1)}, X_{(2)}, \cdots, X_{(n)}$$

이라 한다. 즉, $X_{(1)} \le X_{(2)} \le \cdots \le X_{(n)}$.

3. θ의 $100(1-\alpha)\%$ 신뢰구간 (θ_L, θ_U)는 다음과 같다.

$$\theta_L = X_{(C_\alpha)},\ \theta_U = X_{(n+1-C_\alpha)} \tag{2.25}$$

즉, (θ_L, θ_U)는 다음을 만족한다.

$$P_0(\theta_L < \theta < \theta_U) = 1-\alpha \tag{2.26}$$

참고

부호검정통계량 B는 이산분포를 따르므로 θ의 $100(1-\alpha)\%$ 신뢰구간을 구하고자 할 때, 주어진 값 $\alpha/2$에 대해 $b(\alpha/2,n)$을 정확히 만족하는 값이 존재하지 않는 경우가 대부분이다. 이때에는 $\alpha/2$에 가장 가까운 값을 선택하여 사용한다. 식 (2.25)에서 $n+1-C_\alpha = b(\alpha/2,n)$ 임에 주의하여라.

해설

다시 한번 강조하지만 θ의 $100(1-\alpha)\%$ 신뢰구간은 양쪽 가설 $H_0 : \theta = \theta_0$, $H_1 : \theta \ne \theta_0$에 대한 유의수준 α인 부호검정을 이용해서 설명할 수 있다. 즉, 부호검정에서 H_0를 채택하도록 하는 모든 가능한 θ_0 값을 포함한 값으로 신뢰구간을 만들면 신뢰구간 (θ_L, θ_U)와 일치한다. 따라서 앞에서 구한 신뢰구간 (θ_L, θ_U)에 포함되는 어떤 값을

θ_0에 대입해도 양쪽 부호검정에서 H_0를 채택함을 알 수 있다.

대표본 근사

표본의 크기 n이 충분히 클 때, C_α는 다음과 같이 근사시킨다.

$$C_\alpha \approx \frac{n}{2} - z_{\alpha/2}\sqrt{\frac{n}{4}} \tag{2.27}$$

일반적으로, 식 (2.27)에 의해 구해진 C_α는 정수가 아니므로 가장 가까운 정수값을 선택하여 식 (2.25)에 대입하면 대표본 근사에 의한 신뢰구간을 구할 수 있다.

예제 2.9 [예 2.A(1)]에 대해 부호검정에 기초하여 위치모수 θ의 추정량 $\hat{\theta}$과 분포무관 신뢰구간을 구해 보자.

풀이

1) θ의 추정량 $\hat{\theta}$:

관측값의 수 n이 홀수이므로 $n = 2k+1$에서 $k = 3$이고 따라서

$$\hat{\theta} = X_{(4)} = 38$$

즉, θ의 점추정값은 $\hat{\theta} = 38$이다.

2) θ의 분포무관 신뢰구간:

θ의 90% 신뢰구간을 구해 보자. $1-\alpha = 0.90$이므로 $\alpha/2 = 0.05$가 되지만 [부록 표 5]에서 $b(0.05, 7)$를 만족하는 값을 찾을 수 없으므로 가장 가까운 값 $\alpha/2 = 0.0625$를 선택한다.

[부록 표 5]에서 $b(0.0625, 7) = 6$이므로

$$C_{0.125} = 7 + 1 - 6 = 2$$

따라서 θ의 $100(1-0.125) = 87.5\%$ 신뢰구간 (θ_L, θ_U)의 값은 다음과 같다.

$$\theta_L = X_{(2)} = 25, \quad \theta_U = X_{(6)} = 58$$

■

예제 2.10 [예 2.B(1)]에 대해 부호검정에 기초한 구입개수의 위치모수 θ의 추정량과 신뢰구간을 구해 보자.

풀이 먼저, 데이터를 작은 값부터 크기순으로 배열하면 다음과 같다.

1 4 5 7 8 9 15 16 22 26 31 47

1) θ의 추정량 $\hat{\theta}$:

관측값 n이 짝수이므로 $n=2k$에서 $k=6$이다. 따라서

$$\hat{\theta}=\frac{X_{(6)}+X_{(7)}}{2}=\frac{9+15}{2}=12$$

즉, θ의 점추정값은 $\hat{\theta}=12$이다.

2) θ의 분포무관 신뢰구간:

θ의 95% 신뢰구간을 구해 보자. $1-\alpha=0.95$이므로 $\alpha/2=0.025$가 되지만 [부록 표 5]에서 $b(0.025,12)$를 만족하는 값을 찾을 수 없으므로 가장 가까운 값 $\alpha/2=0.0193$을 선택한다. [부록 표 5]에서 $b(0.0193,12)=10$이므로

$$C_{0.0386}=12+1-10=3$$

따라서 θ의 100(1−0.0386)=96.14% 신뢰구간 (θ_L, θ_U)의 값은 다음과 같다.

$$\theta_L=X_{(3)}=5,\quad \theta_U=X_{(10)}=26$$

■

예제 2.11 다음은 어떤 지역의 농부들의 나이를 조사한 것이다.

32 42 30 35 57 40 30 52
34 64 55 57 50 45 46 63

농부들의 나이의 위치모수를 θ라고 할 때, 부호검정에 기초한 추정량 $\hat{\theta}$와, θ의 분포무관 신뢰구간을 구해 보자.

풀이 먼저 데이터를 작은 것부터 크기순으로 배열하면 다음과 같다.

30 30 32 34 35 40 42 45
46 50 52 55 57 57 63 64

1) θ의 추정량 $\hat{\theta}$:

관측값의 수 n이 짝수이므로 $n=2k$에서 $k=8$이다. 따라서,

$$\hat{\theta}=\frac{X_{(8)}+X_{(8+1)}}{2}=\frac{45+46}{2}=45.5$$

즉, θ의 점추정값은 $\hat{\theta}=45.5$이다.

2) θ의 분포무관 신뢰구간 :

θ의 90% 신뢰구간을 구해 보자. $1-\alpha=0.90$이므로 $\alpha/2=0.05$가 되지만 [부록 표 5]에서 $b(0.05,16)$를 만족하는 값을 찾을 수 없으므로 가장 가까운 값 $\alpha/2=0.0384$를 선택한다. [부록 표 5]에서 $b(0.0384,16)=12$이므로

$$C_{0.0768}=16+1-12=5$$

따라서 θ의 100(1−0.0768)=92.32% 신뢰구간 (θ_L, θ_U)의 값은 다음과 같다.

$$\theta_L=X_{(5)}=35,\quad \theta_U=X_{(12)}=55$$

부호검정통계량에 기초한 신뢰구간을 대표본 근사를 이용하여 구해 보자.
$\alpha=0.05$일 때 대표본 근사법에 의하면

$$C_\alpha\approx\frac{16}{2}-1.96\sqrt{\frac{16}{4}}=4.08\fallingdotseq 4$$

따라서 θ의 95% 대표본 근사 신뢰구간 (θ_L, θ_U)은 다음과 같다.

$$\theta_L=X_{(4)}=34,\quad \theta_U=X_{(13)}=57$$ ■

참고문헌

부호검정에 기초한 점추정은 Hodges and Lehmann(1963)이 제안한 추정법 중의 하나로서 부호통계량에 적용시켜 얻은 방법이다. 분포무관 신뢰구간은 Thompson(1936)과 Savur(1937)가 제안하였고 Scheffé and Tukey(1945)는 이를 이산분포에도 적용시킬 수 있도록 연구하였다.

2.5 부호순위검정에 기초한 추정

기본모형 (2.1)에서 위치모수 θ의 점추정은 윌콕슨 부호순위검정통계량을 이용할 경우(즉, 분포의 대칭성을 가정할 수 있는 경우) 다음과 같은 절차에 의해 구할 수 있다.

절차

1. $N=n(n+1)/2$개의 모든 $i \le j\,(i,j=1,2,\cdots,n)$에 대하여

$$W_{ij}=\frac{X_i+X_j}{2} \tag{2.28}$$

를 구한다. 이때 W_{ij}를 **왈쉬평균**(Walsh average)이라 한다.

2. 왈쉬평균 W_{ij}의 순서통계량을 $W_{(1)}, W_{(2)},\cdots, W_{(N)}$이라 하면, θ의 점추정량 $\hat{\theta}$은 W_{ij}의 중앙값으로 정의된다. 즉,

$$\begin{aligned}\hat{\theta} &= med\{W_{ij}, i \le j\} \\ &= \begin{cases} W_{(k+1)}, & N=2k+1\text{일 때} \\ \dfrac{W_{(k)}+W_{(k+1)}}{2}, & N=2k\text{일 때} \end{cases}\end{aligned} \tag{2.29}$$

이러한 추정량 $\hat{\theta}$은 윌콕슨 부호순위검정에 기초한 θ의 **핫지스-레만 일표본추정량**(Hodges-Lehmann one-sample estimator)이라 한다. 위치모수 θ를 모평균(μ)으로 생각하면 표본평균 $\overline{X}$가 추정량이나, 모중앙값을 대칭성 가정하에 추정한다고 하면 이 핫지스-레만 추정량이 더 좋은 선택이 되는 것이다. 모중앙값의 추정량으로 관측값들의 중앙값(식 (2.22))을 사용할 수도 있으나, 분포의 대칭성을 가정할 수 있으면 식 (2.29)로 주어지는 왈쉬평균들의 중앙값이 훨씬 더 좋은 모중앙값의 추정량이 된다. 만약 관측값들이 완전대칭형태를 보이면 두 중앙값들이 같아짐을 볼 수 있다. 대부분의 타 교과서에서는 분포가 대칭이면 자료도 대칭일 것이고, 이 경우 표본 중앙값과 왈쉬 평균들의 중앙값 사이에 별 차이가 없다는 이유로 표본중앙값만을 모중앙값의 추정량으로 제시한다. 왈쉬평균들의 중앙값으로 추정된 추정량이 의미가 있는 경우는 모분포의 대칭성을 확신하나 어떤 이유에서(주로 표본오차)인지 관측값들이 비대칭성을 가지는 경우라 할 수 있다.

참고

부호순위검정통계량 W^+는 이산분포를 따르므로 θ의 $100(1-\alpha)\%$ 신뢰구간을 구하고자 할 때, 주어진 값 $\alpha/2$에 대해 $w^+(\alpha/2,n)$을 정확히 만족하는 값이 존재하지 않는 경우가 대부분이다. 이때에는 $\alpha/2$에 가장 가까운 값을 선택하여 사용한다.

해설

위에서 구한 $\hat{\theta}$이 부호순위검정통계량 W^+와의 연관성은 다음과 같이 설명될 수 있다.

$\theta=\theta_0$인 경우 통계량 W^+는 그 평균 $n(n+1)/4$에 대하여 대칭인 분포를 갖는다. 따라서 θ의 추정량을 $\hat{\theta}$이라 하면, θ_0 대신 $\hat{\theta}$을 대입하여 구한 W^+통계량의 값이 $n(n+1)/4$이 되도록 $\hat{\theta}$을 정의하는 것이 직관적으로 타당한 방법이라 할 수 있다. 이를 만족하는 추정량으로서 W_{ij}의 중앙값이 선택된 것이다.

표본 개수가 n일 때 통계량 W^+가 가질 수 있는 최솟값은 0(모든 관측값이 θ_0보다 작은 경우)이다. 한편, 최댓값은 $n(n+1)/2$(모든 관측값이 θ_0보다 큰 경우)인데, 이는 왈쉬 평균들의 개수와 같음에 주의할 필요가 있다. 순서화된 n개의 관측값들

$$X_{(1)},\quad X_{(2)},\quad X_{(3)},\cdots\cdots,\quad X_{(n)}$$

사이에 θ_0를 움직여가며 $H_0:\theta=\theta_0$의 검정을 한다고 하자. θ_0가 $X_{(n)}$보다 크면 $W^+=0$이고, $X_{(n)}$을 지나면서 $W^+=1$로 증가한다. 하지만 $X_{(n-1)}$을 지나면서 $W^+=2$로 증가하는 것이 아니라(B통계량은 그랬다), $X_{(n)}$과 $X_{(n-1)}$의 평균

$$\frac{X_{(n)}+X_{(n-1)}}{2}$$

을 지나며 $W^+=2$로 증가한다. 부호순위통계량 W^+는 θ_0로부터의 거리(왼쪽이든 오른쪽이든)에 순위를 매긴 후, θ_0의 오른쪽(+쪽)에 있는 순위들만을 합한 것임을 기억하면 독자들도 쉽게 이 현상을 이해할 것이다.

W^+는 θ_0가 $X_{(n)}$의 오른쪽에 있을 때 $W^+=0$에서 시작해 θ_0가 매 왈쉬평균을 거치면서 1씩 증가해 θ_0가 마지막 왈쉬평균인 $X_{(1)}$의 왼쪽에 도착하면 그 최댓값 $n(n+1)/2$를 얻게 된다. 이것이 왈쉬평균의 개수와 W^+의 최댓값이 같은 이유이다.

위치모수 θ에 대한 분포무관 구간추정은 윌콕슨 부호순위검정통계량을 이용하여 다음과 같이 구해질 수 있다. 이미 부호검정에 기초한 구간추정을 행한 바 있는 [예 2.A]의 자료를 다시 사용하여 부호순위검정에 기초한 구간측정을 실시해 보자. 부호검정에 기초한 구간추정에서는 7개의 관측값들이 만들어내는 8개의 구간을 고려했지만 이제는 $N=n(n+1)/2=28$개의 왈쉬평균들이 만들어내는 29개의 구간을 고려하여 95%(95%에 가장 가까운) 신뢰구간을 구해 보자.

$$W_{(1)},\quad W_{(2)},\quad W_{(3)},\cdots\cdots\ ,W_{(27)},\quad W_{(28)}$$

$H_0:\theta=\theta_0,\quad H_1:\theta\neq\theta_0$의 검정에서 θ_0의 위치와 통계량 W^+가 갖는 유의확률을 계산해 보면

$\theta_0 < W_{(1)}$일때, $p=2\times P_0(W^+\geq 28)=2\times 0.0078=0.0156$

$$W_{(1)} < \theta_0 < W_{(2)} \text{일 때, } p = 2 \times P_0(W^+ \geq 27) = 2 \times 0.0156 = 0.0312$$
$$W_{(2)} < \theta_0 < W_{(3)} \text{일 때, } p = 2 \times P_0(W^+ \geq 26) = 2 \times 0.0234 = 0.0468$$
$$W_{(3)} < \theta_0 < W_{(4)} \text{일 때, } p = 2 \times P_0(W^+ \geq 25) = 2 \times 0.0391 = 0.0782$$

$\alpha = 0.05$에 가장 가까운 유의확률이 0.0468임을 알 수 있고, 구간$(W_{(2)}, W_{(27)})$이 갖는 신뢰수준의 최댓값은 $1 - 0.0312 = 0.9688$(경계 포함)이고 최솟값은 $1 - 0.0468 = 0.9532$(경계 불포함)이다. 한편, 구간 $(W_{(3)}, W_{(26)})$이 갖는 신뢰수준의 최댓값은 0.9532이고 최솟값은 0.9218이므로 우리는 $(W_{(3)}, W_{(26)})$을 95%에 가장 가까운 신뢰구간으로 선정하고 그 구간이 가지는 최대신뢰수준 95.32%를 부여한다. 이 과정을 정리하면 다음의 절차가 된다.

절차

1. [부록 표 6]에서 $w^+(\alpha/2, n)$을 구하고

$$C_\alpha = \frac{n(n+1)}{2} + 1 - w^+(\alpha/2, n) \tag{2.30}$$

이라 한다. 이때 C_α는 귀무가설 $H_0 : \theta = \theta_0$하에서 다음을 만족하는 상수이다.

$$P_0\left\{C_\alpha \leq W^+ \leq \left[\frac{n(n+1)}{2} - C_\alpha\right]\right\} = 1 - \alpha \tag{2.31}$$

2. 모든 $i \leq j\,(i, j = 1, 2, \cdots, n)$에 대해, W_{ij}의 순서통계량을

$$W_{(1)}, W_{(2)}, \cdots, W_{(N)}$$

이라 한다.

3. θ의 $100(1-\alpha)\%$ 신뢰구간 (θ_L, θ_U)는 다음과 같다.

$$\theta_L = W_{(C_\alpha)},\ \theta_U = W_{(N+1-C_\alpha)} \tag{2.32}$$

즉, (θ_L, θ_U)는 다음을 만족한다.

$$P_\theta(\theta_L < \theta < \theta_U) = 1 - \alpha \tag{2.33}$$

해설

다시 한번 간략히 설명하면, θ의 $100(1-\alpha)\%$ 신뢰구간은 양쪽가설 $H_0 : \theta = \theta_0$,

$H_1 : \theta \neq \theta_0$에 대한 유의수준 α인 부호순위검정을 이용해서 설정할 수 있다. 즉, 부호순위검정에서 H_0를 채택하도록 하는 모든 가능한 θ_0의 값으로 신뢰구간을 만들면, 신뢰구간 (θ_L, θ_U)와 일치한다. 따라서 앞에서 구한 (θ_L, θ_U)에 포함되는 어떤 값을 θ_0에 대입하여도 양쪽 부호순위검정에서 H_0가 채택됨을 알 수 있다.

대표본 근사

표본의 크기 n이 충분히 클 때, C_α는 다음과 같이 근사시킬 수 있다.

$$C_\alpha \approx \frac{n(n+1)}{4} - z_{\alpha/2}\sqrt{\frac{n(n+1)(2n+1)}{24}} \tag{2.34}$$

일반적으로 식 (2.34)에 의해 구해진 C_α는 정수가 아니므로 가장 가까운 정수값을 선택하여 식 (2.32)에 대입하면 대표본 근사에 의한 신뢰구간을 구할 수 있다.

예제 2.12 [예 2.A(1)]에 대해 부호순위검정에 기초하여 수명의 위치모수 θ의 추정량 $\hat{\theta}$과 분포무관 신뢰구간을 구해 보자.

풀이

1) θ의 추정량 $\hat{\theta}$:

$N = 7(7+1)/2 = 28$이므로 $N = 2k$에서 $k = 14$이다. 따라서

$$\hat{\theta} = \frac{W_{(14)} + W_{(15)}}{2}$$

2) θ의 분포무관 신뢰구간 :

θ의 95% 신뢰구간을 구해 보자. $1-\alpha = 0.95$이므로 $\alpha/2 = 0.025$가 되지만 [부록 표 6]에서 $w^+(0.025, 7)$을 만족하는 값을 찾을 수 없으므로 가장 가까운 값 $\alpha/2 = 0.0234$를 선택한다. [부록 표 6]에서 $w^+(0.0234, 7) = 26$이므로

$$C_{0.0468} = \frac{7(7+1)}{2} + 1 - 26 = 3$$

따라서 θ의 $100(1-0.0468) = 95.32\%$ 신뢰구간 (θ_L, θ_U)는 $(W_{(3)}, W_{(26)})$이다. 왈쉬평균 W_{ij}의 순서통계량 $W_{(3)}$, $W_{(14)}$, $W_{(15)}$, $W_{(26)}$을 구하기 위해 다음 [표 2-8]을 사용하면 편리하다.

[표 2-8] 왈쉬평균 순서통계량 계산표

X_i \ X_j	16	25	36	38	44	58	62
16	16	20.5	26	27	30	37	39
25		25	30.5	31.5	34.5	41.5	43.5
36			36	37	40	47	49
38				38	41	48	50
44					44	51	53
58						58	60
62							62

위 계산표로부터

$$W_{(3)} = 25, W_{(14)} = 39, W_{(15)} = 40, W_{(26)} = 58$$

을 얻고, 따라서 다음 결과를 얻는다.

$$\hat{\theta} = \frac{39+40}{2} = 39.5, \quad (\theta_L, \theta_U) = (25, 58)$$ ■

예제 2.13 [예 2.C(1)]에 대해 부호순위검정에 기초하여 IQ가 갖는 위치모수 θ의 추정량 $\hat{\theta}$과 분포무관 신뢰구간을 구해 보자.

풀이

1) θ의 추정량 $\hat{\theta}$:

$N = 15(15+1)/2 = 120$이므로 $N = 2k$에서 $k = 60$이다. 따라서

$$\hat{\theta} = \frac{W_{(60)} + W_{(61)}}{2}$$

2) θ의 분포무관 신뢰구간 :

θ의 95% 신뢰구간을 구해 보자. $\alpha/2 = 0.025$이지만 [부록 표 6]에서 $w^+(0.025, 15)$를 만족하는 값을 찾을 수 없어 $\alpha/2 = 0.0240$을 선택한다. [부록 표 6]에서 $w^+(0.024, 15) = 95$이므로

$$C_{0.048} = \frac{15(15+1)}{2} + 1 - 95 = 26$$

따라서 θ의 $100(1-0.048) = 95.2\%$ 신뢰구간 (θ_L, θ_U)는 $(W_{(26)}, W_{(95)})$이다.

다음 [표 2-9]를 이용하여 왈쉬평균의 순서통계량을 구한다.

[표 2-9] 왈쉬평균 순서통계량 계산표

X_i \ X_j	90	94	99	100	104	105	107	108	109	110	117	119	125	127	135
90	90	92	94.5	95	97	97.5	98.5	99	99.5	100	103.5	104.5	107.5	108.5	112.5
94		94	96.5	97	99	99.5	100.5	101	101.5	102	105.5	106.5	109.5	110.5	114.5
99			99	99.5	101.5	102	103	103.5	104	104.5	108	109	112	113	117
100				100	102	102.5	103.5	104	104.5	105	108.5	109.5	112.5	113.5	117.5
104					104	104.5	105.5	106	106.5	107	110.5	111.5	114.5	115.5	119.5
105						105	106	106.5	107	107.5	111	112	115	116	120
107							107	107.5	108	108.5	112	113	116	117	121
108								108	108.5	109	112.5	13.5	116.5	117.5	121.5
109									109	109.5	113	114	117	118	122
110										110	113.5	114.5	117.5	118.5	122.5
117											117	118	121	122	126
119												119	122	123	127
125													125	126	130
127														127	131
135															135

위 계산표로부터

$$W_{(26)} = 102.5,\ W_{(60)} = W_{(61)} = 109,\ W_{(95)} = 117$$

을 얻고, 따라서 다음 결과를 얻는다.

$$\hat{\theta} = \frac{109+109}{2} = 109$$

$$(\theta_L, \theta_U) = (102.5, 117)$$

■

예제 2.14 다음은 초등학교 1학년 남학생 10명에게 3개월간 근육훈련을 시킨 후에 체중 증가를 조사한 결과이다.(단위 : 파운드)

7.0 5.0 10.5 3.5 6.1 4.0 4.5 5.9 6.5 8.5

체중증가량 분포가 갖는 위치모수 θ를 추정하기 위해 부호순위검정을 이용하고, 추정량 $\hat{\theta}$과 θ의 분포무관 신뢰구간을 구해 보자.

풀이

1) θ의 추정량 $\hat{\theta}$:

$N = 10(10+1)/2 = 55$ 이므로 $N = 2k+1$ 에서 $k = 27$ 이다. 따라서

$$\hat{\theta} = W_{(28)}$$

2) θ 의 분포무관 신뢰구간 :

θ 의 95% 신뢰구간을 구해 보자. $\alpha/2 = 0.025$ 이지만 [부록 표 6]에서 $w^+(0.025, 10)$ 를 만족하는 값을 찾을 수 없어 $\alpha/2 = 0.0244$ 를 선택한다. [부록 표 6]에서 $w^+(0.0244, 10) = 47$ 이므로

$$C_{0.0488} = \frac{10(10+1)}{2} + 1 - 47 = 9$$

따라서 θ 의 $100(1-0.048) = 95.2\%$ 신뢰구간 (θ_L, θ_U) 는 $(W_{(9)}, W_{(47)})$ 이다. 다음 [표 2-10]을 이용하여 왈쉬평균의 순서통계량을 구한다.

[표 2-10] 왈쉬평균 순서통계량 계산표

X_i \ X_j	3.5	4.0	4.5	5.0	5.9	6.1	6.5	7.0	8.5	10.5
3.5	3.5	3.75	4.0	4.25	4.7	4.8	5.0	5.25	6.0	7.0
4.0		4.0	4.25	4.5	4.95	5.05	5.25	5.5	6.25	7.25
4.5			4.5	4.75	5.2	5.3	5.5	5.75	6.5	7.5
5.0				5.0	5.45	5.55	5.75	6.0	6.75	7.75
5.9					5.9	6.0	6.2	6.45	7.2	8.2
6.1						6.1	6.3	6.55	7.3	8.3
6.5							6.5	6.75	7.5	8.5
7.0								7.0	7.75	8.75
8.5									8.5	9.5
10.5										10.5

위 계산표로부터

$$W_{(9)} = 4.7,\ W_{(28)} = 6.0,\ W_{(47)} = 7.75$$

를 얻고, 따라서 다음 결과를 얻는다.

$$\hat{\theta} = 6.0$$
$$(\theta_L, \theta_U) = (4.7, 7.75)$$

참고로, 윌콕슨 부호순위검정에 기초한 θ의 분포무관 신뢰구간을 대표본 근사법에 의해 구해 보자. $\alpha = 0.05$일 때 식 (2.34)에 의해

$$C_\alpha \approx \frac{10(10+1)}{4} - 1.96\sqrt{\frac{10(10+1)(2.10+1)}{24}} = 8.28 \fallingdotseq 8$$

따라서 θ의 대표본 근사 신뢰구간 (θ_L, θ_U)는

$$\theta_L = W_{(8)} = 4.5$$
$$\theta_U = W_{(55+1-8)} = W_{(48)} = 7.75$$

임을 알 수 있다. ■

참고문헌

부호순위검정에 기초한 추정법은 Hodges and Lehmann(1963)이 제안한 추정법 중의 하나이다. Moses(1965)는 그래프를 이용한 절차에 의해 위치모수 θ를 추정하는 방법을 제시하였다. Lehmann(1963b)은 앞에서 구한 θ의 분포무관 신뢰구간의 점근적 성질을 규명하였고, 또한 θ에 대한 점근적 분포무관 신뢰구간에 대하여 연구하였다.

2.6 효율(*)

앞에서 일표본 위치모수에 대한 가설검정법으로서 크게 세 가지 방법을 다루었다. 즉, 비모수적인 방법으로서 부호검정과 부호순위검정을 다루고, 모수적인 방법으로서 t-검정을 다루었다. 같은 가설에 대해 여러 가지 다른 검정법이 있을 때에 당연히 생각할 수 있는 문제는 서로 다른 두 개의 검정법의 상대효율을 어떻게 비교하느냐 하는 것이다.

모수적인 방법으로서는 관측값의 분포가 알려진 경우에는 네이만-피어슨(Neyman-Pearson)의 정리를 이용하여 균일 최강력검정(uniformly most powerful test)과 같은 검정법을 찾아낼 수도 있으나, 비모수적인 방법에서는 어느 한 검정이 다른 검정보다 항상 더 큰 검정력을 가지는 경우가 극히 드문 실정이다. 따라서 최적검정(optimal test)이 없는 경우에는 두 검정의 검정력 함수를 비교하여 상대효율을 구하고자 하는 것은 자연스런 접근방법이라 할 수 있다. 그러나 이와 같은 비교방법은 (1)표본의 크기 n, (2)모수 θ의 참값, (3)관측값의 분포, (4)지정된 유의수준 α에 따라 상대효율의 값이 달라지게 되며, 현실적으로 그 비교의 양이 방대하여 일반적인 결론에 도달하기에는 어려운 점이 있다. 이에 대한 대응 방안으로서 피트만이 점근 상대효율을 정의하였으며 이를 흔히 **피트만 효율**(Pittman efficiency)이라고 한다. 1장에서 설명한 바와 같이 그 기본 개념은, 모

수의 참값이 귀무가설의 값 θ_0에 접근할 때 두 검정의 유의수준과 검정력이 같은 값을 가지기 위해서 필요한 표본의 크기를 비교하는 데 있다.

일표본 위치문제에서, 부호검정의 t-검정에 대한 점근 상대효율을 $\mathrm{ARE}(B,t)$로 나타내면, 특정분포에서 $\mathrm{ARE}(B,t)$는 [표 2-11]과 같다. 검정에서의 점근 상대효율은 대응되는 추정에서도 그대로 적용된다. 즉, 부호검정통계량 B에 기초한 핫지스-레만 일표본 추정량인 중앙값(M)의 표본평균 $\overline{X}$에 대한 점근 상대효율은 검정법의 점근 상대효율과 같다. 즉,

$\mathrm{ARE}(M,\overline{X}) = \mathrm{ARE}(B,t)$가 성립한다. 상대효율이 1보다 크면 그 특정분포에서 부호검정이 t-검정보다 더 효율적임을 뜻한다. 분포함수가 변하면서 $\mathrm{ARE}(B,t)$의 값은 $1/3$에서 ∞까지의 값을 가짐이 알려져 있다. 이와 같이 부호검정이나 표본중앙값은 넓은 범위의 분포에서 좋은 효율을 가지고 있으나 정규분포에서 상대효율이 약 64%로서 낮은 것이 단점이 된다.

윌콕슨 부호순위검정의 t-검정에 대한 점근 상대효율을 $\mathrm{ARE}(W^+,t)$로 나타내면, 특정 분포에서 $\mathrm{ARE}(W^+,t)$는 [표 2-12]와 같다. 부호순위검정에 기초한 추정량을 $\hat{\theta}_{W^+}$로 나타내면 $\mathrm{ARE}(\hat{\theta}_{W^+},\overline{X}) = \mathrm{ARE}(W^+,t)$가 성립한다. $\mathrm{ARE}(W^+,t)$의 값은 0.864에서 ∞까지의 값을 가짐이 알려져 있다.

[표 2-11] 점근 상대효율 $\mathrm{ARE}(B,t)$

분포	$\mathrm{ARE}(B,t)$
균등분포	$\frac{1}{3}$
정규분포	$\frac{2}{\pi}$ (=0.637)
이중지수분포	2

즉 정규분포에서 최적의 방법인 $\overline{X}$ 또는 t-검정에 대한 점근 상대효율의 최솟값은 0.864이며, 정규분포에서는 95.5%의 점근 상대효율을 가지고 있다. 이와 같이 윌콕슨 검정은 좋은 성질을 가지고 있기 때문에 비모수적 검정법 가운데 가장 많이 사용되는 검정법이다.

[표 2-12] 점근 상대효율 ARE(W^+,t)

분포	ARE(W^+,t)
균등분포	1.0
정규분포	$\frac{3}{\pi}$ (=0.955)
이중지수분포	1.5

부호검정의 부호순위검정에 대한 점근 상대효율은

$$\text{ARE}(B, W^+) = \frac{\text{ARE}(B,t)}{\text{ARE}(W^+,t)} \tag{2.35}$$

에 의해 구할 수 있으며, 결과를 요약하면 [표 2-13]과 같다.

[표 2-13] 점근 상대효율 ARE(B, W^+)

분포	ARE(B, W^+)
균등분포	$\frac{1}{3}$
정규분포	$\frac{2}{3}$
이중지수분포	$\frac{4}{3}$

해설

ARE(B,t)와 ARE(W^+,t)를 계산하는 공식은 다음과 같다.

$$\text{ARE}(B,t) = 4\sigma^2 f^2(0), \tag{2.36}$$

$$\text{ARE}(W^+,t) = 12\sigma^2\left[\int_{-\infty}^{\infty} f^2(x)dx\right]^2 \tag{2.37}$$

ARE(B, W^+)는 식 (2.35)에 의해 아래와 같이 계산한다.

$$\text{ARE}(B, W^+) = \frac{f^2(0)}{3\left[\int_{-\infty}^{\infty} f^2(x)dx\right]^2} \tag{2.38}$$

이때 $f(\cdot)$는 관측값의 확률밀도함수를, σ^2은 모집단의 분산을 나타낸다.

2.7 R-program을 이용한 실습

이 절에서는 R-program을 이용하여 부호검정과 윌콕슨 부호순위검정을 시행하고, t-검정과 비교하는 예제들을 다루기로 한다.

예제 2.15 [예제 2.4]의 부호검정을 R을 이용하여 풀어보자.

풀이 분석을 위한 귀무가설과 대립가설은 각각 다음과 같이 설정된다.

$$H_0 : \theta = 1.8 \ ; \ H_1 : \theta \neq 1.8$$

분석을 실시하기 위해 먼저 [예제 2.4]의 데이터를 입력한 다음 부호검정을 실시하는 R 함수 "SIGN.test"를 실행한다. 이때 "SIGN.test"는 library "BSDA" 내에 있는 함수이므로 추가 패키지(add-on package) "BSDA"를 먼저 적재한 다음 실행한다. 실행 프로그램은 [프로그램 2.1]과 같다.

[프로그램 2.1]

```
library(BSDA)  # line 1
x=c(1.5 ,2.2, 0.9, 1.3, 2.0, 1.6, 1.5, 2.0, 1.2, 1.7)  # line 2
test.out<-SIGN.test(x, md=1.8, alternative="two.sided", conf.level=0.95)  # line 3
```

프로그램의 첫째 줄(# line 1) library(BSDA)는 패키지 BSDA를 적재하는 명령인데 이 패키지가 미리 저장되어 있어야 한다. 그렇지 않은 경우에는 패키지 설치하기를 통해 설치할 수 있다. 그 방법은 R console 화면에서

"패키지들" -> "패키지(들) 설치하기"

에서 CRAN mirror를 선택(예: Korea (Seoul 1))한 다음 Packages 화면에서 "BSDA"를 선택하여 저장한다.

프로그램의 둘째 줄(# line 2)은 10개의 데이터를 벡터 x에 저장하는 과정이다.

프로그램의 셋째 줄(# line 3)은 데이터 벡터 x를 이용하여 부호검정을 실행하는 명령이다. 중앙값은 1.8(md=1.8)이고, 양쪽검정 (alternative="two.sided")을 명시하고 있다. 검정의 유의수준은 신뢰구간의 신뢰수준과 같이 표시하는데 (conf.level=0.95)는 신뢰수준을 0.95로 함과 동시에 유의수준을 0.05로 설정하는 명령이다. [프로그램 2.1]의 결과는 [결과 2.1]과 같다.

[결과 2.1]

```
One-sample Sign-Test

data:  x
s = 3, p-value = 0.3438
alternative hypothesis: true median is not equal to 1.8
95 percent confidence interval:
 1.232444 2.000000
sample estimates:
median of x
       1.55
```

[결과 2.1]에서는 데이터 x를 사용하고, 부호검정통계량이 3, 유의확률이 0.3438 임을 보여 주고 있다. 또한 대립가설은 중앙값이 1.8이 아니라는 양쪽 대립가설을 나타낸다. 이 검정에서는 유의확률이 0.3438(> 0.05) 이므로 귀무가설을 기각하지 못하게 된다. 검정결과와 더불어 추정 결과도 보여주고 있는데 95% 신뢰구간은 (1.232444, 2.000000)이며 점 추정값은 1.55이다. 여기서 신뢰구간은 정확하게 95% 구간을 달성하기 위해 보간법을 사용한 것이다. 참고로 어떻게 구해지는지 살펴보자.

이항분포에서 확률함수 $P(B=x)$와 누적확률함수 $P(B \le x)$는 R 함수 "dbinom"과 "pbinom"을 각각 사용한다. 명령

"dbinom(c(0:10),10,0.5)"

과

"pbinom(c(0:10),10,0.5)"

를 실행하면 B가 취하는 값 $x = 0, 1, 2, \ldots, 10$에 대해 $P(B=x)$와 $P(B \le x)$가 아래와 같이 나온다.

```
> dbinom(c(0:10),10,0.5)
 [1] 0.0009765625 0.0097656250 0.0439453125 0.1171875000 0.2050781250 0.2460937500
 [7] 0.2050781250 0.1171875000 0.0439453125 0.0097656250 0.0009765625
> pbinom(c(0:10),10,0.5)
 [1] 0.0009765625 0.0107421875 0.0546875000 0.1718750000 0.3769531250 0.6230468750
 [7] 0.8281250000 0.9453125000 0.9892578125 0.9990234375 1.0000000000
```

우측누적확률함수 $P(B \geq x)(=1-P(B \leq x)+P(B=x))$는 명령

"1-pbinom(c(0:10),10,0.5)+dbinom(c(0:10),10,0.5)"

으로 구할 수 있고 이를 실행하면 그 결과는 아래와 같다.

```
> 1-pbinom(c(0:10),10,0.5)+dbinom(c(0:10),10,0.5)
[1] 1.0000000000 0.9990234375 0.9892578125 0.9453125000 0.8281250000 0.6230468750
[7] 0.3769531250 0.1718750000 0.0546875000 0.0107421875 0.0009765625
```

그리고 데이터를 크기순으로 나열하기 위해 명령 sort(x)를 실행한 결과는 다음과 같다.

```
> sort(x)
[1] 0.9 1.2 1.3 1.5 1.5 1.6 1.7 2.0 2.0 2.2
```

위 결과에서 $b(0.01074, 10)=9$, $b(0.05469, 10)=8$를 알고,

$$C_{0.02148}=11-9=2,\ C_{0.10938}=11-8=3,$$
$$n+1-C_{0.02148}=9,\ n+1-C_{0.10938}=8$$

이 된다. 확률 $\alpha=0.05$는 $0.02148<0.05<0.10938$이므로 신뢰하한은 $X_{(2)}=1.2$와 $X_{(3)}=1.3$ 사이에 있음을 알고, 신뢰상한은 $X_{(8)}=2.0$과 $X_{(9)}=2.0$ 사이에 있음을 알 수 있다.

이제 신뢰하한에 대한 보간법을 시행해 보면

$$1.2+(1.3-1.2)\times\frac{(0.025-0.01074)}{(0.05469-0.01074)}$$

이고, 명령에서 결과는 1.2324로서 [결과 2.1]의 신뢰하한과 동일함을 알 수 있다.

신뢰상한도 동일한 방법을 사용하여 구할 수 있으나 이 경우에는 두 번째 큰 값과 세 번째 큰 값이 2.0으로 동일하여 2.0이 된다.

R 함수 "SIGN.test"에서는 대표본 근사에 의한 검정을 포함하지 않고 있다. 대표본 근사를 통한 부호검정을 실행하는 R 함수 "sign.z.test"를 다음과 같이 작성하고 부호검정을 실시하는 명령문은 [프로그램 2.2]와 같다.

[프로그램 2.2]

```
##########################################################
### large sample approximation for sign test without and with continuity correction ###
##########################################################
sign.z.test <-
function(x, md, alternative=c("two.sided","less","greater"))
{
  if(!is.numeric(x))
      stop("'x' must be numeric")
  if(!missing(md) && (length(md)!=1 || is.na(md)))
      stop("'md' must be a single number")
  alternative<-match.arg(alternative)
  dname <- deparse(substitute(x))
  x <- x[x!=md]
  B <- sum(x>md)
  n <- length(x)
  null.value<-md
  sample.size<- n
  names(md)<-"median"
  if(n<1)
      stop("not enough 'x' observations")
  method<-"Large Sample Approximation of Sign Test without Continuity Correction"
  z=(B-n/2)/sqrt(n/4)
  if(alternative=="less") {
  pval=pnorm(z)}
  else if(alternative=="greater") {
  pval=1-pnorm(z)}
  else{
    if(B<(n/2))   {
    pval=2*pnorm(z)}
    else      {
    pval=2*(1-pnorm(z))}
  }
  names(z)="z without continuity correction"
  rval1 <- list(statistic=z, p.value=pval,
              null.value=md,
              alternative=alternative,
              method=method, data.name=dname)
```

```
  class(rval1) <- "htest"
  # continuity correction
  method<-"Large Sample Approximation of Sign Test with Continuity Correction"
  if(alternative=="less") {
  z=(B+0.5-n/2)/sqrt(n/4)
  pval=pnorm(z)}
  else if(alternative=="greater") {
  z=(B-0.5-n/2)/sqrt(n/4)
  pval=1-pnorm(z)}
  else{
    if(B<(n/2))   {
    z= (B+0.5-n/2)/sqrt(n/4)
    pval=2*pnorm(z)}
    else     {
    z=(B-0.5-n/2)/sqrt(n/4)
    pval=2*(1-pnorm(z))}
  }
  names(z)="z with continuity correction"
  rval2 <- list(statistic=z, p.value=pval,
                null.value=md,
                alternative=alternative,
                method=method, data.name=dname)
  class(rval2) <- "htest"

  res=list(rval1,rval2)
  return(res)
}

x=c(1.5, 2.2, 0.9, 1.3, 2.0, 1.6, 1.5, 2.0, 1.2, 1.7)
sign.z.test(x,md=1.8,"two.sided")
```

[결과 2.2]

```
> sign.z.test(x,md=1.8,"two.sided")
[[1]]

        Large Sample Approximation of Sign Test without Continuity
        Correction

data:  x
z without continuity correction = -1.2649, p-value = 0.2059
alternative hypothesis: true median is not equal to 1.8

[[2]]

        Large Sample Approximation of Sign Test with Continuity Correction

data:  x
z with continuity correction = -0.9487, p-value = 0.3428
alternative hypothesis: true median is not equal to 1.8
```

대표본 근사에 의한 부호검정의 결과를 보면 연속성 수정을 하지 않은 경우 [결과 2.2]의 [[1]]에서 유의확률이 0.2059이나 연속성 수정을 한 경우 [결과 2.2]의 [[2]]에는 유의확률이 0.3428이 되어 상당한 차이를 보이고 있음을 알 수 있다.

예제 2.16 [예제 2.7]의 자료에 대하여 t-검정과 윌콕슨 부호순위검정을 R을 이용해 풀어보자. 또한 가장 큰 자료인 235.9가 실수로 2359로 입력되었다면, t-검정과 부호순위검정의 결과는 어떻게 변하는지 알아보자.

풀이 이 예제에서 분석을 위한 가설은 다음과 같다.

$$H_0 : \theta = 163.5 \quad ; \quad H_1 : \theta > 163.5$$

분석을 실시하기 위해 먼저 [예제 2.7]의 데이터를 입력한 다음 t-검정을 실시하는 R 함수 "t.test"와 윌콕슨 부호순위검정을 실시하는 R 함수 "wilcox.test"를 실행한다.

[프로그램 2.3]

```
x=c(188.0, 211.2, 170.8, 212.4, 156.9, 223.1, 235.9, 183.9, 214.4, 221.0, 162.0 ,222.8,
174.1, 210.3, 195.2)  # line 1
t.test(x, mu=163.5, alternative="greater", conf.int=TRUE, conf.level=0.95)  # line 2
wilcox.test(x, mu=163.5, alternative="greater", conf.int=TRUE, conf.level=0.95)  # line 3
```

프로그램의 첫째 줄(# line 1)은 15개의 데이터(원래 데이터)를 벡터 x에 저장하는 과정이다.

프로그램의 둘째 줄(# line 2)과 셋째 줄(# line 3)은 데이터 벡터 x를 이용하여 t-검정과 윌콕슨 부호순위검정을 실행하는 명령이다. 평균값은 163.5(mu=163.5)이고, 단측검정(alternative="greater")을 명시하고 있다. 검정의 유의수준은 신뢰구간(conf.int=TRUE)의 신뢰수준과 같이 표시하는데 (conf.level=0.95)는 신뢰수준을 0.95로 함과 동시에 유의수준을 0.05로 설정한 명령이다. [프로그램 2.3]의 결과는 [결과 2.3]와 같다.

[결과 2.3]

```
> t.test(x, mu=163.5, alternative="greater", conf.int=TRUE, conf.level=0.95)

        One Sample t-test

data:  x
t = 5.5143, df = 14, p-value = 3.813e-05
alternative hypothesis: true mean is greater than 163.5
95 percent confidence interval:
 187.525      Inf
sample estimates:
mean of x
    198.8

> wilcox.test(x, mu=163.5, alternative="greater", conf.int=TRUE, conf.level=0.95)

        Wilcoxon signed rank test

data:  x
V = 117, p-value = 0.0001526
alternative hypothesis: true location is greater than 163.5
```

```
95 percent confidence interval:
 187.2    Inf
sample estimates:
(pseudo)median
        198.775
```

[결과 2.3]에서 원래의 자료인 데이터 벡터 x를 사용한 t-검정 결과에 대하여는 유의확률이 0.0000(≒3.813e-05)으로서 매우 유의성이 강하므로 몸무게가 163.5보다 크다고 할 수 있다. 검정 결과와 더불어 추정 결과도 보여 주고 있는데 95% 단측신뢰구간은 (187.525, ∞) 이며 점추정값(sample mean)은 198.8이다. 그리고 윌콕슨 부호순위검정 결과에서는 부호순위검정통계량이 117, 유의확률이 0.0002임을 보여 주고 있다. 대립가설은 평균값이 163.5보다 크다는 단측 대립가설을 나타낸다. 이 검정에서는 유의확률이 0.0002(<0.05)이므로 귀무가설을 기각하게 된다. 또한 추정 결과를 살펴보면 95% 단측신뢰구간은 (187.2, ∞)이며 점추정값(pseudo-median)은 198.775이다.

가장 큰 자료인 235.9가 실수로 2359로 입력되었다면, t-검정과 부호순위검정의 결과는 어떻게 변하는지 알아보기 위한 프로그램은 다음과 같다.

[프로그램 2.4]

```
y=c(188.0, 211.2, 170.8, 212.4, 156.9, 223.1, 2359, 183.9, 214.4, 221.0, 162.0 ,222.8,
174.1, 210.3, 195.2) # line 1
t.test(y, mu=163.5, alternative="greater", conf.int=TRUE, conf.level=0.95) # line 2
wilcox.test(y, mu=163.5, alternative="greater", conf.int=TRUE, conf.level=0.95) # line 3
```

프로그램 첫째 줄(# line 1)은 235.9가 2359로 바뀌어 이상점이 포함된 15개의 데이터를 벡터 y에 저장하는 과정이다.

프로그램 둘째 줄(# line 2)과 셋째 줄(# line 3)은 벡터 y를 이용하여 t-검정과 윌콕슨 부호순위검정을 실행하는 명령이다. 이에 대한 자세한 설명은 [프로그램 2.3] 설명과 동일하다. [프로그램 2.4]의 결과는 [결과 2.4]와 같다.

[결과 2.4]

```
> t.test(y, mu=163.5, alternative="greater", conf.int=TRUE, conf.level=0.95)

        One Sample t-test

data:  y
t = 1.2254, df = 14, p-value = 0.1203
alternative hypothesis: true mean is greater than 163.5
95 percent confidence interval:
 86.16938      Inf
sample estimates:
mean of x
   340.34

> wilcox.test(y, mu=163.5, alternative="greater", conf.int=TRUE, conf.level=0.95)

        Wilcoxon signed rank test

data:  y
V = 117, p-value = 0.0001526
alternative hypothesis: true location is greater than 163.5
95 percent confidence interval:
 187.2   Inf
sample estimates:
(pseudo)median
        199.15
```

[결과 2.4]에서 이상점이 포함된 데이터 벡터 y를 사용한 t-검정 결과에 대하여는 유의확률이 0.1203으로서 유의수준 10%에서도 귀무가설을 기각하지 못한다. 검정 결과를 살펴보면 95% 단측신뢰구간은 (86.16938, ∞)이며 점추정값(sample mean)은 340.34이다. 하지만 윌콕슨 부호순위검정 결과에서는 최댓값인 235.9가 2359로 바뀌어도 통계량의 값은 영향을 받지 않아서 원래 데이터와 같은 검정 결과인 부호순위검정통계량 = 117, 유의확률 = 0.0002을 확인할 수 있다. 윌콕슨 부호순위검정은 t-검정과 다르게 유의확률이 0.0002 (<0.05)이므로 귀무가설을 기각하게 된다. 또한 추정 결과를 살펴보면 95% 단측신뢰구간은 (187.2, ∞)이며 점추정값(pseudo-median)은 199.15이므로, 추정 결과도 이상점에 영향을 크게 받지 않는 것을 알 수 있다. 이와 같이 비모수적 방법은 데이터 가운데 이상점이 있어도 그 영향을 덜 받는 것이 특징이라고 할 수 있다. ■

연습문제

1. 다음의 데이터는 18명의 견습조종사들이 어떤 한 교관으로부터 받은 그들의 첫 비행을 위한 훈련의 시간을 나타낸 것이다.

9	12	18	14	12	14	12	10	16
11	9	11	13	11	13	15	13	14

유의수준 $\alpha = 0.05$에서 부호검정을 이용하여 훈련시간의 위치모수가 12시간인지 검정하여라.

2. 다음은 음식 검사관이 어떤 상표의 음식물에 대한 외부 불순물의 포함량을 조사한 것이다. (단위 : 퍼센트)

2.4	2.3	3.1	2.2	2.3	1.2	1.0	2.4
1.7	1.1	4.2	1.9	1.7	3.6	1.6	2.3

유의수준 $\alpha = 0.05$에서 부호검정을 이용하여 불순물 포함량의 위치모수가 2.5%인지를 검정하여라.

3. 다음은 전화 교환소에서 교환해 주는 두 전화 간 시간의 차이를 나타낸 데이터이다. (단위 : 초)

6.8	5.7	6.9	5.3	4.1	9.8	1.7
7.0	2.1	19.0	18.9	16.9	10.4	44.1
2.9	2.4	4.8	18.9	4.8	7.9	

유의수준 $\alpha = 0.05$에서 부호검정을 이용하여 두 전화 간 시간의 차이가 6.2초보다 작은지에 대하여 검정하여라.

4. 다음은 암컷 원숭이의 몸무게를 조사한 데이터이다.(단위 : kg)

8.30	9.50	9.60	8.75	8.40	9.10	9.25	9.80
10.05	8.15	10.00	9.60	9.80	9.20	9.30	

부호검정을 이용하여 유의수준 $\alpha = 0.05$에서 암컷 원숭이의 몸무게의 위치모수가 8.41kg보다 큰가에 대하여 검정하여라.

5. 다음은 미취학 학생들이 1학년에 입학하기 전에 실시한 준비시험의 성적이다.

35	19	40	35	51	41	27	23	39	21
41	31	46	51	34	37	36	55	52	32

부호검정을 이용하여 유의수준 $\alpha = 0.05$에서 미취학 학생들의 점수의 위치모수가 45점보다 작은가에 대하여 검정하여라.

6. 랜덤하게 선택된 10명의 자연계열 신입생에게 심리검사를 실시한 결과 책임감에 대한 득점이 다음과 같이 나타났다.

28.5　25.2　28.7　41.0　29.1　32.3　37.7　39.9　26.8　28.8

부호순위검정을 이용하여 모집단의 위치모수에 관한 점추정과 95% 신뢰구간을 구하여라. 부호검정이 아닌 부호순위검정의 선택이 옳은가를 점분포도(dot diagram)를 그려 확인하여라.

7. 백혈구 증가병이 있는 환자 7명의 백혈구 수를 조사한 결과이다.(단위 : 1,000개)

19　31　1.3　1.5　43　14　14

부호순위검정을 이용하여 모집단의 위치모수에 관한 점추정과 90% 신뢰구간을 구하여라.

8. 어떤 분포로부터 크기가 10인 표본을 추출하여 다음과 같은 데이터를 얻었다.

1.53　1.47　0.93　−0.02　0.46　1.33　0.98　1.96　−0.41　−1.23

위치모수 $\theta = 0$인지에 대하여 부호순위검정을 이용하여 유의수준 $\alpha = 0.05$에서 검정하여라.

9. 다음 데이터를 이용하여 유의수준 $\alpha = 0.01$에서 부호순위검정을 이용하여 평균이 4.8인지에 대하여 검정하여라.

1.0	10.3	16.7	38.4	2.4	2.6	8.9	36.3
27.1	3.8	1.9	0.9	0.4	9.2	3.0	

10. 다음은 어떤 호수에서 랜덤하게 잡은 개복치(sunfish)의 길이를 나타낸 것이다.(단위 : 인치)

5.0　3.9　5.2　5.5　2.8　6.1　6.4　2.6　1.7　4.3

부호순위검정을 이용하여 유의수준 $\alpha = 0.05$ 에서 평균 길이가 3.7인치보다 큰가에 대하여 검정하여라.

11. 다음은 어떤 연속 대칭 분포로부터 얻은 확률표본의 값들을 나타낸 데이터이다.

176.9	158.3	152.1	158.8	172.4	169.8	159.7	162.7
156.6	174.5	184.4	165.2	147.8	177.8	160.1	160.5

부호순위검정을 이용하여 유의수준 $\alpha = 0.05$ 에서 평균의 값이 160보다 큰가에 대하여 검정하여라.

12. 다음 관측값들은 서로 다른 7개의 우주선에 의하여 계측된 지구와 달과의 질량의 비의 평균값들을 나타낸 것이다.

81.3001	81.3015	81.3006	81.3011	81.2997	81.3005	81.3021

그러나 $2 \sim 3$년 전에 다른 우주선에 의하여 계측된 비는 81.3035이었다. 부호순위검정을 이용하여 유의수준 $\alpha = 0.05$ 에서 평균비가 81.3035인가에 대하여 검정하여라.

13. 다음은 오존(ozone)과 일기 미립자 간의 관계가 담배 농작물에 미치는 영향에 대한 연구에서 이슬에 포함된 강산화제(oxidant)의 양을 조사하는 방법을 사용하여 추출된 데이터이다.(단위 : ppm ozone)

0.32	0.21	0.28	0.15	0.08	0.22
0.17	0.35	0.20	0.31	0.17	0.11

이슬에 포함된 강산화제의 양에 대한 위치모수 θ 의 점추정과 95% 신뢰구간을 부호검정을 이용하여 구하여라.

14. 다음은 육체적, 정신적으로 건강한 $50 \sim 60$세 사이의 남자들을 대상으로 실시한 잠자는 태도에 대한 연구 결과로서 '0단계(stage0)'가 총 수면시간에 차지하는 비율을 나타낸 것이다.(단위 : 퍼센트)

0.07	0.69	1.74	1.90	1.99	2.41	3.07	3.08
3.10	3.53	3.71	4.01	8.11	8.23	9.10	10.16

부호검정을 이용하여 비율의 위치모수에 대한 점추정과 90% 신뢰구간을 구하여라.

15. 다음은 어떤 마을에 거주하는 가구들 중에서 가장들의 총 교육연수를 조사한 것이다.

13	6	6	12	12	10	9	11
14	8	7	16	15	8	7	

부호순위검정을 이용하여 유의수준 $\alpha = 0.05$에서 교육연수의 위치모수가 11.6년인가를 검정하고, 점추정과 95% 신뢰구간을 구하여라.

16. 부호순위검정에서는 H_0에서 가정한 위치모수 θ_0를 뺀 관찰값들의 절댓값 $|z_i|$들을 작은 값부터 큰 값의 순으로 순위를 매긴 후, 양의 값을 갖는 z_i들에 할당된 순위들의 합을 구하여 검정통계량으로 사용하고 이를 W^+로 표기한다. 좀 부주의한 한 통계학도가 모르고 순위를 거꾸로 매겼다. 즉 가장 큰 $|z_i|$ 값에 순위 1을 할당하고 그 다음 큰 값에 순위 2를 주고…. 이리하여 이 통계학도가 얻은 통계량을 S^+라 하자. 물론 모든 관찰치들을 가지고 있다면 W^+를 다시 구할 수 있을 것이다. 표본크기 n만으로 S^+로부터 W^+를 구할 수 있을 것인가? 없다면 S^+로부터 W^+를 구하기 위한 최소한의 정보는 무엇인가?

3장 이표본 위치문제

3.1 서론

2장에서는 일표본 위치모수의 추론에 대한 문제를 다루었는데 이 장에서는 두 모집단에서 얻어진 확률표본으로터 각 모집단의 위치모수에 대한 추정과 검정문제를 다루고자 한다. 여기서 취급한 데이터는 서로 독립인 두 확률표본으로 구성되며, 각 표본은 대조(control) 모집단과 처리(treatment) 모집단으로 생각할 수 있다. 이표본 위치문제에 있어서는 위치모수의 변동에 의해 야기되는 처리효과의 연구가 그 기본적인 목적이다. 먼저 이러한 문제가 일어날 수 있는 예를 살펴보자.

예 3.A 비타민 B_1이 버섯의 성장을 촉진시키는지를 알아보기 위해 다음과 같은 실험을 하였다. 19개의 버섯을 랜덤하게 추출하여 그중 9개의 버섯에만 비타민 B_1처리를 하여 처리그룹으로 하고, 나머지 10개는 대조그룹으로 설정하여 일정기간 경과 후 버섯의 무게를 측정하였더니 그 결과는 [표 3-1]과 같이 나타났다.

(1) 비타민 B_1처리가 버섯의 성장을 촉진시킨다고 할 수 있는가?

(2) 비타민 B_1처리를 했을 때와 하지 않았을 때의 버섯무게의 차이는 보편적으로 얼마나 된다고 보겠는가?

[표 3-1] 버섯의 무게 (단위 : g)

대조그룹	18	14.5	13.5	12.5	23	24	21	17	18.5	9.5
처리그룹	27	34	20.5	29.5	20	26.5	22	24.5	35.5	

예 3.B A와 B 두 식이요법 간에 차이가 있는지 비교하기 위해, 10명의 환자를 6명과 4명의 두 그룹으로 나누어 각각에 두 식이요법을 일정기간 동안 적용시킨 후, 체중의 감소를 조사한 결과 [표 3-2]와 같이 나타났다.

(1) 두 식이요법 간에 체중감소의 효과가 같다고 할 수 있는가?
(2) 두 식이요법의 보편적 체중감소의 차이는 얼마나 된다고 하겠는가?

[표 3-2] 체중감소량(단위 : kg)

A	5.7	7.3	7.6	6.0	6.5	5.9
B	4.9	7.4	5.3	4.6		

예 3.C 어떤 심리학자가 실어증 증세에 대한 두 언어요법(A, B)의 효과를 비교하고자 한다. 10명의 실어증 환자를 5명씩 두 그룹으로 랜덤하게 나누어 각각에 두 언어요법을 실시한 후, 100항의 질문에 대답하도록 요구하였다. 100항의 질문 중에 올바른 대답의 비율은 [표 3-3]과 같다.

(1) 실어증 증세를 개선하는데 두 요법(A, B) 간에 차이가 있다고 할 수 있는가?
(2) 두 요법(A, B) 간에 올바른 대답의 비율의 차이는 얼마인가?

[표 3-3] 올바른 대답의 비율 (단위 : %)

A	73	42	90	58	62
B	50	23	68	40	45

이와 같이 두 모집단에서 얻어진 확률표본으로부터 각 모집단의 위치모수의 차에 대한 추정과 검정을 시행하는 방법은 크게 모수적 방법과 비모수적 방법으로 나눌 수 있다. 이 절에서는 필요한 모형과 함께 대표적인 모수적 방법을 살펴보기로 한다.

데이터

두 모집단으로부터 각각 크기 m과 n인 확률표본을

$$X_1, X_2, \cdots, X_m$$
$$Y_1, Y_2, \cdots, Y_n$$

이라 한다($N = m + n$). 편리상, $m \geq n$이라 가정하며, $m < n$인 경우에는 X와 Y를 서로 바꾸어 생각하면 된다.

가정

이표본 문제에 대하여 다음과 같은 가정을 한다.

A1.

$$
\begin{aligned}
X_i &= \theta + e_i, \qquad i = 1, \cdots, m \\
Y_j &= \theta + \Delta + e_{m+j}, \; j = 1, \cdots, n
\end{aligned} \tag{3.1}
$$

다만, θ : (미지의) 상수

Δ : 이동모수(두 모집단의 위치모수의 차)

e : 오차항

A2. N개의 오차항 e들은 서로 독립이다.

A3. N개의 e들은 (두 표본 내에서 모두) 동일한 연속분포에 따른다.

우선 가정 A3의 의미를 한번 생각해 보자. 연속분포라는 가정은 중앙값이 존재하기 위한 가정으로 크게 중요한 것은 아니다. 이 가정의 중요성은 e들이 X와 Y 두 그룹에서 동일한 분포를 갖는다는 사실이다. X관찰값들은 확률표본이므로 X들에 포함된 e들은 동일한 분포에 따르며, 이는 Y들에 포함된 e들에도 마찬가지이다. 즉 가정 A3가 의미하는 바는 X에 포함된 e들의 분포와 Y에 포함된 e들의 분포가 동일하다는 점이다. 이 가정 A3를 달리 표현해 볼 수도 있다.

A3'. 두 모집단의 분포가 위치모수를 빼고는 동일하다.

이를 영어로 표현하면 "The distribution functions of the two populations differ only with respect to location, if they differ at all"이다. 이러한 점을 강조하기 위해 오차항 e들이 갖는 첨자가 $i, i = 1, \cdots, m$과 $m + j, j = 1, \cdots, n$으로 표현되어 있음을 살펴보기 바란다. 가정 A3의 중요성은 3.2절에서 윌콕슨 순위합검정통계량의 분포를 유도한 후 다시 한번 설명하기로 한다. 한편, e의 분포(또는 모집단의 분포)의 대칭성을 가정하지 않았으므로 위치모수 θ는 모중앙값임에 주의하기 바란다.

이표본 위치문제에서 관심 있는 모수는 **이동모수**(shift parameter) Δ로서, Δ의 추정량은 $\hat{\Delta}$으로 나타내고, Δ에 대한 검정은 일반적으로 다음과 같은 세 가지 가설에 대한 검정으로 표현될 수 있다.

	(귀무가설)	(대립가설)	
(i)	$H_0 : \Delta = 0,$	$H_1 : \Delta > 0$	(3.2)
(ii)	$H_0 : \Delta = 0,$	$H_1 : \Delta < 0$	(3.3)
(iii)	$H_0 : \Delta = 0,$	$H_1 : \Delta \neq 0$	(3.4)

대립가설을 보면 (i)과 (ii)에서는 한쪽검정을 다루고 (iii)에서는 양쪽검정을 다루고 있다. [예 3.A]와 같이 한 그룹은 그대로 두고(control) 또 한 그룹은 처리(treatment)를 한 경우의 비교에서는 한쪽검정이 주로 발생하고, [예 3.B]나 [예 3.C]와 같이 어느 한 쪽 그룹의 우월성이 아닌 두 그룹 간의 차이 여부에만 관심이 있으면 양쪽검정이 주로 발생한다. [예 3.B]나 [예 3.C]에서는 우리가 두 그룹 중 한 그룹에 아무 인위적인 조작(처리라고 부르는)도 하지 않았음에 유의하기 바란다.

모수적 방법

이 표본 위치문제에 대한 모수적 방법을 소개하기 위하여 오차항 e 에 대해 다음과 같은 가정을 한다. 즉, 앞의 가정 A3에 분포의 형태가 정규분포라는 가정이 더해진다.

$$e \sim N(0, \sigma^2) \tag{3.5}$$

이때 분산 σ^2은 알려지지 않은 경우가 일반적이다. 가설 (3.2), (3.3), (3.4)의 검정을 위한 대표적인 방법은 이표본 t -검정이다. 두 모집단의 분산이 다같이 σ^2이므로 **혼합표본분산**은

$$S_p^2 = \frac{\sum_{i=1}^{m}(X_i - \overline{X})^2 + \sum_{j=1}^{n}(Y_j - \overline{Y})^2}{m+n-2} \tag{3.6}$$

으로 표시하고, t -검정을 위한 검정통계량은 다음과 같다.

$$t = \frac{\overline{Y} - \overline{X}}{S_p\sqrt{\frac{1}{m} + \frac{1}{n}}} \tag{3.7}$$

다만, $\overline{X} = \frac{1}{m}\sum_{i=1}^{m} X_i,\ \overline{Y} = \frac{1}{n}\sum_{j=1}^{n} Y_j$

귀무가설 $H_0 : \Delta = 0$ 하에서 검정통계량 t 는 $t(m+n-2)$ 분포를 따르며 유의수준 α 인 검정 절차는 다음과 같다.

(i) $H_1 : \Delta > 0$ 일 때

$t \geq t(\alpha, m+n-2)$ 이면 H_0를 기각

(ii) $H_1 : \Delta < 0$ 일 때

$t \leq -t(\alpha, m+n-2)$ 이면 H_0를 기각

(iii) $H_1 : \Delta \neq 0$ 일 때

$|t| \geq t(\alpha/2, m+n-2)$ 이면 H_0를 기각

이동모수 Δ에 대한 점추정의 대표적인 방법은 두 표본평균의 차, 즉

$$\hat{\Delta} = \overline{Y} - \overline{X} \tag{3.8}$$

로 나타낸다.

또한 Δ의 $100(1-\alpha)\%$ 신뢰구간은 다음과 같다.

$$\left(\overline{y} - \overline{x} - t(\alpha/2, m+n-2) \cdot s_p \sqrt{\frac{1}{m} + \frac{1}{n}},\ \overline{y} - \overline{x} + t(\alpha/2, m+n-2) \cdot s_p \sqrt{\frac{1}{m} + \frac{1}{n}}\right) \tag{3.9}$$

이와 같이 t 분포를 이용한 추정법 및 검정법은 오차항 e가 정규분포를 따르며 두 모집단이 동일한 분산 σ^2을 가진다는 가정하에 얻어진 방법으로서, 이 가정이 위배된 경우에는 검정의 유의수준이 α가 되지 않을 뿐만 아니라 그 검정력이 떨어지는 경우가 있다. 또한 구간추정에서의 신뢰계수가 $1-\alpha$가 되지 않고 신뢰구간의 길이가 길어지는 경향이 있다. 따라서 이와 같은 심각한 오류를 범하지 않기 위해 가정 A1~A3 만을 이용한 분포무관 검정법과 추정법의 필요성을 느끼게 된다.

3.2 윌콕슨 순위합검정

윌콕슨 순위합검정(Wilcoxon rank sum test)은 윌콕슨에 의해 제안된 방법으로서 이표본 위치문제에서 가장 널리 사용되는 비모수적 검정법이다. 이 검정은 혼합표본에서 각 관측값의 순위를 이용하는 방법으로서 그 절차는 다음과 같다.

절차

1. X와 Y의 혼합표본에서 Y_j의 순위를 R_j라고 한다.

2. 윌콕슨 순위합통계량 :

$$W = \sum_{j=1}^{n} R_j \tag{3.10}$$

즉, 통계량 W는 혼합표본에서 Y 표본에 부여된 순위의 합을 나타낸다.

3. 검정법 : 유의수준 α에서

(i) H_1 : $\Delta > 0$일 때

$W \geq w(\alpha, m, n)$이면 H_0를 기각

(ii) H_1 : $\Delta < 0$일 때

$W < w(1-\alpha, m, n)$이면 H_0를 기각

(iii) H_1 : $\Delta \neq 0$일 때

$W \geq w(\alpha/2, m, n)$ 또는 $W < w(1-\alpha/2, m, n)$이면 H_0를 기각

여기서 $w(\alpha, m, n)$은 H_0하에서 순위합통계량 W의 분포의 상위 100α 백분위수를 나타낸다. 즉 $P_0\{W \geq w(\alpha, m, n)\} = \alpha$를 만족하는 상수로서 [부록 표 7]에서 얻는다.

참고

$P_0\{W \geq w(1-\alpha, m, n)\} = 1-\alpha$이므로 $P_0\{W \leq w(1-\alpha, m, n)-1\} = \alpha$가 성립한다. 따라서 (ii) H_1 : $\Delta < 0$일 때의 기각역은 $W \leq w(1-\alpha, m, n) - 1$로 나타낼 수도 있다. 또한 (iii)$H_1$: $\Delta \neq 0$일 때의 기각역 $W < w(1-\alpha/2, m, n)$은 $W \leq w(1-\alpha/2, m, n) - 1$로 나타낼 수도 있다.

유의수준 α인 순위합검정의 기각역과 유의확률은 다음과 같다.

대립가설	기각역	유의확률(x는 W의 관측값)
(1) H_1 : $\Delta > 0$	$\{W \geq w(\alpha, m, n)\}$	$P_0(W \geq x)$
(2) H_1 : $\Delta < 0$	$\{W < w(1-\alpha, m, n)\}$	$P_0(W \leq x)$
(3) H_1 : $\Delta \neq 0$	$\{W \geq w(\alpha/2, m, n)$ 또는 $W < w(1-\alpha/2, m, n)\}$	$\begin{cases} 2P_0(W \geq x), & x \geq \frac{n(m+n+1)}{2} \text{ 일 때} \\ 2P_0(W \leq x), & x < \frac{n(m+n+1)}{2} \text{ 일 때} \end{cases}$

확률 $P_0(W \geq x)$ 또는 $P_0(W \leq x)$는 [부록 표 7]에서 얻어진다.

해설

1. 귀무가설 H_0 : $\Delta = 0$하에서 $(R_1, \cdots, R_n)$이 균등분포를 따름을 이용하여 순위합통계량 W가 분포무관임을 보일 수 있다. 예를 들어 $m = 3$, $n = 2$인 경우에 W의 분포를 구해 보자. 다음 표는 3개의 X와 2개의 Y에 대한 모든 배열과 대응되는 W 값을

나타낸다. H_0하에서 각 배열의 확률은 모두 같으므로, 각 배열의 확률은 0.1씩 이다.

	배 열	W값	확 률
1	Y Y X X X	3	0.1
2	Y X Y X X	4	0.1
3	Y X X Y X	5	0.1
4	Y X X X Y	6	0.1
5	X Y Y X X	5	0.1
6	X Y X Y X	6	0.1
7	X Y X X Y	7	0.1
8	X X Y Y X	7	0.1
9	X X Y X Y	8	0.1
10	X X X Y Y	9	0.1

따라서 W 의 분포는 관측값의 분포에 무관하게 다음과 같이 주어진다.

x	3	4	5	6	7	8	9
$P_0(W=x)$	$\frac{1}{10}$	$\frac{1}{10}$	$\frac{2}{10}$	$\frac{2}{10}$	$\frac{2}{10}$	$\frac{1}{10}$	$\frac{1}{10}$

2. 여기서 앞의 가정 A3(분포의 동일성)의 중요성에 대해 생각해 보자. 만약 A3가 성립하지 않는다면 아래 그림과 같은 상황이 있을 수 있다.

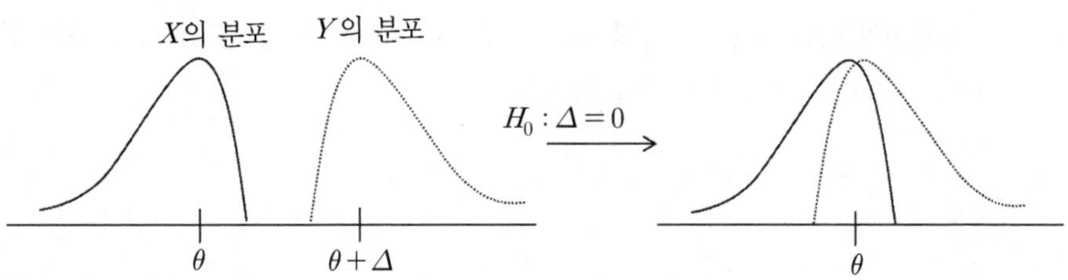

앞의 그림에서 보듯, 귀무가설이 사실일 때, 두 분포의 위치모수는 같지만 각각의 분포가 동일해지지 않는다. 이렇게 되면 앞의 1번에서 본 10개의 배열 중 10번째 배열의 확률이 첫 번째 배열의 확률보다 커지게 된다. 다시 말해, 10개의 배열이 동일한 가능성을 갖지 않게 되고 이로 인해 통계량 W의 분포를 구할 수 없게 된다. 그러므로 A3의 성립여부가 윌콕슨 순위합검정의 관건이 된다. 혹시 독자들 중에는 가정 A3 대신 두

분포의 대칭성만으로 충분할 것이라고 생각하는 경우가 있을 수 있으나 대칭만으로는 불충분하다. 두 분포가 모두 대칭이고 귀무가설이 참이어도 두 분포의 척도가 다르면 1번에서 구한 10개의 배열 중 4번째 배열과 8번째 배열의 발생확률이 달라져 W의 분포를 구할 수 없게 된다.

3. 귀무가설 $H_0 : \Delta = 0$하에서 윌콕슨 순위합검정통계량 W는 그 평균 $n(m+n+1)/2$에 대하여 대칭인 분포를 갖는다. W가 가질 수 있는 최솟값은 혼합표본에서 Y관찰치들이 1등부터 n등까지 차지할 때로 $n(n+1)/2$이고, 최댓값은 $m+1$등부터 $m+n$등까지 차지할 때로 $mn+n(n+1)/2$이다.

$$\sum_{j=1}^{n} j = \frac{n(n+1)}{2}, \qquad \sum_{j=1}^{n}(m+j) = mn + \frac{n(n+1)}{2}$$

W의 분포가 대칭이므로 이 두 값의 평균이 W의 평균임을 직관적으로 알 수 있다. 따라서

$$w(\alpha,m,n) - \frac{n(m+n+1)}{2} = \frac{n(m+n+1)}{2} - [w(1-\alpha,m,n)-1]$$

임을 알 수 있고 이 식으로부터 관계식

$$w(1-\alpha,m,n) = n(m+n+1) + 1 - w(\alpha,m,n) \tag{3.11}$$

을 얻는다.

4. 0이 아닌 상수값 Δ_0에 대해 가설 $H_0 : \Delta = \Delta_0$을 검정하고자 하는 경우를 고려해 보자. 이때는 수정된 Y관측값

$$Y_j' = Y_j - \Delta_0, \ \ j = 1, \cdots, n$$

을 구한 다음, X와 Y'의 관측값을 이용하여 가설 $H_0 : \Delta = 0$에 대한 윌콕슨 순위합검정을 실시한다.

5. 만약 혼합표본에서 X_i의 순위를 S_i라 하고, X관측값들의 순위합을

$$W' = \sum_{i=1}^{m} S_i \tag{3.12}$$

로 표현하면,

$$W' = \frac{(m+n)(m+n+1)}{2} - W \tag{3.13}$$

임을 알 수 있다.

6. 가정 A3의 성립여부가 의심될 때는 순위합검정이 쓰여지면 안되고 그 대안으로 중위수검정(median test)이 있다. 혼합 표본을 만들어 통합중앙값(grand median)을 구하고 각 표본의 관찰값들이 이 통합중앙값의 아래 위에 절반씩 위치 하는가 (만약 그렇다면 두 모집단의 위치모수가 동일하다는 증거)를 판단하여 검정하는 방법으로 Daniel (1978)의 교과서에 잘 설명이 되어있으니 참고하기 바란다.

대표본 근사

두 표본의 크기 m 과 n 이 모두 충분히 큰 경우에는 표준화된 W 통계량을 이용하여 검정할 수 있다. 귀무가설 $H_0 : \Delta = 0$하에서 W 통계량의 평균과 분산은 각각 다음과 같다.

$$E_0(W) = \frac{n(m+n+1)}{2}$$

$$\mathrm{Var}_0(W) = \frac{mn(m+n+1)}{12} \tag{3.14}$$

따라서 표준화된 W 통계량은 다음과 같다. 이때 W의 값이 비교적 크므로 연속 보정 요인을 고려할 필요는 없다.

$$Z_W = \frac{W - E_0(W)}{\sqrt{\mathrm{Var}_0(W)}} = \frac{W - n(m+n+1)/2}{\sqrt{mn(m+n+1)/12}} \tag{3.15}$$

표본의 크기 m 과 n 이 무한히 커질 때 귀무가설 $H_0 : \Delta = 0$하에서 Z_W 는 표준정규분포에 따르게 된다. 따라서 유의수준 α에서 Z_W 를 이용한 대표본 근사 검정법은 다음과 같다.

(i) $H_1 : \Delta > 0$일 때
$Z_W \ge z_\alpha$이면 H_0를 기각

(ii) $H_1 : \Delta < 0$일 때

$Z_W \le -z_\alpha$이면 H_0를 기각

(iii) H_1 : $\Delta \neq 0$일 때

$|Z_W| \ge z_{\alpha/2}$이면 H_0를 기각

동점 처리

혼합표본에 동점이 있는 경우에는 평균순위를 사용하여 통계량 W를 계산한다. 대표본 근사를 사용할 경우에는 평균순위를 사용한 통계량 W를 이용하여 식 (3.15)의 표준화 통계량을 계산한다. 이때 $\mathrm{Var}_0(W)$는 다음과 같이 수정하여 사용한다.

$$\mathrm{Var}_0(W) = \frac{mn}{12}\left[m+n+1-\frac{\sum_{j=1}^{g} t_j(t_j^2-1)}{(m+n)(m+n-1)}\right] \tag{3.16}$$

다만, g =(동점그룹의 수)

t_j =(j 번째 동점그룹의 크기)

식 (3.16)에서 동점이 아닌 관측값은 크기가 1인 동점그룹으로 취급하여 $t_j=1$이 된다. 만약 동점이 일어나지 않으면 식 (3.16)은 식 (3.14)와 동일함을 알 수 있다.

참고

맨과 휘트니는 맨-휘트니 U-통계량(Mann-Whitney U-statistic)을 다음과 같이 정의하였다.

$$U = \sum_{i=1}^{m}\sum_{j=1}^{n} \psi(Y_j - X_i) \tag{3.17}$$

다만, $\psi(x) = \begin{cases} 1, & x > 0 \text{일 때} \\ 0, & x \le 0 \text{일 때} \end{cases}$

이 통계량은 모든 쌍의 관측값$(X_i,\ Y_j)$에 대하여 관계식 $\{X_i < Y_j\}$를 만족하는 쌍의 개수를 나타낸다. 혼합표본에 동점이 없는 경우에는 윌콕슨 순위합검정통계량 W 와 맨-휘트니 U 통계량은 다음 관계식을 만족한다.

$$W = U + \frac{n(n+1)}{2} \tag{3.18}$$

이 식 (3.18)을 이해하려면 무엇보다 먼저 순위(rank)의 특성을 이해해야 한다. n개의 관찰값을 작은 것부터 순서대로 정렬했을 때 1등(최솟값)은 자기보다 작은 관찰값이 하나도 없다. 이 배열에서 k등이라는 것은 자기보다 작은 관찰값의 개수가 $k-1$개라는 의미이다. 즉 증가하는 배열에서의 순위란 자기가 이긴(자기보다 작은) 값의 개수에 1을 더한 값이 되는 것이다.

X관찰값들과 Y관찰값들의 혼합표본에서 Y관찰값들이 갖는 순위의 합이 통계량W이다. 이는 순서화된 Y관찰값들 $Y_{(1)}, Y_{(2)}, \cdots, Y_{(n)}$이 갖는 순위들의 합과 같다. 한편

$$\begin{aligned} rank(Y_{(k)}) &= Y_{(k)}\text{보다 작은 관찰값들의 개수} + 1 \\ &= Y_{(k)}\text{보다 작은 } X\text{관찰값 개수} + (k-1) + 1 \end{aligned}$$

의 관계가 성립한다. $Y_{(k)}$가 Y값들 중 k번째이므로 $Y_{(k)}$보다 작은 Y개수는 $k-1$이다.

그러므로

$$W = \sum_{k=1}^{n} rank(Y_{(k)}) = U + \sum_{k=1}^{n} k = U + \frac{n(n+1)}{2}$$

임을 알 수 있다.

따라서 맨-휘트니 U-통계량을 사용한 검정은 순위합검정통계량 W를 사용한 검정과 동치(equivalent)임을 알 수 있다. 윌콕슨은 1945년에, 맨-휘트니는 1947년에 각각 독립적으로 연구결과를 발표하였고 후에 이 두 검정통계량이 동치임이 밝혀졌다. 요즈음의 인터넷 시대에서는 있을 수 없거나 오해의 소지가 있는 경우라 할 수 있다. 순위합검정은 종종 맨-휘트니-윌콕슨 검정으로 불리기도 하고 사실 맨-휘트니 U-통계량으로 더 많이 불리는 게 현실이다. 독자들도 이 두 검정법이 본질적으로 같음을 이해하고 적용에 혼돈이 없어야 할 것이다. 한편, $\{X_i \ge Y_j\}$를 만족하는 모든 쌍의 관측값 (X_i, Y_j)의 개수를 나타내는 통계량을 생각하면 그 통계량은

$$U' = \sum_{i=1}^{m} \sum_{j=1}^{n} \{1 - \psi(Y_j - X_i)\} \tag{3.19}$$

로 표현되며, 따라서 관계식

$$U + U' = mn \tag{3.20}$$

이 성립함을 알 수 있다.

유의수준 α에서 맨-휘트니 U-통계량을 사용한 검정 절차는 다음과 같다.

(i) $H_1 : \Delta > 0$일 때

$$U \geq w(\alpha, m, n) - \frac{n(n+1)}{2} \text{이면 } H_0\text{를 기각}$$

(ii) $H_1 : \Delta < 0$일 때

$$U < w(1-\alpha, m, n) - \frac{n(n+1)}{2} \text{이면 } H_0\text{를 기각}$$

(iii) $H_1 : \Delta \neq 0$일 때

$U \geq w(\alpha/2, m, n) - \frac{n(n+1)}{2}$ 또는 $U < w(1-\alpha/2, m, n) - \frac{n(n+1)}{2}$ 이면 H_0를 기각

혼합표본에서 동점이 있는 경우에는 동점을 고려하기 위해 통계량 U를 다음과 같이 수정하여 사용한다.

$$U = \sum_{i=1}^{m} \sum_{j=1}^{n} \left\{ \psi(Y_j - X_i) + \frac{1}{2} I\{Y_j = X_i\} \right\} \tag{3.21}$$

다만, $I\{x = y\} = \begin{cases} 1, & x = y \text{ 일 때} \\ 0, & x \neq y \text{ 일 때} \end{cases}$

동점이 있는 경우, 통계량 U를 식 (3.21)과 같이 계산하는 것은 순위합검정통계량 W를 구할 때 평균순위를 사용하는 것과 같은 효과를 나타내고 있다. 따라서 동점이 있는 경우에도 식 (3.21)을 사용하면 식 (3.18)의 관계식은 만족된다.

예제 3.1 [예 3.A(1)]에 대해 유의수준 $\alpha = 0.05$에서 윌콕슨 순위합검정을 시행하여 비타민 B_1의 처리가 버섯의 성장을 촉진시키는가에 대하여 알아보자.

풀이 먼저, 귀무가설과 대립가설을 각각 다음과 같이 설정한다.

$$H_0 : \Delta = 0, \quad H_1 : \Delta > 0$$

윌콕슨 순위합검정통계량을 계산하기 위해 다음 [표 3-4]를 만든다.

[표 3-4] 순위합통계량 계산표

X_i	순위(S_i)
9.5	1
12.5	2
13.5	3
14.5	4
17	5
18	6
18.5	7
21	10
23	12
24	13

Y_j	순위(R_j)
20	8
20.5	9
22	11
24.5	14
26.5	15
27	16
29.5	17
34	18
35.5	19
	$W = 127$

$W = 127$이므로 [부록 표 7]에서 $m = 10$, $n = 9$일 때 $P_0(W \geq 127) = 0.0007$을 얻고, 유의확률은 $p = 0.0007$이다. 따라서 $p = 0.0007 < \alpha = 0.05$이므로 H_0를 기각한다. 즉, 비타민 B_1의 처리가 버섯의 성장을 촉진시킨다는 충분한 근거가 있다.

참고로 같은 데이터에 이표본 t-검정을 시행하여 그 결과를 비교해 보자.

먼저, 데이터로부터

$$\overline{X} = 17.15,\ \overline{Y} = 26.61,\ S_p^2 = 26.35\,(S_p = 5.13)$$

을 얻는다. 따라서 t 통계량은

$$t = \frac{26.61 - 17.15}{5.13\sqrt{1/10 + 1/9}} = 4.013$$

[부록 표 2]에서 $t(0.05, 10+9-2) = 1.740$을 얻고 $t = 4.013 > t(0.05, 17) = 1.740$이므로 유의수준 $\alpha = 0.05$에서 H_0를 기각하여 순위합검정과 같은 결론을 얻는다.

유의수준 $\alpha = 0.05$에서 대표본 근사를 이용한 순위합검정을 시행해 보자.

표준화된 W 통계량의 값은 다음과 같다.

$$Z_W = \frac{127 - 9(10+9+1)/2}{\sqrt{10(9)(10+9+1)/12}} = 3.02$$

$Z_W = 3.02 > z_{0.05} = 1.645$이므로 H_0를 기각한다. 즉, 대표본 근사를 이용한 검정에서도 같은 결론을 얻는다. Z_W가 갖는 유의확률은 $p = P_0(Z \geq 3.02) = 0.0013$으로 W통계량의 유의확률 0.0007과 크게 다르지 않음을 볼 수 있다. ■

예제 3.2 [예 3.B(1)]에 대해 유의수준 $\alpha = 0.05$에서 윌콕슨 순위합검정을 시행하여 A, B 두 식이요법 간에 체중감소 효과의 차이가 있는지를 알아보자.

풀이 먼저 가설을 다음과 같이 설정한다.

$$H_0 : \Delta = 0, \quad H_1 : \Delta \neq 0$$

순위합통계량은 다음 [표 3-5]를 이용하여 구한다.

[표 3-5] 순위합통계량 계산표

$X_i(A)$	순위(S_i)
5.7	4
5.9	5
6.0	6
6.5	7
7.3	8
7.6	10

$Y_j(B)$	순위(R_j)
4.6	1
4.9	2
5.3	3
7.4	9
	W=15

$W = 15 < n(n+m+1)/2 = 22$이므로 [부록 표 7]에서 $m = 6$, $n = 4$일 때 $P_0(W \leq 15) = 0.0857$을 얻고 유의확률은 $p = 2 \times 0.0857 = 0.1714$가 된다. 따라서 유의수준 $\alpha = 0.05$에서 H_0를 기각하지 못한다. 즉, A와 B 두 식이요법 간에 체중감소의 효과에 차이가 있다는 충분한 근거는 없다. ■

예제 3.3 [예 3.C(1)]에 대해 유의수준 $\alpha = 0.05$에서 윌콕슨 순위합검정을 시행하여 두 요법(A,B) 간에 차이가 있는지 알아보자.

풀이 먼저, 귀무가설과 대립가설은 다음과 같이 설정한다.

$$H_0 : \Delta = 0, \quad H_1 : \Delta \neq 0$$

윌콕슨 순위합통계량은 다음 [표 3-6]을 이용하여 구한다.

[표 3-6] 순위합통계량 계산표

X_i	S_i
42	3
58	6
62	7
73	9
90	10

Y_j	R_j
23	1
40	2
45	4
50	5
68	8
	W=20

$W = 20 < n(m+n+1)/2 = 27.5$이므로 [부록 표 7]에서 $m=5$, $n=5$일 때 $P_0(W \le 20) = 0.0754$을 얻고 유의확률은 $p = 2 \times 0.0754 = 0.1508$이 된다. 따라서 H_0를 기각할 수 없다. 즉, 두 요법 간에 실어증 증세의 개선능력이 서로 다르다고 할 수 없다. ■

예제 3.4 두 암기 방법(A, B)에 대해 기억시간에 차이가 있는지를 조사하려고 한다. 17명의 학생을 대상으로 8명에게는 A 방법을, 9명에게는 B 방법을 적용한 후 암기력에 대한 시험을 실시한 결과가 다음과 같다.

A	90	86	72	65	44	52	46	38	
B	80	70	62	53	87	44	42	35	46

유의수준 $\alpha = 0.05$에서 윌콕슨 순위합검정을 시행해 보자.

풀이 표본 A의 크기(8)가 표본 B의 크기(9)보다 작으므로 표본 A를 Y, 표본 B를 X로 표시한 다음, 가설은 다음과 같이 설정한다.

$$H_0 : \Delta = 0, \quad H_1 : \Delta \neq 0$$

윌콕슨 순위합통계량은 다음 [표 3-7]에 의해 계산한다.

[표 3-7] 순위합통계량 계산표

$X_i(B)$	S_i
35	1
42	3
44	4.5
46	6.5
53	9
62	10
70	12
80	14
87	16

$Y_j(A)$	R_j
38	2
44	4.5
46	6.5
52	8
65	11
72	13
86	15
90	17
	W=77

$W = 77 > n(m+n+1)/2 = 72$이므로 [부록 표 7]에서 $m=9$, $n=8$일 때 $P_0(W \ge 77) = 0.3365$을 얻고, 유의확률은 $p = 2 \times 0.3365 = 0.673$이 된다. 따라서 H_0를 기각하지 못한다.

다음은 순위합검정의 대표본 근사를 시행해 보자.

혼합표본에 동점이 있으므로 식 (3.16)을 이용하여

$$\mathrm{Var}_0(W) = \frac{9(8)}{12}\left[9+8+1-\frac{2(2^2-1)+2(2^2-1)}{(9+8)(9+8-1)}\right] = 107.735$$

따라서 표준화된 W 통계량의 값은 다음과 같다.

$$Z_W = \frac{77-8(9+8+1)/2}{\sqrt{107.735}} = 0.482$$

$Z_W = 0.482 < z_{0.025} = 1.96$이므로 H_0를 기각하지 못한다. 즉, 대표본 근사를 이용하여 검정하여도 두 암기방법 간에 기억시간의 차이가 있다고 단정할 수 없다. ■

참고문헌

Kruskal(1957)은 순위합통계량의 역사적 배경에 대해 자세히 설명하였다. 두 모집단의 분산이 다른 경우에 순위합검정을 적용시키는 방법에 대한 연구로서 Sen(1962), Potthoff(1963), Pratt(1964)를 들 수 있다. 순위합통계량 W의 확률분포와 점근 정규분포 간의 차이에 대한 상한(upper bound)은 Stoker(1954a, 1954b)에 의해 결정되었다. Putter(1955)와 Klotz(1966)는 동점 처리에 대한 여러 가지 방법을 고려하였으며 이산분포에 대한 순위합검정의 사용에 대한 연구로는 Hemelrijk(1952), Lehmann(1961), Chanda(1963), Klotz(1966)가 있다.

3.3 윌콕슨 순위합검정에 기초한 추정

기본모형 (3.1)로부터 두 모집단의 위치모수 간의 차, 즉 이동모수 Δ는 윌콕슨 순위합검정통계량을 이용하여 다음과 같은 절차에 따라 추정될 수 있다.

절차

1. 모든 $i, j\,(i=1,\cdots,m \;\; j=1,\cdots,n)$에 대해 mn개의

$$V_{ij} = Y_j - X_i \tag{3.22}$$

를 구한다.

2. V_{ij}의 순서통계량을 $V_{(1)}, V_{(2)}, \cdots, V_{(mn)}$이라 하면 Δ의 점추정량 $\hat{\Delta}$은 V_{ij}의 중앙값으로 정의된다. 즉,

$$\hat{\Delta} = med\{V_{ij}, i=1,\cdots,m, j=1,\cdots,n\}$$
$$= \begin{cases} V_{(k+1)}, & mn = 2k+1 \text{ 일 때} \\ \dfrac{V_{(k)} + V_{(k+1)}}{2}, & mn = 2k \text{ 일 때} \end{cases} \tag{3.23}$$

이러한 추정량 $\hat{\Delta}$을 윌콕슨 순위합검정에 기초한 Δ의 **핫지스-레만 이표본추정량**(Hodges-Lehmann two-sample estimator)이라 한다. V_{ij}들은 Δ의 여러 추정량들이고 이들 중 중앙값을 Δ의 가장 좋은 추정량으로 택한 것으로 볼 수 있다. Δ의 추정량으로 V_{ij}들의 평균인 $\overline{V} = \sum\sum V_{ij}/mn$을 고려할 수도 있을 것이다. 그런데 $\overline{V} = \overline{Y} - \overline{X}$의 관계가 성립하므로 $\hat{\Delta} = \overline{V}$를 사용할 경우는 구태여 V_{ij}들을 구하는 수고를 할 필요가 없게 된다. 그렇지만 Δ의 분포무관신뢰구간을 구하려면 이 V_{ij}들이 필요하게 된다. Δ의 신뢰구간은 이 V_{ij}들이 만들어내는 구간으로 이루어지기 때문이다. 다시 말해, Δ의 신뢰구간의 양 끝점은 항상 이 V_{ij}값들로 이루어지는 것이다.

해설

위에서 구한 $\hat{\Delta}$이 순위합검정통계량 W와의 연관성은 다음과 같이 설명된다. $\Delta=0$인 경우 통계량 W는 그 평균 $n(m+n+1)/2$에 대하여 대칭인 분포를 갖는다. 따라서 타당성 있는 추정량 $\hat{\Delta}$은 두 표본 $X_1,\cdots,X_m$과 $Y_1-\hat{\Delta},\cdots,Y_n-\hat{\Delta}$을 이용하여 구한 W의 값이 $n(m+n+1)/2$이 되도록 하는 것이다. 가정 A1과 A3에서 두 모집단 간에 존재하는 차이는 단지 위치모수의 차이뿐이므로 $X_1,\cdots,X_m$과 $Y_1-\hat{\Delta},\cdots,Y_n-\hat{\Delta}$는 한 모집단에서 얻어진 확률표본으로 나타나도록 하는 것이 타당하며, 따라서 추정량 $\hat{\Delta}$는 이들을 이용한 W값의 대칭점이 $n(m+n+1)/2$가 되도록 결정한다. 이를 만족하는 값으로 V_{ij}의 중앙값이 선택된 것이다.

자 이제 Δ의 $100(1-\alpha)\%$ 분포무관 신뢰구간을 순위합통계량을 이용하여 구하는 방법을 설명하기로 하자. Δ_0의 값을 변화시켜가며 $H_0: \Delta = \Delta_0, H_1: \Delta \neq \Delta_0$(양쪽)의 검정을 유의수준 α에서 시행하여 기각되지 않는 Δ_0값들을 모으면 된다. 식 (3.11)을 얻기 위한 해설에서 W통계량의 최솟값과 최댓값이 각각 $n(n+1)/2$와 $mn+n(n+1)/2$임을 설명한 바 있다. 이 둘의 차이가 mn이고, 이는 V_{ij}들의 개수와 같은데 현명한 독자라면 이것이 우연의 일치가 아님을 알아차렸을 것이다. V_{ij}들의 순서통계량 $V_{(1)}, V_{(2)},\cdots, V_{(mn)}$이 만들어 내는 $mn+1$개의 구간들을 생각해 보자.

$$(-\infty, V_{(1)}), (V_{(1)}, V_{(2)}), \cdots, (V_{(k)}, V_{(k+1)}), \cdots, (V_{(mn)}, \infty)$$

우선 Δ_0가 맨 오른쪽 구간에 속하는 경우($\Delta_0 > V_{(mn)}$)를 생각해 보자. 그러면 $\delta > 0$에 대해

$$\Delta_0 = V_{(mn)} + \delta$$

의 관계가 성립하고, $V_{(mn)} = Y_{(n)} - X_{(1)}$의 관계를 이용하면

$$\Delta_0 = Y_{(n)} - X_{(1)} + \delta$$

임을 알 수 있다. 0이 아닌 Δ_0에 대한 검정에서 순위합통계량 W는 X_i값들과 $Y_j' = Y_j - \Delta_0$들의 혼합표본에서 Y_j'들이 갖는 순위합임을 이미 설명하였다.
한편,

$$Y'_{(n)} = Y_{(n)} - (Y_{(n)} - X_{(1)} + \delta) = X_{(1)} - \delta$$

로 $Y'_{(n)}$이 $X_{(1)}$(X관찰치들의 최솟값)보다 작아지게 된다. 즉, 혼합표본에서 Y_j'들이 모두 $X_{(1)}$보다 작아 등수 $1, \cdots, n$을 차지해 $W = n(n+1)/2$가 된다. 이제 Δ_0가 $V_{(mn)}$값을 지나 구간 $(V_{(mn-1)}, V_{(mn)})$ 으로 옮겨간다고 하자. 아주 작은 $\varepsilon > 0$에 대해

$$\Delta_0 = V_{(mn)} - \varepsilon$$

이 성립한다. 사실 ε은 구간의 폭보다 작기만 하면 된다. 한편

$$\Delta_0 = Y_{(n)} - X_{(1)} - \varepsilon$$

이며

$$Y'_{(n)} = Y_{(n)} - \Delta_0 = X_{(1)} + \varepsilon$$

이 되어 $Y'_{(n)}$이 $X_{(1)}$보다 소폭 커지게 된다. Δ_n이 $V_{(mn)}$을 지나며 $Y'_{(n)}$과 $X_{(1)}$의 순서가 바뀌게 되는 것이다. Δ_0가 구간 $(V_{(mn)}, \infty)$에 속할 때는 혼합표본에서 $Y'_{(n)}$이 n순위, $X_{(1)}$이 $(n+1)$순위를 차지했지만, $\Delta_0 \in (V_{(mn-1)}, V_{(mn)})$일 때는 혼합표본에서 $Y'_{(n)}$이 $(n+1)$순위, $X_{(1)}$이 n순위를 차지하게 되는 것이다. 결과적으로 Y_j'들의 순위합인 W통계량이 1 증가하게 되는 것이다. V_{ij}들이 만드는 구간 내부에서는 W통계량의 값이 변하지 않게 됨을 알아차렸을 것이고, 이 과정을 반복하여 $\Delta_0 \in (-\infty, V_{(1)})$일 때 W통계량이 최댓값 $mn + n(n+1)/2$를 갖게 되는 것이다. 결국 Δ의 분포무관 신뢰구간의 양 끝은 V_{ij} 값들로 이루어지고 원하는 신뢰수준을 만족하는

V_{ij}값들을 찾으면 우리가 원하는 신뢰구간을 구할 수 있게 된다. 다음의 절차를 따르면 $100(1-\alpha)\%$(에 가장 가까운) Δ의 분포무관 신뢰구간을 얻게 된다.

절차

1. [부록 표 7]에서 $w(\alpha/2,m,n)$을 구하고

$$C_\alpha = \frac{n(2m+n+1)}{2} + 1 - w(\alpha/2,m,n) \tag{3.24}$$

이라 한다. 이때 C_α는 귀무가설 $H_0 : \Delta = 0$하에서 다음을 만족한다.

$$P_0\left\{\frac{n(n+1)}{2} + C_\alpha \leq W \leq \frac{n(2m+n+1)}{2} - C_\alpha\right\} = 1-\alpha \tag{3.25}$$

2. 모든 $i,j\,(i=1,\cdots,m,\ j=1,\cdots,n)$에 대해 V_{ij}의 순서통계량을

$$V_{(1)}, V_{(2)}, \cdots, V_{(mn)}$$

이라 한다.

3. Δ의 $100(1-\alpha)\%$ 신뢰구간 $(\Delta_L,\ \Delta_U)$는 다음과 같다.

$$\Delta_L = V_{(C_\alpha)},\ \Delta_U = V_{(mn+1-C_\alpha)} \tag{3.26}$$

즉, $(\Delta_L,\ \Delta_U)$는 다음을 만족한다.

$$P_\Delta[\Delta_L < \Delta < \Delta_U] = 1-\alpha \tag{3.27}$$

참고

순위합검정통계량 W는 이산분포를 따르므로 Δ의 $100(1-\alpha)\%$ 신뢰구간을 구하고자 할 때, 주어진 값 $\alpha/2$에 대해 $w(\alpha/2,m,n)$을 정확히 만족하는 값이 존재하지 않는 경우가 대부분이다. 이때에는 $\alpha/2$에 가장 가까운 값을 선택하여 사용한다.

해설

이미 설명하였듯이, Δ의 $100(1-\alpha)\%$ 신뢰구간은 양쪽가설 $H_0 : \Delta = \Delta_0$, $H_1 : \Delta \neq \Delta_0$에 대한 유의수준 α의 순위합검정을 이용하여 설정할 수 있다. 즉, 순위합검정에서 H_0를 채택하도록 하는 모든 가능한 Δ_0값으로 신뢰구간을 만들면, 신뢰구간

$(\Delta_L, \ \Delta_U)$와 일치한다. 따라서 앞에서 구한 신뢰구간 $(\Delta_L, \ \Delta_U)$에 포함되는 어떤 값을 Δ_0에 대입해도 양쪽 순위합검정에서 H_0는 채택됨을 알 수 있다.

대표본 근사 표본의 크기 m과 n이 모두 충분히 클 때 C_α는 다음값에 의해 근사될 수 있다.

$$C_\alpha \approx \frac{mn}{2} - z_{\alpha/2}\sqrt{\frac{mn(m+n+1)}{12}} \tag{3.28}$$

이때 $mn/2$과 $mn(m+n+1)/12$은 귀무가설 $H_0 : \Delta = 0$하에서 맨-휘트니 U-통계량의 평균과 분산이다. 대표본 근사를 사용할 때는 신뢰수준을 정확히 95%에 맞출 수 있으나, 이것이 신뢰구간의 신뢰수준이 정확히 95%임을 보장하지는 않는다. 일반적으로 위의 식에 의해 구해진 C_α는 정수가 아니므로 가장 가까운 정수값을 선택하여 식 (3.26)에 대입하면 대표본 근사에 의한 Δ의 $100(1-\alpha)\%$ 신뢰구간을 얻을 수 있으며 이 과정에서도 신뢰수준의 오차가 발생하게 된다.

예제 3.5 [예 3.A(2)]에 대해 두 그룹 간의 버섯무게의 차 Δ(처리-대조)의 추정량 $\hat{\Delta}$과 분포무관 신뢰구간을 순위합검정에 기초한 추정법을 이용하여 구해 보자.

풀이

1) Δ의 추정량 $\hat{\Delta}$:

10(9) = 90이므로 $mn = 2k$에서 $k = 45$이다. 따라서

$$\hat{\Delta} = \frac{V_{(45)} + V_{(46)}}{2}$$

2) Δ의 분포무관 신뢰구간 :

Δ의 95% 신뢰구간을 구해 보자. [부록 표 7]에서 $w(0.025, 10, 9)$를 만족하는 값이 없어 $\frac{\alpha}{2} = 0.0267$을 선택한다. $w(0.0267, 10, 9) = 114$이므로

$$C_{0.0534} = \frac{9(2\times 10+9+1)}{2} + 1 - 114 = 22$$

$$mn + 1 - C_{0.0534} = 69$$

따라서 Δ의 100(1−0.0534)=94.66% 신뢰구간 (Δ_L, Δ_U)는 $(V_{(22)}, V_{(69)})$이다.

$V_{ij} = Y_j - X_i$의 순서 통계량 $V_{(22)}$, $V_{(45)}$, $V_{(46)}$, $V_{(69)}$를 구하기 위해 다음 [표 3-8]을 사용하면 편리하다.

[표 3-8] V_{ij} 순서통계량 계산표

X_i \ Y_j	20	20.5	22	24.5	26.5	27	29.5	34	35.5
24	−4	−3.5	−2	0.5	2.5	3	5.5	10	11.5
23	−3	−2.5	−1	1.5	3.5	4	6.5	11	12.5
21	−1	−0.5	1	3.5	5.5	6	8.5	13	14.5
18.5	1.5	2	3.5	6	8	8.5	11	15.5	17
18	2	2.5	4	6.5	8.5	9	11.5	16	17.5
17	3	3.5	5	7.5	9.5	10	12.5	17	18.5
14.5	5.5	6	7.5	10	12	12.5	15	19.5	21
13.5	6.5	7	8.5	11	13	13.5	16	20.5	22
12.5	7.5	8	9.5	12	14	14.5	17	21.5	23
9.5	10.5	11	12.5	15	17	17.5	20	24.5	26

위 계산표로부터

$$V_{(22)} = 3.5,\ V_{(45)} = 9,\ V_{(46)} = 9.5,\ V_{(69)} = 14.5$$

를 얻고, 따라서 다음 결과를 얻는다.

$$\hat{\Delta} = \frac{9+9.5}{2} = 9.25$$

$$(\Delta_L, \Delta_U) = (3.5, 14.5)$$

참고로 대표본 근사에 의한 95% 분포무관 신뢰구간을 구해 보자.

$$C_\alpha \approx \frac{10(9)}{2} - 1.96\sqrt{\frac{10(9)(10+9+1)}{12}} = 20.99 \fallingdotseq 21$$

따라서 Δ의 95% 대표본 근사 신뢰구간(Δ_L, Δ_U)는

$$\Delta_L = V_{(21)} = 3.5$$

$$\Delta_U = V_{(70)} = 15$$

■

예제 3.6 [예 3.B(2)]에 대해 보편적 체중감소의 차 $\Delta(B-A)$의 추정량 $\hat{\Delta}$과 분포무관 신뢰구간을 순위합검정에 기초한 추정법을 사용해 구해 보자.

풀이

1) Δ의 추정량 $\hat{\Delta}$:

6(4) = 24이므로 $mn = 2k$에서 $k = 12$이다. 따라서,

$$\hat{\Delta}=\frac{V_{(12)}+V_{(13)}}{2}$$

2) Δ 의 분포무관 신뢰구간:

Δ 의 95% 신뢰구간을 구해 보자. [부록 표 7]에서 $w(0.025,6,4)$를 만족하는 값이 없어 가장 가까운 $\frac{\alpha}{2}=0.0190$을 선택한다. $w(0.0190,6,4)=32$이므로

$$C_{0.0380}=\frac{4(2\times 6+4+1)}{2}+1-32=3$$

$$mn+1-C_{0.0380}=22$$

따라서 Δ 의 100(1−0.0380)=96.20% 신뢰구간(Δ_L, Δ_U)는 $(V_{(3)}, V_{(22)})$이다. V_{ij}의 순서통계량은 다음 [표 3-9]를 이용하여 구한다.

[표 3-9] V_{ij} 순서통계량 계산표

X_i \ Y_j	4.6	4.9	5.3	7.4
7.6	−3	−2.7	−2.3	−0.2
7.3	[−2.7]	−2.4	−2.0	0.1
6.5	−1.9	−1.6	−1.2	0.9
6.0	−1.4	[−1.1]	−0.7	[1.4]
5.9	−1.3	−1.0	−0.6	1.5
5.7	[−1.1]	−0.8	−0.4	1.7

위 계산표로부터

$$V_{(3)}=-2.7,\ V_{(12)}=V_{(13)}=-1.1,\ V_{(22)}=1.4$$

따라서 다음 결과를 얻는다.

$$\hat{\Delta}=\frac{-1.1-1.1}{2}=-1.1$$

$$(\Delta_L,\ \Delta_U)=(-2.7,\ 1.4)$$

■

예제 3.7 [예 3.C(2)]에 대해 비율의 차 $\Delta(B-A)$의 추정량 $\hat{\Delta}$과 분포무관 신뢰구간을 순위합검정에 기초한 추정법을 이용하여 구해 보자.

풀이

1) Δ의 추정량 $\widehat{\Delta}$:

$5(5)=25$이므로 $mn=2k+1$에서 $k=12$이다. 따라서

$$\widehat{\Delta}=V_{(13)}$$

2) Δ의 분포무관 신뢰구간 :

Δ의 95% 신뢰구간을 구해 보자. [부록 표 7]에서 $w(0.025,5,5)$를 만족하는 값이 없어 $\frac{\alpha}{2}=0.0278$을 선택한다. $w(0.0278,5,5)=37$이므로

$$C_{0.0556}=\frac{5(2\times5+5+1)}{2}+1-37=4$$
$$mn+1-C_{0.0556}=22$$

따라서 Δ의 $100(1-0.0556)=94.44\%$ 신뢰구간 (Δ_L,Δ_U)는 $(V_{(4)},V_{(22)})$이다. V_{ij}의 순서통계량은 다음 [표 3-10]을 이용하여 구한다.

[표 3-10] V_{ij} 순서통계량 계산표

X_i \ Y_j	23	40	45	50	68
90	−67	−50	−45	−40	−22
73	−50	−33	−28	−23	−5
62	−39	−22	−17	−12	6
58	−35	−18	−13	−8	10
42	−19	−2	3	8	26

위 계산표로부터

$$V_{(4)}=-45,\ V_{(13)}=-19,\ V_{(22)}=6$$

따라서 Δ의 점추정값과 신뢰구간은 다음과 같다.

$$\widehat{\Delta}=-19$$
$$(\Delta_L,\Delta_U)=(-45,\ 6)$$

■

예제 3.8 수학과목을 수강하는 12명의 학생 중 5명의 학생을 랜덤하게 뽑아 보충수업을 실시하였다. 보충수업을 받지 않은 학생(A)과 받은 학생(B)의 시험 성적은 다음과 같다.

A	75	88	64	82	93	79	67
B	87	69	78	91	80		

보충수업이 시험성적을 향상시키는가를 알기 위해 성적의 차 $\Delta(B-A)$의 추정량 $\hat{\Delta}$과 분포무관 신뢰구간을 순위합검정에 기초한 추정법을 사용하여 구해 보자.

풀이

1) Δ의 추정량 $\hat{\Delta}$:

$7(5)=35$이므로 $mn=2k+1$에서 $k=17$이다. 따라서

$$\hat{\Delta}=V_{(18)}$$

2) Δ의 분포무관 신뢰구간:

Δ의 95% 신뢰구간을 구해 보자. [부록 표 7]에서 $w(0.025, 7, 5)$를 만족하는 값이 없어 $\frac{\alpha}{2}=0.024$을 선택한다. $w(0.024, 7, 5)=45$이므로

$$C_{0.048}=\frac{5(2\times 7+5+1)}{2}+1-45=6$$

$$mn+1-C_{0.048}=30$$

따라서 Δ의 $100(1-0.048)=95.2\%$ 신뢰구간 (Δ_L, Δ_U)는 $(V_{(6)}, V_{(30)})$이다. V_{ij}의 순서통계량은 다음 [표 3-11]에 의해 구한다.

[표 3-11] V_{ij} 순서통계량 계산표

X_i \ Y_j	69	78	80	87	91
93	−24	−15	−13	−6	−2
88	−19	−10	−8	−1	3
82	−13	−4	−2	5	9
79	−10	−1	1	8	12
75	−6	3	5	12	16
67	2	11	13	20	24
64	5	14	16	23	37

위의 표로부터

$$V_{(6)} = -10,\ V_{(18)} = 3,\ V_{(30)} = 16$$

을 얻고 따라서 다음 결과를 얻는다.

$$\hat{\Delta} = 3$$

$$(\Delta_L, \Delta_U) = (-10, 16)$$

■

참고문헌

순위합검정에 기초한 추정량 $\hat{\Delta}$은 Hodges and Lehmann (1963)이 제안한 추정량의 하나로서, 이밖에도 정규점수 추정량과 고전적 추정량인 $\tilde{\Delta} = \overline{Y} - \overline{X}$등이 있다. $\tilde{\Delta} = \overline{V}$임을 기억하기 바란다.

Δ에 대한 다른 추정량에 대한 연구로는 Lehmann(1963a), Fine(1966), Sen(1966), Bhattacharya(1967), van Eeden(1970)을 들 수 있다. 그래프를 이용한 신뢰구간은 Moses (1965)에 의해 설명되었고, Noether(1967)는 이산분포에서 신뢰구간이 사용법을 연구하였다. 일반적인 형태의 신뢰구간에 대한 연구로는 Sen(1966)을 들 수 있다.

3.4 대응비교

두 위치모수의 차에 관한 추론에서 지금까지는 두 표본이 서로 독립인 경우를 다루었다. 이 절에서는 두 처리를 비교하고자 할 때 동질적인 실험단위를 얻지 못하여 처리효과의 공정한 비교가 어려운 경우의 문제를 생각해 보자. 이와 같은 문제점을 해결하는 방안으로 대응의 개념을 이용한다. 즉, 하나의 실험단위에서 두 처리를 적용하여 쌍의 관측값을 얻은 다음, 각 쌍의 관측값의 차를 이용하여 두 위치모수의 차에 관한 추론을 시행한다. 이때 쌍으로 얻어진 관측값을 **대응표본**(paired sample)이라 하고 대응표본을 이용하여 두 위치모수의 차에 관한 추론문제를 다루는 방법을 **대응비교**(paired comparison)라고 한다. 먼저 대응비교의 문제가 일어날 수 있는 예를 살펴보자.

예 3.D 12쌍의 일란성 쌍둥이에게 서로 상대방에 대한 공격성향을 측정하는 심리검사를 실시한 결과 [표 3-12]와 같이 나타났다. 높은 점수는 더 공격적임을 나타내고 있다.

(1) 형이 아우보다 더 공격적이라고 할 수 있는가?

(2) 형과 아우 사이의 공격성향의 차이는 몇 점인가?

[표 3-12]

	1	2	3	4	5	6	7	8	9	10	11	12
형	86	71	77	68	91	72	77	91	70	71	88	87
아우	88	77	76	64	96	72	65	90	65	80	81	72

예 3.E 어떤 화장품 회사에서 새로운 피부보호크림을 개발하였다. 이 새로운 크림(A)의 효과를 기존의 크림(B)과 비교하기 위해 8명의 사용자를 선발하였다. 각 사용자에게 한쪽 팔에는 크림 A를 다른 쪽 팔에는 크림 B를 바르게 한 후 일정기간 동안 햇볕에 피부를 노출시켜 화상의 정도를 측정하였다. 그 결과는 [표 3-13]에 나타나 있으며 큰 숫자는 화상의 정도가 심한 것을 나타낸다.

(1) 크림 A가 크림 B보다 피부를 더 잘 보호한다고 할 수 있는가?
(2) 두 크림 A와 B의 피부보호효과의 차이는 몇 점인가?

[표 3-13]

	1	2	3	4	5	6	7	8
A	72	109	74	32	52	60	39	18
B	34	72	165	14	92	75	58	85

데이터

n개의 쌍으로부터 얻어진 대응표본의 관측값을 다음과 같이 정의한다.

쌍	X_i	Y_i
1	X_1	Y_1
2	X_2	Y_2
⋮	⋮	⋮
n	X_n	Y_n

가정

A4. 모든 $i(i=1,\cdots,n)$에 대해 $Z_i = Y_i - X_i$로 정의하면, Z_i는 다음과 같이 나타낼 수 있다.

$$Z_i = \Delta + e_i,\ \ i = 1, \cdots, n \tag{3.29}$$

다만, Δ : (미지의) 처리효과
e : 오차항

A5. n개의 오차항 e 들은 서로 독립이다.
A6. n개의 e 들은 동일한 연속분포에 따른다.

가정 A4 ~ A6은 2장의 일표본 위치모수 문제에서의 관측값 X_i에 대한 가정과 동일하다. 따라서 처리효과 Δ에 대한 검정과 추정문제는 일표본에서 위치모수 θ의 검정과 추정문제와 동일한 방법으로 해결할 수 있다.

구체적인 절차는 아래 예제를 통하여 알아보자.

예제 3.9 [예 3.D]에서 형과 아우의 공격성향의 차 Δ(형-아우)에 대한 검정과 추정을 부호검정을 이용하여 시행해 보자.

풀이

먼저 두 점수 간의 차이는 다음과 같다.

−2 −6 1 4 −5 0 12 1 5 −9 7 15

1) 검정 :

귀무가설과 대립가설을 다음과 같이 설정한다.

$$H_0 : \Delta = 0, \qquad H_1 : \Delta > 0$$

$H_1 : \Delta > 0$은 형이 아우보다 더 공격적임을 나타낸다. 위 데이터에서 0은 제외시키고 11개의 관측값 중에 7개가 양의 값을 나타내어 부호통계량의 값은 $B = 7$이다. [부록 표 5]에서 $P_0(B \geq 7) = 0.2744$이므로 유의확률은 $p = 0.2744$이다. 따라서 유의수준 $\alpha = 0.05$에서 H_0를 기각할 수 없다. 즉, 형이 아우보다 더 공격적이라고 단정할 수 없다.

2) 추정 :

부호검정에 기초한 추정은 다음과 같다.

$n = 12$이므로 $n = 2k$에서 $k = 6$이다. 따라서 Δ의 점추정값은

$$\hat{\Delta} = \frac{Z_{(6)} + Z_{(7)}}{2} = \frac{1+1}{2} = 1$$

[부록 표 5]에서 $b(0.0193, 12) = 10$이므로

$$C_{0.0386} = 12 + 1 - 10 = 3$$

따라서 Δ의 $100(1-0.0386) = 96.14\%$ 신뢰구간은

$$(\Delta_L,\ \Delta_U) = (Z_{(3)}, Z_{(10)}) = (-5,\ 7)$$ ■

예제 3.10 [예 3.E]에서 크림 A와 B의 화상정도의 차 Δ(=A−B)에 대한 검정과 추정을 윌콕슨 부호순위검정을 이용하여 시행해 보자.

풀이

먼저 두 점수 간의 차이는 다음과 같다.

38 37 −91 18 −40 −15 −19 −67

1) 검정 :

귀무가설과 대립가설을 다음과 같이 설정한다.

$$H_0 : \Delta = 0, \quad H_1 : \Delta < 0$$

$H_1 : \Delta < 0$은 크림 A가 크림 B보다 화상의 정도의 약함을 나타낸다. 윌콕슨 부호순위검정통계량은 다음 [표 3-14]에 의해 구한다.

[표 3-14] 부호순위통계량 계산표

Z_i	$\lvert Z_i \rvert$	$\psi(Z_i)$	R_i^+
−15	15	0	1
−19	19	0	3
−40	40	0	6
−67	67	0	7
−90	90	0	8

Z_i	$\lvert Z_i \rvert$	$\psi(Z_i)$	R_i^+
18	18	1	2
37	37	1	4
38	38	1	5
			$W^+ = 11$

[부록 표 6]에서 $n=8$일 때 $P_0(W^+ \le 11) = 0.1914$이므로 유의확률은 $p = 0.1914$가 되어 H_0를 기각할 수 없다. 즉, 크림 A가 크림 B보다 피부를 더 잘 보호한다는 근거는 없다.

2) 추정 :

부호순위검정에 기초한 추정은 다음과 같다.

$\frac{8(8+1)}{2}=36$이므로 $N=2k$에서 $k=18$이다. 따라서

$$\hat{\Delta}=\frac{W_{(18)}+W_{(19)}}{2}$$

다음은 Δ의 95% 신뢰구간을 구해 보자. [부록 표 6]에서 $w^{+}(0.0273,8)=32$이므로

$$C_{0.0546}=\frac{8(8+1)}{2}+1-32=5$$

따라서 Δ의 $100(1-0.0546)=94.54\%$ 신뢰구간은

$$(\Delta_L, \Delta_U)=(W_{(5)}, W_{(32)})$$

왈쉬평균 W_{ij}의 순서통계량은 다음 [표 3-15]를 이용하여 구한다.

[표 3-15] 왈쉬평균 순서통계량 계산표

X_i \ Y_j	−91	−67	−40	−19	−15	18	37	38
−91	−91	−79	−65.5	−55	−53	−36.5	−27	−26.5
−67		−67	−53.5	−43	−41	−24.5	−15	−14.5
−40			−40	−29.5	−27.5	−11	−1.5	−1
−19				−19	−17	−0.5	9	9.5
−15					−15	1.5	11	11.5
18						18	27.5	28
37							30	37.5
38								38

위 계산표로부터

$$W_{(5)}=-55,\ W_{(18)}=-17,\ W_{(19)}=-15,\ W_{(32)}=27.5$$

를 얻고 따라서 Δ 점추정값과 신뢰구간은 다음과 같다.

$$\hat{\Delta}=\frac{-17-15}{2}=-16$$

$$(\Delta_L, \Delta_U)=(-55,\ 27.5)$$

참고문헌

2장의 참고문헌 참조

3.5 효율(*)

이 절에서는 이표본 위치문제에서 순위합통계량을 이용한 비모수적 방법과 정규분포를 가정한 모수적 방법과의 상대효율에 대해 알아보기로 한다.

피트만의 상대효율을 구하기 위해서는 일표본 위치문제에서와 마찬가지로 혼합표본의 크기 N은 무한대로 접근하며, 상수 $0<\lambda<1$에 대해 $m/N=\lambda$의 관계를 유지해야 된다. 윌콕슨 순위합검정이 이표본 t-검정에 대한 피트만 점근 상대효율은 부호순위검정의 일표본 t-검정에 대한 효율과 같다. 즉,

$$\mathrm{ARE}(W,t)=\mathrm{ARE}(W^{+},t)$$

가 성립한다. 다만 2장의 일표본 문제에서는 모집단 분포의 대칭성이 가정되었으나, 이표본 문제에서는 대칭성의 가정이 요구되지 않는다.

대응비교의 경우에는 그 상대효율이 관측값의 분포가 정규분포, 이중지수분포일 때에만 2장의 [표 2-11]~[표 2-13]과 동일하다. 그 이유는 서로 독립이며 동일한 균등분포를 따르는 두 확률변수의 차는 다시 균등분포가 될 수 없기 때문이다.

3.6 R-program을 이용한 실습

이 절에서는 R-program을 이용하여 윌콕슨 순위합검정과 대응표본검정을 시행하고, 이상점이 있는 경우에 t-검정과 어떻게 다른지 살펴보기로 한다.

예제 3.11 [예 3.A]의 자료에 대하여 t-검정과 윌콕슨 순위합검정을 R을 이용하여 풀어보자. 또한 처리그룹에서 마지막 데이터인 35.5가 135.5로 바뀌어 이상점이 포함된다면 두 검정의 결과는 어떻게 변하는지 알아보자.

풀이 이 예제에서 분석을 위한 가설은 다음과 같다.

$$H_0 : \Delta=0, \quad H_1 : \Delta>0$$

분석을 실시하기 위해 먼저 [예 3.A]의 데이터를 입력한 다음 t-검정을 실시하는 R 함수 "t.test"와 윌콕슨 순위합검정을 실시하는 R 함수 "wilcox.test"를 실행한다.

[프로그램 3.1]

```
x <- c(18,14.5,13.5,12.5,23,24,21,17,18.5,9.5) # line 1
y <- c(27,34,20.5,29.5,20,26.5,22,24.5,35.5) # line 2
var.test(y, x) # line 3
t.test(y, x, alternative="greater", var.equal=TRUE) # line 4
wilcox.test(y, x, alternative="greater") # line 5
```

프로그램의 첫째 줄(# line 1)과 둘째 줄(# line 2)은 비타민 처리를 하지 않은 대조그룹과 비타민 처리를 시행한 처리그룹의 데이터를 벡터 x와 y에 각각 저장하는 과정이다.

프로그램의 셋째 줄(# line 3)은 벡터 x, y를 이용하여 두 그룹의 분산의 동일성 검정을 실행하는 명령이다.

프로그램의 넷째 줄(# line 4)은 두 그룹의 모평균 차에 대한 t-검정을 실행하는 명령이다. 앞의 R 함수 "var.test"의 결과([결과 3.1])에서 유위확률이 0.6195(>0.05)로서 귀무가설을 기각하지 못하여 등분산성 조건을 만족하는 것을 확인할 수 있기 때문에, t-검정에서는 등분산(var.equal=TRUE)을 지정하여 단측검정(alternative="greater")을 명시하고 있다.

프로그램의 다섯째 줄(# line 5)은 윌콕슨 순위합검정을 실행하는 명령이다. 비타민 처리가 버섯의 성장을 촉진시키는가를 검정하기 위한 단측검정(alternative="greater")을 명시하고 있다. [프로그램 3.1]의 결과는 [결과 3.1]과 같다.

[결과 3.1]

```
> var.test(y, x)

        F test to compare two variances

data:  y and x
F = 1.4069, num df = 8, denom df = 9, p-value = 0.6195
alternative hypothesis: true ratio of variances is not equal to 1
95 percent confidence interval:
 0.3429726 6.1300101
sample estimates:
ratio of variances
          1.406858
```

```
> t.test(y, x, alternative="greater", var.equal=TRUE)

        Two Sample t-test

data:  y and x
t = 4.0116, df = 17, p-value = 0.0004521
alternative hypothesis: true difference in means is greater than 0
95 percent confidence interval:
 5.35832      Inf
sample estimates:
mean of x mean of y
 26.61111  17.15000

> wilcox.test(y, x, alternative="greater")

        Wilcoxon rank sum test

data:  y and x
W = 82, p-value = 0.0007253
alternative hypothesis: true location shift is greater than 0
```

[결과 3.1]을 살펴보면 먼저 t-검정을 시행하기 전에 두 그룹의 분산의 동일성 여부를 확인하기 위한 두 분산의 동일성을 검정한 결과는 앞에서 설명한 바와 같이 유의확률이 0.6195(>0.05)로서 두 집단의 분산이 서로 다르다고 할 수 없다. 즉, 실질적으로 등분산성을 가정할 수 있다. 등분산성 조건을 만족한다는 가정하에 t-검정을 실시한 결과는 유의확률이 0.0005(<0.05)로서 매우 유의하게 나타나서 귀무가설을 기각하게 된다. 그리고 윌콕슨 순위합검정 결과에서는 순위합통계량이 127, 유의확률이 0.0007임을 보여 주고 있다. 또한 대립가설은 이동모수가 0보다 크다는 단측 대립가설을 나타낸다. 이 검정에서는 유의확률이 0.0007(<0.05)이므로 t-검정 결과와 동일한 결과인 두 모평균의 차가 매우 유의함을 나타낸다. (윌콕슨 순위합검정 결과에서 'W = 82'는 윌콕슨 순위합통계량이 아닌 맨-휘트니 U-통계량이다. 따라서 $W + n(n+1)/2 = 82 + (9 \times 10)/2 = 127$이 윌콕슨 순위합통계량값이다.)

처리그룹에서 마지막 데이터인 35.5가 135.5로 입력되었다면, t-검정과 윌콕슨 순위합검정의 결과는 어떻게 변하는지 알아보기 위한 프로그램은 다음과 같다.

[프로그램 3.2]

```
x <- c(18,14.5,13.5,12.5,23,24,21,17,18.5,9.5) # line 1
y <- c(27,34,20.5,29.5,20,26.5,22,24.5,135.5) # line 2
var.test(y, x) # line 3
t.test(y, x, alternative="greater") # line 4
wilcox.test(y, x, alternative="greater") # line 5
```

프로그램의 첫째 줄(# line 1)과 둘째 줄(# line 2)은 비타민 처리를 하지 않은 대조그룹과 비타민 처리를 시행한 처리그룹의 데이터를 벡터 x와 y에 각각 저장하는 과정이다. 이때 벡터 y는 처리그룹의 마지막 데이터인 35.5가 135.5로 바뀌어 이상점을 포함한다.

프로그램의 셋째 줄(# line 3), 넷째 줄(# line 4)과 다섯째 줄(# line 5)에 대한 자세한 설명은 [프로그램 3.1]과 동일하다. 이 경우에는 두 그룹의 분산의 동일성 검정 결과 등분산성 조건을 만족하지 않기 때문에([결과 3.2] 참조) 넷째 줄(# line 4)의 t-검정을 실행하는 명령에서 등분산을 명시하지 않는다. [프로그램 3.2]의 결과는 [결과 3.2]와 같다.

[결과 3.2]

```
> var.test(y, x)

        F test to compare two variances

data:  y and x
F = 61.7008, num df = 8, denom df = 9, p-value = 1.176e-06
alternative hypothesis: true ratio of variances is not equal to 1
95 percent confidence interval:
  15.0418 268.8447
sample estimates:
ratio of variances
          61.70079

> t.test(y, x, alternative="greater")

        Welch Two Sample t-test

data:  y and x
t = 1.6587, df = 8.234, p-value = 0.06734
```

```
alternative hypothesis: true difference in means is greater than 0
95 percent confidence interval:
 -2.405881       Inf
sample estimates:
mean of x mean of y
 37.72222  17.15000

> wilcox.test(y, x, alternative="greater")

        Wilcoxon rank sum test

data:  y and x
W = 82, p-value = 0.0007253
alternative hypothesis: true location shift is greater than 0
```

[결과 3.2]에서 먼저 t-검정을 시행하기 전에 두 그룹의 분산의 동일성 여부를 확인하기 위한 두 분산의 동일성 검정 결과는 앞에서 설명한 바와 같이 유의확률이 1.176e-06 (<0.05)로서 두 집단의 분산이 서로 같다는 귀무가설을 기각하게 된다. 등분산성 조건을 만족하지 않는다는 가정하에 t-검정을 실시한 결과는 유의확률이 0.06734(>0.05)로서 유의수준 5%에서 귀무가설을 기각하지 못한다. 하지만 윌콕슨 순위합검정 결과에서는 처리그룹의 마지막 데이터인 35.5가 135.5로 바뀌어도 통계량의 값은 영향을 받지 않아서 원래 데이터와 같은 검정 결과인 순위합통계량이 127, 유의확률이 0.0007임을 확인할 수 있다. t-검정과 다르게 유의확률이 0.007(<0.05)이므로 귀무가설을 기각하게 된다. 이와 같이 윌콕슨 검정은 t-검정에 비하여 이상점의 영향을 덜 받는 장점이 있다. ■

예제 3.12 [예제 3.4]의 윌콕슨 순위합검정을 R을 이용하여 풀어 보자.

풀이 [풀이] 분석을 위한 귀무가설과 대립가설을 다음과 같이 설정된다.

$$H_0 : \Delta = 0, \quad H_1 : \Delta \neq 0$$

분석을 실시하기 위해 먼저 [예제 3.4]의 데이터를 입력한 다음 윌콕슨 순위합검정을 실시하는 R 함수 "wilcox.test"를 실행한다.

[프로그램 3.3]

```
a <- c(90,86,72,65,44,52,46,38) # line 1
```

```
b <- c(80,70,62,53,87,44,42,35,46) # line 2
wilcox.test(a, b, alternative="two.sided") # line 3
```

프로그램의 첫째 줄(# line 1)과 둘째 줄(# line 2)은 두 암기 방법(A, B)를 적용한 그룹의 데이터를 벡터 a와 b에 각각 저장하는 과정이다.

프로그램의 셋째 줄(# line 3)은 윌콕슨 순위합검정을 실행하는 명령이다. 두 암기 방법에 대해 기억시간에 차이가 있는지를 검정하기 위한 양측검정(alternative="two.sided")을 명시하고 있다. [프로그램 3.3]의 결과는 [결과 3.3]과 같다.

[결과 3.3]

```
> wilcox.test(a, b, alternative="two.sided")

        Wilcoxon rank sum test with continuity correction

data:  a and b
W = 41, p-value = 0.6646
alternative hypothesis: true location shift is not equal to 0

Warning message:
In wilcox.test.default(a, b, alternative = "two.sided") :
  cannot compute exact p-value with ties
```

[결과 3.3]에서는 순위합통계량이 77, 유의확률이 0.6646임을 보여주고 있다. 또한 대립가설은 이동모수가 0이 아니라는 양쪽 대립가설을 나타낸다. 이 검정에서는 유의확률이 0.6646(>0.05)이므로 귀무가설을 기각하지 못한다. 즉 두 암기 방법에 대해 기억시간에 차이가 없다고 결론을 내린다. (윌콕슨 순위합검정 결과에서 'W = 41'는 윌콕슨 순위합통계량이 아닌 맨-휘트니 U-통계량이다. 따라서 $W+n(n+1)/2=41+(8\times 9)/2=77$이 윌콕슨 순위합통계량 값이다. 또한 R에서 제공하는 함수 "wilcox.test"는 동점이 있을 경우 정확한 유의확률을 계산할 수 없다. 따라서 [결과 3.1]의 유의확률(=0.6646)은 [예제 3.4]의 유의확률(=0.6730)과 약간의 차이가 있다.

참고로 R의 "wilcox.test"에서 데이터에 동점이 있는 경우는 정확한 유의확률을 구하지 않고 정규근사에 의한 유의확률을 구한다. [결과 3.3]의 아래 부분에 warning message가 나타나는 것은 이와 같은 이유 때문이다. 이런 메시지가 나타나지 않기를 원하면

"wilcox.test" 명령에서 정확한 계산을 시도하지 않도록 아래와 같이 exact=FALSE을 추가 하면 된다.

```
wilcox.test(a, b, alternative="two.sided", exact=FALSE)
```

■

예제 3.13 다음은 7명의 흡연자들에 대하여 금연 전의 체중과 금연 후 3개월 뒤의 체중을 나타내는 데이터이다. 금연 후에 체중이 증가했다고 확신할 수 있는지 t-검정과 윌콕슨 검정을 R을 이용하여 풀어 보자. 또한 마지막 데이터인 67이 87로 바뀔 경우에는 어떻게 결과가 달라지는지 알아보자.

	1	2	3	4	5	6	7
금연전	60	64	55	75	71	68	58
금연후	58	69	58	78	75	68	67

풀이 분석을 실시하기 위해 먼저 위의 데이터를 입력한다. 자료에서 체중은 개인에 따라 차이가 많이 나므로 대응비교가 적당할 것이다. 따라서 대응비교 t-검정을 실시하는 R 함수 "t.test"와 대응비교 윌콕슨 부호순위검정을 실시하는 R 함수 "wilcox.test"를 실행한다.

[프로그램 3.4]

```
x <- c(60,64,55,75,71,68,58) # line 1
y <- c(58,69,58,78,75,68,67) # line 2
t.test(y, x, alternative="greater", paired=TRUE) # line 3
wilcox.test(y-x, alternative="greater") # line 4
```

프로그램의 첫째 줄(# line 1)과 둘째 줄(# line 2)은 금연 전, 금연 후의 체중을 벡터 x와 y에 각각 저장하는 과정이다.

프로그램의 셋째 줄(# line 3)은 데이터 벡터 x와 y를 이용하여 대응비교 t-검정을 실행하는 명령이다. 금연 후에 체중이 증가했는지를 검정하기 위한 단측검정(alternative="greater")와 대응비교(paired=TRUE)를 명시하고 있다.

프로그램의 넷째 줄(# line 4)은 대응비교 윌콕슨 부호순위검정을 실행하는 명령이다. '금연 후 체중 - 금연 전 체중' (y-x)이 0보다 큰지 검정하기 위한 단측검정(alternative

="greater")을 명시하고 있다. [프로그램 3.4]의 결과는 [결과 3.4]와 같다.

[결과 3.4]

```
> t.test(y, x, alternative="greater", paired=TRUE)

        Paired t-test

data:  y and x
t = 2.3541, df = 6, p-value = 0.02837
alternative hypothesis: true difference in means is greater than 0
95 percent confidence interval:
 0.5486475       Inf
sample estimates:
mean of the differences
               3.142857

> wilcox.test(y-x, alternative="greater")

        Wilcoxon signed rank test with continuity correction

data:  y - x
V = 20, p-value = 0.02924
alternative hypothesis: true location is greater than 0

Warning messages:
1: In wilcox.test.default(y - x, alternative = "greater") :
  cannot compute exact p-value with ties
2: In wilcox.test.default(y - x, alternative = "greater") :
  cannot compute exact p-value with zeroes
```

[결과 3.4]에서 먼저 대응비교 t-검정을 살펴보면 유의확률이 0.02837(<0.05)로 귀무가설을 기각하게 된다. 그리고 대응비교 윌콕슨 부호순위검정 결과에서는 부호순위검정통계량이 20, 유의확률이 0.02924임을 보여 주고 있다. 또한 대립가설은 위치모수가 0보다 크다는 단측 대립가설을 나타낸다. 이 검정에서는 유의확률이 0.02924(<0.05)이므로 대응비교 t-검정 결과와 동일하게 금연 후에 확실한 체중 증가가 있었다고 결론을 내린다. (이 예제에서도 [예제 3.12]와 같이 동점이 있기 때문에 "wilcox.test"에서 정확한

유의확률을 계산할 수 없다.)

이제 7번의 금연 후 데이터가 67에서 87로 바뀐 자료에 대한 t-검정과 부호순위검정을 시행해 보자.

[프로그램 3.5]

```
x <- c(60,64,55,75,71,68,58) # line 1
y <- c(58,69,58,78,75,68,87) # line 2
t.test(y, x, alternative="greater", paired=TRUE) # line 3
wilcox.test(y-x, alternative="greater") # line 4
```

프로그램의 첫째 줄(# line 1)은 금연 전의 체중을 벡터 x에 저장하는 과정이다.

프로그램의 둘째 줄(# line 2)은 7번의 데이터가 67에서 87로 바뀐 금연 후의 체중을 벡터 y에 저장하는 과정이다.

프로그램의 셋째 줄(# line 3)과 넷째 줄(# line 4)과 대한 자세한 설명은 [프로그램 3.4]과 동일하다. [프로그램 3.5]의 결과는 [결과 3.5]와 같다.

[결과 3.5]

```
> t.test(y, x, alternative="greater", paired=TRUE)

        Paired t-test

data:  y and x
t = 1.5228, df = 6, p-value = 0.08931
alternative hypothesis: true difference in means is greater than 0
95 percent confidence interval:
 -1.656182       Inf
sample estimates:
mean of the differences
                      6

> wilcox.test(y-x, alternative="greater")

        Wilcoxon signed rank test with continuity correction
```

```
data:  y - x
V = 20, p-value = 0.02924
alternative hypothesis: true location is greater than 0

Warning messages:
1: In wilcox.test.default(y - x, alternative = "greater") :
  cannot compute exact p-value with ties
2: In wilcox.test.default(y - x, alternative = "greater") :
  cannot compute exact p-value with zeroes
```

[결과 3.5]에서 먼저 대응비교 t-검정을 살펴보면 유의확률이 0.08931(>0.05)로 귀무가설을 기각하지 못한다. 하지만 대응비교 윌콕슨 부호순위검정 결과에서는 금연 후의 데이터가 바뀌어도 원래 데이터와 같은 검정 결과인 부호순위검정통계량이 20, 유의확률이 0.02924임을 확인할 수 있다. t-검정과 다르게 유의확률이 0.02924(<0.05)이므로 귀무가설을 기각하게 된다. 즉, 7번의 금연 후 데이터가 67이 87로 바뀌어 체중증가가 더욱 두드러진 것으로 판단할 것 같으나, t-검정에서는 표본평균 $\overline{X}$의 증가보다 표본표준편차 S의 증가가 더욱 심각하여 t-값이 오히려 감소하는 결과를 얻기 때문에 체중증가를 감지하지 못하게 되는 것이다. ■

연습문제

1. 새로 개발된 식이요법 B가 표준식이요법 A보다 더 효과적인지를 비교 연구하기 위하여 체중과 건강상태가 비슷한 실험용 쥐 13마리에 실험을 했다. 13마리를 랜덤하게 6마리와 7마리씩 두 집단으로 나눈 후, 2주 동안 각각에 A와 B를 실시한 후에 체중의 증가를 조사하여 다음의 데이터를 얻었다.(단위 : kg)

식이요법 A	2.38	4.19	1.39	3.73	2.86	1.21	
식이요법 B	4.67	5.38	3.89	4.67	3.58	4.96	3.98

윌콕슨 순위합검정을 이용하여 B가 A보다 더 많은 체중증가를 가져오는지 여부를 유의수준 $\alpha = 0.05$에서 검정하여라.

2. 흡연이 운전기술에 영향을 미치는가를 조사하기 위하여, 경력 5년 이상의 모범운전사를 랜덤하게 추출하였다. 이들의 운전습관, 주의력, 속도감 등을 점수화하여 다음 데이터를 얻었다.

흡연자	28	53	39	27	41	68	27	28	45	48	65	78		
비흡연자	32	35	61	43	82	44	78	38	85	63	46	30	47	57

윌콕슨 순위합검정의 대표본 근사를 이용하여 두 집단 사이에 운전기술의 차이가 있는지를 유의수준 $\alpha = 0.05$에서 검정하여라.

3. 다음은 두 회사의 필름 현상 시간을 나타낸 데이터이다.(단위 : 분)

회사 A	102	86	98	109	92		
회사 B	81	165	97	134	92	87	114

윌콕슨 순위합검정을 이용하여 유의수준 $\alpha = 0.01$에서 두 회사의 현상 시간에 차이가 있는지를 검정하여라. 또한 현상 시간의 차이에 대한 점추정량과 95% 분포무관 신뢰구간을 구하여라.

4. 외과 수술 후에 봉합법으로 테이프를 사용하는 것이 실로 꿰매는 것보다 더 효과적인가를 연구하기 위하여 랜덤하게 추출된 실험용 원숭이 10마리에게는 테이프를 사용하고, 9마리에게는 실을 사용하여 1주일 후의 장력을 측정하여 다음 결과를 얻었다.

테이프	167	149	137	178	179	155	164	104	151	150
실	98	127	140	103	116	105	100	95	131	

장력의 차이에 대한 90% 신뢰구간을 구하여라.

5. 다음은 페인트를 공급하는 사람이 새로운 첨가제를 넣어서 만든 페인트가 기존의 페인트보다 빨리 마른다고 주장하면서 제시한 데이터이다. (단위 : 시간)

기존의 페인트	6.6	5.8	7.8	5.7	6.0	8.4	8.8	8.4	7.3	5.8	5.8	6.5
새로운 페인트	6.4	5.8	7.4	5.5	6.3	7.8	8.6	8.2	7.0	4.9	5.9	6.5

윌콕슨 순위합검정을 이용하여 유의수준 $\alpha = 0.05$에서 새로운 페인트가 기존의 페인트보다 빨리 마른다고 할 수 있는가에 대하여 검정하고, 페인트가 마르는 시간의 차이에 대한 점추정량과 90% 신뢰구간을 구하여라.

6. 다음은 카드뮴(cadmium)의 장기간 흡입이 미치는 영향을 조사하기 위하여 10마리 개에게는 카드뮴 상태에서 생활하게 하고, 나머지 10마리 개에게는 카드뮴이 미치지 않는 상태에서 생활하게 한 후 헤모글로빈(hemoglobin)의 양을 조사한 데이터이다.(단위 : g)

카드뮴이 있는 상태	14.6	15.8	16.4	14.6	14.9	14.3	14.7	17.2	16.8	16.1
카드뮴이 없는 상태	15.5	17.9	15.5	16.7	17.6	16.8	16.7	16.8	17.2	18.0

윌콕슨 순위합검정을 이용하여 유의수준 $\alpha = 0.05$에서 카드뮴이 헤모글로빈의 양을 증가시키는지에 대하여 검정하여라.

7. 다음은 두 전구회사에서 랜덤하게 추출된 10개 전구의 수명시간의 데이터이다.(단위: 백시간)

A 회사	5.6	4.6	6.8	4.9	6.1	5.3	4.5	5.8	5.4	4.7
B 회사	7.2	8.1	5.1	7.3	6.9	7.8	5.9	6.7	6.5	7.1

윌콕슨 순위합검정을 이용하여 유의수준 $\alpha = 0.05$에서 두 전구회사의 전구의 평균수명 시간에 차이가 있는지에 대하여 검정하여라.

8. 다음은 어떤 두 지역에 산재해 있는 묘목들의 키를 조사한 데이터이다.(단위 : cm)

A 지역	90.4	77.2	75.9	83.2	84.0	90.2	87.6	67.4	77.6	69.3	83.3	72.7
B 지역	92.7	78.9	82.5	88.6	95.0	94.4	73.1	88.3	90.4	86.5	84.7	87.5

윌콕슨 순위합검정을 이용하여 유의수준 $\alpha = 0.05$에서 B 지역의 묘목이 A 지역의 묘목보다 크다고 할 수 있는지에 대하여 검정하여라. 또한 두 지역에서 묘목의 키의 차이에 대한 점추정량과 95% 신뢰구간을 구하여라.

9. 다음은 9명의 백혈병 환자를 대상으로 새로운 혈청이 생존 연수를 얼마나 증가시키는가를 조사한 데이터이다. 그 중에 5명은 새로운 혈청을 주입하였고, 나머지 4명은 주입하지 않았다. (단위 : 연수)

혈청 주입한 사람	2.1	5.3	1.4	4.6	0.9
혈청 주입 안 한 사람	1.9	0.5	2.8	3.1	

윌콕슨 순위합검정을 이용하여 생존연수 간의 차이에 대한 점추정량값과 90% 신뢰구간을 구하여라.

10. 다음은 16명의 조깅을 하는 사람들을 대상으로 조깅하기 전과 조깅한 후에 나타난 혈압을 조사한 결과이다.

	1	2	3	4	5	6	7	8
조깅하기 전	158	149	160	155	164	138	163	159
조깅한 후	164	158	163	160	172	147	167	169

	9	10	11	12	13	14	15	16
조깅하기 전	165	145	150	161	132	155	146	159
조깅한 후	173	147	156	164	133	161	154	170

부호순위검정을 이용하여 조깅한 후에 혈압이 5이상 증가했다고 할 수 있는지 유의수준 $\alpha = 0.05$에서 검정하여라.

11. 다음은 5명의 흡연자들을 대상으로 금연을 하게 한 후 5주 뒤에 나타난 체중의 증감을 나타낸 데이터이다.(단위 : kg)

	1	2	3	4	5
금연하기 전	66	80	69	52	75
금연한 후	71	82	68	56	73

체중증가의 차이에 대한 점추정량과 90% 신뢰구간을 구하여라.

12. 다음은 공동체 생활을 할 경우에 심장 박동수의 변화를 조사한 데이터이다. 10마리의 실험용 고양이를 대상으로 처음에는 혼자 생활하게 하고 심장의 박동수를 조사하였고, 후에는 공동체 생활을 하게 하고 심장의 박동수를 조사하였다.

	1	2	3	4	5	6	7	8	9	10
공동체 생활 전	463	462	462	456	450	426	418	415	409	402
공동체 생활 후	523	494	461	535	476	454	448	408	470	437

공동체 생활이 혼자 생활하는 것보다 심장의 박동수를 증가시킨다고 할 수 있는가? 적절한 검정법을 선댁하여 실시하고 박동수의 차에 대한 섬추정량과 95% 신뢰구간을 구하여라.

13. 다음의 데이터는 왼손으로 글을 쓰는 사람 10명에 대해 오른손과 왼손의 악력에 대한 측정을 한 결과이다.

	1	2	3	4	5	6	7	8	9	10
왼손	140	90	125	130	95	121	85	97	131	110
오른손	130	87	110	132	96	120	86	90	129	100

왼손으로 글을 쓰는 사람들은 왼손의 악력이 오른손보다 크다고 할 수 있는가? 적절한 검정법을 선택하여 실시하고 두 악력의 차이에 대한 점추정량과 90% 신뢰구간을 구하여라.

14. 특정한 피임약이 사용자의 혈압을 저하시키는가를 조사하고자 한다. 이를 위해 15명의 부인들을 대상으로 평상시의 혈압을 측정한 뒤 이들에게 이 피임약을 일정기간 동안 사용한 후에 혈압을 측정한 데이터가 다음과 같다.

	1	2	3	4	5	6	7	8	9	10	11	12	13	14	15
사용전	70	80	72	76	76	76	72	78	82	64	74	92	74	68	84
사용후	68	72	62	70	58	66	68	52	64	72	74	80	74	72	74

피임약의 사용이 혈압을 현저하게 저하시킨다고 할 수 있는가? 적절한 검정법을 선택하여 실시하고 혈압의 차이에 대한 점추정량과 95% 신뢰구간을 구하여라.

15. 다음은 12명의 농구선수들을 대상으로 운동 연습을 하기 전에 25개의 자유투를 던지게 하고, 운동 연습이 끝난 후에 자유투 25개를 던지게 하여 성공개수를 조사한 데이터이다.

	1	2	3	4	5	6	7	8	9	10	11	12
운동 연습 전	18	12	7	21	19	14	8	11	19	16	8	11
운동 연습 후	10	10	8	23	13	10	8	13	9	8	8	5

운동 연습후의 자유투의 성공개수가 운동 연습 전의 성공개수보다 적다고 할 수 있는가? 적절한 검정법을 선택하여 실시하고 두 성공개수 간의 차이에 대한 점추정량과 90% 신뢰구간을 구하여라.

16. 두 모집단의 위치모수 비교를 위한 윌콕슨의 순위합검정법은 m개의 X 관찰치들과 n개의 Y 관찰치들을 모두 섞은 후 작은 것부터 큰 것 순으로 순위를 매겨 Y 관찰치들이 갖는 순위들의 합을 통계량으로 이용하고 이를 W로 쓴다. 그런데 부주의한 통계학도가 이 순서를 거꾸로 매겼다. 즉, 제일 큰 관찰치부터 순위 1을 부여한 것이다.

(a) $m=3, n=2$일 때 이 부주의한 통계학도가 구한 윌콕슨 순위합검정통계량의 값이 7이었다. 제대로 구한 검정통계량 W의 값은?

(b) 일반적인 m, n에 대해 이 부주의한 통계학도가 구한 윌콕슨 순위합검정통계량의 값을 W_R이라 하자. W의 값을 W_R과 m, n을 이용하여 구하여라.

17. 두 모집단의 위치모수 비교를 위한 윌콕슨의 순위합검정법은 m개의 X 관찰치들과 n개의 Y 관찰치들을 모두 섞은 후, 작은 것부터 큰 것 순으로 순위를 매겨 Y 관찰치들이 갖는 순위들의 합을 통계량으로 이용하고 이를 W로 쓴다. 한 부주의한 통계학도가 Y 관찰치 중 하나(이를 y^*라 하자)를 빼 놓고 구한 W를 W_-라 하자.
m개의 X값 중 k개가 y^*보다 작고, W_-를 구하는데 사용된 $n-1$개의 Y 값 중 r개가 y^*보다 작은 값이라고 한다. 제대로 구한 W를 W_-, m, n, k, r로 표현하여라.

18. 두 모집단의 위치모수 비교를 위한 윌콕슨의 순위합검정법은 m개의 X 관찰치들과 n 개의 Y 관찰치들을 모두 섞은 후, 작은 것부터 큰 것으로 순위를 매겨 Y 관찰치들이 갖는 순위들의 합을 통계량으로 이용하고 이를 W로 쓴다. 한 부주의한 통계학도가 X 관찰치 중 하나(이를 x^*라 하자)를 실수로 Y 관찰치로 착각하고 구한 W를 W_f라 하자. W_f를 구할 때 사용된 $m-1$ 개의 X값 중 k개가 x^*보다 작고, 원래 있던 n개의 Y값 중 r개가 x^*보다 작다고 한다. 제대로 구한 W를 W_f, m, n, k, r로 표현하여라.
(주의: m, n, k, r 모두 필요하지 않을 수도 있다)

4장
이표본 척도문제

4.1 서론

2장과 3장에서는 위치모수의 추론에 관한 문제를 다루었다. 이 장에서는 두 모집단으로부터 얻어진 확률표본을 이용하여 두 모집단 간 척도모수(scale parameter)의 차이에 대한 문제를 생각해 보기로 하자. 독자들은 우선 다음 두 가지 질문을 자신들에게 해 보아야 할 것이다.

(1) 왜 "일표본 척도문제"를 다루는 장(chapter)은 없는가?
(2) 위치모수보다 척도모수가 더 중요한 경우들에는 어떠한 것들이 있는가?

다음 네 가지 예들을 살펴본 후, 위의 두 질문에 대한 답을 생각해 보고 구체적인 척도모수의 차에 대한 검정 방법을 살펴보기로 하자.

예 4.A 상자에 포장되는 식료품의 무게에 변동이 작을수록 목표 포장 무게(대부분 포장 상자에 명기)에 가깝게 조절하여 포장할 수 있기 때문에 과대포장으로 인한 낭비적 요소와 과소포장으로 인한 소비자 불만이라는 두 원가요인을 동시에 줄일 수 있게 된다. 현재 A회사는 20년 된 구형 포장기계를 사용하여 자사 제품을 상자에 포장하고 있으며 고가의 신형 포장설비의 도입을 고려 중이다. 두 기계에 의해 포장된 식료품의 무게가 [표 4-1]과 같을 때, 고가의 신형 포장설비의 도입이 의미가 있는가?

[표 4-1] 포장된 식료품의 무게(단위 : kg)

A(구형)	10.7	11.1	10.4	10.1	11.3		
B(신형)	10.8	10.5	11.0	10.9	10.9	10.8	10.8

예 4.B 혈청철분(serum iron)의 양을 측정하는 데 지금까지 사용된 방법(A)은 분석된 혈청이 혼탁해지는 단점이 있다. 이러한 단점을 개선하기 위해 최근에 새로운 방법(B)이 개발되었다. 측정방법의 정확도를 비교하기 위해 100mL당 105μg의 혈청철분을 포함하는 혈청에 대해 두 방법 (A, B)를 이용하여 20회씩 혈청철분의 양을 측정한 결과 [표 4-2]와 같이 나타났다. 측정방법 B는 측정방법 A보다 더 정확하다고 할 수 있는가?

[표 4-2] 혈청철분의 양(단위 : μg/100mL)

A	111	107	100	99	102	106	109	108	104	99
	101	96	97	102	107	113	116	113	110	98
B	107	108	106	98	105	103	110	105	104	100
	96	108	103	104	114	114	113	108	106	99

예 4.C 혈전증 환자의 혈소판의 생성에 대한 연구를 위해 24명의 혈전증 환자(A)와 21명의 건강한 사람(B)에게 일정시간 동안 방사선을 쪼인 후, 재생되는 혈소판의 비율을 조사한 결과 [표 4-3]과 같이 나타났다. 두 그룹 (A, B)간에 혈소판 재생비율의 분산이 다르다고 할 수 있는가?

[표 4-3] 혈소판 재생비율(단위 : %)

A	26	30	32	17	21	27	26	44	35	14	18	18
	17	23	29	16	13	36	28	23	24	34	52	35
B	47	66	51	44	80	65	58	65	61	64	51	56
	76	58	61	48	55	68	59	60	58			

예 4.D 어떤 혈액은행에서 혈액 기부자의 맥박수를 성별로 조사하였더니 [표 4-4]와 같이 나타났다. 맥박수의 변동이 남녀 간에 차이가 있다고 할 수 있는가?

[표 4-4] 맥박수(단위 : 횟수/분)

남	58	76	82	74	79	65	74	86	77	
여	66	74	70	76	72	73	75	67	68	65

[예 4.A]~[예 4.D]에서는 두 모집단으로부터 얻어진 확률표본을 이용하여 각 모집단

의 척도모수의 차이에 대한 검정문제를 나타내고 있다. 이러한 문제의 해결방법으로써 크게 모수적 방법과 비모수적 방법으로 나누어 생각할 수 있다.

데이터

두 모집단으로부터 각각 크기 m 과 n 인 확률표본을

$$X_1, X_2, \cdots, X_m$$

$$Y_1, Y_2, \cdots, Y_n$$

이라고 한다($N = m + n$). 편리상 $m \le n$이라 가정하며, $m > n$인 경우에는 X와 Y를 바꾸어 생각하면 된다.

가정

A1.

$$X_i = \theta_X + \sigma_X e_i, \quad i = 1, \cdots, m \tag{4.1}$$

$$Y_j = \theta_Y + \sigma_Y e_{m+j}, \; j = 1, \cdots, n$$

다만, θ_X, θ_Y : X와 Y표본의 위치모수

σ_X, σ_Y : X와 Y표본의 척도모수

e : 오차항

A2. N개의 오차항 e는 서로 독립이다.
A3. N개의 e들은 (두 표본 내에서 모두) 동일한 연속분포에 따른다.

일반적으로 두 모수 간의 차이를 보는 데는 $\theta_Y - \theta_X = 0$임을 확인하거나 $\theta_Y / \theta_X = 1$임을 확인하는 두 가지 접근 방법이 있고 척도모수의 경우 항상 양수이기 때문에 후자의 입장을 취한다. 이표본 척도문제에서 두 척도모수 간의 비는 $\gamma = \sigma_Y / \sigma_X$로 나타내며, γ에 대한 검정은 일반적으로 다음과 같은 세 가지 가설에 대한 검정으로 표현할 수 있다.

	(귀무가설)	(대립가설)	
(i)	$H_0 : \gamma^2 = 1$	$H_1 : \gamma^2 > 1$	(4.2)
(ii)	$H_0 : \gamma^2 = 1$	$H_1 : \gamma^2 < 1$	(4.3)
(iii)	$H_0 : \gamma^2 = 1$	$H_1 : \gamma^2 \neq 1$	(4.4)

여기서 서론에서 제기했던 두 가지 질문에 대해 생각해 보자. 가정 A1에서 보듯이 σ_X (또는 σ_Y)는 단순히 퍼짐성의 정도를 나타내는 척도모수일 뿐 표준편차, 범위 등으로 구체적으로 정의되어 있지 않다. 즉, σ_X는 표준편차를 나타낼 수도, 범위를 나타낼 수도 있는 것이다. 이렇게 구체적으로 정의되지 않은 모수에 대한 절대적 평가(예를 들어 $\sigma_X = 3$)는 불가능하며 이로 인해 일표본 척도문제가 비모수적으로는 해결이 불가능한 것이다. 같은 이유로 이표본 척도문제에서는 가설검정은 가능하지만 추정(신뢰구간 등) 문제가 없다. 두 번째 질문에 대한 답으로는 저울의 품질 비교 문제를 생각해 볼 수 있다. 두 저울에 같은 무게를 반복적으로 달아 어느 저울이 더 좋은가 평가할 때, 항상 일정하게 틀리는 저울은 영점 조정을 하면 되므로 변동성이 적은 저울이 더 좋은 저울이 되는 것이다. 저울이 주는 눈금은 위치모수는 중요하지 않고 척도모수가 더 중요한 것이다. [예 4.A]도 같은 경우라 하겠다. 또 다른 예를 들어 보자. A, B 두 볼트회사에 각각 지름 10mm 볼트 100개씩을 주문했다. A회사에서는 모두 정확히 지름이 10mm인 볼트 100개 ($\mu_A = 10, \sigma_A = 0$)를 준비했고, B회사는 일단 대충 99개를 만든 후 마지막 한 개의 지름을 전체 평균이 10mm가 되도록 만들어 100개($\mu_B = 10, \sigma_B \gg 0$)를 준비했다. 두 회사 제품 다 위치모수는 동일하지만 A회사의 제품이 우수하다는 것은 독자 여러분이 더 잘 알 것이라 믿는다. 자 이제 모수적 방법의 소개로 본격적인 설명을 시작해 보기로 하자.

모수적 방법

이표본 척도문제에 대한 대표적인 모수적 방법은 F-검정이며, 이때 오차항 e에 대해

$$e \sim N(0, \sigma^2) \tag{4.5}$$

을 가정한다. 사실 $\sigma^2 = 1$로 가정해도 무방하다.

F-검정을 위한 검정통계량은 다음과 같다.

$$F = \frac{S_Y^2}{S_X^2} \tag{4.6}$$

다만, $S_X^2 = \dfrac{\sum_{i=1}^{m}(X_i - \overline{X})^2}{m-1}$, $S_Y^2 = \dfrac{\sum_{j=1}^{n}(Y_j - \overline{Y})^2}{n-1}$

귀무가설 $H_0 : \gamma^2 = 1$ 하에서 F는 자유도$(n-1, m-1)$인 F분포 $F(n-1,\ m-1)$를 따른다. 따라서 유의수준 α인 F-검정의 절차는 다음과 같다.

(i) $H_1 : \gamma^2 > 1$일 때
$F \geq F(\alpha, n-1, m-1)$이면 H_0를 기각

(ii) $H_1 : \gamma^2 < 1$일 때
$F \leq F(1-\alpha, n-1, m-1)$이면 H_0를 기각

(iii) $H_1 : \gamma^2 \neq 1$일 때
$F \geq F(\alpha/2, n-1, m-1)$ 또는 $F \leq F(1-\alpha/2, n-1, m-1)$이면 H_0를 기각

여기서 $F(\alpha, n-1, m-1)$는 자유도 $(n-1, m-1)$인 F분포에서 상위 100α 백분위수를 나타내며 [부록 표 4]에 나타나있다. F검정은 위치모수들 θ_X와 θ_Y(사실 μ_X와 μ_Y)의 값이 알려진 경우나 알려져 있지 않은 경우나 모두 적용되는 검정이다. 일반적으로 위치모수는 알려져 있지 않은 경우가 대부분이며 이때 식 (4.6)에서 주어진 통계량이 사용되고, 알려진 경우에는 S_X^2와 S_Y^2를 구할 때 $\overline{X}$, $\overline{Y}$ 대신 μ_X, μ_Y를 사용하고 분모로 m, n을 사용한다. 그로 인해 F통계량의 자유도가 각각 1씩 증가하게 된다.

식 (4.5)에서 가정한 정규성 가정이 위배될 경우에는 검정의 유의수준이 α가 되지 않을 뿐만 아니라 검정력이 떨어지게 된다. 따라서 모집단의 분포에 관계없이 원하는 유의수준을 만족시킬 수 있는 검정법의 필요성을 느끼게 되어 가정 A1~A3만을 이용한 분포무관 검정을 고려하게 되는 것이다. 분포무관 검정법은 두 위치모수에 대한 정보가 있는 경우와 없는 경우에 현저히 다른 개념을 이용한다. 따라서 두 위치모수의 차 $\theta_Y - \theta_X$에 대하여

(1) $\theta_Y - \theta_X$가 알려진 경우
(2) $\theta_Y - \theta_X$가 알려지지 않은 경우

로 나누어 설명하기로 한다.

4.2 분포무관 검정 : $\theta_Y - \theta_X$가 알려진 경우

$\theta_Y - \theta_X$의 값이 알려진 경우에는 Y관측값을 Y에서 두 위치모수의 차이인 $(\theta_Y - \theta_X)$를 뺀 값으로 대체하면, 두 관측값의 위치모수는 같은 것으로 생각할 수 있다. 따라서 이 절에서는 편리상 $\theta_Y - \theta_X = 0$으로 가정한다. 즉, 일반성을 잃지 않고서 두 모집단은 같은 위치모수를 갖는 것으로 가정한다. 앞의 [예 4.A]는 두 포장기계가 같은 목표 포장량을 갖고 [예 4.B]에서는 같은 혈청을 분석하고 있으므로 이 가정이 잘 성립한다고 볼 수

있다. 두 모집단의 위치모수가 같은 경우에는 척도모수가 혼합표본의 순위에 절대적인 영향을 주게 된다. 이 점에 착안하여 여러 종류의 분포무관 검정법이 제안되었으며 그 대표적인 것으로 앤서리-브래들리 검정(Ansari-Bradley test)을 들 수 있다.

4.2.1 앤서리-브래들리 검정

절차

1. $N=m+n$개의 관측값을 작은 값부터 크기 순서대로 나열한다.

2. 혼합표본에서 관측값 X_i의 순위를 S_i라 하면 S_i들은 순위 $1,2,\cdots,N$ 중 m개를 차지하게 되며 이 S_i들이 갖는 앤서리-브래들리 스코어 $a_{AB}(S_i)$는 N이 홀수와 짝수인 경우에 따라 다음의 대응관계로 주어지는 소위 앤서리-브래들리 순위(Ansari-Bradley ranking)에 의해 정의된다.

S_i	1	2	3	$\cdots$	$\frac{N+1}{2}$	$\cdots$	$N-2$	$N-1$	N(홀수)
$a_{AB}(S_i)$	1	2	3	$\cdots$	$\frac{N+1}{2}$	$\cdots$	3	2	1

S_i	1	2	3	$\cdots$	$\frac{N}{2}$	$\frac{N}{2}+1$	$\cdots$	$N-2$	$N-1$	N(짝수)
$a_{AB}(S_i)$	1	2	3	$\cdots$	$\frac{N}{2}$	$\frac{N}{2}$	$\cdots$	3	2	1

3. 앤서리-브래들리 통계량(Ansari-Bradley statistic)은 다음과 같이 정의한다.

$$T_{AB}=\sum_{i=1}^{m} a_{AB}(S_i) \tag{4.7}$$

4. 검정법 : 유의수준 α에서 $(\gamma^2=\sigma_Y^2/\sigma_X^2)$,

(i) $H_1 : \gamma^2 > 1$일 때

$T_{AB} \geq t_{AB}(\alpha, m, n)$이면 H_0를 기각

(ii) $H_1 : \gamma^2 < 1$일 때

$T_{AB} < t_{AB}(1-\alpha, m, n)$이면 H_0를 기각

(iii) $H_1 : \gamma^2 \neq 1$일 때

$T_{AB} \geq t_{AB}(\alpha/2, m, n)$ 또는 $T_{AB} < t_{AB}(1-\alpha/2, m, n)$이면 H_0를 기각

여기서 $t_{AB}(\alpha, m, n)$는 표본의 크기가 m, n일 때 H_0하에서 T_{AB}의 상위 100α 백분위수를 나타낸다. 즉 $P_0\{T_{AB} \geq t_{AB}(\alpha, m, n)\} = \alpha$를 만족하는 상수로서 $m \leq n$인 경우에 [부록 표 8]에 나타나 있다. $m > n$인 경우에는 X와 Y를 서로 바꾸어 생각한다.

참고

가설 (ii) $H_1 : \gamma^2 < 1$의 기각역은 $T_{AB} \leq t_{AB}(1-\alpha, m, n) - 1$로 나타낼 수도 있다. 또한 가설 (iii) $H_1 : \gamma^2 \neq 1$일 때의 기각역 $T_{AB} < t_{AB}(1-\alpha/2, m, n)$은 $T_{AB} \leq t_{AB}(1-\alpha/2, m, n) - 1$로 나타낼 수도 있다.

유의수준 α인 앤서리-브래들리 검정의 기각역과 유의확률은 다음과 같다.

대립가설	기각역	유의확률(x는 T_{AB}의 관측값)
(i) $H_1 : \gamma^2 > 1$	$\{T_{AB} \geq t_{AB}(\alpha, m, n)\}$	$P_0(T_{AB} \geq x)$
(ii) $H_1 : \gamma^2 < 1$	$\{T_{AB} < t_{AB}(1-\alpha, m, n)\}$	$P_0(T_{AB} \leq x)$
(iii) $H_1 : \gamma^2 \neq 1$	$\{T_{AB} \geq t_{AB}(\alpha/2, m, n)$ 또는 $T_{AB} < t_{AB}(1-\alpha/2, m, n)\}$	$\begin{cases} 2P_0(T_{AB} \geq x), & x \geq E_0(T_{AB}) \text{ 일때} \\ 2P_0(T_{AB} \leq x), & x < E_0(T_{AB}) \text{ 일때} \end{cases}$

확률 $P_0(T_{AB} \geq x)$ 또는 $P_0(T_{AB} \leq x)$는 [부록 표 8]에서 얻어진다.

해설

1. X와 Y의 혼합표본에서, $\gamma^2 > 1(\sigma_Y^2 > \sigma_X^2)$일 때는 Y들이 X들보다 넓게 퍼져 있게 된다. 따라서 X_i의 순위 S_i는 중앙에 가까운 값들을 가지게 되며, S_i에 대응되는 스코어인 $a_{AB}(S_i)$는 상대적으로 큰 값을 가지게 될 것이다. 그러므로 절차 4의 (i)에서와 같이 T_{AB}의 값이 크면 H_0를 기각하는 검정을 시행하게 된다.

2. T_{AB}가 X들이 갖는 앤서리-브래들리 스코어의 합이지만, Y들이 갖는 앤서리-브래들리 스코어의 합을 고려해도 비슷한 검정을 수행할 수 있다.

대표본 근사

두 표본의 크기 m과 n이 모두 충분히 클 때에는 표준화된 T_{AB} 통계량을 이용하여 검정할 수 있다. 귀무가설 $H_0 : \gamma^2 = 1$하에서 T_{AB} 통계량의 평균과 분산은

$$E_0(T_{AB}) = \begin{cases} \dfrac{m(m+n+2)}{4}, & m+n=2k \text{ 일 때} \\ \dfrac{m(m+n+1)^2}{4(m+n)}, & m+n=2k+1 \text{ 일 때} \end{cases} \tag{4.8}$$

$$Var_0(T_{AB}) = \begin{cases} \dfrac{mn(m+n+2)(m+n-2)}{48(m+n-1)}, & m+n=2k \text{ 일 때} \\ \dfrac{mn(m+n+1)[3+(m+n)^2]}{48(m+n)^2}, & m+n=2k+1 \text{ 일 때} \end{cases} \tag{4.9}$$

따라서 표준화된 T_{AB} 통계량은 다음과 같이 정의한다.

$$Z_{AB} = \begin{cases} \dfrac{T_{AB} - \dfrac{m(m+n+2)}{4}}{\sqrt{\dfrac{mn(m+n+2)(m+n-2)}{48(m+n-1)}}}, & m+n=2k \text{ 일 때} \\ \dfrac{T_{AB} - \dfrac{m(m+n+1)^2}{4(m+n)}}{\sqrt{\dfrac{mn(m+n+1)\{3+(m+n)^2\}}{48(m+n)^2}}}, & m+n=2k+1 \text{ 일 때} \end{cases} \tag{4.10}$$

표본의 크기 m과 n이 무한대로 갈 때, 귀무가설 $H_0 : \gamma^2 = 1$ 하에서 Z_{AB}는 표준정규분포를 따른다. 따라서, 유의수준 α에서 다음과 같은 대표본근사 Z-검정을 시행할 수 있다. 이렇게 대표본 근사를 시행할 경우 통계량 T_{AB}의 값이 크므로 연속 보정 요인 $(\pm 1/2)$을 생략해도 무방하다.

(i) $H_1 : \gamma^2 > 1$일 때
$Z_{AB} \geq z_\alpha$이면 H_0를 기각

(ii) $H_1 : \gamma^2 < 1$일 때
$Z_{AB} \leq -z_\alpha$이면 H_0를 기각

(iii) $H_1 : \gamma^2 \neq 1$일 때
$|Z_{AB}| \geq z_{\alpha/2}$이면 H_0를 기각

동점 처리

혼합분포에 동점이 있는 경우에는 평균순위를 사용하여 통계량 T_{AB}를 계산한다. 대표본 근사를 사용하는 경우에는 평균순위를 사용한 통계량 T_{AB}를 이용하여 식 (4.10)의 표준화된 통계량을 계산한다. 다만 $\mathrm{Var}_0(T_{AB})$는 다음 식으로 대체하여 사용한다.

$$Var_0(T_{AB}) = \begin{cases} \dfrac{mn[16\sum_{j=0}^{g} t_j s_j^2 - (m+n)(m+n+2)^2]}{16(m+n)(m+n-1)}, & m+n=2k \text{ 일 때} \\ \dfrac{mn[16(m+n)\sum_{j=1}^{g} t_j s_j^2 - (m+n+1)^4]}{16(m+n)^2(m+n-1)}, & m+n=2k+1 \text{ 일 때} \end{cases} \quad (4.11)$$

다만, g : 동점그룹의 수

t_j : j번째 동점그룹의 크기

s_j : j번째 동점그룹에서의 평균순위

[식 (4.11)에서 동점이 아닌 관측값은 크기가 1인 동점그룹으로 취급되어 $t_j = 1$이 된다.]

예제 4.1 [예 4.A]에 대해 유의수준 $\alpha = 0.05$에서 앤서리-브래들리 검정을 시행하여 신형 기계(B)가 변동성을 줄여 주는지 알아보자.

풀이 먼저 기계 A와 B가 포장한 식료품의 무게를 X와 Y라 하고, X와 Y표본의 위치모수와 척도모수는 각각 $(\theta_X,\ \sigma_X)$, $(\theta_Y,\ \sigma_Y)$라 한다. 두 기계는 같은 무게를 포장하도록 제조되었으므로 $\theta_X = \theta_Y$를 가정한다. 귀무가설과 대립가설을 다음과 같이 설정한다.

$$H_0 : \gamma^2 = 1,\ H_1 : \gamma^2 < 1\ (\gamma^2 = \sigma_Y^2 / \sigma_X^2)$$

앤서리-브래들리 통계량을 계산하기 위해 다음 [표 4-5]를 사용한다. 표에서 S_i, R_j는 각각

S_i = 혼합표본에서 X_i의 순위,

R_j = 혼합표본에서 Y_j의 순위

를 나타낸다. 또한 $a_{AB}(\cdot)$는 대응되는 스코어를 뜻한다.

[표 4-5] 앤서리-브래들리 통계량 계산표

X_i	$a_{AB}(S_i)$
10.1	1
10.4	2
10.7	4
11.1	2
11.3	1
$T_{AB} = 10$	

Y_j	$a_{AB}(R_j)$
10.5	3
10.8	17/3
10.8	17/3
10.8	17/3
10.9	4.5
10.9	4.5
11.0	3

T_{AB}가 작을수록 Y의 변동성이 X의 변동성보다 작다는 것을 의미하며, 통계량 $T_{AB}=10$이므로 [부록 표 8]에서 $m=5$, $n=7$일 때 유의확률은 $P_0(T_{AB} \le 10) = 1-P_0(T_{AB} \ge 11) = 1-0.9924 = 0.0076$이다. 따라서 유의수준 $\alpha=0.05$에서 H_0를 기각한다. 즉, 신형기계(B)가 변동을 줄여준다는 충분한 근거가 있다.

참고로 같은 데이터에 F–검정을 시행하여 그 결과를 비교해 보자. 먼저 데이터로부터

$$\overline{X} = 10.72 \qquad \overline{Y} = 10.81$$

$$S_X^2 = 0.242 \qquad S_Y^2 = 0.0248$$

를 얻고 F통계량은 다음과 같다.

$$F = \frac{S_Y^2}{S_X^2} = \frac{0.0248}{0.242} = 0.102$$

[부록 표 4]에서, $F(0.95, 6, 4) = \dfrac{1}{F(0.05, 4, 6)} = \dfrac{1}{4.53} = 0.221$을 얻고 $F = 0.102 < 0.221$이므로 유의수준 $\alpha = 0.05$에서 H_0를 기각하여 앤서리–브래들리 검정과 같은 결론을 얻는다. ■

예제 4.2 [예 4.B]에 대해 유의수준 $\alpha = 0.05$에서 앤서리–브래들리 검정을 시행하여 측정방법 B가 측정방법 A보다 더 정확한지 알아보자.

풀이 먼저 방법 A와 B가 측정한 혈청철분의 양을 X와 Y라 하고, X와 Y표본의 위치모수와 척도모수를 각각 (θ_X, σ_X), (θ_Y, σ_Y)라고 하자. 두 방법은 같은 양의 혈청철분을 측정하였으므로 $\theta_X = \theta_Y$라고 가정한다.

귀무가설과 대립가설은 다음과 같이 설정한다.

$$H_0 : \gamma^2 = 1, \ H_1 : \gamma^2 < 1 \ \ (\gamma^2 = \sigma_Y^2 / \sigma_X^2)$$

$H_1 : \gamma^2 < 1$은 측정방법 B가 측정방법 A보다 분산이 작음을 나타낸다. 앤서리–브래들리 통계량을 계산하기 위해 [표 4–6]을 사용한다.

[표 4-6] 앤서리-브래들리 통계량 계산표

X_i	$a_{AB}(S_i)$	Y_j	$a_{AB}(R_j)$
96	1.5	96	1.5
97	3	98	4.5
98	4.5	99	7
99	7	100	9.5
99	7	103	14.5
100	9.5	103	14.5
101	11	104	17
102	12.5	104	17
102	12.5	105	19.5
104	17	105	19.5
106	19	106	19
107	16	106	19
107	16	107	16
108	12.5	108	12.5
109	10	108	12.5
110	8.5	108	12.5
111	7	110	8.5
113	5	113	5
113	5	114	2.5
116	1	114	2.5

$T_{AB} = 185.5$

$m = n = 20$인 경우 [부록 표 8]을 사용할 수 없으므로 대표본 근사법을 사용한다. $m + n = 40$은 짝수이므로, $H_0 : \gamma^2 = 1$하에서 앤서리-브래들리 통계량의 평균은

$$E_0(T_{AB}) = \frac{20(20+20+2)}{4} = 210$$

동점이 있는 경우에 분산을 구하기 위해서는 먼저 $\sum_{j=1}^{g} t_j s_j^2$를 계산해야 한다. 데이터에는 $g = 19$개의 동점그룹(단일 관측치 그룹 포함)이 있으며 다음 [표 4-7]을 이용하여 계산한다.

[표 4-7] $\sum t_j s_j^2$ 계산표

동점그룹	t_j	s_j^2	$t_j s_j^2$
1	2	2.25	4.5
2	1	9	9
3	2	20.25	40.5
4	3	49	147
5	2	90.25	180.5
6	1	121	121
7	2	156.25	312.5
8	2	210.25	420.5
9	3	289	867
10	2	380.25	760.5
11	3	361	1083
12	3	256	768
13	4	156.25	625
14	1	100	100
15	2	72.25	144.5
16	1	49	49
17	3	25	75
18	2	6.25	12.5
19	1	1	1

$$\sum_{j=1}^{19} t_j s_j^2 = 5721$$

위 표로부터

$$\mathrm{Var}_0(T_{AB}) = \frac{(20)(20)[16(5721) - 40(42)^2]}{16(20+20)(20+20-1)} = 336.15$$

을 얻는데, 식 (4.9)에 의해 얻어진 분산 350보다 작다. 따라서 표준화된 T_{AB} 통계량은 다음과 같다.

$$Z_{AB} = \frac{185.5 - 210}{\sqrt{336.15}} = -1.336$$

$Z_{AB} = -1.336 > -z_{0.05} = -1.645$ 이므로 H_0를 기각할 수 없다. 즉 측정방법 B가 측정방법 A보다 더 정확하다고 단정할 수 없다는 결론을 얻는다. 연속성 보정을 위해서는 185.5에 1/2을 더하거나 빼주어야 하는데, Z_{AB}값에 별 영향을 미치지 않음을 볼 수 있다. ■

참고문헌

앤서리-브래들리 통계량 T_{AB}는 Freund and Ansari(1957)와 Barton and David(1958)가 연구하였고 Ansari and Bradley(1960)는 T_{AB} 통계량의 성질에 대해 자세한 연구를 하였다. T_{AB} 통계량의 사용에서 동점처리 문제는 Van Eeden(1964)에 의해 연구되었다.

4.2.2 기타 검정법

앤서리-브래들리 검정 이외에도 여러 가지 검정법이 있는데 여기서는 그 검정통계량만 소개하기로 한다.

앞에서와 마찬가지로 $N = m + n$개의 X와 Y의 혼합표본에서 Y_j의 순위를 R_j라고 하자.

(1) 무드 검정

무드 스코어는 다음과 같이 정의된다.

$$a_M(i) = (i - \frac{N+1}{2})^2, \quad i = 1, \cdots, N$$

무드 스코어를 이용한 **무드 통계량**(Mood statistic)은 다음과 같이 정의된다.

$$T_M = \sum_{j=1}^{n} a_M(R_j) = \sum_{j=1}^{n} \left\{ R_j - \frac{N+1}{2} \right\}^2 \tag{4.12}$$

(2) 시겔-튜키 검정

시겔-튜키 스코어는 다음과 같이 정의된다.

i	1	2	3	4	$\cdots$	$N-3$	$N-2$	$N-1$	N
$a_{ST}(i)$	1	4	5	8	$\cdots$	7	6	3	2

시겔-튜키 스코어를 이용한 **시겔-튜키 통계량**(Siegel-Tukey statistic)은 다음과 같이 정의된다.

$$T_{ST} = \sum_{j=1}^{n} a_{ST}(R_j) \tag{4.13}$$

귀무가설 H_0하에서 시겔-튜키 통계량 T_{ST}의 분포는 윌콕슨 순위합통계량 W와 같은 분포를 가진다. 따라서 T_{ST}에 대한 별도의 분포표가 없어도 W의 분포표로부터 시겔-튜키 검정의 기각역을 구할 수 있다. 그러나 W는 위치문제의 검정통계량이고 T_{ST}는 척도문제의 검정통계량이므로, 시겔-튜키 검정의 점근 상대효율이 윌콕슨 검정의 효율과 같은 것은 아니다.

(3) 정규점수 검정

정규 스코어는 다음과 같이 정의된다.

$$a_N(i) = \left[\Phi^{-1}\left(\frac{i}{N+1}\right)\right]^2, \quad i = 1,2,\cdots,N$$

다만, $\Phi(\cdot)$는 표준정규분포의 누적분포함수.

정규스코어를 이용한 **정규점수 통계량**(Normal scores statistic)은 다음과 같이 정의된다.

$$T_N = \sum_{j=1}^{n} a_N(R_j) = \sum_{j=1}^{n}\left[\Phi^{-1}\left(\frac{R_j}{N+1}\right)\right]^2 \tag{4.14}$$

해설

1. 검정통계량을 스코어에 의해 살펴보면 그 통계량의 특징을 쉽게 이해할 수 있다. 먼저 위치문제에서 윌콕슨 순위합검정을 스코어로 나타내면 다음과 같다.

   $$a_W(i) = i, \quad i = 1,2,\cdots,N$$

   $$W = \sum_{j=1}^{n} a_W(R_j) = \sum_{j=1}^{n} R_j$$

   즉, 윌콕슨 스코어는 선형(linear)으로 증가하는 형식이다.

2. 척도문제에 사용되는 스코어들은 대칭이거나 거의 대칭인 모양이다. 예를 들어 앤서리-브래들리 스코어는 선형(linear)으로 대칭이며, 시겔-튜키 스코어는 선형으로 거의 대칭이다. 실제로 이 두 검정법의 점근 상대효율은 1로서 점근적으로는 동치(equivalent)인 검정법이 된다.

   그러나 선형인 스코어로는 두 분포의 척도의 차이를 쉽게 식별할 수 없으므로 점근 상대효율이 낮은 단점이 있다. 따라서 무드 통계량에서는 이차형(quadratic)의 스코어를 사용하며, 정규점수 통계량에서는 지수적으로 증가하는 스코어를 사용하여 효율을 높여 주고 있다. 즉, 이차형이나 지수형으로 대칭인 스코어를 사용하면, 혼합표본의 중앙부분보다는 꼬리부분에서 나타나는 관측값에 큰 스코어가 배당되어 척도의 차이를 쉽게 감지할 수 있게 된다.

3. 위치모수의 차이가 알려진 경우 두 모집단의 척도를 비교하는 검정법으로 앤서리-브래들리 통계량과 기타 검정법들을 소개하였으나 앤서리-브래들리 통계량이 통계량의 계산복잡도나 검정력에 있어서 여타 검정법을 압도한다. 시겔-튜키 검정통계량의 경우 스코어링이 조금 복잡하지만 검정력이 월등하다면 앤서리-브래들리 통계량보다 우수한 평가를 받을 수도 있는데 그렇지가 않은 것이다. 아래 참고에서 보듯이 여러 학자들이 통계량을 제안했지만 현재까지는 앤서리-브래들리 통계량보다 좋다는 평가를 받는 통계량은 없이 모두 짝퉁 취급을 받는 게 현실이다. '가장 간단하게 가장 먼저'가 중요함을 깨닫는 대목이라 하겠다.

참고

무드 통계량은 Mood(1954)가 제안하였으며 Siegel-Tukey(1960)가 제안한 시겔-튜키 통계량은 앤서리-브래들리 통계량과 점근적으로 동치이다. Capon(1961)과 Klotz(1962)가 제안한 정규점수 통계량은 효율면에서 바람직한 것으로 알려져 있다. 그 외에 이표본 척도문제에서 사용되는 통계량은 Hollander(1963)와 Taha(1964)가 제안한 제곱 순위합을 이용한 통계량, Sukhatme(1957, 1958a, 1958b)가 연구한 중앙값으로 부터의 거리에 기초한 통계량 등을 들 수 있다.

4.3 분포무관 검정 : $\theta_Y - \theta_X$가 알려지지 않은 경우

4.2절에서는 $\theta_Y - \theta_X$의 값이 알려져 있다는 가정을 이용하여 척도모수의 차이에 대한 검정법을 알아보았다. 그러나 이와같은 가정은 상당히 제한적이기 때문에 타당성이 없는 경우가 많다. 따라서 $\theta_Y - \theta_X$의 값이 알려지지 않은 경우, 즉 두 모집단의 중앙값이 서로 다르면서 그 값이 알려져 있지 않은 경우를 고려해야 될 필요성이 있다. 이와 같은 경우에 적용할 수 있는 분포무관 검정으로서 **모제스 검정**(Moses test)이 있다.

절차

1. 어떤 양의 정수 $k(\geq 2)$를 선정하여 X관측값과 Y관측값을 각각 크기가 k인 m'과 n'개의 부그룹으로 랜덤하게 나눈다$(m = m'k + u, n = n'k + v)$. 이때 부그룹에 포함되지 않은 u와 v개의 관측값은 버린다.

2. $i=1,\cdots,m'$에 대해 $X_{i1},\cdots,X_{ik}$를 X관측값의 i번째 부그룹이라 하고, $j=1,\cdots,n'$에 대해 $Y_{j1},\cdots,Y_{jk}$를 Y관측값의 j번째 부그룹이라 한다.

3. $i=1,\cdots,m'$에 대해

$$C_i = \sum_{l=1}^{k}(X_{il} - \overline{X}_i)^2 \tag{4.15}$$

$j=1,\cdots,n'$에 대해

$$D_j = \sum_{l=1}^{k}(Y_{jl} - \overline{Y}_j)^2 \tag{4.16}$$

다만, $\overline{X}_i = \dfrac{\sum_{l=1}^{k} X_{il}}{k}$, $\overline{Y}_j = \dfrac{\sum_{l=1}^{k} Y_{jl}}{k}$

4. m'개의 C_i와 n'개의 D_j를 이용하여 윌콕슨의 순위합검정을 실시한다. 즉 3.2절의 절차 1~3을 실시한다. 이때에 $X_i(i=1,\cdots,m)$와 $Y_j(j=1,\cdots,n)$ 대신에 각각 $C_i(i=1,\cdots,m')$과 $D_j(j=1,\cdots,n')$을 대체하여 사용한다.
C_i와 D_j 의 위치모수를 각각 θ_C와 θ_D라 하고 $\Delta = \theta_D - \theta_C$라 하면 순위합검정에서 검정할 가설($H_1^*$)은 다음과 같다.

(i) $H_1 : \gamma^2 > 1$일 때
$H_1^* : \Delta > 0$

(ii) $H_1 : \gamma^2 < 1$일 때
$H_1^* : \Delta < 0$

(iii) $H_1 : \gamma^2 \neq 1$일 때
$H_1^* : \Delta \neq 0$

해설

1. 모제스 검정의 핵심은 관찰값들을 소그룹화한 다음 각 그룹 내에서 변동성의 측도인 제곱합을 구하고 이들에 대한 크기 비교를 위치모수검정을 통해 한 후, 이 결과로 척도모수에 대한 결론을 도출하는 것이다. 이때, 윌콕슨의 순위합검정을 사용한 것은 C_i들이나 D_j들이 순위합검정을 위한 가정을 만족한다는 것을 전제로 하게 된다.

2. 가설 $H_0 : \gamma^2 = \gamma_0^2 (\neq 1)$을 검정하기 위해서는 관측값의 수정을 필요로 한다. 이 경우에는 X 관측값을 수정하지 않고 Y 관측값 대신에 $Y_j' = Y_j / \gamma_0$를 사용하여 모제스의 검정을 실시한다.

3. C_i와 D_j를 $(k-1)$로 나누어도 절차 4의 결과에 아무런 영향도 미치지 않으며, 이 값들은 각 해당 부그룹에서의 표본분산을 나타낸다. 계산상의 편리를 위해

$$C_i = \sum_{l=1}^{k} X_{il}^2 - \frac{\left(\sum_{l=1}^{k} X_{il}\right)^2}{k} \tag{4.17}$$

$$D_j = \sum_{l=1}^{k} Y_{jl}^2 - \frac{\left(\sum_{l=1}^{k} Y_{jl}\right)^2}{k}$$

 으로 대체하여 사용할 수 있다.

4. 모제스 검정은 표본분산과 윌콕슨 순위합검정을 병행하여 사용하는 검정이라 할 수 있다. 따라서 k, m', n'의 값이 다같이 클수록 검정의 효율성은 증가한다고 할 수 있으나, 주어진 표본의 크기 m, n에서는 불가능하다. 일반적으로는 m'과 n'의 값을 너무 작게하여 윌콕슨 순위합검정의 효율을 떨어뜨리지 않는 범위에서 k값을 크게 하는 것이 바람직하다.

대표본 근사

m' 또는 n'의 값이 10보다 클때에는 [부록 표 7]을 사용할 수 없다. 이러한 경우에는 윌콕슨 순위합검정에서의 대표본 근사를 사용하여 검정을 수행한다.

예제 4.3 적혈구 내의 소디움 이온(sodium ion) 양의 측정은 혈장 내의 소디움 이온 양의 측정과 함께 어떤 질병의 진단에 중요한 역할을 한다. 특히 적혈구 내의 소디움 이온 측정은 측정 오차가 심한 것으로 알려져 있다. 새로 고안된 광도 측정법이 기존의 방법보다 적혈구 내의 소디움 이온 측정에 있어 더 정확한지를 알아보고자 한다. 한가지 방법은 광도 측정법을 사용하여 적혈구와 혈장 내의 소디움 이온 측정량의 분산을 비교하는 것이다. 아래 데이터는 각각 30개의 혈장과 적혈구 표본을 광도 측정법으로 측정한 1리터당 소디움 이온의 양을 나타낸다.

혈장 (X_i)	147.0	147.0	144.0	147.0	142.0	145.0	146.0	144.0	144.0	145.0
	146.0	162.5	146.5	163.0	147.0	161.0	145.0	145.5	141.0	144.0
	142.0	146.5	145.0	157.0	145.0	154.5	148.5	153.5	139.0	137.0
적혈구 (Y_j)	10.3	11.0	10.7	12.2	16.0	19.4	16.5	19.2	16.5	19.3
	9.7	12.6	8.3	9.7	8.5	15.2	31.4	26.8	27.0	31.4
	32.2	26.3	12.7	17.2	17.5	16.9	19.0	21.7	11.4	17.5

광도 측정법을 사용한 경우 적혈구 내의 소디움 이온 측정량의 분산이 혈장에서의 분산보다 크다고 할 수 있는가를 유의수준 $\alpha = 0.05$에서 모제스 검정을 시행하여 알아보자.

풀이 먼저 귀무가설과 대립가설을 각각 다음과 같이 설정한다.

$$H_0 : \gamma^2 = 1,\ H_1 : \gamma^2 > 1\,(\gamma^2 = \sigma_Y^2 / \sigma_X^2)$$

$m = n = 30$이므로 $k = 6, m' = n' = 5, u = v = 0$으로 정하여 X, Y관측값을 부그룹으로 랜덤하게 나누어 다음 표를 얻는다.

부그룹	X						Y					
1	144	146.5	141	146.5	145	139	11.0	16.0	19.3	15.2	32.2	17.5
2	145	147	145	157	162.5	154.5	19.4	16.5	8.3	9.7	27.0	31.4
3	142	148.5	146	145	144	145.5	10.3	19.2	26.3	31.4	16.9	21.7
4	161	153.5	144	142	137	163	12.2	17.5	26.8	11.4	12.6	17.2
5	147	144	147	146	147	145	10.7	16.5	9.7	8.5	12.7	19.0

위 표의 부그룹으로부터 계산한 C_i와 D_j의 값은 다음과 같다.

C_i	46.83	264.33	23.33	571.21	8.00
D_j	262.71	424.67	271.27	167.01	84.64

C_i와 D_j를 이용한 순위합통계량의 계산은 다음 [표 4-8]을 이용한다.

[표 4-8] 순위합통계량 계산표

C_i	S_i	D_j	R_j
8.00	1	84.64	4
23.33	2	167.01	5
46.83	3	262.71	6
264.33	7	271.27	8
571.21	10	424.67	9
			W=32

[부록 표 7]에서 $m = n = 5$일 때 $P_0(W \geq 32) = 0.2103$이므로 유의확률은 0.2103이 되어 유의수준 $\alpha = 0.05$에서 H_0를 기각할 수 없다. 즉 적혈구 내의 소디움 이온 측정량의 분산이 혈장에서의 분산보다 크다고 단정할 수 없다. ■

예제 4.4 [예 4.C]에 대해 유의수준 $\alpha = 0.05$에서는 모제스 검정을 시행하여 두 그룹 A와 B 간에 혈소판 재생비율의 분산이 다른가를 알아보자. 앞의 [예제 4.3]에서와 같이 척도모수를 아무 문제 없이 "분산"으로 표현할 수 있다.

풀이 먼저 그룹 A와 B의 데이터를 X와 Y라 하고, 귀무가설과 대립가설을 다음과 같이 설정한다.

$$H_0 : \gamma^2 = 1,\ H_1 : \gamma^2 \neq 1\ \ (\gamma^2 = \sigma_Y^2 / \sigma_X^2)$$

$m = 24$, $n = 21$에서 $k = 4$, $m' = 6$, $n' = 5$, $u = 0$, $v = 1$로 정하여 X, Y 관측값을 부그룹으로 랜덤하게 나누어 다음 표를 얻는다.

부그룹	X				Y			
1	26	32	35	24	60	58	48	61
2	26	36	18	23	80	58	58	61
3	18	16	30	13	64	56	51	51
4	35	27	29	28	55	44	66	65
5	52	17	14	17	59	76	68	47
6	21	44	23	34				

위 표의 부그룹으로부터 계산한 C_i와 D_j의 값은 다음과 같다.

C_i	78.75	172.75	166.75	38.75	978.0	341.0
D_j	106.75	336.75	113.0	317.0	465.0	

C_i와 D_j를 이용한 순위합통계량을 [표 4-9]와 같이 계산한다.

[표 4-9] 순위합통계량 계산표

C_i	S_i
38.75	1
78.75	2
166.75	5
172.75	6
341.00	9
978.00	11

D_j	R_j
106.75	3
113.00	4
317.00	7
336.75	8
465.00	10
	W =32

[부록 표 7]에서 $m=6$, $n=5$일 때 $P_0(W \geq 32)=0.3961$이므로 유의확률은 $2\times 0.3961=0.7922$가 되어 유의수준 $\alpha=0.05$에서 H_0를 기각할 수 없다. 따라서 혈소판 재생비율의 분산이 그룹 A와 B에 따라 다르다고 할 수 없다. ■

해설

1. 모제스 검정이 $\theta_Y-\theta_X$가 알려지지 않은 경우의 척도모수 비교방법으로 제시되었으나 이 검정은 치명적인 약점을 가지고 있다. 표본을 랜덤하게 부그룹으로 나누는 과정에서 결과가 나에게 유리한 쪽으로 나오도록 조작의 가능성이 있는 것이다. 조작이 꺼려지는 독자라면 나에게 유리한 부그룹들이 나올 때까지 표본을 랜덤하게 나누는 과정을 반복하는 건 좀 덜 양심의 가책을 줄 지 모르겠다. Moses와 공동연구를 수행했던 Shorack의 표현을 빌리면 모제스 검정은 "useful inefficient statistics"의 일종이라 하겠다. 이러한 이유로 인해 이 책에서 소개는 하지만 모제스 검정은 현대 통계학에서 거의 쓰이지 않는다. 사실 모제스 검정에서처럼 표본을 충분한 크기 및 개수의 부표본으로 나눌 수 있는 상황이라면 구태여 비모수적 방법의 도움을 청할 필요가 없다. 이래저래 모제스 검정은 설 곳이 없다.

2. 비도덕성의 문제를 가지고 있는 모제스 검정의 대안으로 Sukhatme가 제안한 아이디어가 많이 사용된다. 그는 $\theta_Y-\theta_X$의 값이 알려지지 않은 경우에 $\Delta=\theta_Y-\theta_X$의 추정량을 이용하는 방법을 제안하였다. 먼저 X와 Y 관측값의 중앙값을 각각 $\hat{\theta}_X$와 $\hat{\theta}_Y$라 하면 Δ의 추정량은 $\hat{\Delta}=\hat{\theta}_Y-\hat{\theta}_X$로 정의한다. 이때 $X_1,\cdots,X_m$과 $Y_1-\hat{\Delta}$, $\cdots, Y_n-\hat{\Delta}$을 이용하여 앞에서 제시한 절차에 따라 척도모수의 검정을 실시한다. 즉, 두 표본의 중심위치가 동일하도록 조정한 후, 앤서리-브래들리 검정을 시행한다.

예제 4.5 [예 4.D]에 대해 두 표본의 중심위치를 동일하게 조정한 후, 유의수준 $\alpha = 0.05$에서 앤서리-브래들리 검정을 시행하여 맥박의 변동이 남녀 간에 차이가 있는지 알아보자.

풀이 먼저 남녀의 맥박수를 X와 Y라 하고, X와 Y 표본의 위치모수와 척도모수를 각각 (θ_X, σ_X), (θ_Y, σ_Y)라고 하자. 이때 위치모수들은 알려져 있지도 않고, 같다는 보장도 없다. 모제스 검정을 적용하기에는 표본수가 너무 적다. 우선 $\hat{\theta}_X$와 $\hat{\theta}_Y$를 각 표본 중앙값들을 이용해 구한다.

$$\hat{\theta}_X = 76 \qquad \hat{\theta}_Y = 71$$

이제 $\hat{\theta}_Y - \hat{\theta}_X = -5$이므로 Y 관측값에 5를 더한 값(사실은 −5를 뺀 값)들을 사용한다. 이때 X 관측값에서 5를 뺀 값들을 사용해도 검정의 결과는 같다. 즉, 어느 쪽을 움직이던 위치모수를 일치시키면 되는 것이다. 귀무가설과 대립가설은 다음과 같이 설정한다.

$$H_0 : \gamma^2 = 1, \quad H_1 : \gamma^2 \neq 1$$

앤서리-브래들리 통계량은 다음 [표 4-10]을 사용하여 구한다.

[표 4-10] 앤서리-브래들리 통계량 계산표

X_i	$a_{AB}(S_i)$
58	1
65	2
74	7.5
74	7.5
76	10
77	8.5
79	5.5
82	2
86	1
$T_{AB} = 45$	

Y_j	$Y_j + 5$	$a_{AB}(R_j)$
65	70	3
66	71	4
67	72	5
68	73	6
70	75	9
72	77	8.5
73	78	7
74	79	5.5
75	80	4
76	81	3

$T_{AB} = 45 < E_0(T_{AB}) = m(m+n+1)^2/4(m+n) = 47.4$이므로 [부록 표 8]에서 $m = 9$, $n = 10$일 때 유의확률은

$$2P_0(T_{AB} \le 45) = 2[1 - P_0(T_{AB} \ge 46)] = 2(1 - 0.6166) = 0.7668$$

으로 오히려 1쪽에 가까운 값이다(통계량의 값이 기댓값과 큰 차이가 없음에 유의). 따라

서 유의수준 $\alpha = 0.05$에서 H_0를 기각할 수 없다. 즉 맥박수의 변동이 남녀 간에 차이가 있다는 증거가 부족하다.

해설

척도모수를 다루는 비모수적 방법으로는 추정 문제를 다룰 수 없는 이유는 이미 설명하였다. 또 척도모수가 더 중요한 경우들도 예를 들어 보았다. 척도모수들에 대한 비모수적 검정이 필요한 경우는 위치모수보다 척도모수에 더 분석의 필요가 있고(아니면 위치모수들에 대한 분석은 이미 끝나 관심이 척도모수로 넘어왔거나), 표본의 크기가 작은 경우에 한정되게 되는데, 이러한 상황이 잘 발생하지 않는다. 우리가 든 [예 4.A]나 [예 4.D]의 경우는 표본수를 증가시키는 데 큰 무리가 없을 것이고, [예 4.B]에서는 분석비용의 문제만 아니라면 또 [예 4.C]에서 혈전증이 희귀병만 아니라면 표본크기를 크게 할 수 있을 것이다. 저자의 오랜 통계 분석 경력에서도 이 척도모수비교의 비모수적 방법에 관한 자문은 한두 번에 불과하다.

참고문헌

모제스 검정은 $\theta_Y - \theta_X$가 알려지지 않은 경우에 적용할 수 있도록 Moses(1963)가 제안하였다. 이 검정의 일치성은 Moses(1963)가 연구하였고 Moses(1963)와 Shorack(1965, 1969)은 점근 상대 효율을 구하였다. 모제스 검정과 비모수적 이표본 위치모수검정의 상관관계에 대한 연구로는 Hollander(1968)가 있다. Sukhatme(1958a)는 $\theta_Y - \theta_X$가 알려지지 않은 경우에, 각 모집단에서의 관측값들에서 표본의 중앙값을 빼어 조정된 값으로 검정하는 방법을 제안하였다.

4.4 효율(*)

이 절에서는 이표본 척도문제에서 여러 가지 검정법의 점근 상대효율에 대하여 알아보기로 한다. 먼저 앤서리–브래들리 검정과 시겔–튜키 검정 사이에는 모든 분포에서

$$\mathrm{ARE}(T_{AB}, T_{ST}) = 1$$

의 관계가 있으므로 앤서리–브래들리 검정법만 언급하기로 한다.

정규분포에서 앤서리–브래들리 검정의 F–검정에 대한 점근 상대효율은

$$\mathrm{ARE}(T_{AB}, F) = 0.608$$

로서 상당히 낮은 편이다. 그러나 무드검정과 정규점수검정의 점근 상대효율은 상당히 향상되어 다음과 같다. 즉, 정규분포에서

$$\mathrm{ARE}(T_M, F) = 0.750, \qquad \mathrm{ARE}(T_N, F) = 1$$

특히 정규점수검정법의 F-검정에 대한 점근 상대효율은 1로서 매우 좋은 효율을 가진다.

4.5 R-program을 이용한 실습

이 장에서는 R-program을 이용하여 척도문제인 F-검정과 앤서리-브래들리 검정을 시행하는 예제들을 다루기로 한다.

예제 4.6 [예 4.A]의 자료에 대하여 F-검정과 앤서리-브래들리 검정을 R을 이용하여 풀어보자. 본 예제에서는 편의상 양쪽 대립가설로 바꾸어 실행한다. 한쪽 검정은 [예제 4.7]에서 다룬다.

풀이 이 예제에서 분석을 위한 가설은 다음과 같다.

$$H_0 : \gamma^2 = 1,\ H_1 : \gamma^2 \neq 1\ (\gamma^2 = \sigma_B^2 / \sigma_A^2)$$

분석을 실시하기 위해 먼저 [예 4.A]의 데이터를 입력한 다음 F-검정을 실시하는 R 함수 “t.test”와 앤서리-브래들리 검정을 실시하는 R 함수 “ansari.test”를 실행한다.

[프로그램 4.1]

```
a <- c(10.7,11.1,10.4,10.1,11.3) # line 1
b <- c(10.8,10.5,11,10.9,10.9,10.8,10.8) # line 2
var.test(a, b, alternative="two.sided") # line 3
ansari.test(a, b, alternative="two.sided") # line 4
```

프로그램의 첫째 줄(# line 1)과 둘째 줄(# line 2)은 기계 A와 B가 포장한 식료품의 무게 데이터를 벡터 a와 b에 각각 저장하는 과정이다.

프로그램의 셋째 줄(# line 3)은 벡터 a, b를 이용하여 F-검정을 실행하는 명령이다. 식료품의 무게 간에 변동의 차이가 있는지 검정하기 위한 양측검정(alternative="two.sided")을 명시하고 있다.

프로그램의 넷째 줄(# line 4)은 앤서리-브래들리 검정을 실행하는 명령이다. 여기에서도 양측검정(alternative="two.sided")을 명시하고 있다. [프로그램 4.1]의 결과는 [결과 4.1]과 같다.

[결과 4.1]

```
> var.test(a, b, alternative="two.sided")

        F test to compare two variances

data:  a and b
F = 9.7731, num df = 4, denom df = 6, p-value = 0.01697
alternative hypothesis: true ratio of variances is not equal to 1
95 percent confidence interval:
  1.569427 89.886029
sample estimates:
ratio of variances
          9.773077

> ansari.test(a, b, alternative="two.sided")

        Ansari-Bradley test

data:  a and b
AB = 10, p-value = 0.03083
alternative hypothesis: true ratio of scales is not equal to 1

Warning message:
In ansari.test.default(a, b, alternative = "two.sided") :
  cannot compute exact p-value with ties
```

[결과 4.1]에서 F-검정을 실시한 결과는 유의확률이 0.01697(< 0.05)로서 귀무가설을 기각하게 된다. 그리고 앤서리-브래들리 검정 결과에서는 앤서리-브래들리 통계량이 10, 유의확률이 0.03083임을 보여 주고 있다. 또한 대립가설은 두 데이터의 척도모수의 비가 1이 아니라는 양쪽 대립가설을 나타낸다. 이 검정에서는 유의확률이 0.03083(< 0.05)이므로 F-검정과 동일하게 두 기계로 포장된 식료품의 무게의 변동에 차이가 있다고 결론을 내린다. ■

예제 4.7 길이를 측정하는 두 측정기기의 정밀도를 조사하기 위하여 다음 자료를 얻었다. 기기 A가 기기 B보다 더 정밀한 측정을 하는지 앤서리-브래들리 검정을 하여 보자.

기기 A	6.67	6.71	6.69	6.74	6.65	6.72
기기 B	6.54	6.77	6.43	6.82	6.74	6.79

풀이 이 예제에서 분석을 위한 가설은 다음과 같다.

$$H_0 : \gamma^2 = 1,\ H_1 : \gamma^2 < 1\ (\gamma^2 = \sigma_A^2 / \sigma_B^2)$$

분석을 실시하기 위해 먼저 위의 데이터를 입력한 다음 앤서리-브래들리 검정을 실시하는 R 함수 "ansari.test"를 실행한다.

[프로그램 4.2]

```
a <- c(6.67,6.71,6.69,6.74,6.65,6.72) # line 1
b <- c(6.54,6.77,6.43,6.82,6.74,6.79) # line 2
ansari.test(a, b, alternative="less") # line 3
```

프로그램의 첫째 줄(# line 1)과 둘째 줄(# line 2)은 기기 A와 B가 측정한 데이터를 벡터 a와 b에 각각 저장하는 과정이다.

프로그램의 셋째 줄(# line 3)은 벡터 a, b를 이용하여 앤서리-브래들리 검정을 실행하는 명령이다. 기기 A가 기기 B보다 더 정밀한 측정을 하는지 검정하기 위한 단측검정(alternative="less")을 명시하고 있다. [프로그램 4.2]의 결과는 [결과 4.2]와 같다.

[결과 4.2]

```
> ansari.test(a, b, alternative="less")

        Ansari-Bradley test

data:  a and b
AB = 28.5, p-value = 0.007242
alternative hypothesis: true ratio of scales is less than 1

Warning message:
In ansari.test.default(a, b, alternative = "less") :
  cannot compute exact p-value with ties
```

[결과 4.2]에서는 앤서리-브래들리 통계량이 28.5, 유의확률이 0.007242임을 보여 주고 있다. 또한 대립가설은 두 데이터의 척도모수의 비가 1보다 작다는 단측 대립가설을 나타낸다. 이 검정에서는 유의확률이 0.007242(< 0.05)로서 매우 유의하게 나타나서 귀무가설을 기각하게 된다. 즉, 기기 A가 더 정밀한 측정을 한다고 할 수 있다. ■

연습문제

1. 공기 중의 수은 농도를 측정하는 두 가지 기기의 정밀도를 검사하고자 하여, 기기 A와 기기 B로 측정을 한 결과가 다음과 같다.(단위: μg/cm^3)

기기 A	0.95	0.82	0.78	0.96	0.71	0.86	0.99
기기 B	0.89	0.91	0.94	0.91	0.90	0.89	

기기 B의 정밀도가 기기 A의 정밀도보다 좋다고 할 수 있는지 유의수준 $\alpha = 0.05$에서 앤서리-브래들리 검정을 실시하여라. 또한 $\theta_X - \theta_Y = 0$이라는 가정의 성립 여부를 확인하여라.

2. 다음은 두 가지 진정제를 투약했을 때의 수면 시간의 연장을 조사한 데이터이다. (단위 : 시간)

진정제 A	1.9	0.8	1.1	0.1	−0.1	3.4	5.5	1.6	4.6	2.0
진정제 B	0.7	−1.6	−0.2	−1.2	0.0	4.4	3.7	0.8	0.0	3.4

두 진정제 간에 수면 연장시간의 분산에 차이가 있는지 알고자 한다. 두 표본의 중앙값을 이용하여 유의수준 $\alpha = 0.10$에서 앤서리-브래들리 검정을 실시하여라.

3. 다음은 흡연자와 비흡연자간의 비타민 C의 함량을 조사한 데이터이다.(단위 : 퍼센트)

비 흡연자	0.97	0.72	1.00	0.81	0.62	1.32	1.24	0.99	0.90	0.74	0.88	0.94
	1.16	0.86	0.85	0.58	0.57	0.64	0.98	1.09	0.92	0.78	1.24	1.18
흡 연 자	0.48	0.71	0.98	0.68	1.18	1.36	0.78	1.64				

유의수준 $\alpha = 0.05$에서 모제스 검정을 이용하여 흡연자와 비흡연자 간에 비타민 C 함량의 분산에 차이가 있는지 검정하여라.

4. 다음은 새로운 행동 개조 정신요법의 효능을 알아보기 위하여 17명에게는 새로운 요법을 교육시켰고, 10명에게는 예전의 요법을 교육시킨 후에 나타난 점수의 데이터이다.

기존 요법	6.6	5.8	5.4	5.1	5.0	4.3	3.9	3.3	2.4	1.7
새로운 요법	11.7	9.5	9.4	8.7	8.2	7.7	7.4	7.4	7.1	
	6.9	6.8	6.3	5.0	4.2	4.1	2.2			

유의수준 $\alpha = 0.10$에서 모제스 검정을 이용하여 두 요법 간에 점수의 분산에 차이가 있는지에 대하여 검정하여라.

5. 다음은 어떤 약의 효능을 알아보기 위하여 당뇨병에 걸린 사람을 대상으로 그 약을 투약하지 않은 경우와 투약한 경우에 호르몬의 증가 수치를 조사한 데이터이다.

구분											
투약하지 않은 경우	1.2	0.2	0.3	0.9	4.2	0.9	0.3	0.7	0.9	1.1	3.0
	0.9	2.3	1.3	0.2	1.2	1.5	2.1	7.7	20.0	1.2	3.4
	2.2	0.1	4.3	0.7	0.7	1.3	1.3	9.8	0.9	4.7	0.0
	0.4	21.0	12.0	4.2	2.7	1.7	0.5	1.0	0.9	2.1	0.1
	1.7	1.0	3.9	1.0	0.5	0.7	0.2	0.9	0.9	0.8	0.5
	1.5	1.1	1.1	1.6	1.5	4.0	4.7	0.9			
투약한 경우	1.4	1.6	1.4	4.1	2.6	1.1	0.4	1.8	2.2	0.3	1.3
	1.7	1.0	1.2	1.4	0.5	1.1	1.5	1.1	3.3	2.6	0.7
	0.1	1.6	2.5	0.7	1.7	0.3	1.9	1.0	0.5		

유의수준 $\alpha = 0.05$에서 모제스 검정을 이용하여 호르몬 증가 수치의 분산에 차이가 있는지 검정하여라.

6. 다음은 어떤 대학에 유학 온 학생의 평균 평점과 그 나라 학생의 평균 평점을 조사한 데이터이다.

구분										
그 나라 학생	3.42	3.54	3.21	3.63	3.22	3.80	3.70	3.20	3.75	3.31
	3.86	4.00	2.86	2.92	3.59	2.91	3.77	2.70	3.06	3.30
유학 온 학생	3.50	4.00	3.43	3.85	3.84	3.21	3.58	3.94	3.48	3.76
	3.87	2.93	4.00	3.37	3.72	4.00	3.06	3.92	3.72	3.91

유의수준 $\alpha = 0.05$에서 모제스 검정을 이용하여 유학 온 학생의 평균 평점과 그 나라 학생의 평균 평점 간에 분산의 차이가 있는지 검정하여라.

7. 다음은 불소 치약과 보통 치약 간에 차이가 있는지를 알아보기 위하여 한 집단은 불소 치약을 사용하게 하고 또 다른 집단을 보통 치약을 사용하게 한 후 3년 후에 생긴 충치의 개수를 조사한 데이터이다.

보통 치약	9	10	4	19	13	12	8	0	13	6	12	5	7
불소 치약	6	7	3	19	4	12	2	0	6	7	5	0	7

불소 치약을 사용한 집단과 사용하지 않는 집단 간에 충치수의 분산에 차이가 있는지

알고자 한다. 두 표본의 중앙값을 사용하여 표본들의 중심을 동일하게 만든 후 유의수준 $\alpha = 0.05$에서 앤서리-브래들리 검정을 실시하여라.

8. 다음은 A회사와 B회사에서 제조한 계피 향료의 무게를 조사한 데이터이다.(단위 : g)

A	117.1	121.3	127.8	121.9	117.4	124.5	119.5	115.1
B	123.5	125.3	126.5	127.9	122.1	125.6	129.8	117.2

B회사가 A회사보다 계피 향료 제조가 더 정확한지 알고자 한다. 두 표본의 중앙값을 사용하여 표본들의 중심 위치가 같도록 조정한 후 유의수준 $\alpha = 0.05$에서 앤서리-브래들리 검정을 실시하여라.

5장

분포(함수) 문제

5.1 서론

앞의 2,3,4장에서는 위치모수 또는 척도모수에 대한 가설의 검정법을 알아보았다. 이 장에서는 어떤 특정한 모수에 국한시킨 가설보다는 더 일반적인 모집단의 분포에 대한 가설의 검정문제를 생각해 보기로 하자. 우선 분포를 확인 비교하는 방법에는 다음 두 가지가 있음에 주목하라.

(1) 확률밀도함수 $f(x)$(이산형 모집단이면 확률질량함수 $p(x)$)를 관측값들의 히스토그램과 비교하는 방법

(2) 분포함수 $F(x)$를 표본분포함수 $F_n(x)$와 비교하는 방법

이 장은 (1)번 방법보다 (2)번 방법에 중점을 두고 있음이 제목에 나타나 있다. 즉, 분포문제를 분포함수를 통해 해결하는 방법을 주로 제시하겠다는 의미이다. 앞의 두 가지 방법에 대한 설명을 하기 전에 우선 분포의 확인 또는 비교가 필요한 예들을 살펴보기로 하자.

예 5.A 아래 [표 5-1]은 어떤 모집단으로부터 얻은 크기 20인 확률표본의 값을 나타내고 있다. 이 확률표본으로부터 모집단의 분포가 $N(30,100)$인지를 알고자 한다. 적절한 가설을 세우고 검정하여라.

[표 5-1] 데이터

16.7	24.7	36.5	46.2	43.2
25.9	17.4	18.1	24.0	22.4
18.8	39.8	37.6	35.1	18.2
19.3	27.0	35.8	42.1	22.4

예 5.B 어떤 모집단으로부터 얻은 크기 10인 확률표본의 값이 아래 [표 5-2]에 나타나 있다. 이 관측값의 분포가 (0,1)범위에서의 균등분포 $U(0,1)$을 따른다고 할 수 있는가?

[표 5-2] 데이터

0.329	0.710	0.621	0.203	0.382
0.503	0.480	0.477	0.581	0.554

앞의 두 예 [예 5.A]와 [예 5.B]에서 분포형태와 관련모수가 다 구체적으로 주어졌으니 모수적 검정이 아닌가 생각할 수도 있다. 하지만 이 분포형태 및 모수가 모두 가설로 주어졌고 가정으로는 주어지지 않았다는 점에 주시할 필요가 있다. 모집단이 정규분포 $N(30,100)$이라는 귀무가설 H_0를 검정하는 것과 모집단이 정규분포 $N(\mu,100)$이라는 가정하에 $H_0 : \mu = 30$을 검정하는 상황과는 다름에 주의하기 바란다.

예 5.C 인간의 눈은 나이가 40세가 넘으면 아주 가까운 물체에 초점을 맞추는 능력이 약화되어 가는 특성이 있다고 한다. 20세와 30세의 나이그룹에서도 이와 같은 현상이 일어나는가를 알아보기 위해 각 나이그룹에서 16명을 랜덤하게 뽑아 다음과 같은 실험을 하였다. 각 개인은 왼쪽 눈을 감은 상태에서 오른쪽 눈앞에 글씨가 쓰인 종이를 눈앞으로 접근시켜 글씨가 선명하게 보이는 가장 짧은 거리를 한 번씩 측정한 결과가 [표 5-3]과 같다. 두 나이그룹(20세, 30세)에서 측정된 거리는 같은 분포를 따른다고 할 수 있는가? 아니면 30세 나이그룹이 20세보다 더 먼 거리를 나타내는 경향이 있다고 할 수 있는가?

[표 5-3] 측정거리(단위: 인치)

20세		30세	
4.6	6.3	6.8	6.0
4.9	6.8	5.6	8.3
7.4	5.1	8.1	8.9
8.3	5.8	7.4	12.7
6.4	4.7	9.6	8.6
5.0	5.7	5.9	11.5
5.0	7.9	6.6	6.7
6.6	7.1	9.8	8.4

예 5.D 36명의 지원자가 두 가지 체중감량 프로그램 (A, B)에 각각 18명씩 랜덤하게 할당되었다. 각 개인에게 할당된 프로그램을 일정기간 실시한 후 체중 감소량이 측정되었으며 그 결과는 [표 5-4]와 같다. 두 가지 프로그램에 의한 체중 감소량이 같은 분포를 따른다고 할 수 있는가?

[표 5-4] 체중감소량(단위: 파운드)

A			B		
2.7	17.2	17.1	5.2	29.5	5.9
12.4	4.1	15.4	6.3	3.6	25.3
5.2	25.5	3.2	19.2	25.1	32.2
4.6	6.5	19.6	4.6	28.8	24.7
26.7	21.3	5.3	9.1	11.0	36.1
8.7	6.8	14.6	7.7	7.2	20.0

모집단의 분포 형태를 묘사하는 데는 모집단이 연속인 경우 모집단 내 확률의 밀도를 나타내 주는 "확률밀도함수"가, 이산인 경우 위치에 따른 확률값을 나타내 주는 "확률질량함수"가 쓰인다. 한편, 관측값들로부터 얻어지는 히스토그램은 이들의 추정량으로 볼 수 있다. 연속형인 경우 적당한 구간으로 나누어 히스토그램을 얻고 주사위 눈의 수와 같은 이산형의 경우 구간으로 나눌 필요는 없으나 가질 수 있는 값이 많은 이산형 변수를 관찰한 경우 구간화가 필요할 수도 있다.

히스토그램을 이론적으로 생각하고 있는 밀도함수(또는 질량함수)와 비교함으로써 모집단이 우리가 예상하는 분포에 따르고 있는지를 판정하게 된다. [예 5.A]의 경우 관측값들로 히스토그램을 그린 후 $N(30, 100)$의 확률밀도함수와 비교함으로써 모집단의 분포가 $N(30, 100)$인지를 확인할 수 있는 것이다. 이때 히스토그램과 확률밀도함수와의 차이를 수치화(이 수치가 검정통계량이 된다.)할 수 있고 또 이 수치가 귀무가설하에서 어떤 분포에 따르는지 알 수 있어야 통계적 가설검정이 가능해지는 것이다. 히스토그램의 각 구간에서 얻어진 확률의 추정값(구간에 속한 관측값의 개수를 n으로 나눈)과 확률밀도함수로부터 계산된 그 구간의 이론적 확률을 비교하는 방법을 우선 생각해 보자. 말 그대로 히스토그램과 확률밀도함수의 직접 비교라 하겠다. 예를 들어 구간 [a, b]에 속할 확률이 가설로 주어진 확률밀도함수로 계산하면 0.12인데, 표본 50개 중 5개가 이 구간에 속했으니 차이가 0.02이다 라는 식의 비교가 될 것이다. 이 비교를 모든 구간에 대해 적절히 합해주면 검정통계량을 만들 수 있을 것이다. 하지만 이 비교가 갖는 결정적 단점이 있다. "표본 50개 중 5개"와 "표본 500개 중 50개" 두 경우 모두 똑같은 차이를 준다는 것이다. 같은 차이라도 많은 표본으로부터 얻어졌다면 더 신뢰해야 한다는 원칙에 어긋나는 것이다. 어떻게 하면 같은 차이라도 관측값의 개수가 많은 구간이 갖는 차이에 더 비중을 줄 수 있을까?

이 목적으로 가장 손쉬운 방법은 이론확률과 추정확률 간의 차이들에 간단히 표본크기 n을 곱해 주는 것이다. "0.12"와 "50개 중 5개"의 비교가 아니라 "6"과 "5"의 비교로 만드는 것이다. 즉, 가설로 주어진 분포에서 구간이 갖는 빈도수의 기댓값인 기대도수와 실제 관측도수와의 차이를 사용하여 비교하자는 것이다. 이때 차이는 + 이던 – 이던 구별의 필요가 없으므로 제곱을 해서 모든 구간에 대해 합하고 합하기 전에 통계량이 χ^2 분포를 갖도록 하기 위해 기대도수로 나누어 주게 되며 이렇게 얻어진 통계량이 식 (5.6)에 주어져 있다. 단일 모집단의 분포에 대한 모형(가설)이 적합한지를 검정하는 것을 적합도검정이라고 하고, 검정통계량이 갖는 분포가 χ^2 분포이므로 이러한 검정을 "카이제곱(χ^2) 적합도검정"이라고 한다.

카이제곱 적합도검정이 모집단의 분포를 확인할 수 있는 좋은 방법이나 표본의 수가 작으면 검정통계량의 신뢰도가 떨어져 사용할 수 없게 된다. 검정통계량도 계산은 하고 유의확률도 계산은 할 수 있으나 결과를 믿을 수 없게 된다는 것이다. 뒤의 예제 풀이에서 보겠지만 [예 5.A]는 카이제곱 적합도검정이 실시되었으나 [예 5.B]는 실시되지 않고 있다.

이렇게 표본수가 작은 경우에는 분포의 확인, 비교의 방법으로 밀도함수 대신 분포함수를 비교하는 것이 더 적당한 것이다.

모집단의 실제 분포함수를 추정하기 위해 가장 널리 사용되는 추정량으로서 **표본분포함수**(sample distribution function)가 있다. 분포함수 $F(x)$를 가지는 모집단으로부터 크기 n인 확률표본을 $X_1, \cdots, X_n$이라고 하면 이 표본의 표본분포함수는 모든 $-\infty < x < \infty$에 대해 다음과 같이 정의한다.

$$F_n(x) = \sum_{i=1}^{n} \frac{\psi(x - X_i) + I\{x = X_i\}}{n} \tag{5.1}$$

다만, $\psi(x) = \begin{cases} 1, & x > 0 \text{ 일 때} \\ 0, & x \le 0 \text{ 일 때} \end{cases}$

$$I\{x = y\} = \begin{cases} 1, & x = y \text{ 일 때} \\ 0, & x \ne y \text{ 일 때} \end{cases}$$

따라서 표본분포함수 $F_n(x)$는 전체 표본의 크기 n에 대한 x보다 작거나 같은 관측값의 개수의 비를 나타내고 있다.

표본수가 비교적 작을 때 하나의 모집단이 어떤 특정한 목표를 가지는 가를 알아보기 위해서는 그 특정한 분포가 가지는 분포함수를 표본분포함수와 비교하고, 둘 또는 그 이상의 모집단이 서로 같은 분포를 따르는가를 알기 위해서는 해당되는 표본분포함수를 서로 비교하는 것이 자연스러운 방법이라고 할 수 있다. 물론 이러한 방법이 표본수가 큰 경우에 적용된다고 해서 어떤 문제를 야기시키지는 않는다. 분포함수와 표본분포함수의 차이를 어떻게 비교하는지를 지금부터 살펴보자.

5.2 콜모고로프 적합도검정

콜모고로프 적합도검정(Kolmogorov goodness-of-fit test)은 하나의 모집단이 어떤 특정한 분포에 따르는가를 알아보기 위한 검정이며 일표본 콜모고로프-스미르노프 검정(one sample Kolmogorov-Smirnov test)이라고도 한다.

데이터

한 모집단으로부터 크기 n인 확률표본을 $X_1, \cdots, X_n$이라고 하며 그 모집단의 분포함수는 $F(x)$라고 한다.

$$X_1, \cdots, X_n \sim F(x)$$

모집단의 분포함수 $F(x)$가 어떤 특정한 분포함수 $F_0(x)$와 동일한가를 검정하기 위해 다음 세 가지 가설을 설정한다.

(i) H_0 : 모든 x에 대해 $F(x) = F_0(x)$
H_1 : 적어도 한 점 x에 대해 $F(x) < F_0(x)$ (5.2)

(ii) H_0 : 모든 x에 대해 $F(x) = F_0(x)$
H_1 : 적어도 한 점 x에 대해 $F(x) > F_0(x)$ (5.3)

(iii) H_0 : 모든 x에 대해 $F(x) = F_0(x)$
H_1 : 적어도 한 점 x에 대해 $F(x) \neq F_0(x)$ (5.4)

이때 $F_0(x)$는 완전히 알려진 분포함수를 나타낸다.

카이제곱(χ^2) 적합도검정

가설 (5.4)에 대한 대표적인 검정방법으로서 **카이제곱 적합도검정**(χ^2 goodness-of-fit test)을 들 수 있으며 검정방법은 다음과 같다.

n개의 관측값을 c개의 계급으로 분류한 후 각 계급에 분류된 관측도수를 $O_1, O_2, \cdots, O_c$라 하여 [표 5-5]와 같은 $1 \times c$ 분할표를 작성한다.

[표 5-5] $1 \times c$ 분할표

계 급	1	2	$\cdots$	c	계
관측도수	O_1	O_2	$\cdots$	O_c	n

확률변수 X가 계급 $j(j=1,\cdots,c)$에 포함될 확률을 P_j^*라 하면, 귀무가설 H_0에서 계급 j에 대한 기대도수는

$$E_j = P_j^* \cdot n, \quad j=1,2,\cdots,c \tag{5.5}$$

이고, 검정통계량은 다음과 같다.

$$T = \sum_{j=1}^{c} \frac{(O_j - E_j)^2}{E_j} \tag{5.6}$$

귀무가설 H_0하에서 검정통계량 T는 근사적으로 자유도 $c-1$인 χ^2분포를 따른다. 따라서, 가설 (5.4)에 대한 유의수준 α인 검정절차는

$$T \geq \chi^2(\alpha, c-1) \text{이면 } H_0\text{를 기각}$$

하고, 이러한 검정을 카이제곱 적합도검정이라 한다. 이때 $\chi^2(\alpha, c-1)$은 자유도 $c-1$인 χ^2분포의 상위 100α 백분위수로서 [부록 표 3]에서 찾을 수 있다.

절차

콜모고로프 적합도검정의 검정절차는 다음과 같다.

1. 확률표본 $X_1,\cdots,X_n$의 표본분포함수를 $F_n(x)$라 한다.
2. 검정통계량(콜모고로프 검정통계량) :

(i) 가설 (5.2)에 대해

$$D^+ = \sup_x \{F_0(x) - F_n(x)\} \tag{5.7}$$

(ii) 가설 (5.3)에 대해

$$D^- = \sup_x \{F_n(x) - F_0(x)\} \tag{5.8}$$

(iii) 가설 (5.4)에 대해

$$\begin{aligned} D &= \sup_x \{|F_0(x) - F_n(x)|\} \\ &= \max\{D^+, D^-\} \end{aligned} \tag{5.9}$$

3. 검정법 : 유의수준 α에서

(i) 가설 (5.2)일 때

$D^+ > d(\alpha, n)$이면 H_0를 기각

(ii) 가설 (5.3)일 때

$D^- > d(\alpha, n)$이면 H_0를 기각

(iii) 가설 (5.4)일 때

$D > d(\alpha/2, n)$이면 H_0를 기각

이때 $d(\alpha, n)$은 H_0하에서 콜모고로프 검정통계량 D^+(또는 D^-) 분포의 상위 100α 백분위수를 나타낸다. 즉 $P_0\{D^+ > d(\alpha, n)\} = \alpha$를 만족하는 상수로서 [부록 표 9]에서 얻는다.

해설

관측값 $X_1, \cdots, X_n$의 순서통계량을 $X_{(1)}, \cdots, X_{(n)}$이라 하고, $X_{(0)} = -\infty$, $X_{(n+1)} = \infty$로 정의하면 모든 $i = 1, \cdots, n+1$에 대해 $F_0(x) - F_n(x)$는 구간$[X_{(i-1)}, X_{(i)})$에서 단조증가함수이다. 따라서 $F_0(x) - F_n(x)$의 최댓값은 $x = X_{(1)}, \cdots, X_{(n)}$중의 한 값에서 발생한다([그림 5-1] 참조). 그러므로 통계량 D^+는 동점이 없는 경우 다음 식으로 표현할 수 있다.

$$\begin{aligned} D^+ &= \max_{1 \le i \le n} \{F_0(X_{(i)}) - F_n(X_{(i-1)})\} \\ &= \max_{1 \le i \le n} \left\{F_0(X_{(i)}) - \frac{i-1}{n}\right\} \end{aligned} \tag{5.10}$$

또한 $F_n(x) - F_0(x)$는 구간$[X_{(i-1)}, X_{(i)})$에서 단조감소함수이다. 따라서 $F_n(x) - F_0(x)$의 최댓값은 $x = X_{(1)}, \cdots, X_{(n)}$중의 한 값에서 발생한다([그림 5-1] 참조). 그러므로 통계량 D^-는 동점이 없는 경우 다음 식으로 표현할 수 있다.

$$\begin{aligned} D^- &= \max_{1 \le i \le n} \{F_n(X_{(i)}) - F_0(X_{(i)})\} \\ &= \max_{1 \le i \le n} \left\{\frac{i}{n} - F_0(X_{(i)})\right\} \end{aligned} \tag{5.11}$$

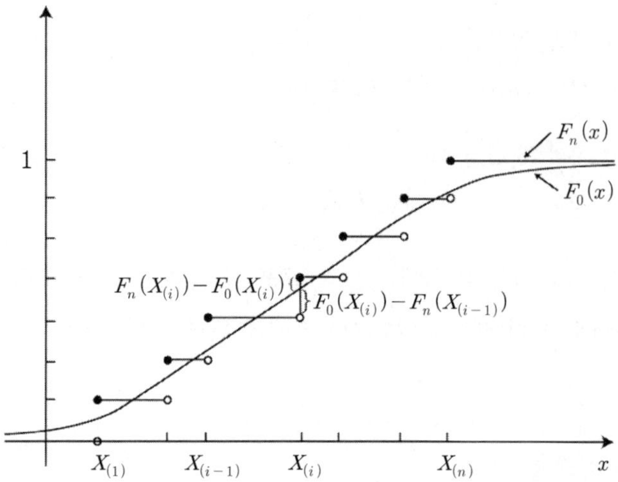

[그림 5-1] $F_0(x) - F_n(x)$와 $F_n(x) - F_0(x)$의 최댓값의 발생 지점

대표본 근사

표본의 크기 n이 40보다 큰 경우에는 $d(\alpha,n)$을 [표 5-6]과 같이 계산하여 절차 3의 검정법을 시행한다.

[표 5-6] $d(\alpha,n)$의 대표본 근삿값

α	0.10	0.05	0.025	0.01	0.005
$d(\alpha,n)$	$\frac{1.07}{\sqrt{n}}$	$\frac{1.22}{\sqrt{n}}$	$\frac{1.36}{\sqrt{n}}$	$\frac{1.52}{\sqrt{n}}$	$\frac{1.63}{\sqrt{n}}$

콜모고로프 검정에 기초한 구간추정

콜모고로프 검정은 그 검정통계량의 백분위수를 이용하여 미지의 분포함수 $F(x)$에 대한 신뢰대(confidence band)를 형성할 수 있다는 바람직한 면을 가지고 있다. 검정통계량 D^+의 백분위수를 이용한 $F(x)$의 $100(1-\alpha)\%$ 신뢰대 $(L(x), U(x))$는 다음과 같다.

$$L(x) = \max\{F_n(x) - d(\alpha/2,n),\ 0\} \tag{5.12}$$
$$U(x) = \min\{F_n(x) + d(\alpha/2,n),\ 1\}$$

즉 $L(x)$와 $U(x)$는 모든 $-\infty < x < \infty$에 대해 다음 식을 만족한다.

$$P[L(x) \le F(x) \le U(x)] = 1 - \alpha \tag{5.13}$$

식 (5.13)의 하한과 상한이 등호를 포함하는 이유는 $L(x)=0$ 또는 $U(x)=1$의 상황이 벌어지기 때문이다.

예제 5.1 [예 5.A]에서 모집단의 분포를 $N(30,100)$이라고 할 수 있는지 유의수준 $\alpha=0.05$에서 콜모고로프 검정을 시행하여 알아보자.

풀이 먼저, 관측값 X의 분포함수를 $F(x)$, $N(30,100)$의 분포함수를 $F_0(x)$라 하고 귀무가설과 대립가설을 다음과 같이 설정한다.

H_0 : 모든 x에 대해 $F(x)=F_0(x)$,

H_1 : 적어도 한 x점에 대해 $F(x)\neq F_0(x)$

콜모고로프 검정통계량 $D=\max\{D^+,\ D^-\}$를 구하기 위해 다음 [표 5-7]을 사용한다. 이때 D^+와 D^-는 식 (5.10)과 (5.11)을 사용하며, $\Phi(\cdot)$는 표준정규분포의 분포함수를 나타낸다. [표 5-7]에서 $i=7$, $i=8$일 때, 관측치가 22.4로 동일하다. 이 때, $i=7$, 8일 때 모두 $F_n(X_{(i)})=F_n(X_{(8)})=8/20$, $F_n(X_{(i-1)})=F_n(X_{(6)})=6/20$이 됨에 주의하라.

[표 5-7] 콜모고로프 검정통계량 계산표

i	$X_{(i)}$	$Y_{(i)}=\dfrac{X_{(i)}-30}{10}$	$F_0(X_{(i)})=\Phi(Y_{(i)})$	$\dfrac{i}{n}-F_0(X_{(i)})$	$F_0(X_{(i)})-\dfrac{i-1}{n}$
1	16.7	−1.33	0.091	−0.041	0.091
2	17.4	−1.26	0.104	−0.004	0.054
3	18.1	−1.19	0.116	0.034	0.016
4	18.2	−1.18	0.119	0.081	−0.031
5	18.8	−1.12	0.131	0.119	−0.069
6	19.3	−1.07	0.143	0.157	−0.107
7	22.4	−0.76	0.224	0.176	−0.076
8	22.4	−0.76	0.224	0.176	−0.076
9	24.0	−0.6	0.274	0.176	−0.126
10	24.7	−0.53	0.298	0.202	−0.152
11	25.9	−0.41	0.341	0.209	−0.159
12	27.0	−0.3	0.382	0.218	−0.168
13	35.1	0.51	0.695	−0.045	0.095
14	35.8	0.58	0.719	−0.019	0.069
15	36.5	0.65	0.742	0.008	0.042
16	37.6	0.76	0.776	0.024	0.026
17	39.8	0.98	0.836	0.014	0.036
18	42.1	1.21	0.887	0.013	0.037
19	43.2	1.32	0.907	0.043	0.007
20	46.2	1.62	0.947	0.053	−0.003
				$D^-=0.218$	$D^+=0.095$

[부록 표 9]에서 $d(0.025, 20) = 0.294 > D = \max\{0.095, 0.218\} = 0.218$이므로 유의수준 $\alpha = 0.05$에서 H_0를 기각할 수 없다. 즉, 모집단의 분포가 $N(30,\ 100)$이 아니라고 단정할 수 없다.

참고로 같은 데이터에 카이제곱 적합도검정을 시행하여 그 결과를 비교해 보자. 먼저 데이터를 각 계급의 기대도수가 같은 값을 가지도록 하여 4계급으로 분류한다. 즉 확률변수 X가 각 계급에 포함될 확률은 $P_1^* = P_2^* = P_3^* = P_4^* = \dfrac{1}{4}$이다. 따라서 모든 $j(j = 1, 2, 3)$에 대해 계급 j와 계급 $j+1$과의 경계점을 a_j라 하면 a_j는 다음을 만족한다.

$$P(a_j < X < a_{j+1}) = P\left(\frac{a_j - 30}{10} < \frac{X - 30}{10} < \frac{a_{j+1} - 30}{10}\right) = \frac{1}{4}$$

따라서 다음 식을 얻는다.

$$a_j = 30 + 10 \cdot z_{(1 - j/4)}$$

이때 $z_{(1-j/4)}$는 표준정규분포의 상위 $100(1 - j/4)$ 백분위수를 나타낸다. 위 식으로부터

$$a_1 = 30 + 10 \cdot z_{0.75} = 30 + 10(-0.6745) = 23.255$$

$$a_2 = 30 + 10 \cdot z_{0.5} = 30 + 10(0) = 30$$

$$a_3 = 30 + 10 \cdot z_{0.25} = 30 + 10(0.6745) = 36.745$$

를 얻고, 1×4 분할표를 작성하면 다음과 같다.

계급	1 (−∞, 23.255)	2 (23.255, 30)	3 (30, 36.745)	4 (36.745, ∞)	계
관측도수	8	4	3	5	20
기대도수	5	5	5	5	20

카이제곱 검정통계량은

$$T = \frac{(8-5)^2}{5} + \frac{(4-5)^2}{5} + \frac{(3-5)^2}{5} + \frac{(5-5)^2}{5} = 2.8$$

[부록 표 3]에서 $\chi^2(0.05, 3) = 7.815 > T = 2.8$이므로 H_0를 기각할 수 없게 되어 콜모고로프 검정과 같은 결론을 얻는다. ■

예제 5.2 [예 5.B]에서 관측값의 분포가 균등분포 $U(0,1)$ 인가를 유의수준 $\alpha = 0.05$ 에서 콜모고로프 검정을 시행하여 알아보자.

풀이 먼저 관측값 X의 분포함수를 $F(x)$, $U(0,1)$의 분포함수를 $F_0(x)$라 하고 귀무가설과 대립가설을 다음과 같이 설정한다.

H_0 : 모든 x에 대해 $F(x) = F_0(x)$,

H_1 : 적어도 한 점 x에 대해 $F(x) \neq F_0(x)$

$F_0(x)$는 다음 식으로 표현할 수 있다.

$$F_0(x) = \begin{cases} 0, \ x < 0 \text{일 때} \\ x, \ 0 \le x < 1 \text{일 때} \\ 1, \ 1 \le x \text{일 때} \end{cases}$$

콜모고로프 검정통계량 D를 구하기 위해 다음 [표 5-8]을 사용한다.

[표 5-8] 콜모고로프 검정통계량 계산표

i	$X_{(i)}$	$F_0(X_{(i)})$	$\frac{i}{n} - F_0(X_{(i)})$	$F_0(X_{(i)}) - \frac{i-1}{n}$
1	0.203	0.203	−0.103	0.203
2	0.329	0.329	−0.129	0.229
3	0.382	0.382	−0.082	0.182
4	0.477	0.477	−0.077	0.177
5	0.480	0.480	0.02	0.080
6	0.503	0.503	0.097	0.003
7	0.554	0.554	0.146	−0.046
8	0.581	0.581	0.219	−0.119
9	0.621	0.621	0.279	−0.179
10	0.710	0.710	0.290	−0.19
			$D^- = 0.290$	$D^+ = 0.229$

[부록 표 9]에서 $d(0.025, 10) = 0.409 > D = \max\{0.290, 0.229\} = 0.290$ 이므로 유의수준 $\alpha = 0.05$ 에서 H_0를 기각할 수 없다. 즉, 관측값의 분포가 $U(0,1)$이 아니라고 단정할 수 없다.

참고로 대립가설이 H_1 : 적어도 한 점 x에 대해 $F(x) < F_0(x)$일 때 콜모고로프 검정을 시행해 보자.

[부록 표 9]에서 $d(0.05, 10) = 0.369 > D^+ = 0.229$ 이므로 유의수준 $\alpha = 0.05$ 에서

H_0를 기각할 수 없다. 대립가설이 H_1 : 적어도 한 점 x에 대해 $F(x) > F_0(x)$일 때에도 $d(0.05,\ 10) = 0.369 > D^- = 0.290$이므로 같은 결론을 얻는다. 이번 예제에서는 [예제 5.1]에서 참고로 진행했던 카이제곱 적합도검정이 진행되지 않았음에 유의하라. 카이제곱 적합도검정을 진행하기에는 표본크기 $n = 10$은 너무 작다. 한편, 카이제곱 적합도검정은 양측가설[가설(5.4)]만 가능하나 콜모고로프 적합도검정은 단측가설에 대한 검정도 이루어질 수 있다는 점은 콜모고로프 검정의 장점이라 하겠다. ■

예제 5.3 [예 5.A]의 데이터를 이용하여 콜모고로프 검정에 기초한 구간추정법을 시행하여 보자.

풀이 분포함수 $F(x)$의 90% 신뢰대 $(L(x), U(x))$를 구하기 위해 다음 [표 5-9]를 사용한다.

[표 5-9] $F(x)$의 90% 신뢰대

i	$X_{(i)}$	$F_n(X_{(i)})$	$F_n(X_{(i)}) - 0.265$	$F_n(X_{(i)}) + 0.265$	$L(X_{(i)})$	$U(X_{(i)})$
1	16.7	0.05	−	0.315	0	0.315
2	17.4	0.10	−	0.365	0	0.365
3	18.1	0.15	−	0.415	0	0.415
4	18.2	0.20	−	0.465	0	0.465
5	18.8	0.25	−	0.515	0	0.515
6	19.3	0.30	0.035	0.565	0.035	0.565
7	22.4	0.40	0.135	0.665	0.135	0.665
8	22.4	0.40	0.135	0.665	0.135	0.665
9	24.0	0.45	0.185	0.715	0.185	0.715
10	24.7	0.50	0.235	0.765	0.235	0.765
11	25.9	0.55	0.285	0.815	0.285	0.815
12	27.0	0.60	0.335	0.865	0.335	0.865
13	35.1	0.65	0.385	0.915	0.385	0.915
14	35.8	0.70	0.435	0.965	0.435	0.965
15	36.5	0.75	0.485	−	0.485	1
16	37.6	0.80	0.535	−	0.535	1
17	39.8	0.85	0.585	−	0.585	1
18	42.1	0.90	0.635	−	0.635	1
19	43.2	0.95	0.685	−	0.685	1
20	46.2	1.00	0.735	−	0.735	1

$d(0.05,20) = 0.265$

위 표로부터 구한 $F(x)$의 90% 신뢰대는 [그림 5-2]와 같다.

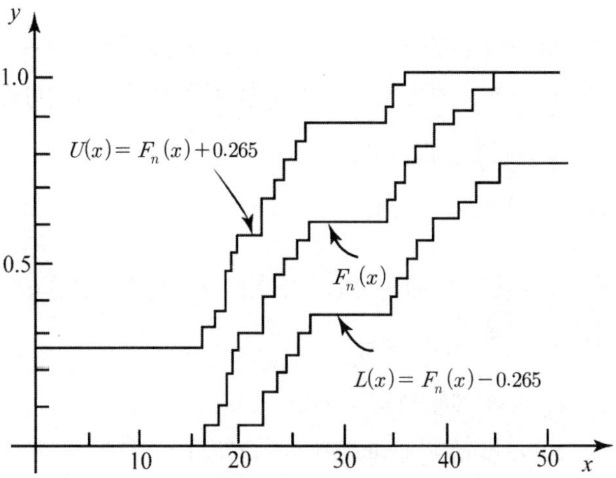

[그림 5-2] $F(x)$의 90% 신뢰대

참고

콜모고로프 검정은 Kolmogorov(1933)가 제안하였으며 검정통계량의 점근분포는 Kolmogorov(1933)와 Smirnov(1939, 1948)에 의해 밝혀졌다. 소표본에서의 검정통계량의 정밀 분포는 Wald and Wolfowitz(1939)가 연구하였으며, Massey(1950a)는 분포표를 작성하였다. 적합도검정의 다른 예로서는 von Mises(1931)와 Smirnov(1936)를 들 수 있다.

5.3 스미르노프 검정

스미르노프 검정(Smirnov test)은 두 모집단이 서로 동일한 분포를 가지는가를 알아보기 위한 검정이며 **이표본 콜모고로프-스미르노프 검정**(two-sample Kolmogorov-Smirnov test)이라고도 한다. 일반적으로는 특정한 분포가 주어지고 한 모집단이 분포에 따르는가를 검정하는 것은 적합도검정이라 하고, 둘 또는 그 이상의 모집단이 동일한 분포에 따르는지를 검정하는 것을 동일성검정이라고 한다.

데이터

두 모집단으로부터 각각 크기 m과 n인 확률표본을

$$X_1, \cdots, X_m$$

$$Y_1, \cdots, Y_n$$

이라 하고 각 모집단의 분포함수를 $F(x)$, $G(x)$라 한다($N = m+n$). 편리상 $m \le n$이라 가정하며 $m > n$인 경우에는 X와 Y를 서로 바꾸어 생각하면 된다.

$$X_1, \cdots, X_m \sim F(x)$$
$$Y_1, \cdots, Y_n \sim G(x)$$

두 모집단의 분포함수 $F(x)$와 $G(x)$가 서로 동일한가를 검정하기 위해 다음 세 가지 가설을 설정한다.

(i) H_0 : 모든 x에 대해 $F(x) = G(x)$

H_1 : 적어도 한 점 x에 대해 $F(x) < G(x)$ (5.14)

(ii) H_0 : 모든 x에 대해 $F(x) = G(x)$

H_1 : 적어도 한 점 x에 대해 $F(x) > G(x)$ (5.15)

(iii) H_0 : 모든 x에 대해 $F(x) = G(x)$

H_1 : 적어도 한 점 x에 대해 $F(x) \ne G(x)$ (5.16)

카이제곱 동일성검정

표본크기들이 비교적 큰 경우 가설 (5.16)에 대한 검정방법으로는 카이제곱 검정이 있으며 그 검정방법은 다음과 같다.

관측값을 c개의 계급으로 분류한 후 각 계급에 분류된 X의 관측도수를 $O_{11}, O_{12}, \cdots, O_{1c}$라 하고, Y의 관측도수를 $O_{21}, O_{22}, \cdots, O_{2c}$라 하여 [표 5-10]과 같은 $2 \times c$ 분할표를 작성한다.

[표 5-10] $2 \times c$ 분할표

계 급	1	2	$\cdots$	c	계
X	O_{11}	O_{12}	$\cdots$	O_{1c}	m
Y	O_{21}	O_{22}	$\cdots$	O_{2c}	n
계	N_1	N_2	$\cdots$	N_c	총계=N

위 분할표에서 j번째($j = 1, 2, \cdots, c$) 계급에 분류된 X와 Y 관측도수의 합을 N_j로 나타낸다. 즉,

$$N_j = O_{1j} + O_{2j}, \quad j = 1, \cdots, c \tag{5.17}$$

귀무가설 H_0하에서 계급 j에 대한 X와 Y의 기대도수의 추정치는 각각 E_{1j}와 E_{2j}로 나타내며 다음과 같이 계산된다.

$$E_{1j} = \frac{m}{N}N_j, \qquad E_{2j} = \frac{n}{N}N_j, \qquad j = 1, \cdots, c \tag{5.18}$$

검정통계량은

$$T = \sum_{i=1}^{2}\sum_{j=1}^{c}\frac{(O_{ij} - E_{ij})^2}{E_{ij}} \tag{5.19}$$

이고 귀무가설 H_0하에서 T는 근사적으로 $\chi^2(c-1)$ 분포를 따른다.

따라서 가설 (5.16)에 대한 유의수준 α인 검정절차는

$$T \geq \chi^2(\alpha, c-1)\text{이면 } H_0\text{를 기각}$$

으로 주어진다

절차

스미르노프 검정의 검정절차는 다음과 같다.

1. 확률표본 $X_1, \cdots, X_m$의 표본분포함수를 $F_m(x)$, 확률표본 $Y_1, \cdots, Y_n$의 표본분포함수를 $G_n(x)$라 한다.

2. 검정통계량(스미르노프 검정통계량):

   (i) 가설 (5.14)에 대해

   $$D_1^+ = \sup_x\{G_n(x) - F_m(x)\} \tag{5.20}$$

   (ii) 가설 (5.15)에 대해

   $$D_1^- = \sup_x\{F_m(x) - G_n(x)\} \tag{5.21}$$

   (iii) 가설 (5.16)에 대해

   $$\begin{aligned} D_1 &= \sup_x\{|F_m(x) - G_n(x)|\} \\ &= \max\{D_1^+,\ D_1^-\} \end{aligned} \tag{5.22}$$

3. 검정법 : 유의수준 α에서

   (i) 가설 (5.14)일 때

   $$D_1^+ > d_1(\alpha, m, n)\text{이면 } H_0\text{를 기각}$$

(ii) 가설 (5.15)일 때

$D_1^- > d_1(\alpha, m, n)$이면 H_0를 기각

(iii) 가설 (5.16)일 때

$D_1 > d_1(\alpha/2, m, n)$이면 H_0를 기각

이때 $d_1(\alpha, m, n)$은 H_0하에서 스미르노프 검정통계량 D_1^+(또는 D_1^-) 분포의 상위 100α 백분위수를 나타낸다. 즉 $P_0\{D_1^+ > d_1(\alpha, m, n)\} = \alpha$를 만족하는 상수로서 $m = n$인 경우와 $m < n$인 경우에 대해 [부록 표 10]에서 얻을 수 있다.

해설

X와 Y의 혼합표본의 순서통계량을 $Z_{(1)}, \cdots, Z_{(N)}$이라고 하면 모든 $i = 2, \cdots, N$에서 $F_m(x) - G_n(x)$는 구간 $[Z_{(i-1)}, Z_{(i)})$에서 같은 값을 가진다. 따라서 스미르노프 검정통계량 D_1^+(또는 D_1^-)는 $x = Z_{(1)}, \cdots, Z_{(N)}$ 중에서 $G_n(x) - F_m(x)$(또는 $(F_m(x) - G_n(x))$)를 최대로 하는 값으로 선택한다. 그러므로 통계량 D_1^+와 D_1^-는 다음과 같이 표현할 수 있다.

$$D_1^+ = \max_{1 \le i \le N}\{G_n(Z_{(i)}) - F_m(Z_{(i)})\} \tag{5.23}$$

$$D_1^- = \max_{1 \le i \le N}\{F_m(Z_{(i)}) - G_n(Z_{(i)})\} \tag{5.24}$$

대표본 근사

표본의 크기 m과 n이 모두 충분히 큰 경우에는 $d_1(\alpha, m, n)$을 [표 5-11]과 같이 계산하여 절차 3의 검정법을 시행한다.

[표 5-11] $d_1(\alpha, m, n)$의 대표본 근삿값

α	0.10	0.05	0.025	0.01	0.005
$m = n$일 때	$\frac{1.52}{\sqrt{n}}$	$\frac{1.73}{\sqrt{n}}$	$\frac{1.92}{\sqrt{n}}$	$\frac{2.15}{\sqrt{n}}$	$\frac{2.30}{\sqrt{n}}$
$m \ne n$일 때	$1.07\sqrt{\frac{m+n}{mn}}$	$1.22\sqrt{\frac{m+n}{mn}}$	$1.36\sqrt{\frac{m+n}{mn}}$	$1.52\sqrt{\frac{m+n}{mn}}$	$1.63\sqrt{\frac{m+n}{mn}}$

예제 5.4 [예 5.C]에서 30세 나이그룹(Y)이 20세 나이그룹(X)보다 더 먼 거리를 나타내는가를 유의수준 $\alpha = 0.05$ 에서 스미르노프 검정을 시행하여 알아보자.

풀이 먼저 X의 분포함수를 $F(x)$, Y의 분포함수를 $G(x)$라 하고 귀무가설과 대립가설을 다음과 같이 설정한다.

H_0 : 모든 점 x에 대해 $F(x) = G(x)$, H_1 : 적어도 한 점 x에 대해 $F(x) > G(x)$

대립가설 H_1하에서 $F(x) > G(x)$는 Y가 X보다 더 큰 값을 가지는 경향을 나타낸다. 스미르노프 검정통계량 D_1^-를 구하기 위해 다음 [표 5-12]를 사용한다.

[표 5-12] 스미르노프 검정통계량 계산표

X_i	Y_j	$F_m(X_i) - G_n(Y_j)$
4.6		$\frac{1}{16} - 0 = \frac{1}{16}$
4.7		$\frac{2}{16} - 0 = \frac{2}{16}$
4.9		$\frac{3}{16} - 0 = \frac{3}{16}$
5.0		$\frac{5}{16} - 0 = \frac{5}{16}$
5.0		$\frac{5}{16} - 0 = \frac{5}{16}$
5.1		$\frac{6}{16} - 0 = \frac{6}{16}$
	5.6	$\frac{6}{16} - \frac{1}{16} = \frac{5}{16}$
5.7		$\frac{7}{16} - \frac{1}{16} = \frac{6}{16}$
5.8		$\frac{8}{16} - \frac{1}{16} = \frac{7}{16}$
	5.9	$\frac{8}{16} - \frac{2}{16} = \frac{6}{16}$
	6.0	$\frac{8}{16} - \frac{3}{16} = \frac{5}{16}$
6.3		$\frac{9}{16} - \frac{3}{16} = \frac{6}{16}$
6.4		$\frac{10}{16} - \frac{3}{16} = \frac{7}{16}$
6.6	6.6	$\frac{11}{16} - \frac{4}{16} = \frac{7}{16}$
	6.7	$\frac{11}{16} - \frac{5}{16} = \frac{6}{16}$
6.8	6.8	$\frac{12}{16} - \frac{6}{16} = \frac{6}{16}$
7.1		$\frac{13}{16} - \frac{6}{16} = \frac{7}{16}$
7.4	7.4	$\frac{14}{16} - \frac{7}{16} = \frac{7}{16}$
7.9		$\frac{15}{16} - \frac{7}{16} = \frac{8}{16}$
	8.1	$\frac{15}{16} - \frac{8}{16} = \frac{7}{16}$
8.3	8.3	$1 - \frac{9}{16} = \frac{7}{16}$
	8.4	$1 - \frac{10}{16} = \frac{6}{16}$
	8.6	$1 - \frac{11}{16} = \frac{5}{16}$
	8.9	$1 - \frac{12}{16} = \frac{4}{16}$
	9.6	$1 - \frac{13}{16} = \frac{3}{16}$
	9.8	$1 - \frac{14}{16} = \frac{2}{16}$
	11.5	$1 - \frac{15}{16} = \frac{1}{16}$
	12.7	$1 - 1 = 0$

$$D_1^- = \frac{8}{16}$$

[부록 표 10]에서 $m = n = 16$일 때 $d_1(0.05, 16, 16) = 6/16 < D_1^- = 8/16$이므로 유의수준 $\alpha = 0.05$에서 H_0를 기각한다. 즉 30세 나이그룹이 20세 나이그룹보다 먼 거리를 나타낸다고 단정할 수 있다. 이 예에서는 H_1이 단측이므로 카이제곱 동질성검정을 시행할 수 없음에 유의하기 바란다. ■

예제 5.5 [예 5.D]에서 프로그램 A와 B에 의한 체중 감소량 X와 Y가 같은 분포를 갖는가를 유의수준 $\alpha = 0.05$에서 스미르노프 검정을 시행하여 알아보자.

풀이 먼저 X의 분포함수를 $F(x)$, Y의 분포함수를 $G(x)$라 하고, 귀무가설과 대립가설을 다음과 같이 설정한다.

H_0 : 모든 점 x에 대해 $F(x) = G(x)$, H_1 : 적어도 한 점 x에 대해 $F(x) \neq G(x)$

스미르노프 검정통계량 D_1은 다음 [표 5-13]을 사용하여 구한다.

[표 5-13] 스미르노프 검정통계량 계산표

X_i	Y_j	$\lvert F_m(X_i) - G_n(Y_j)\rvert$	X_i	Y_j	$\lvert F_m(X_i) - G_n(Y_j)\rvert$
2.7		$\left\lvert\frac{1}{18} - 0\right\rvert = \frac{1}{18}$	14.6		$\left\lvert\frac{11}{18} - \frac{9}{18}\right\rvert = \frac{2}{18}$
3.2		$\left\lvert\frac{2}{18} - 0\right\rvert = \frac{2}{18}$	15.4		$\left\lvert\frac{12}{18} - \frac{9}{18}\right\rvert = \frac{3}{18}$
	3.6	$\left\lvert\frac{2}{18} - \frac{1}{18}\right\rvert = \frac{1}{18}$	17.1		$\left\lvert\frac{13}{18} - \frac{9}{18}\right\rvert = \frac{4}{18}$
4.1		$\left\lvert\frac{3}{18} - \frac{1}{18}\right\rvert = \frac{2}{18}$	17.2		$\left\lvert\frac{14}{18} - \frac{9}{18}\right\rvert = \frac{5}{18}$
4.6	4.6	$\left\lvert\frac{4}{18} - \frac{2}{18}\right\rvert = \frac{2}{18}$		19.2	$\left\lvert\frac{14}{18} - \frac{10}{18}\right\rvert = \frac{4}{18}$
5.2	5.2	$\left\lvert\frac{5}{18} - \frac{3}{18}\right\rvert = \frac{2}{18}$	19.6		$\left\lvert\frac{15}{18} - \frac{10}{18}\right\rvert = \frac{5}{18}$
5.3		$\left\lvert\frac{6}{18} - \frac{3}{18}\right\rvert = \frac{3}{18}$		20.0	$\left\lvert\frac{15}{18} - \frac{11}{18}\right\rvert = \frac{4}{18}$
	5.9	$\left\lvert\frac{6}{18} - \frac{4}{18}\right\rvert = \frac{2}{18}$	21.3		$\left\lvert\frac{16}{18} - \frac{11}{18}\right\rvert = \frac{5}{18}$
	6.3	$\left\lvert\frac{6}{18} - \frac{5}{18}\right\rvert = \frac{1}{18}$		24.7	$\left\lvert\frac{16}{18} - \frac{12}{18}\right\rvert = \frac{4}{18}$
6.5		$\left\lvert\frac{7}{18} - \frac{5}{18}\right\rvert = \frac{2}{18}$		25.1	$\left\lvert\frac{16}{18} - \frac{13}{18}\right\rvert = \frac{3}{18}$
6.8		$\left\lvert\frac{8}{18} - \frac{5}{18}\right\rvert = \frac{3}{18}$		25.3	$\left\lvert\frac{16}{18} - \frac{14}{18}\right\rvert = \frac{2}{18}$
	7.2	$\left\lvert\frac{8}{18} - \frac{6}{18}\right\rvert = \frac{2}{18}$	25.5		$\left\lvert\frac{17}{18} - \frac{14}{18}\right\rvert = \frac{3}{18}$

X_i	Y_j	$\|F_m(X_i)-G_n(Y_j)\|$
	7.7	$\left\|\frac{8}{18}-\frac{7}{18}\right\|=\frac{1}{18}$
8.7		$\left\|\frac{9}{18}-\frac{7}{18}\right\|=\frac{2}{18}$
	9.1	$\left\|\frac{9}{18}-\frac{8}{18}\right\|=\frac{1}{18}$
	11.0	$\left\|\frac{9}{18}-\frac{9}{18}\right\|=0$
12.4		$\left\|\frac{10}{18}-\frac{9}{18}\right\|=\frac{1}{18}$

X_i	Y_j	$\|F_m(X_i)-G_n(Y_j)\|$
26.7		$\left\|1-\frac{14}{18}\right\|=\frac{4}{18}$
	28.8	$\left\|1-\frac{15}{18}\right\|=\frac{3}{18}$
	29.5	$\left\|1-\frac{16}{18}\right\|=\frac{2}{18}$
	32.2	$\left\|1-\frac{17}{18}\right\|=\frac{1}{18}$
	36.1	$\|1-1\|=0$

$$D_1=\frac{5}{18}$$

[부록 표 10]에서 $m=n=18$일 때 $d_1(0.025,18,18)=8/18>D_1=5/18$이므로 H_0를 기각할 수 없다. 즉, 프로그램 A와 B에 대한 체중 감소량의 분포가 서로 다르다고 단정할 수 없다.

참고로 같은 데이터에 카이제곱 검정을 시행하여 그 결과를 비교해 보자. 먼저 계급의 수를 4로 정하고 각 계급의 범위는 다음과 같이 설정한다.

$$(-\infty,8.5],(8.5,14.5],(14.5,20.5],(20.5,\infty)$$

데이터를 각 계급으로 분류하여 2×4분할표를 작성하면 다음과 같다.

계급	1	2	3	4	계
X	8 (7.5)	2 (2)	5 (3.5)	3 (5)	18
Y	7 (7.5)	2 (2)	2 (3.5)	7 (5)	18
계	15	4	7	10	총계=36

( ) : 기대도수

따라서 검정통계량은

$$T=\frac{(8-7.5)^2}{7.5}+\frac{(2-2)^2}{2}+\frac{(5-3.5)^2}{3.5}+\frac{(3-5)^2}{5}+\frac{(7-7.5)^2}{7.5}+\frac{(2-2)^2}{2}+\frac{(2-3.5)^2}{3.5}+\frac{(7-5)^2}{5}=2.952$$

[부록 표 3]에서 $\chi^2(0.05,3)=7.815>T=2.952$이므로 H_0를 기각하지 못한다. ■

참고문헌

스미르노프 검정은 Smirnov(1939)가 제안하였으며 이에 관한 후속연구로서 Darling (1957), Barton and Mallows(1965), 그리고 Hajek and Sidak(1967) 등이 있다. 이표본 분포함수의 다른 검정법으로는 Cramer-von Mises 검정이 있다.[Lehmann(1951), Rosenblatt (1956), Fisz(1960)참조]. Darling and Robbins(1968)는 축차 검정에서 콜모고로프-스미르노프 통계량의 사용을 연구하였다.

5.4 R-program을 이용한 실습

이 절에서는 R-program을 이용하여 하나의 모집단이 어떤 특정한 분포에 따르는가를 알아보기 위한 비모수적 검정인 콜모고로프 적합도검정과 두 모집단이 서로 동일한 분포를 가지는가를 알아보기 위한 비모수적 검정인 스미르노프 검정을 실습하여 보자.

예제 5.6 [예제 5.1]의 정규분포 N(30, 100)에 대한 콜모고로프 검정을 R을 이용하여 풀어보자.

풀이 이 예제에서 관측값 X의 분포함수를 $F(x)$, N(30, 100)의 분포함수를 $F_0(x)$라고 한다면 분석을 위한 가설은 다음과 같다.

$$H_0 : \text{모든 } x\text{에 대해 } F(x) = F_0(x),$$

$$H_1 : \text{적어도 한 점 } x\text{에 대해 } F(x) \neq F_0(x)$$

분석을 실시하기 위해 [예 5.A]의 데이터를 입력한 다음 카이제곱 적합도검정을 실시하는 R 함수 "chisq.test"와 콜모고로프 검정을 실시하는 R 함수 "ks.test"를 실행한다. 실행 프로그램은 [프로그램 5.1]과 같다.

[프로그램 5.1]

```
x <- c(16.7,24.7,36.5,46.2,43.2,25.9,17.4,18.1,24,22.4,
18.8,39.8,37.6,35.1,18.2,19.3,27,35.8,42.1,22.4) # line 1

cut_x <- cut(x, c(min(x)-1, 23.255, 30, 36.745, max(x))) # line 2
y <- summary(cut_x) # line 3
chisq.test(y, p=c(0.25, 0.25, 0.25, 0.25)) # line 4
```

```
ks.test(x, "pnorm", mean=30, sd=10, alternative="two.sided") # line 5
```

프로그램의 첫째 줄(# line 1)은 어떤 모집단으로부터 얻은 크기 20인 확률표본의 데이터를 벡터 x에 저장하는 과정이다. 프로그램의 둘째 줄(# line 2)은 카이제곱 적합도 검정을 시행하기 위해 먼저 벡터 x를 각 계급의 기대도수가 같은 값을 가지도록 하여 4계급으로 분류하여 벡터 cut_x에 저장하는 과정이다. 자세한 내용은 [예제 5.1]에 설명되어 있다. 프로그램의 셋째 줄(# line 3)은 4계급으로 분류된 벡터 cut_x의 각 계급별 관측도수를 벡터 y에 저장하는 과정이다.

프로그램의 넷째 줄(# line 4)은 벡터 y를 이용하여 카이제곱 적합도 검정을 실행하는 명령이다. 이때 각 계급에 포함될 확률은 동일(p=c(0.25, 0.25, 0.25, 0.25))하게 지정하고 있다. 프로그램의 다섯째 줄(# line 5)은 벡터 x를 이용하여 콜모고로프 검정을 실행하는 명령이다. 모집단의 분포가 N(30, 100) ("pnorm", mean=30, sd=10)이고 이 확률표본으로부터 모집단의 분포가 N(30, 100)인지 검정하기 위한 양측검정(alternative="two.sided")을 명시하고 있다. [프로그램 5.1]의 결과는 [결과 5.1]과 같다.

[결과 5.1]

```
> chisq.test(y, p=c(0.25, 0.25, 0.25, 0.25))

        Chi-squared test for given probabilities

data: y
X-squared = 2.8, df = 3, p-value = 0.4235

>
> ks.test(x, "pnorm", mean=30, sd=10, alternative="two.sided")

        One-sample Kolmogorov-Smirnov test

data: x
D = 0.2179, p-value = 0.2983
alternative hypothesis: two-sided

Warning message:
In ks.test(x, "pnorm", mean = 30, sd = 10, alternative = "two.sided") :
  ties should not be present for the Kolmogorov-Smirnov test
```

[결과 5.1]에서 카이제곱 적합도 검정 결과(chisq.test(y, p=c(0.25, 0.25, 0.25, 0.25)))는 유의확률이 0.4235(>0.05)로서 귀무가설을 기각할 수 없다. 콜모고로프 검정 결과(ks.test(x, "pnorm", mean=30, sd=10, alternative="two.sided"))에서는 콜모고로프 검정통계량이 0.2179, 유의확률이 0.2983임을 보여주고 있다. 또한 대립가설은 모집단의 분포가 N(30, 100)이 아니라는 양쪽 대립가설을 나타낸다. 이 검정에서는 유의확률이 0.2983(>0.05)이므로 카이제곱 적합도 검정과 동일하게 귀무가설을 기각할 수 없다. 즉, 모집단의 분포가 N(30, 100)이 아니라고 단정할 수 없다.

예제 5.7 [예제 5.4]의 자료 즉, 30세 나이그룹(Y)이 20세 나이그룹(X)보다 먼 거리를 나타내는지 R을 이용하여 스미르노프 검정을 시행하여 보자.

풀이 이 예제에서 X의 분포함수를 $F(x)$, Y의 분포함수를 $G(x)$라고 한다면 분석을 위한 가설은 다음과 같다.

$$H_0 : \text{모든 } x\text{에 대해 } F(x) = G(x),$$

$$H_1 : \text{적어도 한 점 } x\text{에 대해 } F(x) > G(x)$$

분석을 실시하기 위해 [예 5.C]의 데이터를 입력한 다음 스미르노프 검정을 실시하는 R 함수 "ks.test"를 실행한다. 실행 프로그램은 [프로그램 5.2]와 같다.

[프로그램 5.2]

```
x <- c(4.6,4.9,7.4,8.3,6.4,5,5,6.6,6.3,6.8,5.1,5.8,4.7,5.7,7.9,7.1) # line 1
y <- c(6.8,5.6,8.1,7.4,9.6,5.9,6.6,9.8,6.0,8.3,8.9,12.7,8.6,11.5,6.7,8.4) # line 2
ks.test(x, y, alternative="greater") # line 3
```

프로그램의 첫째 줄(# line 1)과 둘째 줄(# line 2)은 두 나이그룹(20세, 30세)에서 측정된 거리 데이터를 벡터 x, y에 각각 저장하는 과정이다. 프로그램의 셋째 줄(# line 3)은 벡터 x, y를 이용하여 스미르노프 검정을 실행하는 명령이다. 30세 나이그룹(Y)이 20세 나이그룹(X)보다 먼 거리를 나타내는지를 검정하기 위한 단측검정(alternative="greater")을 명시하고 있다.

[결과 5.2]

```
> ks.test(x, y, alternative="greater")
```

```
        Two-sample Kolmogorov-Smirnov test

data:  x and y
D^+ = 0.5, p-value = 0.01832
alternative hypothesis: the CDF of x lies above that of y

Warning message:
In ks.test(x, y, alternative = "greater") :
  cannot compute exact p-value with ties
```

[결과 5.2]에서 스미르노프 검정통계량이 0.5, 유의확률이 0.01832임을 보여주고 있다. 또한 대립가설은 x의 누적분포함수가 y의 누적분포함수보다 위쪽에 위치한다는 단측 대립가설을 나타낸다. 이 검정에서는 유의확률이 0.01832(<0.05)이므로 귀무가설을 기각하게 된다. 즉, 30세 나이그룹이 20세 나이그룹보다 먼 거리를 나타낸다고 할 수 있다. (R에서 제공하는 함수 "ks.test"는 동점이 있을 경우 정확한 유의확률을 계산할 수 없다.)

두 분포의 확률밀도함수를 그림으로 나타내는 것은 위치모수를 시각적으로 비교하는데 도움이 된다. 확률밀도함수를 추정하고 그림으로 표현하는 R명령은 아래와 같다.

```
dx<-density(x)  # line 1
dy<-density(y)  # line 2
plot(dx,xlim=c(min(x,y)-5,max(x,y)+5),type="l",lty=1,col=1)  # line 3
lines(dy,type="l",lty=2,col=2)  # line 4
```

위 명령에서 첫 째와 둘째 줄은 데이터 x 와 y 에 대한 확률밀도함수를 추정하는 R 함수이다. 셋째 줄에서는 추정된 확률밀도함수를 플롯하는 명령인데 "xlim="은 x축의 범위를 지정하고 "type=l"은 함수값의 표현을 선(line)으로 지정, "lty=1"은 선의 형태를 1번 형태인 실선으로 지정, "col=1"은 선의 색을 1번 색인 검은 색으로 지정하는 명령이다. 넷째 줄은 셋째 줄과 동일한 명령인데 plot명령에 중복하여 플롯하는 "lines"함수를 사용하였다. "lty=2"는 2번 선인 점선, "col=2"는 2번 색인 빨간색(점선의 인쇄는 흑백이지만 프로그램 결과는 붉은색)을 지정한다. 두 그림을 중복할 때 그림의 가로축과 세로축의 범위는 최초의 명령인 "plot"문에서 미리 지정하여야 한다. 위 명령의 결과는 아래와 같다 (아래 그림에서 검정색 점선으로 나타난 선은 프로그램 결과에서는 붉은색 점선).

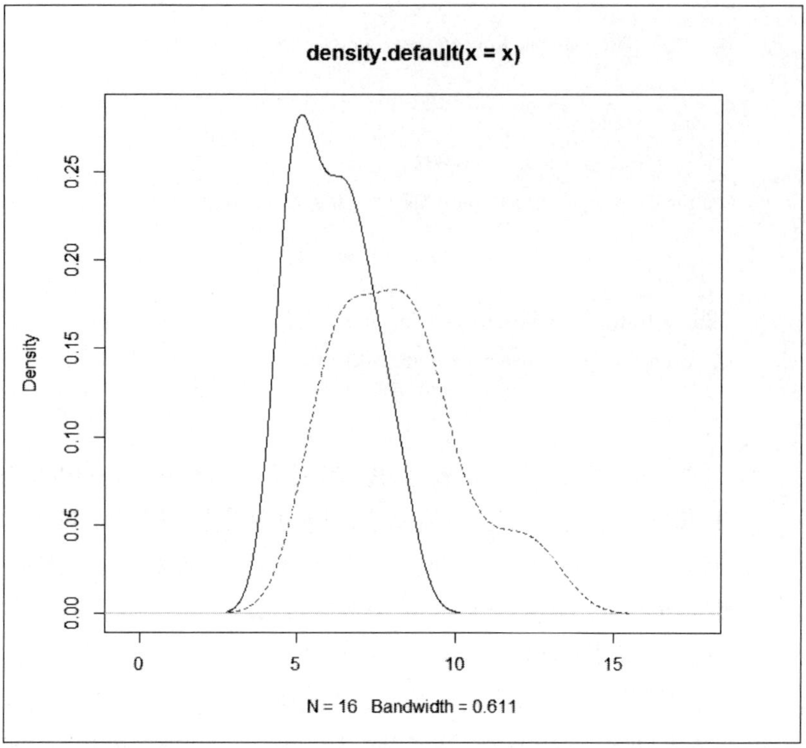

위 그림에서 두 확률밀도함수를 비교해 보면 시각적으로는 위치모수(즉, 분포곡선의 대략적 중심)가 어느 정도 차이가 있는 것처럼 보이지만 스미르노프 검정의 결과에서는 그 차이가 유의하다고 나타난 것임을 알게 된다.

연습문제

1. 다음은 어떤 중학교 2학년 학생 중 5명을 랜덤하게 추출하여 100m 경주를 시킨 후 얻은 데이터이다.(단위 : 초)

16.3 14.2 14.7 16.0 15.7

이와 같은 100m 경주시간의 분포가 구간(14, 18)에서의 균등분포 $U(14,18)$에 따르는지 유의수준 $\alpha = 0.05$에서 검정하여라. $U(14,18)$의 분포함수는 다음과 같다.

$$F_0(x) = \begin{cases} 0, & x < 14\text{일 때} \\ (x-14)/4, & 14 \le x < 18\text{일 때} \\ 1, & 18 \le x\text{일 때} \end{cases}$$

2. 어떤 시골의 식료품 상회는 인근 농부로부터 계란을 보급 받는데, 이것을 촛불에 비추어 보아 계란의 신선함을 안다고 한다. 한 상자에 144개씩 들어있는 8상자를 비추어 보았더니, 각 상자에 다음과 같은 불량 계란이 들어있었다.

4, 0, 2, 0, 2, 0, 2, 0

과거의 실험에 의하면 불량 계란의 수는 평균 1.5인 포아송 분포를 따른다고 한다. 이 사실을 유의수준 $\alpha = 0.05$에서 검정하여라. 단, 평균 1.5인 포아송 분포의 확률은 다음과 같다.

$P(0) = 0.223$ $P(1) = 0.335$ $P(2) = 0.251$ $P(3) = 0.126$
$P(4) = 0.047$ $P(5) = 0.014$ $P(6) = 0.004$

3. 문제 1의 데이터에서 이 학교 2학년 학생의 100m 경주 기록의 분포함수를 추정하고, 90% 신뢰대의 그래프를 작성하여라.

4. 문제 2의 데이터에서 상자에 포함된 불량 계란수의 분포함수를 추정하고, 90% 신뢰대의 그래프를 작성하여라.

5. 대립가설이 H_1:적어도 한 점 x에 대해 $F(x) > G(x)$일 때, 아래 데이터를 이용하여 유의수준 $\alpha = 0.10$에서 검정하여라.

$F(x)$의 관측값	0.6	0.8	0.8	1.2	1.4
$G(x)$의 관측값	1.3	1.3	1.8	2.4	2.9

6. 다음은 어떤 도시(A)의 6학년 학생 5명과 다른 도시(B)의 6학년 학생 8명을 랜덤하게 추출한 후 교양 시험을 치른 성적의 데이터이다.

A 도시	82	74	87	86	75			
B 도시	88	77	91	88	94	93	83	94

이 시험에 의하면 두 지역의 6학년 학생 간에는 성적의 분포에 차이가 있는지 유의수준 $\alpha = 0.05$에서 스미르노프 검정을 이용하여 검정하여라.

7. 다음은 17명의 정상인과 피부병에 걸린 3명의 환자를 대상으로 인간 피부 생체조직의 아연 집중도를 조사한 데이터이다.(단위 : μg/g)

정상인	437	358	72	43	107	223	60	72	54
	35	70	20	34	24	24	51	23	
환 자	18	16	18						

피부병에 걸린 사람의 아연집중도의 분포가 정상인의 분포와 다르다고 할 수 있는지 유의수준 $\alpha = 0.10$에서 검정하여라.

8. 혈전증에 걸린 환자들을 대상으로 출혈 방지책인 혈소판을 수혈하는 방법(A)과 혈소판이 부족한 혈장을 수혈하는 방법(B)을 실시한 후 두 집단의 평균 혈소판의 개수를 조사한 데이터이다.

A방법	20.30	22.53	25.70	13.23	29.67	24.46
	26.07	19.35	17.81	16.00	13.50	32.90
B방법	10.56	28.13	19.94	11.03	8.93	12.95
	21.14	32.50	10.90			

두 처리 방법 간에 평균 혈소판의 개수의 분포가 다르다고 할 수 있는지 유의수준 $\alpha = 0.05$에서 검정하여라.

6장 일원배치법

6.1 서론

3장에서는 이표본 위치문제로서 두 개의 위치모수 또는 처리 효과에 대한 추론문제를 다루었다. 이 장에서는 이러한 개념을 확장하여 3개 이상의 위치모수 또는 처리효과의 비교문제를 생각하여 보자. 우선 이러한 문제가 생길 수 있는 예들을 살펴보자.

예 6.A 아래의 표는 A, B, C 세 기계에서 생산되는 철선의 인장강도를 나타내는 데이터이다. 기계의 종류에 따라 평균 인장강도가 다르다고 할 수 있는가?

[표 6-1] 인장강도(kg/cm^2)

A	B	C
56	48	52
60	61	50
57	49	44
64	53	46

예 6.B A, B, C 세 종류의 전구가 있다. A, B, C의 순서로 가격이 비싸며, 평균수명도 같은 순서로 증가한다고 한다. 이를 확인하기 위하여 수명을 검사한 결과 [표 6-2]와 같은 데이터를 얻었다. 가격이 비쌀수록 평균수명도 증가한다고 할 수 있는가?

[표 6-2] 전구의 수명(단위 : 100시간)

A	B	C
12	13	11
17	15	30
10	18	28
14	16	26
	21	29
		27

예 6.C A, B, C 세 종류의 수면제를 불면증 환자에게 임상실험한 후에, 세 수면제의 약효를 비교하여 다음의 표와 같은 순위를 얻었다. 수면제의 종류에 따라 약효에 심각한 차이가 있다고 할 수 있는가?

[표 6-3] 수면제의 약효 (순위 데이터)

A	B	C
2	1	5
4	3	7
	6	

(높은 순위가 우수한 약효를 나타냄)

이와 같은 문제들을 다루기 위하여 이표본 문제에서의 t -검정이나 윌콕슨 순위합검정 등을 적용시킬 수는 없으며, 이러한 개념들이 확장되어야 한다. 2절에서는 일반대립가설에 대한 분포무관 검정법을 소개하고, 3절에서는 순서대립가설을 검정하기 위한 분포무관 검정법을 소개한다. 4절에서는 다중비교방법으로서 모수적 방법을 간단히 살펴보고, 이에 대응되는 비모수적 방법을 살펴보기로 한다.

데이터

j 번째 처리에서 n_j 개의 관측값을 얻어서, 모두 $N=\sum_{j=1}^{k} n_j$ 개의 관측값으로 된 데이터는 다음의 [표 6-4]와 같다.

[표 6-4] 일원배치 데이터 구조

	처리			
	1	2	………	k
	X_{11}	X_{12}	………	X_{1k}
	X_{21}	X_{22}	………	X_{2k}
	⋮	⋮	⋮	⋮
	$X_{n_1 1}$	$X_{n_2 2}$	………	$X_{n_k k}$
평균	$\overline{X}_{\cdot 1}$	$\overline{X}_{\cdot 2}$	………	$\overline{X}_{\cdot k}$

총평균 $\overline{X}_{..}$

각 처리에서 평균과 총평균은 다음과 같이 정의된다.

$$\overline{X}_{\cdot j} = \frac{1}{n_j}\sum_{i=1}^{n_j} X_{ij},\ j = 1, 2, \cdots, k\ ;\quad \overline{X}_{..} = \frac{1}{N}\sum_{j=1}^{k}\sum_{i=1}^{n_j} X_{ij}$$

가정

[표 6-4]의 데이터구조에 대하여 다음과 같은 가정을 한다.

A1. 기본 모형 :

$$X_{ij} = \mu + \tau_j + e_{ij},\ i = 1, \cdots, n_j\ ;\ j = 1, \cdots, k \tag{6.1}$$

다만, μ : (미지의) 총평균

τ_j : (미지의) j 번째 처리효과로서 $\sum_{j=1}^{k} \tau_j = 0$

A2. N개의 오차항 e들은 서로 독립이다.

A3. N개의 e들은 모든 k개의 그룹 내에서 동일한 연속분포에 따른다.

우리가 관심이 있는 가설은 처리효과의 유의성에 관한 것으로서 다음과 같이 나타낼 수 있다. 즉, k개의 처리효과가 같다는 귀무가설은

$$H_0 : \tau_1 = \tau_2 = \cdots = \tau_k \tag{6.2}$$

로 나타낼 수 있으며, 이에 대하여 **일반대립가설**(general alternative)은

$$H_1 : \tau\text{들이 모두 같지는 않다.} \tag{6.3}$$

로 나타낼 수 있다.

모수적 방법

이와 같은 일반대립가설을 검정하기 위한 대표적인 모수적 방법은 F-검정으로서, 오차항에 대하여

e_{ij} : 서로 독립인 $N(0, \sigma^2)$ 확률변수

라는 가정하에 최적검정이 된다.

F-검정법을 반복수인 n_j 들이 모두 같은 경우와 같지 않은 경우로 나누어 간단히 살펴보자.

(1) 반복수가 같은 경우

반복수 또는 표본크기 n_j들이 모두 같은 경우로서

$$n_1 = n_2 = \cdots\cdots\cdots = n_k = n$$

이라고 하자. 총제곱합은 처리제곱합과 잔차제곱합으로 분해되어 다음과 같이 나타낼 수 있다.

$$\sum_{j=1}^{k}\sum_{i=1}^{n}(X_{ij} - \overline{X}_{..})^2 = n\sum_{j=1}^{k}(\overline{X}_{.j} - \overline{X}_{..})^2 + \sum_{j=1}^{k}\sum_{i=1}^{n}(X_{ij} - \overline{X}_{.j})^2$$

여기서, 제곱합은 다음과 같이 정의된다.

$$\mathrm{SST} = \sum_{j=1}^{k}\sum_{i=1}^{n}(X_{ij} - \overline{X}_{..})^2$$: **총제곱합**(total sum of squares)

$$\mathrm{SS_T} = n\sum_{j=1}^{k}(\overline{X}_{.j} - \overline{X}_{..})^2$$: **처리제곱합**(treatment sum of squares)

$$\mathrm{SSE} = \sum_{j=1}^{k}\sum_{i=1}^{n}(X_{ij} - \overline{X}_{.j})^2$$: **잔차제곱합**(residual sum of squares)

이와 같은 제곱합을 이용하여 다음의 분산분석표를 작성할 수 있다.

[표 6-5] 분산분석표 (반복수가 같은 경우)

요인	제곱합	자유도	평균제곱	F비
처리	$SS_T = n\sum_{j=1}^{k}(\overline{X}_{\cdot j} - \overline{X}_{\cdot\cdot})^2$	$k-1$	$MS_T = SS_T/(k-1)$	$F = \dfrac{MS_T}{MSE}$
잔차	$SSE = \sum_{j=1}^{k}\sum_{i=1}^{n}(X_{ij} - \overline{X}_{\cdot j})^2$	$k(n-1)$	$MSE = SSE/[k(n-1)]$	
계	$SST = \sum_{j=1}^{k}\sum_{i=1}^{n}(X_{ij} - \overline{X}_{\cdot\cdot})^2$	$kn-1$		

귀무가설 $H_0 : \tau_1 = \tau_2 = \cdots = \tau_k = 0$ 하에서, F비는

$$F = \frac{MS_T}{MSE} \sim F(k-1, k(n-1))$$

이며, 따라서 유의수준 α에서 F-검정법은 다음과 같이 정의된다.

$$F \geq F(\alpha,\ k-1,\ k(n-1))\text{이면 } H_0\text{를 기각} \tag{6.4}$$

여기서 $F(\alpha,\ k-1,\ k(n-1))$는 자유도 $k-1,\ k(n-1)$인 F분포에서 상위 100α 백분위수로서 [부록 표 4]에서 얻을 수 있다.

(2) 반복수가 다른 경우

반복수가 다른 경우에 총제곱합은 다음과 같이 분해된다.

$$\sum_{j=1}^{k}\sum_{i=1}^{n_j}(X_{ij} - \overline{X}_{\cdot\cdot})^2 = \sum_{j=1}^{k} n_j(\overline{X}_{\cdot j} - \overline{X}_{\cdot\cdot})^2 + \sum_{j=1}^{k}\sum_{i=1}^{n_j}(X_{ij} - \overline{X}_{\cdot j})^2$$

$$(SST) \quad = \quad (SS_T) \quad + \quad (SSE)$$

이를 이용한 분산분석표는 다음의 [표 6-6]과 같다.

[표 6-6] 분산분석표 (반복수가 다른 경우)

요인	제곱합	자유도	평균제곱	F비
처리	$SS_T = \sum_{j=1}^{k} n_j(\overline{X}_{\cdot j} - \overline{X}_{\cdot\cdot})^2$	$k-1$	$MS_T = SS_T/(k-1)$	$F = \dfrac{MS_T}{MSE}$
잔차	$SSE = \sum_{j=1}^{k}\sum_{i=1}^{n_j}(X_{ij} - \overline{X}_{\cdot j})^2$	$N-k$	$MSE = SSE/(N-k)$	
계	$SST = \sum_{j=1}^{k}\sum_{i=1}^{n_j}(X_{ij} - \overline{X}_{\cdot\cdot})^2$	$N-1$	$(N = \sum n_j)$	

식 (6.3)의 일반대립가설에 대한 H_0의 검정은 다음과 같이 정의된다.

$$F \geq F(\alpha,\ k-1,\ N-k) \text{이면 } H_0\text{를 기각} \tag{6.5}$$

이와 같은 F-검정은 오차항 e가 정규분포에 따른다는 가정하에 유도된 검정법이며, 실제로 e_{ij} 또는 X_{ij}가 두터운 꼬리를 갖는 분포에 따르거나 데이터들에 이상점(outlier)들이 있는 경우에는 전통적인 F-검정에 의한 분석에는 심각한 문제점들이 있다.

예를 들어, 오차항이 꼬리가 두터운 분포를 따를 때에는, 유의수준 5%에서 검정하기를 원하고 있으나 실제로는 3%의 유의수준에서 검정하는 것과 같아서 검정력이 심각하게 떨어지는 문제가 생긴다.

이제, 다음 절에서 유의수준을 정확하게 관리할 수 있는 분포무관 검정법에 대하여 생각해 보자.

6.2 크러스칼-월리스 검정

앞 절의 식 (6.2)에 주어진 귀무가설을 식 (6.3)의 일반대립가설에 대하여 검정하는 비모수적 방법으로서 가장 널리 사용되는 방법이 크러스칼-월리스 검정이다. 이 검정법에서는 혼합표본에서 X_{ij}의 순위인 R_{ij}를 사용하는 것이 특징이다.

절차

귀무가설

$$H_0 : \tau_1 = \tau_2 = \cdots = \tau_k$$

를 일반대립가설

$$H_1 : \tau\text{들이 모두 같지는 않다.}$$

에 대하여 검정하기 위한 **크러스칼-월리스 검정**(Kruskal-Wallis test)은 다음과 같은 절차에 따라 시행한다.

1. $N = \sum n_j$개의 관측값으로 혼합표본을 만든 다음에, N개의 관측값을 작은 것부터 차례대로 순위를 부여한다. 즉,

   $$R_{ij} = N\text{개의 혼합표본에서 } X_{ij}\text{의 순위}$$

   로 정의한다.

2. [표 6-4]의 데이터구조는 [표 6-7]과 같은 순위 데이터로 바꾼다.
   각 처리에서 순위합과 평균순위 및 총평균순위는 다음과 같이 정의된다.

$$R_{\cdot j} = \sum_{i=1}^{n_j} R_{ij}, \quad \overline{R}_{\cdot j} = \frac{R_{\cdot j}}{n_j}, \quad j = 1, \cdots, k$$

[표 6-7] 순위 데이터

	처리 1	처리 2	………	처리 k	
	R_{11}	R_{12}	………	R_{1k}	
	R_{21}	R_{22}	………	R_{2k}	
	⋮	⋮	⋮	⋮	
	$R_{n_1 1}$	$R_{n_2 2}$	………	$R_{n_k k}$	
순위합	$R_{\cdot 1}$	$R_{\cdot 2}$	………	$R_{\cdot k}$	
평균순위	$\overline{R}_{\cdot 1}$	$\overline{R}_{\cdot 2}$	………	$\overline{R}_{\cdot k}$	총평균순위 $\overline{R}_{\cdot\cdot} = \frac{N+1}{2}$

$$\overline{R}_{\cdot\cdot} = \sum\sum R_{ij}/N = (1+2+\cdots+N)/N = \frac{N+1}{2}$$

위에서, $R_{\cdot j}$를 크러스칼-월리스 순위합이라고 한다.

3. 크러스칼-월리스 검정통계량 :

$$H = \frac{12}{N(N+1)} \sum_{j=1}^{k} n_j \left(\overline{R}_{\cdot j} - \frac{N+1}{2} \right)^2 \tag{6.6}$$

$$= \frac{12}{N(N+1)} \sum_{j=1}^{k} \frac{R_{\cdot j}^2}{n_j} - 3(N+1) \tag{6.7}$$

식 (6.6)보다는 식 (6.7)으로 계산하는 것이 간편할 때가 많다.

4. 검정법 : 유의수준 α에서

$$H \ge h(\alpha,\ k,\ (n_1, \cdots, n_k)) \text{이면 } H_0\text{를 기각} \tag{6.8}$$

여기서 $h(\alpha,\ k,\ (n_1, \cdots, n_k))$는

$$P_0\{H \ge h(\alpha, k, (n_1, \cdots, n_k))\} = \alpha$$

를 만족하는 상수로서, [부록 표 11]에서 얻는다.

해설

1. 크러스칼-월리스 검정은 F-검정에서 관측값 대신에 혼합표본 순위를 사용한 것으로 생각할 수 있다. 즉, F통계량

$$F=\frac{\mathrm{MS_T}}{\mathrm{MSE}}=c\cdot\frac{\mathrm{SS_T}}{\mathrm{SST}-\mathrm{SS_T}}$$

에서 순위 R_{ij}를 사용할 경우에, SST는 상수가 되며 $\mathrm{SS_T}$는

$$\mathrm{SS_T}=\sum_{j=1}^{k}n_j\left(\overline{R}_{\cdot j}-\frac{N+1}{2}\right)^2$$

이 되어,

$$H=\frac{12}{N(N+1)}\mathrm{SS_T}$$

이고 F통계량은 H통계량의 증가함수가 된다.
또한, H_0하에서 $\overline{R}_{\cdot j}$가 $\overline{R}_{\cdot\cdot}=(N+1)/2$에 가까울 것이 기대되며, 따라서 기각역은 $H\geq h$의 꼴이 된다.

2. H통계량의 정의에서 처리제곱합인 $\mathrm{SS_T}$에 상수 $12/N(N+1)$를 곱한 것은 H의 점근 분포가 자유도 $k-1$인 χ^2의 분포가 되도록 하기 위한 것이다.
예를 들어 $k=2$인 경우를 생각하여 보자.
3장에서 다룬 윌콕슨 순위합검정통계량 W를 표준화시키면

$$Z_W=\frac{W-E_0(W)}{\sqrt{\mathrm{Var}_0(W)}}=\frac{W-n_2(N+1)/2}{\sqrt{n_1n_2(N+1)/12}}$$

가 되며, Z_W는 점근적으로 $N(0,1)$ 분포에 따른다. 한편, $W=R_{\cdot 2}$이므로 다음이 성립한다.

$$(Z_W)^2=\frac{[R_{\cdot 2}-n_2(N+1)/2]^2}{n_1n_2(N+1)/12}$$

또한 $n_1=N-n_2,\ R_{\cdot 1}=N(N+1)/2-R_{\cdot 2}$이므로 H통계량은

$$\begin{aligned} H &= \frac{12}{N(N+1)}\left(\frac{R_{\cdot 1}^2}{n_1}+\frac{R_{\cdot 2}^2}{n_2}\right)-3(N+1) \\ &= \frac{12}{n_1 n_2 N(N+1)}\left[n_2 R_{\cdot 1}^2 + n_1 R_{\cdot 2}^2 - n_1 n_2 N(N+1)^2/4\right] \\ &= \frac{12}{n_1 n_2 N(N+1)} N\left[R_{\cdot 2}^2 - n_2(N+1)R_{\cdot 2} + \frac{n_2^2(N+1)^2}{4}\right] \\ &= \frac{\left[R_{\cdot 2} - \dfrac{n_2(N+1)}{2}\right]^2}{n_1 n_2 (N+1)/12} = (Z_W)^2 \end{aligned} \tag{6.9}$$

즉 $k=2$일 때에는 $H=(Z_W)^2$이며 Z_W는 근사적으로 표준정규분포를 따르므로, H는 자유도 1인 χ^2분포로 근사될 수 있다.

대표본 근사

(χ^2-검정) 각 처리에서의 표본크기가 커서 $\min(n_1,\cdots,n_k)$가 충분히 클 때, H_0하에서 통계량 H는 근사적으로 자유도 $k-1$인 χ^2분포에 따른다. 따라서 대표본 근사검정은 다음과 같다.

$$H \geq \chi^2(\alpha,\ k-1) \text{이면 } H_0\text{를 기각} \tag{6.10}$$

여기서 $\chi^2(\alpha,\ k-1)$은 자유도 $k-1$인 χ^2분포에서 상위 100α 백분위수로서 [부록 표 3]에서 얻을 수 있다

동점 처리

동점이 있는 경우에는 평균순위를 이용하여 H통계량을 계산하고, 검정통계량을 다음과 같이 수정한다.

$$H' = \frac{H}{1-\left(\sum_{j=1}^{g} T_j/(N^3-N)\right)} \tag{6.11}$$

여기서,

$g=$(동점그룹의 수)

$T_j=(t_j^3-t_j)$,　다만 $t_j=$(j번째 동점그룹의 크기)

동점이 있는 경우에는 절차 (6.8), (6.10)에서 H 대신에 H'을 사용하여 검정할 수 있다. 항상 $H' \geq H$이므로 이미 H만으로 귀무가설이 기각되었다면 H'를 계산할 필요가 없게 된다.

참고

1. 하나 또는 두 개 정도의 동점이 있는 경우에는 $\sum T_j/(N^3 - N)$의 값이 아주 작으며, 수정된 H'의 값은 H의 값과 비슷하다.
2. 동점이 없는 경우에는 $g = N$, $t_j = 1$, $T_j = 0$이 되어 식 (6.11)의 분모가 1이 되며, H'과 H는 같다.

예제 6.1 앞의 [예 6.A]의 주어진 철선의 인장강도 데이터에 대하여, 인장강도가 다른지 크러스칼-월리스 검정을 하여라.

풀이

혼합표본 순위를 구하면 다음 [표 6-8]과 같다.

[표 6-8] 인장강도(순위)

	A	B	C	
	56 (8)	48 (3)	52 (6)	
	60 (10)	61 (11)	50 (5)	
	57 (9)	49 (4)	44 (1)	
	64 (12)	53 (7)	46 (2)	
평균	59.25	52.75	48.00	총평균 53.33
순위합	$R_1=39$	$R_2=25$	$R_3=14$	

식 (6.7)에서 H 통계량의 값은

$$H = \frac{12}{12(12+1)}\left(\frac{39^2}{4} + \frac{25^2}{4} + \frac{14^2}{4}\right) - 3(12+1) = 6.038$$

한편, [부록 표 11]에서 $P_0\{H \geq 5.692\} = 0.049$이므로, 유의수준 $\alpha = 0.049$에서 H_0를 기각한다. 유의확률은 다음과 같다.

$$P_0\{H \geq 6.038\} = 0.037$$

즉, 세 기계에서 생산되는 철선의 인장강도가 모두 같지는 않다는 충분한 근거가 있다. 참고로, 같은 데이터에 F-검정을 시행하고 그 결과를 비교하여 보자.

[표 6-8]에서

$$\text{SST} = \sum_{j=1}^{3}\sum_{i=1}^{4}(X_{ij} - \overline{X}_{..})^2 = 438.67$$

$$\text{SS}_\text{T} = 4\sum_{j=1}^{3}(\overline{X}_{.j} - \overline{X}_{..})^2 = 255.17$$

$$\text{SSE} = \text{SST} - \text{SS}_\text{T} = 183.50$$

따라서, 분산분석표는 다음의 [표 6-9]와 같다.

[표 6-9] [예제 6.1]의 분산분석표

요인	제곱합	자유도	평균제곱	F비
처리	255.17	2	127.59	6.25
잔차	183.50	9	20.39	
계	483.67	11		

[부록 표 4]의 F-분포표에서 $F(0.05,\ 2,\ 9)=4.26$이므로, 유의수준 $\alpha = 0.05$에서 H_0를 기각하며, $F(0.025,\ 2,\ 9)=5.71$이므로 유의확률은 0.025보다 약간 작게 된다. 결과적으로, 이 예제에서는 크러스칼-월리스 검정이나 F-검정은 비슷한 검정 결과를 나타낸다.

■

참고

[예제 6.1]의 데이터에 대표본 근사에 의한 χ^2-검정을 생각해 보자. $\chi^2(0.05,\ 2)=5.99$이므로 마찬가지로 유의수준 $\alpha = 0.05$에서 H_0를 기각하며, 유의확률은 0.05보다 약간 작다.

예제 6.2 앞의 [예 6.C]에 주어진 순위 데이터에 크러스칼-월리스 검정을 시행하여라.

풀이 순위합을 구하면 다음과 같다.

	A	B	C
	2	1	5
	4	3	7
		6	
순위합	6	10	12

H통계량의 값을 다음과 같이 계산한다.

$$H = \frac{12}{7(7+1)}\left(\frac{6^2}{2} + \frac{10^2}{3} + \frac{12^2}{2}\right) - 3(7+1) = 2.429$$

[부록 표 11]에서 $P_0\{H \geq 2.429\} = 0.381$이므로, H_0를 기각할 수 있는 근거는 전혀 없다. 즉, 세 수면제의 약효에 심각한 차이가 있다는 근거는 없다. ■

예제 6.3 다음의 [표 6-10]은 세 그룹의 임산부에 대한 분만시의 코티졸(cortisol) 수준을 나타내는 데이터이다. 그룹은 분만 방법에 따라 나누어진 것으로서, 세 그룹의 코티졸 수준에 심각한 차이가 있는지 알고 싶다.

[표 6-10] 코티졸 수준

그룹 I	262	307	211	323	454	339	304	154	287	356
그룹 II	465	501	455	355	468	362				
그룹 III	343	772	207	1048	838	687				

풀이 검정하고자 하는 가설은 다음과 같다.

H_0 : 세 그룹의 코티졸 수준은 같다.

H_1 : 세 그룹의 코티졸 수준은 다르다.

[표 6-10]의 데이터에서 혼합표본 순위를 구하면 다음의 [표 6-11]과 같다.

[표 6-11] 코티졸 수준의 순위 데이터

그룹 I	4	7	3	8	14	9	6	1	5	12	$R_{\cdot 1} = 69$
그룹 II	16	18	15	11	17	13					$R_{\cdot 2} = 90$
그룹 III	10	20	2	22	21	19					$R_{\cdot 3} = 94$

[표 6-11]의 순위 데이터에서 크러스칼-월리스 통계량의 값을 구하면 다음과 같다.

$$H = \frac{12}{22(22+1)}\left(\frac{69^2}{10} + \frac{90^2}{6} + \frac{94^2}{6}\right) - 3(22+1) = 9.232$$

표본크기가 5 이상이므로 χ^2-검정에 의한 근사검정을 시행한다. [부록 표 3]에서 $\chi^2(0.05,\ 2) = 5.99$이므로 유의수준 5%에서 H_0를 기각한다. ■

참고문헌

H 통계량은 Kruskal(1952), Kruskal and Wallis(1952)에 의하여 제안되었다.

6.3 죤키어 검정

이 표본문제에서 한쪽검정을 k 표본문제로 확장하는 문제를 생각하여 보자. 두 번째 처리효과가 첫 번째 처리효과보다 크다는 대립가설을 검정할 때, 유의수준 α가 주어지면 한쪽검정에서는 크기가 α인 기각역이 한쪽에만, 양쪽검정에서는 크기가 $\alpha/2$인 기각역이 양쪽에 생긴다. 따라서 같은 유의수준을 사용할 경우 한쪽검정을 시행할 문제에서 양쪽검정을 시행하면 기각역이 반으로 줄어 검정력이 떨어지는 문제가 발생한다. 이와 같은 문제점은 순서대립가설(ordered alternative)을 다루는 k 표본문제에서도 발생하며, 이 절에서는 이러한 상황에 적당한 검정법을 알아본다.

순서대립가설이 적용되는 예는 여러 종류가 있다. 예를 들어, 두통약의 효능을 검사할 경우에 대조(control)그룹과 소량투여그룹, 다량투여그룹으로 나누어 조사한다면, 그룹에 따라 약효가 증가하리라는 것을 사전에 예측할 수 있다. 다른 예로서, 학습효과를 비교하는데 대상 학생의 수에 따라 학습효과에 심각한 차이가 있는가를 검정하는 문제를 생각하여 보자. 학생수가 20명, 50명, 80명인 세 그룹으로 나누어 조사한다면, 학생수가 증가할수록 학습효과는 감소하리라고 기대할 것이다. 이러한 경우에는 일반대립가설을 사용하는 경우보다 순서대립가설을 사용하는 것이 훨씬 효과적이다.

이와 같은 순서대립가설을 검정하기 위한 분포무관 검정법으로 고안된 **죤키어 검정**(Jonckheere test) 또는 **죤키어-터프스트라 검정**(Jonckheere-Terpstra test)에 대하여 알아보자.

절차

귀무가설 $H_0 : \tau_1 = \tau_2 = \cdots = \tau_k = 0$을 **순서대립가설**

$$H_1 : \tau_1 \le \tau_2 \le \cdots \le \tau_k \tag{6.12}$$

(최소한 한 부등식은 절대적)

에 대하여 검정하기 위한 죤키어 검정법은 다음과 같다.

1. $k(k-1)/2$개의 맨-휘트니 통계량 $U_{uv}(u < v)$를 다음과 같이 계산한다.

$$U_{uv} = \sum_{i=1}^{n_u} \sum_{j=1}^{n_v} \psi(X_{jv} - X_{iu}) \tag{6.13}$$

여기서 $\psi(x)$는 $x > 0$일 때 1이고, 아니면 0이다. 즉 U_{uv}는 각 u표본보다 큰 v표본의 개수를 나타낸다.

2. 죤키어 검정통계량은 $k(k-1)/2$개의 맨-휘트니 통계량의 합으로서 다음과 같이 정의된다.

$$J = \sum_{u<v}^{k} U_{uv} = \sum_{u=1}^{k-1} \sum_{v=u+1}^{k} U_{uv} \tag{6.14}$$

3. 검정법 : 유의수준 α에서

$$J \geq j(\alpha, k, (n_1, \cdots, n_k)) \text{이면 } H_0\text{를 기각} \tag{6.15}$$

여기서, $j(\alpha, k, (n_1, \cdots, n_k))$는

$$P_0\{J \geq j(\alpha, k, (n_1, \cdots, n_k))\} = \alpha$$

를 만족하는 상수로서, [부록 표 12]에서 얻을 수 있다.

해설

1. k개의 처리효과에 순서가 주어질 수 있는가를 검정하는 문제에서는 크러스칼-월리스 검정법이 적용될 수 없다. 크러스칼-월리스 검정은 처리효과에 방향성이 있어서 귀무가설을 기각하는 경우도 있지만, 단순히 처리들이 서로 다르기 때문에 평균순위 $\overline{R}_{\cdot j}$가 총평균순위인 $(N+1)/2$와 큰 차이가 날 때에도 귀무가설을 기각하기 때문이다.

2. 처리효과의 순서가 $\tau_1 \leq \tau_2 \leq \cdots \leq \tau_k$로 주어질 수 없을 때에는 처리(즉, 수준)의 번호를 바꾸면 된다. 또한, [부록 표 12]를 이용할 때에는 $n_1 \leq n_2 \leq n_3$가 되도록 재배열된 표본크기에 대한 분포표를 이용하면 된다. 예를 들어 $n_1 = 4, n_2 = 6,\ n_3 = 3$일 때에는 $n_1 = 3, n_2 = 4, n_3 = 6$인 분포표를 이용하면 된다.

3. $k = 2$일 때의 죤키어 검정은 윌콕슨 순위합의 한쪽검정과 같은 검정법이 된다.

대표본 근사

표준화된 J통계량을 다음과 같이 정의한다.

$$Z_J = \frac{J - E_0(J)}{\sqrt{\mathrm{Var}_0(J)}} = \frac{J - \left\{(N^2 - \sum_{j=1}^{k} n_j^2)/4\right\}}{\sqrt{\left\{N^2(2N+3) - \sum_{j=1}^{k} n_j^2(2n_j+3)\right\}/72}} \tag{6.16}$$

각 처리에서의 표본크기가 커서 $\min(n_1, \cdots, n_k)$가 충분히 클 때, H_0하에서 Z_J는 근사적으로 $N(0,1)$에 따른다. 따라서 유의수준 α에서 대표본 근사검정은 다음과 같다.

$$Z_J \geq z_\alpha \text{이면 } H_0\text{를 기각} \tag{6.17}$$

동점 처리

동점이 있을 경우에는 식 (6.13)의 $\psi(x)$ 대신에 다음과 같이 정의된 $\psi^*(x)$를 사용하여 U_{uv}를 계산한다. 즉,

$$\psi^*(x) = \begin{cases} 1, & x > 0 \text{일 때} \\ \frac{1}{2}, & x = 0 \text{일 때} \\ 0, & x < 0 \text{일 때} \end{cases}$$

예제 6.4 앞의 [예 6.B]에서 전구의 수명이 A, B, C의 순서로 증가하는지를 검정하여라.

풀이 검정하기 위한 가설은

$$H_0 : \tau_1 = \tau_2 = \tau_3, \quad H_1 : \tau_1 \leq \tau_2 \leq \tau_3 (\text{최소한 한 부등식은 절대적})$$

로 주어지며, [표 6-2]의 데이터를 크기순으로 재정리하면 아래 표와 같다.

A	B	C
10	13	11
12	15	26
14	16	27
17	18	28
	21	29
		30

식 (6.13)에서

$$U_{12} = 5+5+4+2 = 16$$
$$U_{13} = 6+5+5+5 = 21$$
$$U_{23} = 5+5+5+5+5 = 25$$

식 (6.14)에서 죤키어 통계량의 값은

$$J = U_{12} + U_{13} + U_{23} = 16+21+25 = 62$$

[부록 표 12]에서 $P_0\{J \geq 62\} = 0.0035$ 이므로 유의확률은 0.0035이다. 따라서 가격이 비쌀수록 평균수명도 증가한다는 확실한 근거가 있다.

참고로, 같은 데이터에 대하여 대표본 근사에 의한 Z-검정은 다음과 같다.

$$E_0(J) = (N^2 - \sum_{j=1}^{k} n_j^2)/4 = (15^2 - (4^2+5^2+6^2))/4 = 37$$

$$\mathrm{Var}_0(J) = [N^2(2N+3) - \sum_{j=1}^{k} n_j^2(2n_j+3)]/72 = 88.67$$

$$Z_J = \frac{62-37}{\sqrt{88.67}} = 2.65$$

따라서, 정규근사에 의한 유의확률은 $P_0\{Z_J \geq 2.65\} = 0.0040$ 이며, 대표본 근사검정의 결과는 소표본 정밀검정의 결과와 매우 비슷하다. J통계량의 값이 62로 상당히 크므로 연속보정요인이 생략되었다. ■

예제 6.5 어떤 금속 제품을 규격에 맞도록 다듬는 반복작업 공정에서 작업자에게 자기가 처리한 제품의 품질에 관한 정보를 제공하는 것이 생산량에 좋은 영향을 미치는지의 여부를 조사하려고 한다. 18명의 작업자가 랜덤하게 A, B, C의 세 그룹으로 나누어, A그룹은 대조그룹으로서 정보를 전혀 주지 않았고, B그룹에는 대략적인 정보만 주었으며, C그룹에는 정확한 정보를 주고 제품을 직접 살펴볼 수 있도록 하였다.

다음의 [표 6-12]는 실험기간 동안에 처리한 제품의 개수를 나타내는 데이터이다. 이 데이터로부터 A, B, C의 순서로 생산량이 증가한다고 확신할 수 있는지를 검정하여 보자.

[표 6-12] 제품의 개수(크기순으로 재배열한 데이터)

A(대조그룹)	B(대략적 정보)	C(정확한 정보)
35	38	40
38	40	43
40	40	44
41	42	45
43	44	46
44	47	48

풀이

[표 6-12]에서 죤키어 통계량의 값을 다음과 같이 계산한다.

식 (6.13)에서 $U_{12}=22,\ U_{13}=30.5,\ U_{23}=26.5$

식 (6.14)에서 $J=22+30.5+26.5=79$

[부록 표 12]에서 $P_0\{J\geq 79\}=0.0231$이므로 유의확률은 0.0231이다. 따라서 제품의 품질에 관한 정보를 많이 제공할수록 생산량도 증가한다는 확실한 근거가 있다.

같은 데이터에 대하여 정규근사에 의한 검정은 다음과 같다.

$$E_0(J)=(18^2-(6^2+6^2+6^2))/4=54$$

$$\mathrm{Var}_0(J)=[18^2(39)-3(6^2)(15)]/72=153$$

$$Z_J=\frac{79-54}{\sqrt{153}}=2.02$$

따라서 정규근사에 의한 유의확률은 $P_0\{Z_J\geq 2.02\}=0.0217$이며, 소표본 정밀검정의 결과와 매우 비슷하다. ■

해설

모수적 방법에서 순서 대립가설을 검정하는 절차는 현재 없으며 그 대안으로 다음 절에서 설명하는 다중비교법을 활용하여 처리효과의 상대적 크기 비교를 하게 된다.

참고문헌

통계량 J에 기초한 검정법은 Terpstra(1952)와 Jonckheere(1954)에 의하여 독립적으로 제안되었으며, 흔히 죤키어-터프스트라 검정이라고도 한다. 죤키어 검정은 Puri(1965)등에 의하여 순위점수(rank scores)를 이용한 검정법으로 확장되었다.

6.4 일원배치 다중비교(*)

6.4.1 다중비교의 개념

일반대립가설의 검정에서 F-검정이나 크러스칼-월리스 검정의 결과로 귀무가설이 기각되었을 때, 모든 처리효과가 같지는 않다고 결론을 내린다. 그러면, 어느 처리효과들이 서로 심각하게 다른가 하는 의문에 대한 답을 필요로 하는 경우가 많다.

예를 들어, [예제 6.1]의 데이터에 대하여 유의수준 5%에서 크러스칼-월리스 검정이나 F-검정의 결과로 H_0를 기각한다. 즉, A, B, C의 세 기계에서 생산되는 철선의 평균인장강도가 모두 같지 않다고 결론을 내렸다. 이때 A, B, C 모두가 서로 심각하게 다른지, 또는 A와 B가, 또는 A와 C가, 또는 B와 C가 서로 심각하게 다른지를 알고 싶은 경우가 있다. 이러한 문제에 대한 답을 하기 위하여, 처리의 모든 쌍들에 대하여 t-검정이나 윌콕슨 순위합검정을 시행하는 방법을 생각할 수 있다. 그러나 이 경우의 문제점은 참인 귀무가설 H_0를 기각시킬 확률인 유의수준 α의 관리가 어려운 것이다. 예를 들어, c개의 서로 '독립'인 쌍에 대하여 유의수준 α에서 검정한다면, H_0가 참일 때 최소한 한 개의 쌍에 대하여 차이가 유의하다고 판정을 내릴 확률은 $1-(1-\alpha)^c$가 된다. 따라서 H_0가 참일 때 잘못된 결론을 내릴 확률이 급격하게 커진다. 더구나 k개의 처리가 있을 때 $k(k-1)/2$개의 모든 쌍에 대하여 비교한다면, 이들은 서로 독립인 비교가 아니므로 실험 전체에 대한 유의수준의 관리가 더욱 복잡하게 된다.

이와 같은 문제를 극복하고, 여러 처리효과를 서로 비교하는 검정을 하거나 동시신뢰구간을 구하는 통계적 방법을 다루는 분야가 **다중비교**(multiple comparison)이다.

검정법에서 유의수준과 같은 개념으로 다중비교에서는 **실험별 오류율**(experiment-wise error rate)을 많이 사용한다. 실험별 오류율 α에서 다중비교를 시행한다는 것은 H_0가 참일 때 옳은 결정을 내릴 확률을 $1-\alpha$ 이상이 되도록 관리하는 것이다. 흔히 사용하는 $\alpha=0.05$ 또는 $\alpha=0.01$의 실험별 오류율에서 다중비교를 시행할 때, 참인 H_0를 지킬 확률이 $1-\alpha$이므로 각 처리의 비교는 매우 '보수적'인 방법이 된다. 즉, H_0가 참이 아닐 때, 어느 두 처리의 차이를 검출해내기가 어렵다. 그러나 각 비교별로 오류율을 관리할 경우에는 실험 전체의 오류를 관리할 수 없으므로, 통계적 방법으로서 의미를 상실하는 경우가 많다.

이 책에서는 실험별 오류율을 이용한 오류의 관리방법만을 다루기로 한다. 다중비교에서 중요한 두 가지 방법으로 **전체처리비교**(all treatment comparison)와 **처리-대조비교**(treatment versus control comparison)가 있다.

전체처리비교는 **전체쌍별비교**(all pairwise comparison)이고도 하며, $k(k-1)/2$개의 모든 쌍에 대하여 비교하는 방법이다. 처리-대조비교는 **대조와의 비교**(comparison with a control)라고도 하며, $k-1$개의 처리 각각을 한 대조(control)와 비교하는 방법이다.

이와 같은 다중비교방법으로서 정규분포 이론에서 유도된 모수적 방법에 대하여 간단히 살펴보기로 한다. 그러나 다중비교에서 필요한 상수의 수치표가 $n_1 = \cdots = n_k = n$ 인 경우에만 주어져 있으므로, 여기서도 각 처리에서의 표본크기가 같은 경우만 다루기로 한다.

전체처리비교 : 튜키의 방법

튜키가 제안한 전체처리비교 방법은 다음과 같은 절차를 따른다.

1. $k(k-1)/2$개의 모든 $u < v$에 대하여 $|\overline{X}_{\cdot u} - \overline{X}_{\cdot v}|$를 계산한다.
2. 실험별 오류율 α에서 다음과 같이 결정한다.

$$|\overline{X}_{\cdot u} - \overline{X}_{\cdot v}| \geq q(\alpha, k, N-k)\sqrt{\text{MSE}/n} \text{ 이면 } \tau_u \neq \tau_v \text{라고 결정} \tag{6.18}$$

여기서 $q(\alpha, k, N-k)$는

$$P_0\{|\overline{X}_{\cdot u} - \overline{X}_{\cdot v}| < q(\alpha, k, N-k)\sqrt{\text{MSE}/n},\ u = 1, \cdots, k-1,\ v = u+1, \cdots, k\} = 1 - \alpha \tag{6.19}$$

를 만족하는 상수로서, [부록 표 13]에서 얻을 수 있다.

참고

각 처리에서의 표본크기 n_j 들이 같지 않을 때에는 식 (6.18)의 근호 속의 n 대신에 n_j 들의 조화평균인

$$\overline{n} = \frac{k}{\sum_{j=1}^{k}(1/n_j)} = \frac{k}{(1/n_1) + (1/n_2) + \cdots + (1/n_k)}$$

를 사용할 수 있다. $\overline{n}$ 를 사용한 근사식은 좀 더 보수적인 방법으로서, n_j 들이 비슷한 경우에는 좋은 근사식이 된다.

처리-대조비교 : 다대일(many-to-one) t 통계량 던넷(Dunnett)의 방법

던넷이 제안한 다대일 t 통계량의 방법은 다음과 같다. 편의상 처리 1을 대조그룹으로 가정한다.

1. $u=2,\cdots,k$에 대하여, $\overline{X}_{\cdot u}-\overline{X}_{\cdot 1}$를 계산한다.
2. (i) 실험별 오류율 α에서 '한쪽절차'는 다음과 같다.

$$(\overline{X}_{\cdot u}-\overline{X}_{\cdot 1}) \geq d(\alpha, k-1, N-k)\sqrt{2\text{MSE}/n} \text{ 이면 } \tau_u > \tau_1 \text{이라고 결정} \tag{6.20}$$

여기서, $d(\alpha, k-1, N-k)$는

$$P_0\{(\overline{X}_{\cdot u}-\overline{X}_{\cdot 1}) < d(\alpha, k-1, N-k)\sqrt{2\text{MSE}/n}, u=2,\cdots,k\}=1-\alpha \tag{6.21}$$

를 만족하는 상수로서 [부록 표 14]에서 얻을 수 있다.

(ii) 실험별 오류율 α에서 '양쪽절차'는 다음과 같다.

$$|\overline{X}_{\cdot u}-\overline{X}_{\cdot 1}| \geq \bar{d}(\alpha, k-1, N-k)\sqrt{2\text{MSE}/n} \text{ 이면 } \tau_u \neq \tau_1 \text{이라고 결정} \tag{6.22}$$

여기서 $\bar{d}(\alpha, k-1, N-k)$는 [부록 표 15]에서 얻을 수 있다.

예제 6.6 [예제 6.1]에서 F-검정의 결과 A, B, C 세 기계에서 생산되는 철선의 평균 인장강도가 모두 같지는 않다는 결론을 내렸다. 그러면, 어느 것이 서로 심각한 차이가 있나를 알아보기 위하여 튜키의 다중비교를 실시하여 보자.

풀이 [부록 표 13]으로부터 $q(0.05,\ 3,\ 9)=3.949$이며 분산분석표 [표 6-9]에서 $\text{MSE}=20.39$이므로, 실험별 오류율 $\alpha=0.05$에서

$$q(\alpha, k, N-k)\sqrt{\text{MSE}/n}=3.949\sqrt{20.39/4}=8.92$$

식 (6.18)의 튜키의 방법에서

$$|\overline{X}_{\cdot 1}-\overline{X}_{\cdot 2}|=|59.25-52.75|=6.50<8.92$$
$$|\overline{X}_{\cdot 1}-\overline{X}_{\cdot 3}|=|59.25-48.00|=11.25>8.92$$
$$|\overline{X}_{\cdot 2}-\overline{X}_{\cdot 3}|=|52.75-48.00|=4.75<8.92$$

따라서 실험별 오류율 $\alpha=0.05$에서 기계 A와 기계 C가 서로 심각하게 다르다고 할 수 있다.

같은 데이터에 대하여, 기계 A를 대조그룹으로 간주하고 양쪽절차를 실시하여 보자.

[부록 표 15]로부터 $\bar{d}(0.05,2,9)=2.61$이므로, $\alpha=0.05$에서

$$\bar{d}(\alpha,k-1,N-k)\sqrt{2\text{MSE}/n}=2.61\sqrt{2\times 20.39/4}=8.33$$

식 (6.22)의 던넷의 양쪽절차에서

$$|\overline{X}_{\cdot 1}-\overline{X}_{\cdot 2}|=6.50<8.33$$

$$|\overline{X}_{\cdot 1}-\overline{X}_{\cdot 3}|=11.25>8.33$$

따라서 실험별 오류율 $\alpha=0.05$에서 기계 C는 대조기계 A와 서로 심각하게 다르다고 할 수 있다. ■

6.4.2 크러스칼-월리스 순위합에 기초한 다중비교

A. 전체처리비교

크러스칼-월리스 순위합에 기초한 전체처리비교 방법에 대하여 알아보자. 크러스칼-월리스 통계량의 정의에서와 마찬가지로

$R_{ij}=N$개의 혼합표본에서 X_{ij}의 순위

$$R_{\cdot j}=\sum_{i=1}^{n_j}R_{ij}\ ;\quad \overline{R}_{\cdot j}=R_{\cdot j}/n_j$$

로 정의한다. 정밀절차에서는 수치표의 제약 때문에 $n_1=\cdots=n_k=n$인 경우만 다루고, 보수적 절차에서는 표본크기가 다른 경우도 다루기도 한다.

절차 ($n_1=\cdots=n_k=n$인 경우)

1. $k(k-1)/2$개의 모든 $u<v$에 대하여 $|R_{\cdot u}-R_{\cdot v}|$를 계산한다.
2. 실험별 오류율 α에서는 다음과 같이 결정한다.

$|R_{\cdot u}-R_{\cdot v}|\geq y(\alpha,k,n)$이면 $\tau_u\neq\tau_v$라고 결정 (6.23)

여기서 $y(\alpha,k,n)$은

$$P_0\{|R_{\cdot u}-R_{\cdot v}|<y(\alpha,k,n),\ u=1,\cdots,k-1,\ v=u+1,\cdots,k\}=1-\alpha \quad (6.24)$$

를 만족하는 상수로서, [부록 표 16]에 수록되어 있다.

위의 식 (6.24)의 의미는 다음과 같다. 즉, H_0가 참일 때, $k(k-1)/2$개의 모든 $u<v$에 대하여 $|R_u - R_v| < y(\alpha, k, n)$이 동시에 성립할 확률이 $1-\alpha$임을 뜻한다.

보수적 절차

실험별 오류율의 상한을 α로 할 때, 다음과 같이 결정한다.

$$|\overline{R}_{\cdot u} - \overline{R}_{\cdot v}| \geq [h(\alpha, k, (n_1, \cdots, n_k))] \sqrt{\frac{N(N+1)}{12}} \sqrt{\frac{1}{n_u} + \frac{1}{n_v}}$$

이면 $\tau_u \neq \tau_v$로 결정 (6.25)

여기서 $h(\alpha, k, (n_1, \cdots, n_k))$는 크러스칼-윌리스 검정에서의 기각값이다.

해설

H_0하에서 R_{ij}들의 분포는 표본크기에만 관계되므로, 크러스칼-월리스 순위합 R_u 또는 평균순위 $\overline{R}_{\cdot u}$에 기초한 다중비교는 모두 분포무관이다.

대표본 근사

(1) 밀러의 방법

$n_1 = \cdots = n_k = n$이고 n이 클 때, 실험별 오류율 α에서 다음과 같이 결정한다.

$$|\overline{R}_{\cdot u} - \overline{R}_{\cdot v}| \geq q(\alpha, k, \infty) \sqrt{\frac{N(N+1)}{12}} \text{ 이면 } \tau_u \neq \tau_v \text{로 결정} \quad (6.26)$$

여기서 $q(\alpha, k, \infty)$는 식 (6.19)에서의 상수 q와 같은 것으로서 [부록 표 17]에서 얻을 수 있다.

(2) 던의 방법

표본크기가 다른 때에도 가능한 방법으로서, 다음과 같이 결정한다.

$$|\overline{R}_{\cdot u} - \overline{R}_{\cdot v}| \geq z_{\alpha/[k(k-1)]} \sqrt{\frac{N(N+1)}{12}} \sqrt{\frac{1}{n_u} + \frac{1}{n_v}}$$

이면 $\tau_u \neq \tau_v$로 결정 (6.27)

동점 처리

평균순위를 사용.

예제 6.7 어느 생산품에서 14개의 표본을 뽑아 랜덤하게 5그룹으로 나누었다. 이들을 서로 다른 조건하에 일정기간 저장한 후에 수분함량을 조사한 결과가 [표 6-13]과 같다. 크러스칼-윌리스 검정을 시행하고, 어느 저장법이 서로 다른지 알아보자.

[표 6-13] 수분 함량(저장 후 %)

저장방법				
1	2	3	4	5
7.8 (7)	5.4 (1)	8.1 (9)	7.9 (8)	7.1 (3.5)
8.3 (10.5)	7.4 (5)	6.4 (2)	9.5 (13)	
7.6 (6)	7.1 (3.5)		10.0 (14)	
8.4 (12)				
8.3 (10.5)				
$R_{\cdot 1}=46$	$R_{\cdot 2}=9.5$	$R_{\cdot 3}=11$	$R_{\cdot 4}=35$	$R_{\cdot 5}=3.5$
$\overline{R}_{\cdot 1}=9.2$	$\overline{R}_{\cdot 2}=3.17$	$\overline{R}_{\cdot 3}=5.5$	$\overline{R}_{\cdot 4}=11.67$	$\overline{R}_{\cdot 5}=3.5$

풀이 [표 6-13]의 데이터에서 크러스칼-윌리스 검정통계량의 값은

$$H=\frac{12}{14(14+1)}\left(\frac{46^2}{5}+\frac{9.5^2}{3}+\frac{11^2}{2}+\frac{35^2}{3}+\frac{3.5^2}{1}\right)-3(14+1)$$
$$=8.392$$

한편, 식 (6.11)의 동점처리에 의한 수정을 하면

$$H'=\frac{H}{1-\left(\sum_{j=1}^{g}T_j/(N^3-N)\right)}$$
$$=\frac{8.392}{1-((2^3-2)+(2^3-2))/(14^3-14)}=8.43$$

따라서 [부록 표 3]에서 유의확률이 0.10 이하임을 알 수 있다.
이제 어느 저장법들이 서로 다르다고 할 수 있는지를 알아보자.
식 (6.27)에 주어진 던의 방법을 $\alpha=0.15$에서 적용시켜 보자. [부록 표 1]에서

$$z_{\alpha/[k(k-1)]} = z_{0.0075} = 2.43$$

이므로

$$z_{\alpha/[k(k-1)]}\sqrt{\frac{N(N+1)}{12}} = 2.43\sqrt{17.5} = 10.17$$

식 (6.27)에서

$$|\overline{R}_{\cdot 1} - \overline{R}_{\cdot 2}| = |9.2 - 3.17| = 6.03 < 10.17\sqrt{\frac{1}{5} + \frac{1}{3}} = 7.42$$

$$|\overline{R}_{\cdot 1} - \overline{R}_{\cdot 3}| = |9.2 - 5.5| = 3.7 < 10.17\sqrt{\frac{1}{5} + \frac{1}{2}} = 8.51$$

$$|\overline{R}_{\cdot 1} - \overline{R}_{\cdot 4}| = |9.2 - 11.67| = 2.47 < 10.17\sqrt{\frac{1}{5} + \frac{1}{3}} = 7.42$$

$$|\overline{R}_{\cdot 1} - \overline{R}_{\cdot 5}| = |9.2 - 3.5| = 5.7 < 10.17\sqrt{\frac{1}{5} + 1} = 11.14$$

$$|\overline{R}_{\cdot 2} - \overline{R}_{\cdot 3}| = |3.17 - 5.5| = 2.33 < 10.17\sqrt{\frac{1}{3} + \frac{1}{2}} = 9.28$$

$$|\overline{R}_{\cdot 2} - \overline{R}_{\cdot 4}| = |3.17 - 11.67| = 8.5 > 10.17\sqrt{\frac{1}{3} + \frac{1}{3}} = 8.30$$

$$|\overline{R}_{\cdot 2} - \overline{R}_{\cdot 5}| = |3.17 - 3.5| = 0.33 < 10.17\sqrt{\frac{1}{3} + 1} = 11.74$$

$$|\overline{R}_{\cdot 3} - \overline{R}_{\cdot 4}| = |5.5 - 11.67| = 6.17 < 10.17\sqrt{\frac{1}{2} + \frac{1}{3}} = 9.28$$

$$|\overline{R}_{\cdot 3} - \overline{R}_{\cdot 5}| = |5.5 - 3.5| = 2 < 10.17\sqrt{\frac{1}{2} + 1} = 12.46$$

$$|\overline{R}_{\cdot 4} - \overline{R}_{\cdot 5}| = |11.67 - 3.5| = 8.17 < 10.17\sqrt{\frac{1}{3} + 1} = 11.74$$

따라서, 방법 2와 방법 4가 서로 심각하게 다르다고 할 수 있다.

예제 6.8 [예제 6.3]에서 세 그룹의 코티졸 수준이 모두 같지는 않다는 결론을 내렸다. 그러면, 어느 그룹이 서로 심각하게 다른가를 알아보자.

풀이 [표 6-11]에서

$$n_1 = 10,\ n_2 = n_3 = 6,\ N = 22$$

$$\overline{R}_{\cdot 1} = 6.9,\ \overline{R}_{\cdot 2} = 15,\ \overline{R}_{\cdot 3} = 15.67$$

이므로, $\alpha = 0.15$ 에서 식 (6.27)의 던의 방법을 적용시키면 $z_{\alpha/[k(k-1)]} = z_{0.025} = 1.96$ 이므로

$$z_{\alpha/[k(k-1)]}\sqrt{\frac{N(N+1)}{12}} = 1.96\sqrt{\frac{22(22+1)}{12}} = 12.73$$

식 (6.27)에서

$$|\overline{R}_{\cdot 1} - \overline{R}_{\cdot 2}| = 8.1 > 12.73\sqrt{\frac{1}{10} + \frac{1}{6}} = 6.57$$

$$|\overline{R}_{\cdot 1} - \overline{R}_{\cdot 3}| = 8.77 > 12.73\sqrt{\frac{1}{10} + \frac{1}{6}} = 6.57$$

$$|\overline{R}_{\cdot 2} - \overline{R}_{\cdot 3}| = 0.67 < 12.73\sqrt{\frac{1}{6} + \frac{1}{6}} = 7.35$$

따라서 그룹 I과 그룹 II, 그룹 I과 그룹 III은 서로 심각하게 다르지만, 그룹 II와 그룹 III은 서로 다르다는 근거가 없다. ■

해설

전체처리비교의 다중비교에서 실험별 오류율을 사용하는 것은 매우 보수적인 접근법이 됨을 앞에서도 지적하였다. 실제로 다중비교를 할 때에는 크러스칼-월리스 검정 등을 시행하여 H_0가 기각되었을 때 시행하는 경우가 많다. 그럼에도 불구하고 H_0가 참일 때 옳은 결정을 내릴 확률이 $1-\alpha$로 보장된다. 따라서, 처리 사이의 차를 검출해내기가 어렵게 되며, 특히 k가 증가할수록 이러한 판별력이 약해진다. 예를 들어, [예제 6.7]에서 $\alpha = 0.15$를 사용할 때에는 방법 2와 방법 4가 다르다는 결론을 내렸지만, $\alpha = 0.10$에서는 방법 2와 방법 4의 차이를 검출해내지 못한다.

참고문헌

Miller(1981)의 책은 다중비교에 관한 내용을 모두 망라하여 설명한 훌륭한 책이다. 이 책이 나온 이후에도 다중비교에 관한 많은 연구가 이루어졌으며, 지금도 연구가 활발히 진행되고 있는 분야이다. 크러스칼-월리스 순위합에 기초한 다중비교는 Nemenyi(1963)에 의하여 처음으로 제안되고 연구 되었다.

B. 처리-대조비교

크러스칼-월리스 순위합에 기초한 처리-대조비교 방법에 대하여 알아보자. 전체처리

비교에서와 마찬가지로 정밀절차에서는 $n_1 = \cdots = n_k = n$ 인 경우만 다루고, 근사절차에서는 표본크기가 다른 경우도 생각하기로 한다.

또한, 편의상 처리 1을 대조그룹으로 가정한다.

절차 ($n_1 = \cdots = n_k = n$ 인 경우)

1. $u = 2, \cdots, k$ 에 대하여 $R_u - R_1$ 을 계산한다.

2. (i) 실험별 오류율 α 에서 '한쪽절차'는 다음과 같다.

$$(R_u - R_1) \geq y^*(\alpha, k-1, n) \text{이면 } \tau_u > \tau_1 \text{이라고 결정} \tag{6.28}$$

여기서 $y^*(\alpha, k-1, n)$은

$$P_0\{(R_u - R_1) < y^*(\alpha, k-1, n),\ u = 2, \cdots, k\} = 1 - \alpha \tag{6.29}$$

를 만족하는 상수로서, $k = 3$ 인 경우에 [부록 표 18]에서 찾을 수 있다.

(ii) 실험별 오류율 α 에서 '양쪽절차'는 다음과 같다.

$$|R_u - R_1| \geq y^{**}(\alpha, k-1, n) \text{이면 } \tau_u \neq \tau_1 \text{이라고 결정} \tag{6.30}$$

여기서, $y^{**}(\alpha, k-1, n)$은

$$P_0\{|R_u - R_1| < y^{**}(\alpha, k-1, n),\ u = 2, \cdots, k\} = 1 - \alpha \tag{6.31}$$

를 만족하는 상수로서, $k = 3$ 인 경우에 [부록 표 19]에서 찾을 수 있다.

해설

1. 처리-대조비교에서는 모든 처리를 서로 비교하는 것이 아니며, 각 처리를 대조와 비교한다. 다음 단계로 유의성이 있는 처리들에 다시 전체처리비교를 적용시킬 수 있다.
2. 전체처리비교에서와 마찬가지로 처리-대조비교에서도 처리 u 와 대조의 비교는 다른 $k-2$ 개의 처리에서의 관측값에 영향을 받는 단점이 있다.

대표본 근사

(1) 밀러의 방법

$n_1 = b, n_2 = \cdots = n_k = n$ 이고, b 와 n 이 클 때 실험별 오류율 α 에서 다음과 같이 결정한다.

① 한쪽절차

$$(\overline{R}_{\cdot u}-\overline{R}_{\cdot 1}) \geq m(\alpha, k-1, n/(b+n))\sqrt{\frac{N(N+1)}{12}}\sqrt{\frac{1}{b}+\frac{1}{n}} \text{ 이면}$$

$$\tau_u > \tau_1 \text{ 이라고 결정} \qquad (6.32)$$

여기서, $m(\alpha, k-1, \rho)$는 공통상관 ρ를 갖는 $(k-1)$개의 $N(0,1)$ 확률변수의 최댓값 분포의 상위 100α 백분위수로서 [부록 표 20]에서 얻을 수 있다.

② 양쪽절차

$$|\overline{R}_{\cdot u}-\overline{R}_{\cdot 1}| \geq \overline{m}(\alpha, k-1, n/(b+n))\sqrt{\frac{N(N+1)}{12}}\sqrt{\frac{1}{b}+\frac{1}{n}} \text{ 이면}$$

$$\tau_u \neq \tau_1 \text{ 이라고 결정} \qquad (6.33)$$

여기서, $\overline{m}(\alpha, k-1, \rho)$는 공통상관 ρ를 갖는 $(k-1)$개의 $N(0,1)$ 확률변수의 최대 절댓값 분포의 상위 100α 백분위수로서 [부록 표 21]에서 얻을 수 있다.

(2) 던의 방법

① 한쪽절차

$$(\overline{R}_{\cdot u}-\overline{R}_{\cdot 1}) \geq z_{\alpha/(k-1)}\sqrt{\frac{N(N+1)}{12}}\sqrt{\frac{1}{n_u}+\frac{1}{n_1}} \text{ 이면}$$

$$\tau_u > \tau_1 \text{ 이라고 결정} \qquad (6.34)$$

② 양쪽절차

$$|\overline{R}_{\cdot u}-\overline{R}_{\cdot 1}| \geq z_{\alpha/[2(k-1)]}\sqrt{\frac{N(N+1)}{12}}\sqrt{\frac{1}{n_u}+\frac{1}{n_1}} \text{ 이면}$$

$$\tau_u \neq \tau_1 \text{ 이라고 결정} \qquad (6.35)$$

참고

처리에서의 점수가 대조보다 낮을 것을 기대할 때에는 식 (6.28), (6.32), (6.34)에서 $R_u - R_1(\overline{R}_{\cdot u}-\overline{R}_{\cdot 1})$ 대신에 $R_1 - R_u(\overline{R}_{\cdot 1}-\overline{R}_{\cdot u})$를 사용하면 된다.

동점 처리

평균순위를 사용.

예제 6.9 [예제 6.5]의 생산량 데이터에 대한 문제를 처리와 대조의 비교 문제로 바꾸어 생각해 보자.

풀이 [표 6-12]에 대한 순위 데이터는 다음의 [표 6-14]와 같다.

[표 6-14] 제품 개수의 순위 데이터

A(대조그룹)	B(대략적 정보)	C(정확한 정보)
1	2.5	5.5
2.5	5.5	10.5
5.5	5.5	13
8	9	15
10.5	13	16
13	17	18
$R_{.1}$=40.5	$R_{.2}$=52.5	$R_{.3}$=78

[부록 표 18]에서 $y^*(0.049,2,6) = 36$ 이며,

$$R_{.2} - R_{.1} = 12.0 < 36$$
$$R_{.3} - R_{.1} = 37.5 > 36$$

이므로, 실험별 오류율 $\alpha = 0.049$ 에서 C 그룹은 A 그룹보다 많은 제품을 생산한다는 충분한 근거가 있다.

예제 6.10 유아기에 뇌에 영향을 주는 A, B, C 세 종류의 질병이 IQ를 낮게하는 요인이 되는지를 조사하고자 대조그룹(처리1)에서 6명, A, B, C(처리 2, 3, 4)의 각각에서 6명씩을 뽑아 IQ 검사를 한 결과가 다음의 [표 6-15]와 같았다. 어느 질병이 특히 IQ에 영향을 준다고 할 수 있는지를 조사하여 보자.

[표 6-15] IQ 점수(크기순으로 재배열한 데이터)

1 (대조)	2 (A)	3 (B)	4 (C)
106 (11)	86 (2)	86 (2)	86 (2)
114 (15.5)	89 (4.5)	89 (4.5)	92 (6)
119 (18.5)	97 (8)	114 (15.5)	94 (7)
122 (20)	100 (9)	114 (15.5)	111 (12)
131 (22)	103 (10)	125 (21)	114 (15.5)
136 (24)	112 (13)	132 (23)	119 (18.5)
$\overline{R}_{.1}$=18.5	$\overline{R}_{.2}$=7.75	$\overline{R}_{.3}$=13.58	$\overline{R}_{.4}$=10.17

풀이

[부록 표 20]에서 $m(0.057, 3, 1/2) = 2.00$이므로, 식 (6.32)의 한쪽절차에서

$$m(\alpha, k-1, n/(b+n))\sqrt{\frac{N(N+1)}{12}}\sqrt{\frac{1}{b}+\frac{1}{n}} = 2.00 \times 4.082 = 8.16$$

이며,

$$\overline{R_{\cdot 1}} - \overline{R_{\cdot 2}} = 10.75 > 8.16$$
$$\overline{R_{\cdot 1}} - \overline{R_{\cdot 3}} = 4.92 < 8.16$$
$$\overline{R_{\cdot 1}} - \overline{R_{\cdot 4}} = 8.33 > 8.16$$

따라서 실험별 오류율 $\alpha = 0.057$에서 질병 A와 질병 C가 IQ 점수를 심각하게 저하시킨다고 할 수 있다. ■

참고문헌

크러스칼-월리스 순위합에 기초한 처리-대조비교 방법도 Nemenyi(1963)에 의해 제안되었으며, Miller(1981)의 책에 자세하게 설명되어 있다.

6.5 효율(*)

일원배치의 일반대립가설 검정문제에서, 크러스칼-월리스 검정의 정규이론에 의한 F-검정에 대한 점근 상대효율은 윌콕슨 검정의 t-검정에 대한 점근 상대효율과 같다. 순서대립가설의 존키어 검정도 정규분포이론에 의한 검정법에 대하여 같은 효율을 갖는다. 이와 같은 사실을 기호로 나타내면 다음과 같다.

$$\begin{aligned}\mathrm{ARE}(H,\ F) &= \mathrm{ARE}(J,\ \text{정규이론}) \\ &= \mathrm{ARE}(W,\ t)\end{aligned}$$

마찬가지로, 다중비교에서 순위합에 기초한 다중비교는 표본평균에 기초한 다중비교에 대하여 일표본문제에서 윌콕슨 검정의 t-검정에 대한 점근 상대효율과 같은 효율을 갖는다.

6.6 R-program을 이용한 실습

이 절에서는 R-program을 이용하여 일원배치법에서 일반대립가설을 검정하기 위한 F-검정 및 튜키의 다중비교(모수적 방법)와 크러스칼-월리스 검정 및 크러스칼-월리스 순위합에 기초한 다중비교(비모수적 방법)를 비교한다. 또한 순서대립가설을 검정하기 위한 비모수적 방법인 죤키어 검정을 연습하는 예제를 다루기로 한다.

예제를 다루기 전에 분석하고자 하는 데이터의 구조에 대해 먼저 알아보자. 대부분의 통계 프로그램에서는 데이터를 행렬의 구조로 표현하는데, 이때 행(줄)은 관측값을, 열은 변수를 나타낸다. 즉, 데이터의 한 줄은 하나의 관측 값을 나타내는 것이 일반적이다(저장방법 1). 그러나 데이터를 입력하는 과정을 보면 한 줄에 여러 개의 관측 값을 입력하는 것이 편리한 경우가 있다(저장방법 2). 아래 [예제 6.11] 데이터를 예를 들어보면, 한 줄에 하나의 관측값을 표현하면 다음과 같이 저장된다.

저장방법 1

```
       x  treat
[1,]  56    1
[2,]  60    1
[3,]  57    1
[4,]  64    1
[5,]  48    2
[6,]  61    2
[7,]  49    2
[8,]  53    2
[9,]  52    3
[10,] 50    3
[11,] 44    3
[12,] 46    3
```

반면에 한 줄에 여러 개의 관측값을 표현하면 위의 데이터는 다음과 같이 입력시간과 저장공간을 절약할 수 있다.

저장방법 2

```
      A  B  C  treat
[1,] 56 48 52    1
[2,] 60 61 50    2
[3,] 57 49 44    3
[4,] 64 53 46    4
```

대부분의 데이터는 저장방법 2에 따라 저장되지만 대부분의 통계 프로그램에서는 저장방법 1에 의한 데이터를 사용하는 데에서 데이터 취급상의 문제가 발생한다. 따라서 저장방법 2의 데이터를 저장방법 1의 데이터로 바꾸는 과정을 알면 편리한 경우가 많다. 아래 명령을 수행해 보자.

```
A <- c(56,60,57,64)  # line 1
B <- c(48,61,49,53)  # line 2
C <- c(52,50,44,46)  # line 3
type<-as.factor(c("T1","T2","T3","T4"))  # line 4
dat1<-data.frame(A,B,C,type)  # line 5
dat2<-data.frame(stack(dat1[,1:3]),dat1[,4])  # line 6
names(dat2) <- c("strength","group","type")  # line 7
```

첫째 줄에서 셋째 줄(# line 1 ~ # line 3)은 변수 A,B,C에 데이터를 입력하고 넷째 줄(# line 4)은 변수 type을 입력한다. 다섯째 줄을 실행하면 아래와 같이 데이터가 저장방법 2에 따라 저장된다.

```
> dat1
   A  B  C type
1 56 48 52   T1
2 60 61 50   T2
3 57 49 44   T3
4 64 53 46   T4
```

여섯째 줄은 이 데이터를 저장방법 1에 따라 데이터를 변환시키는 과정이다. 함수 "stack"은 지정된 변수(데이터프레임 dat1의 열 1부터 3까지, 즉 A,B,C)를 하나의 열로 쌓아나가는(stacking) 명령이다. 이때 dat1의 열 4(type)는 세 번씩 반복된다. 일곱째 줄은 dat2의 변수명을 지정하는 명령이고 그 결과는 다음과 같다.

```
> dat2
  strength group type
1       56     A   T1
2       60     A   T2
3       57     A   T3
4       64     A   T4
5       48     B   T1
6       61     B   T2
7       49     B   T3
8       53     B   T4
9       52     C   T1
10      50     C   T2
```

예제 6.11 [예제 6.A]의 인장강도 데이터에 대하여 모수적 방법인 F-검정 및 튜키의 다중비교를 시행하고, 비모수적 방법인 크러스칼-월리스 검정과 다중비교를 실시하여 결과를 비교해 보자.

풀이 이 예제에서 분석을 위한 가설은 다음과 같다.

$$H_0 : \tau_A = \tau_B = \tau_C, \quad H_1 : \tau\text{들이 모두 같지는 않다.}$$

분석을 실시하기 위해 먼저 [예 6.A]의 데이터를 입력한 다음 F-검정을 실시하는 R 함수 "aov"와 튜키의 다중비교를 실시하는 R 함수 "TukeyHSD"를 실행한다. 그리고 크러스칼-월리스 검정을 실행하는 R 함수 "kruskal.test"와 다중비교를 실시하는 R 함수 "kruskalmc"를 실행한다. 이때 "kruskalmc"는 library "pgirmess"내에 있는 함수이므로 추가 패키지(add-on package) "pgirmess"를 먼저 적재한 다음 실행한다. 실행 프로그램은 [프로그램 6.1]과 같다.

[프로그램 6.1]

```
A <- c(56,60,57,64) # line 1
B <- c(48,61,49,53) # line 2
C <- c(52,50,44,46) # line 3
x <- c(A,B,C) # line 4
treat <- as.factor(c(rep("A",length(A)),rep("B",length(B)),rep("C",length(C)))) # line 5
m6.11 <- aov(x ~ treat) # line 6
summary(m6.11) # line 7
TukeyHSD(m6.11) # line 8
```

```
kruskal.test(x,treat) # line 9
library(pgirmess) # line 10
kruskalmc(x,treat) # line 11
```

프로그램의 첫째 줄에서 셋째 줄(# line 1 ~ # line 3)까지는 세 기계에서 생산되는 철선의 인장강도를 나타나는 데이터를 각각 벡터 A, B, C에 저장한 다음, 넷째 줄(# line 4)에서 벡터 A, B, C의 데이터를 하나의 벡터 x에 저장한다. 그 다음은 개개의 인장강도 데이터에 대한 처리그룹(기계 A, B, C)을 벡터 treat에 각각 factor로 저장(#line 5)하여 인장강도와 처리그룹이 1:1 대응이 되도록 하였다.

프로그램의 여섯째 줄(# line 6)과 일곱째 줄(# line 7)은 벡터 x, treat를 이용하여 각 처리에 따라 인장강도가 차이가 있는지에 대한 F-검정을 실행하는 명령이다. R 함수 "aov"를 사용한 F-검정 결과를 'm6.11'에 저장한 다음, R 함수 "summary"를 사용하여 F-검정 결과를 출력한다. 프로그램의 여덟째 줄(# line 8)은 F-검정 결과인 'm6.11'을 이용하여 튜키의 다중비교를 실행하는 명령이다.

프로그램의 아홉째 줄(# line 9)은 벡터 x, treat를 이용하여 크러스칼-월리스 검정을 실행하는 명령이다. 프로그램의 열째 줄(# line 10) library(pgirmess)는 패키지 "pgirmess"를 적재하는 명령인데 이 패키지가 미리 저장되어 있어야 한다. 이에 대한 자세한 설명은 [예제 2.15]에 설명되어 있다.

프로그램의 열한째 줄(# line 11)은 벡터 x, treat를 이용하여 다중비교를 실행하는 명령이다. [프로그램 6.1]의 결과는 [결과 6.1]과 같다.

[결과 6.1]

```
> m6.11 <- aov(x ~ treat)
> summary(m6.11)
            Df Sum Sq Mean Sq F value Pr(>F)
treat        2  255.2  127.58   6.257 0.0198 *
Residuals    9  183.5   20.39
---
Signif. codes:  0 '***' 0.001 '**' 0.01 '*' 0.05 '.' 0.1 ' ' 1
> TukeyHSD(m6.11)
  Tukey multiple comparisons of means
    95% family-wise confidence level

Fit: aov(formula = x ~ treat)
```

```
$treat
        diff       lwr        upr     p adj
B-A   -6.50 -15.41452  2.414522 0.1592053
C-A -11.25 -20.16452 -2.335478 0.0160956
C-B  -4.75 -13.66452  4.164522 0.3411311

> kruskal.test(x,treat)

        Kruskal-Wallis rank sum test

data:  x and treat
Kruskal-Wallis chi-squared = 6.0385, df = 2, p-value = 0.04884

> library(pgirmess)
> kruskalmc(x,treat)
Multiple comparison test after Kruskal-Wallis
p.value: 0.05
Comparisons
    obs.dif critical.dif difference
A-B    3.50     6.103475      FALSE
A-C    6.25     6.103475       TRUE
B-C    2.75     6.103475      FALSE
```

[결과 6.1]에서 F-검정을 실시한 결과(summary(m6.11))는 유의확률이 0.0198(< 0.05)로서 귀무가설을 기각하게 된다. 튜키의 다중비교 결과(TukeyHSD(m6.11))에서는 각 쌍의 처리에서 평균의 차를 계산한 다음, 이 값의 유의성을 검정하고 조정된 유의확률(p-adj)을 나타낸다. 이 결과에서 처리 C와 처리 A의 평균차(C-A)의 p-adj(=0.0161)이 0.05보다 작으므로, 두 기계 C와 A에서 생산되는 철선인장강도의 평균값은 서로 심각하게 다르다고 판단된다. 이와 같이 서로 다르다는 결과가 나왔을 때에는 어느 값이 더 큰가에 대한 관심이 있게 되는데, 평균차가 (C-A)=-11.25이므로 (C의 평균)이 (A의 평균)보다 더 작은 가능성을 나타내어 대립 가설 H_1: (C의 평균) < (A의 평균)에 대한 가설의 검정 문제가 된다. 이와 같은 한쪽 검정의 유의확률은 양쪽검정 유의확률(0.0161)의 반(0.0161/2=0.0081)이 된다. 즉, 기계 C에서 생산되는 값이 기계 A에서 생산되는 값보다 심각하게 작다고 판단한다.

크러스칼-월리스 검정 결과(kruskal.test(x,treat))에서는 크러스칼-월리스 통계량이

6.0385, 유의확률이 0.04884임을 보여 주고 있다. 이 검정에서는 유의확률이 0.04884 (< 0.05)이므로 F-검정과 동일하게 세 기계에서 생산되는 철선의 인장강도가 모두 같지 않다는 결론을 내린다. 비록 F-검정과 동일한 결정을 내리지만 크러스칼-월리스 검정의 유의확률은 F-검정의 유의확률보다 상당히 커서 판단의 강도는 매우 약해진다. 즉, 크러스칼-월리스 검정에서는 아주 미미하게 세 기계에서 생산되는 철선의 인장강도가 모두 같지 않다는 결론을 내린다. R에서 제공하는 함수 "kruskal.test"에서는 대표본 근사검정 (χ^2-검정에 의한 근사검정)을 통해 유의확률을 계산한다. 따라서 [예제 6.1]의 유의확률 (=0.037)과 [예제 6.11]의 유의확률(=0.04884)은 약간의 차이가 있다. 또한 다중비교 결과(kruskalmc(x,treat))를 살펴보면 유의수준 0.05에서 A-C의 difference는 TRUE이다. 따라서 기계 A와 C에서 생산되는 철선의 인장강도가 서로 다르다고 할 수 있으며 obs.dif=6.25이므로 A의 위치모수가 C의 위치모수보다 더 크다고 할 수 있다.

예제 6.12 [예제 6.11]의 데이터에서 기계 A(1수준)의 마지막 데이터인 64가 잘못하여 84로 입력된다면, F-검정과 크러스칼-월리스 검정은 어떻게 달라지는지 알아보자.

풀이 이 예제에서 분석을 위한 가설은 다음과 같다.

$$H_0 : \tau_A = \tau_B = \tau_C, \quad H_1 : \tau\text{들이 모두 같지는 않다.}$$

분석을 실시하기 위해 먼저 [예 6.A]에서 기계 A(1수준)의 마지막 데이터를 84로 수정하여 데이터를 입력한 다음, F-검정을 실시하는 R 함수 "aov"와 크러스칼-월리스 검정을 실행하는 R 함수 "kruskal.test"를 실행한다. 실행 프로그램은 [프로그램 6.2]와 같다.

[프로그램 6.2]

```
A <- c(56,60,57,84) # line 1
B <- c(48,61,49,53) # line 2
C <- c(52,50,44,46) # line 3
x <- c(A,B,C) # line 4
treat <- as.factor(c(rep("A",length(A)),rep("B",length(B)),rep("C",length(C)))) # line 5
m6.11 <- aov(x ~ treat) # line 6
summary(m6.11) # line 7
kruskal.test(x,treat) # line 8
```

프로그램의 첫째 줄에서 셋째 줄(# line 1 ~ # line 3)까지는 세 기계에서 생산되는 철선의 인장강도를 나타나는 데이터를 각각 벡터 A, B, C에 저장한 다음, 넷째 줄(# line 4)에서 벡터 A, B, C의 데이터를 하나의 벡터 x에 저장한다. 이때 벡터 A는 기계 A의 마지막 데이터인 64가 84로 바뀌어 입력된다. 그 다음은 개개의 인장강도 데이터에 대한 처리 그룹(기계 A, B, C)을 벡터 treat에 각각 factor로 저장(#line 5)하여 인장강도와 처리그룹이 1:1 대응이 되도록 하였다.

프로그램의 여섯째 줄(# line 6)과 일곱째 줄(# line 7)은 벡터 x, treat를 이용하여 각 처리에 따라 인장강도가 차이가 있는지에 대한 F-검정을 실행하는 명령이다. R 함수 "aov"를 사용한 F-검정 결과를 'm6.11'에 저장한 다음, R 함수 "summary"를 사용하여 F-검정 결과를 출력한다.

프로그램의 여덟째 줄(# line 8)은 벡터 x, treat를 이용하여 크러스칼-월리스 검정을 실행하는 명령이다. [프로그램 6.2]의 결과는 [결과 6.2]와 같다.

[결과 6.2]

```
> m6.11 <- aov(x ~ treat)
> summary(m6.11)
            Df Sum Sq Mean Sq F value Pr(>F)
treat        2  558.5  279.25   3.732  0.066 .
Residuals    9  673.5   74.83
---
Signif. codes:  0 '***' 0.001 '**' 0.01 '*' 0.05 '.' 0.1 ' ' 1
> kruskal.test(x,treat)

        Kruskal-Wallis rank sum test

data:  x and treat
Kruskal-Wallis chi-squared = 6.0385, df = 2, p-value = 0.04884
```

[결과 6.2]에서 F-검정을 실시한 결과(summary(m6.11))는 유의확률이 0.0660(>0.05)로서 귀무가설을 기각하지 못한다. 하지만 크러스칼-월리스 검정 결과(kruskal.test(x,treat))에서는 기계 A의 마지막 데이터 값이 바뀌어도 통계량의 값은 영향을 받지 않아서 원래 데이터와 같은 검정 결과인 크러스칼-월리스 통계량이 6.0385, 유의확률이 0.04884임을 확인할 수 있다. F-검정과는 다르게 유의확률이 0.04884(<0.05)이므로 귀무가설을 기각하게 된다. 비록 F-검정 결과와 반대이지만 크러스칼-월리스 검정의 유의확률은 $\alpha = 0.05$와 큰 차이가 없어서 판단의 강도는 매우 약해진다.

예제 6.13 [예제 6.4]에서 다루었던 존키어 검정을 R을 이용하여 확인해 보자.

풀이 예제에서 분석을 위한 가설은 다음과 같다.

$$H_0 : \tau_A = \tau_B = \tau_C, \qquad H_1 : \tau_A \leq \tau_B \leq \tau_C(\text{최소한 한 부등식은 절대적})$$

분석을 실시하기 위해 먼저 [예 6.B]의 데이터를 입력한 다음 존키어 검정을 실시하는 R 함수 "jonckheere.test"를 실행한다. 이때 "jonckheere.test"는 library "clinfun" 내에 있는 함수이므로 추가 패키지(add-on package) "clinfun"를 먼저 적재한 다음 실행한다. 실행 프로그램은 [프로그램 6.3]과 같다.

[프로그램 6.3]

```
A <- c(10,12,14,17) # line 1
B <- c(13,15,16,18,21) # line 2
C <- c(11,26,27,28,29,30) # line 3
x <- c(A,B,C) # line 4
treat <- c(rep(1,length(A)),rep(2,length(B)),rep(3,length(C))) # line 5
library(clinfun) # line 6
jonckheere.test(x, treat, "increasing") # line 7
```

프로그램의 첫째 줄에서 다섯째 줄(# line 1 ~ # line 5)까지는 세 종류의 전구의 수명 데이터를 각각 벡터 A, B, C에 저장한 다음, 넷째 줄(# line 4)에서 벡터 A, B, C의 데이터를 하나의 벡터 x에 저장한다. 그 다음은 개개의 수명 데이터에 처리 그룹(전구 A=1, B=2, C=3)을 벡터 treat에 각각 저장(# line 5)하여 수명과 처리 그룹이 1 : 1 대응이 되도록 하였다.

프로그램의 여섯째 줄(# line 6) library(clinfun)는 패키지 "clinfun"를 적재하는 명령인데 이 패키지가 미리 저장되어 있어야 한다. 이에 대한 자세한 설명은 [예제 2.15]에 설명되어 있다.

프로그램의 일곱째 줄(# line 7)은 벡터 x, treat를 이용하여 존키어 검정에서 다중비교를 실행하는 명령이다. 가격이 비쌀수록 평균수명도 증가하는가를 검정하기 위한 순서대립가설("increasing")을 명시하고 있다. [프로그램 6.3]의 결과는 [결과 6.3]과 같다.

[결과 6.3]

```
> jonckheere.test(x, treat, "increasing")

        Jonckheere-Terpstra test

data:
JT = 62, p-value = 0.003471
alternative hypothesis: increasing
```

[결과 6.3]에서 존키어 통계량이 62, 유의확률이 0.003471임을 보여 주고 있다. 또한 대립가설은 순서대립가설(가격이 A, B, C의 순서로 비싼 전구의 평균수명도 같은 순서로 증가한다)을 나타낸다. 이 검정에서 유의확률이 0.003471(< 0.05)로서 매우 유의하게 나타나서 귀무가설을 기각하게 된다. 즉, 가격이 비쌀수록 평균수명도 증가한다고 확신할 수 있다.

연습문제

1. 다음은 세 그룹의 학생들에 대한 표준시험 성적 결과이다. 그룹에 따라서 성적에 심각한 차이가 있다고 할 수 있는가?

그룹 1	772	764	600	564	
그룹 2	792	612	592		
그룹 3	752	680	624	580	572

2. A, B, C 세 종류의 파리약을 검사하기 위하여, 살충효과를 백분율로 나타내는 다음과 같은 데이터를 얻었다. 상표에 따라 살충효과가 다르다고 할 수 있는가?

상표 A	72	65	67	75	62	73
상표 B	55	59	68	70	53	50
상표 C	64	74	61	58	51	69

3. 다음은 버스의 종류에 따라 단위 거리당 연료 소비량을 나타내는 데이터이다. 버스의 종류에 따라 연료 소비량이 다르다고 할 수 있는가?

버스			
1	2	3	4
114	111	107	105
108	109	106	98
110	112	116	102
113	114	111	101
113	115	102	96

4. 네 종류의 식이요법을 비교하기 위하여 25마리의 흰쥐에 실험한 결과, 12주 동안의 체중 증가량과 그의 순위 데이터가 다음의 표와 같다.

식이요법의 효과에 심각한 차이가 있는지를 알고 싶다. 크러스칼-월리스 검정을 시행하여라. 또한, F-검정을 시행하고 두 결과를 비교하여라.

식이요법	체중증가량	순위 (크기순 재배열)
A	257, 205, 206, 231, 190, 214, 228, 203	4, 8, 10, 11, 14, 18, 20, 22
B	201, 164, 197, 185	1, 2, 5, 6
C	248, 265, 187, 220, 212, 215, 281	3, 13, 15, 16, 21, 23, 25
D	202, 276, 207, 204, 230, 227	7, 9, 12, 17, 19, 24

5. 본문에서 식 (6.6)과 식 (6.7)이 같음을 보여라.

6. A, B, C 세 식이요법에 대한 이론적 연구 결과로는 A, B, C의 순서로 효과가 큰 것으로 기대된다. 이를 확인하기 위하여 15마리의 흰쥐를 랜덤하게 세 그룹으로 나누어 7주 동안의 체중증가를 조사한 결과가 다음 표와 같다. 실험 결과는 이론적인 결과와 일치한다고 할 수 있는가?

식이요법	체중증가량				
A	99	114	116	127	146
B	111	125	143	148	157
C	133	139	149	160	184

7. 유아기에 흉부 방사선 촬영이 생리학적으로 미치는 영향을 조사하기 위하여 다음과 같은 세 그룹에 폐활량 조사를 하였다.

그룹 1 : 2회 이상의 흉부 방사선 치료 또는 수술을 받은 그룹
그룹 2 : 1회의 흉부 방사성 촬영 경험이 있는 그룹
그룹 3 : 흉부 방사선 촬영 경험이 전혀 없는 그룹

폐활량 조사 결과가 다음 표와 같다면, 그룹 1, 2, 3의 순서로 폐활량이 증가한다고 확신할 근거가 되는가?

그룹 1	71	57	85	67	66	79
그룹 2	76	94	61	36	42	49
그룹 3	80	104	101	90	93	85

8. 다음 데이터는 초등학교 1, 2, 3학년의 청각장애자 어린이에게 50문항의 기본 개념을 시험한 결과이다. 이 시험에 대하여 학년이 높을수록 점수도 높아진다고 할 수 있는가?

1학년	17	20	24	34	34	38						
2학년	23	25	27	34	38	47						
3학년	22	23	26	32	34	34	36	38	38	42	48	50

9. [예제 6.1]의 인장강도 데이터에 $\alpha = 0.05$에서 크러스칼-월리스 순위합에 기초한 전체처리 다중비교를 실시하고, [예제 6.6]의 결과와 비교하여라.

10. $\alpha = 0.05$에서, $k = 3$, $n = 6$인 경우에 정밀비교 (6.23)과 보수적 절차 (6.26)을 비교하여라.

11. [연습문제 7]의 데이터에 크러스칼-월리스 순위합에 기초한 처리-대조 다중비교를 실시하여라. 다만, 그룹 3을 대조그룹으로 간주하고, 실험별 오류율 $\alpha = 0.15$에서 비교하여라.

12. 메추라기의 MUA(multiple-unit pineal activity : 복합송과선활동)에 대한 빛의 자극이 주는 영향을 조사하기 위하여, 세 그룹의 메추라기에 전기실험을 하였다. 그룹 1은 자연 상태의 새로서 전극의 지름이 30µm이고, 그룹 2도 자연 상태의 새로서 전극의 지름이 15µm이며, 그룹 3은 실험실시 3주전에 양쪽 시신경을 절단한 새로서 전극의 지름은 15µm이었다.
다음 표는 세 그룹의 MUA(spikes/10초)를 나타내는 데이터이다.

그룹1	82	127	53	89	81		
그룹2	32	24	16	22	30	27	30
그룹3	117	63	72	96	117	45	

(1) 세 그룹 사이에 차이가 있다고 확신할 수 있는가? 크러스칼-월리스 검정을 실시하고 유의확률을 구하여라.

(2) 전체처리비교를 실시하여라.

13. 어느 심리학자는 네 종류의 흡연 그룹에서 신경감응도를 측정하는 실험을 하였다. 다음 표는 각 그룹에서 신경감응도의 수준을 나타내는 데이터이다.

비흡연	7.6	7.7	7.5	7.8	7.6	7.3	7.1	8.0	7.5	8.0
소량흡연	8.9	8.2	8.1	8.0	8.6	8.6	8.6	8.4		
보통흡연	8.0	8.8	8.7	8.6	9.0	8.8	8.5			
대량흡연	9.9	9.1	9.8	9.8	9.9	9.6	9.2	9.8		

(1) 흡연 습관에 따라 신경감응도의 수준이 다르다고 할 수 있는가? 크러스칼-월리스 검정을 실시하여라.

(2) 흡연 그룹은 비흡연 그룹보다 신경감응도의 수준이 높다고 할 수 있는가? 처리-대조비교를 실시하여라. ($\alpha = 0.15$)

(3) 네 그룹에 대하여 전체처리비교를 실시하여라. ($\alpha = 0.15$)

7장 이원배치법

7.1 서론

이원배치법은 두 개의 변수를 동시에 고려하여 실시되는 실험(또는 관찰)에 이용되는 디자인으로 두 개의 변수는 다음 중 한 경우에 해당된다.

(1) 한 개의 요인변수와 한 개의 블록변수
(2) 두 개의 요인변수들

요인(factor)변수란 우리가 관심을 갖고 효과를 입증하는 변수이고 블록(block)변수란 효과에 관심은 없지만 실험의 결과에 중대한 영향을 미치거나 미칠 것으로 예상되는(많은 경우 전자) 변수이다. [예 7.A]에서 "식이요법"이 요인, "영양 상태"가 블록변수가 된다. 영양 상태가 체중증가에 영향을 미친다는 건 상식수준이다. 두 개의 블록변수로 진행되는 실험은 없다. 우선 이원 배치법에 의해 관찰된 자료들을 살펴본 후 해당되는 분포무관 검정법에 대해 논하기로 한다.

예 7.A A, B, C 세 종류의 식이요법을 영양상태가 다른 네 종류의 동물 ①, ②, ③, ④에 실험한 결과, 일주일 후의 체중증가가 [표 7-1]과 같이 얻어졌다. 식이요법과 영양상태에 따라 체중증가에 차이가 있다고 할 수 있는가?

[표 7-1] 체중증가(단위 : kg)

식이요법 / 영양상태	A	B	C
①	-1	2	2
②	0	3	6
③	3	5	7
④	6	6	9

예 7.B 합금의 강도를 주조시간(A)의 네 수준과 혼합비율(B)의 세 수준에서 각각 1회씩 관측하여 [표 7-2]의 데이터를 얻었다. 주조시간과 혼합비율에 따라 강도에 차이가 있다고 할 수 있는가?

[표 7-2] 합금의 강도(단위 : kg/cm^2)

주조시간(A) / 혼합비율(B)	A_1	A_2	A_3	A_4
B_1	90	100	104	110
B_2	95	94	110	105
B_3	100	100	113	115

예 7.C A, B, C 세 종류의 수면제를 12명의 불면증 환자에게 임상실험하였다. 이때에 12명의 환자는 연령, 건강상태, 불면증의 정도 등이 서로 심각하게 다르기 때문에, 이들을 비슷한 그룹끼리 묶어서 네 그룹으로 만들고, 각 그룹 내에서 랜덤하게 A, B, C를 적용하여 약효를 비교하였다.

[표 7-3] 수면제의 약효(순위데이터)

수면제 / 그룹	A	B	C
①	3	2	1
②	2	3	1
③	3	1	2
④	3	1	2

[표 7-3]은 약효를 나타내는 순위데이터이다. 수면제의 종류에 따라 약효에 심각한 차이가 있다고 할 수 있는가?

앞의 [예 7.A]와 [예 7.B]의 문제를 검정문제로 해결하기 위한 모수적 방법으로서 F-검정이 흔히 사용된다. [예 7.C]의 문제는 데이터가 순위로 주어진 경우이므로 순위를 이용한 검정법이 더욱 바람직할 것이다. 한편, [예 7.A]와 [예 7.C]는 (1)의 경우이고 [예 7.B]는 (2)의 경우라 하겠다. (2)의 경우에는 상대방 요인을 블록으로 간주하며 두 번 분석(one at a time)하여 각 요인의 효과를 검정하게 된다. 즉, (2)번 경우를 두 개의 (1)번 문제로 보는 것이다. 이러한 이유로 (1)번 상황으로 설명하기로 한다.

먼저, 이원배치법의 데이터구조와 모형을 살펴보고 모수적 방법인 F-검정에 대하여 간단히 살펴보자.

데이터

n 개의 블록 각각에서 k 개의 처리들이 한 번씩만 관측되는, 즉 반복이 없는 이원배치 데이터구조는 다음의 [표 7-4]와 같다. 관측값의 총수는 $N=kn$이다.

[표 7-4] 이원배치 데이터구조

블록 \ 처리	1	2	………	k	평균
1	X_{11}	X_{12}	………	X_{1k}	$\overline{X}_{1\cdot}$
2	X_{21}	X_{22}	………	X_{2k}	$\overline{X}_{2\cdot}$
⋮	⋮	⋮	⋮	⋮	⋮
n	X_{n1}	X_{n2}	………	X_{nk}	$\overline{X}_{n\cdot}$
평균	$\overline{X}_{\cdot 1}$	$\overline{X}_{\cdot 2}$	………	$\overline{X}_{\cdot k}$	총평균 $\overline{X}_{\cdot\cdot}$

각 처리 및 블록에서의 평균과 총평균은 각각 다음과 같이 정의된다.

$$\overline{X}_{i\cdot}=\frac{1}{k}\sum_{j=1}^{k}X_{ij},\quad i=1,\cdots,n \quad \text{(블록평균)}$$

$$\overline{X}_{\cdot j}=\frac{1}{n}\sum_{i=1}^{n}X_{ij},\quad j=1,\cdots,k \quad \text{(처리평균)}$$

$$\overline{X}_{\cdot\cdot}=\frac{1}{kn}\sum_{i=1}^{n}\sum_{j=1}^{k}X_{ij} \quad \text{(총평균)}$$

가정

각 칸(cell)에서 반복이 없는 이원배치의 데이터구조에 대하여 다음과 같은 가정을 한다.

A1. 기본모형 :

$$X_{ij}=\mu+\beta_i+\tau_j+e_{ij},\ \ i=1,\cdots,n,\ \ j=1,\cdots,k \tag{7.1}$$

다만, μ : 총평균

β_i : i 번째 블록효과로서 $\sum\beta_i=0$

τ_j : j 번째 처리효과로서 $\sum\tau_j=0$

A2. 오차항 e 들은 서로 독립이다.

A3. e 들은 모든 칸에서 동일한 연속분포를 따른다.

처리효과와 블록효과의 유의성을 검정하기 위한 귀무가설과 대립가설은 다음과 같이 나타낼 수 있다.

1. 처리효과의 검정

귀무가설 H_0 : $\tau_1=\tau_2=\cdots=\tau_k=0$

대립가설 H_1 : τ 들이 모두 같지는 않다. (7.2)

2. 블록효과의 검정

귀무가설 H_0 : $\beta_1=\beta_2=\cdots=\beta_n=0$

대립가설 H_1 : β들이 모두 같지는 않다. (7.3)

모수적 방법

처리효과와 블록효과의 유의성을 검정하기 위한 대표적인 모수적 방법은 F-검정으로서, 오차항에 대하여

e_{ij} : 서로 독립인 $N(0,\sigma^2)$ 확률변수

라는 가정하에 얻어지는 최적검정이다.

관측값 X_{ij}와 총평균 $\overline{X}_{..}$와의 차인 총편차 $(X_{ij}-\overline{X}_{..})$는 i 번째 블록효과에 의한 편차 $(\overline{X}_{i.}-\overline{X}_{..})$와 j 번째 처리효과에 의한 편차 $(\overline{X}_{.j}-\overline{X}_{..})$, 잔차$(X_{ij}-\overline{X}_{i.}-\overline{X}_{.j}+\overline{X}_{..})$로 분해할 수 있다. 즉,

$$(X_{ij}-\overline{X}_{..})=(\overline{X}_{i.}-\overline{X}_{..})+(\overline{X}_{.j}-\overline{X}_{..})+(X_{ij}-\overline{X}_{i.}-\overline{X}_{.j}+\overline{X}_{..})$$

따라서 총제곱합은 처리제곱합과 블록제곱합으로 분해되어 다음과 같이 나타낼 수 있다.

$$\sum_{i=1}^{n}\sum_{j=1}^{k}(X_{ij}-\overline{X}_{..})^2 = k\sum_{i=1}^{n}(\overline{X}_{i.}-\overline{X}_{..})^2 + n\sum_{j=1}^{k}(\overline{X}_{.j}-\overline{X}_{..})^2 + \sum_{i=1}^{n}\sum_{j=1}^{k}(X_{ij}-\overline{X}_{i.}-\overline{X}_{.j}+\overline{X}_{..})^2$$

여기서 제곱합은 다음과 같이 정의된다.

$\mathrm{SST}=\sum_{i=1}^{n}\sum_{j=1}^{k}(X_{ij}-\overline{X}_{..})^2$: **총제곱합**(total sum of squares)

$\mathrm{SS_T}=n\sum_{j=1}^{k}(\overline{X}_{.j}-\overline{X}_{..})^2$: **처리제곱합**(treatment sum of squares)

$\mathrm{SS_B}=k\sum_{i=1}^{n}(\overline{X}_{i.}-\overline{X}_{..})^2$: **블록제곱합**(block sum of squares)

$\mathrm{SSE}=\sum_{i=1}^{n}\sum_{j=1}^{k}(X_{ij}-\overline{X}_{i.}-\overline{X}_{.j}+\overline{X}_{..})^2$: **잔차제곱합**(residual sum of squares)

이와 같은 제곱합을 이용한 이원배치 분산분석표는 다음과 같다.

[표 7–5] 분산분석표(반복이 없는 이원배치)

요인	제곱합	자유도	평균제곱	F비
처리	$\mathrm{SS_T}=n\sum_{j=1}^{k}(\overline{X}_{.j}-\overline{X}_{..})^2$	$k-1$	$\mathrm{MS_T}=\dfrac{\mathrm{SS_T}}{k-1}$	$F=\dfrac{\mathrm{MS_T}}{\mathrm{MSE}}$
블록	$\mathrm{SS_B}=k\sum_{i=1}^{n}(\overline{X}_{i.}-\overline{X}_{..})^2$	$n-1$	$\mathrm{MS_B}=\dfrac{\mathrm{SS_B}}{n-1}$	$F=\dfrac{\mathrm{MS_B}}{\mathrm{MSE}}$
잔차	$\mathrm{SSE}=\sum_{i=1}^{n}\sum_{j=1}^{k}(X_{ij}-\overline{X}_{i.}-\overline{X}_{.j}+\overline{X}_{..})^2$	$(k-1)(n-1)$	$\mathrm{MSE}=\dfrac{\mathrm{SSE}}{(k-1)(n-1)}$	
계	$\mathrm{SST}=\sum_{i=1}^{n}\sum_{j=1}^{k}(X_{ij}-\overline{X}_{..})^2$	$kn-1$		

귀무가설 $H_0 : \tau_1=\tau_2=\cdots=\tau_k=0$ 하에서, $F=\mathrm{MS_T}/\mathrm{MSE}$ 는

$$F = \frac{\mathrm{MS_T}}{\mathrm{MSE}} \sim F(k-1,(k-1)(n-1))$$

이며, 따라서 유의수준 α에서 처리효과의 유의성을 검정하기 위한 F-검정법은 다음과 같이 정의된다.

$$F = \frac{\mathrm{MS_T}}{\mathrm{MSE}} \geq F(\alpha, k-1, (k-1)(n-1))\text{이면 } H_0 : \tau_1 = \cdots = \tau_k = 0\text{을 기각} \tag{7.4}$$

마찬가지로, 귀무가설 $H_0 : \beta_1 = \beta_2 = \cdots = \beta_n = 0$하에서, $F = \mathrm{MS_B}/\mathrm{MSE}$는

$$F = \frac{\mathrm{MS_B}}{\mathrm{MSE}} \sim F(n-1, (k-1)(n-1))$$

이며, 따라서 유의수준 α에서 블록효과의 유의성을 검정하기 위한 F-검정법은 다음과 같이 정의된다.

$$F = \frac{\mathrm{MS_B}}{\mathrm{MSE}} \geq F(\alpha, n-1, (k-1)(n-1))\text{이면 } H_0 : \beta_1 = \cdots = \beta_n = 0\text{을 기각} \tag{7.5}$$

교호작용이 없는 경우에는 이원 배치법의 모수적 분석에서 서론에서 주어진 두 경우들인 (1)과 (2)는 동일하다.

예제 7.1 앞의 [예 7.A]에 주어진 체중증가에 관한 데이터에 대하여 분산분석을 시행하여라.

풀이 행과 열별로 평균을 구하고 제곱합을 구하면 다음과 같다.

블록 \ 처리	A	B	C	평균
①	−1	2	2	1
②	0	3	6	3
③	3	5	7	5
④	6	6	9	7
평균	2	4	6	4

$$\mathrm{SST} = \sum_{i=1}^{4}\sum_{j=1}^{3}(X_{ij} - \overline{X}_{..})^2 = 98.00$$

$$SS_T = 4\sum_{j=1}^{3}(\overline{X}_{\cdot j} - \overline{X}_{\cdot\cdot})^2 = 32.00$$

$$SS_B = 3\sum_{i=1}^{4}(\overline{X}_{i\cdot} - \overline{X}_{\cdot\cdot})^2 = 60.00$$

$$SSE = 98 - 60 - 32 = 6.00$$

따라서 분산분석표는 다음의 [표 7-6]과 같다.

[표 7-6] [예제 7.1]의 분산분석표

요인	제곱합	자유도	평균제곱	F비
처리	32.00	2	16.00	16.00
블록	60.00	3	20.00	20.00
잔차	6.00	6	1.00	
계	98.00	11		

[부록 표 4]의 F-분포표에서 $F(0.01,\ 2,\ 6) = 10.92$, $F(0.01,\ 3,\ 6) = 9.78$이므로, 처리효과와 블록효과의 유의확률은 모두 0.01보다 작게된다. ■

7.2 프리드만 검정

앞 절에서는 (7.2)와 (7.3)에 주어진 일반대립가설을 검정하기 위한 모수적 방법으로서 F-검정법을 간단히 살펴보았다. 이들 F-검정은 오차항이 정규분포에 따른다는 가정하에 유도된 최적검정법이다. 그러나 오차항 또는 관측값이 두터운 꼬리를 갖는 분포에 따르거나 데이터들에 이상점이 있는 경우에는 검정력이 심각하게 떨어지는 등의 문제가 있다. 이 절에서는 이러한 문제점에 대한 보완 내지는 대안의 한 방법으로서 순위를 이용한 분포무관 검정법에 대하여 생각해 보자.

6.2절에서 다룬 크러스칼-월리스 검정에서는 $N = kn$개의 모든 관측값으로 혼합표본을 만든 다음에, 이 혼합표본에서 X_{ij}의 순위인 R_{ij}를 이용한 검정통계량을 정의하였다. 그러나 블록효과가 존재하는 경우에(즉, β들이 모두 0인 것은 아닐 때) 처리효과가 존재하지 않는다는 귀무가설

$$H_0 : \tau_1 = \tau_2 = \cdots = \tau_k = 0$$

하에서 X_{ij}들이 모두 같은 분포를 갖는 것은 아니다.

따라서, 혼합표본에서 X_{ij}의 순위를 사용할 경우에, 이 순위를 이용한 통계량은 분포무관이 되지 못하며, 실제 분포함수는 매우 복잡하다. 이와 같은 이유로 $N=kn$개의 모든 관측값을 이용한 혼합표본에서의 순위 대신에 각 블록 내에서의 순위를 사용할 수밖에 없게 된다.

블록효과에 대한 검정은 처리효과에 대한 검정법에서 행과 열을 바꾼 데이터구조를 생각하면 되므로, 여기서는 처리효과에 대한 검정법만 다루기로 한다.

절차

귀무가설

$$H_0 : \tau_1 = \tau_2 = \cdots = \tau_k$$

를 일반대립가설

$$H_1 : \tau\text{들이 모두 같지는 않다.}$$

에 대하여 검정하기 위한 **프리드만 검정법**(Friedman test)은 다음과 같은 절차에 따라 시행한다.

1. $i=1,\cdots,n$의 각 블록 내에서, k 개의 관측값을 작은 것부터 차례로 순위를 부여한다. 즉, i번째 블록에서는

   $$R_{ij} = X_{i1}, X_{i2}, \cdots, X_{ik}\text{에서 } X_{ij}\text{의 순위}$$

   로 정의한다. 따라서, i 번째 블록에서$(R_{i1}, R_{i2,}\cdots, R_{ik})$는 $(1, 2, \cdots, k)$의 한 순열이 된다.

2. [표 7-4]의 데이터구조는 [표 7-7]과 같은 순위 데이터로 바뀐다.
   각 처리에서 순위합과 평균순위 및 총평균순위는 다음과 같이 정의된다.

   $$R_{\cdot j} = \sum_{i=1}^{n} R_{ij}, \quad \overline{R}_{\cdot j} = \frac{R_{\cdot j}}{n}, \qquad j=1,\cdots,k$$

   $$\overline{R}_{\cdot\cdot} = (1+2+\cdots+k)/k = \frac{k+1}{2}$$

[표 7-7] 순위 데이터

블록 \ 처리	1	2	………	k
1	R_{11}	R_{12}	………	R_{1k}
2	R_{21}	R_{22}	………	R_{2k}
⋮	⋮	⋮	⋮	⋮
n	R_{n1}	R_{n2}	………	R_{nk}
순위합	$R_{\cdot 1}$	$R_{\cdot 2}$		$R_{\cdot k}$
평균순위	$\overline{R}_{\cdot 1}$	$\overline{R}_{\cdot 2}$		$\overline{R}_{\cdot k}$

총평균순위 $\overline{R}_{..} = \dfrac{k+1}{2}$

이때에 $R_{\cdot j}$를 프리드만 순위합이라고 한다.

3. 프리드만 검정통계량 :

$$S = \frac{12n}{k(k+1)} \sum_{j=1}^{k} (\overline{R}_{\cdot j} - \overline{R}_{..})^2 \tag{7.6}$$

$$= \frac{12}{nk(k+1)} \sum_{j=1}^{k} R_{\cdot j}^2 - 3n(k+1) \tag{7.7}$$

위에서 식 (7.6)보다는 식 (7.7)으로 계산하는 것이 편리할 때가 많다.

4. 검정법 : 유의수준 α에서

$S \geq s(\alpha, k, n)$이면 H_0를 기각 (7.8)

여기서, $s(\alpha, k, n)$은

$$P_0\{S \geq s(\alpha, k, n)\} = \alpha \tag{7.9}$$

를 만족하는 상수로서 [부록 표 22]에서 얻는다.

해설

1. 모형 (7.1)과 같은 이원배치에서는 실험별오류를 감소시키고, "사과와 오렌지"를 비교하는 식의 잘못을 막기 위하여, 각 블록 내에서의 순위를 사용한다.
2. 프리드만 검정법은 분포무관이다.
3. 프리드만 검정의 S통계량은 이원배치 F-검정에서 관측값 대신에 블록별 순위를 사용한 것으로 생각할 수 있다. 즉 F-통계량

$$F = \frac{\mathrm{MS_T}}{\mathrm{MSE}} = c \cdot \frac{\mathrm{SS_T}}{\mathrm{SST} - \mathrm{SS_T} - \mathrm{SS_B}}$$

에서, 순위 R_{ij}를 관측값으로 간주할 경우에 SST와 $\mathrm{SS_B}$는 상수가 되며, $\mathrm{SS_T}$는

$$\mathrm{SS_T} = n\sum_{j=1}^{k}(\overline{R}_{\cdot j} - \overline{R}_{\cdot\cdot})^2 = n\sum_{j=1}^{k}\left(\overline{R}_{\cdot j} - \frac{k+1}{2}\right)^2$$

이 되어

$$S = \frac{12}{k(k+1)}\mathrm{SS_T}$$

의 관계가 있다. 즉, F통계량은 S통계량의 증가함수이다.

4. 모형 (7.1)에서 τ들이 모두 같을 때에는 $\overline{R}_{\cdot j}$의 값은 $\overline{R}_{\cdot\cdot}$의 값에 가까울 것을 기대할 수 있고, 따라서 $\sum(\overline{R}_{\cdot j} - \overline{R}_{\cdot\cdot})^2$의 값은 작을 것을 기대한다. 그러나 τ들이 모두 같지는 않을 때에는 $\sum(\overline{R}_{\cdot j} - \overline{R}_{\cdot\cdot})^2$ 또는 S통계량의 값이 커지리라 기대한다. 따라서, S통계량의 값이 크면 귀무가설 $H_0 : \tau_1 = \tau_2 = \cdots = \tau_k$를 기각시키는 검정법 (7.8)이 직관적으로 타당함을 알 수 있다.
5. $k=2$일 때, 절차 (7.8)로 정의된 프리드만 검정은 2장에서 다룬 양쪽 부호검정과 동치인 검정법이 된다.

대표본 근사

(χ^2-검정) 블록의 개수인 n이 충분히 클 때, H_0하에서 통계량 S는 근사적으로 자유도 $k-1$인 χ^2분포를 따른다. 따라서, 유의수준 α에서 대표본 근사검정은 다음과 같이 정의된다.

$$S \geq \chi^2(\alpha, k-1) \text{이면 } H_0\text{를 기각} \tag{7.10}$$

동점 처리

동점이 있는 경우에는 평균순위를 이용하여 검정통계량을 다음과 같이 계산한다.

$$S' = \frac{S}{1 - \sum_{i=1}^{n} T_i / [nk(k^2-1)]} \tag{7.11}$$

여기서,

$$T_i = \left(\sum t_j^3 - \sum t_j\right),\ \text{다만 } t_j = (\text{블록 } i\text{에서 } j\text{ 번째 동점그룹의 크기})$$

동점이 있는 경우에는 절차 (7.8), (7.10)에서 S 대신에 S'을 사용하여 검정한다.

예제 7.2 [예 7.A]에 주어진 체중증가에 관한 데이터에 대하여 프리드만 검정을 시행하여라.

풀이 각 블록별로 순위를 구하면 다음의 표와 같다.

블록 \ 처리	A	B	C
①	1	2.5	2.5
②	1	2	3
③	1	2	3
④	1.5	1.5	3
순위합	$R_1 = 4.5$	$R_2 = 8$	$R_3 = 11.5$

순위합을 이용하여 식 (7.7)의 S 통계량의 값을 구하면 다음과 같다.

$$S = \frac{12}{4\times 3(3+1)}(4.5^2 + 8^2 + 11.5^2) - 3\times 4\times(3+1) = 6.125$$

한편, 블록 ①과 ④에서 동점이 있으므로

$$\sum_{i=1}^{n} T_i = \{(1^3 + 2^3) - 3\} + \{(2^3 + 1^3) - 3\} = 12$$

따라서, (7.11)식의 S' 통계량의 값은

$$S' = \frac{S}{1 - \sum_{i=1}^{n} T_i / [nk(k^2-1)]} = \frac{6.125}{1 - 12/[4\times 3(3^2-1)]} = 7.0$$

[부록 표 22]에서 $P_0(S' \geq 6.5) = 0.042$이므로, 유의확률은 $P_0(S' \geq 7.0) < 0.042$가 되어 유의수준 5%에서 H_0를 기각한다. 또한, 유의확률 $P_0(S' \geq 7.0)$은 보간법에 의해 약 0.03임을 알 수 있다. ■

예제 7.3 [예 7.B]에 주어진 합금의 강도를 나타내는 데이터에서, 주조시간에 따라

강도에 차이가 있는지를 검정하여 보자.

풀이 각 혼합비율의 수준을 블록으로 간주하고, 블록별로 순위를 구하면 다음의 표와 같다.

주조시간 / 혼합비율	A_1	A_2	A_3	A_4
B_1	1	2	3	4
B_2	2	1	4	3
B_3	1.5	1.5	3	4
순위합	$R_1 = 4.5$	$R_2 = 4.5$	$R_3 = 10$	$R_4 = 11$

식 (7.7)의 S 통계량의 값은 다음과 같다.

$$S = \frac{12}{3\times4(4+1)}(4.5^2 + 4.5^2 + 10^2 + 11^2) - 3\times3\times(4+1) = 7.3$$

한편, 블록 B_3에서 동점이 있으므로

$$\sum T_i = (2^3 + 1^3 + 1^3) - 4 = 6$$

따라서, 식 (7.11)의 S' 통계량의 값은 다음과 같다.

$$S' = \frac{S}{1 - \sum T_i / [nk(k^2-1)]} = \frac{7.3}{1 - 6/[3\times4(4^2-1)]} = 7.55$$

[부록 표 22]에서 $P_0\{S' \geq 7.4\} \fallingdotseq 0.033$, $P_0\{S' \geq 8.2\} \fallingdotseq 0.017$ 이므로 유의확률은 약 0.03이다. 즉, 주조시간에 따라 강도에 차이가 있다는 충분한 근거가 있다. ■

예제 7.4 [예 7.C]의 순위 데이터에 대하여 프리드만 검정을 시행하여 보자.

풀이 통계량 S의 값을 구하면 다음과 같다.

$$R_1 = 11, \quad R_2 = 7, \quad R_3 = 6$$

$$\therefore S = \frac{12}{4\times3(3+1)}(11^2 + 7^2 + 6^2) - 3\times4\times(3+1) = 3.5$$

[부록 표 22]에서 $P_0\{S \geq 3.5\} = 0.273$ 이므로, 수면제의 종류에 따라 약효에 심각한 차이가 있다는 근거는 없다. ■

예제 7.5 야구경기에서 1루를 돌아 2루까지 달리는 주루방법으로 다음과 같은 3가지가 있다. 1루를 도는 방법에 따라 2루까지 도달하는 데 걸리는 시간에 차이가 있는지를 알아보려고 한다. 1루를 도는 방법을

①: 원형
②: 좁은 각도
③: 넓은 각도

의 세 가지로 구분하여 실험을 실시하였다. [표 7-8]의 데이터는 2루까지 도달하는 데 걸린 시간과, 각 블록(선수)에서의 순위를 나타낸 데이터이다

[표 7-8] 주루시간

선수	원형	좁은각도	넓은각도
1	5.40 (1)	5.50 (2)	5.55 (3)
2	5.85 (3)	5.70 (1)	5.75 (2)
3	5.20 (1)	5.60 (3)	5.50 (2)
4	5.55 (3)	5.50 (2)	5.40 (1)
5	5.90 (3)	5.85 (2)	5.70 (1)
6	5.45 (1)	5.55 (2)	5.60 (3)
7	5.40 (2.5)	5.40 (2.5)	5.35 (1)
8	5.45 (2)	5.50 (3)	5.35 (1)
9	5.25 (3)	5.15 (2)	5.00 (1)
10	5.85 (3)	5.80 (2)	5.70 (1)
11	5.25 (3)	5.20 (2)	5.10 (1)
12	5.65 (3)	5.55 (2)	5.45 (1)
13	5.60 (3)	5.35 (1)	5.45 (2)
14	5.05 (3)	5.00 (2)	4.95 (1)
15	5.50 (2.5)	5.50 (2.5)	5.40 (1)
16	5.45 (1)	5.55 (3)	5.50 (2)
17	5.55 (2.5)	5.55 (2.5)	5.35 (1)
18	5.45 (1)	5.50 (2)	5.55 (3)
19	5.50 (3)	5.45 (2)	5.25 (1)
20	5.65 (3)	5.60 (2)	5.40 (1)
21	5.70 (3)	5.65 (2)	5.55 (1)
22	6.30 (2.5)	6.30 (2.5)	6.25 (1)
	$R_1 = 53$	$R_2 = 47$	$R_3 = 32$

풀이 [표 7-8]에서 동점이 있는 번호는 7, 15, 17, 22이며, 프리드만 통계량 S의 값은 다음과 같다.

$$S = \frac{12}{22 \times 3(3+1)}(53^2 + 47^2 + 32^2) - 3 \times 22 \times (3+1) = 10.64$$

한편 동점조정항은

$$1 - \sum T_i / [kn(k^2 - 1)] = 1 - 24/[3 \times 22 \times (3^2 - 1)] = 0.9545$$

따라서, 수정된 프리드만 통계량 S'의 값은

$$S' = \frac{10.64}{0.9545} \fallingdotseq 11.15$$

[부록 표 3]의 자유도 2인 χ^2분포에서 $P\{\chi^2 \geq 9.21\} = 0.01$이므로, 1루를 도는 방법에 따라 주루시간에 심각한 차이가 있다고 할 수 있다.

예제 7.6 췌장염 환자의 혈청아밀라제(serum amylase)를 측정하는 A, B, C 세 가지 방법을 비교하려고 한다. [표 7-9]의 데이터는 9명의 환자에 대하여 혈청 100mL당 효소단위의 측정값과 각 블록(환자)에서의 순위를 나타낸다. 측정방법에 따라 측정값에 심각한 차이가 있다고 할 수 있는지를 조사하여 보자.

[표 7-9] 혈청아밀라제의 수치(혈청 100mL당 효소단위)

번호 \ 측정방법	A	B	C
1	4000 (2)	3210 (1)	6120 (3)
2	1600 (2)	1040 (1)	2410 (3)
3	1600 (2)	647 (1)	2210 (3)
4	1200 (2)	570 (1)	2060 (3)
5	840 (2)	445 (1)	1400 (3)
6	352 (3)	156 (1)	249 (2)
7	224 (2.5)	155 (1)	224 (2.5)
8	200 (2)	99 (1)	208 (3)
9	184 (2)	70 (1)	227 (3)
	$R_1 = 19.5$	$R_2 = 9$	$R_3 = 25.5$

풀이 [표 7-9]에서 프리드만 통계량 S의 값은 다음과 같다.

$$S = \frac{12}{9 \times 3(3+1)}(19.5^2 + 9^2 + 25.5^2) - 3 \times 9 \times (3+1) = 15.5$$

한편, 7번 환자에게서 동점이 있으며, 동점조정항은

$$1 - \sum T_i / [nk(k^2 - 1)] = 1 - 6 / [9 \times 3 \times (3^2 - 1)] = 0.9722$$

따라서, 수정된 프리드만 통계량 S'의 값은

$$S' = \frac{15.5}{0.9722} = 15.94$$

[부록 표 3]의 자유도 2인 χ^2분포에서 $P\{\chi^2 \geq 13.82\} = 0.001$이므로, 유의확률은 0.001보다 작다. 즉, 측정방법에 따라 측정값에 심각한 차이가 있음을 나타낸다.

■

참고문헌

S통계량은 Friedman(1937)에 의하여 제안되었다. Hodges and Lehmann(1962)과 Sen(1968a)은 정렬순위(aligned rank)를 사용하는 조건부 분포무관 검정법을 제안하였다. 반복이 있는 이원배치 모형에서 블록과 처리 사이에 교호작용이 있는 모형에 대하여는 Lehmann(1963), Mehra and Sen(1969), Mehra and Smith(1970) 등의 연구가 있다.

7.3 페이지 검정

6.3절에서는 일원배치 순서대립가설에 대한 분포무관 검정법으로서 죤키어 검정을 다루었다. 이제, 이원배치에서 순서대립가설의 검정문제를 생각해 보자.

블록효과가 있는 모형 (7.1)에서, 예를 들어 온도의 증가에 따른 처리효과의 증감이나 자극의 양에 따른 반응량의 증감 등에 대한 사전정보가 있을 때에는, 프리드만 검정법은 적당치 않으며 순서대립가설에 대한 검정법이 필요하다.

또한, 블록효과 때문에 혼합표본 순위의 개념이 이용될 수 없다. 따라서 이표본 맨-휘트니 통계량의 합으로 정의되는 죤키어 통계량을 이용한 검정법도 적용할 수 없다. 이와 같이, 블록효과가 있는 경우에 처리효과에 대한 순서대립가설을 검정하기 위한 분포무관 검정법으로서 **페이지 검정**(Page test)에 대하여 알아보자.

절차

이원배치의 모형 (7.1)에서 귀무가설 $H_0 : \tau_1 = \tau_2 = \cdots = \tau_k = 0$을 순서대립가설

$$H_1 : \tau_1 \leq \tau_2 \leq \cdots \leq \tau_k$$

(최소한 한 부등식은 절대적)

에 대하여 검정하기 위한 페이지 검정법은 다음과 같다.

1. **페이지 검정통계량** : 각 블록 내에서 X_{ij}의 순위를 R_{ij}라고 할 때, 페이지 검정통계량 L은 다음과 같이 정의된다.

$$L = \sum_{j=1}^{k} j R_{\cdot j} = R_{\cdot 1} + 2R_{\cdot 2} + \cdots + kR_{\cdot k} \tag{7.12}$$

여기서, $R_{\cdot j} = \sum_{i=1}^{n} R_{ij}$이다.

2. 검정법 : 유의수준 α에서

$$L \geq \ell(\alpha, k, n) \text{이면 } H_0\text{를 기각} \tag{7.13}$$

여기서, $\ell(\alpha, k, n)$은

$$P_0\{L \geq \ell(\alpha, k, n)\} = \alpha$$

를 만족하는 상수로서, [부록 표 23]에서 얻을 수 있다.

해설

1. 식 (7.12)의 페이지 통계량 L은 가정된 순위 $(1, 2, \cdots, k)$와 처리별로 관측된 순위합 $(R_{\cdot 1}, R_{\cdot 2}, \cdots, R_{\cdot k})$ 사이의 상관관계를 나타내는 측도로 이해할 수 있다. 따라서, 처리효과들 사이에 $\tau_1 < \tau_2 < \cdots < \tau_k$의 순서가 있을 때에는 순위합들 사이에 "$u < v$이면 $R_{\cdot u} < R_{\cdot v}$"의 관계가 성립하려는 경향이 있게 된다. 이때에는 큰 $R_{\cdot v}$에 큰 가중치가 대응되어 L값이 크게 될 것이다. 따라서, L에 기초한 검정법은 식 (7.13)으로 정의됨을 이해할 수 있다.
2. $k = 2$일 때에 페이지 검정은 한쪽 부호검정과 동치인 검정법이 된다.

대표본 근사

표준화된 L 통계량은 다음과 같이 정의된다.

$$Z_L = \frac{L - E_0(L)}{\sqrt{\text{Var}_0(L)}} = \frac{L - nk(k+1)^2/4}{\sqrt{n(k^3 - k)^2/144(k-1)}} \tag{7.14}$$

블록의 개수인 n이 충분히 클 때, H_0하에서 통계량 Z_L은 근사적으로 $N(0,1)$에 따른다.

따라서 유의수준 α에서 대표본 근사검정은 다음과 같다.

$$Z_L \geq z_\alpha \text{이면 } H_0\text{를 기각} \tag{7.15}$$

동점 처리

평균순위를 사용.

예제 7.7 토양 중에 포함된 가성카리(K_2O)의 여러 수준이 면섬유의 파괴강도(breaking strength)에 미치는 영향을 조사하고자 한다. 3개 블록($n=3$)의 각각에서 가성카리 5수준($k=5$)을 적용하여 파괴강도를 측정한 결과가 [표 7-10]과 같다고 한다. 가성카리의 수준이 감소할수록 파괴강도가 증가한다고 할 수 있는지를 나타내는 순서대립가설을 검정하여 보자.

[표 7-10] 면의 강도(순위)

블록 \ 가성카리	144	108	72	54	36
1	7.46 (2)	7.11 (1)	7.76 (4)	8.14 (5)	7.63 (3)
2	7.68 (2)	7.57 (1)	7.73 (3)	8.15 (5)	8.00 (4)
3	7.21 (1)	7.80 (3)	7.74 (2)	7.87 (4)	7.93 (5)
순위합	$R_{\cdot 1}=5$	$R_{\cdot 2}=5$	$R_{\cdot 3}=9$	$R_{\cdot 4}=14$	$R_{\cdot 5}=12$

풀이 [표 7-10]에서 페이지 통계량의 값은

$$\begin{aligned} L &= R_{\cdot 1} + 2R_{\cdot 2} + 3R_{\cdot 3} + 4R_{\cdot 4} + 5R_{\cdot 5} \\ &= 1(5)+2(5)+3(9)+4(14)+5(12) = 158 \end{aligned}$$

[부록 표 23]에서 $k=5$, $n=3$일 때, $\ell(0.01,5,3)=155$이므로 유의수준 1%에서 H_0를 기각한다. 따라서 가성카리의 수준이 감소할수록 파괴강도는 증가한다고 할 수 있다. ■

예제 7.8 [예 7.A]의 체중증가에 관한 데이터에서, 식이요법 A, B, C의 순서로 체중증가가 더 커지리라고 기대할 수 있는지를 알아보자.

풀이 [예제 7.2]의 풀이에서

$$R_{\cdot 1} = 4.5, \quad R_{\cdot 2} = 8, \quad R_{\cdot 3} = 11.5$$

이므로, 페이지 통계량의 값은

$$L = 1(4.5) + 2(8) + 3(11.5) = 55$$

[부록 표 23]에서, $k = 3$, $n = 4$일 때, $\ell(0.01,3,4) = 55$이므로 유의확률은 0.01이다. 즉, A, B, C의 순서로 체중증가의 효과가 크다고 할 수 있다. ■

예제 7.9 동물에서 심장병이 없는 경우에도 인위적으로 폐색전증(pulmonary embolism)을 유발시켰을 때 CPK(serum creatine phosphokinase: 임파 크레아틴 포스포키나제) 활동에 변화를 일으키는지를 조사하기 위하여 동물실험을 하였다. 5마리의 개에게 폐색전증을 유발시킨 후에 CPK를 측정한 결과가 [표 7-11]에 주어져 있다. 시간이 경과할수록 CPK활동이 증가한다고 할 수 있는지 알아보자.

[표 7-11] 임파 CPK활동(순위)

개	폐색전 이전	폐색전 후 경과시간(분)		
		15	60	120
A	28 (1)	97 (2)	126 (3)	158 (4)
B	23 (1)	45 (2)	48 (3.5)	48 (3.5)
C	26 (2)	22 (1)	87 (3)	97 (4)
D	24 (1)	32 (2)	33 (3)	52 (4)
E	25 (1)	68 (3)	60 (2)	80 (4)
순위합	$R_{\cdot 1} = 6$	$R_{\cdot 2} = 10$	$R_{\cdot 3} = 14.5$	$R_{\cdot 4} = 19.5$

풀이 페이지 통계량의 값은

$$L = 1(6) + 2(10) + 3(14.5) + 4(19.5) = 147.5$$

[부록 표 23]에서 $k = 4$, $n = 5$일 때 $\ell(0.001,4,5) = 145$이므로 유의확률은 0.001보다 작다. 따라서 이 실험에서는 폐색전 발생 후 120분까지는 시간이 경과할수록 임파 CPK값이 증가한다고 확신할 수 있다.

참고로, 같은 데이터에 대하여 정규근사에 의한 유의확률을 구해 보자. 식 (7.14)에서

$$E_0(L) = nk(k+1)^2/4 = 5 \times 4 \times (5)^2/4 = 125$$

$$\mathrm{Var}_0(L) = n(k^3 - k)^2/144(k-1) = 5(4^3 - 4)^2/144(4-1) = 41.67$$

$$\therefore Z_L = \frac{147.5 - 125}{\sqrt{41.67}} = 3.49$$

한편, 표준정규분포표에서 $P_0(Z_L \geq 3.49) = 0.0002$이므로, 대표본 근사에 의한 유의확률은 0.0002이다. ■

참고문헌

L 통계량은 Page(1963)에 의하여 제안되었으며, 이원배치에서 순서대립가설의 검정법으로 Shorack(1967), Pirie and Hollander(1972) 등에 의하여 다른 검정법이 제안되었다.

7.4 이원배치 다중비교(*)

7.4.1 이원배치 다중비교의 개념

일원배치모형에서와 마찬가지로 이원배치모형에서도 다중비교의 문제가 있다. 예를들어, [예제 7.1] 또는 [예제 7.2]에서 F-검정 또는 프리드만 검정의 시행결과 A, B, C 세 식이요법에 심각한 차이가 있음을 알았을 때, 어느 것이 서로 심각하게 다른가를 알아보기 위하여 다중비교를 실시할 수 있다. 먼저, 이원배치모형에서 다중비교방법으로 모수적 방법을 간단히 살펴보기로 하자.

전체처리비교 : 튜키의 방법

7.1절에서와 마찬가지로, 반복이 없는 이원배치모형 (7.1)에서 각 처리별 평균을

$$\overline{X}_{\cdot j} = \frac{1}{n}\sum_{i=1}^{n} X_{ij}, \qquad j = 1, \cdots, k$$

라 하고, 평균제곱오차를

$$\text{MSE} = \sum_{i=1}^{n}\sum_{j=1}^{k}(X_{ij} - \overline{X}_{i\cdot} - \overline{X}_{\cdot j} + \overline{X}_{\cdot\cdot})^2/[(k-1)(n-1)]$$

이라고 할 때, 튜키의 방법은 다음과 같은 절차에 따른다.

1. $k(k-1)/2$개의 모든 $u < v$에 대하여 $|\overline{X}_{\cdot u} - \overline{X}_{\cdot v}|$를 계산한다.
2. 실험별 오류율 α에서 다음과 같이 결정한다.

$$|\overline{X}_{\cdot u} - \overline{X}_{\cdot v}| \geq q(\alpha, k, (k-1)(n-1))\sqrt{\text{MSE}/n} \text{ 이면 } \tau_u \neq \tau_v \text{라고 결정} \tag{7.16}$$

여기서, $q(\alpha, k, (k-1)(n-1))$은

$$P_0\{|\overline{X}_{\cdot u} - \overline{X}_{\cdot v}| < q(\alpha, k, (k-1)(n-1))\sqrt{\text{MSE}/n}, u = 1, \cdots, k-1, v = u+1, \cdots, k\}$$
$$= 1 - \alpha \qquad (7.17)$$

를 만족하는 상수로서 [부록 표 13]에서 얻을 수 있다.

처리-대조비교 : 다대일(many-to-one) t 통계량

편의상 처리 1을 대조그룹으로 가정할 때, 다대일 t 통계량의 방법은 다음과 같은 절차에 따른다.

1. $u = 2, \cdots, k$에 대하여 $\overline{X}_{\cdot u} - \overline{X}_{\cdot 1}$를 계산한다.
2. (i) 실험별 오류율 α에서 '한쪽절차'는 다음과 같다.

$$(\overline{X}_{\cdot u} - \overline{X}_{\cdot 1}) \geq d(\alpha, k-1, (k-1)(n-1))\sqrt{2\text{MSE}/n} \text{ 이면}$$
$$\tau_u > \tau_1 \text{ 이라고 결정} \qquad (7.18)$$

여기서, $d(\alpha, k-1, (k-1)(n-1))$은

$$P_0\{(\overline{X}_{\cdot u} - \overline{X}_{\cdot 1}) < d(\alpha, k-1, (k-1)(n-1))\sqrt{2\text{MSE}/n}, u = 2, \cdots, k\}$$
$$= 1 - \alpha \qquad (7.19)$$

를 만족하는 상수로서, [부록 표 14]에서 얻을 수 있다.

(ii) 실험별 오류율 α에서 '양쪽절차'는 다음과 같다.

$$|\overline{X}_{\cdot u} - \overline{X}_{\cdot 1}| \geq \bar{d}(\alpha, k-1, (k-1)(n-1))\sqrt{2\text{MSE}/n} \text{ 이면}$$
$$\tau_u \neq \tau_1 \text{ 이라고 결정} \qquad (7.20)$$

여기서, $\bar{d}(\alpha, k-1, (k-1)(n-1))$은 [부록 표 15]에서 얻을 수 있다.

예제 7.10 [예제 7.1]에서 F-검정의 결과 A, B, C 세 식이요법의 효과가 모두 같지는 않다는 결론을 얻었다. 그러면, 어느 것이 서로 심각한 차이가 있나를 알아보기 위하여 다중비교를 실시하여 보자.

풀이 ① 전체처리비교

[부록 표 13]으로부터 $q(0.05,3,6)=4.339$이며, [표 7-6]의 분산분석표 결과에서 $\text{MSE}=1.00$이므로, 실험별 오류율 $\alpha=0.05$에서

$$q(\alpha, k, (k-1)(n-1))\sqrt{\text{MSE}/n} = 4.339\sqrt{1.00/4} = 2.17$$

절차 (7.16)에서

$$|\overline{X}_{\cdot 1} - \overline{X}_{\cdot 2}| = |2-4| = 2 < 2.17$$
$$|\overline{X}_{\cdot 1} - \overline{X}_{\cdot 3}| = |2-6| = 4 > 2.17$$
$$|\overline{X}_{\cdot 2} - \overline{X}_{\cdot 3}| = |4-6| = 2 < 2.17$$

따라서 실험별 오류율 $\alpha=0.05$에서 식이요법 A와 C의 효과가 심각하게 다르다고 할 수 있다.

② 처리-대조비교

식이요법 A를 대조그룹으로 간주하고, 양쪽절차를 실시하여 보자. [부록 표 15]로부터 $\overline{d}(0.05,\ 2,\ 6)=2.86$이므로, $\alpha=0.05$에서

$$\overline{d}(\alpha, k-1, (k-1)(n-1))\sqrt{2\text{MSE}/n} = 2.86\sqrt{2.00/4} = 2.02$$

절차 (7.20)에서

$$|\overline{X}_{\cdot 2} - \overline{X}_{\cdot 1}| = 2 < 2.02$$
$$|\overline{X}_{\cdot 3} - \overline{X}_{\cdot 1}| = 4 > 2.02$$

따라서 실험별 오류율 $\alpha=0.05$에서 식이요법 C의 효과는 대조(또는 관리) 식이요법 A의 효과와 심각하게 다르다고 할 수 있다. ■

7.4.2 프리드만 순위합에 기초한 다중비교

전체처리비교

$i=1,\cdots,n$의 각 블록 내에서 k개의 관측값을 작은 것부터 차례로 순위를 부여하여

$$R_{ij} = X_{i1},\cdots,X_{ik}\text{에서 } X_{ij}\text{의 순위}$$

라고 할 때, 프리드만 순위합은

$$R_{\cdot j} = \sum_{i=1}^{n} R_{ij}, \qquad j = 1, \cdots, k$$

로 정의되었다. 프리드만 순위합에 기초한 전체처리비교의 절차는 다음과 같다.

절차

1. $k(k-1)/2$ 개의 모든 $u < v$ 에 대하여 $|R_{\cdot u} - R_{\cdot v}|$ 를 계산한다.
2. 실험별 오류율 α 에서 다음과 같이 결정한다.

$$|R_{\cdot u} - R_{\cdot v}| \geq r(\alpha, k, n) \text{이면 } \tau_u \neq \tau_v \text{라고 결정} \tag{7.21}$$

여기서 $r(\alpha, k, n)$은

$$P_0\{|R_{\cdot u} - R_{\cdot 1}| < r(\alpha, k, n), u = 1, \cdots, k-1, v = u+1, \cdots, k\} = 1 - \alpha \tag{7.22}$$

를 만족하는 상수로서, [부록 표 25]에 수록되어 있다.

해설

1. H_0 하에서 프리드만 순위합은 분포무관이므로, 프리드만 순위합에 기초한 절차 (7.21)은 분포무관이다.
2. $|R_{\cdot u} - R_{\cdot v}|$ 의 값은 처리 u, v 에서의 관측값뿐만 아니라 $k-2$ 개의 다른 처리에서의 관측값에도 영향을 받는 단점이 있다.

대표본 근사

블록의 크기인 n 이 클 때, 절차 (7.21)은 다음과 같이 근사될 수 있다.

$$|R_{\cdot u} - R_{\cdot v}| \geq q(\alpha, k, \infty)\sqrt{\frac{nk(k+1)}{12}} \text{ 이면 } \tau_u \neq \tau_v \text{라고 결정} \tag{7.23}$$

여기서 $q(\alpha, k, \infty)$는 범위의 상위 백분위수로서 [부록 표 17]에서 얻을 수 있다.

동점 처리

평균순위를 사용.

예제 7.11 [예 7.A]의 체중증가 데이터에 대하여, [예제 7.2]의 결과를 이용하여 프리드만 순위합에 기초한 다중비교를 실행하여 보자.

풀이 [예제 7.2]의 풀이에서 처리별 프리드만 순위합은 다음과 같다.

$$R_{\cdot 1} = 4.5, \qquad R_{\cdot 2} = 8, \qquad R_{\cdot 3} = 11.5$$

따라서,

$$|R_{\cdot 1} - R_{\cdot 2}| = 3.5, \quad |R_{\cdot 1} - R_{\cdot 3}| = 7, \quad |R_{\cdot 2} - R_{\cdot 3}| = 3.5$$

한편, [부록 표 25]에서 $r(0.042, 3, 4) = 7$이므로, 실험별 오류율 $\alpha = 0.05$에서 식이요법 A와 C는 그 효과가 심각하게 다르다고 할 수 있다. ■

예제 7.12 [예제 7.5]의 주루시간 데이터에 대하여, 대표본 근사에 의한 전체처리비교 (7.23)을 실시하여 보자.

풀이 [부록 표 17]에서 $q(0.01, 3, \infty) = 4.12$이므로, 실험별 오류율 $\alpha = 0.01$에서

$$q(\alpha, k, \infty)\sqrt{\frac{nk(k+1)}{12}} = 4.12\sqrt{\frac{22(3)(4)}{12}} = 19.3$$

한편, [표 7-8]에서

$$R_{\cdot 1} = 53, \qquad R_{\cdot 2} = 47, \qquad R_{\cdot 3} = 32$$

이므로, 절차 (7.50)에서

$$|R_{\cdot 1} - R_{\cdot 2}| = 6 < 19.3$$
$$|R_{\cdot 1} - R_{\cdot 3}| = 21 > 19.3$$
$$|R_{\cdot 2} - R_{\cdot 3}| = 15 < 19.3$$

따라서 실험별 오류율 $\alpha = 0.01$에서 방법 1(원형)과 방법 3(넓은 각도)은 주루시간에 심각한 차이가 있다고 할 수 있다. ■

참고문헌

Miller(1981)의 책은 이 절의 내용 이외에도 많은 방법을 소개하고 있으며, McDonald and Thompson(1967)은 순위합에 기초한 일원배치, 이원배치 문제를 연구하였다.

처리-대조비교

프리드만 순위합에 기초한 처리-대조비교방법에 대하여 알아보자. 편의상 처리 1을 대조그룹으로 가정한다.

절차

1. $u=2,\cdots,k$에 대하여 $R_{\cdot u}-R_{\cdot 1}$을 계산한다.
2. (i) 실험별 오류율 α에서 '한쪽절차'는 다음과 같다.

$$(R_{\cdot u}-R_{\cdot 1}) \geq r^*(\alpha, k-1, n)\text{이면 } \tau_u > \tau_1 \text{이라고 결정} \tag{7.24}$$

여기서, $r^*(\alpha, k-1, n)$은

$$P_0\{(R_{\cdot u}-R_{\cdot 1}) < r^*(\alpha, k-1, n),\, u=2,\cdots,k\}=1-\alpha \tag{7.25}$$

를 만족하는 상수로서, [부록 표 26]에서 찾을 수 있다.

(ii) 실험별 오류율 α에서 '양쪽절차'는 다음과 같다.

$$|R_{\cdot u}-R_{\cdot 1}| \geq r^{**}(\alpha, k-1, n)\text{이면 } \tau_u \neq \tau_1 \text{이라고 결정} \tag{7.26}$$

여기서, $r^{**}(\alpha, k-1, n)$은

$$P_0\{|R_{\cdot u}-R_{\cdot 1}| < r^{**}(\alpha, k-1, n),\ u=2,\cdots,k\}=1-\alpha \tag{7.27}$$

를 만족하는 상수로서, [부록 표 27]에 주어져 있다.

대표본 근사

블록의 크기인 n이 충분히 클 때, 절차 (7.24)는 다음과 같이 근사될 수 있다.

① 한쪽절차

$$(R_{\cdot u}-R_{\cdot 1}) \geq m(\alpha, k-1, 1/2)\sqrt{\frac{nk(k+1)}{6}}\text{이면 } \tau_u > \tau_1 \text{이라고 결정} \tag{7.28}$$

여기서 $m(\alpha, k-1, 1/2)$은 $(k-1)$개의 공통상관계수 $1/2$을 갖는 $N(0,1)$ 확률변수의 최댓값의 상위 100α 백분위수를 나타내는 값으로서, [부록 표 20]에서 얻을 수 있다.

② 양쪽절차

$$|R_{\cdot u}-R_{\cdot 1}| \geq \overline{m}(\alpha, k-1, 1/2)\sqrt{\frac{nk(k+1)}{6}}\text{이면 } \tau_u \neq \tau_1 \text{이라고 결정} \tag{7.29}$$

여기서 $\overline{m}(\alpha, k-1, 1/2)$은 공통상관계수 $1/2$을 갖는 $(k-1)$개의 $N(0,1)$확률변수의 최대 절댓값의 상위 100α 백분위수를 나타내는 값으로서, [부록 표 21]에서 찾을 수 있다.

해설

1. H_0하에서 프리드만 순위합에 기초한 처리-대조비교방법은 분포무관방법이다.
2. 전체처리비교에서와 마찬가지로, $R_{\cdot u} - R_{\cdot 1}$의 값은 $k-2$개의 다른 처리에서의 관측값에도 영향을 받는 단점이 있다.

동점 처리

평균순위를 사용.

예제 7.13 세 가지 조건하에서 18명의 말더듬이 환자의 적응 비율을 측정하였다. 즉, 지정된 문장을 읽는 중에 말을 더듬을 때, 더듬은 직후에 전기충격을 주는 경우(후충격), 더듬는 순간에 전기충격을 주는 경우(중충격), 충격을 주지 않는 경우(무충격)에 적응점수가 [표 7-12]에 주어졌다. 전기충격을 주는 것이 말더듬이 적응점수에 영향을 주는지를 알아보자.

[표 7-12] 적응점수(번호별 순위)

번호	처리		
	1(무충격)	2(후충격)	3(중충격)
1	57 (3)	38 (1)	51 (2)
2	59 (3)	48 (1)	56 (2)
3	44 (1.5)	50 (3)	44 (1.5)
4	51 (2)	53 (3)	44 (1)
5	43 (1)	53 (3)	50 (2)
6	49 (1)	56 (3)	54 (2)
7	48 (2)	37 (1)	50 (3)
8	56 (2)	58 (3)	40 (1)
9	44 (1.5)	44 (1.5)	50 (3)
10	50 (2)	50 (2)	50 (2)

번호	처리		
	1(무충격)	2(후충격)	3(중충격)
11	44 (1)	58 (3)	56 (2)
12	50 (3)	48 (2)	46 (1)
13	70 (2)	60 (1)	74 (3)
14	42 (1)	58 (3)	57 (2)
15	58 (1)	60 (2)	74 (3)
16	54 (3)	38 (1)	48 (2)
17	38 (1)	48 (2.5)	48 (2.5)
18	48 (2)	56 (3)	44 (1)
	$R_{\cdot 1}=33$	$R_{\cdot 2}=39$	$R_{\cdot 3}=36$

풀이 처리-대조비교의 대표본 근사인 절차 (7.56)을 적용시켜 보자. [부록 표 21]에서 $\overline{m}$ (0.05, 2, 1/2)=2.21이므로, 실험별 오류율 $\alpha=0.05$에서

$$\overline{m}\left(0.05, k-1, \frac{1}{2}\right)\left[\frac{nk(k+1)}{6}\right]^{1/2}=2.21\left[\frac{18(3)(4)}{6}\right]^{1/2}=13.26$$

한편, [표 7-12]에서

$$|R_{\cdot 2}-R_{\cdot 1}|=6 < 13.26$$

$$|R_{\cdot 3}-R_{\cdot 1}|=3 < 13.26$$

따라서, 두 처리가 모두 대조와 심각하게 차이가 있다고 할 수는 없다.

참고문헌

Miller(1981)를 비롯하여, Nemenyi(1963)에서는 이 절에서 소개된 처리-대조비교를 취급하였다.

7.5 효율(*)

이원배치 일반대립가설검정 문제에서, 프리드만 검정의 정규이론 F-검정에 대한 점근 상대효율은 다음과 같다.

$$\text{ARE}(S,F) = \frac{k}{k+1}\text{ARE}(W,t) \tag{7.30}$$

여기서 $\text{ARE}(W,t)$는 윌콕슨 검정의 t-검정에 대한 점근 상대효율이다.

이원배치 순서대립가설 검정문제에서 페이지 검정의 정규이론 t-검정에 대한 점근 상대효율도 식 (7.30)으로 주어진다. 또한, 다중비교에서 프리드만 순위합에 기초한 다중비교 방법의 표본평균에 기초한 다중비교 방법에 대한 점근 상대효율도 식 (7.30)과 같다.

식 (7.30)에서 $\text{ARE}(W,t) \geq 0.864$이므로 $\text{ARE}(S,F) \geq 0.576$이 성립함을 알 수 있다. 특히, $k=2$일 때에는 $\text{ARE}(S,F) = 2/3 \times \text{ARE}(W,t)$로서, 부호검정의 상대효율과 같으며, k가 증가할수록 $\text{ARE}(S,F)$는 $\text{ARE}(W,t)$에 수렴한다. 여러 분포와 k값에 대한 $\text{ARE}(S,F)$의 값이 [표 7-13]에 주어져 있다.

[표 7-13] 상대효율 $\text{ARE}(S,F)$의 값

분포 \ k	2	3	4	5	10	20	∞
정규분포	0.637	0.716	0.764	0.796	0.868	0.909	0.955
균등분포	0.667	0.750	0.800	0.833	0.909	0.952	1.000
이중지수분포	1.000	1.125	1.200	1.250	1.364	1.429	1.500

7.6 R-program을 이용한 실습

이 절에서는 R-program을 이용하여 이원배치법에서 일반대립가설을 검정하기 위한 F-검정(모수적 방법)과 프리드만 검정(비모수적 방법)을 비교한다. 또한 순서대립가설을 검정하기 위한 비모수적 방법인 페이지 검정을 연습하는 예제를 다루기로 한다.

예제 7.14 [예제 7.6]의 문제를 모수적 방법인 F-검정과 비모수적 방법인 프리드만 검정으로 풀어보자.

풀이 이 예제에서 분석을 위한 가설은 다음과 같다.

$$H_0 : \tau_A = \tau_B = \tau_C, \quad H_1 : \tau\text{들이 모두 같지 않다.}$$

분석을 실시하기 위해 먼저 [예제 7.6]의 데이터를 입력한 다음 F-검정을 실시하는 R 함수 “aov”와 프리드만 검정을 실시하는 R 함수 “friedman.test”를 실행한다. 실행 프로그램은 [프로그램 7.1]과 같다.

[프로그램 7.1]

```
A <- c(4000, 1600, 1600, 1200, 840, 352, 224, 200, 184) # line 1
B <- c(3210, 1040, 647, 570, 445, 156, 155, 99, 70) # line 2
C <- c(6120, 2410, 2210, 2060, 1400, 249, 224, 208, 227) # line 3
x <- c(A,B,C) # line 4
treat <- factor(c(rep("A",length(A)),rep("B",length(B)),rep("C",length(C)))) # line 5
block <- factor(c(rep(1:9,3))) # line 6
m7.14 <- aov(x ~ treat + block) # line 7
summary(m7.14) # line 8
friedman.test(x,treat,block) # line 9
```

프로그램의 첫째 줄에서 셋째 줄(# line 1 ~ # line 3)까지는 세 가지 방법에 따라 측정된 췌장암 환자의 혈청아밀라제 데이터를 각각 벡터 A, B, C에 저장한 다음, 넷째 줄(# line 4)에서 벡터 A, B, C의 데이터를 하나의 벡터 x에 저장한다(즉, 벡터 x의 길이는 27이 된다). 그 다음은 개개의 혈청아밀라제 데이터에 대한 측정방법(A, B, C)을 벡터 treat에 각각 factor로 저장(# line 5)하여 혈청아밀라아제와 측정방법이 1 : 1 대응이 되도록 하였다. 또한 블록(환자 1~9)도 벡터 block에 각각 factor로 저장(# line 6)하여 혈청아밀라아제와 환자가 1:1 대응이 되도록 하였다.

프로그램의 일곱째 줄(# line 7)과 여덟째 줄(# line 8)은 벡터 x, treat, block를 이용하여 측정방법에 따라 측정값에 차이가 있는지에 대한 F-검정을 실행하는 명령이다. R 함수 "aov"를 사용한 F-검정 결과를 'm7.14'에 저장한 다음, R 함수 "summary"를 사용하여 F-검정 결과를 출력한다.

프로그램의 아홉째 줄(# line 9)은 벡터 x, treat, block를 이용하여 프리드만 검정을 실행하는 명령이다.

[결과 7.1]

```
> m7.14 <- aov(x ~ treat + block)
> summary(m7.14)
            Df   Sum Sq Mean Sq F value   Pr(>F)
treat        2  4242888 2121444   8.282   0.0034 **
block        8 44901666 5612708  21.912 3.13e-07 ***
Residuals   16  4098300  256144
---
Signif. codes:  0 '***' 0.001 '**' 0.01 '*' 0.05 '.' 0.1 ' ' 1
```

```
> friedman.test(x,treat,block)

        Friedman rank sum test

data:  x, treat and block
Friedman chi-squared = 15.9429, df = 2, p-value = 0.0003452
```

[결과 7.1]에서 F-검정을 실시한 결과(summary(m7.14))는 측정방법(treat)에 대한 유의확률이 0.0034(<0.05)로서 귀무가설을 기각하게 된다. 그리고 프리드만 검정 결과(friedman.test(x,trest,block))에서는 프리드만 통계량이 15.9429, 유의확률이 0.0003임을 보여 주고 있다. 이 검정에서는 유의확률이 0.0003(<0.05)으로서 유의성이 매우 강하여 F-검정과 마찬가지로 측정방법에 따라 혈청의 수치가 다르게 나온다고 결론을 내린다.

예제 7.15 [예제 7.7]의 페이지 검정을 R을 이용하여 풀어보자.

풀이 이 예제에서 분석을 위한 가설은 다음과 같다.

가설 $H_0 : \tau_{144} = \tau_{108} = \tau_{72} = \tau_{54} = \tau_{36}$, $\quad H_1 : \tau_{144} \le \tau_{108} \le \tau_{72} \le \tau_{54} \le \tau_{36}$

분석을 실시하기 위해 먼저 [예제 7.7]의 데이터를 입력한 다음 페이지 검정을 실시하는 R 함수 "page.trend.test"를 실행한다. 이때 "page.trend.test"는 library "crank" 내에 있는 함수이므로 추가 패키지(add-on pakage) "crank"를 먼저 적재한 다음 실행한다. 실행 프로그램은 [프로그램 7.2]과 같다.

[프로그램 7.2]

```
tr144 <- c(7.46, 7.68, 7.21) # line 1
tr108 <- c(7.11, 7.57, 7.8) # line 2
tr72  <- c(7.76, 7.73, 7.74) # line 3
tr54  <- c(8.14, 8.15, 7.87) # line 4
tr36  <- c(7.63, 8, 7.93) # line 5
x <- cbind(tr144, tr108, tr72, tr54, tr36) # line 6
library(crank) # line 7
page.trend.test(x, ranks=FALSE) # line 8
```

프로그램의 첫째 줄에서 다섯째 줄(# line 1 ~ # line 5)까지는 가성카리 5수준을 적용하여 파괴강도를 측정한 데이터를 각각 벡터 tr144, tr108, tr72, tr54, tr36에 저장한 다음, 여섯째 줄(# line 6)에서 명령 "cbind"는 여러 개의 벡터를 합쳐서 하나의 행렬을 구성하는 명령으로서 위 5개의 벡터의 데이터를 하나의 데이터 행렬 x에 저장하는 과정이다. 페이지 검정을 하는 R 함수 "page.trend.test"에서는 데이터가 6.6절에서 언급한 저장방법 2로 저장되어야 한다. 즉, 데이터가 하나의 벡터로 쌓기(stacking)되어서는 안되고 행렬(행은 처리에서의 관측값, 열은 처리명)로 표현되어야 한다.

프로그램의 일곱째 줄(# line 7) library(crank)는 패키지 crank를 적재하는 명령인데 이 패키지가 미리 저장되어 있어야 한다. 패키지 저장방법은 [예제 2.15]에 설명되어 있다. 프로그램의 여덟째 줄(# line 8)은 데이터 행렬 x를 이용하여 페이지 검정을 실행하는 명령이다. 각 데이터는 순위가 아니라 원 데이터(파괴강도)로 주어졌음("ranks=FALSE")을 명시하고 있다. [프로그램 7.2]의 결과는 [결과 7.2]과 같다.

[결과 7.2]

```
> page.trend.test(x, ranks=FALSE) # line 8

Page test for ordered alternatives
L = 158   p(table)  <=.01
```

[결과 7.2]에서 페이지 통계량이 158, 유의확률이 0.01보다 작음(<=0.01)을 보여주고 있다. 이 검정에서 유의확률이 0.01보다 작음으로써 매우 유의하게 나타나서 귀무가설을 기각하게 된다. 따라서 가성카리의 수준이 감소할수록 파괴강도는 증가한다고 할 수 있다.

연습문제

1. 네 종류의 벼의 수확량을 조사하기 위하여 조건이 다른 6개의 블록에서 다음의 데이터를 얻었다. 벼의 종류에 따라 수확량에 심각한 차이가 있는가? 프리드만 검정을 시행하여라.

블록 \ 벼의 종류	A	B	C	D
1	30.4	28.8	33.0	31.8
2	33.9	25.5	32.7	33.5
3	32.7	27.3	34.5	34.5
4	34.9	29.3	36.0	33.8
5	31.9	27.5	36.5	34.5
6	35.4	28.3	34.2	36.0

2. 오존의 여러 수준에서 한시간 동안 노출된 후에 호흡기능을 조사하기 위하여, 4명의 건강한 사람에 대한 기도저항(氣道抵抗, air resistance)을 측정하였다. 다음의 데이터는 각 수준의 오존에 노출된 5분 후에 기도저항(단위 : $H_2O\ell$/sec)을 나타내는 값에서 노출 전의 값을 뺀 수치이다. 오존의 수준에 따라 기도저항에 차이가 있는가? 프리드만 검정을 시행하여라.

번호 \ 오존수준	0.1ppm	0.6ppm	1.0ppm
1	−0.08	0.01	0.06
2	0.21	0.17	0.19
3	0.50	−0.11	0.34
4	0.14	0.07	0.14

3. 실험실의 쥐는 음식차단 시간에따라 음식섭취량에 심각한 차이가 있는지를 조사하기 위하여, 0, 24, 48시간 동안 음식을 차단한 쥐가 섭취한 음식의 양(단위: g)을 조사하여 다음과 같은 데이터를 얻었다. 음식차단 시간의 세 수준에서 음식물 섭취량이 다르다고 할 수 있는가? 프리드만 검정을 시행하여라.

번호	음식 차단 시간		
	0	24	36
1	3.5	5.9	13.9
2	3.7	8.1	12.6
3	1.6	8.1	8.1
4	2.5	8.6	6.8
5	2.8	8.1	14.3
6	2.0	5.9	4.2
7	5.9	9.5	14.5
8	2.5	7.9	7.9

4. 계절에 따라 출산율에 심각한 차이가 있는지를 비교하기 위하여, 7개의 병원에서 1년 동안 신생아 수를 조사하였다. 다음의 데이터로부터, 계절에 따라 출산율이 다르다고 할 수 있는지 프리드만 검정을 시행하여라.

병원 \ 계절	봄	여름	가을	겨울
A	92	112	94	77
B	9	11	10	12
C	98	109	92	81
D	19	26	19	18
E	21	22	23	24
F	58	71	51	62
G	42	49	44	41

5. [연습문제 3]번의 데이터에 대하여, 음식차단 시간이 증가할수록 음식물 섭취량도 증가한다고 할 수 있는가? 페이지 검정을 시행하여라.

6. 어느 항히스타민제 약물이 운전시의 반응시간에 미치는 영향을 조사하기 위하여, 21명의 운전자를 같은 조건을 갖는 운전자끼리 7그룹으로 나눈 후에 각 그룹에서 세 수준의 약물을 투여하였다. 다음의 데이터는 운전자의 반응시간을 조사한 것이다. 약물의 복용양이 증가할수록 반응시간도 증가한다고 할 수 있는가?

그룹 \ 투여량	5mg	10mg	25mg
1	2.6	2.7	3.4
2	2.5	2.5	2.9
3	3.0	2.9	3.3
4	2.8	3.1	3.7
5	3.2	3.4	3.9
6	3.3	3.4	4.0
7	3.5	3.5	4.6

7 쥐, 토끼, 고양이에게 EPT(Elevated Pathway Test)를 실시하여 오류점수(error scores)를 다음의 표와 같이 얻었다. 어느 동물의 오류점수가 심각하게 다르다고 할 수 있는가?

번호 \ 동물	쥐	토끼	고양이
1	1.5	1.7	0.3
2	1.1	1.5	1.0
3	1.8	8.1	3.6
4	1.9	1.3	0.0
5	4.3	4.0	0.6
6	2.0	4.6	5.5
7	8.4	4.0	1.0
8	6.6	5.1	3.1
9	2.4	2.5	0.1
10	6.5	6.9	1.6
11	2.6	2.5	4.3
12	6.5	6.8	1.0

8. 최면상태하에서 생리적 영향을 조사하기 위하여, 평온, 공포, 행복, 우울의 네 가지 정서조건하에서 피부전위(skin potential)를 측정하였다. 8명의 실험대상자에게서 4 조건하에 관측된 전위 데이터가 다음의 표와 같다. 어느 조건에서 전위에 심각한 차이가 있는가? 프리드만 순위합에 기초한 전체처리비교를 실시하여라.

번호 \ 정서조건	평온	공포	행복	우울
1	22.6	23.1	22.7	22.5
2	53.1	57.6	53.2	53.7
3	8.3	10.5	9.7	10.8
4	21.6	23.6	19.6	21.1
5	13.3	11.9	13.8	13.7
6	37.0	54.6	47.1	39.2
7	14.8	21.0	13.1	13.7
8	14.8	20.3	23.6	16.3

9. 연습문제 8번의 데이터에 대하여 '평온'그룹을 대조그룹으로 하고, $\alpha = 0.05$에서 프리드만 순위합에 기초한 처리-대조비교를 실시하여라.

8장 독립성과 순위상관

8.1 서론

두 변수 사이의 연관성, 대응관계 등을 나타내는 개념으로서 상관관계가 있으며, 상관관계를 나타내는 측도는 연관성의 정도와 방향 등을 나타내는 값이 될 것이다. 예를 들어, 두 확률변수 X, Y의 **상관계수** ρ는

$$\rho = \frac{\mathrm{Cov}(X, Y)}{\sqrt{\mathrm{Var}(X)\mathrm{Var}(Y)}} \tag{8.1}$$

로 정의되며, $-1 \le \rho \le 1$이고 $|\rho|$의 값이 1에 가까울수록 강한 상관관계가 있음을 나타낸다. 또한, X와 Y가 서로 독립일 때 $\rho = 0$이 되며, 이변량 정규분포에서는 '$\rho = 0$'과 'X와 Y는 서로 독립이다'는 동치인 표현이 되어 ρ는 이변량 정규분포에서 특히 유용한 개념이다.

이변량 확률변수(X, Y)의 관측값이

$$(X_1, Y_1), (X_2, Y_2), \cdots, (X_n, Y_n)$$

으로 주어질 때, ρ의 추정량인 피어슨(Pearson)의 **표본상관계수**(sample correlation coefficient) r은

$$r = \frac{\sum_{i=1}^{n}(X_i - \overline{X})(Y_i - \overline{Y})}{\sqrt{\sum_{i=1}^{n}(X_i - \overline{X})^2 \cdot \sum_{i=1}^{n}(Y_i - \overline{Y})^2}} \tag{8.2}$$

로 정의된다.

모수적 방법에서 독립성 검정의 시행은 다음과 같은 절차에 따른다. 즉, 이변량 정규분포에서 서로 독립인 가설은 '$H_0 : \rho = 0$'으로 나타낼 수 있으며, H_0하에서 r의 분포는

$$T = \frac{\sqrt{n-2}\,r}{\sqrt{1-r^2}} \sim t(n-2) \tag{8.3}$$

임을 이용하여 t-검정을 시행하는 것이 보통이다.

정규분포에서는 ρ가 상관관계를 나타내는 좋은 측도이며, r은 ρ에 대한 좋은 추정량이 된다. 그러나 비모수적 방법에서는 ρ의 의미가 약해지며, 상관관계를 나타내는 새로운 측도가 필요하다.

상관관계를 나타내는 측도는 두 변수 사이의 연관성(association)의 정도를 크기로 표현한 것으로서, 다음과 같은 성질을 갖는 것이 좋다.

1. 측도의 값은 −1부터 1까지의 값을 갖는다. 특히 두 변수가 완전히 부합(perfect concordant)일 때 측도의 값은 +1, 완전히 비부합(perfect discordant)일 때는 −1의 값을 갖는다.
2. X와 Y가 서로 독립이면 측도의 값은 0이 된다.
3. X와 Y를 크기의 순서가 보존되는 변환을 할 때, 측도의 값은 불변이다.

식 (8.1)으로 정의된 상관계수 ρ는 위의 기준에서 1과 2는 만족하지만 3은 만족하지 않는다. 즉, ρ는 양의 선형변환하에서는 불변이나, 모든 순서보존 변환하에서 불변인 것은 아니다. 그러나 비모수적 방법이 분포무관이 되기 위하여는 관측값의 절대적인 크기보다는 상대적인 크기에 의존해야 한다. 예를 들어, 확률변수 사이의 부등식 관계를 나타내는 사건의 확률은 모든 순서보존 변환하에서 불변이다.

이 장에서는, 이와 같은 부등식 관계의 확률로 정의되는 상관관계의 측도로서 켄달의 타우를 소개하고, 또한 식 (8.2)에서 (X_i, Y_i) 대신에 (X_i, Y_i)의 순위를 대입한 꼴인 스피어만의 순위상관계수를 소개하려고 한다.

8.2 켄달의 타우

이변량 확률변수 (X, Y)에 대하여, 서로 독립인 관측값이

$$(X_1, Y_1), (X_2, Y_2), \cdots, (X_n, Y_n)$$

으로 주어질 때, i, j번째 쌍에 대하여

$X_i - X_j$와 $Y_i - Y_j$의 부호가 같으면 **부합**(concordant)

$X_i - X_j$와 $Y_i - Y_j$의 부호가 다르면 **비부합**(discordant)

이라고 한다. 이제, 부합성과 비부합성의 확률을 각각 π_c, π_d라고 하자. 즉,

$$\pi_c = P\{(X_i - X_j)(Y_i - Y_j) > 0\} \tag{8.4}$$

$$\pi_d = P\{(X_i - X_j)(Y_i - Y_j) < 0\} \tag{8.5}$$

π_c와 π_d를 이용하여, **켄달의 타우**(Kendall's tau)는 다음과 같이 정의된다.

$$\tau = \pi_c - \pi_d \tag{8.6}$$

이와 같이 정의된 켄달의 타우는, X와 Y의 분포가 연속일 때 다음과 같은 성질을 갖는다.

1. $\pi_c + \pi_d = 1$이므로 $-1 \le \tau \le 1$이다.
2. X와Y가 서로 독립일 때, $\pi_c = \pi_d = 1/2$이므로 $\tau = 0$이다. $\tau > 0$일 때 X와Y는 양의 연관성이 있음을 뜻하며, $\tau < 0$일 때는 음의 연관성이 있음을 뜻한다.
3. 켄달의 τ와 상관계수 ρ 사이에는 (X, Y)가 2변량 정규분포를 따를 때는 다음의 관계가 성립한다.

$$\tau = \frac{2}{\pi} arcsin\rho \tag{8.7}$$

위와 같은 성질에 의하여, 켄달의 τ는 X와 Y의 연관성의 정도와 방향을 나타내는 모수가 된다. 특히 X와 Y의 독립성을 검정하기 위하여는 '$H_0 : \tau = 0$'을 검정하면 된다. 이제, 다음의 두 소절에서는 독립성 검정문제와 τ의 추정에 대하여 생각해 보자.

8.2.1 켄달의 독립성 검정

X와 Y의 독립성에 대한 귀무가설을 켄달의 타우로 나타내면 다음과 같다.

$$H_0 : \tau = 0 \tag{8.8}$$

이에 대한 대립가설은 한쪽검정, 양쪽검정 모두 가능하며, **켄달 통계량**(Kendall statistic)에 기초한 검정 절차는 다음과 같다.

절차

1. 모든 $i < j$에 대하여 다음을 계산한다.

$P=$'부합인 쌍(concordant pairs)의 개수' (8.9)
(즉, $(X_i - X_j)(Y_i - Y_j) > 0$인 쌍의 개수)

$Q=$'비부합인 쌍(discordant pairs)의 개수' (8.10)
(즉, $(X_i - X_j)(Y_i - Y_j) < 0$인 쌍의 개수)

2. 켄달 통계량:

$$K = P - Q$$
$$= \sum_{i<j}^{n} \mathrm{sgn}(X_i - X_j)\mathrm{sgn}(Y_i - Y_j) \tag{8.11}$$

다만, $\mathrm{sgn}(t) = \begin{cases} 1, & t>0\text{일 때} \\ 0, & t=0\text{일 때} \\ -1, & t<0\text{일 때} \end{cases}$

3. 검정법 : 유의수준 α에서

(i) $H_1 : \tau > 0$ 일 때
$K \geq k(\alpha,n)$이면 H_0를 기각

(ii) $H_1 : \tau < 0$ 일 때
$K \leq -k(\alpha,n)$이면 H_0를 기각

(iii) $H_1 : \tau \neq 0$ 일 때
$K \geq k(\alpha/2,n)$ 또는 $K \leq -k(\alpha/2,n)$이면 H_0를 기각

여기서 $k(\alpha,n)$은 $P_0\{K \geq k(\alpha,n)\} = \alpha$를 만족하는 상수로서, [부록 표 28]에 수록되어 있다.

해설

1. X와 Y에 동점이 없을 때에는 $P+Q = n(n-1)/2$이므로

$$K = P - Q = 2P - \frac{n(n-1)}{2}$$

의 관계가 있다.

2. 켄달 통계량 K의 정의에서 X, Y 대신에 X, Y의 순위를 사용해도 K의 값은 변함이

없다. 즉,

$R_i = X_1, \cdots, X_n$에서 X_i의 순위

$S_i = Y_1, \cdots, Y_n$에서 Y_i의 순위

라고 할 때, X_i, Y_i 대신에 R_i, S_i를 사용할 수 있다. K의 분포함수를 알아보기 위하여, 일반성을 잃지 않고서 $R_1 = 1, \cdots, R_n = n$이라고 하면, H_0하에서 $(S_1, \cdots, S_n)$은 $n!$개의 $(1, \cdots, n)$의 순열을 등확률로 취한다. 이를 이용하여 K의 분포를 구할 수 있으며, 따라서 켄달 검정은 분포무관이다.

3. H_0하에서 켄달 통계량 K의 분포는 0에 대하여 대칭이다. 따라서 [부록 표 28]을 이용하여 왼쪽 꼬리의 확률을 구하려면 등식

$$P_0\{K \le -a\} = P_0\{K \ge a\}$$

를 이용하면 된다.

대표본 근사

표준화된 K통계량을 다음과 같이 정의한다.

$$Z_K = \frac{K - E_0(K)}{\sqrt{\mathrm{Var}_0(K)}} = \frac{K}{\sqrt{n(n-1)(2n+5)/18}} \tag{8.12}$$

H_0하에서 Z_K는 점근적으로 $N(0,1)$ 분포에 따름을 이용하여, 유의수준 α에서 대표본 근사 검정은 다음과 같다.

(i) $H_1 : \tau > 0$일 때

$Z_k \ge z_\alpha$이면 H_0를 기각

(ii) $H_1 : \tau < 0$일 때

$Z_k \le -z_\alpha$이면 H_0를 기각

(iii) $H_1 : \tau \ne 0$일 때

$|Z_k| \ge z_{\alpha/2}$이면 H_0를 기각

동점 처리

X 또는 Y에 동점이 있을 때에 $\mathrm{sgn}(X_i - X_j)$ 또는 $\mathrm{sgn}(Y_i - Y_j)$의 값이 0이 되어서 $\mathrm{sgn}(X_i - X_j)\mathrm{sgn}(Y_i - Y_j) = 0$으로 계산된다. 이때 식 (8.12)에서 $\mathrm{Var}_0(K)$는 다음

과 같이 수정한다.

$$
\begin{aligned}
\mathrm{Var}_0(K) = & \left\{n(n-1)(2n+5) - \sum_{i=1}^{g} t_i(t_i-1)(2t_i+5) - \sum_{j=1}^{h} u_j(u_j-1)(2u_j+5)\right\}/18 \\
& + \left\{\sum_{i=1}^{g} t_i(t_i-1)(t_i-2)\right\}\left\{\sum_{j=1}^{h} u_j(u_j-1)(u_j-2)\right\}/\{9n(n-1)(n-2)\} \\
& + \left\{\sum_{i=1}^{g} t_i(t_i-1)\right\}\left\{\sum_{j=1}^{h} u_j(u_j-1)\right\}/\{2n(n-1)\} \qquad (8.13)
\end{aligned}
$$

여기서, g는 X에서 동점그룹의 개수이고 t_i는 i번째 동점그룹의 크기이며, h는 Y에서 동점그룹의 개수이고 u_j는 j번째 동점그룹의 크기이다.

예제 8.1 어느 참치 통조림 공정에서는 통조림의 질을 나타내는 변수를 결정하고 평가점수와 소비자의 선호도 사이의 관계를 조사하기 위하여, 9가지 제조방법에 대하여 [표 8-1]의 데이타를 얻었다. 표에서 소비자의 선호도는 80명의 조사응답자가 좋아하는 정도에 따라 1점부터 6점까지 부여한 점수의 평균이며, 평가점수는 여러 변수로 된 평가함수의 값이다. 표의 데이터로부터 평가점수와 소비자의 선호도 사이에는 양의 연관성이 있다고 할 수 있는지 켄달의 독립성검정을 시행하여 알아보자.

[표 8-1] 참치 통조림의 평가점수와 소비자 선호도

제조번호	1	2	3	4	5	6	7	8	9
평가점수(X)	44.4	45.9	41.9	53.3	44.7	44.1	50.7	45.2	60.1
소비자 선호도(Y)	2.6	3.1	2.5	5.0	3.6	4.0	5.2	2.8	3.8

풀이 먼저, 켄달 통계량의 값을 체계적으로 계산하는 방법을 알아보자. [표 8-2]는 켄달 통계량의 계산표로서, [표 8-1]의 데이터를 X의 크기순으로 재배열한 다음에 $i=1,\cdots,n$의 각 Y_i에서 밑으로 내려가면서 Y_i보다 큰(작은) Y의 개수를 세면 이들이 $j=i+1,\cdots,n$에 대한 부합(비부합)인 쌍의 개수가 된다. 따라서, 이들의 합이 곧 $P(Q)$의 값이 된다.

[표 8-2] 켄달 통계량의 계산표

i	X_i	Y_i	(X_i, Y_i)아래 부합인 쌍의 개수	(X_i, Y_i)아래 비부합인 쌍의 개수
1	41.9	2.5	8	0
2	44.1	4.0	2	5
3	44.4	2.6	6	0
4	44.7	3.6	3	2
5	45.2	2.8	4	0
6	45.9	3.1	3	0
7	50.7	5.2	0	2
8	53.3	5.0	0	1
9	60.1	3.8	0	0
			$P=26$	$Q=10$

문제의 뜻에서 한쪽검정의 문제이며, 귀무가설 $H_0 : \tau = 0$을 대립가설 $H_1 : \tau > 0$에 대하여 검정하여야 한다. [표 8-2]의 계산표에서 켄달 통계량의 값은

$$K = P - Q = 26 - 10 = 16$$

이며, [부록 표 28]에서

$$P_0\{K \ge 16\} = 0.06$$

이므로, 유의확률은 0.06이다. 즉, 유의수준 $\alpha = 0.05$에서는 평가점수와 소비자 선호도 사이에 양의 연관성이 있다고 할 수 없다.

대표본 근사에 의한 Z_K의 값은 식 (8.12)에서

$$Z_K = \frac{16 - 0.5}{\sqrt{9(8)(23)/18}} = 1.62$$

이며 $P(Z \ge 1.62) = 0.0526$이므로, 대표본 근사검정의 유의확률은 0.0526로서 정밀검정의 유의확률에 매우 가까움을 알 수 있다. 여기서 연속 보정을 위해 16에서 0.5를 빼주었으나 [부록 표 28]을 사용할 수 없을 정도로 n이 큰 경우에는 생략해도 무방하다. ■

예제 8.2 12쌍의 쌍둥이 형제에게 공격성의 정도를 측정하는 심리검사를 실시하여 [표 8-3]의 데이터를 얻었다. 형과 동생 사이에 유사성이 있는지 알아보자.

[표 8-3] 심리검사 점수

번호	1	2	3	4	5	6	7	8	9	10	11	12
형	86	71	77	68	91	72	77	91	70	71	88	87
동생	88	77	76	64	96	72	65	90	65	80	81	72

[풀이]

[표 8-4] 켄달 통계량의 계산표

i	X_i	Y_i	(X_i, Y_i)아래 부합인 쌍의 개수	(X_i, Y_i)아래 비부합인 쌍의 개수
1	68	64	11	0
2	70	65	9	0
3	71	77	4	4
4	71	80	4	4
5	72	72	5	1
6	77	65	5	0
7	77	76	4	1
8	86	88	2	2
9	87	72	3	0
10	88	81	2	0
11	91	90	0	0
12	91	96	0	0
			$P=49$	$Q=12$

[표 8-4]의 계산표에 의하면

$$K=P-Q=49-12=37$$

이며, [부록 표 28]에서 유의확률은 다음과 같다.

$$P_0\{K \geq 37\}=0.0055$$

따라서 쌍둥이인 형과 동생 사이에는 심리적 유사성이 매우 강하다고 할 수 있다. ■

해설

4. 켄달 통계량의 계산표에서 관측값 (X_i, Y_i)를 X가 증가하는 순서에 의해 재배열하면 [표 8-2] 또는 [표 8-4]에서와 같이 부합 또는 비부합인 쌍의 개수를 쉽게 구할 수 있다.

켄달 통계량의 값을 체계적으로 계산하는 다른 방법으로는, 모든 $i < j$에 대하여 $\mathrm{sgn}(X_i - X_j)\mathrm{sgn}(Y_i - Y_j)$의 값을 구하고, P='1의 개수', Q='-1의 개수'로 P, Q의 값을 구하여 K의 값을 구할 수 있다. 예를 들어 [표 8-5]는 [표 8-1]의 데이터에 대한 켄달 통계량 계산표이다.

[표 8-5] 켄달 통계량 계산표: $\mathrm{sgn}(X_i - X_j)\mathrm{sgn}(Y_i - Y_j)$

j \ i	1	2	3	4	5	6	7	8
2	1							
3	1	1					P=26	
4	1	1	1				Q=10	
5	1	−1	1	1				
6	−1	−1	1	1	−1			
7	1	1	1	−1	1	1		
8	1	1	1	1	−1	−1	1	
9	1	1	1	−1	1	−1	−1	1

참고문헌

켄달 검정에 관한 연구는 주로 Kendall(1938, 1970)에 의해 이루어졌다. Konijin(1956)과 Farlie(1961)는 K의 점근효율에 관하여 연구하였다.

8.2.2 켄달 타우의 추정

상수계수 ρ와 마찬가지로 식 (8.6)으로 정의된 켄달의 τ도 두 변수 사이의 연관성의 정도와 방향을 나타내는 측도이며, 표본상관계수 r로 ρ를 추정하는 것과 마찬가지로 τ의 추정량도 유용한 통계량이 될 것이다.

켄달의 타우를 추정하기 위하여 다음과 같이 정의된 **켄달의 표본상관계수**(Kendall sample correlation coefficient)를 사용한다.

$$\hat{\tau} = \frac{K}{\binom{n}{2}} = \frac{2K}{n(n-1)} \tag{8.14}$$

해설

1. 식 (8.14)로 정의된 켄달의 표본상관계수 $\hat{\tau}$는 상관계수 ρ의 추정량이 아니며, 켄달의 τ에 대한 추정량임에 유의해야 한다. k가 가질 수 있는 최댓값이 $n(n-1)/2$ 임에 주의하라.
2. $\hat{\tau}$의 값에 대하여 $-1 \le \hat{\tau} \le 1$이 성립한다. k가 가질 수 있는 최댓값이 $n(n-1)/2$ 임에 주의하라.
3. H_0하에서 $\hat{\tau}$의 기댓값, 분산은 다음과 같다.

$$E_0(\hat{\tau}) = 0, \quad \mathrm{Var}_0(\hat{\tau}) = \frac{2(2n+5)}{9n(n-1)}$$

예제 8.3 어느 전자제품회사에서는 직영대리점의 판매전략을 개선하기 위하여, 판매량 달성순위와 평가순위를 조사하였다. 평가순위는 대리점의 서비스, 직원 근무자세 등을 평가하여 얻은 순위이며, 판매량 달성순위는 1년간의 총판매량을 판매목표량으로 나누어 얻은 순위이다. 25개의 대리점을 조사한 결과 [표 8-6]의 데이터를 얻었다.

(i) 판매량 달성순위와 평가순위에 대한 켄달의 표본상관계수를 구하여라.
(ii) 판매량 달성순위와 평가순위 사이에는 양의 연관성이 있는가?

[표 8-6] 판매량 달성순위와 평가순위

대리점 번호	1	2	3	4	5	6	7	8	9	10	11	12	13
판매량 달성순위(X)	2	9	7	23	5	17	16	25	4	10	20	15	8
평가순위(Y)	4	2	20	17	5	7	6	24	3	21	18	9	8

대리점 번호	14	15	16	17	18	19	20	21	22	23	24	25
판매량 달성순위(X)	11	1	21	14	3	13	18	22	19	24	6	12
평가순위(Y)	10	1	14	15	11	13	19	25	16	23	22	12

풀이 [표 8-7]에서 켄달 통계량의 값은 다음과 같다.

$$K = P - Q = 218 - 82 = 136$$

(i) τ의 추정량의 값은

$$\hat{\tau}=\frac{2K}{n(n-1)}=\frac{2(136)}{25(24)}=0.45$$

(ii) 귀무가설 $H_0 : \tau=0$을 대립가설 $H_1 : \tau>0$에 대하여 검정하여 보자. [부록 표 28]에서

[표 8-7] 켄달 통계량의 계산표

X 순위	Y순위	(X_i, Y_i) 아래의 부합인 쌍의 개수	(X_i, Y_i) 아래의 비부합인 쌍의 개수
1	1	24	0
2	4	21	2
3	11	14	8
4	3	20	1
5	5	19	1
6	22	3	16
7	20	4	14
8	8	14	3
9	2	16	0
10	21	3	12
11	10	11	3
12	12	10	3
13	13	9	3
14	15	7	4
15	9	8	2
16	6	9	0
17	7	8	0
18	19	3	4
19	16	5	1
20	18	3	2
21	14	4	0
22	25	0	3
23	17	2	0
24	23	1	0
25	24	0	0
		$P=218$	$Q=82$

$$P_0\{K\geq 136\}=0.001$$

이므로, 유의확률 0.001로서 양의 연관성이 있음을 매우 강하게 나타낸다.

예제 8.4 [예제 8.1]의 [표 8-1] 데이터에 대하여 켄달의 표본상관계수를 구하여라.

풀이 $\hat{\tau}$의 값을 구하면 다음과 같다.

$$\hat{\tau}=\frac{2K}{n(n-1)}=\frac{2(16)}{9(8)}=0.44$$

참고로, 표본 상관계수 r의 값은 간편계산법에 의하여 다음과 같이 구할 수 있다. 즉,

$$\bar{x}=47.81, \qquad \bar{y}=3.62$$
$$\sum x_i^2=20843.11, \qquad \sum y_i^2=125.9, \qquad \sum x_i y_i=1584.88$$

따라서,

$$\begin{aligned} r &= \frac{\sum x_i y_i - n(\bar{x})(\bar{y})}{\sqrt{(\sum x_i^2 - n\bar{x}^2)(\sum y_i^2 - n\bar{y}^2)}} \\ &= \frac{1584.88-9(47.81)(3.62)}{\sqrt{[20843.11-9(47.81)^2][125.9-9(3.62)^2]}} \\ &= 0.59 \end{aligned}$$

■

8.3 스피어만의 순위상관계수

n쌍의 관측값 $(X_1, Y_1), (X_2, Y_2), \cdots, (X_n, Y_n)$에 대하여, 피어슨의 표본상관계수 r은

$$r=\frac{\sum_{i=1}^{n}(X_i-\overline{X})(Y_i-\overline{Y})}{\sqrt{\sum_{i=1}^{n}(X_i-\overline{X})^2 \cdot \sum_{i=1}^{n}(Y_i-\overline{Y})^2}} \tag{8.15}$$

로 정의되었다. 이제, X_i와 Y_i의 순위를 각각

$$R_i = X_1, \cdots, X_n \text{에서 } X_i\text{의 순위}$$
$$S_i = Y_1, \cdots, Y_n \text{에서 } Y_i\text{의 순위}$$

로 정의하고, r의 정의에서 X_i, Y_i 대신에 각각의 순위인 R_i, S_i를 대입한 통계량으로 상관관계를 나타내는 척도로 사용할 수 있다. 이와 같은 의도로 정의된 것이 다음과 같이

정의된 스피어만의 순위상관계수(Spearman rank correlation coefficient)이다.

$$r_s = \frac{\sum_{i=1}^{n}(R_i - \overline{R})(S_i - \overline{S})}{\sqrt{\sum_{i=1}^{n}(R_i - \overline{R})^2 \cdot \sum_{i=1}^{n}(S_i - \overline{S})^2}} \tag{8.16}$$

한편, $\overline{R} = \overline{S} = (n+1)/2$ 이며 $(R_1, \cdots, R_n)$과 $(S_1, \cdots, S_n)$은 $(1, \cdots, n)$의 한 순열임을 이용하여, r_s는 다음과 같이 표현된다.

$$r_s = \frac{12\sum_{i=1}^{n}\left(R_i - \frac{n+1}{2}\right)\left(S_i - \frac{n+1}{2}\right)}{n(n^2-1)} \tag{8.17}$$

$$= \frac{12}{n(n^2-1)}\sum_{i=1}^{n} R_i S_i - \frac{3(n+1)}{n-1} \tag{8.18}$$

$$= 1 - \frac{6}{n(n^2-1)}\sum_{i=1}^{n}(R_i - S_i)^2 \tag{8.19}$$

r_s의 정의로는 식 (8.16)이 이해하기 쉬우며, 간편계산법으로는 식 (8.19)를 흔히 사용한다.

스피어만의 순위상관계수를 이용한 독립성 검정의 절차는 다음과 같다.

절차

1. X_i, Y_i의 순위를 다음과 같이 구한다.

   $R_i = X_1, \cdots, X_n$ 에서 X_i의 순위

   $S_i = Y_1, \cdots, Y_n$ 에서 Y_i의 순위

2. 스피어만의 순위상관계수 :

$$r_s = 1 - \frac{6}{n(n^2-1)}\sum_{i=1}^{n}(R_i - S_i)^2$$

3. 검정법 :

   (i) $H_1 : \rho_s > 0$ 일 때,

   $r_s \geq r_s(\alpha, n)$ 이면 H_0를 기각

   (ii) $H_1 : \rho_s < 0$ 일 때,

   $r_s \leq -r_s(\alpha, n)$ 이면 H_0를 기각

(iii) $H_1 : \rho_s \neq 0$일 때,

$r_s \geq r_s(\alpha/2, n)$ 또는 $r_s \leq -r_s(\alpha/2, n)$이면 H_0를 기각

여기서, $r_s(\alpha, n)$의 값은 [부록 표 29]에서 찾을 수 있다.

해설

1. 스피어만의 순위상관계수 r_s에 기초한 독립성 검정은 분포무관이다.
2. r_s의 값에 대하여 $-1 \leq r_s \leq 1$이 성립한다.
3. H_0하에서 r_s의 기댓값, 분산은 다음과 같다.

$$E_0(r_s) = 0, \quad \mathrm{Var}_0(r_s) = \frac{1}{n-1}$$

4. 켄달 통계량 $\hat{\tau}$와 스피어만의 통계량 r_s 사이의 관계는 다음과 같다. 일반성을 잃지 않고 $Y_1 < Y_2 < \cdots < Y_n$이라고 가정하면, $\hat{\tau}$와 r_s의 값은 각각 다음과 같다.

$$\hat{\tau} = 1 - \frac{4}{n(n-1)} \sum_{i<j}^{k} \psi^*(R_i - R_j) \tag{8.20}$$

$$r_s = 1 - \frac{12}{n(n^2-1)} \sum_{i<j}^{k} (j-i)\psi^*(R_i - R_j) \tag{8.21}$$

여기서, $\psi^*(x)$는 $x > 0, = 0, < 0$일 때 각각 1, 0.5, 0으로 정의된다. 따라서, $\hat{\tau}$와 r_s 사이에 직접적인 선형관계는 없으나, 위의 두 식으로부터 밀접한 관계가 있음을 알 수 있다.

5. $\hat{\tau}$와 r_s중에 어느 것을 택하여 사용할 것인가 하는 문제는 두 통계량이 장단점이 있으므로 사용자의 선택에 달려있다고 할 수 있다. 그러나 일반적으로 다음과 같은 특징을 염두에 두는 것이 도움이 된다.
   (i) 계산과정은 r_s의 계산이 $\hat{\tau}$의 계산보다 간편하다.
   (ii) $\hat{\tau}$의 분포는 r_s의 분포보다 더 빨리 정규분포에 수렴한다. 따라서 정규근사를 사용할 경우에는 $\hat{\tau}$가 더 바람직하다.
   (iii) 독립성 검정에서 두 통계량에 기초한 점근효율은 같다.
   (iv) 독립성 검정에서 $\hat{\tau}$와 r_s의 값은 다를지라도 H_0를 기각 또는 채택하는 결정의 결과는 거의 같게 된다.
   (v) $\hat{\tau}$는 모수 $\tau = \pi_c - \pi_d$의 추정량이나, r_s에 대응되는 모수는 없다. 따라서 이런 측면에서 $\hat{\tau}$가 r_s보다 더 선호될 수도 있다.

대표본 근사

표준화된 r_s 통계량을 다음과 같이 정의한다.

$$Z_{r_s} = \frac{r_s - E_0(r_s)}{\sqrt{\mathrm{Var}_0(r_s)}} = \sqrt{n-1}\, r_s \tag{8.22}$$

H_0 하에서 Z_{r_s} 는 점근적으로 $N(0,1)$ 분포에 따름을 이용하여 독립성 검정을 시행한다.

동점 처리

평균순위를 사용하여, 대표본 근사에서 식 (8.22)를 수정없이 사용한다.

예제 8.5 혈압을 재는 데 의사들 사이에 변동이 있음이 관측되었다. 실제로, 수축(systolic)혈압을 높게 재는 의사는 확장(diastolic)혈압도 높게 재는 경향이 있는지를 알아보기 위해서, 14명의 의사들이 같은 환자들의 혈압을 측정하였다. 아래의 [표 8-8]은 관측된 평균 혈압들이다.

(i) 스피어만의 순위상관계수를 구하여라.
(ii) 수축혈압을 높게 측정하는 의사는 확장혈압도 높게 측정하는 경향이 있는가?

풀이 스피어만의 순위상관계수를 구하는 계산표가 [표 8-9]에 주어져 있다. 계산표로부터 다음의 결과를 얻는다.

[표 8-8] 의사에 의해 관측된 평균 혈압

의사	1	2	3	4	5	6	7
수축혈압(X)	141.8	140.2	131.8	132.5	135.7	141.2	143.9
확장혈압(Y)	89.7	74.4	83.5	77.8	85.8	86.5	89.4

의사	8	9	10	11	12	13	14
수축혈압(X)	140.2	140.8	131.7	130.8	135.6	143.6	133.2
확장혈압(Y)	89.3	88.0	82.2	84.6	84.4	86.3	85.9

[표 8-9] 스피어만의 순위상관계수 계산표

수축혈압(X_i)	확장혈압(Y_i)	(R_i)	(S_i)	$(R_i - S_i)^2$
141.8	89.7	12	14	4
140.2	74.4	8.5	1	56.25
131.8	83.5	3	4	1
132.5	77.8	4	2	4
135.7	85.8	7	7	0
141.2	86.5	11	10	1
143.9	89.4	14	13	1
140.2	89.3	8.5	12	12.5
140.8	88.0	10	11	1
131.7	82.2	2	3	1
130.8	84.6	1	6	25
135.6	84.4	6	5	1
143.6	86.3	13	9	16
133.2	85.9	5	8	9

계 132.50

(i) $r_s = 1 - \dfrac{6}{14(14^2-1)}(132.50) = 0.71$

(ii) 귀무가설 $H_0 : \rho_s = 0$을 대립가설 $H_1 : \rho_s > 0$에 대하여 검정할 때, [부록 표 29]에서

$$P_0\{r_s \geq 0.6747\} = 0.005, \quad P_0\{r_s \geq 0.7670\} = 0.001$$

이므로, 유의확률은 0.005와 0.001 사이의 값이다. 즉, 수축혈압을 높게 재는 의사는 확장혈압도 높게 재는 경향이 있음을 나타낸다. ■

예제 8.6 [예제 8.1]의 [표 8-1] 데이터에 대하여 r_s의 값을 구해 보자.

풀이 [표 8-2]에서 다음의 [표 8-10]과 같은 계산표를 얻을 수 있다. 따라서 스피어만 순위상관계수의 값은 다음과 같다.

$$r_s = 1 - \frac{6}{9(9^2-1)}(48) = 0.60$$

[표 8-10] 스피어만의 순위상관계수 계산표

X_i	Y_i	R_i	S_i	$(R_i - S_i)^2$
41.9	2.5	1	1	0
44.1	4.0	2	7	25
44.4	2.6	3	2	1
44.7	3.6	4	5	1
45.2	2.8	5	3	4
45.9	3.1	6	4	4
50.7	5.2	7	9	4
53.3	5.0	8	8	0
60.1	3.8	9	6	9

계 48

■

8.4 효율(*)

독립성 검정에서, 켄달 통계량 K에 기초한 비모수적 검정법과 스피어만의 순위상관계수 r_s에 기초한 비모수적 검정법의 표본상관계수 r에 기초한 정규이론 검정법에 대한 점근 상대효율은 같다. 몇가지 분포에서 켄달 검정법의 정규이론 검정법에 대한 점근 상대효율의 값이 [표 8-11]에 주어져 있다.

[표 8-11] 점근 상대효율

분포	점근 상대효율
정규분포	0.912
균등분포	1
이중지수분포	1.266

8.5 R-program을 이용한 실습

이 절에서는 비모수적 연관성 검정법인 켄달의 독립성 검정과 스피어만 순위상관검정을 R-program을 이용하여 실습하기로 한다.

예제 8.7 [예제 8.1]의 켄달의 독립성 검정을 R을 이용하여 풀어보자.

풀이 이 예제에서 분석을 위한 가설은 다음과 같다.

$$H_0 : \tau = 0, \quad H_1 : \tau > 0$$

분석을 실시하기 위해 먼저 [예제 8.1]의 데이터를 입력한 다음, 켄달의 독립성 검정을 실시하는 R 함수 "cor.test"를 실행한다. 실행 프로그램은 [프로그램 8.1]과 같다.

[프로그램 8.1]

```
x <- c(44.4, 45.9, 41.9, 53.3, 44.7, 44.1, 50.7, 45.2, 60.1) # line 1
y <- c(2.6, 3.1, 2.5, 5, 3.6, 4, 5.2, 2.8, 3.8) # line 2
cor.test(x, y, method="kendall", alternative = "greater") # line 3
```

프로그램 첫째 줄(# line 1)과 둘째 줄(# line 2)는 평가점수와 소비자 선호도 데이터를 벡터 x, y에 각각 저장하는 과정이다.

프로그램 셋째 줄(# line 3)은 데이터 벡터 x, y를 이용하여 켄달의 독립성 검정을 실행하는 명령이다. 켄달의 독립성 검정(method="kendall")과 평가점수와 소비자의 선호도 사이에서 양의 연관성이 있는지 검정하기 위한 한쪽검정(alternatlive="greater")을 명시하고 있다. [프로그램 8.1]의 결과는 [결과 8.1]과 같다.

[결과 8.1]

```
> cor.test(x, y, method="kendall", alternative = "greater")

        Kendall's rank correlation tau

data:  x and y
T = 26, p-value = 0.05972
alternative hypothesis: true tau is greater than 0
sample estimates:
      tau
0.4444444
```

[결과 8.1]에서 켄달 통계량은 16, 유의확률은 0.05972임을 보여 주고 있다. 또한 대립가설은 켄달의 타우가 0보다 크다는 한쪽 대립가설을 나타내고, 켄달 타우의 추정값인 켄

달의 표본상관계수는 0.4444이다. 이 검정에서는 유의확률이 0.05972(> 0.05)로 귀무가설을 기각할 수 없다. 즉, 유의수준 5%에서는 평가점수와 소비자 선호도 사이에 양의 연관성이 있다고 할 수 없다. 그러나 유의확률이 $\alpha=0.05$와 큰 차이가 없기 때문에 판단의 강도는 약해진다. 켄달의 독립성 검정 결과에서 'T=26'은 'P'[부합인 쌍(concordant paris)의 개수]이다. X와 Y에 동점이 없을 때에는 켄달 통계량 K는 다음의 식으로 계산할 수 있다.

$$K = P - Q = 2P - \frac{n(n-1)}{2} = 52 - \frac{9\times 8}{2} = 16$$

따라서 켄달 통계량은 16이다.

예제 8.8 [예제 8.5]의 순위상관검정을 R을 이용하여 풀어 보자.

풀이 이 예제에서 분석을 위한 가설은 다음과 같다.

$$H_0 : \rho_S = 0, \quad H_1 : \rho_S > 0$$

분석을 실시하기 위해 먼저 [예제 8.5]의 데이터를 입력한 다음 스피어만의 순위상관검정을 실시하는 R 함수 "cor.test"를 실행한다. 실행 프로그램은 [프로그램 8.2]과 같다.

[프로그램 8.2]

```
x <- c(141.8,140.2,131.8,132.5,135.7,141.2,143.9,140.2,140.8,131.7,130.8,
135.6,143.6,133.2) # line 1
y <- c(89.7,74.4,83.5,77.8,85.8,86.5,89.4,89.3,88,82.2,84.6,84.4,86.3,85.9) # line 2
cor.test(x, y, method="spearm", alternative="greater") # line 3
```

프로그램 첫째 줄(# line 1)과 둘째 줄(# line 2)은 수축혈압과 확장혈압 데이터를 벡터 x, y에 각각 저장하는 과정이다. 프로그램 셋째 줄(# line 3)은 데이터 벡터 x, y를 이용하여 스피어만의 순위상관검정을 실행하는 명령이다. 스피어만의 순위상관검정(method= "spearm")과 수축혈압을 높게 측정하는 의사는 확장혈압도 높게 측정하는 경향이 있는지 검정하기 위한 한쪽검정(alternatliv="greater")을 명시하고 있다. [프로그램 8.2]의 결과는 [결과 8.2]와 같다.

[결과 8.2]

```
> cor.test(x, y, method="spearm", alternative="greater")

        Spearman's rank correlation rho

data:  x and y
S = 132.6456, p-value = 0.002284
alternative hypothesis: true rho is greater than 0
sample estimates:
      rho
0.7084713

Warning message:
In cor.test.default(x, y, method = "spearm", alternative = "greater") :
  Cannot compute exact p-value with ties
```

[결과 8.1]에서 스피어만의 순위상관계수는 0.7084713, 유의확률은 0.002284임을 보여 주고 있다. 또한 대립가설은 모상관계수가 0보다 크다는 한쪽 대립가설을 나타낸다. 이 검정에서는 유의확률이 0.002284(<0.05)으로 매우 유의하게 나타나서 귀무가설을 기각하게 된다. 즉, 수축혈압을 높게 재는 의사는 확장혈압도 높게 재는 경향이 있음을 나타낸다. 스피어만의 순위상관검정 결과에서 'S=132.6456'은 $\sum_{i=1}^{n}(R_i - S_i)^2$이다. 여기에서 스피어만의 순위상관계수는 sample estimates: rho = 0.7084713이다. 이 값은 다음의 식으로도 계산할 수 있다.

$$r_s = 1 - \frac{6}{n(n^2-1)}\sum_{i=1}^{n}(R_i - S_i)^2 = 1 - \frac{6}{14 \times (14^2-1)}132.6456 = 0.7084713$$

또한 Warning message에서 함수 "cor.test"는 동점이 있을 경우 정확한 유의확률을 계산할 수 없다는 점을 나타내고 있다.

연습문제

1. 어느 회사의 사내 미인대회에서 8명의 후보가 나왔으며, 2명의 심사위원이 각각 8명의 후보에 대하여 순위를 부여하였다. 심사결과가 다음의 표와 같을 때, 아래 물음에 답하여라.

후보	1	2	3	4	5	6	7	8
심사위원 A	2	1	3	5	4	8	7	6
심사위원 B	1	2	4	5	7	6	8	3

(1) $\hat{\tau}$와 r_s의 값을 구하여라.

(2) 두 심판의 등급은 양의 상관관계를 갖는다고 할 수 있는지를 켄달 통계량과 스피어만의 순위상관계수를 이용하여 검정하여라.

2. 유아때에 자주 우는 아기일수록 IQ가 더 높은가를 검사하기 위하여, 생후 5일된 22명의 유아에 대하여 하루동안 울음횟수를 기록해 두었다가, 이 유아들이 3살이 되었을 때 IQ를 조사하여 다음의 표와 같은 데이터를 얻었다.

번호	1	2	3	4	5	6	7	8	9	10	11
울음횟수	20	17	15	19	23	14	27	17	18	15	15
IQ점수	90	94	100	103	103	106	108	109	109	112	112

번호	12	13	14	15	16	17	18	19	20	21	22
울음횟수	23	21	16	12	19	18	19	16	17	26	21
IQ점수	113	114	118	119	120	124	132	133	141	155	157

(1) $\hat{\tau}$와 r_s의 값을 구하여라.

(2) 울음횟수와 IQ 점수 사이에는 양의 연관성이 있다고 할 수 있는지를 켄달 통계량과 스피어만의 순위상관계수를 이용하여 검정하여라.

3. 어느 볼링 클럽에서 부부의 볼링 점수 사이에 연관성이 있는지를 조사하기 위하여, 10명의 부부들이 시합을 한 결과, 점수가 다음의 표와 같다.

라인	1	2	3	4	5	6	7	8	9	10
남편점수	147	158	131	142	183	151	196	129	155	158
부인점수	122	128	125	123	115	120	108	143	124	123

(1) $\hat{\tau}$와 r_s의 값을 구하여라.

(2) 부부의 볼링 점수 사이에 연관성이 있는지 켄달 검정과 스피어만 검정을 시행하여라.

4. 어느 신입 사원이 볼트 생산공정에 배정되었다. 이 사원의 숙련도가 날이 갈수록 좋아지는지를 알아보기 위하여, 처음 13일간 발생한 불량률을 조사하였다. 결과는 다음의 표와 같다.

일 자	1	2	3	4	5	6	7	8	9	10	11	12	13
불량률	6.1	7.5	7.7	5.9	5.2	6.1	5.3	4.5	4.9	4.6	3.0	4.0	3.7

(1) $\hat{\tau}$와 r_s의 값을 구하여라.

(2) 불량률이 감소하고 있는지를 켄달 검정과 스피어만 검정으로 조사하여라.

5. [예제 8.5]의 데이터에 대하여 다음 물음에 답하여라.

(1) $\hat{\tau}$의 값을 구하여라.

(2) 수축혈압과 확장혈압 사이에 양의 연관성이 있는지 켄달 검정을 시행하여라.

6. [예제 8.2]의 데이터에 대하여 다음 물음에 답하여라.

(1) r_s의 값을 구하여라.

(2) 형과 동생의 심리검사 점수에 양의 연관성이 있는지 스피어만 검정을 시행하여라.

9장 회귀분석

9.1 서론

회귀분석은 여러 응용분야에서 가장 많이 사용되는 통계기법 중의 하나로서, 여러 가지의 회귀모형에서 많은 이론들이 개발되었고 또한 많은 연구가 진행되고 있는 분야이다.

이 책에서는 가장 간단한 모형인 단순선형회귀모형 또는 직선회귀모형에서 회귀모수를 추정하거나 검정하는 문제만 다루기로 한다.

8장의 독립성 문제에서는 이변량 확률변수(X, Y)에 대하여, X, Y 사이의 연관성의 정도에 대한 추정 또는 검정문제를 주로 다루었다. 그러나 회귀분석에서는 X와 Y 사이의 함수관계를 찾고, 주어진 함수관계에서 모수를 추정 또는 검정하는 문제와 추정된 모형을 이용하여 미지의 현상을 예측하는 문제들이 주요 관심의 대상이 된다. 따라서 두 변수 가운데 X는 설명변수(또는 독립변수)로서, Y는 반응변수(또는 종속변수)로서의 역할에 관심이 있게된다.

예 9.A 토마토 재배에서 비료의 양(X)과 수확량(Y) 사이의 관계를 조사하기 위하여 다음의 [표 9-1]과 같은 데이터를 얻었다. X와 Y 사이에는 선형관계가 성립한다고 할 수 있는가?

[표 9-1] 비료의 양과 수확량

비료의 양(X)	3	4	5	6	7
수확량(Y)	4.8	6.0	7.2	7.8	8.2

예 9.B 어느 대학에서는 입학시험 성적(X)과 졸업 평균성적(Y) 사이의 관계를 분석하기 위하여 8명의 학생을 조사하였더니 다음의 [표 9-2]와 같았다. 선형관계를 가정하고 X와 Y 사이의 관계식을 구하여라.

[표 9-2] 입학성적과 졸업성적

입학성적(X)	480	490	500	510	540	550	610	640
졸업성적(Y)	2.70	2.90	3.30	2.90	3.10	3.00	3.20	3.70

앞의 [예 9.A]와 [예 9.B]의 문제를 해결하기 위한 모수적 방법으로는 최소제곱법에 의한 추정과 정규이론에 의한 t-검정이나 F-검정을 흔히 사용한다. 먼저, 단순선형회귀모형을 정의하고 최소제곱법에 의한 추정과 검정법을 간단히 살펴보기로 한다.

단순선형회귀모형 (또는 직선회귀모형)

$$Y_i = \alpha + \beta x_i + e_i, \qquad i = 1, \cdots, n \tag{9.1}$$

여기서,

(1) $x_1, x_2, \cdots, x_n$은 기지의 상수
(2) α, β는 회귀모수
(3) $e_1, e_2, \cdots, e_n$은 오차항으로서, 서로 독립이며 같은 연속분포를 갖는 확률변수들이다.

회귀모수 α, β에 대하여 β를 특히 기울기 모수라고 하며 α를 절편 모수라고도 한다. 모형 (9.1)에 대한 관측값이 (x_1, Y_1), $(x_2, Y_2), \cdots (x_n, Y_n)$으로 주어질 때, 잔차제곱합인

$$\sum_{i=1}^{n} (Y_i - \hat{\alpha} - \hat{\beta} x_i)^2$$

이 최소가 되도록 하는 $\hat{\alpha}, \hat{\beta}$의 값을 각각 α, β의 **최소제곱추정량**(least squares estimator)이라 하며, 이들은 다음과 같이 구한다.

최소제곱추정량:

$$\hat{\beta} = \frac{\sum_{i=1}^{n}(x_i - \bar{x})(Y_i - \bar{Y})}{\sum_{i=1}^{n}(x_i - \bar{x})^2} \tag{9.2}$$

$$\hat{\alpha} = \bar{Y} - \hat{\beta}\bar{x} \tag{9.3}$$

α, β의 최소제곱추정량인 $\hat{\alpha}$, $\hat{\beta}$를 식 (9.1)의 모형에 대입하여 다음과 같은 표본회귀직선(sample regression line)을 얻는다. 즉,

$$\hat{y} = \hat{\alpha} + \hat{\beta}x \tag{9.4}$$

오차항 e_i들에 대하여 정규분포 $N(0, \sigma^2)$에 따른다는 가정을 하면, $\hat{\alpha}$와 $\hat{\beta}$의 분포는 다음과 같다.

$$\hat{\beta} \sim N(\beta, \sigma^2 / \sum(x_i - \bar{x})^2) \tag{9.5}$$

$$\hat{\alpha} \sim N(\alpha, \sigma^2(1/n + \bar{x}^2 / \sum(x_i - \bar{x})^2)) \tag{9.6}$$

실제로 α와 β에 관한 추론문제를 다루기 위해서는 오차항의 분산 σ^2에 대한 추정이 필요하며, 다음의 **잔차평균제곱**(residual mean square)은 σ^2의 불편추정량이다.

$$\hat{\sigma}^2 = \text{MSE} = \sum_{i=1}^{n}(Y_i - \hat{\alpha} - \hat{\beta}x_i)^2 / (n-2) \tag{9.7}$$

$\hat{\beta}$와 $\hat{\sigma}^2$의 간편계산법을 위하여 다음의 기호를 사용하면 편리하다.

$$S(xx) = \sum_{i=1}^{n}(x_i - \bar{x})^2 = \sum x_i^2 - n\bar{x}^2 \tag{9.8}$$

$$S(yy) = \sum_{i=1}^{n}(y_i - \bar{y})^2 = \sum y_i^2 - n\bar{y}^2 \tag{9.9}$$

$$S(xy) = \sum_{i=1}^{n}(x_i - \bar{x})(y_i - \bar{y}) = \sum x_i y_i - n\bar{x}\,\bar{y} \tag{9.10}$$

이들을 이용하면, $\hat{\beta}$와 $\hat{\sigma}^2$의 간편계산법은 다음과 같다.

$$\hat{\beta} = \frac{S(xy)}{S(xx)} \tag{9.11}$$

$$\hat{\sigma}^2 = [S(yy) - \hat{\beta}S(xy)] / (n-2) \tag{9.12}$$

식 (9.5)와 (9.6)에서 $\hat{\beta}$와 $\hat{\alpha}$를 표준화시킨 후에 σ^2 대신에 $\hat{\sigma}^2$을 대입한 통계량은 t분포에 따르며, 이를 요약하면 다음과 같다.

$$\frac{\hat{\beta}-\beta}{\sqrt{\hat{\sigma}^2/S(xx)}} \sim t(n-2) \tag{9.13}$$

$$\frac{\hat{\alpha}-\alpha}{\sqrt{\hat{\sigma}^2(1/n+\bar{x}^2/\sum(x_i-\bar{x})^2}} \sim t(n-2) \tag{9.14}$$

따라서 β에 관한 $100(1-\alpha)\%$ 신뢰구간은

$$\hat{\beta} \pm t(\alpha/2,\, n-2)\sqrt{\hat{\sigma}^2/S(xx)} \tag{9.15}$$

로 주어지며, 귀무가설

$$H_0 : \beta = \beta_0$$

를 검정하기 위한 검정통계량은 다음과 같다.

$$t = \frac{\hat{\beta}-\beta_0}{\sqrt{\hat{\sigma}^2/S(xx)}} \tag{9.16}$$

위의 통계량을 이용한 t-검정은 다음과 같다.

(i) $H_1 : \beta > \beta_0$일 때
$t \geq t(\alpha, n-2)$이면 H_0를 기각

(ii) $H_1 : \beta < \beta_0$일 때
$t \leq -t(\alpha, n-2)$이면 H_0를 기각

(iii) $H_1 : \beta \neq \beta_0$일 때
$|t| \geq t(\alpha/2, n-2)$이면 H_0를 기각

예제 9.1

[예 9.A]의 데이터에 대하여 α와 β의 최소제곱추정량을 구해 보자.

풀이 [표 9-3]은 계산표이다.

[표 9-3] 제곱합 계산표

x	y	x^2	y^2	xy
3	4.8	9	23.04	14.4
4	6.0	16	36.00	24.0
5	7.2	25	51.84	36.0
6	7.8	36	60.84	46.8
7	8.2	49	67.24	57.4
계 25	34.0	135	238.96	178.6

계산표에서

$$\bar{x} = 25/5 = 5.0$$
$$\bar{y} = 34.0/5 = 6.8$$
$$S(xx) = \sum x_i^2 - n\bar{x}^2 = 135 - 5(5.0)^2 = 10.0$$
$$S(yy) = \sum y_i^2 - n\bar{y}^2 = 238.96 - 5(6.8)^2 = 7.76$$
$$S(xy) = \sum x_i y_i - n\bar{x}\,\bar{y} = 178.6 - 5(5.0)(6.8) = 8.6$$

따라서, α, β의 최소제곱추정량의 값은 다음과 같다.

$$\hat{\beta} = \frac{S(xy)}{S(xx)} = \frac{8.6}{10.0} = 0.86$$
$$\hat{\alpha} = \bar{y} - \hat{\beta}\bar{x} = 6.8 - (0.86)(5.0) = 2.5$$

표본회귀직선은 다음과 같다.

$$\hat{y} = \hat{\alpha} + \hat{\beta}x = 2.5 + 0.86x$$

σ^2의 추정량인 잔차평균제곱의 값은

$$\begin{aligned}\hat{\sigma}^2 &= [S(yy) - \hat{\beta}S(xy)]/(n-2)\\ &= [7.76 - (0.86)(8.6)]/(3) = 0.121\end{aligned}$$

따라서 β의 95% 신뢰구간은 다음과 같다.

$$\begin{aligned}&\hat{\beta} \pm t(\alpha/2, n-2)\sqrt{\hat{\sigma}^2/S(xx)}\\ &= 0.86 \pm (3.182)\sqrt{0.121/10.0}\\ &= 0.86 \pm 0.35 \text{ 또는 } (0.51, 1.21)\end{aligned}$$

또한, 식 (9.13)으로 정의된 t-통계량의 값은 $H_0 : \beta = 0$하에서

$$t = \frac{\hat{\beta}}{\sqrt{\hat{\sigma}^2 / S(xx)}} = \frac{0.86}{\sqrt{0.121/10.0}} = 7.82$$

회귀직선의 유의성 검정에 대한 귀무가설과 대립가설은 각각

$$H_0 : \beta = 0, \quad H_1 : \beta \neq 0$$

로 주어지며, t 분포표에서

$$P\{|t| \geq 7.453\} = 0.005$$

이므로, 직선회귀모형의 유의성 검정에 대한 유의확률은 0.005 이하이다. 즉, [표 9-3]의 데이터를 직선회귀모형인 식 (9.1)으로 적합시키는 것은 충분한 이유가 있다. ■

예제 9.2 [예 9.B]의 데이터의 대하여 X와 Y를 직선회귀로 적합시켜라.

풀이 최소제곱법에 의한 표본회귀직선은 다음과 같다.

$$S(xx) = \sum x_i^2 - n\bar{x}^2 = 2,356,400 - 8(540)^2 = 23,600$$

$$S(xy) = \sum x_i y_i - n\bar{x}\,\bar{y} = 13490 - 8(540)(3.1) = 98$$

$$\hat{\beta} = \frac{S(xy)}{S(xx)} = 0.00415$$

$$\hat{\alpha} = \bar{y} - \hat{\beta}\bar{x} = 0.859$$

$$\hat{y} = 0.859 + 0.00415x$$

■

식 (9.1)으로 주어진 단순선형회귀모형에서 오차항 e가 정규분포에 따른다는 가정하에, 최소제곱추정량 $\hat{\alpha}$와 $\hat{\beta}$의 분포는 정규분포에 따르며, 이 결과를 이용하여 회귀모수에 관한 검추정 등의 추론문제를 다루었다. 또한, 최소제곱추정량 $\hat{\alpha}$, $\hat{\beta}$는 각각 α, β의 최우추정량으로서 매우 좋은 성질을 갖고 있다.

그러나 오차항 e가 정규분포보다 두터운 꼬리를 갖는 분포에 따르거나 관측값에 이상점이 있는 경우에는 최소제곱추정량의 효율은 급격히 떨어지며, 또한 α와 β에 관한 검정으로서 t-검정의 실제 유의수준이나 검정력에 심각한 문제점이 발생할 수 있다. 이와 같은 경우에 우리는 비모수적 방법을 선호할 수 있으며, 다음의 두 절에서는 회귀모수에 관한 순위 검정법과 비모수적 추정법을 다루기로 한다.

9.2 회귀모수에 대한 순위검정

식 (9.1)로 주어진 단순선형회귀모형에서 기울기 모수에 대한 귀무가설

$$H_0 : \beta = \beta_0 \tag{9.17}$$

를 검정하는 문제를 생각해 보자. 여기서는 특히 독립변수 x 들이 서로 다른 경우로서

$$x_1 < x_2 < \cdots < x_n \tag{9.18}$$

을 가정하기로 한다.

다음은 기울기 모수에 대한 가설 (9.17)을 검정하기 위한 **타일 검정법**(Theil test)이다.

절차

1. n개의 잔차를 다음과 같이 구한다.

$$Z_i = Y_i - \beta_0 x_i, \qquad i = 1, \cdots, n \tag{9.19}$$

2. 검정통계량 :

$$K = \sum_{i<j} \mathrm{sgn}(Z_j - Z_i) \tag{9.20}$$

여기서, $\mathrm{sgn}(t)$는 $t > 0, = 0, < 0$일 때 각각 1, 0, -1로 정의된다.

3. 검정법 : 유의수준 α에서
   (i) $H_1 : \beta > \beta_0$일 때
   $K \geq k(\alpha, n)$이면 H_0를 기각
   (ii) $H_1 : \beta < \beta_0$일 때
   $K \leq -k(\alpha, n)$이면 H_0를 기각
   (iii) $H_1 : \beta \neq \beta_0$일 때
   $K \geq k(\alpha/2, n)$ 또는 $K \leq -k(\alpha/2, n)$이면 H_0를 기각

여기서, $k(\alpha, n)$은 [부록 표 28]의 켄달 통계량 분포표에서 얻을 수 있다.

해설

1. 단순선형회귀모형 (9.1)에서 $x_1 < x_2 < \cdots < x_n$을 가정하면, 식 (9.20)의 타일 검정

통계량 K는 n개의 관측값

$$(x_1, Y_1 - \beta_0 x_1), (x_2, Y_2 - \beta_0 x_2), \cdots, (x_n, Y_n - \beta_0 x_n)$$

에 대한 켄달 통계량이다. 즉, K는 x와 $Y - \beta_0 x$ 사이의 연관성의 정도를 나타내는 값이다. 따라서, $H_0 : \beta = \beta_0$이 사실이면 x와 $Y - \beta_0 x$ 사이의 연관성이 없으며, K의 값은 0에 가까울 것을 기대한다. 또한, 대립가설 $H_1 : \beta > \beta_0$이 사실이면

$$\begin{aligned} Z_j - Z_i &= (Y_j - \beta_0 x_j) - (Y_i - \beta_0 x_i) \\ &= (Y_j - Y_i) - \beta(x_j - x_i) + (\beta - \beta_0)(x_j - x_i) \end{aligned}$$

의 값은 0보다 클 것을 기대한다. 따라서, K의 값이 크면 $H_0 : \beta = \beta_0$를 기각하고 $H_1 : \beta > \beta_0$를 채택한다.

2. H_0하에서 K는 분포무관이다.
3. 특히, $H_0 : \beta = 0$의 검정은 x와 Y사이의 연관성에 대한 켄달 검정과 같다.
4. x가 시간으로 주어질 때, $H_0 : \beta = 0$의 검정은 추세(trend)에 대한 검정에 해당된다.
5. x들이 서로 다를 때에 식 (9.18)에서와 같이 $x_1 < x_2 < \cdots < x_n$을 가정하는 것이 모형에 어떤 제약을 주는 것이 아니다. 즉, 관측값을 x들의 크기순으로 작은 것부터 나열한 후에 $x_1, x_2, \cdots, x_n$의 이름을 붙이면 되므로 식 (9.18)의 가정은 일반성을 잃지 않는 가정이다.

대표본 근사

표준화된 K통계량을 다음과 같이 정의한다. 이때 필요하면 연속성 보정을 실시한다.

$$Z_K = \frac{K - E_0(K)}{\sqrt{\mathrm{Var}_0(K)}} = \frac{K}{\sqrt{n(n-1)(2n+5)/18}} \tag{9.21}$$

H_0하에서 Z_K는 점근적으로 $N(0,1)$ 분포에 따르며, 따라서 유의수준 α에서 대표본 근사검정은 다음과 같이 정의된다.

(i) $H_1 : \beta > \beta_0$일 때
$Z_K \ge z_\alpha$이면 H_0를 기각

(ii) $H_1 : \beta < \beta_0$일 때
$Z_K \le -z_\alpha$이면 H_0를 기각

(iii) $H_1 : \beta \ne \beta_0$일 때
$|Z_K| \ge z_{\alpha/2}$이면 H_0를 기각

동점 처리

x에 동점이 있을 때에는 대표본 근사에 의한 검정법을 사용하는 것이 좋다. K통계량에 의한 검정도 근사검정이 된다. 식 (9.19)의 Z값에 동점이 있을 때에는 켄달 통계량 계산법과 같은 방법으로 계산한다. 그러나 이때의 검정은 근사 검정이 된다.

예제 9.3 [예 9.B]의 데이터에 대하여 졸업성적(Y)을 입학성적(x)으로 회귀시킬 때, 직선회귀의 유의성을 검정해 보자.

풀이 이에 대한 귀무가설과 대립가설은 각각

$$H_0 : \beta = 0, \quad H_1 : \beta \neq 0$$

로 주어진다. 검정통계량 K의 계산은 켄달 통계량과 같은 방법으로 계산할 수 있으며, [표 9-4]는 K통계량의 계산표이다.

[표 9-4] 통계량 계산표

x_i	$Z_i = Y_i - \beta_0 x_i$	Z_i 아래로 부합인 쌍의 개수	Z_i 아래로 비부합인 쌍의 개수
480	2.70	7	0
490	2.90	5	0
500	3.30	1	4
510	2.90	4	0
540	3.10	2	1
550	3.00	2	0
610	3.20	1	0
640	3.70	0	0
		$P = 22$	$Q = 5$

계산표로부터 K통계량의 값은

$$K = P - Q = 22 - 5 = 17$$

[부록 표 28]에서 $P_0\{|K| \geq 17\} = 2((0.031 + 0.016)/2) = 0.047$이므로, 유의확률은 약 0.047이다.

참고로, 대표본 근사에 의한 검정은 다음과 같다. 즉, 식 (9.21)에서

$$Z_K = \frac{K - 1/2}{\sqrt{n(n-1)(2n+5)/18}} = \frac{16.5}{\sqrt{8(7)(21)/18}} = 2.04$$

한편, 표준정규분포표에서 $P\{|Z_K| \geq 2.04\} = 0.0414$이므로, 대표본 근사검정에 의한 유의확률은 약 0.0414이다. 여기서 연속보정 요인이 고려됐지만, [부록 표 28]의 사용이 불가능할 정도로 n이 크면 생략돼도 무방하다. ■

예제 9.4 구름 씨뿌리기(cloud seeding) 방법이 강우량에 미치는 영향을 조사하기 위하여 실험지역(target area)과 대조지역(control area)을 선정하였다. 일정기간 동안에 실험지역에 구름 씨뿌리기 실시의 여부를 랜덤과정으로 결정하였다. 씨뿌리기의 효과는 '이중비율'에 의하여 측정하였다. 즉,

T_1 : 씨뿌리기를 실시한 후의 실험지역 강우량
C_1 : 당시의 대조지역 강우량
T_2 : 씨뿌리기를 실시하지 않은 후의 실험지역 강우량
C_2 : 당시의 대조지역 강우량

이라 할 때

$$\text{이중비율} = \frac{T_1/C_1}{T_2/C_2}$$

의 값을 측정하였으며, 5년 동안 측정한 결과는 [표 9-5]와 같다.

[표 9-5] 이중비율 관측값

연도(x_i)	이중비율(Y_i)
1	1.28
2	1.27
3	1.12
4	1.16
5	1.03

[표 9-5]의 데이터에서, 시간이 갈수록(즉, 연도가 증가할수록) 씨뿌리기로 인한 강우량의 증가율이 감소하고 있다는 확실한 근거가 있는지 알아보자.

풀이 이에 대한 귀무가설과 대립가설은 각각

$$H_0 : \beta = 0, \qquad H_1 : \beta < 0$$

로 주어진다. [표 9-6]은 K 통계량의 계산표이다.

계산표로부터

$$K = P - Q = 1 - 9 = -8$$

[부록 표 28]에서 $P_0\{K \le -8\} = P_0\{K \ge 8\} = 0.042$이므로 유의확률은 0.042이다.

[표 9-6] K통계량 계산표

x_i	$Z_i = Y_i - \beta_0 x_i$	Z_i 아래로 부합인 쌍의 개수	Z_i 아래로 비부합인 쌍의 개수
1	1.28	0	4
2	1.27	0	3
3	1.12	1	1
4	1.16	0	1
5	1.03	0	0
		$P = 1$	$Q = 9$

■

예제 9.5 쓸개즙 지질(lipid)의 간분비를 추정하는 과정으로, 시간당 쓸개즙 빌산(biliary bile acids)과 쓸개즙 인지질(phospholipids)을 조사하여 다음 [표 9-7]의 데이터를 얻었다. 인지질(Y)을 빌산(x)으로 적합시킬 때 선형관계에 대한 다음의 가설을 검정해 보자.

$$H_0 : \beta = 0, \qquad H_1 : \beta \ne 0$$

풀이 [표 9-8]의 계산으로부터 검정통계량의 값은

$$K = P - Q = 30 - 15 = 15$$

[부록 표 28]에서 $P_0\{|K| \ge 15\} = 2(0.108) = 0.216$이므로 유의확률은 0.216이다. 즉, 직선회귀에 의한 적합은 별로 도움이 되지 않는 데이터이다.

[표 9-7] 쓸개즙 빌산(mg/hr)과 쓸개즙 인지질(mg/hr)

번호(i)	빌산(x_i)	인지질(Y_i)
1	940	311
2	594	391
3	1200	414
4	1440	542
5	1112	387
6	625	485
7	1385	502
8	1035	458
9	931	345
10	742	346

[표 9-8] K 통계량 계산표

x_i	$Z_i = Y_i - \beta_0 x_i$	Z_i 아래로 부합인 쌍의 개수	Z_i 아래로 비부합인 쌍의 개수
594	391	5	4
625	485	2	6
742	346	5	2
931	345	5	1
940	311	5	0
1035	458	2	2
1112	387	3	0
1200	414	2	0
1385	502	1	0
1440	542	0	0
		$P=30$	$Q=15$

■

참고문헌

타일 검정법은 Theil(1950)에 의해 제안되었으며, Sen(1968d)은 x들에 동점을 허용하는 켄달 통계량을 제안하고 특히 추정법에 이용하였다. 좀 더 일반적인 순위검정법으로의 확장은 여러 학자에 의해 제안되었으며, 특히 Adichie(1967a)는 α와 β에 관한 순위검정법을 제안하고 그의 성질을 연구하였다. Hettmansperger(1984)는 그의 저서 가운데 5장에서 선형모형에 대한 검정과 추정방법을 잘 요약하였다.

9.3 회귀모수의 비모수적 추정

9.3.1 회귀모수의 점추정

식 (9.1)로 정의된 단순선형회귀모형은 다음과 같다.

$$Y_i = \alpha + \beta x_i + e_i, \qquad i = 1, \cdots, n$$

식 (9.1)에서와 같은 가정과 함께, 일반성을 잃지 않고서 독립변수 x들에 다음과 같은 가정을 한다.

$$x_1 \le x_2 \le \cdots \le x_n \tag{9.22}$$

모든 $1 \le i < j \le n$에 대하여

$$N = \text{“}x_j - x_i > 0 \text{인 } (i, j)\text{의 개수”} \tag{9.23}$$

로 정의한다. 특히 모든 x들이 서로 다를 때에는 $N = \binom{n}{2} = \frac{n(n-1)}{2}$ 이다.

다음은 기울기 β의 **쎈 추정량**(Sen's estimator)을 구하는 절차이다.

▌ 절차 1 (β의 추정)

1. N개의 $x_j > x_i$인 (i, j)에 대하여 기울기 추정량 S_{ij}를 다음과 같이 정의한다.

$$S_{ij} = \frac{Y_j - Y_i}{x_j - x_i}, \quad i < j \tag{9.24}$$

2. 기울기 β의 추정량 :

$$\beta^* = \text{med}\{S_{ij}, i < j\} \tag{9.25}$$

즉, $S_{(1)} \le \cdots \le S_{(N)}$을 N 개의 식 (9.24)으로 정의된 S_{ij}의 순서통계량이라 할 때, β^*는 다음과 같이 나타낼 수 있다.

$$\beta^* = \begin{cases} S_{(k+1)} & , \quad N = 2k+1\text{일 때} \\ \dfrac{S_{(k)} + S_{(k+1)}}{2}, & \quad N = 2k\text{일 때} \end{cases} \tag{9.26}$$

절편 α의 추정은 위치모수의 추정과 비슷한 개념이며, 다음은 α에 대한 핫지스-레만형(Hodges-Lehmann type) 추정량을 구하는 절차이다.

절차 2 (α의 추정)

1. $i = 1, \cdots, n$에 대하여 Z_i를 다음과 같이 구한다.

$$Z_i = Y_i - \beta^* x_i, \qquad i = 1, \cdots, n \tag{9.27}$$

여기서, β^*는 β의 쎈 추정량이다.

2. $M = n(n+1)/2$개의 모든 $i \le j$에 대하여 왈쉬평균(Walsh average) W_{ij}를 다음과 같이 구한다.

$$W_{ij} = \frac{Z_i + Z_j}{2}, \qquad 1 \le i \le j \le n \tag{9.28}$$

3. 절편 α의 추정량:

$$\alpha^* = \text{med}\{ W_{ij},\ i \le j \} \tag{9.29}$$

즉, $W_{(1)} \le \cdots \le W_{(M)}$을 M개의 왈쉬평균 W_{ij}의 순서통계량이라 할 때, α^*는 다음과 같이 나타낼 수 있다.

$$\alpha^* = \begin{cases} W_{(k+1)}, & M = 2k+1\text{일 때} \\ \dfrac{W_{(k)} + W_{(k+1)}}{2}, & M = 2k\text{일 때} \end{cases} \tag{9.30}$$

참고

검정에서와 마찬가지로, (9.22)식에 의한 $x_1 \le x_2 \le \cdots \le x_n$의 가정은 일반성을 잃지 않는 가정이다.

해설

1. 식 (9.2)로 정의된 β의 최소제곱추정량은 $S_{ij} = (Y_j - Y_i)/(x_j - x_i)$의 가중평균으로 다음과 같이 나타낼 수 있다.

$$\hat{\beta} = \frac{\sum (x_i - \overline{x})(Y_i - \overline{Y})}{\sum (x_i - \overline{x})^2}$$

$$= \frac{\sum x_i Y_i - (\sum x_i)(\sum Y_j)/n}{\sum x_i^2 - (\sum x_i)^2/n}$$

$$= \frac{\sum x_i Y_i - (\sum x_i Y_i + \sum_{i \neq j} x_i Y_j)/n}{\sum x_i^2 - (\sum x_i^2 + 2\sum_{i<j} x_i x_j)/n}$$

$$= \frac{(n-1)\sum x_i Y_i - \sum_{i \neq j} x_i Y_j}{(n-1)\sum x_i^2 - 2\sum_{i<j} x_i x_j}$$

$$= \frac{\sum_{i<j}(x_i Y_i + x_j Y_j - x_i Y_j - x_j Y_i)}{\sum_{i<j}(x_i^2 + x_j^2 - 2x_i x_j)}$$

$$= \frac{\sum_{i<j}(x_j - x_i)(Y_j - Y_i)}{\sum_{i<j}(x_j - x_i)^2}$$

$$= \sum_{i<j} \frac{(x_j - x_i)^2}{\sum_{i<j}(x_j - x_i)^2} \times \frac{Y_j - Y_i}{x_j - x_i}$$

$$= \sum_{i<j} \frac{(x_j - x_i)^2}{\sum_{i<j}(x_j - x_i)^2} \times S_{ij} \tag{9.31}$$

즉, $\hat{\beta}$는 S_{ij}의 가중평균으로서, 각 S_{ij}에 걸리는 가중치는 $(x_j - x_i)^2$에 비례한다. 따라서, 멀리 떨어진 (x_i, x_j)에 대하여 이상점으로 Y_i 또는 Y_j가 관측될 경우에는 이 한 점이 $\hat{\beta}$에 지나치게 큰 영향을 미친다. 따라서 β의 추정량으로서 $\hat{\beta}$는 이상점에 큰 영향을 받는 단점이 있다. 그러나 쎈의 추정량인 β^*는 $\{S_{ij}, i<j\}$의 중앙값으로 정의되어 $\hat{\beta}$보다 이상점의 영향을 덜 받는 장점이 있다.

2. 쎈 추정량은 β에 대한 핫지스-레만형 추정량으로 이해할 수 있다. 즉,

$$Z_i = Y_i - \beta x_i, \qquad i = 1, \cdots, n$$

으로 정의하면, $(x_1, Z_1), \cdots, (x_n, Z_n)$에 대한 켄달 통계량은

$$K(\beta) = \sum_{i<j} \operatorname{sgn}(x_j - x_i)\operatorname{sgn}(Z_j - Z_i) \tag{9.32}$$

가 된다. 또한 $K(\beta)$에 기초한 핫지스-레만형 추정량은 다음과 같이 정의된다. 즉,

$$\beta^* = \frac{\beta_1^* + \beta_2^*}{2} \tag{9.33}$$

여기서,

$$\beta_1^* = \sup\{\beta : K(\beta) > 0\} \tag{9.34}$$

$$\beta_2^* = \inf\{\beta : K(\beta) < 0\} \tag{9.35}$$

위의 식 (9.33)~(9.35)로 정의된 β^*의 명시적 표현이 식 (9.25)으로 정의된 쎈 추정량이다.

3. 모든 x들이 서로 다를 경우에는 쎈 추정량을 타일 추정량(Theil's estimator)이라고도 한다.
4. Sievers(1978)는 S_{ij}의 가중중앙값(weighted median)을 제안하였으며, 가중치로 $a_{ij} = x_j - x_i$를 사용하는 것이 좋다. 그러나 가중중앙값은 계산이 복잡하여 소표본에서도 컴퓨터에 의존해야할 정도로 계산이 복잡한 단점이 있다.

예제 9.6 [예 9.A]의 데이터를 직선회귀로 적합시킬 때, α와 β의 비모수적 추정량인 α^*, β^*의 값을 구해 보자.

풀이 모든 x들이 서로 다르므로 $N = \binom{5}{2} = 10$개의 S_{ij}가 있다. 즉,

$$S_{12} = \frac{Y_2 - Y_1}{x_2 - x_1} = \frac{6.0 - 4.8}{4 - 3} = 1.2$$

$$S_{13} = \frac{Y_3 - Y_1}{x_3 - x_1} = \frac{7.2 - 4.8}{5 - 3} = 1.2$$

$$S_{14} = \frac{Y_4 - Y_1}{x_4 - x_1} = \frac{7.8 - 4.8}{6 - 3} = 1.0$$

$$S_{15} = \frac{Y_5 - Y_1}{x_5 - x_1} = \frac{8.2 - 4.8}{7 - 3} = 0.85$$

$$S_{23} = \frac{Y_3 - Y_2}{x_3 - x_2} = \frac{7.2 - 6.0}{5 - 4} = 1.2$$

$$S_{24} = \frac{Y_4 - Y_2}{x_4 - x_2} = \frac{7.8 - 6.0}{6 - 4} = 0.9$$

$$S_{25} = \frac{Y_5 - Y_2}{x_5 - x_2} = \frac{8.2 - 6.0}{7 - 4} = 0.73$$

$$S_{34}=\frac{Y_4-Y_3}{x_4-x_3}=\frac{7.8-7.2}{6-5}=0.6$$

$$S_{35}=\frac{Y_5-Y_3}{x_5-x_3}=\frac{8.2-7.2}{7-5}=0.5$$

$$S_{45}=\frac{Y_5-Y_4}{x_5-x_4}=\frac{8.2-7.8}{7-6}=0.4$$

S_{ij}의 값을 크기순으로 나열하면

0.4, 0.5, 0.6, 0.73, 0.85, 0.90, 1.0, 1.2, 1.2, 1.2,

따라서, β^*의 값은 다음과 같다.

$$\beta^*=\frac{S_{(5)}+S_{(6)}}{2}=\frac{0.85+0.90}{2}=0.875$$

α의 핫지스-레만형 추정량을 구하기 위하여, 먼저 잔차 $Z_i=Y_i-\beta^* x_i$의 값을 구해 보자.

$$Z_1=Y_1-\beta^* x_1=4.8-(0.875)(3)=2.175$$
$$Z_2=Y_2-\beta^* x_2=6.0-(0.875)(4)=2.500$$
$$Z_3=Y_3-\beta^* x_3=7.2-(0.875)(5)=2.825$$
$$Z_4=Y_4-\beta^* x_4=7.8-(0.875)(6)=2.550$$
$$Z_5=Y_5-\beta^* x_5=8.2-(0.875)(7)=2.075$$

Z_i들의 왈쉬평균 $W_{ij}=(Z_i+Z_j)/2$는 $M=5(5+1)/2=15$개 있으며, 다음과 같이 구하면 W_{ij}들을 쉽게 크기순으로 나열할 수 있다.

Zi \ Zj	2.075	2.175	2.500	2.550	2.825
2.075	2.075	2.125	2.2875	2.3125	2.450
2.175		2.175	2.3375	2.3625	2.500
2.500			2.500	2.525	2.6625
2.550				2.550	2.6875
2.825					2.825

위의 표에서 α^*는 8번째로 큰 값이며, 따라서 α^*는 다음과 같다.

$$\alpha^*=W_{(8)}=2.450$$ ■

예제 9.7 [예제 9.4]의 [표 9-5]로 주어진 데이터를 직선으로 적합시킬 때 한쪽검정에 대한 유의확률이 0.042로서 유의성이 있었다. 따라서 직선으로 적합시킬 때 α^*와 β^*의 값을 구해 보자.

풀이 기울기 추정량 S_{ij}의 값들은 다음과 같다.

$$S_{12} = \frac{1.27-1.28}{2-1} = -0.010, \qquad S_{24} = \frac{1.16-1.27}{4-2} = -0.055$$

$$S_{13} = \frac{1.12-1.28}{3-1} = -0.080, \qquad S_{25} = \frac{1.03-1.27}{5-2} = -0.080$$

$$S_{14} = \frac{1.16-1.28}{4-1} = -0.040, \qquad S_{34} = \frac{1.16-1.12}{4-3} = -0.040$$

$$S_{15} = \frac{1.03-1.28}{5-1} = -0.063, \qquad S_{35} = \frac{1.03-1.12}{5-3} = -0.045$$

$$S_{23} = \frac{1.12-1.27}{3-2} = -0.150, \qquad S_{45} = \frac{1.03-1.16}{5-4} = -0.130$$

S_{ij}의 값을 크기순으로 나열하면

−0.150, −0.130, −0.080, −0.080, −0.063, −0.055, −0.045, −0.040, −0.010, 0.040

따라서, β^*의 값은 다음과 같다.

$$\beta^* = \frac{S_{(5)} + S_{(6)}}{2} = \frac{-0.063-0.055}{2} = -0.059$$

잔차 $Z_i = Y_i - \beta^* x_i$의 값은 다음과 같다.

$$Z_1 = Y_1 - \beta^* x_1 = 1.28 + (0.059)(1) = 1.339$$
$$Z_2 = Y_2 - \beta^* x_2 = 1.27 + (0.059)(2) = 1.388$$
$$Z_3 = Y_3 - \beta^* x_3 = 1.12 + (0.059)(3) = 1.297$$
$$Z_4 = Y_4 - \beta^* x_4 = 1.16 + (0.059)(4) = 1.396$$
$$Z_5 = Y_5 - \beta^* x_5 = 1.03 + (0.059)(5) = 1.325$$

다음은 Z_i들에 대한 왈쉬평균 W_{ij}의 계산표이다.

Zi \ Zj	1.297	1.325	1.339	1.388	1.396
1.297	1.297	1.311	1.318	1.3425	1.3465
1.325		1.325	1.332	1.3565	1.3605
1.339			1.339	1.3635	1.3675
1.388				1.388	1.392
1.396					1.396

위의 표에서 α^*의 값은 다음과 같다.

$$\alpha^* = W_{(8)} = 1.3465$$ ■

참고문헌

쎈 추정량 β^*는 Sen(1968d)에 의해 제안되었으며, 1950년에 Theil에 의해 제안된 타일 추정량을 일반화한 것이다. 즉, 타일 추정량은 모든 x들이 서로 다른 경우에만 사용할 수 있도록 제안되었으며, 쎈 추정량은 x에 동점이 존재할 경우에도 적용할 수 있는 추정량이다. 그 후에 β^*의 효율을 높이기 위하여 Sievers(1978)와 Scholz(1978)는 독립적으로 가중중앙값을 제안하였다.

9.3.2 회귀모수의 분포무관 구간추정

쎈 추정량은 식 (9.32)의 켄달 통계량에 기초한 핫지스-레만형 추정량임을 이용하여, β의 분포무관 신뢰구간을 다음과 같은 절차에 의해 구할 수 있다. 다만, 분포무관인 신뢰구간을 얻기 위하여 "x들은 서로 다르다"고 가정한다.

절차

1. 켄달 통계량 K의 분포표인 [부록 표 28]에서 다음을 만족하는 C_α를 구한다.

$$P_0\{-C_\alpha \le K \le C_\alpha\} = 1-\alpha \tag{9.36}$$

이때 C_α는 다음과 같이 구할 수 있다.

$$C_\alpha = k(\alpha/2, n) - 2 \tag{9.37}$$

2. n개의 관측값 (x_1, Y_1), $(x_2, Y_2), \cdots, (x_n, Y_n)$에서 모든 $i<j$에 대하여 $N = \binom{n}{2}$개의 기울기 추정량인 S_{ij}를 구한다. 즉,

$$S_{ij} = \frac{Y_j - Y_i}{x_j - x_i}, i < j$$

또한, 이들의 순서통계량을 $S_{(1)} \le S_{(2)} \le \cdots \le S_{(N)}$이라 하자.

3. M_1과 M_2를 다음과 같이 구한다.

$$M_1 = \frac{N - C_\alpha}{2}, M_2 = \frac{N + C_\alpha}{2} \tag{9.38}$$

4. β의 $100(1-\alpha)\%$ 신뢰구간 (β_L, β_U)는 다음과 같다.

$$\beta_L = S_{(M_1)},\ \beta_U = S_{(M_2)} \tag{9.39}$$

이때 β_L, β_U는 다음을 만족한다.

$$P\{\beta_L < \beta < \beta_U\} = 1 - \alpha \tag{9.40}$$

참고

신뢰구간을 구하는 절차에서, 동점인 x들이 존재할 때에는 그 점에 대한 S_{ij}를 제외하고 N의 값도 감소시켜 같은 방법으로 신뢰구간을 구할 수 있다. 그러나 이때에는 신뢰구간이 근사적으로만 성립한다.

해설

1. 신뢰구간을 구하는 절차 1의 식 (9.37)에서

$$C_\alpha = k(\alpha/2, n) - 2$$

로 주어지는 이유는 다음과 같다. 즉, 켄달 통계량은 $K = P - Q$로 정의되며, 모든 관측값이 부합인 쌍일 경우에 K의 값은

$$K = P - Q = \frac{n(n-1)}{2} - 0 = \frac{n(n-1)}{2}$$

이 된다. 한편, 한 쌍의 관측값이 부합에서 비부합인 쌍으로 변하면 P는 1이 감소하고 Q는 1이 증가하여 K의 값은 2씩 감소한다. 즉, 고정된 n에 대하여 K의 값은 짝수값 또는 홀수값만 취하게 된다. 따라서, [부록 표 28]의 정의에서 $P_0\{K \ge k(\alpha/2, n)\} = \alpha/2$이므로 다음이 성립한다.

$$P_0\{-k(\alpha/2,n) < K < k(\alpha/2,n)\} = 1-\alpha$$
$$P_0\{-k(\alpha/2,n)+2 \leq K \leq k(\alpha/2,n)-2\} = 1-\alpha$$

2. 절차 4의 식 (9.39)로 신뢰구간이 주어질 수 있는 이유는 이 책의 범위를 벗어나므로 생략하기로 한다. 그러나 결과적으로 다음의 등식이 성립하기 때문에 식 (9.40)이 성립한다.

$$\begin{aligned} 1-\alpha &= P_0\{-C_\alpha \leq K \leq C_\alpha\} \\ &= P\{\beta_L < \beta < \beta_U\} \end{aligned}$$

3. 식 (9.39)로 주어진 신뢰구간은 분포무관 신뢰구간이다.

대표본 근사

표본의 크기 n이 충분히 클 때, 앞의 절차에서 C_α는 다음과 같이 근사될 수 있다.

$$C_\alpha \approx z_{\alpha/2}\sqrt{\frac{n(n-1)(2n+5)}{18}} \tag{9.41}$$

일반적으로, 식 (9.41)으로 계산된 C_α는 정수가 아닐 것이다. 이때에는 구한 값을 식 (9.38)에 대입하여 가장 가까운 정수값으로 M_1, M_2를 구한다.

예제 9.8 [예제 9.7]에서 β의 신뢰구간을 구해 보자.

풀이 [부록 표 28]에서 $n=5$일 때

$$P_0\{K \geq 8\} = 0.042$$

이므로, β의 $100[1-2(0.042)] = 91.6(\%)$ 신뢰구간을 구할 수 있다. 표에서 $k(\alpha/2, n) = k(0.042, 5) = 8$이므로

$$C_\alpha = k(\alpha/2, n) - 2 = 6$$

■

[예제 9.7]에서 S_{ij}의 값은 다음과 같다.

−0.150, −0.130, −0.080, −0.080, −0.063, −0.055, −0.045, −0.040, −0.010, 0.040

또한, $N = \binom{n}{2} = 10$이므로 식 (9.38)에서

$$M_1 = \frac{10-6}{2} = 2, \quad M_2 = \frac{10+6}{2} = 8$$

따라서,

$$\beta_L = S_{(2)} = -0.130$$
$$\beta_U = S_{(8)} = -0.040$$

이므로 β의 91.6% 신뢰구간은 다음과 같다.

$$(\beta_L, \beta_U) = (-0.130, -0.040)$$

■

예제 9.9 방망이풀(ragweed) 알레르기로 인한 건초열(hay fever) 환자 10명에게 코의 면역글로불린 E(1g E)와 총단백질(TP)을 측정하였다. [표 9-9]의 데이터는 1g E와 TP의 측정값이다. 이 데이터를 직선회귀로 적합시킬 때, 기울기 모수 β의 신뢰구간을 구하여 보자.

[표 9-9] 코의 면역글로불린 E(1g E)와 총단백질 (TP) 측정치

번호(i)	1gE/TP($\times 10^{-7}$)(x_i)	TP($\mu g/ml$)(y_i)
1	206	9.7
2	453	408
3	141	106
4	131	7.5
5	203	49.3
6	172	5.8
7	153	6.5
8	356	2.8
9	297	16.8
10	425	7.0

풀이 먼저, 기울기 추정량 S_{ij}의 값을 구하여 작은 것부터 나열하면 다음의 [표 9-10]과 같다.

[표 9-10] [표 9-9]의 데이터에 대한 S_{ij}의 값

−588.0	−81.11	−61.33	−54.87	−47.87	−27.14	−24.12	−22.00	−21.74	−13.06
−5.25	−4.21	−3.29	−2.89	−2.87	−2.08	−1.75	−1.09	−0.68	−0.31
−0.12	−0.76	0.07	0.10	0.24	0.40	0.62	0.70	0.70	0.71
0.75	0.80	1.03	1.17	1.72	8.72	11.36	12.82	13.98	16.42
16.56	17.85	34.09	210.83	544.00					

[부록 표 28]에서 $n=10$일 때

$$P_0\{K \geq 23\} = 0.023$$

이므로, β의 $100[1-2(0.023)]=95.4\%$ 신뢰구간을 구해 보자. 표에서 $k(0.023, 10)=23$이므로

$$C_\alpha = k(\alpha/2,\ n) - 2 = 21$$

또한, $N = \binom{10}{2} = 45$이므로 식 (9.38)에서

$$M_1 = \frac{N - C_\alpha}{2} = \frac{45-21}{2} = 12$$

$$M_2 = \frac{N + C_\alpha}{2} = \frac{45+21}{2} = 33$$

따라서,

$$\beta_L = S_{(12)} = -4.21$$

$$\beta_U = S_{(33)} = 1.03$$

이며 β의 95.4% 신뢰구간은 다음과 같다.

$$(\beta_L,\ \beta_U) = (-4.21,\ 1.03)$$

참고로, 대표본 근사에 의한 β의 95% 신뢰구간을 구해 보자. 식 (9.41)에서

$$C_\alpha \approx z_{\alpha/2}\sqrt{\frac{n(n-1)(2n+5)}{18}}$$

$$= 1.96\sqrt{\frac{10(9)(25)}{18}} = 21.9$$

따라서,

$$M_1 = \frac{N - C_\alpha}{2} = \frac{45-21.9}{2} = 11.55 \approx 12$$

$$M_2 = \frac{N + C_\alpha}{2} = \frac{45+21.9}{2} = 33.45 \approx 33$$

따라서 대표본 근사에 의한 95% 신뢰구간은 앞에서 구한 β의 95.4% 정밀 신뢰구간과 같다. ■

참고문헌

앞의 9.3.1절에서의 참고문헌과 같다.

9.4 두 회귀직선에 관한 추론(*)

9.4.1 서론

다음과 같은 두 회귀직선을 생각해 보자.

$$Y_{ij} = \alpha_i + \beta_i x_{ij} + e_{ij}, \quad i = 1,2, \quad j = 1,\cdots,n \tag{9.42}$$
$$(x_{11} \leq x_{12} \leq \cdots \leq x_{1n})$$
$$(x_{21} \leq x_{22} \leq \cdots \leq x_{2n})$$

여기서, 두 회귀직선에서의 관측값은 서로 독립이라고 가정한다. 이 절에서는 두 기울기 모수인 β_1, β_2의 차 또는 동질성에 관한 추론 문제를 다루기로 한다.

두 회귀모수의 차인 $\theta = \beta_1 - \beta_2$를 추정하기 위하여 최소제곱추정량을 다음과 같이 정의할 수 있다. 즉,

$$\hat{\theta} = \hat{\beta}_1 - \hat{\beta}_2 \tag{9.43}$$

여기서, β_1, β_2는 각각 β_1, β_2의 최소제곱추정량이다.

두 회귀모수의 동질성에 관한 검정은 흔히 **평행성 검정**(test for parallelism)이라고 하며, 귀무가설은 다음과 같이 주어진다.

$$H_0 : \beta_1 = \beta_2 \tag{9.44}$$

평행성 검정을 위한 t 통계량은 다음과 같다.

$$t = \frac{\hat{\beta}_1 - \hat{\beta}_2}{\sqrt{\hat{\sigma}^2[1/S_1(xx) + 1/S_2(xx)]}} \tag{9.45}$$

여기서,

$$\hat{\sigma}^2 = \sum_{i=1}^{2}\sum_{j=1}^{n}(Y_{ij} - \hat{\alpha}_i - \hat{\beta}_i x_{ij})^2/(2n-4) \tag{9.46}$$

$$S_i(xx) = \sum_{j=1}^{n} (x_{ij} - \bar{x}_i)^2$$

오차항 e_{ij}들은 서로 독립이고 정규분포 $N(0, \sigma^2)$에 따른다는 가정하에, 식 (9.45)의 t 통계량은 자유도 $2n-4$인 t분포에 따른다. 따라서, 귀무가설 $H_0 : \beta_1 = \beta_2$의 검정을 다음과 같이 시행할 수 있다.

(i) $H_0 : \beta_1 > \beta_2$일 때

$t \geq t(\alpha, 2n-4)$이면 H_0를 기각

(ii) $H_0 : \beta_1 < \beta_2$일 때

$t \leq -t(\alpha, 2n-4)$이면 H_0를 기각

(iii) $H_0 : \beta_1 \neq \beta_2$일 때

$|t| \geq t(\frac{\alpha}{2}, 2n-4)$이면 H_0를 기각

예제 9.10 두 종류의 시멘트 제조 공정에서 시간당 생산량(x)과 체 잔량(sieve residue) 백분율의 로그값(Y)에 관한 데이터가 [표 9-11]과 같다. 각 공정에서 x와 Y를 직선회귀로 적합시킬 때, 기울기 모수의 차인 $\theta = \beta_1 - \beta_2$를 추정하고, 두 기울기의 동질성을 검정해 보자.

풀이

[표 9-11] 두 공정에서 시간당 생산량(x)과 체잔량 백분율의 로그값(Y)

번호(j)	공정 1		공정 2	
	x_{1j}	Y_{1j}	x_{2j}	Y_{2j}
1	9.4	0.708	10.5	0.756
2	9.6	0.724	10.8	0.792
3	9.7	0.771	11.4	0.833
4	9.9	0.833	11.5	0.820
5	10.1	0.826	11.5	0.845
6	10.6	0.792	11.7	0.869
7	10.7	0.851	11.7	0.877
8	10.8	0.863	11.9	0.875
9	10.9	0.869	12.0	0.929
10	11.1	0.863	12.0	0.877
11	12.3	0.991	12.4	0.869
12	12.7	0.991	12.5	0.909

[표 9-11]의 데이터에서 평균과 제곱의 합은 다음과 같다.

$$\overline{x}_{1\cdot} = 10.65, \quad \sum x_{1j}^{\ 2} = 1372.72$$
$$\overline{Y}_{1\cdot} = 0.8402, \sum Y_{1j}^{\ 2} = 8.5564, \qquad \sum x_{1j} Y_{1j} = 108.3213$$
$$\overline{x}_{2\cdot} = 11.66, \quad \sum x_{2j}^{\ 2} = 1634.75$$
$$\overline{Y}_{2\cdot} = 0.8543, \sum Y_{2j}^{\ 2} = 8.7826, \qquad \sum x_{2j} Y_{2j} = 119.7861$$
$$S_1(xx) = 1372.72 - 12(10.65)^2 = 11.65$$
$$S_1(yy) = 8.5564 - 12(0.8402)^2 = 0.08517$$
$$S_1(xy) = 108.3213 - 12(10.65)(0.8402) = 0.94374$$
$$S_2(xx) = 1634.75 - 12(11.66)^2 = 3.2828$$
$$S_2(yy) = 8.7826 - 12(0.8543)^2 = 0.02466$$
$$S_2(xy) = 119.7861 - 12(11.66)(0.8543) = 0.2524$$

따라서,

$$\hat{\beta}_1 = \frac{S_1(xy)}{S_1(xx)} = \frac{0.94374}{11.65} = 0.08101$$
$$\hat{\beta}_2 = \frac{S_2(xy)}{S_2(xx)} = \frac{0.2524}{3.2828} = 0.07689$$
$$\hat{\theta} = \hat{\beta}_1 - \hat{\beta}_2 = 0.00412$$

또한, σ^2의 불편추정량인 $\hat{\sigma^2}$의 값은 다음과 같다.

$$\hat{\sigma^2} = \left\{[S_1(yy) - \hat{\beta}_1 S(xy)] + [S_2(yy) - \hat{\beta}_2 S(xy)]\right\} / (2n-4)$$
$$= 0.0006986$$

따라서 식 (9.45)에서 t통계량의 값은

$$t = \frac{0.00112}{\sqrt{0.0006986(1/11.65 + 1/3.2828)}} = 0.25$$

한편, t 분포표에서 $t(0.05, 20) = 1.725$이므로, 귀무가설을 기각할 근거는 전혀 없다. 즉, 두 공정의 데이터를 각각 직선으로 회귀시킬 때, 두 직선은 평행이라고 할 수 있다. ■

9.4.2 두 회귀직선의 평행성 검정

평행성의 가설 $H_0 : \beta_1 = \beta_2$를 검정하기 위한 홀랜더 검정(Hollander's test)은 다음과 같은 절차에 따른다.

홀랜더 검정에서는 두 회귀직선에서의 관측값의 개수가 모두 짝수로서

$$n = 2k$$

라고 가정한다. 만약 n이 홀수이면 각 직선에서 한 개의 관측값을 랜덤하게 버린다.

절차

1. 직선 1에서 $j = 1, \cdots, k$에 대하여 x_{1j}와 $x_{1,k+j}$를 짝짓고, 직선 1에 대한 k개의 기울기 추정량을 다음과 같이 구한다.

$$u_{1j} = \frac{Y_{1,k+j} - Y_{1j}}{x_{1,k+j} - x_{1j}}, \qquad j = 1, \cdots, k \tag{9.47}$$

2. 직선 2에서 $j = 1, \cdots, k$에 대하여 x_{2j}와 $x_{2,k+j}$를 짝짓고, 직선 2에 대한 k개의 기울기 추정량을 다음과 같이 구한다.

$$u_{2j} = \frac{Y_{2,k+j} - Y_{2j}}{x_{2,k+j} - x_{2j}}, \qquad j = 1, \cdots, k \tag{9.48}$$

3. 직선 1, 2에서 구한 기울기 추정량들을 랜덤하게 짝지어 다음과 같은 기울기의 차를 구한다.(u들은 한번씩만 나타남)

$$Z_i = u_{1t} - u_{2s}, \qquad i = 1, \cdots, k \tag{9.49}$$

4. $Z_1, Z_2, \cdots, Z_k$에 윌콕슨 부호순위 검정법을 적용시킨다. 즉,

(1) $R_i^+ = (\{|Z_1|, |Z_2|, \cdots, |Z_k|\}$에서 $|Z_i|$의 순위)

$$\psi(x) = \begin{cases} 1, & x > 0\text{일 때} \\ 0, & x \le 0\text{일 때} \end{cases}$$

로 정의하면 윌콕슨 부호순위 통계량은 다음과 같다.

$$W^+ = \sum_{i=1}^{k} \psi(Z_i) R_i^+ \tag{9.50}$$

(2) W^+에 기초한 검정법:

(i) $H_1: \beta_1 > \beta_2$일 때

$W^+ \geq w^+(\alpha, k)$이면 H_0를 기각

(ii) $H_1: \beta_1 < \beta_2$일 때

$W^+ < w^+(1-\alpha, k)$이면 H_0를 기각

(iii) $H_1: \beta_1 \neq \beta_2$일 때

$W^+ \geq w^+(\alpha/2, k)$또는 $W^+ < w^+(1-\alpha/2, k)$이면 H_0를 기각

해설

1. 두 회귀직선의 모형 (9.42)에서 e_1과 e_2들은 서로 독립임을 가정하였다. 또한, 홀랜더 통계량은

$$Z_i = u_{1t} - u_{2s} = \frac{Y_{1,k+t} - Y_{1t}}{x_{1,k+t} - x_{1t}} - \frac{Y_{2,k+s} - Y_{2s}}{x_{2,k+s} - x_{2s}}$$
$$= (\beta_1 - \beta_2) + \left(\frac{e_{1,k+t} - e_{1t}}{x_{1,k+t} - x_{1t}} - \frac{e_{2,k+s} - e_{2s}}{x_{2,k+s} - x_{2s}} \right) \quad (9.51)$$

에 기초한다. 따라서, Z_i들은 서로 독립이다. 식 (9.51)에서 분모에 있는 $x_{i,k+j} - x_{ij}$의 값은 일반적으로 다르므로 Z_i들이 같은 분포를 갖는 것은 아니다. 그러나, 각 Z_i들은 $\theta = \beta_1 - \beta_2$에 대하여 대칭이며, 따라서 귀무가설 $H_0: \beta_1 = \beta_2$하에서 W^+의 분포는 일표본 문제에서 윌콕슨 부호순위통계량과 같은 분포를 갖는다.
2. 홀랜더 검정은 분포무관 검정법이다.
3. 절차 3에서 u_1과 u_2를 랜덤하게 짝지어 Z_i를 정의하였다. 이때 랜덤하게 짝짓는 이유는 짝짓는 과정에서의 편의(bias)를 없애기 위함이다. 따라서 u값에 의해서가 아니라 x값에 의해서 랜덤하게 짝지어야 하며, 한번 짝지은 것을 결과를 보고 변경해서는 안된다. 즉, 유의성이 있을 때까지 짝짓는 방법을 바꾸는 것은 정당한 추론 방법이 아니며, 이때에는 오류의 관리가 불가능하여 검정의 의미가 없게된다.

대표본 근사

H_0하에서 식 (9.50)의 W^+는 점근적으로 정규분포에 따름을 이용한다. 즉

$$Z_{W^+} = \frac{W^+ - E_0(W^+)}{\sqrt{Var_0(W^+)}} = \frac{W^+ - k(k+1)/4}{\sqrt{k(k+1)(2k+1)/24}} \quad (9.52)$$

은 점근적으로 표준정규분포에 따름을 이용하여 대표본 근사검정을 시행할 수 있다.

동점 처리

윌콕슨 부호순위통계량의 동점처리 방법과 같다.

예제 9.11 [예제 9.10]의 [표 9-11]에서, 두 공정에서의 데이터를 각각 직선회귀로 적합시킬 때 평행성에 대한 가설

$$H_0 : \beta_1 = \beta_2, \qquad H_1 : \beta_1 \neq \beta_2$$

을 검정하는데 홀랜더 검정을 실시하여 보자.

풀이 x_{ij}와 $x_{i,k+j}$를 짝지어 u들을 구하면 다음과 같다.

$$u_{11} = \frac{Y_{17} - Y_{11}}{x_{17} - x_{11}} = \frac{0.851 - 0.708}{10.7 - 9.4} = 0.1100$$

$$u_{12} = \frac{Y_{18} - Y_{12}}{x_{18} - x_{12}} = \frac{0.863 - 0.724}{10.8 - 9.6} = 0.11583$$

$$u_{13} = \frac{Y_{19} - Y_{13}}{x_{19} - x_{13}} = \frac{0.869 - 0.771}{10.9 - 9.7} = 0.08167$$

$$u_{14} = \frac{Y_{1,10} - Y_{14}}{x_{1,10} - x_{14}} = \frac{0.863 - 0.833}{11.1 - 9.9} = 0.0250$$

$$u_{15} = \frac{Y_{1,11} - Y_{15}}{x_{1,11} - x_{15}} = \frac{0.991 - 0.826}{12.3 - 10.1} = 0.0750$$

$$u_{16} = \frac{Y_{1,12} - Y_{16}}{x_{1,12} - x_{16}} = \frac{0.991 - 0.792}{12.7 - 10.6} = 0.09476$$

$$u_{21} = \frac{Y_{27} - Y_{21}}{x_{27} - x_{21}} = \frac{0.877 - 0.756}{11.7 - 10.5} = 0.1008$$

$$u_{22} = \frac{Y_{28} - Y_{22}}{x_{28} - x_{22}} = \frac{0.875 - 0.792}{11.9 - 10.8} = 0.07545$$

$$u_{23} = \frac{Y_{29} - Y_{23}}{x_{29} - x_{23}} = \frac{0.929 - 0.833}{12.0 - 11.4} = 0.1600$$

$$u_{24} = \frac{Y_{2,10} - Y_{24}}{x_{2,10} - x_{24}} = \frac{0.877 - 0.820}{12.0 - 11.5} = 0.1140$$

$$u_{25} = \frac{Y_{2,11} - Y_{25}}{x_{2,11} - x_{25}} = \frac{0.869 - 0.845}{12.4 - 11.5} = 0.02667$$

$$u_{26} = \frac{Y_{2,12} - Y_{26}}{x_{2,12} - x_{26}} = \frac{0.909 - 0.869}{12.5 - 11.7} = 0.0500$$

직선 1 기울기와 직선 2 기울기를 랜덤하게 짝지워 다음과 같이 Z들을 구한다.

$$Z_1 = u_{11} - u_{23} = 0.1100 - 0.1600 = -0.0500$$
$$Z_2 = u_{12} - u_{24} = 0.1158 - 0.1140 = 0.0018$$
$$Z_3 = u_{13} - u_{22} = 0.08167 - 0.07545 = 0.0062$$
$$Z_4 = u_{14} - u_{26} = 0.0250 - 0.0500 = -0.0250$$
$$Z_5 = u_{15} - u_{21} = 0.0750 - 0.1008 = -0.0258$$
$$Z_6 = u_{16} - u_{25} = 0.09476 - 0.02667 = 0.0681$$

[표 9-12]는 이 Z들에서 W^+의 계산표이다.

[표 9-12] W^+의 계산표

i	Z_i	$\lvert Z_i \rvert$	R_i^+	$\psi(Z_i)$	$\psi(Z_i)R_i^+$
1	−0.0500	0.0500	5	0	0
2	0.0018	0.0018	1	1	1
3	0.0062	0.0062	2	1	2
4	−0.0250	0.0250	3	0	0
5	−0.0258	0.0258	4	0	0
6	0.0681	0.0681	6	1	6
				계	9

계산표에서 $W^+ = 9$이며, [부록 표 6]에서 유의수준을 $\alpha = 0.156$으로 고려한 기각역도 $W^+ \geq 18$ 또는 $W^+ \leq 3$이므로 귀무가설을 기각시킬 근거는 전혀 없다. W^+의 값이 식 (2.19)에서 주어진 $E_0(W^+) = 10.5$에 매우 가까움에 주목하라.

예제 9.12 인슈린 분석에 쥐의 반횡격막(hemidiaphragm) 방법을 이용한다. 절차는 횡격막 조직에서 글리코겐 합성을 촉진하는 능력을 이용하는 것이다. 즉, 18시간 굶긴 같은 무게의 쥐에게 반횡경막을 절단한 다음에 조직을 튜브 속에 배양한 후에 세척하여 글리코겐 함량을 검사한다. 이때에 배양 매체의 인슈린 농도가 높을수록 반횡경막에 글리코겐 합성이 증가함을 이용하는 절차이다. 특히 인슈린 함량이 $0.1 \sim 1.0\mu/\text{ml}$ 사이의 수준일 때는 글리코겐 양과 인슈린 농도의 로그값 사이에 대략 선형관계가 있다.

이때에 다른 인슈린 처방에 대한 두 회귀직선은 평행이라고 할 수 있는지의 여부는 상대역가(relative potency)의 개념과 관계되는 중요한 문제이다. 이를 조사하기 위하여 [표 9-13]의 데이터를 얻었다. 표에서 인슈린의 양을 0.3ml와 1.5ml에서 각각 6번씩 적용하여 글리코겐 함량을 흡광도(optical density)로 측정하였다. 두 인슈린 처방의 결과를 각각 직선으로 적합시킬 때 두 회귀직선은 평행이라고 할 수 있는가?

[표 9-13] 인슈린의 양(x)에 대한 글리코겐 함량(Y)

번호(j)	제1처방		제2처방	
	x_{1j}	Y_{1j}	x_{2j}	Y_{2j}
1	log(0.3)	230	log(0.3)	310
2	log(0.3)	290	log(0.3)	265
3	log(0.3)	265	log(0.3)	300
4	log(0.3)	225	log(0.3)	295
5	log(0.3)	285	log(0.3)	255
6	log(0.3)	280	log(0.3)	280
7	log(1.5)	365	log(1.5)	415
8	log(1.5)	325	log(1.5)	375
9	log(1.5)	360	log(1.5)	375
10	log(1.5)	300	log(1.5)	275
11	log(1.5)	360	log(1.5)	380
12	log(1.5)	385	log(1.5)	380

풀이 표에서 log(1.5)−log(0.3)=log5=0.699이다. 따라서 절차 1,2의 u값을 계산하면 다음과 같다.

$$u_{11} = \frac{Y_{17} - Y_{11}}{x_{17} - x_{11}} = 193.1 \qquad u_{21} = \frac{Y_{27} - Y_{21}}{x_{27} - x_{21}} = 150.2$$

$$u_{12} = \frac{Y_{18} - Y_{12}}{x_{18} - x_{12}} = 50.1 \qquad u_{22} = \frac{Y_{28} - Y_{22}}{x_{28} - x_{22}} = 157.4$$

$$u_{13} = \frac{Y_{19} - Y_{13}}{x_{19} - x_{13}} = 135.9 \qquad u_{23} = \frac{Y_{29} - Y_{23}}{x_{29} - x_{23}} = 107.3$$

$$u_{14} = \frac{Y_{1,10} - Y_{14}}{x_{1,10} - x_{14}} = 107.3 \qquad u_{24} = \frac{Y_{2,10} - Y_{24}}{x_{2,10} - x_{24}} = -28.6$$

$$u_{15} = \frac{Y_{1,11} - Y_{15}}{x_{1,11} - x_{15}} = 107.3 \qquad u_{25} = \frac{Y_{2,11} - Y_{25}}{x_{2,11} - x_{25}} = 178.8$$

$$u_{16} = \frac{Y_{1,12} - Y_{16}}{x_{1,12} - x_{16}} = 150.2 \qquad u_{26} = \frac{Y_{2,12} - Y_{26}}{x_{2,12} - x_{26}} = 143.1$$

직선 1 기울기와 직선 2 기울기를 랜덤하게 짝지워 다음과 같은 기울기의 차 Z들을 구한다.

$$Z_1 = u_{11} - u_{21} = 193.1 - 150.2 = 42.9$$

$$Z_2 = u_{12} - u_{22} = 50.1 - 157.4 = -107.3$$
$$Z_3 = u_{13} - u_{24} = 135.9 + 28.6 = 164.5$$
$$Z_4 = u_{14} - u_{25} = 107.3 - 178.8 = -71.5$$
$$Z_5 = u_{15} - u_{26} = 107.3 - 143.1 = -35.8$$

$$Z_6 = u_{16} - u_{23} = 150.2 - 107.3 = 42.9$$

Z_1과 Z_6는 동점이므로 평균순위를 사용하며, [표 9-12]와 같은 계산표를 만들어 W^+의 값을 구하면 다음과 같다.

$$W^+ = \sum_{i=1}^{6} \psi(Z_i) R_i^+ = 2.5 + 6 + 2.5 = 11$$

한편, [부록 표 6]에서 $P_0\{W^+ \geq 11\} = 0.500$이므로, 두 회귀직선은 평행이라고 할 수 있다. ■

참고문헌

홀랜더 검정은 Hollander(1970)에 의해 제안되었으며, Sen(1969)은 두 개 이상의 회귀직선의 평행성 문제로 확장하였다. 그러나 Sen의 방법은 점근 분포무관 방법이다.

9.4.3 두 회귀모수의 차의 비모수적 추정

두 회귀직선의 모형 (9.42)에서 두 기울기 모수 β_1, β_2의 차인 $\theta = \beta_1 - \beta_2$에 대한 비모수적 추정법을 생각해 보자. 앞 절에서는 두 회귀모수의 동질성에 대한 분포무관 검정법으로 홀랜더 검정을 소개하였다. 홀랜더 통계량에 기초한 $\theta = \beta_1 - \beta_2$의 분포무관 신뢰구간을 다음과 같이 구할 수 있다. 이 절에서도 각 직선에서 관측값의 개수는 $n = 2k$로 가정한다.

절차

1. 앞 절의 홀랜더 검정에서와 같이 u_{1j}, u_{2j}, Z_i 들을 다음과 같이 구한다.

$$u_{1j} = \frac{Y_{1,k+j} - Y_{1j}}{x_{1,k+j} - x_{1j}}, \quad j = 1, \cdots, k$$

$$u_{2j} = \frac{Y_{2,k+j} - Y_{2j}}{x_{2,k+j} - x_{2j}}, \quad j = 1, \cdots, k$$

$$Z_i = u_{1t} - u_{2s}, \qquad i = 1, \cdots, k$$

(u들은 랜덤하게 짝지어 한번씩만 나타남)

2. $\theta = \beta_1 - \beta_2$의 추정량:

$$\hat{\theta} = \text{med}\left\{\frac{Z_i + Z_j}{2}, i \le j\right\} = \text{med}\{W_{ij}, i \le j\} \tag{9.53}$$

해설

1. 이 절의 절차 1, 2에서 정의된 $\theta = \beta_1 - \beta_2$의 추정량 $\hat{\theta} = \text{med}\{(Z_i + Z_j)/2, i \le j\}$은 홀랜더 통계량에 기초한 핫지스-레만형 추정량이다. 따라서 $\hat{\theta}$의 성질은 앞절에서 홀랜더 통계량의 성질과 비슷하다. u들의 정의에서 관측값은 한번씩만 사용하며, Z의 정의에서도 u들이 한번씩만 사용된다. 따라서 이 절에서 소개한 추정량은 소표본에서 효율이 떨어지는 단점이 있다.
2. 9.3.1절에서 소개한 쎈 추정량을 이용하여, $\theta = \beta_1 - \beta_2$의 추정량을 다음과 같이 정의할 수 있다. 즉,

$$\tilde{\theta} = \tilde{\beta}_1 - \tilde{\beta}_2 \tag{9.54}$$

여기서, $\tilde{\beta}_1$와 $\tilde{\beta}_2$는 두 회귀직선의 기울기에 대한 쎈 추정량으로서 다음과 같이 정의된다.

$$\tilde{\beta}_1 = \text{med}\left\{\frac{Y_{1j} - Y_{1i}}{x_{1j} - x_{1i}}: \ 1 \le i < j \le n_1, \ x_{1i} \ne x_{1j}\right\}$$

$$\tilde{\beta}_2 = \text{med}\left\{\frac{Y_{2j} - Y_{2i}}{x_{2j} - x_{2i}}: \ 1 \le i < j \le n_2, \ x_{2i} \ne x_{2j}\right\}$$

이와 같은 추정에서는 두 직선에서의 관측값의 개수가 같을 필요가 없다.

예제 9.13 [예제 9.10]의 시멘트 생산량과 체잔량의 데이터에 대하여 [예제 9.11]에서 평행성 검정을 하였다. 같은 데이터에 대하여 $\theta = \beta_1 - \beta_2$의 값을 추정해 보자.

풀이 [예제 9.11]에서 Z_i값들은 다음과 같다.

$$-0.0500, \ 0.0018, \ 0.0062, \ -0.0250, \ -0.0258, \ 0.0681$$

다음은 Z_i들에 대한 왈쉬평균 $W_{ij} = (Z_i + Z_j)/2, i \le j$의 계산표이다.

Z_i \ Z_j	−0.0500	−0.0258	−0.0250	0.0018	0.0062	0.0681
−0.0500	−0.0500	−0.0379	−0.0375	−0.0241	−0.0219	0.0091
−0.0258		−0.0258	−0.0254	−0.0120	−0.0098	0.0212
−0.0250			−0.0250	−0.0116	−0.0094	0.0216
0.0018				0.0018	0.0040	0.0350
0.0062					0.0062	0.0372
0.0681						0.0681

위의 계산표에서 $\theta = \beta_1 - \beta_2$의 추정값은 다음과 같다.

$$\hat{\theta} = \text{med}\{ W_{ij},\ i \le j \} = -0.0098$$ ■

예제 9.14 [예제 9.12]의 인슈린과 글리코겐 함량에 대한 데이터에서 두 회귀직선의 기울기의 차를 추정해 보자.

풀이 [예제 9.12]에서 Z_i 값들은 다음과 같다.

$$42.9,\ -107.3,\ 164.5,\ -71.5,\ -35.8,\ 42.9$$

이 Z_i들에 대한 왈쉬평균 W_{ij}는 다음과 같이 계산한다.

Z_i \ Z_j	−107.3	−71.5	−35.8	42.9	42.9	164.5
−107.3	−107.3	−89.4	−71.6	−32.2	−32.2	28.6
−71.5		−71.5	−53.7	−14.3	−14.3	46.5
−35.8			−35.8	3.55	3.55	64.4
42.9				42.9	42.9	103.7
42.9					42.9	103.7
164.5						164.5

위의 계산표에서 $\theta = \beta_1 - \beta_2$의 추정치는 다음과 같다.

$$\hat{\theta} = \text{med}\{ W_{ij},\ i \le j \} = 3.55$$ ■

참고문헌

β_1과 β_2를 따로 추정하여 $\theta^* = \beta_1^* - \beta_2^*$의 꼴로 추정량을 만들 수 있으므로, 단순회귀모형에 대한 참고문헌을 참조할 수 있다. 특히, Adichie(1967b)는 순위검정에 기초한 회귀모수의 추정법을 소개하였다.

9.5 효율(*)

한 기울기 모수 β의 검정과 추정에서, 타일검정과 쎈 추정량의 F-검정과 최소제곱추정량에 대한 점근 상대효율은 Sen(1968d)에 의해 구해졌으며, 결과는 다음과 같다. 타일검정의 F-검정에 대한 점근 상대효율을 $\mathrm{ARE}(K, F)$라 하면

$$\mathrm{ARE}(K, F) = \epsilon^2 \mathrm{ARE}(W, t) \tag{9.55}$$

여기서, $\mathrm{ARE}(W, t)$는 윌콕슨 검정의 t-검정에 대한 점근 상대효율이며, ϵ은 $(x_1, x_2, \cdots, x_n)$과 $(1, 2, \cdots, n)$의 상관계수의 극한값이다. 이와 같이 타일 절차의 점근 상대효율은 설계점인 $x_1,\ x_2,\ \cdots,\ x_n$에 의존하며, 상관계수의 성질에서 $0 \le \epsilon^2 \le 1$이므로 $\mathrm{ARE}(K, F) \le \mathrm{ARE}(W, t)$의 관계가 있다. 특히, 설계점들이 등간격으로 반복이 없이 주어질 때, 즉

$$x_i = x_1 + (i-1)a, \quad a > 0, \quad i = 1, \cdots, n$$

일 때에는 $\epsilon^2 = 1$로서 최댓값을 가지며, 이때의 점근 상대효율은 윌콕슨 검정의 효율과 같다.

9.4절에서 소개된 두 회귀직선의 평행성 검정 또는 두 회귀모수의 차에 관한 추정은 홀랜더 통계량에 기초하므로, 점근효율은 홀랜더 검정의 점근효율과 같다. 특히 설계점들이 등간격으로 설계되고, 각 직선에서는 $2k$개의 점 각각에서 n'개의 반복된 관측이 있어서 $n = 2kn'$개의 설계점들이

$$C_i - 2c_i j, \quad j = 0, 1, \cdots, 2k-1$$

로 주어질 경우에, 홀랜더 검정의 점근 상대효율을 Hollander(1970)가 구하였다. 특히, $c_2/c_1 = 1$이고 $k = 1, \infty$일 때 정규이론 절차에 대한 점근 상대효율이 [표 9-14]와 같다. 표에서 보는 바와 같이, k가 증가할수록 점근 상대효율은 감소한다.

[표 9-14] 홀랜더 절차의 정규이론 절차에 대한 점근 상대효율

분포	$k=1$	$k=\infty$
정규분포	0.955	0.716
균등분포	0.919	0.689
지수분포	1.172	0.879

9.6 R-program을 이용한 실습

이 절에서는 R-program을 이용하여 회귀분석의 모수적 방법과 비모수적 방법을 이용하여 실습하기로 한다.

예제 9.15 [예 9.A]의 데이터에 대한 단순선형회귀모형에서 최소제곱추정([예제 9.1]), 비모수적 추정([예제 9.6])과 기울기 모수에 대한 검정($H_0 : \beta = 0,\ H_1 : \beta \neq 0$)을 R을 이용하여 풀어 보자. 또한 수확량 8.2가 15로 바뀌면 결과가 어떻게 달라지는지 알아보자.

풀이 분석을 실시하기 위해 먼저 [예 9.A]의 데이터를 입력한 다음 단순선형회귀분석의 모수적 방법을 실시하는 R 함수 "lm"과 비모수적 방법을 실시하는 R 함수 "zyp.sen"을 실행한다. 이때 "zyp.sen"은 library "zyp" 내에 있는 함수이므로 추가 패키지(add-on package) "zyp"를 먼저 적재한 다음 실행한다. 실행 프로그램은 [프로그램 9.1]과 같다.

[프로그램 9.1]

```
x <- c(3, 4, 5, 6, 7) # line 1
y <- c(4.8, 6, 7.2, 7.8, 8.2) # line 2

fit_par <- lm(y ~ x) # line 3
summary(fit_par) # line 4

library(zyp) # line 5
fit_non <- zyp.sen(y ~ x) # line 6
print(fit_non) # line 7
```

```
ci <- confint.zyp(fit_non) # line 8
print(ci) # line 9
library(Kendall) # line 10
theil <- Kendall(x, y) # line 11
summary(theil) # line 12
```

프로그램의 첫째 줄(# line 1)과 둘째 줄(# line 2)는 토마토 재배에서 비료의 양(X)과 수확량(Y)을 벡터 x, y에 각각 저장하는 과정이다. 프로그램의 셋째 줄(# line 3)과 넷째 줄(# line 4)은 벡터 x, y를 이용하여 단순선형회귀분석(모수적 방법)을 실행하는 명령이다. R 함수 “lm”을 사용한 단순선형회귀분석 결과를 ‘fit_par’에 저장한 다음, R 함수 “summary”를 사용하여 회귀분석 결과(회귀계수의 최소제곱추정량, 회귀직선의 유의성 검정 등)를 출력한다. 프로그램의 다섯째 줄(# line 5) library(zyp)는 패키지 zyp를 적재하는 명령인데 이 패키지가 미리 저장되어 있어야 한다. 이에 대한 자세한 설명은 [예제 2.15]에 설명되어 있다.

프로그램의 여섯째 줄(# line 6)과 일곱 번째 줄(# line 7)은 벡터 x, y를 이용하여 단순선형회귀분석(비모수적 방법)을 실행하는 명령이다. R 함수 “zyp.sen”을 사용한 단순선형회귀분석 결과를 ‘fit_non’에 저장한 다음, R 함수 “print”를 사용하여 회귀분석 결과(회귀계수의 센 추정량)를 출력한다. 또한 회귀분석 결과인 ‘fit_non’을 이용하여 R 함수 “confint.zyp”를 실행하면 비모수적 방법에 기초한 회귀계수의 95% 신뢰구간을 구할 수 있다. 신뢰구간 결과를 ‘ci’에 저장한 다음(# line 8), R 함수 “pirnt”를 사용하여 출력한다(# line 9).

프로그램의 열 번째 줄(# line 10) library(Kendall)는 패키지 “Kendall”를 적재하는 명령이다. 기울기 모수에 대한 가설($H_0 : \beta = 0,\ H_1 : \beta \neq 0$)을 검정하기 위한 타일 검정을 실시하기 위한 R 함수 “Kendall”은 library “Kendall” 내에 있는 함수이므로 추가 패키지(add-on package) “Kendall”를 먼저 적재한 다음 실행한다. 이때 이 패키지가 미리 저장되어 있어야 한다. 프로그램의 열한째 줄(# line 11)과 열두째 줄(# line 12)는 벡터 x, y를 이용하여 타일 검정을 실행하는 명령이다. R 함수 “Kendall”을 사용한 타일 검정 결과를 ‘theil’에 저장한 다음, R 함수 “summary”를 사용하여 출력한다. [프로그램 9.1]의 결과는 [결과 9.1]과 같다.

[결과 9.1]

```
> fit_par <- lm(y ~ x)
> summary(fit_par)
```

```
Call:
lm(formula = y ~ x)

Residuals:
    1     2     3     4     5
-0.28  0.06  0.40  0.14 -0.32

Coefficients:
            Estimate Std. Error t value Pr(>|t|)
(Intercept)   2.5000     0.5724   4.368  0.02219 *
x             0.8600     0.1102   7.807  0.00437 **
---
Signif. codes:  0 '***' 0.001 '**' 0.01 '*' 0.05 '.' 0.1 ' ' 1

Residual standard error: 0.3483 on 3 degrees of freedom
Multiple R-squared:  0.9531,     Adjusted R-squared:  0.9375
F-statistic: 60.96 on 1 and 3 DF,  p-value: 0.004374

> fit_non <- zyp.sen(y ~ x)
> print(fit_non)

Call:
NULL

Coefficients:
Intercept          x
    2.500      0.875

> ci <- confint.zyp(fit_non)
> print(ci)
             0.025    0.975
Intercept 1.831929 3.018071
x         0.400000 1.200000
> theil <- Kendall(x, y)
> summary(theil)
Score =  10 , Var(Score) = 16.66667
denominator =  10
tau = 1, 2-sided pvalue =0.027486
```

[결과 9.1]에서 단순선형회귀분석(모수적 방법) 결과(summary(fit_par))를 살펴보면, 회귀모수의 최소제곱추정량이 절편은 2.5, 기울기는 0.86임을 확인할 수 있다. 또한 기울기 모수에 대한 검정 결과로는 유의수준이 0.00437(< 0.05)로서 유의수준 5%에서 기울기가 유의하다고 할 수 있다.

비모수적 방법의 회귀분석 결과(print(fit_non))를 살펴보면, 회귀모수의 쎈 추정량이 절편은 2.5, 기울기는 0.875임을 확인할 수 있다. 기울기 모수에 대한 분포무관 95% 신뢰구간(print(ci))은 (0.40, 1.20)임을 보여 주고 있다. 또한 기울기 모수에 대한 타일 검정 결과(summary(theil))로는 유의수준이 0.027486(< 0.05)로서 유의수준 5%에서 기울기가 유의하다고 할 수 있다. 따라서 두 방법에 의해 추정된 모수의 값은 유사하고 기울기 모수에 대한 검정은 유의수준 5%에서 모두 유의하다.

만약 비료양이 7일 때 수확량이 8.2 대신 15와 같은 이상점일 경우 최소제곱법과 비모수적 회귀분석 결과가 어떻게 달라지는지 살펴보기 위한 프로그램은 [프로그램 9.2]와 같다.

[프로그램 9.2]

```
x <- c(3, 4, 5, 6, 7) # line 1
z <- c(4.8, 6, 7.2, 7.8, 15) # line 2
fit_par <- lm(z ~ x) # line 3
summary(fit_par) # line 4

library(zyp) # line 5
fit_non <- zyp.sen(z ~ x) # line 6
print(fit_non) # line 7
ci <- confint.zyp(fit_non) # line 8
print(ci) # line 9
library(Kendall) # line 10
theil <- Kendall(x, z) # line 11
summary(theil) # line 12
```

프로그램의 첫째 줄(# line 1)과 둘째 줄(# line 2)은 토마토 재배에서 비료의 양(X)과 수확량(Y)을 벡터 x, z에 각각 저장하는 과정이다. 이때 벡터 z의 마지막 데이터인 8.2가 15로 바뀌어 입력된다. 나머지 프로그램에 대한 설명은 [프로그램 9.1]과 동일하다. [프로그램 9.2]의 결과는 [결과 9.2]와 같다.

[결과 9.2]

```
> fit_par <- lm(z ~ x)
> summary(fit_par)

Call:
lm(formula = z ~ x)

Residuals:
    1     2     3     4     5
 1.08  0.06 -0.96 -2.58  2.40

Coefficients:
            Estimate Std. Error t value Pr(>|t|)
(Intercept)  -2.9400     3.6135  -0.814   0.4754
x             2.2200     0.6954   3.192   0.0496 *
---
Signif. codes:  0 '***' 0.001 '**' 0.01 '*' 0.05 '.' 0.1 ' ' 1

Residual standard error: 2.199 on 3 degrees of freedom
Multiple R-squared:  0.7726,    Adjusted R-squared:  0.6968
F-statistic: 10.19 on 1 and 3 DF,  p-value: 0.04962

> fit_non <- zyp.sen(z ~ x)
> print(fit_non) # line 7

Call:
NULL

Coefficients:
Intercept         x
      1.2       1.2

> ci <- confint.zyp(fit_non)
> print(ci)
              0.025    0.975
Intercept -2.731279 7.051279
x          0.600000 3.900000
> theil <- Kendall(x, z)
```

```
> summary(theil)
Score =  10 , Var(Score) = 16.66667
denominator = 10
tau = 1, 2-sided pvalue = 0.027486
```

[결과 9.2]에서 단순선형회귀분석(모수적 방법) 결과(summary(fit_par))를 살펴보면, 회귀모수의 최소제곱추정량이 절편은 −2.94, 기울기는 2.22임을 확인할 수 있다. 또한 기울기 모수에 대한 검정 결과로는 유의수준이 0.0496(< 0.05)로서 유의수준 5%에서 기울기가 유의하다고 할 수 있다. 그러나 유의확률이 $\alpha = 0.05$와 큰 차이가 없기 때문에 기울기의 유의성은 미미하다고 판단할 수 있다.

비모수적 방법의 회귀분석 결과(print(fit_non))를 살펴보면, 회귀모수의 센 추정량이 절편은 1.2, 기울기는 1.2임을 확인할 수 있다. 기울기 모수에 대한 분포무관 95% 신뢰구간(print(ci))은 (0.6, 3.9)임을 보여 주고 있다. 또한 기울기 모수에 대한 타일 검정 결과(summary(theil))로는 유의수준이 0.027486(< 0.05)로서 유의수준 5%에서 기울기가 유의하다고 할 수 있다. 따라서 최소제곱법에 의한 기울기는 2.2로 변하였으나 비모수적 방법에 의한 기울기 추정값은 1.2로서 이상점의 영향을 덜 받음을 알 수 있다.

예제 9.16 [예제 9.4]의 데이터에 대한 기울기 모수에 대한 검정($H_0 : \beta = 0$, $H_1 : \beta < 0$)을 R을 이용하여 풀어 보자.

풀이 분석을 실시하기 위해 먼저 [예 9.4]의 데이터를 입력한 다음 비모수적 회귀분석을 실시하는 R 함수 "zyp.sen"을 실행한다. 이때 "zyp.sen"은 library "zyp" 내에 있는 함수이므로 추가 패키지(add-on package) "zyp"를 먼저 적재한 다음 실행한다. 또한 기울기 모수에 대한 가설을 검정하기 위한 타일 검정을 실시하는 R 함수 "Kendall"을 실행한다. R 함수 "Kendall"은 library "Kendall" 내에 있는 함수이므로 추가 패키지(add-on package) "Kendall"을 먼저 적재한 다음 실행한다. 실행 프로그램은 [프로그램 9.3]과 같다.

[프로그램 9.3]

```
x <- c(1, 2, 3, 4, 5) # line 1
y <- c(1.28, 1.27, 1.12, 1.16, 1.03) # line 2
library(zyp) # line 3
fit <- zyp.sen(y ~ x) # line 4
print(fit) # line 5
library(Kendall) # line 6
```

```
theil <- Kendall(x, y) # line 7
summary(theil) # line 8
```

프로그램의 첫째 줄(# line 1)과 둘째 줄(# line 2)은 연도(X)와 이중비율(Y)을 벡터 x, y에 각각 저장하는 과정이다. 프로그램의 셋째 줄(# line 3) library(zyp)는 패키지 zyp를 적재하는 명령인데 이 패키지가 미리 저장되어 있어야 한다. 이에 대한 자세한 설명은 [예제 2.15]에 설명되어 있다. 프로그램의 넷째 줄(# line 4)과 다섯째 줄(# line 5)은 벡터 x, y를 이용하여 비모수적 단순선형회귀분석을 실행하는 명령이다. R 함수 "zyp.sen"을 사용한 단순선형회귀분석 결과를 'fit'에 저장한 다음, R 함수 "print"를 사용하여 회귀분석 결과(회귀계수의 쎈 추정량)를 출력한다.

프로그램의 여섯째 줄(# line 6) library(Kendall)는 패키지 "Kendall"를 적재하는 명령인데 이 패키지가 미리 저장되어 있어야 한다. 기울기 모수의 검정법인 타일 검정법은 $H_0 : \beta = 0$ 일 때는 켄달 검정법과 동일하다고 9.2절의 해설 3에서 언급하였다. 프로그램의 일곱째 줄(# line 7)과 여덟째 줄(# line 8)은 벡터 x, y를 이용하여 타일 검정(즉, 켄달 검정)을 실행하는 명령이다. R 함수 "Kendall"을 사용한 타일 검정 결과를 'theil'에 저장한 다음, R 함수 "summary"를 사용하여 출력한다. [프로그램 9.3]의 결과는 [결과 9.3]과 같다.

[결과 9.3]

```
> fit <- zyp.sen(y ~ x)
> print(fit)

Call:
NULL

Coefficients:
Intercept          x
  1.33875    -0.05875

> theil <- Kendall(x, y)
> summary(theil)
Score =  -8 , Var(Score) = 16.66667
denominator =  10
tau = -0.8, 2-sided pvalue =0.086411
```

[결과 9.2]에서 비모수적 방법의 회귀분석 결과(print(fit))를 살펴보면, 회귀모수의 쎈 추정량이 절편은 1.338752, 기울기는 −0.05875임을 확인할 수 있다. 또한 기울기 모수에 대한 타일 검정 결과(summary(theil))에서 주어지는 유의확률은 양쪽검정일 때의 유의확률이므로, 이 문제에서 검정하고자 하는 가설은 $H_0 : \beta = 0$, $H_1 : \beta < 0$이므로 한쪽 검정의 유의확률을 계산하여야 한다. 한쪽 검정의 유의확률은 양쪽검정 유의확률(0.086411)의 반(0.086411/2=0.0432055)이 되어, 유의수준 5%에서 귀무가설을 기각할 수 있다. 따라서 시간이 갈수록 씨뿌리기로 인한 강우량의 증가율이 감소하고 있다고 할 수 있다.

연습문제

1. 예 9.A의 데이터에 대하여 수확량(Y)을 비료의 양(x)으로 회귀시킬 때, 직선회귀의 유의성에 대한 타일 검정을 시행하고, [예제 9.15]의 결과를 비교하여라.

2. 어느 정밀기계 제조공정에서는 기사의 개인별 능력이 경력과 깊은 관계가 있는 것으로 추측되었다. 이를 조사하기 위하여 5명의 기사에 대한 경력연수(x)와 1주일당 생산량(Y)을 조사하여 다음 표의 데이터를 얻었다. Y를 x에 대하여 직선으로 적합시킬 때, 표본회귀직선 $\hat{Y} = \alpha^* + \beta^* x$를 구하여라.

번호(i)	경력연수(x_i)	생산량(Y_i)
1	4	8
2	5	7
3	6	10
4	7	15
5	10	20

3. 다음은 시중에서 판매되고 있는 6권의 통계학 책에 대한 총쪽수와 가격에 대한 데이터이다. 가격(Y)을 쪽수(x)로 직선회귀시킬 때, 표본회귀직선 $\hat{Y} = \alpha^* + \beta^* x$를 구하여라.

번호(i)	총쪽수(x_i)	가격(Y_i)
1	200	10,000
2	300	12,000
3	400	20,000
4	400	25,000
5	500	25,000
6	600	30,000

4. 어느 회사에서는 광고비와 판매량 사이의 관계를 조사하기 위하여, 6개 지역에서 광고비(x)와 판매량(Y)의 데이터를 다음과 같이 얻었다(단위: 1,000만원). x와 Y를 직선으로 적합시킬 때, 다음 물음에 답하여라.

(1) 귀무가설 $H_0 : \beta = 0$를 대립가설 $H_1 : \beta > 0$에 대하여 타일 검정을 시행하여라.

(2) 표본회귀직선 $\hat{Y} = \alpha^* + \beta^* x$를 구하여라.

지역	광고비(x)	판매량(Y)
1	2	20
2	3	25
3	4	30
4	5	31
5	6	34
6	11	40

5. 세노스피어(cenosphere) 합성수지를 만들 때, 합수수지의 밀도에 유체정압이 미치는 영향을 조사하였다. 다음 표는 압력의 8수준에서 밀도를 관측한 데이터이다. 압력(x)과 밀도(Y)를 직선으로 적합시킬 때 다음 물음에 답하여라.

번호(i)	압력(x,ψ)	밀도(Y,g/cm^3)
1	0	0.924
2	5,000	0.988
3	10,000	0.992
4	15,000	1.118
5	20,000	1.133
6	25,000	1.145
7	30,000	1.157
8	100,000	1.357

(1) 귀무가설 $H_0 : \beta = 0$를 대립가설 $H_1 : \beta > 0$에 대하여 타일 검정을 시행하여라.

(2) 표본회귀직선 $\hat{Y} = \alpha^* + \beta^* x$를 구하여라.

6. 5번 문제에서 β의 93.8% 분포무관 신뢰구간을 구하여라.

7. 임상 혈액회석(hemodilution)의 수단으로 동맥에 사용되는 폴리에스터-모직 여과기의 지방 여과기능에 대하여 연구하기 위하여, 10명의 수술환자에게서 여과기에 회수된 물체를 조사하였다. 다음 표의 데이터는 10명의 환자에 대한 지질(lipids)과 콜레스테롤(cholesterol)의 제거비율이다.

번호(i)	지질(x)	콜레스테롤(Y)
1	3.81	1.90
2	2.10	1.03
3	0.79	0.44
4	1.99	1.18
5	1.03	0.62
6	2.07	1.29
7	0.74	0.39
8	3.88	2.30
9	1.43	0.93
10	0.41	0.23

(1) x와 Y를 직선으로 적합시키는 것이 타당한지 타일 검정을 시행하여라.

(2) 회귀직선에서 α와 β의 비모수 추정량을 구하여, 표본회귀직선 $\hat{Y} = \alpha^* + \beta^* x$를 구하여라.

8. 7번 문제에서 β의 92.8% 분포무관 신뢰구간을 구하여라.

9. 다음 표는 어느 고등학교에서 남학생과 여학생에 대한 창조력(x)과 독립성(Y)에 대한 점수를 조사한 결과이다. x와 Y를 직선으로 적합시킬 때, 남학생과 여학생에 대한 두 회귀직선은 평행이라고 할 수 있는가? 홀랜더 검정을 시행하여라.

남학생		여학생	
x_1	Y_1	x_2	Y_2
85	78	75	70
86	57	57	37
83	80	87	76
92	83	80	59
81	68	91	84
76	69	99	73
65	54	81	69
99	92	93	74

10. 심장병이 있는 환자 그룹과 건강한 지원자 그룹에 대하여 각각 10명씩 랜덤하게 뽑아 신장과 체중을 조사하였다. 두 그룹에서 각각 신장(x)과 체중(Y)을 직선관계로 적합시킬 때, 다음 물음에 답하여라.

심장병 환자		건강인	
x_1	Y_1	x_2	Y_2
177	61	180	79
159	60	177	62
154	62	167	62
160	63	170	61
157	67	171	66
169	63	163	56
160	45	165	52
180	87	164	54
158	47	168	58
167	58	185	84

(1) 귀무가설 $H_0 : \beta_1 = \beta_2$를 대립가설 $H_1 : \beta_1 \neq \beta_2$에 대하여 홀랜더 검정을 시행하여라.

(2) 두 회귀모수의 차인 $\theta = \beta_1 - \beta_2$의 값을 추정하여라.

11. 9.4절의 결과를 이용하여, $\theta = \beta_1 - \beta_2$의 구간추정에서 홀랜더 검정에 기초한 분포무관 신뢰구간을 구하는 절차를 설명하여라.

참고문헌

- Adichie, J. N.(1967a). Asymptotic efficiency of a class of non-parametric tests for regression parameters. *Ann. Math. Statist.* 38, 884-93.
- Adichie, J. N.(1967b). Estimates of regression parameters based on rank tests. *Ann. Math. Statist.* 38, 894-904.
- Ansari, A. R. and Bradley, R. A.(1960). Rank-sum tests for dispersions. *Ann Statist.* 31, 1174-89
- Barton, D. E. and David, F. N.(1958). A test for birth order effect. *Ann. Human Genetics* 22, 250-7.
- Barton, D. E. and Mallows, C. L.(1965). Some aspects of the random sequence. *Ann. Math. Statist.* 36, 236-60.
- Bhattacharya, P. K.(1967). Efficient estimation of a shift parameter from grouped data. *Ann. Math. Statist.* 38, 1770-87.
- Capon, J.(1961). Asymptotic efficiency of certain locally most powerful rank tests. *Ann. Math. Statist.* 32, 88-100.
- Chanda, K. C.(1963). On the efficiency of two-sample Mann-Whitney test for discrete populations. *Ann. Math. Statist.* 34, 612-7.
- Conover, W. J.(1980). *Practical Nonparametric Statistics, 2nd ed.* Wiley, New York.
- Daniel, W. W.(1978). *Applied Nonparametric Statistics*, Houghton Mifflin Co., Boston.

- Darling, D. A.(1957). The Kolmogorov–Smirnov, Crame'r–von Mises tests. *Ann. Math. Statist.* 28, 823–38.
- Darling, D. A. and Robbins, H.(1968). Some nonparametric sequential tests with power one. *Proc. Nat. Acad. Sci.* 61, 804–9.
- Dixon, W. J. and Mood, A. M.(1946). The statistical sign test. *J. Amer. Statist. Ass.* 41, 557–66.
- Doksum, K.(1967). Robust proceedures for some linear models with one observation per cell. *Ann. Math. Statist.* 38, 878–83.
- Dunn, O. J.(1964). Multiple comparisons using rank sums. *Technometrics* 6, 241–52.
- Farlie, D. J. G.(1961). The asymptotic efficiency of Daniels's generalized correlation coeffeceints. *J. R. Statist. Soc.* B 23, 128–42.
- Fine, T.(1966). On the Hodges and Lehmann Shift estimator in the two sample problem. *Ann. Math. Statist.* 37, 1814–8.
- Fisher, R. A.(1925). *Statistical Methods for Research Workers*, 1st ed. Oliver & Boyd, Edinburgh.
- Fisz, M.(1960). On a result by M. Rosenblatt concerning the von Mises–Smirnov test. *Ann. Math. Statist.* 31, 427–9.
- Freund, J. E. and Ansari, A. R.(1957). Two–way rank–sum tests for variances. Tech. Rept. 34, Department of Statistics, Virginia Polytechnic Institute.
- Friedman, M.(1937). The use of ranks to avoid the assumption of normality implicit in the analysis of variance. *J. Amer. Statist.* Ass. 32, 675–701.
- Ghosh, S. K. and Kim, H.(2007). Semiparametric inference based on a class of zero–altered distributions, Stat. Method. H, 371–383.
- Hajek, J. and Sidak, Z(1967). *Theory of Rank Tests.* Academic Press, New York.
- Hemelrijk, J.(1952). Note on Wilcoxon's two–sample test when ties are present. *Ann. Math. Statist.* 23, 133–5.
- Hettmansperger, T. P.(1984). *Statistical Inference Based on Ranks*, John Wiley

& Sons, New York.

- Hodges, J. L. Jr. and Lehmann, E. L.(1962). Rank methods for combination of independent experiments in analysis of variance. *Ann Math. Statist.* 33, 482–97.
- Hodges, J. L. Jr. and Lehmann, E. L.(1963). Estimates of location based on rank tests. *Ann. Math. Statist.* 34, 598–611.
- Hollander, M.(1963). A nonparametric test for the two–sample problem. *Psychometrika* 28, 395–403.
- Hollander, M.(1967). Rank tests for randomized blocks when the alternatives have an a priori ordering. *Ann. Math. Statist.* 38, 867–77.
- Hollander, M.(1968). Certain uncorrelated nonparametric test statistics. *J. Amer. Statist.* Ass. 63, 707–14.
- Hollander, M.(1970). A distribution–free test for parallelism. *J. Amer. Statist.* Ass 65, 387–94.
- Hollander, M.(1971). A nonparametric test for bivariate symmetry. *Biometrika* 58, 203–12.
- Jonckheere, A. R.(1954). A distribution–free k–sample test against ordered alternatives. *Biometrika* 41, 133–45.
- Kendall, M. G.(1970). *Rank Correlation Methods*, 4th ed. Griffin, London.
- Klotz, J.(1962). Nonparametric tests for scale. *Ann. Math. Statist.* 33, 498–512.
- Klotz, J.(1966). The Wilcoxon, ties, and the computer. *J. Amer. Statist.* Ass. 61, 772–87.
- Kolmogorov, A. N.(1933). Sulla determinazione empirica di una legge di distribuzione. *Giorn. dell' Inst. Ital. degli Att.* 4, 83–91.
- Konijn, H. S.(1956). On the power of certain tests for independence in bivariate populations. *Ann. Math. Statist.* 27, 300–23. Correction 29, (1958), 935–6.
- Kruskal, W. H.(1952). Historical notes on the Wilcoxon unpaired two–sample test. *J. Amer. Statist.* Ass. 52, 356–60.
- Kruskal, W. H. and Wallis, W. A.(1952). Use of ranks in one–criterion variance

analysis. *J. Amer. Statist.* Ass. 47, 583–621.

- Lehman, S. Y.(1961). Exact and approximate distribution for the Wilcoxon statistic with ties. *J. Amer. Statist.* Ass. 56, 293–8.
- Lehmann, E. L.(1951). Consistency and unbiasedness of certain nonparametric tests. *Ann. Math. Statist.* 22, 165–79.
- Lehmann, E. L.(1963a). Robust estimation in analysis of variance. *Ann. Math. Statist.* 34, 957–66.
- Lehmann, E. L.(1963b). Asymptotically nonparametric inference: An alternative approach to linear models. *Ann. Math. Statist.* 34, 1494–506.
- Lehmann, E. L.(1963c). Nonparametric confidence intervals for a shift parameter. *Ann. Math. Statist.* 34, 1507–12.
- Lehmann, E. L.(1964).Asymptotically nonparametric inference in some linear models with one observation per cell. *Ann. Math. Statist.* 35, 726–34.
- Mann, H. B. and Whitney. D. R.(1947). On a test of whether one of two random variables is stochastically larger than the other. *Ann. Math. Statist.* 18, 50–60.
- Massey, F. J.(1950). A note on the estimation of a distribution function by confidence limits. *Ann. Math. Statist.* 21,116–9.
- McDonald, B. J. and Thompson, W. A., Jr.(1967). Rank sum multiple comparisons in one– and two–way classifications. *Biometrika* 54, 487–97.
- Mehra, K. L. and Sen, P. K.(1969). On a class of conditionally distribution–free tests for interactions in factorial experiments. *Ann. Math. Statist.* 40, 658–64.
- Mehra, K. L. and Smith, G. E. J.(1970). On nonparametric estimation and testing for interactions in factorial experiments. *J. Amer. Statist.* Ass. 65, 1283–96.
- Miller, R. G., Jr.(1981). *Simultaneous Statistical Inference*, 2nd ed. Springer–Verlag, New York.
- Mood, A. M.(1954). On the asymptotic efficiency of certain nonparametric two–sample test. *Ann. Math. Statist.* 25, 514–22.

- Moses, L. E.(1963). Rank tests of dispersion. *Ann. Math. Statist.* 34, 973–83.
- Moses, L. E.(1965). Query: Confidence limits from rank tests. *Technometrics* 7, 257–60.
- Nemenyi, P.(1963). Distribution–free multiple comparisons. Ph. D. thesis, Princeton University.
- Noether, G. E.(1967). Wilcoxon confidence intervals for location parameters in the discrete case. *J. Amer. Statist.* Ass. 62, 184–8.
- Page, E. B.(1963). Ordered hypotheses for multiple treatments: a significance test for linear ranks. *J. Amer. Statist.* Ass. 58, 216–30.
- Pirie, W. R. and Hollander, M.(1972). A distribution–free normal scores test for ordered alternatives in the randomized block design. *J. Amer. Statist.* Ass. 67, 855–7.
- Potthoff, R. F.(1963). Use of the Wilcoxon statistic for a generalized Behrens–Fisher problem. *Ann. Math. Statist.* 34, 1596–9.
- Pratt, J. W.(1959). Remarks on zeros and ties in the Wilcoxon signed rank procedures. *J. Amer. Staist.* Ass. 54, 655–67.
- Pratt, J. W.(1964). Robustness of some procedures for the two–sample location problem. *J. Amer. Staist.* Ass. 59, 655–80.
- Puri, M. L.(1965). Some distribution–free k–sample rank tests of homogeneity against ordered alternatives. *Comm. Pure Appl. Math.* 18, 51–63.
- Puri, M. L. and Sen, P. K.(1968). On Chernoff–Savage tests for ordered alternatives in randomized blocks. *Ann. Math. Statist.* 39, 967–72.
- Putter, J.(1955). The treatment of ties in some nonparametric tests. *Ann. Math. Statist.* 26, 368–86.
- Rosenblatt, M.(1956). Remarks on some nonparametric estimates of density function. *Ann. Math. Statist.* 27, 832–7.
- Savur, S. R.(1937). The use of the median in tests of significance. *Proc. Indian Acad. Sci. A* 5, 564–76.
- Scheffé, H. and Tukey, J. W.(1945). Non–parametric estimation. I. Validation

of order statistics. *Ann. Math. Statist.* 16, 187–92.

- Scholz, F. W.(1978). Weighted median regression estimates. *Ann. Statist.* 6, 603–9.
- Sen, P. K.(1962). On studentized non–parametric multi–sample location tests. *Ann. Inst. Statist. Math.* 14, 119–31.
- Sen, P. K.(1963). On the estimation of relative potency in dilution(–direct) assays by distribution–free methods. *Biometrics* 19, 532–52.
- Sen, P. K.(1966). On a distribution–free method of estimating asymptotic efficiency of a class of non–parametric tests. *Ann. Math. Statist.* 37, 1759–70.
- Sen, P. K.(1968a). On a class of aligned rank order test in two–way layouts. *Ann. Math. Statist.* 39, 1115–24.
- Sen, P. K.(1968b). Asymptotically efficient tests by the method of n rankings. *J. R. Statist. Soc. B.* 30, 312–7.
- Sen, P. K.(1968c). Robustness of some nonparametric prceddures in linear models. *Ann. Math. Statist.* 39, 1913–22.
- Sen, P. K.(1968d). Estimates of the regression coefficient based on Kendall's tau. *J. Amer. Statist. Ass.* 63, 1379–89.
- Sen, P. K.(1969). On a class of rank order tests for the parallelism of several regression lines. *Ann. Math. Statist.* 40, 1668–83.
- Shorack, G. R.(1965). Nonparametric tests and estimation of scale in the two sample problem. Tech. Rept. 10, Department of Statistics, Stanford University.
- Shorack, G. R.(1966). Graphical procedures for using distribution–free methods in the estimation of relative potency in dilution(–direct) assays. *Biometrics* 22, 610–9.
- Shorack, G. R.(1967). Testing against ordered alternatives in model I analysis of variance; normal theory and nonparametric. *Ann. Math. Statist.* 38, 1740–52.
- Shorack, G. R.(1969). Testing and estimating ratios of scale parameters. *J. Amer. Statist. Ass.* 64, 999–1013.
- Siegel, S. and Tukey, J. W.(1960). A nonparametric sum of ranks procedure for

relative spread in unpaired samples. *J. Amer. Statist. Ass.* 55, 429–45. Correction 56(1961), 1005.

- Sievers, G. L.(1978). Weighted rank statistic for sample linear regression. *J. Amer. Statist. Ass.* 73, 628–31.
- Smirnov, N. V.(1936). Sui la distribution de w^2(Criterium de M. R. v. Mises). *Comptes Rendus(Paris)*, 202, 449–52.
- Smirnov, N. V.(1939). On the estimation of the discrepancy between empirical curves of distribution for two independent samples. (Russian) *Bull. Moscow Univ.* 2, 3–16.
- Smirnov, N. V.(1948). Table for estimating goodness of fit of empirical distributions. *Ann. Math. Statist.* 19, 279–81.
- Stoker, D. J.(1954a). An upper bound for the deviation between the distribution of Wilcoxon's test statistic for the two–sample problem and its limiting normal distribution for finite samples, *I. Indag. Math.* 16, 599–606.
- Stoker, D. J.(1954b). An upper bound for the deviation between the distribution of Wilcoxon's test statistic for the two–sample problem and its limiting normal distribution for finite samples, *II. Indag. Math.* 16, 607–14.
- Sukhatme, B. V.(1957). On certain two–sample nonparametric tests for variances. *Ann. Math. Statist.* 28, 188–94.
- Sukhatme, B. V.(1958a). Testing the hypothesis that two populations differ only in location. *Ann. Math. Statist.* 29, 60–78.
- Sukhatme, B. V.(1958b). A two sample distribution free test for comparing variances. *Biometrika* 45, 544–8.
- Taha, M. A. H.(1964) Rank test for scale parameter for asymmetrical one–sided distributions. *Publ. Inst. Statist. Univ. Paris* 13, 169–79.
- Terpstra, T. J.(1952). The asymptotic normality and consistency of Kendall's test against trend, when ties are present in one ranking. *Indag. Math.* 14, 327–33.
- Theil, H.(1950a). A rank–invariant method of linear and polynomial regression analysis, I. *Proc. Kon. Ned. Akad. v. Wetensch.* A. 53, 386–92.

• Theil, H.(1950b). A rank-invariant method of linear and polynomial regression analysis, II. *Proc. Kon. Ned. Akad. v. Wetensch. A.* 53, 521-5.

• Theil, H.(1950c). A rank-invariant method of linear and polynomial regression analysis, III. *Proc. Kon. Ned. Akad. v. Wetensch. A.* 53, 1397-412.

• Thompson, W. R.(1936). On confidence ranges for the median and other expectation distributions for populations of unknown distribution form. *Ann. Math. Statist.* 7, 122-8.

• Tukey, J. W.(1953). The problem of multiple commparisons. Unpublished manuscript.

• van Eeden, C.(1964). Note on the consistency of some distribution-free tests for dispersion. *J. Amer. Statist. Ass.* 59, 105-19.

• van Eeden, C.(1970). Efficiency-robust estimation of location. *Ann. Math. Statist.* 41, 172-81.

• von Mises, R.(1931). *Wahrscheinlichkeitsrechnung und Ihre Anwendung in der Statistik und Theoretischen Physik.* F. Deuticke, Leipzig.

• Wald, A., and Wolfowitz, J.(1939). Confidence limits for continuous distribution functions. *Ann. Math. Statist.* 10, 105-18.

• Walsh, J. E.(1949). Some significance tests for the median which are valid under very general conditions. *Ann. Math. Statist.* 20, 64-81.

• Walsh, J. E.(1951). Some bounded significance level properties of the equal-tail sign test. *Ann. Math. Statist.* 22, 408-17.

• Wilcoxon, F.(1945). Individual comparisons by ranking methods. *Biometrics* 1, 80-3.

부 록

표 1. 표준정규분포표 : $P\{Z \geq x\}$

$Z \sim N(0,1)$ 일 때 $P\{Z \geq x\} = \alpha$ 이면 $z_\alpha = x$

X	.00	.01	.02	.03	.04	.05	.06	.07	.08	.09
.0	.5000	.4960	.4920	.4880	.4840	.4801	.4761	.4721	.4681	.4641
.1	.4602	.4562	.4522	.4483	.4443	.4404	.4364	.4325	.4286	.4247
.2	.4207	.4168	.4129	.4090	.4052	.4013	.3974	.3936	.3897	.3859
.3	.3821	.3783	.3745	.3707	.3669	.3632	.3594	.3557	.3520	.3483
.4	.3446	.3409	.3372	.3336	.3300	.3264	.3228	.3192	.3156	.3121
.5	.3085	.3050	.3015	.2981	.2946	.2912	.2877	.2843	.2810	.2776
.6	.2743	.2709	.2676	.2643	.2611	.2578	.2546	.2514	.2483	.2451
.7	.2420	.2389	.2358	.2327	.2296	.2266	.2236	.2206	.2177	.2148
.8	.2119	.2090	.2061	.2033	.2005	.1977	.1949	.1922	.1894	.1867
.9	.1841	.1814	.1788	.1762	.1736	.1711	.1685	.1660	.1635	.1611
1.0	.1587	.1562	.1539	.1515	.1492	.1469	.1446	.1423	.1401	.1379
1.1	.1357	.1335	.1314	.1292	.1271	.1251	.1230	.1210	.1190	.1170
1.2	.1151	.1131	.1112	.1093	.1075	.1056	.1038	.1020	.1003	.0985
1.3	.0968	.0951	.0934	.0918	.0901	.0885	.0869	.0853	.0838	.0823
1.4	.0808	.0793	.0778	.0764	.0749	.0735	.0721	.0708	.0694	.0681
1.5	.0668	.0655	.0643	.0630	.0618	.0606	.0594	.0582	.0571	.0559
1.6	.0548	.0537	.0526	.0516	.0505	.0495	.0485	.0475	.0465	.0455
1.7	.0446	.0436	.0427	.0418	.0409	.0401	.0392	.0384	.0375	.0367
1.8	.0359	.0351	.0344	.0336	.0329	.0322	.0314	.0307	.0301	.0294
1.9	.0287	.0281	.0274	.0268	.0262	.0256	.0250	.0244	.0239	.0233
2.0	.0228	.0222	.0217	.0212	.0207	.0202	.0197	.0192	.0188	.0183
2.1	.0179	.0174	.0170	.0166	.0162	.0158	.0154	.0150	.0146	.0143
2.2	.0139	.0136	.0132	.0129	.0125	.0122	.0119	.0116	.0113	.0110
2.3	.0107	.0104	.0102	.0099	.0096	.0094	.0091	.0089	.0087	.0084
2.4	.0082	.0080	.0078	.0075	.0073	.0071	.0069	.0068	.0066	.0064
2.5	.0062	.0060	.0059	.0057	.0055	.0054	.0052	.0051	.0049	.0048
2.6	.0047	.0045	.0044	.0043	.0041	.0040	.0039	.0038	.0037	.0036
2.7	.0035	.0034	.0033	.0032	.0031	.0030	.0029	.0028	.0027	.0026
2.8	.0026	.0025	.0024	.0023	.0023	.0022	.0021	.0021	.0020	.0019
2.9	.0019	.0018	.0018	.0017	.0016	.0016	.0015	.0015	.0014	.0014
3.0	.0013	.0013	.0013	.0012	.0012	.0011	.0011	.0011	.0010	.0010
3.1	.0010	.0009	.0009	.0009	.0008	.0008	.0008	.0008	.0007	.0007
3.2	.0007	.0007	.0006	.0006	.0006	.0006	.0006	.0005	.0005	.0005
3.3	.0005	.0005	.0005	.0004	.0004	.0004	.0004	.0004	.0004	.0003
3.4	.0003	.0003	.0003	.0003	.0003	.0003	.0003	.0003	.0003	.0002

표 2. t **분포표 :** $t(\alpha,\nu)$

$t \sim t(\nu)$ 일 때 $P\{t \geq t(\alpha,\nu)\} = \alpha$를 만족하는 $t(\alpha,\nu)$값.

v \ α	.4	.25	.1	.05	.025	.01	.005	.0025	.001	.0005
1	.325	1.000	3.078	6.314	12.706	31.821	63.657	127.32	318.31	636.62
2	.289	.816	1.886	2.920	4.303	6.965	9.925	14.089	22.327	31.598
3	.277	.765	1.638	2.353	3.182	4.541	5.841	7.453	10.214	12.924
4	.271	.741	1.533	2.132	2.776	3.747	4.604	5.598	7.173	8.610
5	.267	.727	1.476	2.015	2.571	3.365	4.032	4.773	5.893	6.869
6	.265	.718	1.440	1.943	2.447	3.143	3.707	4.317	5.208	5.959
7	.263	.711	1.415	1.895	2.365	2.998	3.499	4.029	4.785	5.408
8	.262	.706	1.397	1.860	2.306	2.896	3.355	3.833	4.501	5.041
9	.261	.703	1.383	1.833	2.262	2.821	3.250	3.690	4.297	4.781
10	.260	.700	1.372	1.812	2.228	2.764	3.169	3.581	4.144	4.587
11	.260	.697	1.363	1.796	2.201	2.718	3.106	3.497	4.025	4.437
12	.259	.695	1.356	1.782	2.179	2.681	3.055	3.428	3.930	4.318
13	.259	.694	1.350	1.771	2.160	2.650	3.012	3.372	3.852	4.221
14	.258	.692	1.345	1.761	2.145	2.624	2.977	3.326	3.787	4.140
15	.258	.691	1.341	1.753	2.131	2.602	2.947	3.286	3.733	4.073
16	.258	.690	1.337	1.746	2.120	2.583	2.921	3.252	3.686	4.015
17	.257	.689	1.333	1.740	2.110	2.567	2.898	3.222	3.646	3.965
18	.257	.688	1.330	1.734	2.101	2.552	2.878	3.197	3.610	3.922
19	.257	.688	1.328	1.729	2.093	2.539	2.861	3.174	3.579	3.883
20	.257	.687	1.325	1.725	2.086	2.528	2.845	3.153	3.552	3.850
21	.257	.686	1.323	1.721	2.080	2.518	2.831	3.135	3.527	3.819
22	.256	.686	1.321	1.717	2.074	2.508	2.819	3.119	3.505	3.792
23	.256	.685	1.319	1.714	2.069	2.500	2.807	3.104	3.485	3.767
24	.256	.685	1.318	1.711	2.064	2.491	2.797	3.091	3.467	3.745
25	.256	.684	1.316	1.708	2.060	2.485	2.787	3.078	3.450	3.725
26	.256	.684	1.315	1.706	2.056	2.479	2.779	3.067	3.435	4.707
27	.256	.684	1.314	1.703	2.052	2.473	2.771	3.057	3.421	3.690
28	.256	.683	1.313	1.701	2.048	2.467	2.763	3.047	3.408	3.674
29	.256	.683	1.311	1.699	2.045	2.462	2.756	3.038	3.396	3.659
30	.256	.683	1.310	1.697	2.042	2.457	2.750	3.030	3.385	3.646
40	.255	.681	1.303	1.684	2.021	2.423	2.704	2.971	3.307	3.551
60	.254	.679	1.296	1.671	2.000	2.390	2.660	2.915	3.232	3.460
120	.254	.677	1.289	1.658	1.980	2.358	2.617	2.860	3.160	3.373
∞	.253	.674	1.282	1.645	1.960	2.326	2.576	2.807	3.090	3.291

표 3. χ^2분포표 : $\chi^2(\alpha,\nu)$

$\chi^2 \sim \chi^2(\nu)$ 일 때 $P\{\chi^2 \geq \chi^2(\alpha,\nu)\} = \alpha$를 만족하는 $\chi^2(\alpha,\nu)$값.

ν \ α	0.995	0.990	0.975	0.950	0.900	0.750	0.500
1	$392704 \cdot 10^{-10}$	$157088 \cdot 10^{-9}$	$982069 \cdot 10^{-9}$	$393214 \cdot 10^{-8}$	0.0157	0.1015	0.4549
2	0.0100	0.0201	0.0506	0.1025	0.2107	0.5753	1.3862
3	0.0717	0.1148	0.2157	0.3518	0.5843	1.2125	2.3659
4	0.2069	0.2971	0.4844	0.7107	1.0636	1.9225	3.3566
5	0.4117	0.5542	0.8312	1.1454	1.6103	2.6746	4.3514
6	0.6757	0.8720	1.2373	1.6353	2.2041	3.4546	5.3481
7	0.9892	1.2390	1.6898	2.1673	2.8331	4.2548	6.3458
8	1.3444	1.6465	2.1797	2.7326	3.4895	5.0706	7.3441
9	1.7349	2.0879	2.7003	3.3251	4.1681	5.8988	8.3428
10	2.1558	2.5582	3.2469	3.9403	4.8651	6.7372	9.3418
11	2.6032	3.0534	3.8157	4.5748	5.5777	7.5841	10.3410
12	3.0738	3.5705	4.4037	5.2260	6.3038	8.4384	11.3403
13	3.5650	4.1069	5.0087	5.8918	7.0415	9.2990	12.3398
14	4.0746	4.6604	5.6287	6.5706	7.7895	10.1653	13.3393
15	4.6009	5.2293	6.2621	7.2609	8.5467	11.0365	14.3389
16	5.1422	5.8122	6.9076	7.9616	9.3122	11.9122	15.3385
17	5.6972	6.4077	7.5641	8.6717	10.0852	12.7919	16.3382
18	6.2648	7.0149	8.2307	9.3904	10.8649	13.6753	17.3379
19	6.8439	7.6327	8.9065	10.1170	11.6509	14.5620	18.3377
20	7.4338	8.2604	9.5907	10.8508	12.4426	15.4518	19.3374
21	8.0336	8.8972	10.2829	11.5913	13.2396	16.3444	20.3372
22	8.6427	9.5424	10.9823	12.3380	14.0415	17.2396	21.3370
23	9.2604	10.1956	11.6886	13.0905	14.8480	18.1373	22.3369
24	9.8862	10.8564	12.4012	13.8484	15.6587	19.0373	23.3367
25	10.5197	11.5240	13.1197	14.6114	16.4734	19.9393	24.3366
26	11.1602	12.1981	13.8439	15.3792	17.2919	20.8434	25.3365
27	11.8076	12.8785	14.5734	16.1514	18.1139	21.7494	26.3363
28	12.4613	13.5647	15.3079	16.9279	18.9392	22.6572	27.3362
29	13.1211	14.2565	16.0471	17.7084	19.7677	23.5666	28.3361
30	13.7867	14.9535	16.7908	18.4927	20.5992	24.4776	29.3360
40	20.7065	22.1643	24.4330	26.5093	29.0505	33.6603	39.3353
50	27.9907	29.7067	32.3574	34.7643	37.6886	42.9421	49.3349
60	35.5345	37.4849	40.4817	43.1880	46.4589	52.2938	59.3347
70	43.2752	45.4417	48.7576	51.7393	55.3289	61.6983	69.3345
80	51.1719	53.5401	57.1532	60.3915	64.2778	71.1445	79.3343
90	59.1963	61.7541	65.6466	69.1260	73.2911	80.6247	89.3342
100	67.3276	70.0649	74.2219	77.9295	82.3581	90.1332	99.3341
Z_α	−2.5758	−2.3263	−1.9600	−1.6449	−1.2816	−0.6745	0.0000

표 3. (계속)

ν \ α	0.250	0.100	0.050	0.025	0.010	0.005	0.001
1	1.3233	2.7055	3.8414	5.0238	6.6349	7.8794	10.828
2	2.7725	4.6051	5.9914	7.3777	9.2103	10.5966	13.816
3	4.1083	6.2513	7.8147	9.3484	11.3449	12.8382	16.266
4	5.3852	7.7794	9.4877	11.1433	13.2767	14.8603	18.467
5	6.6256	9.2363	11.0705	12.8325	15.0863	16.7496	20.515
6	7.8408	10.6446	12.5916	14.4494	16.8119	18.5476	22.458
7	9.0371	12.0170	14.0671	16.0128	18.4753	20.2777	24.322
8	10.2189	13.3616	15.5073	17.5345	20.0902	21.9550	26.125
9	11.3888	14.6837	16.9190	19.0228	21.6660	23.5894	27.877
10	12.5489	15.9872	18.3070	20.4832	23.2093	25.1882	29.588
11	13.7007	17.2750	19.6751	21.9200	24.7250	26.7568	31.264
12	14.8454	18.5493	21.0261	23.3367	26.2170	28.2995	32.909
13	15.9839	19.8119	22.3620	24.7356	27.6882	29.8195	34.528
14	17.1169	21.0641	23.6848	26.1189	29.1412	31.3194	36.123
15	18.2451	22.3071	24.9958	27.4884	30.5779	32.8013	37.697
16	19.3689	23.5418	26.2962	28.8454	31.9999	34.2672	39.252
17	20.4887	24.7690	27.5871	30.1910	33.4087	35.7185	40.790
18	21.6049	25.9894	28.8693	31.5264	34.8053	37.1565	42.312
19	22.7178	27.2036	30.1435	32.8523	36.1909	38.5823	43.820
20	23.8277	28.4120	31.4104	34.1696	37.5662	39.9968	45.315
21	24.9348	29.6151	32.6706	35.4789	38.9322	41.4011	46.797
22	26.0393	30.8133	33.9244	36.7807	40.2894	42.7957	48.268
23	27.1413	32.0069	35.1725	38.0756	41.6384	44.1813	49.728
24	28.2412	33.1962	36.4150	39.3641	42.9798	45.5585	51.179
25	29.3389	34.3816	37.6525	40.6465	44.3141	46.9279	52.618
26	30.4346	35.5632	38.8851	41.9232	45.6417	48.2899	54.052
27	31.5284	36.7412	40.1133	43.1945	46.9629	49.6449	55.476
28	32.6205	37.9159	41.3371	44.4608	48.2782	50.9934	56.892
29	33.7109	39.0875	42.5570	45.7223	49.5879	52.3356	58.301
30	34.7997	40.2560	43.7730	46.9792	50.8922	53.6720	59.703
40	45.6160	51.8051	55.7585	59.3417	63.6907	66.7660	73.402
50	56.3336	63.1671	67.5048	71.4202	76.1539	79.4900	86.661
60	66.9815	74.3970	79.0819	83.2977	88.3794	91.9517	99.607
70	77.5767	85.5270	90.5312	95.0232	100.425	104.215	112.317
80	88.1303	96.5782	101.879	106.629	112.329	116.321	124.839
90	98.6499	107.565	103.145	118.136	124.116	128.299	137.208
100	109.141	118.498	124.342	129.561	135.807	140.169	149.449
Z_α	0.6745	1.2816	1.6449	1.9600	2.3263	2.5758	3.0902

표 4. F분포표 : $F(\alpha, \nu_1, \nu_2)$

$F \sim F(\nu_1, \nu_2)$ 일 때 $P\{F \geq F(\alpha, \nu_1, \nu_2)\} = \alpha$ 를 만족하는 $F(\alpha, \nu_1, \nu_2)$값, $\left(F(1-\alpha, \nu_1, \nu_2) = \frac{1}{F(\alpha, \nu_2, \nu_1)}\right)$

$\alpha = 0.1$

ν_2 \ ν_1	1	2	3	4	5	6	7	8	9	10	12	15	20	24	30	40	60	120	∞
1	39.86	49.50	53.59	55.83	57.24	58.20	58.91	59.44	59.86	60.19	60.71	61.22	61.74	62.00	62.26	62.53	62.79	63.06	63.33
2	8.53	9.00	9.16	9.24	9.29	9.33	9.35	9.37	9.38	9.39	9.41	9.42	9.44	9.45	9.46	9.47	9.47	9.48	9.49
3	5.54	5.46	5.39	5.34	5.31	5.28	5.27	5.25	5.24	5.23	5.22	5.20	5.18	5.18	5.17	5.16	5.15	5.14	5.13
4	4.54	4.32	4.19	4.11	4.05	4.01	3.98	3.95	3.94	3.92	3.90	3.87	3.84	3.83	3.82	3.80	3.79	3.78	3.76
5	4.06	3.78	3.62	3.52	3.45	3.40	3.37	3.34	3.32	3.30	3.27	3.24	3.21	3.19	3.17	3.16	3.14	3.12	3.10
6	3.78	3.46	3.29	3.18	3.11	3.05	3.01	2.98	2.96	2.94	2.90	2.87	2.84	2.82	2.80	2.78	2.76	2.74	2.72
7	3.59	3.26	3.07	2.96	2.88	2.83	2.78	2.75	2.72	2.70	2.67	2.63	2.59	2.58	2.56	2.54	2.51	2.49	2.47
8	3.46	3.11	2.92	2.81	2.73	2.67	2.62	2.59	2.56	2.54	2.50	2.46	2.42	2.40	2.38	2.36	2.34	2.32	2.29
9	3.36	3.01	2.81	2.69	2.61	2.55	2.51	2.47	2.44	2.42	2.38	2.34	2.30	2.28	2.25	2.23	2.21	2.18	2.16
10	3.29	2.92	2.73	2.61	2.52	2.46	2.41	2.38	2.35	2.32	2.28	2.24	2.20	2.18	2.16	2.13	2.11	2.08	2.06
11	3.23	2.86	2.66	2.54	2.45	2.39	2.34	2.30	2.27	2.25	2.21	2.17	2.12	2.10	2.08	2.05	2.03	2.00	1.97
12	3.18	2.81	2.61	2.48	2.39	2.33	2.28	2.24	2.21	2.19	2.15	2.10	2.06	2.04	2.01	1.99	1.96	1.93	1.90
13	3.14	2.76	2.56	2.43	2.35	2.28	2.23	2.20	2.16	2.14	2.10	2.05	2.01	1.98	1.96	1.93	1.90	1.88	1.85
14	3.10	2.73	2.52	2.39	2.31	2.24	2.19	2.15	2.12	2.10	2.05	2.01	1.96	1.94	1.91	1.89	1.86	1.83	1.80
15	3.07	2.70	2.49	2.36	2.27	2.21	2.16	2.12	2.09	2.06	2.02	1.97	1.92	1.90	1.87	1.85	1.82	1.79	1.76
16	3.05	2.67	2.46	2.33	2.24	2.18	2.13	2.09	2.06	2.03	1.99	1.94	1.89	1.87	1.84	1.81	1.78	1.75	1.72
17	3.03	2.64	2.44	2.31	2.22	2.15	2.10	2.06	2.03	2.00	1.96	1.91	1.86	1.84	1.81	1.78	1.75	1.72	1.69
18	3.01	2.62	2.42	2.29	2.20	2.13	2.08	2.04	2.00	1.98	1.93	1.89	1.84	1.81	1.78	1.75	1.72	1.69	1.66
19	2.99	2.61	2.40	2.27	2.18	2.11	2.06	2.02	1.98	1.96	1.91	1.86	1.81	1.79	1.76	1.73	1.70	1.67	1.63
20	2.97	2.59	2.38	2.25	2.16	2.09	2.04	2.00	1.96	1.94	1.89	1.84	1.79	1.77	1.74	1.71	1.68	1.64	1.61
21	2.96	2.57	2.36	2.23	2.14	2.08	2.02	1.98	1.95	1.92	1.87	1.83	1.78	1.75	1.72	1.69	1.66	1.62	1.59
22	2.95	2.56	2.35	2.22	2.13	2.06	2.01	1.97	1.93	1.90	1.86	1.81	1.76	1.73	1.70	1.67	1.64	1.60	1.57
23	2.94	2.55	2.34	2.21	2.11	2.05	1.99	1.95	1.92	1.89	1.84	1.80	1.74	1.72	1.69	1.66	1.62	1.59	1.55
24	2.93	2.54	2.33	2.19	2.10	2.04	1.98	1.94	1.91	1.88	1.83	1.78	1.73	1.70	1.67	1.64	1.61	1.57	1.53
25	2.92	2.53	2.32	2.18	2.09	2.02	1.97	1.93	1.89	1.87	1.82	1.77	1.72	1.69	1.66	1.63	1.59	1.56	1.52
26	2.91	2.52	2.31	2.17	2.08	2.01	1.96	1.92	1.88	1.86	1.81	1.76	1.71	1.68	1.65	1.61	1.58	1.54	1.50
27	2.90	2.51	2.30	2.17	2.07	2.00	1.95	1.91	1.87	1.85	1.80	1.75	1.70	1.67	1.64	1.60	1.57	1.53	1.49
28	2.89	2.50	2.29	2.16	2.06	2.00	1.94	1.90	1.87	1.84	1.79	1.74	1.69	1.66	1.63	1.59	1.56	1.52	1.48
29	2.89	2.50	2.28	2.15	2.06	1.99	1.93	1.89	1.86	1.83	1.78	1.73	1.68	1.65	1.62	1.58	1.55	1.51	1.47
30	2.88	2.49	2.28	2.14	2.05	1.98	1.93	1.88	1.85	1.82	1.77	1.72	1.67	1.64	1.61	1.57	1.54	1.50	1.46
40	2.84	2.44	2.23	2.09	2.00	1.93	1.87	1.83	1.79	1.76	1.71	1.66	1.61	1.57	1.54	1.51	1.47	1.42	1.38
60	2.79	2.39	2.18	2.04	1.95	1.87	1.82	1.77	1.74	1.71	1.66	1.60	1.54	1.51	1.48	1.44	1.40	1.35	1.29
120	2.75	2.35	2.13	1.99	1.90	1.82	1.77	1.72	1.68	1.65	1.60	1.55	1.48	1.45	1.41	1.37	1.32	1.26	1.19
∞	2.71	2.30	2.08	1.94	1.85	1.77	1.72	1.67	1.63	1.60	1.55	1.49	1.42	1.38	1.34	1.30	1.24	1.17	1.00

표 4. (계속)

$\alpha = 0.05$

ν_2 \ ν_1	1	2	3	4	5	6	7	8	9	10	12	15	20	24	30	40	60	120	∞
1	161.4	199.5	215.7	224.6	230.2	234.0	236.8	238.9	240.5	241.9	243.9	245.9	248.0	249.1	250.1	251.1	252.2	253.3	254.3
2	18.51	19.00	19.16	19.25	19.30	19.33	19.35	19.37	19.38	19.40	19.41	19.43	19.45	19.45	19.46	19.47	19.48	19.49	19.50
3	10.13	9.55	9.28	9.12	9.01	8.94	8.89	8.85	8.81	8.79	8.74	8.70	8.66	8.64	8.62	8.59	8.57	8.55	8.53
4	7.71	6.94	6.59	6.39	6.26	6.16	6.09	6.04	6.00	5.96	5.91	5.86	5.80	5.77	5.75	5.72	5.69	5.66	5.63
5	6.61	5.79	5.41	5.19	5.05	4.95	4.88	4.82	4.77	4.74	4.68	4.62	4.56	4.53	4.50	4.46	4.43	4.40	4.36
6	5.99	5.14	4.76	4.53	4.39	4.28	4.21	4.15	4.10	4.06	4.00	3.94	3.87	3.84	3.81	3.77	3.74	3.70	3.67
7	5.59	4.74	4.35	4.12	3.97	3.87	3.79	3.73	3.68	3.64	3.57	3.51	3.44	3.41	3.38	3.34	3.30	3.27	3.23
8	5.32	4.46	4.07	3.84	3.69	3.58	3.50	3.44	3.39	3.35	3.28	3.22	3.15	3.12	3.08	3.04	3.01	2.97	2.93
9	5.12	4.26	3.86	3.63	3.48	3.37	3.29	3.23	3.18	3.14	3.07	3.01	2.94	2.90	2.86	2.83	2.79	2.75	2.71
10	4.96	4.10	3.71	3.48	3.33	3.22	3.14	3.07	3.02	2.98	2.91	2.85	2.77	2.74	2.70	2.66	2.62	2.58	2.54
11	4.84	3.98	3.59	3.36	3.20	3.09	3.01	2.95	2.90	2.85	2.79	2.72	2.65	2.61	2.57	2.53	2.49	2.45	2.40
12	4.75	3.89	3.49	3.26	3.11	3.00	2.91	2.85	2.80	2.75	2.69	2.62	2.54	2.51	2.47	2.43	2.38	2.34	2.30
13	4.67	3.81	3.41	3.18	3.03	2.92	2.83	2.77	2.71	2.67	2.60	2.53	2.46	2.42	2.38	2.34	2.30	2.25	2.21
14	4.60	3.74	3.34	3.11	2.96	2.85	2.76	2.70	2.65	2.60	2.53	2.46	2.39	2.35	2.31	2.27	2.22	2.18	2.13
15	4.54	3.68	3.29	3.06	2.90	2.79	2.71	2.64	2.59	2.54	2.48	2.40	2.33	2.29	2.25	2.20	2.16	2.11	2.07
16	4.49	3.63	3.24	3.01	2.85	2.74	2.66	2.59	2.54	2.49	2.42	2.35	2.28	2.24	2.19	2.15	2.11	2.06	2.01
17	4.45	3.59	3.20	2.96	2.81	2.70	2.61	2.55	2.49	2.45	2.38	2.31	2.23	2.19	2.15	2.10	2.06	2.01	1.96
18	4.41	3.55	3.16	2.93	2.77	2.66	2.58	2.51	2.46	2.41	2.34	2.27	2.19	2.15	2.11	2.06	2.02	1.97	1.92
19	4.38	3.52	3.13	2.90	2.74	2.63	2.54	2.48	2.42	2.38	2.31	2.23	2.16	2.11	2.07	2.03	1.98	1.93	1.88
20	4.35	3.49	3.10	2.87	2.71	2.60	2.51	2.45	2.39	2.35	2.28	2.20	2.12	2.08	2.04	1.99	1.95	1.90	1.84
21	4.32	3.47	3.07	2.84	2.68	2.57	2.49	2.42	2.37	2.32	2.25	2.18	2.10	2.05	2.01	1.96	1.92	1.87	1.81
22	4.30	3.44	3.05	2.82	2.66	2.55	2.46	2.40	2.34	2.30	2.23	2.15	2.07	2.03	1.98	1.94	1.89	1.84	1.78
23	4.28	3.42	3.03	2.80	2.64	2.53	2.44	2.37	2.32	2.27	2.20	2.13	2.05	2.01	1.96	1.91	1.86	1.81	1.76
24	4.26	3.40	3.01	2.78	2.62	2.51	2.42	2.36	2.30	2.25	2.18	2.11	2.03	1.98	1.94	1.89	1.84	1.79	1.73
25	4.24	3.39	2.99	2.76	2.60	2.49	2.40	2.34	2.28	2.24	2.16	2.09	2.01	1.96	1.92	1.87	1.82	1.77	1.71
26	4.23	3.37	2.98	2.74	2.59	2.47	2.39	2.32	2.27	2.22	2.15	2.07	1.99	1.95	1.90	1.85	1.80	1.75	1.69
27	4.21	3.35	2.96	2.73	2.57	2.46	2.37	2.31	2.25	2.20	2.13	2.06	1.97	1.93	1.88	1.84	1.79	1.73	1.67
28	4.20	3.34	2.95	2.71	2.56	2.45	2.36	2.29	2.24	2.19	2.12	2.04	1.96	1.91	1.87	1.82	1.77	1.71	1.65
29	4.18	3.33	2.93	2.70	2.55	2.43	2.35	2.28	2.22	2.18	2.10	2.03	1.94	1.90	1.85	1.81	1.75	1.70	1.64
30	4.17	3.32	2.92	2.69	2.53	2.42	2.33	2.27	2.21	2.16	2.09	2.01	1.93	1.89	1.84	1.79	1.74	1.68	1.62
40	4.08	3.23	2.84	2.61	2.45	2.34	2.25	2.18	2.12	2.08	2.00	1.92	1.84	1.79	1.74	1.69	1.64	1.58	1.51
60	4.00	3.15	2.76	2.53	2.37	2.25	2.17	2.10	2.04	1.99	1.92	1.84	1.75	1.70	1.65	1.59	1.53	1.47	1.39
120	3.92	3.07	2.68	2.45	2.29	2.17	2.09	2.02	1.96	1.91	1.83	1.75	1.66	1.61	1.55	1.50	1.43	1.35	1.25
∞	3.84	3.00	2.60	2.37	2.21	2.10	2.01	1.94	1.88	1.83	1.75	1.67	1.57	1.52	1.46	1.39	1.32	1.22	1.00

표 4. (계속)

$\alpha = 0.025$

ν_2 \ ν_1	1	2	3	4	5	6	7	8	9	10	12	15	20	24	30	40	60	120	∞
1	647.8	799.5	864.2	899.6	921.8	937.1	948.2	956.7	963.3	968.6	976.7	984.9	993.1	997.2	1001	1006	1010	1014	1018
2	38.51	39.00	39.17	39.25	39.30	39.33	39.36	39.37	39.39	39.40	39.41	39.43	39.45	39.46	39.46	39.47	30.48	39.49	39.50
3	17.44	16.04	15.44	15.10	14.88	14.73	14.62	14.54	14.47	14.42	14.34	14.25	14.17	14.12	14.08	14.04	13.99	13.95	13.90
4	12.22	10.65	9.98	9.60	9.36	9.20	9.07	8.98	8.90	8.84	8.75	8.66	8.56	8.51	8.46	8.41	8.36	8.31	8.26
5	10.01	8.43	7.76	7.39	7.15	6.98	6.85	6.76	6.68	6.62	6.52	6.43	6.33	6.28	6.23	6.18	6.12	6.07	6.02
6	8.81	7.26	6.60	6.23	5.99	5.82	5.70	5.60	5.52	5.46	5.37	5.27	5.17	5.12	5.07	5.01	4.96	4.90	4.85
7	8.07	6.54	5.89	5.52	5.29	5.12	4.99	4.90	4.82	4.76	4.67	4.57	4.47	4.42	4.36	4.31	4.25	4.20	4.14
8	7.57	6.06	5.42	5.05	4.82	4.65	4.53	4.43	4.36	4.30	4.20	4.10	4.00	3.95	3.89	3.84	3.78	3.73	3.67
9	7.21	5.71	5.08	4.72	4.48	4.32	4.20	4.10	4.03	3.96	3.87	3.77	3.67	3.61	3.56	3.51	3.45	3.39	3.33
10	6.94	5.46	4.83	4.47	4.24	4.07	3.95	3.85	3.78	3.72	3.62	3.52	3.42	3.37	3.31	3.26	3.20	3.14	3.08
11	6.72	5.26	4.63	4.28	4.04	3.88	3.76	3.66	3.59	3.53	3.43	3.33	3.23	3.17	3.12	3.06	3.00	2.94	2.88
12	6.55	5.10	4.47	4.12	3.89	3.73	3.61	3.51	3.44	3.37	3.28	3.18	3.07	3.02	2.96	2.91	2.85	2.79	2.72
13	6.41	4.97	4.35	4.00	3.77	3.60	3.48	3.39	3.31	3.25	3.15	3.05	2.95	2.89	2.84	2.78	2.72	2.66	2.60
14	6.30	4.86	4.24	3.89	3.66	3.50	3.38	3.29	3.21	3.15	3.05	2.95	2.84	2.79	2.73	2.67	2.61	2.55	2.49
15	6.20	4.77	4.15	3.80	3.58	3.41	3.29	3.20	3.12	3.06	2.96	2.86	2.76	2.70	2.64	2.59	2.52	2.46	2.40
16	6.12	4.69	4.08	3.73	3.50	3.34	3.22	3.12	3.05	2.99	2.89	2.79	2.68	2.63	2.57	2.51	2.45	2.38	2.32
17	6.04	4.62	4.01	3.66	3.44	3.28	3.16	3.06	2.98	2.92	2.82	2.72	2.62	2.56	2.50	2.44	2.38	2.32	2.25
18	5.98	4.56	3.95	3.61	3.38	3.22	3.10	3.01	2.93	2.87	2.77	2.67	2.56	2.50	2.44	2.38	2.32	2.26	2.19
19	5.92	4.51	3.90	3.56	3.33	3.17	3.05	2.96	2.88	2.82	2.72	2.62	2.51	2.45	2.39	2.33	2.27	2.20	2.13
20	5.87	4.46	3.86	3.51	3.29	3.13	3.01	2.91	2.84	2.77	2.68	2.57	2.46	2.41	2.35	2.29	2.22	2.16	2.09
21	5.83	4.42	3.82	3.48	3.25	3.09	2.97	2.87	2.80	2.73	2.64	2.53	2.42	237	2.31	2.25	2.18	2.11	2.04
22	5.79	4.38	3.78	3.44	3.22	3.05	2.93	2.84	2.76	2.70	2.60	2.50	2.39	2.33	2.27	2.21	2.14	2.08	2.00
23	5.75	4.35	3.75	3.41	3.18	3.02	2.90	2.81	2.73	2.67	2.57	2.47	2.36	2.30	2.24	2.18	2.11	2.04	1.97
24	5.72	4.32	3.72	3.38	3.15	2.99	2.87	2.78	2.70	2.64	2.54	2.44	2.33	2.27	2.21	2.15	2.08	2.01	1.94
25	5.69	4.29	3.69	3.35	3.13	2.97	2.85	2.75	2.68	2.61	2.51	2.41	2.30	2.24	2.18	2.12	2.05	1.98	1.91
26	5.66	4.27	3.67	3.33	3.10	2.94	2.82	2.73	2.65	2.59	2.49	2.39	2.28	2.22	2.16	2.09	2.03	1.95	1.88
27	5.63	4.24	3.65	3.31	3.08	2.92	2.80	2.71	2.63	2.57	2.47	2.36	2.25	2.19	2.13	2.07	2.00	1.93	1.85
28	5.61	4.22	3.63	3.29	3.06	2.90	2.78	2.69	2.61	2.55	2.45	2.34	2.23	2.17	2.11	2.05	1.98	1.91	1.83
29	5.59	4.20	3.61	3.27	3.04	2.88	2.76	2.67	2.59	2.53	2.43	2.32	2.21	2.15	2.09	2.03	1.96	1.89	1.81
30	5.57	4.18	3.59	3.25	3.03	2.87	2.75	2.65	2.57	2.51	2.41	2.31	2.20	2.14	2.07	2.01	1.94	1.87	1.79
40	5.42	4.05	3.46	3.13	2.90	2.74	2.62	2.53	2.45	2.39	2.29	2.18	2.07	2.01	1.94	1.88	1.80	1.72	1.64
60	5.29	3.93	3.34	3.01	2.79	2.63	2.51	2.41	2.33	2.27	2.17	2.06	1.94	1.88	1.82	1.74	1.67	1.58	1.48
120	5.15	3.80	3.23	2.89	2.67	2.52	2.39	2.30	2.22	2.16	2.05	1.94	1.82	1.76	1.69	1.61	1.53	1.43	1.31
∞	5.02	3.69	3.12	2.79	2.57	2.41	2.29	2.19	2.11	2.05	1.94	1.83	1.71	1.64	1.57	1.48	1.39	1.27	1.00

표 4. (계속)

$\alpha = 0.01$

ν_2 \ ν_1	1	2	3	4	5	6	7	8	9	10	12	15	20	24	30	40	60	120	∞
1	4052	4999.5	5403	5625	5764	5859	5928	5981	6022	6056	6106	6157	6209	6235	6261	6287	6313	6339	6366
2	98.50	99.00	99.17	99.25	99.30	99.33	99.36	99.37	99.39	99.40	99.42	99.43	99.45	99.46	99.47	99.47	99.48	99.49	99.50
3	34.12	30.82	29.46	28.71	28.24	27.91	27.67	27.49	27.35	27.23	27.05	26.87	26.69	26.60	26.50	26.41	26.32	26.22	26.13
4	21.20	18.00	16.69	15.98	15.52	15.21	14.98	14.80	14.66	14.55	14.37	14.20	14.02	13.93	13.84	13.75	13.65	13.56	13.46
5	16.26	13.27	12.06	11.39	10.97	10.67	10.46	10.29	10.16	10.05	9.89	9.72	9.55	9.47	9.38	9.29	9.20	9.11	9.02
6	13.75	10.92	9.78	9.15	8.75	8.47	8.26	8.10	7.98	7.87	7.72	7.56	7.40	7.31	7.23	7.14	7.06	6.97	6.88
7	12.25	9.55	8.45	7.85	7.46	7.19	6.99	6.84	6.72	6.62	6.47	6.31	6.16	6.07	5.99	5.91	5.82	5.74	5.65
8	11.26	8.65	7.59	7.01	6.63	6.37	6.18	6.03	5.91	5.81	5.67	5.52	5.36	5.28	5.20	5.12	5.03	4.95	4.86
9	10.56	8.02	6.99	6.42	6.06	5.80	5.61	5.47	5.35	5.26	5.11	4.96	4.81	4.73	4.65	4.57	4.48	4.40	4.31
10	10.04	7.56	6.55	5.99	5.64	5.39	5.20	5.06	4.94	4.85	4.71	4.56	4.41	4.33	4.25	4.17	4.08	4.00	3.91
11	9.65	7.21	6.22	5.67	5.32	5.07	4.89	4.74	4.63	4.54	4.40	4.25	4.10	4.02	3.94	3.86	3.78	3.69	3.60
12	9.33	6.93	5.95	5.41	5.06	4.82	4.64	4.50	4.39	4.30	4.16	4.01	3.86	3.78	3.70	3.62	3.54	3.45	3.36
13	9.07	6.70	5.74	5.21	4.86	4.62	4.41	4.30	4.19	4.10	3.96	3.82	3.66	3.59	3.51	3.43	3.34	3.25	3.17
14	8.86	6.51	5.56	5.04	4.69	4.46	4.28	4.14	4.03	3.94	3.80	3.66	3.51	3.43	3.35	3.27	3.18	3.09	3.00
15	8.68	6.36	5.42	4.89	4.56	4.32	4.14	4.00	3.89	3.80	3.67	3.52	3.37	3.29	3.21	3.13	3.05	2.96	2.87
16	8.53	6.23	5.29	4.77	4.44	4.20	4.03	3.89	3.78	3.69	3.55	3.41	3.26	3.18	3.10	3.02	2.93	2.84	2.75
17	8.40	6.11	5.18	4.67	4.34	4.10	3.93	3.79	3.68	3.59	3.46	3.31	3.16	3.08	3.00	2.92	2.83	2.75	2.65
18	8.29	6.01	5.09	4.58	4.25	4.01	3.84	3.71	3.60	3.51	3.37	3.23	3.08	3.00	2.92	2.84	2.75	2.66	2.57
19	8.18	5.93	5.01	4.50	4.17	3.94	3.77	3.63	3.52	3.43	3.30	3.15	3.00	2.92	2.84	2.76	2.67	2.58	2.49
20	8.10	5.85	4.94	4.43	4.10	3.87	3.70	3.56	3.46	3.37	3.23	3.09	2.94	2.86	2.78	2.69	2.61	2.52	2.42
21	8.02	5.78	4.87	4.37	4.04	3.81	3.64	3.51	3.40	3.31	3.17	3.03	2.88	2.80	2.72	2.64	2.55	2.46	2.36
22	7.95	5.72	4.82	4.31	3.99	3.76	3.59	3.45	3.35	3.26	3.12	2.98	2.83	2.75	2.67	2.58	2.50	2.40	2.31
23	7.88	5.66	4.76	4.26	3.94	3.71	3.54	3.41	3.30	3.21	3.07	2.93	2.78	2.70	2.62	2.54	2.45	2.35	2.26
24	7.82	5.61	4.72	4.22	3.90	3.67	3.50	3.36	3.26	3.17	3.03	2.89	2.74	2.66	2.58	2.49	2.40	2.31	2.21
25	7.77	5.57	4.68	4.18	3.85	3.63	3.46	3.32	3.22	3.13	2.99	2.85	2.70	2.62	2.54	2.45	2.36	2.27	2.17
26	7.72	5.53	4.64	4.14	3.82	3.59	3.42	3.29	3.18	3.09	2.96	2.81	2.66	2.58	2.50	2.42	2.33	2.23	2.13
27	7.68	5.49	4.60	4.11	3.78	3.56	3.39	3.26	3.15	3.06	2.93	2.78	2.63	2.55	2.47	2.38	2.29	2.20	2.10
28	7.64	5.45	4.57	4.07	3.75	3.53	3.36	3.23	3.12	3.03	2.90	2.75	2.60	2.52	2.44	2.35	2.26	2.17	2.06
29	7.60	5.42	4.54	4.04	3.73	3.50	3.33	3.20	3.09	3.00	2.87	2.73	2.57	2.49	2.41	2.33	2.23	2.14	2.03
30	7.56	5.39	4.51	4.02	3.70	3.47	3.30	3.17	3.07	2.98	2.84	2.70	2.55	2.47	2.39	2.30	2.21	2.11	2.01
40	7.31	5.18	4.31	3.83	3.51	3.29	3.12	2.99	2.89	2.80	2.66	2.52	2.37	2.29	2.20	2.11	2.02	1.92	1.80
60	7.08	4.98	4.13	3.65	3.34	3.12	2.95	2.82	2.72	2.63	2.50	2.35	2.20	2.12	2.03	1.94	1.84	1.73	1.60
120	6.85	4.79	3.95	3.48	3.17	2.96	2.79	2.66	2.56	2.47	2.34	2.19	2.03	1.95	1.86	1.76	1.66	1.53	1.38
∞	6.63	4.61	3.78	3.32	3.02	2.80	2.64	2.51	2.41	2.32	2.18	2.04	1.88	1.79	1.70	1.59	1.47	1.32	1.00

표 5. 부호 통계량(B) 분포표: [x $P_0(B \le x)$ $P_0(B \ge x)$]

$P_0(B \ge x) = \alpha$ 이면 $b(\alpha, n) = x$(H_0하에서 B의 분포는 이항분포 $B(n, 1/2)$의 분포와 동일)

▶ n=2

x	$P_0(B \le x)$	$P_0(B \ge x)$
0	0.2500	1.0000
1	0.7500	0.7500
2	1.0000	0.2500

▶ n=3

x	$P_0(B \le x)$	$P_0(B \ge x)$
0	0.1250	1.0000
1	0.5000	0.8750
2	0.8750	0.5000
3	1.0000	0.1250

▶ n=4

x	$P_0(B \le x)$	$P_0(B \ge x)$
0	0.0625	1.0000
1	0.3125	0.9375
2	0.6875	0.6875
3	0.9375	0.3125
4	1.0000	0.0625

▶ n=5

x	$P_0(B \le x)$	$P_0(B \ge x)$
0	0.0313	1.0000
1	0.1875	0.9688
2	0.5000	0.8125
3	0.8125	0.5000
4	0.9688	0.1875
5	1.0000	0.0313

▶ n=6

x	$P_0(B \le x)$	$P_0(B \ge x)$
0	0.0156	1.0000
1	0.1094	0.9844
2	0.3438	0.8906
3	0.6562	0.6562
4	0.8906	0.3438
5	0.9844	0.1094
6	1.0000	0.0156

▶ n=7

x	$P_0(B \le x)$	$P_0(B \ge x)$
0	0.0078	1.0000
1	0.0625	0.9922
2	0.2266	0.9375
3	0.5000	0.7734
4	0.7734	0.5000
5	0.9375	0.2266
6	0.9922	0.0625
7	1.0000	0.0078

▶ n=8

x	$P_0(B \le x)$	$P_0(B \ge x)$
0	0.0039	1.0000
1	0.0352	0.9961
2	0.1445	0.9648
3	0.3633	0.8555
4	0.6367	0.6367
5	0.8555	0.3633
6	0.9648	0.1445
7	0.9961	0.0352
8	1.0000	0.0039

▶ n=9

x	$P_0(B \le x)$	$P_0(B \ge x)$
0	0.0020	1.0000
1	0.0195	0.9980
2	0.0898	0.9805
3	0.2539	0.9102
4	0.5000	0.7461
5	0.7461	0.5000
6	0.9102	0.2539
7	0.9805	0.0898
8	0.9980	0.0195
9	1.0000	0.0020

▶ n=10

x	$P_0(B \le x)$	$P_0(B \ge x)$
0	0.0010	1.0000
1	0.0107	0.9990
2	0.0547	0.9893
3	0.1719	0.9453
4	0.3770	0.8281
5	0.6230	0.6230
6	0.8281	0.3770
7	0.9453	0.1719
8	0.9893	0.0547
9	0.9990	0.0107
10	1.0000	0.0010

▶ n=11

x	$P_0(B \le x)$	$P_0(B \ge x)$
0	0.0005	1.0000
1	0.0059	0.9995
2	0.0327	0.9941
3	0.1133	0.9673
4	0.2744	0.8867
5	0.5000	0.7256
6	0.7256	0.5000
7	0.8867	0.2744
8	0.9673	0.1133
9	0.9941	0.0327
10	0.9995	0.0059
11	1.0000	0.0005

▶ n=12

x	$P_0(B \le x)$	$P_0(B \ge x)$
0	0.0002	1.0000
1	0.0032	0.9998
2	0.0193	0.9968
3	0.0730	0.9807
4	0.1938	0.9270
5	0.3872	0.8062
6	0.6128	0.6128
7	0.8062	0.3872
8	0.9270	0.1938
9	0.9807	0.0730
10	0.9968	0.0193
11	0.9998	0.0032
12	1.0000	0.0002

▶ n=13

x	$P_0(B \le x)$	$P_0(B \ge x)$
0	0.0001	1.0000
1	0.0017	0.9999
2	0.0112	0.9983
3	0.0461	0.9888
4	0.1334	0.9539
5	0.2905	0.8666
6	0.5000	0.7095
7	0.7095	0.5000
8	0.8666	0.2905
9	0.9539	0.1334
10	0.9888	0.0461
11	0.9983	0.0112
12	0.9999	0.0017
13	1.0000	0.0001

▶ n=14

x	$P_0(B \le x)$	$P_0(B \ge x)$
0	0.0001	1.0000
1	0.0009	0.9999
2	0.0065	0.9991
3	0.0287	0.9935
4	0.0898	0.9713
5	0.2120	0.9102
6	0.3953	0.7880
7	0.6047	0.6047
8	0.7880	0.3953
9	0.9102	0.2120
10	0.9713	0.0898
11	0.9935	0.0287
12	0.9991	0.0065
13	0.9999	0.0009
14	1.0000	0.0001

▶ n=15

x	$P_0(B \le x)$	$P_0(B \ge x)$
0	0.0000	1.0000
1	0.0005	1.0000
2	0.0037	0.9995
3	0.0176	0.9963
4	0.0592	0.9824
5	0.1509	0.9408
6	0.3036	0.8491
7	0.5000	0.6964
8	0.6964	0.5000
9	0.8491	0.3036
10	0.9408	0.1509
11	0.9824	0.0592
12	0.9963	0.0176
13	0.9995	0.0037
14	1.0000	0.0005
15	1.0000	0.0000

▶ n=16

x	$P_0(B \le x)$	$P_0(B \ge x)$
0	0.0000	1.0000
1	0.0003	1.0000
2	0.0021	0.9997
3	0.0106	0.9979
4	0.0384	0.9894
5	0.1051	0.9616
6	0.2272	0.8949
7	0.4018	0.7728
8	0.5982	0.5982
9	0.7728	0.4018
10	0.8949	0.2272
11	0.9616	0.1051
12	0.9894	0.0384
13	0.9979	0.0106
14	0.9997	0.0021
15	1.0000	0.0003
16	1.0000	0.0000

▶ n=17

x	$P_0(B \le x)$	$P_0(B \ge x)$
0	0.0000	1.0000
1	0.0001	1.0000
2	0.0012	0.9999
3	0.0064	0.9988
4	0.0245	0.9936
5	0.0717	0.9755
6	0.1662	0.9283
7	0.3145	0.8338
8	0.5000	0.6855
9	0.6855	0.5000
10	0.8338	0.3145
11	0.9283	0.1662
12	0.9755	0.0717
13	0.9936	0.0245
14	0.9988	0.0064
15	0.9999	0.0012
16	1.0000	0.0001
17	1.0000	0.0000

▶ n=18

x	$P_0(B \le x)$	$P_0(B \ge x)$
0	0.0000	1.0000
1	0.0001	1.0000
2	0.0007	0.9999
3	0.0038	0.9993
4	0.0154	0.9962
5	0.0481	0.9846
6	0.1189	0.9519
7	0.2403	0.8811
8	0.4073	0.7597
9	0.5927	0.5927
10	0.7597	0.4073

표 5. (계속)

11	0.8811	0.2403
12	0.9519	0.1189
13	0.9846	0.0481
14	0.9962	0.0154
15	0.9993	0.0038
16	0.9999	0.0007
17	1.0000	0.0001
18	1.0000	0.0000
▶ n=19		
0	0.0000	1.0000
1	0.0000	1.0000
2	0.0004	1.0000
3	0.0022	0.9996
4	0.0096	0.9978
5	0.0318	0.9904
6	0.0835	0.9682
7	0.1796	0.9165
8	0.3238	0.8204
9	0.5000	0.6762
10	0.6762	0.5000
11	0.8204	0.3238
12	0.9165	0.1796
13	0.9682	0.0835
14	0.9904	0.0318
15	0.9978	0.0096
16	0.9996	0.0022
17	1.0000	0.0004
18	1.0000	0.0000
19	1.0000	0.0000
▶ n=20		
0	0.0000	1.0000
1	0.0000	1.0000
2	0.0002	1.0000
3	0.0013	0.9998
4	0.0059	0.9987
5	0.0207	0.9941
6	0.0577	0.9793
7	0.1316	0.9423
8	0.2517	0.8684
9	0.4119	0.7483
10	0.5881	0.5881
11	0.7483	0.4119
12	0.8684	0.2517
13	0.9423	0.1316
14	0.9793	0.0577
15	0.9941	0.0207
16	0.9987	0.0059
17	0.9998	0.0013
18	1.0000	0.0002
19	1.0000	0.0000
20	1.0000	0.0000
▶ n=21		
0	0.0000	1.0000
1	0.0000	1.0000
2	0.0001	1.0000
3	0.0007	0.9999
4	0.0036	0.9993
5	0.0133	0.9964
6	0.0392	0.9867
7	0.0946	0.9608
8	0.1917	0.9054
9	0.3318	0.8083
10	0.5000	0.6682
11	0.6682	0.5000
12	0.8083	0.3318
13	0.9054	0.1917
14	0.9608	0.0946
15	0.9867	0.0392
16	0.9964	0.0133
17	0.9993	0.0036
18	0.9999	0.0007
19	1.0000	0.0001
20	1.0000	0.0000
21	1.0000	0.0000
▶ n=22		
0	0.0000	1.0000
1	0.0000	1.0000
2	0.0001	1.0000
3	0.0004	0.9999
4	0.0022	0.9996
5	0.0085	0.9978
6	0.0262	0.9915
7	0.0669	0.9738
8	0.1431	0.9331
9	0.2617	0.8569
10	0.4159	0.7383
11	0.5841	0.5841
12	0.7383	0.4159
13	0.8569	0.2617
14	0.9331	0.1431
15	0.9738	0.0669
16	0.9915	0.0262
17	0.9978	0.0085
18	0.9996	0.0022
19	0.9999	0.0004
20	1.0000	0.0001
21	1.0000	0.0000
22	1.0000	0.0000
▶ n=23		
0	0.0000	1.0000
1	0.0000	1.0000
2	0.0000	1.0000
3	0.0002	1.0000
4	0.0013	0.9998
5	0.0053	0.9987
6	0.0173	0.9947
7	0.0466	0.9827
8	0.1050	0.9534
9	0.2024	0.8950
10	0.3388	0.7976
11	0.5000	0.6612
12	0.6612	0.5000
13	0.7976	0.3388
14	0.8950	0.2024
15	0.9534	0.1050
16	0.9827	0.0466
17	0.9947	0.0173
18	0.9987	0.0053
19	0.9998	0.0013
20	1.0000	0.0002
21	1.0000	0.0000
22	1.0000	0.0000
23	1.0000	0.0000
▶ n=24		
0	0.0000	1.0000
1	0.0000	1.0000
2	0.0000	1.0000
3	0.0001	1.0000
4	0.0008	0.9999
5	0.0033	0.9992
6	0.0113	0.9967
7	0.0320	0.9887
8	0.0758	0.9680
9	0.1537	0.9242
10	0.2706	0.8463
11	0.4194	0.7294
12	0.5806	0.5806
13	0.7294	0.4194
14	0.8463	0.2706
15	0.9242	0.1537
16	0.9680	0.0758
17	0.9887	0.0320
18	0.9967	0.0113
19	0.9992	0.0033
20	0.9999	0.0008
21	1.0000	0.0001
22	1.0000	0.0000
23	1.0000	0.0000
24	1.0000	0.0000
▶ n=25		
0	0.0000	1.0000
1	0.0000	1.0000
2	0.0000	1.0000
3	0.0001	1.0000
4	0.0005	0.9999
5	0.0020	0.9995
6	0.0073	0.9980
7	0.0216	0.9927
8	0.0539	0.9784
9	0.1148	0.9461
10	0.2122	0.8852
11	0.3450	0.7878
12	0.5000	0.6550
13	0.6550	0.5000
14	0.7878	0.3450
15	0.8852	0.2122
16	0.9461	0.1148
17	0.9784	0.0539
18	0.9927	0.0216
19	0.9980	0.0073
20	0.9995	0.0020
21	0.9999	0.0005
22	1.0000	0.0001
23	1.0000	0.0000
24	1.0000	0.0000
25	1.0000	0.0000

표 6. 윌콕슨 부호순위통계량(W^+) 분포표 : $[x,\ \ P_0(W^+ \le x),\ \ \ P_0(W^+ \ge x)]$

$P_0(W^+ \ge x) = \alpha$ 이면 $w^+(\alpha, n) = x$

▶ n = 3

x	$P_0(W^+ \le x)$	$P_0(W^+ \ge x)$
0	0.1250	1.0000
1	0.2500	0.8750
2	0.3750	0.7500
3	0.6250	0.6250
4	0.7500	0.3750
5	0.8750	0.2500
6	1.0000	0.1250

▶ n = 4

x	$P_0(W^+ \le x)$	$P_0(W^+ \ge x)$
0	0.0625	1.0000
1	0.1250	0.9375
2	0.1875	0.8750
3	0.3125	0.8125
4	0.4375	0.6875
5	0.5625	0.5625
6	0.6875	0.4375
7	0.8125	0.3125
8	0.8750	0.1875
9	0.9375	0.1250
10	1.0000	0.0625

▶ n = 5

x	$P_0(W^+ \le x)$	$P_0(W^+ \ge x)$
0	0.0313	1.0000
1	0.0625	0.9687
2	0.0938	0.9375
3	0.1563	0.9063
4	0.2188	0.8438
5	0.3125	0.7813
6	0.4063	0.6875
7	0.5000	0.5938
8	0.5938	0.5000
9	0.6875	0.4063
10	0.7813	0.3125
11	0.8438	0.2188
12	0.9063	0.1563
13	0.9375	0.0938
14	0.9688	0.0625
15	1.0000	0.0313

▶ n = 6

x	$P_0(W^+ \le x)$	$P_0(W^+ \ge x)$
0	0.0156	1.0000
1	0.0313	0.8944
2	0.0469	0.9688
3	0.0781	0.9531
4	0.1094	0.9219
5	0.1563	0.8906
6	0.2188	0.8438
7	0.2813	0.7813
8	0.3438	0.7188
9	0.4219	0.6563
10	0.5000	0.5781
11	0.5781	0.5000
12	0.6563	0.4219
13	0.7188	0.3438
14	0.7813	0.2813
15	0.8438	0.2188
16	0.8906	0.1563
17	0.9219	0.1094
18	0.9531	0.0781
19	0.9688	0.0469
20	0.9844	0.0313
21	1.0000	0.0156

▶ n = 7

x	$P_0(W^+ \le x)$	$P_0(W^+ \ge x)$
0	0.0078	1.0000
1	0.0156	0.9922
2	0.0234	0.9844
3	0.0391	0.9766
4	0.0547	0.9609
5	0.0781	0.9453
6	0.1094	0.9219
7	0.1484	0.8906
8	0.1875	0.8516
9	0.2344	0.8125
10	0.2891	0.7656
11	0.3438	0.7109
12	0.4063	0.6563
13	0.4688	0.5938
14	0.5313	0.5313
15	0.5938	0.4688
16	0.6563	0.4063
17	0.7109	0.3438
18	0.7656	0.2891
19	0.8125	0.2344
20	0.8516	0.1875
21	0.8906	0.1484
22	0.9219	0.1094
23	0.9453	0.0781
24	0.9609	0.0547
25	0.9766	0.0391
26	0.9844	0.0234
27	0.9922	0.0156
28	1.0000	0.0078

▶ n = 8

x	$P_0(W^+ \le x)$	$P_0(W^+ \ge x)$
0	0.0039	1.0000
1	0.0078	0.9961
2	0.0117	0.9922
3	0.0195	0.9883
4	0.0273	0.9805
5	0.0391	0.9727
6	0.0547	0.9609
7	0.0742	0.9453
8	0.0977	0.9258
9	0.1250	0.9023
10	0.1563	0.8750
11	0.1914	0.8438
12	0.2305	0.8086
13	0.2734	0.7695
14	0.3203	0.7266
15	0.3711	0.6797
16	0.4219	0.6289
17	0.4727	0.5781
18	0.5273	0.5273
19	0.5781	0.4727
20	0.6289	0.4219
21	0.6797	0.3711
22	0.7266	0.3203
23	0.7695	0.2734
24	0.8086	0.2305
25	0.8438	0.1914
26	0.8750	0.1563
27	0.9023	0.1250
28	0.9258	0.0977
29	0.9453	0.0742
30	0.9609	0.0547
31	0.9727	0.0391
32	0.9805	0.0273
33	0.9883	0.0195
34	0.9922	0.0117
35	0.9961	0.0078
36	1.0000	0.0039

▶ n = 9

x	$P_0(W^+ \le x)$	$P_0(W^+ \ge x)$
0	0.0020	1.0000
1	0.0039	0.9980
2	0.0059	0.9961
3	0.0098	0.9941
4	0.0137	0.9902
5	0.0195	0.9863
6	0.0273	0.9805
7	0.0371	0.9727
8	0.0488	0.9629
9	0.0645	0.9512
10	0.0820	0.9355
11	0.1016	0.9180
12	0.1250	0.8984
13	0.1504	0.8750
14	0.1797	0.8496
15	0.2129	0.8203
16	0.2480	0.7871
17	0.2852	0.7520
18	0.3262	0.7148
19	0.3672	0.6738
20	0.4102	0.6328
21	0.4551	0.5898
22	0.5000	0.5449
23	0.5449	0.5000
24	0.5898	0.4551
25	0.6328	0.4102
26	0.6738	0.3672
27	0.7148	0.3262
28	0.7520	0.2852
29	0.7871	0.2480
30	0.8203	0.2129
31	0.8496	0.1797
32	0.8750	0.1504
33	0.8984	0.1250
34	0.9180	0.1016
35	0.9355	0.0820
36	0.9512	0.0645
37	0.9629	0.0488
38	0.9727	0.0371
39	0.9805	0.0273
40	0.9863	0.0195
41	0.9902	0.0137
42	0.9941	0.0098
43	0.9961	0.0059
44	0.9980	0.0039
45	1.0000	0.0020

▶ n = 10

x	$P_0(W^+ \le x)$	$P_0(W^+ \ge x)$
0	0.0010	1.0000
1	0.0020	0.9990
2	0.0029	0.9980
3	0.0049	0.9971
4	0.0068	0.9951
5	0.0098	0.9932
6	0.0137	0.9902
7	0.0186	0.9863
8	0.0244	0.9814
9	0.0322	0.9756
10	0.0420	0.9678
11	0.0527	0.9580
12	0.0654	0.9473
13	0.0801	0.9346
14	0.0967	0.9199
15	0.1162	0.9033
16	0.1377	0.8838
17	0.1611	0.8623
18	0.1875	0.8389
19	0.2158	0.8125
20	0.2461	0.7842
21	0.2783	0.7539
22	0.3125	0.7217
23	0.3477	0.6875
24	0.3848	0.6523
25	0.4229	0.6152
26	0.4609	0.5771
27	0.5000	0.5391
28	0.5391	0.5000
29	0.5771	0.4609
30	0.6152	0.4229
31	0.6523	0.3848
32	0.6875	0.3477
33	0.7217	0.3125

표 6. (계속)

34	0.7539	0.2783
35	0.7842	0.2461
36	0.8125	0.2158
37	0.8389	0.1875
38	0.8623	0.1611
39	0.8838	0.1377
40	0.9033	0.1162
41	0.9199	0.0967
42	0.9346	0.0801
43	0.9473	0.0654
44	0.9580	0.0527
45	0.9678	0.0420
46	0.9756	0.0322
47	0.9814	0.0244
48	0.9863	0.0186
49	0.9902	0.0137
50	0.9932	0.0098
51	0.9951	0.0068
52	0.9971	0.0049
53	0.9980	0.0029
54	0.9990	0.0020
55	1.0000	0.0010

▶ n = 11

0	0.0005	1.0000
1	0.0010	0.9995
2	0.0015	0.9990
3	0.0024	0.9985
4	0.0034	0.9976
5	0.0049	0.9966
6	0.0068	0.9951
7	0.0093	0.9932
8	0.0122	0.9907
9	0.0161	0.9878
10	0.0210	0.9839
11	0.0269	0.9790
12	0.0337	0.9731
13	0.0415	0.9663
14	0.0508	0.9585
15	0.0615	0.9492
16	0.0737	0.9385
17	0.0874	0.9263
18	0.1030	0.9126
19	0.1201	0.8970
20	0.1392	0.8799
21	0.1602	0.8608
22	0.1826	0.8398
23	0.2065	0.8174
24	0.2324	0.7935
25	0.2598	0.7676
26	0.2886	0.7402
27	0.3188	0.7114
28	0.3501	0.6812
29	0.3823	0.6499
30	0.4155	0.6177
31	0.4492	0.5845
32	0.4829	0.5508
33	0.5171	0.5171
34	0.5508	0.4829
35	0.5845	0.4492
36	0.6177	0.4155
37	0.6499	0.3823
38	0.6812	0.3501
39	0.7114	0.3188
40	0.7402	0.2886
41	0.7676	0.2598
42	0.7935	0.2324
43	0.8174	0.2065
44	0.8398	0.1826
45	0.8608	0.1602
46	0.8799	0.1392
47	0.8970	0.1201
48	0.9126	0.1030
49	0.9263	0.0874
50	0.9385	0.0737
51	0.9492	0.0615
52	0.9585	0.0508
53	0.9663	0.0415
54	0.9731	0.0337
55	0.9790	0.0269
56	0.9839	0.0210
57	0.9878	0.0161
58	0.9907	0.0122
59	0.9932	0.0093
60	0.9951	0.0068
61	0.9966	0.0049
62	0.9976	0.0034
63	0.9985	0.0024
64	0.9990	0.0015
65	0.9995	0.0010
66	1.0000	0.0005

▶ n = 12

0	0.0002	1.0000
1	0.0005	0.9998
2	0.0007	0.9995
3	0.0012	0.9993
4	0.0017	0.9988
5	0.0024	0.9983
6	0.0034	0.9976
7	0.0046	0.9966
8	0.0061	0.9954
9	0.0081	0.9939
10	0.0105	0.9919
11	0.0134	0.9895
12	0.0171	0.9866
13	0.0212	0.9829
14	0.0261	0.9788
15	0.0320	0.9739
16	0.0386	0.9680
17	0.0461	0.9614
18	0.0549	0.9539
19	0.0647	0.9451
20	0.0757	0.9353
21	0.0881	0.9243
22	0.1018	0.9119
23	0.1167	0.8982
24	0.1331	0.8833
25	0.1506	0.8669
26	0.1697	0.8494
27	0.1902	0.8303
28	0.2119	0.8098
29	0.2349	0.7881
30	0.2593	0.7651
31	0.2847	0.7407
32	0.3110	0.7153
33	0.3386	0.6890
34	0.3667	0.6614
35	0.3955	0.6333
36	0.4250	0.6045
37	0.4548	0.5750
38	0.4849	0.5452
39	0.5151	0.5151
40	0.5452	0.4849
41	0.5750	0.4548
42	0.6045	0.4250
43	0.6333	0.3955
44	0.6614	0.3667
45	0.6890	0.3386
46	0.7153	0.3110
47	0.7407	0.2847
48	0.7651	0.2593
49	0.7881	0.2349
50	0.8098	0.2119
51	0.8303	0.1902
52	0.8494	0.1697
53	0.8669	0.1506
54	0.8833	0.1331
55	0.8982	0.1167
56	0.9119	0.1018
57	0.9243	0.0881
58	0.9353	0.0757
59	0.9451	0.0647
60	0.9539	0.0549
61	0.9614	0.0461
62	0.9680	0.0386
63	0.9739	0.0320
64	0.9788	0.0261
65	0.9829	0.0212
66	0.9866	0.0171
67	0.9895	0.0134
68	0.9919	0.0105
69	0.9939	0.0081
70	0.9954	0.0061
71	0.9966	0.0046
72	0.9976	0.0034
73	0.9983	0.0024
74	0.9988	0.0017
75	0.9993	0.0012
76	0.9995	0.0007
77	0.9998	0.0005
78	1.0000	0.0002

▶ n = 13

0	0.0001	1.0000
1	0.0002	0.9999
2	0.0004	0.9998
3	0.0006	0.9996
4	0.0009	0.9994
5	0.0012	0.9991
6	0.0017	0.9988
7	0.0023	0.9983
8	0.0031	0.9977
9	0.0040	0.9969
10	0.0052	0.9960
11	0.0067	0.9948
12	0.0085	0.9933
13	0.0107	0.9915
14	0.0133	0.9893
15	0.0164	0.9867
16	0.0199	0.9836
17	0.0239	0.9801
18	0.0287	0.9761
19	0.0341	0.9713
20	0.0402	0.9659
21	0.0471	0.9598
22	0.0549	0.9529
23	0.0636	0.9451
24	0.0732	0.9364
25	0.0839	0.9268
26	0.0955	0.9161
27	0.1082	0.9045
28	0.1219	0.8918
29	0.1367	0.8781
30	0.1527	0.8633
31	0.1698	0.8473
32	0.1879	0.8302
33	0.2072	0.8121
34	0.2274	0.7928
35	0.2487	0.7726
36	0.2709	0.7513
37	0.2939	0.7291
38	0.3177	0.7061
39	0.3424	0.6823
40	0.3677	0.6576
41	0.3934	0.6323
42	0.4197	0.6066
43	0.4463	0.5803
44	0.4730	0.5537
45	0.5000	0.5270
46	0.5270	0.5000
47	0.5537	0.4730
48	0.5803	0.4463
49	0.6066	0.4197
50	0.6323	0.3934

표 6. (계속)

51	0.6576	0.3677
52	0.6823	0.3424
53	0.7061	0.3177
54	0.7291	0.2939
55	0.7513	0.2709
56	0.7726	0.2487
57	0.7928	0.2274
58	0.8121	0.2072
59	0.8302	0.1879
60	0.8473	0.1698
61	0.8633	0.1527
62	0.8781	0.1367
63	0.8918	0.1219
64	0.9045	0.1082
65	0.9161	0.0955
66	0.9268	0.0839
67	0.9364	0.0732
68	0.9451	0.0636
69	0.9529	0.0549
70	0.9598	0.0471
71	0.9659	0.0402
72	0.9713	0.0341
73	0.9761	0.0287
74	0.9801	0.0239
75	0.9836	0.0199
76	0.9867	0.0164
77	0.9893	0.0133
78	0.9915	0.0107
79	0.9933	0.0085
80	0.9948	0.0067
81	0.9960	0.0052
82	0.9969	0.0040
83	0.9977	0.0031
84	0.9983	0.0023
85	0.9988	0.0017
86	0.9991	0.0012
87	0.9994	0.0009
88	0.9996	0.0006
89	0.9998	0.0004
90	0.9999	0.0002
91	1.0000	0.0001

▶ n = 14

0	0.0001	1.0000
1	0.0001	0.9999
2	0.0002	0.9999
3	0.0003	0.9998
4	0.0004	0.9997
5	0.0006	0.9996
6	0.0009	0.9994
7	0.0012	0.9991
8	0.0015	0.9988
9	0.0020	0.9985
10	0.0026	0.9980
11	0.0034	0.9974
12	0.0043	0.9966
13	0.0054	0.9957
14	0.0067	0.9946
15	0.0083	0.9933
16	0.0101	0.9917
17	0.0123	0.9899
18	0.0148	0.9877
19	0.0176	0.9852
20	0.0209	0.9824
21	0.0247	0.9791
22	0.0290	0.9753
23	0.0338	0.9710
24	0.0392	0.9662
25	0.0453	0.9608
26	0.0520	0.9547
27	0.0594	0.9480
28	0.0676	0.9406
29	0.0765	0.9324
30	0.0863	0.9235
31	0.0969	0.9137
32	0.1083	0.9031
33	0.1206	0.8917
34	0.1338	0.8794
35	0.1479	0.8662
36	0.1629	0.8521
37	0.1788	0.8371
38	0.1955	0.8212
39	0.2131	0.8045
40	0.2316	0.7869
41	0.2508	0.7684
42	0.2708	0.7492
43	0.2915	0.7292
44	0.3129	0.7085
45	0.3349	0.6871
46	0.3574	0.6651
47	0.3804	0.6426
48	0.4039	0.6196
49	0.4276	0.5961
50	0.4516	0.5724
51	0.4758	0.5484
52	0.5000	0.5242
53	0.5242	0.5000
54	0.5484	0.4758
55	0.5724	0.4516
56	0.5961	0.4276
57	0.6196	0.4039
58	0.6426	0.3804
59	0.6651	0.3574
60	0.6871	0.3349
61	0.7085	0.3129
62	0.7292	0.2915
63	0.7492	0.2708
64	0.7684	0.2508
65	0.7869	0.2316
66	0.8045	0.2131
67	0.8212	0.1955
68	0.8371	0.1788
69	0.8521	0.1629
70	0.8662	0.1479
71	0.8794	0.1338
72	0.8917	0.1206
73	0.9031	0.1083
74	0.9137	0.0969
75	0.9235	0.0863
76	0.9324	0.0765
77	0.9406	0.0676
78	0.9480	0.0594
79	0.9547	0.0520
80	0.9608	0.0453
81	0.9662	0.0392
82	0.9710	0.0338
83	0.9753	0.0290
84	0.9791	0.0247
85	0.9824	0.0209
86	0.9852	0.0176
87	0.9877	0.0148
88	0.9899	0.0123
89	0.9917	0.0101
90	0.9933	0.0083
91	0.9946	0.0067
92	0.9957	0.0054
93	0.9966	0.0043
94	0.9974	0.0034
95	0.9980	0.0026
96	0.9985	0.0020
97	0.9988	0.0015
98	0.9991	0.0012
99	0.9994	0.0009
100	0.9996	0.0006
101	0.9997	0.0004
102	0.9998	0.0003
103	0.9999	0.0002
104	0.9999	0.0001
105	1.0000	0.0001

▶ n = 15

0	0.0000	1.0000
1	0.0001	1.0000
2	0.0001	0.9999
3	0.0002	0.9999
4	0.0002	0.9998
5	0.0003	0.9998
6	0.0004	0.9997
7	0.0006	0.9996
8	0.0008	0.9994
9	0.0010	0.9992
10	0.0013	0.9990
11	0.0017	0.9987
12	0.0021	0.9983
13	0.0027	0.9979
14	0.0034	0.9973
15	0.0042	0.9966
16	0.0051	0.9958
17	0.0062	0.9949
18	0.0075	0.9938
19	0.0090	0.9925
20	0.0108	0.9910
21	0.0128	0.9892
22	0.0151	0.9872
23	0.0177	0.9849
24	0.0206	0.9823
25	0.0240	0.9794
26	0.0277	0.9760
27	0.0319	0.9723
28	0.0365	0.9681
29	0.0416	0.9635
30	0.0473	0.9584
31	0.0535	0.9527
32	0.0603	0.9465
33	0.0677	0.9397
34	0.0757	0.9323
35	0.0844	0.9243
36	0.0938	0.9156
37	0.1039	0.9062
38	0.1147	0.8961
39	0.1262	0.8853
40	0.1384	0.8738
41	0.1514	0.8616
42	0.1651	0.8486
43	0.1796	0.8349
44	0.1947	0.8204
45	0.2106	0.8053
46	0.2271	0.7894
47	0.2444	0.7729
48	0.2622	0.7556
49	0.2807	0.7378
50	0.2997	0.7193
51	0.3193	0.7003
52	0.3394	0.6807
53	0.3599	0.6606
54	0.3808	0.6401
55	0.4020	0.6192
56	0.4235	0.5980
57	0.4452	0.5765
58	0.4670	0.5548
59	0.4890	0.5330
60	0.5110	0.5110
61	0.5330	0.4890
62	0.5548	0.4670
63	0.5765	0.4452
64	0.5980	0.4235
65	0.6192	0.4020
66	0.6401	0.3808
67	0.6606	0.3599
68	0.6807	0.3394
69	0.7003	0.3193
70	0.7193	0.2997
71	0.7378	0.2807
72	0.7556	0.2622
73	0.7729	0.2444
74	0.7894	0.2271

표 6. (계속)

75	0.8053	0.2106
76	0.8204	0.1947
77	0.8349	0.1796
78	0.8486	0.1651
79	0.8616	0.1514
80	0.8738	0.1384
81	0.8853	0.1262
82	0.8961	0.1147
83	0.9062	0.1039
84	0.9156	0.0938
85	0.9243	0.0844
86	0.9323	0.0757
87	0.9397	0.0677
88	0.9465	0.0603
89	0.9527	0.0535
90	0.9584	0.0473
91	0.9635	0.0416
92	0.9681	0.0365
93	0.9723	0.0319
94	0.9760	0.0277
95	0.9794	0.0240
96	0.9823	0.0206
97	0.9849	0.0177
98	0.9872	0.0151
99	0.9892	0.0128
100	0.9910	0.0108
101	0.9925	0.0090
102	0.9938	0.0075
103	0.9949	0.0062
104	0.9958	0.0051
105	0.9966	0.0042
106	0.9973	0.0034
107	0.9979	0.0027
108	0.9983	0.0021
109	0.9987	0.0017
110	0.9990	0.0013
111	0.9992	0.0010
112	0.9994	0.0008
113	0.9996	0.0006
114	0.9997	0.0004
115	0.9998	0.0003
116	0.9998	0.0002
117	0.9999	0.0002
118	0.9999	0.0001
119	1.0000	0.0001
120	1.0000	0.0000

표 7. 순위합통계량(W) 분포표:[x, $P_0(W \le x)$ $P_0(W \ge x)$]

$P_0(W \ge x) = \alpha$이면 $w(\alpha, m, n) = x$

▶ n=1

• m = 3, n = 1

1 0.2500 1.0000
2 0.5000 0.7500
3 0.7500 0.5000
4 1.0000 0.2500

• m = 4, n = 1

1 0.2000 1.0000
2 0.4000 0.8000
3 0.6000 0.6000
4 0.8000 0.4000
5 1.0000 0.2000

• m = 5, n = 1

1 0.1667 1.0000
2 0.3333 0.8333
3 0.5000 0.6667
4 0.6667 0.5000
5 0.8333 0.3333
6 1.0000 0.1667

• m = 6, n = 1

1 0.1429 1.0000
2 0.2857 0.8571
3 0.4286 0.7143
4 0.5714 0.5714
5 0.7143 0.4286
6 0.8571 0.2857
7 1.0000 0.1429

• m = 7, n = 1

1 0.1250 1.0000
2 0.2500 0.8750
3 0.3750 0.7500
4 0.5000 0.6250
5 0.6250 0.5000
6 0.7500 0.3750
7 0.8750 0.2500
8 1.0000 0.1250

• m = 8, n = 1

1 0.1111 1.0000
2 0.2222 0.8889
3 0.3333 0.7778
4 0.4444 0.6667
5 0.5556 0.5556
6 0.6667 0.4444
7 0.7778 0.3333
8 0.8889 0.2222
9 1.0000 0.1111

• m = 9, n = 1

1 0.1000 1.0000
2 0.2000 0.9000
3 0.3000 0.8000
4 0.4000 0.7000
5 0.5000 0.6000
6 0.6000 0.5000
7 0.7000 0.4000
8 0.8000 0.3000
9 0.9000 0.2000
10 1.0000 0.1000

• m = 10, n = 1

1 0.0909 1.0000
2 0.1818 0.9091
3 0.2727 0.8182
4 0.3636 0.7273
5 0.4545 0.6364
6 0.5455 0.5455
7 0.6364 0.4545
8 0.7273 0.3636
9 0.8182 0.2727
10 0.9091 0.1818
11 1.0000 0.0909

• m = 11, n = 1

1 0.0833 1.0000
2 0.1667 0.9167
3 0.2500 0.8333
4 0.3333 0.7500
5 0.4167 0.6667
6 0.5000 0.5833
7 0.5833 0.5000
8 0.6667 0.4167
9 0.7500 0.3333
10 0.8333 0.2500
11 0.9167 0.1667
12 1.0000 0.0833

• m = 12, n = 1

1 0.0769 1.0000
2 0.1538 0.9231
3 0.2308 0.8462
4 0.3077 0.7692
5 0.3846 0.6923
6 0.4615 0.6154
7 0.5385 0.5385
8 0.6154 0.4615
9 0.6923 0.3846
10 0.7692 0.3077
11 0.8462 0.2308
12 0.9231 0.1538
13 1.0000 0.0769

• m = 13, n = 1

1 0.0714 1.0000
2 0.1429 0.9286
3 0.2143 0.8571
4 0.2857 0.7857
5 0.3571 0.7143
6 0.4286 0.6429
7 0.5000 0.5714
8 0.5714 0.5000
9 0.6429 0.4286
10 0.7143 0.3571
11 0.7857 0.2857
12 0.8571 0.2143
13 0.9286 0.1429
14 1.0000 0.0714

• m = 14, n = 1

1 0.0667 1.0000
2 0.1333 0.9333
3 0.2000 0.8667
4 0.2667 0.8000
5 0.3333 0.7333
6 0.4000 0.6667
7 0.4667 0.6000
8 0.5333 0.5333
9 0.6000 0.4667
10 0.6667 0.4000
11 0.7333 0.3333
12 0.8000 0.2667
13 0.8667 0.2000
14 0.9333 0.1333
15 1.0000 0.0667

• m = 15, n = 1

1 0.0625 1.0000
2 0.1250 0.9375
3 0.1875 0.8750
4 0.2500 0.8125
5 0.3125 0.7500
6 0.3750 0.6875
7 0.4375 0.6250
8 0.5000 0.5625
9 0.5625 0.5000
10 0.6250 0.4375
11 0.6875 0.3750
12 0.7500 0.3125
13 0.8125 0.2500
14 0.8750 0.1875
15 0.9375 0.1250
16 1.0000 0.0625

• m = 16, n = 1

1 0.0588 1.0000
2 0.1176 0.9412
3 0.1765 0.8824
4 0.2353 0.8235
5 0.2941 0.7647
6 0.3529 0.7059
7 0.4118 0.6471
8 0.4706 0.5882
9 0.5294 0.5294
10 0.5882 0.4706
11 0.6471 0.4118
12 0.7059 0.3529
13 0.7647 0.2941
14 0.8235 0.2353
15 0.8824 0.1765
16 0.9412 0.1176
17 1.0000 0.0588

• m = 17, n = 1

1 0.0556 1.0000
2 0.1111 0.9444
3 0.1667 0.8889
4 0.2222 0.8333
5 0.2778 0.7778
6 0.3333 0.7222
7 0.3889 0.6667
8 0.4444 0.6111
9 0.5000 0.5556
10 0.5556 0.5000
11 0.6111 0.4444
12 0.6667 0.3889
13 0.7222 0.3333
14 0.7778 0.2778
15 0.8333 0.2222
16 0.8889 0.1667
17 0.9444 0.1111
18 1.0000 0.0556

• m = 18, n = 1

1 0.0526 1.0000
2 0.1053 0.9474
3 0.1579 0.8947
4 0.2105 0.8421
5 0.2632 0.7895
6 0.3158 0.7368
7 0.3684 0.6842
8 0.4211 0.6316
9 0.4737 0.5789
10 0.5263 0.5263

표 7. (계속)

11	0.5789	0.4737
12	0.6316	0.4211
13	0.6842	0.3684
14	0.7368	0.3158
15	0.7895	0.2632
16	0.8421	0.2105
17	0.8947	0.1579
18	0.9474	0.1053
19	1.0000	0.0526

• m = 19, n = 1

1	0.0500	1.0000
2	0.1000	0.9500
3	0.1500	0.9000
4	0.2000	0.8500
5	0.2500	0.8000
6	0.3000	0.7500
7	0.3500	0.7000
8	0.4000	0.6500
9	0.4500	0.6000
10	0.5000	0.5500
11	0.5500	0.5000
12	0.6000	0.4500
13	0.6500	0.4000
14	0.7000	0.3500
15	0.7500	0.3000
16	0.8000	0.2500
17	0.8500	0.2000
18	0.9000	0.1500
19	0.9500	0.1000
20	1.0000	0.0500

• m = 20, n = 1

1	0.0476	1.0000
2	0.0952	0.9524
3	0.1429	0.9048
4	0.1905	0.8571
5	0.2381	0.8095
6	0.2857	0.7619
7	0.3333	0.7143
8	0.3810	0.6667
9	0.4286	0.6190
10	0.4762	0.5714
11	0.5238	0.5238
12	0.5714	0.4762
13	0.6190	0.4286
14	0.6667	0.3810
15	0.7143	0.3333
16	0.7619	0.2857
17	0.8095	0.2381
18	0.8571	0.1905
19	0.9048	0.1429
20	0.9524	0.0952
21	1.0000	0.0476

▶ n=2

• m = 3, n = 2

3	0.1000	1.0000
4	0.2000	0.9000
5	0.4000	0.8000
6	0.6000	0.6000
7	0.8000	0.4000
8	0.9000	0.2000
9	1.0000	0.1000

• m = 4, n = 2

3	0.0667	1.0000
4	0.1333	0.9333
5	0.2667	0.8667
6	0.4000	0.7333
7	0.6000	0.6000
8	0.7333	0.4000
9	0.8667	0.2667
10	0.9333	0.1333
11	1.0000	0.0667

• m = 5, n = 2

3	0.0476	1.0000
4	0.0952	0.9524
5	0.1905	0.9048
6	0.2857	0.8095
7	0.4286	0.7143
8	0.5714	0.5714
9	0.7143	0.4286
10	0.8095	0.2857
11	0.9048	0.1905
12	0.9524	0.0952
13	1.0000	0.0476

• m = 6, n = 2

3	0.0357	1.0000
4	0.0714	0.9643
5	0.1429	0.9286
6	0.2143	0.8571
7	0.3214	0.7857
8	0.4286	0.6786
9	0.5714	0.5714
10	0.6786	0.4286
11	0.7857	0.3214
12	0.8571	0.2143
13	0.9286	0.1429
14	0.9643	0.0714
15	1.0000	0.0357

• m = 7, n = 2

3	0.0278	1.0000
4	0.0556	0.9722
5	0.1111	0.9444
6	0.1667	0.8889
7	0.2500	0.8333
8	0.3333	0.7500
9	0.4444	0.6667
10	0.5556	0.5556
11	0.6667	0.4444
12	0.7500	0.3333
13	0.8333	0.2500
14	0.8889	0.1667
15	0.9444	0.1111
16	0.9722	0.0556
17	1.0000	0.0278

• m = 8, n = 2

3	0.0222	1.0000
4	0.0444	0.9778
5	0.0889	0.9556
6	0.1333	0.9111
7	0.2000	0.8667
8	0.2667	0.8000
9	0.3556	0.7333
10	0.4444	0.6444
11	0.5556	0.5556
12	0.6444	0.4444
13	0.7333	0.3556
14	0.8000	0.2667
15	0.8667	0.2000
16	0.9111	0.1333
17	0.9556	0.0889
18	0.9778	0.0444
19	1.0000	0.0222

• m = 9, n = 2

3	0.0182	1.0000
4	0.0364	0.9818
5	0.0727	0.9636
6	0.1091	0.9273
7	0.1636	0.8909
8	0.2182	0.8364
9	0.2909	0.7818
10	0.3636	0.7091
11	0.4545	0.6364
12	0.5455	0.5455
13	0.6364	0.4545
14	0.7091	0.3636
15	0.7818	0.2909
16	0.8364	0.2182
17	0.8909	0.1636
18	0.9273	0.1091
19	0.9636	0.0727
20	0.9818	0.0364
21	1.0000	0.0182

• m = 10, n = 2

3	0.0152	1.0000
4	0.0303	0.9848
5	0.0606	0.9697
6	0.0909	0.9394
7	0.1364	0.9091
8	0.1818	0.8636
9	0.2424	0.8182
10	0.3030	0.7576
11	0.3788	0.6970
12	0.4545	0.6212
13	0.5455	0.5455
14	0.6212	0.4545
15	0.6970	0.3788
16	0.7576	0.3030
17	0.8182	0.2424
18	0.8636	0.1818
19	0.9091	0.1364
20	0.9394	0.0909
21	0.9697	0.0606
22	0.9848	0.0303
23	1.0000	0.0152

• m = 11, n = 2

3	0.0128	1.0000
4	0.0256	0.9872
5	0.0513	0.9744
6	0.0769	0.9487
7	0.1154	0.9231
8	0.1538	0.8846
9	0.2051	0.8462
10	0.2564	0.7949
11	0.3205	0.7436
12	0.3846	0.6795
13	0.4615	0.6154
14	0.5385	0.5385
15	0.6154	0.4615
16	0.6795	0.3846
17	0.7436	0.3205
18	0.7949	0.2564
19	0.8462	0.2051
20	0.8846	0.1538
21	0.9231	0.1154
22	0.9487	0.0769
23	0.9744	0.0513
24	0.9872	0.0256
25	1.0000	0.0128

• m = 12, n = 2

3	0.0110	1.0000
4	0.0220	0.9890
5	0.0440	0.9780
6	0.0659	0.9560
7	0.0989	0.9341

표 7. (계속)

8	0.1319	0.9011
9	0.1758	0.8681
10	0.2198	0.8242
11	0.2747	0.7802
12	0.3297	0.7253
13	0.3956	0.6703
14	0.4615	0.6044
15	0.5385	0.5385
16	0.6044	0.4615
17	0.6703	0.3956
18	0.7253	0.3297
19	0.7802	0.2747
20	0.8242	0.2198
21	0.8681	0.1758
22	0.9011	0.1319
23	0.9341	0.0989
24	0.9560	0.0659
25	0.9780	0.0440
26	0.9890	0.0220
27	1.0000	0.0110

• m = 13, n = 2

3	0.0095	1.0000
4	0.0190	0.9905
5	0.0381	0.9810
6	0.0571	0.9619
7	0.0857	0.9429
8	0.1143	0.9143
9	0.1524	0.8857
10	0.1905	0.8476
11	0.2381	0.8095
12	0.2857	0.7619
13	0.3429	0.7143
14	0.4000	0.6571
15	0.4667	0.6000
16	0.5333	0.5333
17	0.6000	0.4667
18	0.6571	0.4000
19	0.7143	0.3429
20	0.7619	0.2857
21	0.8095	0.2381
22	0.8476	0.1905
23	0.8857	0.1524
24	0.9143	0.1143
25	0.9429	0.0857
26	0.9619	0.0571
27	0.9810	0.0381
28	0.9905	0.0190
29	1.0000	0.0095

• m = 14, n = 2

3	0.0083	1.0000
4	0.0167	0.9917
5	0.0333	0.9833
6	0.0500	0.9667
7	0.0750	0.9500
8	0.1000	0.9250
9	0.1333	0.9000
10	0.1667	0.8667
11	0.2083	0.8333
12	0.2500	0.7917
13	0.3000	0.7500
14	0.3500	0.7000
15	0.4083	0.6500
16	0.4667	0.5917
17	0.5333	0.5333
18	0.5917	0.4667
19	0.6500	0.4083
20	0.7000	0.3500
21	0.7500	0.3000
22	0.7917	0.2500
23	0.8333	0.2083
24	0.8667	0.1667
25	0.9000	0.1333
26	0.9250	0.1000
27	0.9500	0.0750
28	0.9667	0.0500
29	0.9833	0.0333
30	0.9917	0.0167
31	1.0000	0.0083

• m = 15, n = 2

3	0.0074	1.0000
4	0.0147	0.9926
5	0.0294	0.9853
6	0.0441	0.9706
7	0.0662	0.9559
8	0.0882	0.9338
9	0.1176	0.9118
10	0.1471	0.8824
11	0.1838	0.8529
12	0.2206	0.8162
13	0.2647	0.7794
14	0.3088	0.7353
15	0.3603	0.6912
16	0.4118	0.6397
17	0.4706	0.5882
18	0.5294	0.5294
19	0.5882	0.4706
20	0.6397	0.4118
21	0.6912	0.3603
22	0.7353	0.3088
23	0.7794	0.2647
24	0.8162	0.2206
25	0.8529	0.1838
26	0.8824	0.1471
27	0.9118	0.1176
28	0.9338	0.0882
29	0.9559	0.0662
30	0.9706	0.0441
31	0.9853	0.0294
32	0.9926	0.0147
33	1.0000	0.0074

• m = 16, n = 2

3	0.0065	1.0000
4	0.0131	0.9935
5	0.0261	0.9869
6	0.0392	0.9739
7	0.0588	0.9608
8	0.0784	0.9412
9	0.1046	0.9216
10	0.1307	0.8954
11	0.1634	0.8693
12	0.1961	0.8366
13	0.2353	0.8039
14	0.2745	0.7647
15	0.3203	0.7255
16	0.3660	0.6797
17	0.4183	0.6340
18	0.4706	0.5817
19	0.5294	0.5294
20	0.5817	0.4706
21	0.6340	0.4183
22	0.6797	0.3660
23	0.7255	0.3203
24	0.7647	0.2745
25	0.8039	0.2353
26	0.8366	0.1961
27	0.8693	0.1634
28	0.8954	0.1307
29	0.9216	0.1046
30	0.9412	0.0784
31	0.9608	0.0588
32	0.9739	0.0392
33	0.9869	0.0261
34	0.9935	0.0131
35	1.0000	0.0065

• m = 17, n = 2

3	0.0058	1.0000
4	0.0117	0.9942
5	0.0234	0.9883
6	0.0351	0.9766
7	0.0526	0.9649
8	0.0702	0.9474
9	0.0936	0.9298
10	0.1170	0.9064
11	0.1462	0.8830
12	0.1754	0.8538
13	0.2105	0.8246
14	0.2456	0.7895
15	0.2865	0.7544
16	0.3275	0.7135
17	0.3743	0.6725
18	0.4211	0.6257
19	0.4737	0.5789
20	0.5263	0.5263
21	0.5789	0.4737
22	0.6257	0.4211
23	0.6725	0.3743
24	0.7135	0.3275
25	0.7544	0.2865
26	0.7895	0.2456
27	0.8246	0.2105
28	0.8538	0.1754
29	0.8830	0.1462
30	0.9064	0.1170
31	0.9298	0.0936
32	0.9474	0.0702
33	0.9649	0.0526
34	0.9766	0.0351
35	0.9883	0.0234
36	0.9942	0.0117
37	1.0000	0.0058

• m = 18, n = 2

3	0.0053	1.0000
4	0.0105	0.9947
5	0.0211	0.9895
6	0.0316	0.9789
7	0.0474	0.9684
8	0.0632	0.9526
9	0.0842	0.9368
10	0.1053	0.9158
11	0.1316	0.8947
12	0.1579	0.8684
13	0.1895	0.8421
14	0.2211	0.8105
15	0.2579	0.7789
16	0.2947	0.7421
17	0.3368	0.7053
18	0.3789	0.6632
19	0.4263	0.6211
20	0.4737	0.5737
21	0.5263	0.5263
22	0.5737	0.4737
23	0.6211	0.4263
24	0.6632	0.3789
25	0.7053	0.3368
26	0.7421	0.2947
27	0.7789	0.2579
28	0.8105	0.2211
29	0.8421	0.1895
30	0.8684	0.1579
31	0.8947	0.1316
32	0.9158	0.1053
33	0.9368	0.0842
34	0.9526	0.0632
35	0.9684	0.0474
36	0.9789	0.0316
37	0.9895	0.0211

표 7. (계속)

38 0.9947 0.0105
39 1.0000 0.0053

• m = 19, n = 2

3 0.0048 1.0000
4 0.0095 0.9952
5 0.0190 0.9905
6 0.0286 0.9810
7 0.0429 0.9714
8 0.0571 0.9571
9 0.0762 0.9429
10 0.0952 0.9238
11 0.1190 0.9048
12 0.1429 0.8810
13 0.1714 0.8571
14 0.2000 0.8286
15 0.2333 0.8000
16 0.2667 0.7667
17 0.3048 0.7333
18 0.3429 0.6952
19 0.3857 0.6571
20 0.4286 0.6143
21 0.4762 0.5714
22 0.5238 0.5238
23 0.5714 0.4762
24 0.6143 0.4286
25 0.6571 0.3857
26 0.6952 0.3429
27 0.7333 0.3048
28 0.7667 0.2667
29 0.8000 0.2333
30 0.8286 0.2000
31 0.8571 0.1714
32 0.8810 0.1429
33 0.9048 0.1190
34 0.9238 0.0952
35 0.9429 0.0762
36 0.9571 0.0571
37 0.9714 0.0429
38 0.9810 0.0286
39 0.9905 0.0190
40 0.9952 0.0095
41 1.0000 0.0048

• m = 20, n = 2

3 0.0043 1.0000
4 0.0087 0.9957
5 0.0173 0.9913
6 0.0260 0.9827
7 0.0390 0.9740
8 0.0519 0.9610
9 0.0693 0.9481
10 0.0866 0.9307
11 0.1082 0.9134
12 0.1299 0.8918
13 0.1558 0.8701
14 0.1818 0.8442
15 0.2121 0.8182
16 0.2424 0.7879
17 0.2771 0.7576
18 0.3117 0.7229
19 0.3506 0.6883
20 0.3896 0.6494
21 0.4329 0.6104
22 0.4762 0.5671
23 0.5238 0.5238
24 0.5671 0.4762
25 0.6104 0.4329
26 0.6494 0.3896
27 0.6883 0.3506
28 0.7229 0.3117
29 0.7576 0.2771
30 0.7879 0.2424
31 0.8182 0.2121
32 0.8442 0.1818
33 0.8701 0.1558
34 0.8918 0.1299
35 0.9134 0.1082
36 0.9307 0.0866
37 0.9481 0.0693
38 0.9610 0.0519
39 0.9740 0.0390
40 0.9827 0.0260
41 0.9913 0.0173
42 0.9957 0.0087
43 1.0000 0.0043

▶ n = 3

• m = 3, n = 3

6 0.0500 1.0000
7 0.1000 0.9500
8 0.2000 0.9000
9 0.3500 0.8000
10 0.5000 0.6500
11 0.6500 0.5000
12 0.8000 0.3500
13 0.9000 0.2000
14 0.9500 0.1000
15 1.0000 0.0500

• m = 4, n = 3

6 0.0286 1.0000
7 0.0571 0.9714
8 0.1143 0.9429
9 0.2000 0.8857
10 0.3143 0.8000
11 0.4286 0.6857
12 0.5714 0.5714
13 0.6857 0.4286
14 0.8000 0.3143
15 0.8857 0.2000
16 0.9429 0.1143
17 0.9714 0.0571
18 1.0000 0.0286

• m = 5, n = 3

6 0.0179 1.0000
7 0.0357 0.9821
8 0.0714 0.9643
9 0.1250 0.9286
10 0.1964 0.8750
11 0.2857 0.8036
12 0.3929 0.7143
13 0.5000 0.6071
14 0.6071 0.5000
15 0.7143 0.3929
16 0.8036 0.2857
17 0.8750 0.1964
18 0.9286 0.1250
19 0.9643 0.0714
20 0.9821 0.0357
21 1.0000 0.0179

• m = 6, n = 3

6 0.0119 1.0000
7 0.0238 0.9881
8 0.0476 0.9762
9 0.0833 0.9524
10 0.1310 0.9167
11 0.1905 0.8690
12 0.2738 0.8095
13 0.3571 0.7262
14 0.4524 0.6429
15 0.5476 0.5476
16 0.6429 0.4524
17 0.7262 0.3571
18 0.8095 0.2738
19 0.8690 0.1905
20 0.9167 0.1310
21 0.9524 0.0833
22 0.9762 0.0476
23 0.9881 0.0238
24 1.0000 0.0119

• m = 7, n = 3

6 0.0083 1.0000
7 0.0167 0.9917
8 0.0333 0.9833
9 0.0583 0.9667
10 0.0917 0.9417
11 0.1333 0.9083
12 0.1917 0.8667
13 0.2583 0.8083
14 0.3333 0.7417
15 0.4167 0.6667
16 0.5000 0.5833
17 0.5833 0.5000
18 0.6667 0.4167
19 0.7417 0.3333
20 0.8083 0.2583
21 0.8667 0.1917
22 0.9083 0.1333
23 0.9417 0.0917
24 0.9667 0.0583
25 0.9833 0.0333
26 0.9917 0.0167
27 1.0000 0.0083

• m = 8, n = 3

6 0.0061 1.0000
7 0.0121 0.9939
8 0.0242 0.9879
9 0.0424 0.9758
10 0.0667 0.9576
11 0.0970 0.9333
12 0.1394 0.9030
13 0.1879 0.8606
14 0.2485 0.8121
15 0.3152 0.7515
16 0.3879 0.6848
17 0.4606 0.6121
18 0.5394 0.5394
19 0.6121 0.4606
20 0.6848 0.3879
21 0.7515 0.3152
22 0.8121 0.2485
23 0.8606 0.1879
24 0.9030 0.1394
25 0.9333 0.0970
26 0.9576 0.0667
27 0.9758 0.0424
28 0.9879 0.0242
29 0.9939 0.0121
30 1.0000 0.0061

• m = 9, n = 3

6 0.0045 1.0000
7 0.0091 0.9955
8 0.0182 0.9909
9 0.0318 0.9818
10 0.0500 0.9682
11 0.0727 0.9500
12 0.1045 0.9273
13 0.1409 0.8955
14 0.1864 0.8591
15 0.2409 0.8136
16 0.3000 0.7591
17 0.3636 0.7000

표 7. (계속)

18	0.4318	0.6364
19	0.5000	0.5682
20	0.5682	0.5000
21	0.6364	0.4318
22	0.7000	0.3636
23	0.7591	0.3000
24	0.8136	0.2409
25	0.8591	0.1864
26	0.8955	0.1409
27	0.9273	0.1045
28	0.9500	0.0727
29	0.9682	0.0500
30	0.9818	0.0318
31	0.9909	0.0182
32	0.9955	0.0091
33	1.0000	0.0045

• m = 10, n = 3

6	0.0035	1.0000
7	0.0070	0.9965
8	0.0140	0.9930
9	0.0245	0.9860
10	0.0385	0.9755
11	0.0559	0.9615
12	0.0804	0.9441
13	0.1084	0.9196
14	0.1434	0.8916
15	0.1853	0.8566
16	0.2343	0.8147
17	0.2867	0.7657
18	0.3462	0.7133
19	0.4056	0.6538
20	0.4685	0.5944
21	0.5315	0.5315
22	0.5944	0.4685
23	0.6538	0.4056
24	0.7133	0.3462
25	0.7657	0.2867
26	0.8147	0.2343
27	0.8566	0.1853
28	0.8916	0.1434
29	0.9196	0.1084
30	0.9441	0.0804
31	0.9615	0.0559
32	0.9755	0.0385
33	0.9860	0.0245
34	0.9930	0.0140
35	0.9965	0.0070
36	1.0000	0.0035

• m = 11, n = 3

6	0.0027	1.0000
7	0.0055	0.9973
8	0.0110	0.9945
9	0.0192	0.9890
10	0.0302	0.9808
11	0.0440	0.9698
12	0.0632	0.9560
13	0.0852	0.9368
14	0.1126	0.9148
15	0.1456	0.8874
16	0.1841	0.8544
17	0.2280	0.8159
18	0.2775	0.7720
19	0.3297	0.7225
20	0.3846	0.6703
21	0.4423	0.6154
22	0.5000	0.5577
23	0.5577	0.5000
24	0.6154	0.4423
25	0.6703	0.3846
26	0.7225	0.3297
27	0.7720	0.2775
28	0.8159	0.2280
29	0.8544	0.1841
30	0.8874	0.1456
31	0.9148	0.1126
32	0.9368	0.0852
33	0.9560	0.0632
34	0.9698	0.0440
35	0.9808	0.0302
36	0.9890	0.0192
37	0.9945	0.0110
38	0.9973	0.0055
39	1.0000	0.0027

• m = 12, n = 3

6	0.0022	1.0000
7	0.0044	0.9978
8	0.0088	0.9956
9	0.0154	0.9912
10	0.0242	0.9846
11	0.0352	0.9758
12	0.0505	0.9648
13	0.0681	0.9495
14	0.0901	0.9319
15	0.1165	0.9099
16	0.1473	0.8835
17	0.1824	0.8527
18	0.2242	0.8176
19	0.2681	0.7758
20	0.3165	0.7319
21	0.3670	0.6835
22	0.4198	0.6330
23	0.4725	0.5802
24	0.5275	0.5275
25	0.5802	0.4725
26	0.6330	0.4198
27	0.6835	0.3670
28	0.7319	0.3165
29	0.7758	0.2681
30	0.8176	0.2242
31	0.8527	0.1824
32	0.8835	0.1473
33	0.9099	0.1165
34	0.9319	0.0901
35	0.9495	0.0681
36	0.9648	0.0505
37	0.9758	0.0352
38	0.9846	0.0242
39	0.9912	0.0154
40	0.9956	0.0088
41	0.9978	0.0044
42	1.0000	0.0022

• m = 13, n = 3

6	0.0018	1.0000
7	0.0036	0.9982
8	0.0071	0.9964
9	0.0125	0.9929
10	0.0196	0.9875
11	0.0286	0.9804
12	0.0411	0.9714
13	0.0554	0.9589
14	0.0732	0.9446
15	0.0946	0.9268
16	0.1196	0.9054
17	0.1482	0.8804
18	0.1821	0.8518
19	0.2196	0.8179
20	0.2607	0.7804
21	0.3054	0.7393
22	0.3518	0.6946
23	0.4000	0.6482
24	0.4500	0.6000
25	0.5000	0.5500
26	0.5500	0.5000
27	0.6000	0.4500
28	0.6482	0.4000
29	0.6946	0.3518
30	0.7393	0.3054
31	0.7804	0.2607
32	0.8179	0.2196
33	0.8518	0.1821
34	0.8804	0.1482
35	0.9054	0.1196
36	0.9268	0.0946
37	0.9446	0.0732
38	0.9589	0.0554
39	0.9714	0.0411
40	0.9804	0.0286
41	0.9875	0.0196
42	0.9929	0.0125
43	0.9964	0.0071
44	0.9982	0.0036
45	1.0000	0.0018

• m = 14, n = 3

6	0.0015	1.0000
7	0.0029	0.9985
8	0.0059	0.9971
9	0.0103	0.9941
10	0.0162	0.9897
11	0.0235	0.9838
12	0.0338	0.9765
13	0.0456	0.9662
14	0.0603	0.9544
15	0.0779	0.9397
16	0.0985	0.9221
17	0.1221	0.9015
18	0.1500	0.8779
19	0.1809	0.8500
20	0.2162	0.8191
21	0.2544	0.7838
22	0.2956	0.7456
23	0.3382	0.7044
24	0.3838	0.6618
25	0.4294	0.6162
26	0.4765	0.5706
27	0.5235	0.5235
28	0.5706	0.4765
29	0.6162	0.4294
30	0.6618	0.3838
31	0.7044	0.3382
32	0.7456	0.2956
33	0.7838	0.2544
34	0.8191	0.2162
35	0.8500	0.1809
36	0.8779	0.1500
37	0.9015	0.1221
38	0.9221	0.0985
39	0.9397	0.0779
40	0.9544	0.0603
41	0.9662	0.0456
42	0.9765	0.0338
43	0.9838	0.0235
44	0.9897	0.0162
45	0.9941	0.0103
46	0.9971	0.0059
47	0.9985	0.0029
48	1.0000	0.0015

• m = 15, n = 3

6	0.0012	1.0000
7	0.0025	0.9988
8	0.0049	0.9975
9	0.0086	0.9951
10	0.0135	0.9914
11	0.0196	0.9865
12	0.0282	0.9804
13	0.0380	0.9718
14	0.0502	0.9620
15	0.0650	0.9498
16	0.0821	0.9350

표 7. (계속)

17	0.1017	0.9179
18	0.1250	0.8983
19	0.1507	0.8750
20	0.1801	0.8493
21	0.2132	0.8199
22	0.2488	0.7868
23	0.2868	0.7512
24	0.3272	0.7132
25	0.3689	0.6728
26	0.4118	0.6311
27	0.4559	0.5882
28	0.5000	0.5441
29	0.5441	0.5000
30	0.5882	0.4559
31	0.6311	0.4118
32	0.6728	0.3689
33	0.7132	0.3272
34	0.7512	0.2868
35	0.7868	0.2488
36	0.8199	0.2132
37	0.8493	0.1801
38	0.8750	0.1507
39	0.8983	0.1250
40	0.9179	0.1017
41	0.9350	0.0821
42	0.9498	0.0650
43	0.9620	0.0502
44	0.9718	0.0380
45	0.9804	0.0282
46	0.9865	0.0196
47	0.9914	0.0135
48	0.9951	0.0086
49	0.9975	0.0049
50	0.9988	0.0025
51	1.0000	0.0012

• m = 16, n = 3

6	0.0010	1.0000
7	0.0021	0.9990
8	0.0041	0.9979
9	0.0072	0.9959
10	0.0114	0.9928
11	0.0165	0.9886
12	0.0237	0.9835
13	0.0320	0.9763
14	0.0423	0.9680
15	0.0547	0.9577
16	0.0691	0.9453
17	0.0857	0.9309
18	0.1053	0.9143
19	0.1269	0.8947
20	0.1517	0.8731
21	0.1796	0.8483
22	0.2105	0.8204
23	0.2436	0.7895
24	0.2797	0.7564
25	0.3168	0.7203
26	0.3560	0.6832
27	0.3963	0.6440
28	0.4376	0.6037
29	0.4788	0.5624
30	0.5212	0.5212
31	0.5624	0.4788
32	0.6037	0.4376
33	0.6440	0.3963
34	0.6832	0.3560
35	0.7203	0.3168
36	0.7564	0.2797
37	0.7895	0.2436
38	0.8204	0.2105
39	0.8483	0.1796
40	0.8731	0.1517
41	0.8947	0.1269
42	0.9143	0.1053
43	0.9309	0.0857
44	0.9453	0.0691
45	0.9577	0.0547
46	0.9680	0.0423
47	0.9763	0.0320
48	0.9835	0.0237
49	0.9886	0.0165
50	0.9928	0.0114
51	0.9959	0.0072
52	0.9979	0.0041
53	0.9990	0.0021
54	1.0000	0.0010

• m = 17, n = 3

6	0.0009	1.0000
7	0.0018	0.9991
8	0.0035	0.9982
9	0.0061	0.9965
10	0.0096	0.9939
11	0.0140	0.9904
12	0.0202	0.9860
13	0.0272	0.9798
14	0.0360	0.9728
15	0.0465	0.9640
16	0.0588	0.9535
17	0.0728	0.9412
18	0.0895	0.9272
19	0.1079	0.9105
20	0.1289	0.8921
21	0.1526	0.8711
22	0.1789	0.8474
23	0.2079	0.8211
24	0.2395	0.7921
25	0.2728	0.7605
26	0.3079	0.7272
27	0.3447	0.6921
28	0.3825	0.6553
29	0.4211	0.6175
30	0.4605	0.5789
31	0.5000	0.5395
32	0.5395	0.5000
33	0.5789	0.4605
34	0.6175	0.4211
35	0.6553	0.3825
36	0.6921	0.3447
37	0.7272	0.3079
38	0.7605	0.2728
39	0.7921	0.2395
40	0.8211	0.2079
41	0.8474	0.1789
42	0.8711	0.1526
43	0.8921	0.1289
44	0.9105	0.1079
45	0.9272	0.0895
46	0.9412	0.0728
47	0.9535	0.0588
48	0.9640	0.0465
49	0.9728	0.0360
50	0.9798	0.0272
51	0.9860	0.0202
52	0.9904	0.0140
53	0.9939	0.0096
54	0.9965	0.0061
55	0.9982	0.0035
56	0.9991	0.0018
57	1.0000	0.0009

• m = 18, n = 3

6	0.0008	1.0000
7	0.0015	0.9992
8	0.0030	0.9985
9	0.0053	0.9970
10	0.0083	0.9947
11	0.0120	0.9917
12	0.0173	0.9880
13	0.0233	0.9827
14	0.0308	0.9767
15	0.0398	0.9692
16	0.0504	0.9602
17	0.0624	0.9496
18	0.0767	0.9376
19	0.0925	0.9233
20	0.1105	0.9075
21	0.1308	0.8895
22	0.1534	0.8692
23	0.1782	0.8466
24	0.2060	0.8218
25	0.2353	0.7940
26	0.2669	0.7647
27	0.3000	0.7331
28	0.3346	0.7000
29	0.3699	0.6654
30	0.4068	0.6301
31	0.4436	0.5932
32	0.4812	0.5564
33	0.5188	0.5188
34	0.5564	0.4812
35	0.5932	0.4436
36	0.6301	0.4068
37	0.6654	0.3699
38	0.7000	0.3346
39	0.7331	0.3000
40	0.7647	0.2669
41	0.7940	0.2353
42	0.8218	0.2060
43	0.8466	0.1782
44	0.8692	0.1534
45	0.8895	0.1308
46	0.9075	0.1105
47	0.9233	0.0925
48	0.9376	0.0767
49	0.9496	0.0624
50	0.9602	0.0504
51	0.9692	0.0398
52	0.9767	0.0308
53	0.9827	0.0233
54	0.9880	0.0173
55	0.9917	0.0120
56	0.9947	0.0083
57	0.9970	0.0053
58	0.9985	0.0030
59	0.9992	0.0015
60	1.0000	0.0008

• m = 19, n = 3

6	0.0006	1.0000
7	0.0013	0.9994
8	0.0026	0.9987
9	0.0045	0.9974
10	0.0071	0.9955
11	0.0104	0.9929
12	0.0149	0.9896
13	0.0201	0.9851
14	0.0266	0.9799
15	0.0344	0.9734
16	0.0435	0.9656
17	0.0539	0.9565
18	0.0662	0.9461
19	0.0799	0.9338
20	0.0955	0.9201
21	0.1130	0.9045
22	0.1325	0.8870
23	0.1539	0.8675
24	0.1779	0.8461
25	0.2039	0.8221
26	0.2318	0.7961
27	0.2617	0.7682
28	0.2929	0.7383
29	0.3253	0.7071
30	0.3591	0.6747

표 7. (계속)

31	0.3935	0.6409
32	0.4286	0.6065
33	0.4643	0.5714
34	0.5000	0.5357
35	0.5357	0.5000
36	0.5714	0.4643
37	0.6065	0.4286
38	0.6409	0.3935
39	0.6747	0.3591
40	0.7071	0.3253
41	0.7383	0.2929
42	0.7682	0.2617
43	0.7961	0.2318
44	0.8221	0.2039
45	0.8461	0.1779
46	0.8675	0.1539
47	0.8870	0.1325
48	0.9045	0.1130
49	0.9201	0.0955
50	0.9338	0.0799
51	0.9461	0.0662
52	0.9565	0.0539
53	0.9656	0.0435
54	0.9734	0.0344
55	0.9799	0.0266
56	0.9851	0.0201
57	0.9896	0.0149
58	0.9929	0.0104
59	0.9955	0.0071
60	0.9974	0.0045
61	0.9987	0.0026
62	0.9994	0.0013
63	1.0000	0.0006

• m = 20, n = 3

6	0.0006	1.0000
7	0.0011	0.9994
8	0.0023	0.9989
9	0.0040	0.9977
10	0.0062	0.9960
11	0.0090	0.9938
12	0.0130	0.9910
13	0.0175	0.9870
14	0.0232	0.9825
15	0.0299	0.9768
16	0.0378	0.9701
17	0.0469	0.9622
18	0.0576	0.9531
19	0.0695	0.9424
20	0.0830	0.9305
21	0.0982	0.9170
22	0.1152	0.9018
23	0.1338	0.8848
24	0.1547	0.8662
25	0.1773	0.8453
26	0.2021	0.8227
27	0.2287	0.7979
28	0.2569	0.7713
29	0.2863	0.7431
30	0.3173	0.7137
31	0.3490	0.6827
32	0.3817	0.6510
33	0.4150	0.6183
34	0.4489	0.5850
35	0.4828	0.5511
36	0.5172	0.5172
37	0.5511	0.4828
38	0.5850	0.4489
39	0.6183	0.4150
40	0.6510	0.3817
41	0.6827	0.3490
42	0.7137	0.3173
43	0.7431	0.2863
44	0.7713	0.2569
45	0.7979	0.2287
46	0.8227	0.2021
47	0.8453	0.1773
48	0.8662	0.1547
49	0.8848	0.1338
50	0.9018	0.1152
51	0.9170	0.0982
52	0.9305	0.0830
53	0.9424	0.0695
54	0.9531	0.0576
55	0.9622	0.0469
56	0.9701	0.0378
57	0.9768	0.0299
58	0.9825	0.0232
59	0.9870	0.0175
60	0.9910	0.0130
61	0.9938	0.0090
62	0.9960	0.0062
63	0.9977	0.0040
64	0.9989	0.0023
65	0.9994	0.0011
66	1.0000	0.0006

▶ n = 4

• m = 3, n = 4

10	0.0286	1.0000
11	0.0571	0.9714
12	0.1143	0.9429
13	0.2000	0.8857
14	0.3143	0.8000
15	0.4286	0.6857
16	0.5714	0.5714
17	0.6857	0.4286
18	0.8000	0.3143
19	0.8857	0.2000
20	0.9429	0.1143
21	0.9714	0.0571
22	1.0000	0.0286

• m = 4, n = 4

10	0.0143	1.0000
11	0.0286	0.9857
12	0.0571	0.9714
13	0.1000	0.9429
14	0.1714	0.9000
15	0.2429	0.8286
16	0.3429	0.7571
17	0.4429	0.6571
18	0.5571	0.5571
19	0.6571	0.4429
20	0.7571	0.3429
21	0.8286	0.2429
22	0.9000	0.1714
23	0.9429	0.1000
24	0.9714	0.0571
25	0.9857	0.0286
26	1.0000	0.0143

• m = 5, n = 4

10	0.0079	1.0000
11	0.0159	0.9921
12	0.0317	0.9841
13	0.0556	0.9683
14	0.0952	0.9444
15	0.1429	0.9048
16	0.2063	0.8571
17	0.2778	0.7937
18	0.3651	0.7222
19	0.4524	0.6349
20	0.5476	0.5476
21	0.6349	0.4524
22	0.7222	0.3651
23	0.7937	0.2778
24	0.8571	0.2063
25	0.9048	0.1429
26	0.9444	0.0952
27	0.9683	0.0556
28	0.9841	0.0317
29	0.9921	0.0159
30	1.0000	0.0079

• m = 6, n = 4

10	0.0048	1.0000
11	0.0095	0.9952
12	0.0190	0.9905
13	0.0333	0.9810
14	0.0571	0.9667
15	0.0857	0.9429
16	0.1286	0.9143
17	0.1762	0.8714
18	0.2381	0.8238
19	0.3048	0.7619
20	0.3810	0.6952
21	0.4571	0.6190
22	0.5429	0.5429
23	0.6190	0.4571
24	0.6952	0.3810
25	0.7619	0.3048
26	0.8238	0.2381
27	0.8714	0.1762
28	0.9143	0.1286
29	0.9429	0.0857
30	0.9667	0.0571
31	0.9810	0.0333
32	0.9905	0.0190
33	0.9952	0.0095
34	1.0000	0.0048

• m = 7, n = 4

10	0.0030	1.0000
11	0.0061	0.9970
12	0.0121	0.9939
13	0.0212	0.9879
14	0.0364	0.9788
15	0.0545	0.9636
16	0.0818	0.9455
17	0.1152	0.9182
18	0.1576	0.8848
19	0.2061	0.8424
20	0.2636	0.7939
21	0.3242	0.7364
22	0.3939	0.6758
23	0.4636	0.6061
24	0.5364	0.5364
25	0.6061	0.4636
26	0.6758	0.3939
27	0.7364	0.3242
28	0.7939	0.2636
29	0.8424	0.2061
30	0.8848	0.1576
31	0.9182	0.1152
32	0.9455	0.0818
33	0.9636	0.0545
34	0.9788	0.0364
35	0.9879	0.0212
36	0.9939	0.0121
37	0.9970	0.0061
38	1.0000	0.0030

• m = 8, n = 4

10	0.0020	1.0000
11	0.0040	0.9980
12	0.0081	0.9960
13	0.0141	0.9919

표 7. (계속)

14	0.0242	0.9859
15	0.0364	0.9758
16	0.0545	0.9636
17	0.0768	0.9455
18	0.1071	0.9232
19	0.1414	0.8929
20	0.1838	0.8586
21	0.2303	0.8162
22	0.2848	0.7697
23	0.3414	0.7152
24	0.4040	0.6586
25	0.4667	0.5960
26	0.5333	0.5333
27	0.5960	0.4667
28	0.6586	0.4040
29	0.7152	0.3414
30	0.7697	0.2848
31	0.8162	0.2303
32	0.8586	0.1838
33	0.8929	0.1414
34	0.9232	0.1071
35	0.9455	0.0768
36	0.9636	0.0545
37	0.9758	0.0364
38	0.9859	0.0242
39	0.9919	0.0141
40	0.9960	0.0081
41	0.9980	0.0040
42	1.0000	0.0020

• m = 9, n = 4

10	0.0014	1.0000
11	0.0028	0.9986
12	0.0056	0.9972
13	0.0098	0.9944
14	0.0168	0.9902
15	0.0252	0.9832
16	0.0378	0.9748
17	0.0531	0.9622
18	0.0741	0.9469
19	0.0993	0.9259
20	0.1301	0.9007
21	0.1650	0.8699
22	0.2070	0.8350
23	0.2517	0.7930
24	0.3021	0.7483
25	0.3552	0.6979
26	0.4126	0.6448
27	0.4699	0.5874
28	0.5301	0.5301
29	0.5874	0.4699
30	0.6448	0.4126
31	0.6979	0.3552
32	0.7483	0.3021
33	0.7930	0.2517
34	0.8350	0.2070
35	0.8699	0.1650
36	0.9007	0.1301
37	0.9259	0.0993
38	0.9469	0.0741
39	0.9622	0.0531
40	0.9748	0.0378
41	0.9832	0.0252
42	0.9902	0.0168
43	0.9944	0.0098
44	0.9972	0.0056
45	0.9986	0.0028
46	1.0000	0.0014

• m = 10, n = 4

10	0.0010	1.0000
11	0.0020	0.9990
12	0.0040	0.9980
13	0.0070	0.9960
14	0.0120	0.9930
15	0.0180	0.9880
16	0.0270	0.9820
17	0.0380	0.9730
18	0.0529	0.9620
19	0.0709	0.9471
20	0.0939	0.9291
21	0.1199	0.9061
22	0.1518	0.8801
23	0.1868	0.8482
24	0.2268	0.8132
25	0.2697	0.7732
26	0.3177	0.7303
27	0.3666	0.6823
28	0.4196	0.6334
29	0.4725	0.5804
30	0.5275	0.5275
31	0.5804	0.4725
32	0.6334	0.4196
33	0.6823	0.3666
34	0.7303	0.3177
35	0.7732	0.2697
36	0.8132	0.2268
37	0.8482	0.1868
38	0.8801	0.1518
39	0.9061	0.1199
40	0.9291	0.0939
41	0.9471	0.0709
42	0.9620	0.0529
43	0.9730	0.0380
44	0.9820	0.0270
45	0.9880	0.0180
46	0.9930	0.0120
47	0.9960	0.0070
48	0.9980	0.0040
49	0.9990	0.0020
50	1.0000	0.0010

• m = 11, n = 4

10	0.0007	1.0000
11	0.0015	0.9993
12	0.0029	0.9985
13	0.0051	0.9971
14	0.0088	0.9949
15	0.0132	0.9912
16	0.0198	0.9868
17	0.0278	0.9802
18	0.0388	0.9722
19	0.0520	0.9612
20	0.0689	0.9480
21	0.0886	0.9311
22	0.1128	0.9114
23	0.1399	0.8872
24	0.1714	0.8601
25	0.2059	0.8286
26	0.2447	0.7941
27	0.2857	0.7553
28	0.3304	0.7143
29	0.3766	0.6696
30	0.4256	0.6234
31	0.4747	0.5744
32	0.5253	0.5253
33	0.5744	0.4747
34	0.6234	0.4256
35	0.6696	0.3766
36	0.7143	0.3304
37	0.7553	0.2857
38	0.7941	0.2447
39	0.8286	0.2059
40	0.8601	0.1714
41	0.8872	0.1399
42	0.9114	0.1128
43	0.9311	0.0886
44	0.9480	0.0689
45	0.9612	0.0520
46	0.9722	0.0388
47	0.9802	0.0278
48	0.9868	0.0198
49	0.9912	0.0132
50	0.9949	0.0088
51	0.9971	0.0051
52	0.9985	0.0029
53	0.9993	0.0015
54	1.0000	0.0007

• m = 12, n = 4

10	0.0005	1.0000
11	0.0011	0.9995
12	0.0022	0.9989
13	0.0038	0.9978
14	0.0066	0.9962
15	0.0099	0.9934
16	0.0148	0.9901
17	0.0209	0.9852
18	0.0291	0.9791
19	0.0390	0.9709
20	0.0516	0.9610
21	0.0665	0.9484
22	0.0852	0.9335
23	0.1060	0.9148
24	0.1308	0.8940
25	0.1582	0.8692
26	0.1896	0.8418
27	0.2231	0.8104
28	0.2604	0.7769
29	0.2995	0.7396
30	0.3418	0.7005
31	0.3852	0.6582
32	0.4308	0.6148
33	0.4764	0.5692
34	0.5236	0.5236
35	0.5692	0.4764
36	0.6148	0.4308
37	0.6582	0.3852
38	0.7005	0.3418
39	0.7396	0.2995
40	0.7769	0.2604
41	0.8104	0.2231
42	0.8418	0.1896
43	0.8692	0.1582
44	0.8940	0.1308
45	0.9148	0.1060
46	0.9335	0.0852
47	0.9484	0.0665
48	0.9610	0.0516
49	0.9709	0.0390
50	0.9791	0.0291
51	0.9852	0.0209
52	0.9901	0.0148
53	0.9934	0.0099
54	0.9962	0.0066
55	0.9978	0.0038
56	0.9989	0.0022
57	0.9995	0.0011
58	1.0000	0.0005

• m = 13, n = 4

10	0.0004	1.0000
11	0.0008	0.9996
12	0.0017	0.9992
13	0.0029	0.9983
14	0.0050	0.9971
15	0.0076	0.9950
16	0.0113	0.9924
17	0.0160	0.9887
18	0.0223	0.9840
19	0.0298	0.9777
20	0.0395	0.9702
21	0.0508	0.9605
22	0.0651	0.9492
23	0.0815	0.9349

표 7. (계속)

24	0.1008	0.9185
25	0.1227	0.8992
26	0.1479	0.8773
27	0.1752	0.8521
28	0.2059	0.8248
29	0.2387	0.7941
30	0.2744	0.7613
31	0.3118	0.7256
32	0.3517	0.6882
33	0.3924	0.6483
34	0.4353	0.6076
35	0.4782	0.5647
36	0.5218	0.5218
37	0.5647	0.4782
38	0.6076	0.4353
39	0.6483	0.3924
40	0.6882	0.3517
41	0.7256	0.3118
42	0.7613	0.2744
43	0.7941	0.2387
44	0.8248	0.2059
45	0.8521	0.1752
46	0.8773	0.1479
47	0.8992	0.1227
48	0.9185	0.1008
49	0.9349	0.0815
50	0.9492	0.0651
51	0.9605	0.0508
52	0.9702	0.0395
53	0.9777	0.0298
54	0.9840	0.0223
55	0.9887	0.0160
56	0.9924	0.0113
57	0.9950	0.0076
58	0.9971	0.0050
59	0.9983	0.0029
60	0.9992	0.0017
61	0.9996	0.0008
62	1.0000	0.0004

• m = 14, n = 4

10	0.0003	1.0000
11	0.0007	0.9997
12	0.0013	0.9993
13	0.0023	0.9987
14	0.0039	0.9977
15	0.0059	0.9961
16	0.0088	0.9941
17	0.0124	0.9912
18	0.0173	0.9876
19	0.0232	0.9827
20	0.0307	0.9768
21	0.0395	0.9693
22	0.0507	0.9605
23	0.0634	0.9493
24	0.0788	0.9366
25	0.0961	0.9212
26	0.1163	0.9039
27	0.1386	0.8837
28	0.1637	0.8614
29	0.1908	0.8363
30	0.2209	0.8092
31	0.2526	0.7791
32	0.2869	0.7474
33	0.3225	0.7131
34	0.3605	0.6775
35	0.3990	0.6395
36	0.4392	0.6010
37	0.4794	0.5608
38	0.5206	0.5206
39	0.5608	0.4794
40	0.6010	0.4392
41	0.6395	0.3990
42	0.6775	0.3605
43	0.7131	0.3225
44	0.7474	0.2869
45	0.7791	0.2526
46	0.8092	0.2209
47	0.8363	0.1908
48	0.8614	0.1637
49	0.8837	0.1386
50	0.9039	0.1163
51	0.9212	0.0961
52	0.9366	0.0788
53	0.9493	0.0634
54	0.9605	0.0507
55	0.9693	0.0395
56	0.9768	0.0307
57	0.9827	0.0232
58	0.9876	0.0173
59	0.9912	0.0124
60	0.9941	0.0088
61	0.9961	0.0059
62	0.9977	0.0039
63	0.9987	0.0023
64	0.9993	0.0013
65	0.9997	0.0007
66	1.0000	0.0003

• m = 15, n = 4

10	0.0003	1.0000
11	0.0005	0.9997
12	0.0010	0.9995
13	0.0018	0.9990
14	0.0031	0.9982
15	0.0046	0.9969
16	0.0070	0.9954
17	0.0098	0.9930
18	0.0137	0.9902
19	0.0183	0.9863
20	0.0243	0.9817
21	0.0312	0.9757
22	0.0400	0.9688
23	0.0501	0.9600
24	0.0622	0.9499
25	0.0761	0.9378
26	0.0924	0.9239
27	0.1104	0.9076
28	0.1311	0.8896
29	0.1535	0.8689
30	0.1785	0.8465
31	0.2054	0.8215
32	0.2345	0.7946
33	0.2652	0.7655
34	0.2982	0.7348
35	0.3323	0.7018
36	0.3682	0.6677
37	0.4048	0.6318
38	0.4427	0.5952
39	0.4807	0.5573
40	0.5193	0.5193
41	0.5573	0.4807
42	0.5952	0.4427
43	0.6318	0.4048
44	0.6677	0.3682
45	0.7018	0.3323
46	0.7348	0.2982
47	0.7655	0.2652
48	0.7946	0.2345
49	0.8215	0.2054
50	0.8465	0.1785
51	0.8689	0.1535
52	0.8896	0.1311
53	0.9076	0.1104
54	0.9239	0.0924
55	0.9378	0.0761
56	0.9499	0.0622
57	0.9600	0.0501
58	0.9688	0.0400
59	0.9757	0.0312
60	0.9817	0.0243
61	0.9863	0.0183
62	0.9902	0.0137
63	0.9930	0.0098
64	0.9954	0.0070
65	0.9969	0.0046
66	0.9982	0.0031
67	0.9990	0.0018
68	0.9995	0.0010
69	0.9997	0.0005
70	1.0000	0.0003

• m = 16, n = 4

10	0.0002	1.0000
11	0.0004	0.9998
12	0.0008	0.9996
13	0.0014	0.9992
14	0.0025	0.9986
15	0.0037	0.9975
16	0.0056	0.9963
17	0.0078	0.9944
18	0.0109	0.9922
19	0.0147	0.9891
20	0.0194	0.9853
21	0.0250	0.9806
22	0.0320	0.9750
23	0.0400	0.9680
24	0.0497	0.9600
25	0.0609	0.9503
26	0.0741	0.9391
27	0.0888	0.9259
28	0.1057	0.9112
29	0.1243	0.8943
30	0.1451	0.8757
31	0.1676	0.8549
32	0.1924	0.8324
33	0.2186	0.8076
34	0.2471	0.7814
35	0.2768	0.7529
36	0.3084	0.7232
37	0.3410	0.6916
38	0.3752	0.6590
39	0.4099	0.6248
40	0.4458	0.5901
41	0.4817	0.5542
42	0.5183	0.5183
43	0.5542	0.4817
44	0.5901	0.4458
45	0.6248	0.4099
46	0.6590	0.3752
47	0.6916	0.3410
48	0.7232	0.3084
49	0.7529	0.2768
50	0.7814	0.2471
51	0.8076	0.2186
52	0.8324	0.1924
53	0.8549	0.1676
54	0.8757	0.1451
55	0.8943	0.1243
56	0.9112	0.1057
57	0.9259	0.0888
58	0.9391	0.0741
59	0.9503	0.0609
60	0.9600	0.0497
61	0.9680	0.0400
62	0.9750	0.0320
63	0.9806	0.0250
64	0.9853	0.0194
65	0.9891	0.0147
66	0.9922	0.0109
67	0.9944	0.0078
68	0.9963	0.0056
69	0.9975	0.0037
70	0.9986	0.0025
71	0.9992	0.0014

표 7. (계속)

72	0.9996	0.0008
73	0.9998	0.0004
74	1.0000	0.0002

• m = 17, n = 4

10	0.0002	1.0000
11	0.0003	0.9998
12	0.0007	0.9997
13	0.0012	0.9993
14	0.0020	0.9988
15	0.0030	0.9980
16	0.0045	0.9970
17	0.0063	0.9955
18	0.0089	0.9937
19	0.0119	0.9911
20	0.0157	0.9881
21	0.0202	0.9843
22	0.0259	0.9798
23	0.0324	0.9741
24	0.0403	0.9676
25	0.0493	0.9597
26	0.0600	0.9507
27	0.0720	0.9400
28	0.0859	0.9280
29	0.1013	0.9141
30	0.1186	0.8987
31	0.1375	0.8814
32	0.1584	0.8625
33	0.1808	0.8416
34	0.2052	0.8192
35	0.2309	0.7948
36	0.2585	0.7691
37	0.2872	0.7415
38	0.3176	0.7128
39	0.3489	0.6824
40	0.3815	0.6511
41	0.4145	0.6185
42	0.4486	0.5855
43	0.4827	0.5514
44	0.5173	0.5173
45	0.5514	0.4827
46	0.5855	0.4486
47	0.6185	0.4145
48	0.6511	0.3815
49	0.6824	0.3489
50	0.7128	0.3176
51	0.7415	0.2872
52	0.7691	0.2585
53	0.7948	0.2309
54	0.8192	0.2052
55	0.8416	0.1808
56	0.8625	0.1584
57	0.8814	0.1375
58	0.8987	0.1186
59	0.9141	0.1013
60	0.9280	0.0859
61	0.9400	0.0720
62	0.9507	0.0600
63	0.9597	0.0493
64	0.9676	0.0403
65	0.9741	0.0324
66	0.9798	0.0259
67	0.9843	0.0202
68	0.9881	0.0157
69	0.9911	0.0119
70	0.9937	0.0089
71	0.9955	0.0063
72	0.9970	0.0045
73	0.9980	0.0030
74	0.9988	0.0020
75	0.9993	0.0012
76	0.9997	0.0007
77	0.9998	0.0003
78	1.0000	0.0002

• m = 18, n = 4

10	0.0001	1.0000
11	0.0003	0.9999
12	0.0005	0.9997
13	0.0010	0.9995
14	0.0016	0.9990
15	0.0025	0.9984
16	0.0037	0.9975
17	0.0052	0.9963
18	0.0072	0.9948
19	0.0097	0.9928
20	0.0129	0.9903
21	0.0165	0.9871
22	0.0212	0.9835
23	0.0265	0.9788
24	0.0329	0.9735
25	0.0403	0.9671
26	0.0491	0.9597
27	0.0589	0.9509
28	0.0704	0.9411
29	0.0831	0.9296
30	0.0976	0.9169
31	0.1135	0.9024
32	0.1311	0.8865
33	0.1501	0.8689
34	0.1710	0.8499
35	0.1932	0.8290
36	0.2171	0.8068
37	0.2422	0.7829
38	0.2690	0.7578
39	0.2968	0.7310
40	0.3260	0.7032
41	0.3560	0.6740
42	0.3871	0.6440
43	0.4187	0.6129
44	0.4511	0.5813
45	0.4835	0.5489
46	0.5165	0.5165
47	0.5489	0.4835
48	0.5813	0.4511
49	0.6129	0.4187
50	0.6440	0.3871
51	0.6740	0.3560
52	0.7032	0.3260
53	0.7310	0.2968
54	0.7578	0.2690
55	0.7829	0.2422
56	0.8068	0.2171
57	0.8290	0.1932
58	0.8499	0.1710
59	0.8689	0.1501
60	0.8865	0.1311
61	0.9024	0.1135
62	0.9169	0.0976
63	0.9296	0.0831
64	0.9411	0.0704
65	0.9509	0.0589
66	0.9597	0.0491
67	0.9671	0.0403
68	0.9735	0.0329
69	0.9788	0.0265
70	0.9835	0.0212
71	0.9871	0.0165
72	0.9903	0.0129
73	0.9928	0.0097
74	0.9948	0.0072
75	0.9963	0.0052
76	0.9975	0.0037
77	0.9984	0.0025
78	0.9990	0.0016
79	0.9995	0.0010
80	0.9997	0.0005
81	0.9999	0.0003
82	1.0000	0.0001

• m = 19, n = 4

10	0.0001	1.0000
11	0.0002	0.9999
12	0.0005	0.9998
13	0.0008	0.9995
14	0.0014	0.9992
15	0.0020	0.9986
16	0.0030	0.9980
17	0.0043	0.9970
18	0.0060	0.9957
19	0.0080	0.9940
20	0.0106	0.9920
21	0.0137	0.9894
22	0.0175	0.9863
23	0.0219	0.9825
24	0.0272	0.9781
25	0.0333	0.9728
26	0.0405	0.9667
27	0.0487	0.9595
28	0.0582	0.9513
29	0.0688	0.9418
30	0.0809	0.9312
31	0.0942	0.9191
32	0.1091	0.9058
33	0.1252	0.8909
34	0.1431	0.8748
35	0.1622	0.8569
36	0.1828	0.8378
37	0.2047	0.8172
38	0.2282	0.7953
39	0.2527	0.7718
40	0.2787	0.7473
41	0.3056	0.7213
42	0.3337	0.6944
43	0.3625	0.6663
44	0.3923	0.6375
45	0.4225	0.6077
46	0.4534	0.5775
47	0.4844	0.5466
48	0.5156	0.5156
49	0.5466	0.4844
50	0.5775	0.4534
51	0.6077	0.4225
52	0.6375	0.3923
53	0.6663	0.3625
54	0.6944	0.3337
55	0.7213	0.3056
56	0.7473	0.2787
57	0.7718	0.2527
58	0.7953	0.2282
59	0.8172	0.2047
60	0.8378	0.1828
61	0.8569	0.1622
62	0.8748	0.1431
63	0.8909	0.1252
64	0.9058	0.1091
65	0.9191	0.0942
66	0.9312	0.0809
67	0.9418	0.0688
68	0.9513	0.0582
69	0.9595	0.0487
70	0.9667	0.0405
71	0.9728	0.0333
72	0.9781	0.0272
73	0.9825	0.0219
74	0.9863	0.0175
75	0.9894	0.0137
76	0.9920	0.0106
77	0.9940	0.0080
78	0.9957	0.0060
79	0.9970	0.0043
80	0.9980	0.0030
81	0.9986	0.0020
82	0.9992	0.0014
83	0.9995	0.0008

표 7. (계속)

84	0.9998	0.0005
85	0.9999	0.0002
86	1.0000	0.0001

• m = 20, n = 4

10	0.0001	1.0000
11	0.0002	0.9999
12	0.0004	0.9998
13	0.0007	0.9996
14	0.0011	0.9993
15	0.0017	0.9989
16	0.0025	0.9983
17	0.0036	0.9975
18	0.0050	0.9964
19	0.0067	0.9950
20	0.0088	0.9933
21	0.0114	0.9912
22	0.0146	0.9886
23	0.0183	0.9854
24	0.0227	0.9817
25	0.0278	0.9773
26	0.0338	0.9722
27	0.0406	0.9662
28	0.0485	0.9594
29	0.0573	0.9515
30	0.0675	0.9427
31	0.0787	0.9325
32	0.0913	0.9213
33	0.1050	0.9087
34	0.1203	0.8950
35	0.1366	0.8797
36	0.1545	0.8634
37	0.1735	0.8455
38	0.1941	0.8265
39	0.2156	0.8059
40	0.2386	0.7844
41	0.2625	0.7614
42	0.2877	0.7375
43	0.3137	0.7123
44	0.3408	0.6863
45	0.3684	0.6592
46	0.3970	0.6316
47	0.4259	0.6030
48	0.4555	0.5741
49	0.4850	0.5445
50	0.5150	0.5150
51	0.5445	0.4850
52	0.5741	0.4555
53	0.6030	0.4259
54	0.6316	0.3970
55	0.6592	0.3684
56	0.6863	0.3408
57	0.7123	0.3137
58	0.7375	0.2877
59	0.7614	0.2625
60	0.7844	0.2386
61	0.8059	0.2156
62	0.8265	0.1941
63	0.8455	0.1735
64	0.8634	0.1545
65	0.8797	0.1366
66	0.8950	0.1203
67	0.9087	0.1050
68	0.9213	0.0913
69	0.9325	0.0787
70	0.9427	0.0675
71	0.9515	0.0573
72	0.9594	0.0485
73	0.9662	0.0406
74	0.9722	0.0338
75	0.9773	0.0278
76	0.9817	0.0227
77	0.9854	0.0183
78	0.9886	0.0146
79	0.9912	0.0114
80	0.9933	0.0088
81	0.9950	0.0067
82	0.9964	0.0050
83	0.9975	0.0036
84	0.9983	0.0025
85	0.9989	0.0017
86	0.9993	0.0011
87	0.9996	0.0007
88	0.9998	0.0004
89	0.9999	0.0002
90	1.0000	0.0001

▶ n = 5

• m = 3, n = 5

15	0.0179	1.0000
16	0.0357	0.9821
17	0.0714	0.9643
18	0.1250	0.9286
19	0.1964	0.8750
20	0.2857	0.8036
21	0.3929	0.7143
22	0.5000	0.6071
23	0.6071	0.5000
24	0.7143	0.3929
25	0.8036	0.2857
26	0.8750	0.1964
27	0.9286	0.1250
28	0.9643	0.0714
29	0.9821	0.0357
30	1.0000	0.0179

• m = 4, n = 5

15	0.0079	1.0000
16	0.0159	0.9921
17	0.0317	0.9841
18	0.0556	0.9683
19	0.0952	0.9444
20	0.1429	0.9048
21	0.2063	0.8571
22	0.2778	0.7937
23	0.3651	0.7222
24	0.4524	0.6349
25	0.5476	0.5476
26	0.6349	0.4524
27	0.7222	0.3651
28	0.7937	0.2778
29	0.8571	0.2063
30	0.9048	0.1429
31	0.9444	0.0952
32	0.9683	0.0556
33	0.9841	0.0317
34	0.9921	0.0159
35	1.0000	0.0079

• m = 5, n = 5

15	0.0040	1.0000
16	0.0079	0.9960
17	0.0159	0.9921
18	0.0278	0.9841
19	0.0476	0.9722
20	0.0754	0.9524
21	0.1111	0.9246
22	0.1548	0.8889
23	0.2103	0.8452
24	0.2738	0.7897
25	0.3452	0.7262
26	0.4206	0.6548
27	0.5000	0.5794
28	0.5794	0.5000
29	0.6548	0.4206
30	0.7262	0.3452
31	0.7897	0.2738
32	0.8452	0.2103
33	0.8889	0.1548
34	0.9246	0.1111
35	0.9524	0.0754
36	0.9722	0.0476
37	0.9841	0.0278
38	0.9921	0.0159
39	0.9960	0.0079
40	1.0000	0.0040

• m = 6, n = 5

15	0.0022	1.0000
16	0.0043	0.9978
17	0.0087	0.9957
18	0.0152	0.9913
19	0.0260	0.9848
20	0.0411	0.9740
21	0.0628	0.9589
22	0.0887	0.9372
23	0.1234	0.9113
24	0.1645	0.8766
25	0.2143	0.8355
26	0.2684	0.7857
27	0.3312	0.7316
28	0.3961	0.6688
29	0.4654	0.6039
30	0.5346	0.5346
31	0.6039	0.4654
32	0.6688	0.3961
33	0.7316	0.3312
34	0.7857	0.2684
35	0.8355	0.2143
36	0.8766	0.1645
37	0.9113	0.1234
38	0.9372	0.0887
39	0.9589	0.0628
40	0.9740	0.0411
41	0.9848	0.0260
42	0.9913	0.0152
43	0.9957	0.0087
44	0.9978	0.0043
45	1.0000	0.0022

• m = 7, n = 5

15	0.0013	1.0000
16	0.0025	0.9987
17	0.0051	0.9975
18	0.0088	0.9949
19	0.0152	0.9912
20	0.0240	0.9848
21	0.0366	0.9760
22	0.0530	0.9634
23	0.0745	0.9470
24	0.1010	0.9255
25	0.1338	0.8990
26	0.1717	0.8662
27	0.2159	0.8283
28	0.2652	0.7841
29	0.3194	0.7348
30	0.3775	0.6806
31	0.4381	0.6225
32	0.5000	0.5619
33	0.5619	0.5000
34	0.6225	0.4381
35	0.6806	0.3775
36	0.7348	0.3194
37	0.7841	0.2652
38	0.8283	0.2159
39	0.8662	0.1717
40	0.8990	0.1338
41	0.9255	0.1010
42	0.9470	0.0745
43	0.9634	0.0530
44	0.9760	0.0366

표 7. (계속)

45	0.9848	0.0240
46	0.9912	0.0152
47	0.9949	0.0088
48	0.9975	0.0051
49	0.9987	0.0025
50	1.0000	0.0013

• m = 8, n = 5

15	0.0008	1.0000
16	0.0016	0.9992
17	0.0031	0.9984
18	0.0054	0.9969
19	0.0093	0.9946
20	0.0148	0.9907
21	0.0225	0.9852
22	0.0326	0.9775
23	0.0466	0.9674
24	0.0637	0.9534
25	0.0855	0.9363
26	0.1111	0.9145
27	0.1422	0.8889
28	0.1772	0.8578
29	0.2176	0.8228
30	0.2618	0.7824
31	0.3108	0.7382
32	0.3621	0.6892
33	0.4165	0.6379
34	0.4716	0.5835
35	0.5284	0.5284
36	0.5835	0.4716
37	0.6379	0.4165
38	0.6892	0.3621
39	0.7382	0.3108
40	0.7824	0.2618
41	0.8228	0.2176
42	0.8578	0.1772
43	0.8889	0.1422
44	0.9145	0.1111
45	0.9363	0.0855
46	0.9534	0.0637
47	0.9674	0.0466
48	0.9775	0.0326
49	0.9852	0.0225
50	0.9907	0.0148
51	0.9946	0.0093
52	0.9969	0.0054
53	0.9984	0.0031
54	0.9992	0.0016
55	1.0000	0.0008

• m = 9, n = 5

15	0.0005	1.0000
16	0.0010	0.9995
17	0.0020	0.9990
18	0.0035	0.9980
19	0.0060	0.9965
20	0.0095	0.9940
21	0.0145	0.9905
22	0.0210	0.9855
23	0.0300	0.9790
24	0.0415	0.9700
25	0.0559	0.9585
26	0.0734	0.9441
27	0.0949	0.9266
28	0.1199	0.9051
29	0.1489	0.8801
30	0.1818	0.8511
31	0.2188	0.8182
32	0.2592	0.7812
33	0.3032	0.7408
34	0.3497	0.6968
35	0.3986	0.6503
36	0.4491	0.6014
37	0.5000	0.5509
38	0.5509	0.5000
39	0.6014	0.4491
40	0.6503	0.3986
41	0.6968	0.3497
42	0.7408	0.3032
43	0.7812	0.2592
44	0.8182	0.2188
45	0.8511	0.1818
46	0.8801	0.1489
47	0.9051	0.1199
48	0.9266	0.0949
49	0.9441	0.0734
50	0.9585	0.0559
51	0.9700	0.0415
52	0.9790	0.0300
53	0.9855	0.0210
54	0.9905	0.0145
55	0.9940	0.0095
56	0.9965	0.0060
57	0.9980	0.0035
58	0.9990	0.0020
59	0.9995	0.0010
60	1.0000	0.0005

• m = 10, n = 5

15	0.0003	1.0000
16	0.0007	0.9997
17	0.0013	0.9993
18	0.0023	0.9987
19	0.0040	0.9977
20	0.0063	0.9960
21	0.0097	0.9937
22	0.0140	0.9903
23	0.0200	0.9860
24	0.0276	0.9800
25	0.0376	0.9724
26	0.0496	0.9624
27	0.0646	0.9504
28	0.0823	0.9354
29	0.1032	0.9177
30	0.1272	0.8968
31	0.1548	0.8728
32	0.1855	0.8452
33	0.2198	0.8145
34	0.2567	0.7802
35	0.2970	0.7433
36	0.3393	0.7030
37	0.3839	0.6607
38	0.4296	0.6161
39	0.4765	0.5704
40	0.5235	0.5235
41	0.5704	0.4765
42	0.6161	0.4296
43	0.6607	0.3839
44	0.7030	0.3393
45	0.7433	0.2970
46	0.7802	0.2567
47	0.8145	0.2198
48	0.8452	0.1855
49	0.8728	0.1548
50	0.8968	0.1272
51	0.9177	0.1032
52	0.9354	0.0823
53	0.9504	0.0646
54	0.9624	0.0496
55	0.9724	0.0376
56	0.9800	0.0276
57	0.9860	0.0200
58	0.9903	0.0140
59	0.9937	0.0097
60	0.9960	0.0063
61	0.9977	0.0040
62	0.9987	0.0023
63	0.9993	0.0013
64	0.9997	0.0007
65	1.0000	0.0003

▶ n = 6

• m = 3, n = 6

21	0.0119	1.0000
22	0.0238	0.9881
23	0.0476	0.9762
24	0.0833	0.9524
25	0.1310	0.9167
26	0.1905	0.8690
27	0.2738	0.8095
28	0.3571	0.7262
29	0.4524	0.6429
30	0.5476	0.5476
31	0.6429	0.4524
32	0.7262	0.3571
33	0.8095	0.2738
34	0.8690	0.1905
35	0.9167	0.1310
36	0.9524	0.0833
37	0.9762	0.0476
38	0.9881	0.0238
39	1.0000	0.0119

• m = 4, n = 6

21	0.0048	1.0000
22	0.0095	0.9952
23	0.0190	0.9905
24	0.0333	0.9810
25	0.0571	0.9667
26	0.0857	0.9429
27	0.1286	0.9143
28	0.1762	0.8714
29	0.2381	0.8238
30	0.3048	0.7619
31	0.3810	0.6952
32	0.4571	0.6190
33	0.5429	0.5429
34	0.6190	0.4571
35	0.6952	0.3810
36	0.7619	0.3048
37	0.8238	0.2381
38	0.8714	0.1762
39	0.9143	0.1286
40	0.9429	0.0857
41	0.9667	0.0571
42	0.9810	0.0333
43	0.9905	0.0190
44	0.9952	0.0095
45	1.0000	0.0048

• m = 5, n = 6

21	0.0022	1.0000
22	0.0043	0.9978
23	0.0087	0.9957
24	0.0152	0.9913
25	0.0260	0.9848
26	0.0411	0.9740
27	0.0628	0.9589
28	0.0887	0.9372
29	0.1234	0.9113
30	0.1645	0.8766
31	0.2143	0.8355
32	0.2684	0.7857
33	0.3312	0.7316
34	0.3961	0.6688
35	0.4654	0.6039
36	0.5346	0.5346
37	0.6039	0.4654
38	0.6688	0.3961
39	0.7316	0.3312
40	0.7857	0.2684

표 7. (계속)

41	0.8355	0.2143
42	0.8766	0.1645
43	0.9113	0.1234
44	0.9372	0.0887
45	0.9589	0.0628
46	0.9740	0.0411
47	0.9848	0.0260
48	0.9913	0.0152
49	0.9957	0.0087
50	0.9978	0.0043
51	1.0000	0.0022

• m = 6, n = 6

21	0.0011	1.0000
22	0.0022	0.9989
23	0.0043	0.9978
24	0.0076	0.9957
25	0.0130	0.9924
26	0.0206	0.9870
27	0.0325	0.9794
28	0.0465	0.9675
29	0.0660	0.9535
30	0.0898	0.9340
31	0.1201	0.9102
32	0.1548	0.8799
33	0.1970	0.8452
34	0.2424	0.8030
35	0.2944	0.7576
36	0.3496	0.7056
37	0.4091	0.6504
38	0.4686	0.5909
39	0.5314	0.5314
40	0.5909	0.4686
41	0.6504	0.4091
42	0.7056	0.3496
43	0.7576	0.2944
44	0.8030	0.2424
45	0.8452	0.1970
46	0.8799	0.1548
47	0.9102	0.1201
48	0.9340	0.0898
49	0.9535	0.0660
50	0.9675	0.0465
51	0.9794	0.0325
52	0.9870	0.0206
53	0.9924	0.0130
54	0.9957	0.0076
55	0.9978	0.0043
56	0.9989	0.0022
57	1.0000	0.0011

• m = 7, n = 6

21	0.0006	1.0000
22	0.0012	0.9994
23	0.0023	0.9988
24	0.0041	0.9977
25	0.0070	0.9959
26	0.0111	0.9930
27	0.0175	0.9889
28	0.0256	0.9825
29	0.0367	0.9744
30	0.0507	0.9633
31	0.0688	0.9493
32	0.0903	0.9312
33	0.1171	0.9097
34	0.1474	0.8829
35	0.1830	0.8526
36	0.2226	0.8170
37	0.2669	0.7774
38	0.3141	0.7331
39	0.3654	0.6859
40	0.4178	0.6346
41	0.4726	0.5822
42	0.5274	0.5274
43	0.5822	0.4726
44	0.6346	0.4178
45	0.6859	0.3654
46	0.7331	0.3141
47	0.7774	0.2669
48	0.8170	0.2226
49	0.8526	0.1830
50	0.8829	0.1474
51	0.9097	0.1171
52	0.9312	0.0903
53	0.9493	0.0688
54	0.9633	0.0507
55	0.9744	0.0367
56	0.9825	0.0256
57	0.9889	0.0175
58	0.9930	0.0111
59	0.9959	0.0070
60	0.9977	0.0041
61	0.9988	0.0023
62	0.9994	0.0012
63	1.0000	0.0006

• m = 8, n = 6

21	0.0003	1.0000
22	0.0007	0.9997
23	0.0013	0.9993
24	0.0023	0.9987
25	0.0040	0.9977
26	0.0063	0.9960
27	0.0100	0.9937
28	0.0147	0.9900
29	0.0213	0.9853
30	0.0296	0.9787
31	0.0406	0.9704
32	0.0539	0.9594
33	0.0709	0.9461
34	0.0906	0.9291
35	0.1142	0.9094
36	0.1412	0.8858
37	0.1725	0.8588
38	0.2068	0.8275
39	0.2454	0.7932
40	0.2864	0.7546
41	0.3310	0.7136
42	0.3773	0.6690
43	0.4259	0.6227
44	0.4749	0.5741
45	0.5251	0.5251
46	0.5741	0.4749
47	0.6227	0.4259
48	0.6690	0.3773
49	0.7136	0.3310
50	0.7546	0.2864
51	0.7932	0.2454
52	0.8275	0.2068
53	0.8588	0.1725
54	0.8858	0.1412
55	0.9094	0.1142
56	0.9291	0.0906
57	0.9461	0.0709
58	0.9594	0.0539
59	0.9704	0.0406
60	0.9787	0.0296
61	0.9853	0.0213
62	0.9900	0.0147
63	0.9937	0.0100
64	0.9960	0.0063
65	0.9977	0.0040
66	0.9987	0.0023
67	0.9993	0.0013
68	0.9997	0.0007
69	1.0000	0.0003

• m = 9, n = 6

21	0.0002	1.0000
22	0.0004	0.9998
23	0.0008	0.9996
24	0.0014	0.9992
25	0.0024	0.9986
26	0.0038	0.9976
27	0.0060	0.9962
28	0.0088	0.9940
29	0.0128	0.9912
30	0.0180	0.9872
31	0.0248	0.9820
32	0.0332	0.9752
33	0.0440	0.9668
34	0.0567	0.9560
35	0.0723	0.9433
36	0.0905	0.9277
37	0.1119	0.9095
38	0.1361	0.8881
39	0.1638	0.8639
40	0.1942	0.8362
41	0.2280	0.8058
42	0.2643	0.7720
43	0.3035	0.7357
44	0.3445	0.6965
45	0.3878	0.6555
46	0.4320	0.6122
47	0.4773	0.5680
48	0.5227	0.5227
49	0.5680	0.4773
50	0.6122	0.4320
51	0.6555	0.3878
52	0.6965	0.3445
53	0.7357	0.3035
54	0.7720	0.2643
55	0.8058	0.2280
56	0.8362	0.1942
57	0.8639	0.1638
58	0.8881	0.1361
59	0.9095	0.1119
60	0.9277	0.0905
61	0.9433	0.0723
62	0.9560	0.0567
63	0.9668	0.0440
64	0.9752	0.0332
65	0.9820	0.0248
66	0.9872	0.0180
67	0.9912	0.0128
68	0.9940	0.0088
69	0.9962	0.0060
70	0.9976	0.0038
71	0.9986	0.0024
72	0.9992	0.0014
73	0.9996	0.0008
74	0.9998	0.0004
75	1.0000	0.0002

• m = 10, n = 6

21	0.0001	1.0000
22	0.0002	0.9999
23	0.0005	0.9998
24	0.0009	0.9995
25	0.0015	0.9991
26	0.0024	0.9985
27	0.0037	0.9976
28	0.0055	0.9963
29	0.0080	0.9945
30	0.0112	0.9920
31	0.0156	0.9888
32	0.0210	0.9844
33	0.0280	0.9790
34	0.0363	0.9720
35	0.0467	0.9637
36	0.0589	0.9533
37	0.0736	0.9411
38	0.0903	0.9264

표 7. (계속)

39	0.1099	0.9097
40	0.1317	0.8901
41	0.1566	0.8683
42	0.1838	0.8434
43	0.2139	0.8162
44	0.2461	0.7861
45	0.2811	0.7539
46	0.3177	0.7189
47	0.3564	0.6823
48	0.3962	0.6436
49	0.4374	0.6038
50	0.4789	0.5626
51	0.5211	0.5211
52	0.5626	0.4789
53	0.6038	0.4374
54	0.6436	0.3962
55	0.6823	0.3564
56	0.7189	0.3177
57	0.7539	0.2811
58	0.7861	0.2461
59	0.8162	0.2139
60	0.8434	0.1838
61	0.8683	0.1566
62	0.8901	0.1317
63	0.9097	0.1099
64	0.9264	0.0903
65	0.9411	0.0736
66	0.9533	0.0589
67	0.9637	0.0467
68	0.9720	0.0363
69	0.9790	0.0280
70	0.9844	0.0210
71	0.9888	0.0156
72	0.9920	0.0112
73	0.9945	0.0080
74	0.9963	0.0055
75	0.9976	0.0037
76	0.9985	0.0024
77	0.9991	0.0015
78	0.9995	0.0009
79	0.9998	0.0005
80	0.9999	0.0002
81	1.0000	0.0001

▶ n = 7

• m = 3, n = 7

28	0.0083	1.0000
29	0.0167	0.9917
30	0.0333	0.9833
31	0.0583	0.9667
32	0.0917	0.9417
33	0.1333	0.9083
34	0.1917	0.8667
35	0.2583	0.8083
36	0.3333	0.7417
37	0.4167	0.6667
38	0.5000	0.5833
39	0.5833	0.5000
40	0.6667	0.4167
41	0.7417	0.3333
42	0.8083	0.2583
43	0.8667	0.1917
44	0.9083	0.1333
45	0.9417	0.0917
46	0.9667	0.0583
47	0.9833	0.0333
48	0.9917	0.0167
49	1.0000	0.0083

• m = 4, n = 7

28	0.0030	1.0000
29	0.0061	0.9970
30	0.0121	0.9939
31	0.0212	0.9879
32	0.0364	0.9788
33	0.0545	0.9636
34	0.0818	0.9455
35	0.1152	0.9182
36	0.1576	0.8848
37	0.2061	0.8424
38	0.2636	0.7939
39	0.3242	0.7364
40	0.3939	0.6758
41	0.4636	0.6061
42	0.5364	0.5364
43	0.6061	0.4636
44	0.6758	0.3939
45	0.7364	0.3242
46	0.7939	0.2636
47	0.8424	0.2061
48	0.8848	0.1576
49	0.9182	0.1152
50	0.9455	0.0818
51	0.9636	0.0545
52	0.9788	0.0364
53	0.9879	0.0212
54	0.9939	0.0121
55	0.9970	0.0061
56	1.0000	0.0030

• m = 5, n = 7

28	0.0013	1.0000
29	0.0025	0.9987
30	0.0051	0.9975
31	0.0088	0.9949
32	0.0152	0.9912
33	0.0240	0.9848
34	0.0366	0.9760
35	0.0530	0.9634
36	0.0745	0.9470
37	0.1010	0.9255
38	0.1338	0.8990
39	0.1717	0.8662
40	0.2159	0.8283
41	0.2652	0.7841
42	0.3194	0.7348
43	0.3775	0.6806
44	0.4381	0.6225
45	0.5000	0.5619
46	0.5619	0.5000
47	0.6225	0.4381
48	0.6806	0.3775
49	0.7348	0.3194
50	0.7841	0.2652
51	0.8283	0.2159
52	0.8662	0.1717
53	0.8990	0.1338
54	0.9255	0.1010
55	0.9470	0.0745
56	0.9634	0.0530
57	0.9760	0.0366
58	0.9848	0.0240
59	0.9912	0.0152
60	0.9949	0.0088
61	0.9975	0.0051
62	0.9987	0.0025
63	1.0000	0.0013

• m = 6, n = 7

28	0.0006	1.0000
29	0.0012	0.9994
30	0.0023	0.9988
31	0.0041	0.9977
32	0.0070	0.9959
33	0.0111	0.9930
34	0.0175	0.9889
35	0.0256	0.9825
36	0.0367	0.9744
37	0.0507	0.9633
38	0.0688	0.9493
39	0.0903	0.9312
40	0.1171	0.9097
41	0.1474	0.8829
42	0.1830	0.8526
43	0.2226	0.8170
44	0.2669	0.7774
45	0.3141	0.7331
46	0.3654	0.6859
47	0.4178	0.6346
48	0.4726	0.5822
49	0.5274	0.5274
50	0.5822	0.4726
51	0.6346	0.4178
52	0.6859	0.3654
53	0.7331	0.3141
54	0.7774	0.2669
55	0.8170	0.2226
56	0.8526	0.1830
57	0.8829	0.1474
58	0.9097	0.1171
59	0.9312	0.0903
60	0.9493	0.0688
61	0.9633	0.0507
62	0.9744	0.0367
63	0.9825	0.0256
64	0.9889	0.0175
65	0.9930	0.0111
66	0.9959	0.0070
67	0.9977	0.0041
68	0.9988	0.0023
69	0.9994	0.0012
70	1.0000	0.0006

• m = 7, n = 7

28	0.0003	1.0000
29	0.0006	0.9997
30	0.0012	0.9994
31	0.0020	0.9988
32	0.0035	0.9980
33	0.0055	0.9965
34	0.0087	0.9945
35	0.0131	0.9913
36	0.0189	0.9869
37	0.0265	0.9811
38	0.0364	0.9735
39	0.0487	0.9636
40	0.0641	0.9513
41	0.0825	0.9359
42	0.1043	0.9175
43	0.1297	0.8957
44	0.1588	0.8703
45	0.1914	0.8412
46	0.2279	0.8086
47	0.2675	0.7721
48	0.3100	0.7325
49	0.3552	0.6900
50	0.4024	0.6448
51	0.4508	0.5976
52	0.5000	0.5492
53	0.5492	0.5000
54	0.5976	0.4508
55	0.6448	0.4024
56	0.6900	0.3552
57	0.7325	0.3100
58	0.7721	0.2675
59	0.8086	0.2279
60	0.8412	0.1914
61	0.8703	0.1588
62	0.8957	0.1297
63	0.9175	0.1043
64	0.9359	0.0825
65	0.9513	0.0641

표 7. (계속)

66	0.9636	0.0487
67	0.9735	0.0364
68	0.9811	0.0265
69	0.9869	0.0189
70	0.9913	0.0131
71	0.9945	0.0087
72	0.9965	0.0055
73	0.9980	0.0035
74	0.9988	0.0020
75	0.9994	0.0012
76	0.9997	0.0006
77	1.0000	0.0003

• m = 8, n = 7

28	0.0002	1.0000
29	0.0003	0.9998
30	0.0006	0.9997
31	0.0011	0.9994
32	0.0019	0.9989
33	0.0030	0.9981
34	0.0047	0.9970
35	0.0070	0.9953
36	0.0103	0.9930
37	0.0145	0.9897
38	0.0200	0.9855
39	0.0270	0.9800
40	0.0361	0.9730
41	0.0469	0.9639
42	0.0603	0.9531
43	0.0760	0.9397
44	0.0946	0.9240
45	0.1159	0.9054
46	0.1405	0.8841
47	0.1678	0.8595
48	0.1984	0.8322
49	0.2317	0.8016
50	0.2679	0.7683
51	0.3063	0.7321
52	0.3472	0.6937
53	0.3894	0.6528
54	0.4333	0.6106
55	0.4775	0.5667
56	0.5225	0.5225
57	0.5667	0.4775
58	0.6106	0.4333
59	0.6528	0.3894
60	0.6937	0.3472
61	0.7321	0.3063
62	0.7683	0.2679
63	0.8016	0.2317
64	0.8322	0.1984
65	0.8595	0.1678
66	0.8841	0.1405
67	0.9054	0.1159
68	0.9240	0.0946
69	0.9397	0.0760
70	0.9531	0.0603
71	0.9639	0.0469
72	0.9730	0.0361
73	0.9800	0.0270
74	0.9855	0.0200
75	0.9897	0.0145
76	0.9930	0.0103
77	0.9953	0.0070
78	0.9970	0.0047
79	0.9981	0.0030
80	0.9989	0.0019
81	0.9994	0.0011
82	0.9997	0.0006
83	0.9998	0.0003
84	1.0000	0.0002

• m = 9, n = 7

28	0.0001	1.0000
29	0.0002	0.9999
30	0.0003	0.9998
31	0.0006	0.9997
32	0.0010	0.9994
33	0.0017	0.9990
34	0.0026	0.9983
35	0.0039	0.9974
36	0.0058	0.9961
37	0.0082	0.9942
38	0.0115	0.9918
39	0.0156	0.9885
40	0.0209	0.9844
41	0.0274	0.9791
42	0.0356	0.9726
43	0.0454	0.9644
44	0.0571	0.9546
45	0.0708	0.9429
46	0.0869	0.9292
47	0.1052	0.9131
48	0.1261	0.8948
49	0.1496	0.8739
50	0.1755	0.8504
51	0.2039	0.8245
52	0.2349	0.7961
53	0.2680	0.7651
54	0.3032	0.7320
55	0.3403	0.6968
56	0.3788	0.6597
57	0.4185	0.6212
58	0.4591	0.5815
59	0.5000	0.5409
60	0.5409	0.5000
61	0.5815	0.4591
62	0.6212	0.4185
63	0.6597	0.3788
64	0.6968	0.3403
65	0.7320	0.3032
66	0.7651	0.2680
67	0.7961	0.2349
68	0.8245	0.2039
69	0.8504	0.1755
70	0.8739	0.1496
71	0.8948	0.1261
72	0.9131	0.1052
73	0.9292	0.0869
74	0.9429	0.0708
75	0.9546	0.0571
76	0.9644	0.0454
77	0.9726	0.0356
78	0.9791	0.0274
79	0.9844	0.0209
80	0.9885	0.0156
81	0.9918	0.0115
82	0.9942	0.0082
83	0.9961	0.0058
84	0.9974	0.0039
85	0.9983	0.0026
86	0.9990	0.0017
87	0.9994	0.0010
88	0.9997	0.0006
89	0.9998	0.0003
90	0.9999	0.0002
91	1.0000	0.0001

• m = 10, n = 7

28	0.0001	1.0000
29	0.0001	0.9999
30	0.0002	0.9999
31	0.0004	0.9998
32	0.0006	0.9996
33	0.0010	0.9994
34	0.0015	0.9990
35	0.0023	0.9985
36	0.0034	0.9977
37	0.0048	0.9966
38	0.0068	0.9952
39	0.0093	0.9932
40	0.0125	0.9907
41	0.0165	0.9875
42	0.0215	0.9835
43	0.0277	0.9785
44	0.0351	0.9723
45	0.0439	0.9649
46	0.0544	0.9561
47	0.0665	0.9456
48	0.0806	0.9335
49	0.0966	0.9194
50	0.1148	0.9034
51	0.1349	0.8852
52	0.1574	0.8651
53	0.1819	0.8426
54	0.2087	0.8181
55	0.2374	0.7913
56	0.2681	0.7626
57	0.3004	0.7319
58	0.3345	0.6996
59	0.3698	0.6655
60	0.4063	0.6302
61	0.4434	0.5937
62	0.4811	0.5566
63	0.5189	0.5189
64	0.5566	0.4811
65	0.5937	0.4434
66	0.6302	0.4063
67	0.6655	0.3698
68	0.6996	0.3345
69	0.7319	0.3004
70	0.7626	0.2681
71	0.7913	0.2374
72	0.8181	0.2087
73	0.8426	0.1819
74	0.8651	0.1574
75	0.8852	0.1349
76	0.9034	0.1148
77	0.9194	0.0966
78	0.9335	0.0806
79	0.9456	0.0665
80	0.9561	0.0544
81	0.9649	0.0439
82	0.9723	0.0351
83	0.9785	0.0277
84	0.9835	0.0215
85	0.9875	0.0165
86	0.9907	0.0125
87	0.9932	0.0093
88	0.9952	0.0068
89	0.9966	0.0048
90	0.9977	0.0034
91	0.9985	0.0023
92	0.9990	0.0015
93	0.9994	0.0010
94	0.9996	0.0006
95	0.9998	0.0004
96	0.9999	0.0002
97	0.9999	0.0001
98	1.0000	0.0001

▶ n = 8

• m = 3, n = 8

36	0.0061	1.0000
37	0.0121	0.9939
38	0.0242	0.9879
39	0.0424	0.9758
40	0.0667	0.9576
41	0.0970	0.9333
42	0.1394	0.9030
43	0.1879	0.8606
44	0.2485	0.8121
45	0.3152	0.7515

표 7. (계속)

46	0.3879	0.6848
47	0.4606	0.6121
48	0.5394	0.5394
49	0.6121	0.4606
50	0.6848	0.3879
51	0.7515	0.3152
52	0.8121	0.2485
53	0.8606	0.1879
54	0.9030	0.1394
55	0.9333	0.0970
56	0.9576	0.0667
57	0.9758	0.0424
58	0.9879	0.0242
59	0.9939	0.0121
60	1.0000	0.0061

• m = 4, n = 8

36	0.0020	1.0000
37	0.0040	0.9980
38	0.0081	0.9960
39	0.0141	0.9919
40	0.0242	0.9859
41	0.0364	0.9758
42	0.0545	0.9636
43	0.0768	0.9455
44	0.1071	0.9232
45	0.1414	0.8929
46	0.1838	0.8586
47	0.2303	0.8162
48	0.2848	0.7697
49	0.3414	0.7152
50	0.4040	0.6586
51	0.4667	0.5960
52	0.5333	0.5333
53	0.5960	0.4667
54	0.6586	0.4040
55	0.7152	0.3414
56	0.7697	0.2848
57	0.8162	0.2303
58	0.8586	0.1838
59	0.8929	0.1414
60	0.9232	0.1071
61	0.9455	0.0768
62	0.9636	0.0545
63	0.9758	0.0364
64	0.9859	0.0242
65	0.9919	0.0141
66	0.9960	0.0081
67	0.9980	0.0040
68	1.0000	0.0020

• m = 5, n = 8

36	0.0008	1.0000
37	0.0016	0.9992
38	0.0031	0.9984
39	0.0054	0.9969
40	0.0093	0.9946
41	0.0148	0.9907
42	0.0225	0.9852
43	0.0326	0.9775
44	0.0466	0.9674
45	0.0637	0.9534
46	0.0855	0.9363
47	0.1111	0.9145
48	0.1422	0.8889
49	0.1772	0.8578
50	0.2176	0.8228
51	0.2618	0.7824
52	0.3108	0.7382
53	0.3621	0.6892
54	0.4165	0.6379
55	0.4716	0.5835
56	0.5284	0.5284
57	0.5835	0.4716
58	0.6379	0.4165
59	0.6892	0.3621
60	0.7382	0.3108
61	0.7824	0.2618
62	0.8228	0.2176
63	0.8578	0.1772
64	0.8889	0.1422
65	0.9145	0.1111
66	0.9363	0.0855
67	0.9534	0.0637
68	0.9674	0.0466
69	0.9775	0.0326
70	0.9852	0.0225
71	0.9907	0.0148
72	0.9946	0.0093
73	0.9969	0.0054
74	0.9984	0.0031
75	0.9992	0.0016
76	1.0000	0.0008

• m = 6, n = 8

36	0.0003	1.0000
37	0.0007	0.9997
38	0.0013	0.9993
39	0.0023	0.9987
40	0.0040	0.9977
41	0.0063	0.9960
42	0.0100	0.9937
43	0.0147	0.9900
44	0.0213	0.9853
45	0.0296	0.9787
46	0.0406	0.9704
47	0.0539	0.9594
48	0.0709	0.9461
49	0.0906	0.9291
50	0.1142	0.9094
51	0.1412	0.8858
52	0.1725	0.8588
53	0.2068	0.8275
54	0.2454	0.7932
55	0.2864	0.7546
56	0.3310	0.7136
57	0.3773	0.6690
58	0.4259	0.6227
59	0.4749	0.5741
60	0.5251	0.5251
61	0.5741	0.4749
62	0.6227	0.4259
63	0.6690	0.3773
64	0.7136	0.3310
65	0.7546	0.2864
66	0.7932	0.2454
67	0.8275	0.2068
68	0.8588	0.1725
69	0.8858	0.1412
70	0.9094	0.1142
71	0.9291	0.0906
72	0.9461	0.0709
73	0.9594	0.0539
74	0.9704	0.0406
75	0.9787	0.0296
76	0.9853	0.0213
77	0.9900	0.0147
78	0.9937	0.0100
79	0.9960	0.0063
80	0.9977	0.0040
81	0.9987	0.0023
82	0.9993	0.0013
83	0.9997	0.0007
84	1.0000	0.0003

• m = 7, n = 8

36	0.0002	1.0000
37	0.0003	0.9998
38	0.0006	0.9997
39	0.0011	0.9994
40	0.0019	0.9989
41	0.0030	0.9981
42	0.0047	0.9970
43	0.0070	0.9953
44	0.0103	0.9930
45	0.0145	0.9897
46	0.0200	0.9855
47	0.0270	0.9800
48	0.0361	0.9730
49	0.0469	0.9639
50	0.0603	0.9531
51	0.0760	0.9397
52	0.0946	0.9240
53	0.1159	0.9054
54	0.1405	0.8841
55	0.1678	0.8595
56	0.1984	0.8322
57	0.2317	0.8016
58	0.2679	0.7683
59	0.3063	0.7321
60	0.3472	0.6937
61	0.3894	0.6528
62	0.4333	0.6106
63	0.4775	0.5667
64	0.5225	0.5225
65	0.5667	0.4775
66	0.6106	0.4333
67	0.6528	0.3894
68	0.6937	0.3472
69	0.7321	0.3063
70	0.7683	0.2679
71	0.8016	0.2317
72	0.8322	0.1984
73	0.8595	0.1678
74	0.8841	0.1405
75	0.9054	0.1159
76	0.9240	0.0946
77	0.9397	0.0760
78	0.9531	0.0603
79	0.9639	0.0469
80	0.9730	0.0361
81	0.9800	0.0270
82	0.9855	0.0200
83	0.9897	0.0145
84	0.9930	0.0103
85	0.9953	0.0070
86	0.9970	0.0047
87	0.9981	0.0030
88	0.9989	0.0019
89	0.9994	0.0011
90	0.9997	0.0006
91	0.9998	0.0003
92	1.0000	0.0002

• m = 8, n = 8

36	0.0001	1.0000
37	0.0002	0.9999
38	0.0003	0.9998
39	0.0005	0.9997
40	0.0009	0.9995
41	0.0015	0.9991
42	0.0023	0.9985
43	0.0035	0.9977
44	0.0052	0.9965
45	0.0074	0.9948
46	0.0103	0.9926
47	0.0141	0.9897
48	0.0190	0.9859
49	0.0249	0.9810
50	0.0325	0.9751
51	0.0415	0.9675
52	0.0524	0.9585
53	0.0652	0.9476

표 7. (계속)

54	0.0803	0.9348
55	0.0974	0.9197
56	0.1172	0.9026
57	0.1393	0.8828
58	0.1641	0.8607
59	0.1911	0.8359
60	0.2209	0.8089
61	0.2527	0.7791
62	0.2869	0.7473
63	0.3227	0.7131
64	0.3605	0.6773
65	0.3992	0.6395
66	0.4392	0.6008
67	0.4796	0.5608
68	0.5204	0.5204
69	0.5608	0.4796
70	0.6008	0.4392
71	0.6395	0.3992
72	0.6773	0.3605
73	0.7131	0.3227
74	0.7473	0.2869
75	0.7791	0.2527
76	0.8089	0.2209
77	0.8359	0.1911
78	0.8607	0.1641
79	0.8828	0.1393
80	0.9026	0.1172
81	0.9197	0.0974
82	0.9348	0.0803
83	0.9476	0.0652
84	0.9585	0.0524
85	0.9675	0.0415
86	0.9751	0.0325
87	0.9810	0.0249
88	0.9859	0.0190
89	0.9897	0.0141
90	0.9926	0.0103
91	0.9948	0.0074
92	0.9965	0.0052
93	0.9977	0.0035
94	0.9985	0.0023
95	0.9991	0.0015
96	0.9995	0.0009
97	0.9997	0.0005
98	0.9998	0.0003
99	0.9999	0.0002
100	1.0000	0.0001

• m = 9, n = 8

36	0.0000	1.0000
37	0.0001	1.0000
38	0.0002	0.9999
39	0.0003	0.9998
40	0.0005	0.9997
41	0.0008	0.9995
42	0.0012	0.9992
43	0.0019	0.9988
44	0.0028	0.9981
45	0.0039	0.9972
46	0.0056	0.9961
47	0.0076	0.9944
48	0.0103	0.9924
49	0.0137	0.9897
50	0.0180	0.9863
51	0.0232	0.9820
52	0.0296	0.9768
53	0.0372	0.9704
54	0.0464	0.9628
55	0.0570	0.9536
56	0.0694	0.9430
57	0.0836	0.9306
58	0.0998	0.9164
59	0.1179	0.9002
60	0.1383	0.8821
61	0.1606	0.8617
62	0.1852	0.8394
63	0.2117	0.8148
64	0.2404	0.7883
65	0.2707	0.7596
66	0.3029	0.7293
67	0.3365	0.6971
68	0.3715	0.6635
69	0.4074	0.6285
70	0.4442	0.5926
71	0.4813	0.5558
72	0.5187	0.5187
73	0.5558	0.4813
74	0.5926	0.4442
75	0.6285	0.4074
76	0.6635	0.3715
77	0.6971	0.3365
78	0.7293	0.3029
79	0.7596	0.2707
80	0.7883	0.2404
81	0.8148	0.2117
82	0.8394	0.1852
83	0.8617	0.1606
84	0.8821	0.1383
85	0.9002	0.1179
86	0.9164	0.0998
87	0.9306	0.0836
88	0.9430	0.0694
89	0.9536	0.0570
90	0.9628	0.0464
91	0.9704	0.0372
92	0.9768	0.0296
93	0.9820	0.0232
94	0.9863	0.0180
95	0.9897	0.0137
96	0.9924	0.0103
97	0.9944	0.0076
98	0.9961	0.0056
99	0.9972	0.0039
100	0.9981	0.0028
101	0.9988	0.0019
102	0.9992	0.0012
103	0.9995	0.0008
104	0.9997	0.0005
105	0.9998	0.0003
106	0.9999	0.0002
107	1.0000	0.0001
108	1.0000	0.0000

• m = 10, n = 8

36	0.0000	1.0000
37	0.0000	1.0000
38	0.0001	1.0000
39	0.0002	0.9999
40	0.0003	0.9998
41	0.0004	0.9997
42	0.0007	0.9996
43	0.0010	0.9993
44	0.0015	0.9990
45	0.0022	0.9985
46	0.0031	0.9978
47	0.0043	0.9969
48	0.0058	0.9957
49	0.0078	0.9942
50	0.0103	0.9922
51	0.0133	0.9897
52	0.0171	0.9867
53	0.0217	0.9829
54	0.0273	0.9783
55	0.0338	0.9727
56	0.0416	0.9662
57	0.0506	0.9584
58	0.0610	0.9494
59	0.0729	0.9390
60	0.0864	0.9271
61	0.1015	0.9136
62	0.1185	0.8985
63	0.1371	0.8815
64	0.1577	0.8629
65	0.1800	0.8423
66	0.2041	0.8200
67	0.2299	0.7959
68	0.2574	0.7701
69	0.2863	0.7426
70	0.3167	0.7137
71	0.3482	0.6833
72	0.3809	0.6518
73	0.4143	0.6191
74	0.4484	0.5857
75	0.4827	0.5516
76	0.5173	0.5173
77	0.5516	0.4827
78	0.5857	0.4484
79	0.6191	0.4143
80	0.6518	0.3809
81	0.6833	0.3482
82	0.7137	0.3167
83	0.7426	0.2863
84	0.7701	0.2574
85	0.7959	0.2299
86	0.8200	0.2041
87	0.8423	0.1800
88	0.8629	0.1577
89	0.8815	0.1371
90	0.8985	0.1185
91	0.9136	0.1015
92	0.9271	0.0864
93	0.9390	0.0729
94	0.9494	0.0610
95	0.9584	0.0506
96	0.9662	0.0416
97	0.9727	0.0338
98	0.9783	0.0273
99	0.9829	0.0217
100	0.9867	0.0171
101	0.9897	0.0133
102	0.9922	0.0103
103	0.9942	0.0078
104	0.9957	0.0058
105	0.9969	0.0043
106	0.9978	0.0031
107	0.9985	0.0022
108	0.9990	0.0015
109	0.9993	0.0010
110	0.9996	0.0007
111	0.9997	0.0004
112	0.9998	0.0003
113	0.9999	0.0002
114	1.0000	0.0001
115	1.0000	0.0000
116	1.0000	0.0000

▶ n = 9

• m = 3, n = 9

45	0.0045	1.0000
46	0.0091	0.9955
47	0.0182	0.9909
48	0.0318	0.9818
49	0.0500	0.9682
50	0.0727	0.9500
51	0.1045	0.9273
52	0.1409	0.8955
53	0.1864	0.8591
54	0.2409	0.8136
55	0.3000	0.7591
56	0.3636	0.7000
57	0.4318	0.6364
58	0.5000	0.5682
59	0.5682	0.5000
60	0.6364	0.4318

표 7. (계속)

61	0.7000	0.3636
62	0.7591	0.3000
63	0.8136	0.2409
64	0.8591	0.1864
65	0.8955	0.1409
66	0.9273	0.1045
67	0.9500	0.0727
68	0.9682	0.0500
69	0.9818	0.0318
70	0.9909	0.0182
71	0.9955	0.0091
72	1.0000	0.0045

• m = 4, n = 9

45	0.0014	1.0000
46	0.0028	0.9986
47	0.0056	0.9972
48	0.0098	0.9944
49	0.0168	0.9902
50	0.0252	0.9832
51	0.0378	0.9748
52	0.0531	0.9622
53	0.0741	0.9469
54	0.0993	0.9259
55	0.1301	0.9007
56	0.1650	0.8699
57	0.2070	0.8350
58	0.2517	0.7930
59	0.3021	0.7483
60	0.3552	0.6979
61	0.4126	0.6448
62	0.4699	0.5874
63	0.5301	0.5301
64	0.5874	0.4699
65	0.6448	0.4126
66	0.6979	0.3552
67	0.7483	0.3021
68	0.7930	0.2517
69	0.8350	0.2070
70	0.8699	0.1650
71	0.9007	0.1301
72	0.9259	0.0993
73	0.9469	0.0741
74	0.9622	0.0531
75	0.9748	0.0378
76	0.9832	0.0252
77	0.9902	0.0168
78	0.9944	0.0098
79	0.9972	0.0056
80	0.9986	0.0028
81	1.0000	0.0014

• m = 5, n = 9

45	0.0005	1.0000
46	0.0010	0.9995
47	0.0020	0.9990
48	0.0035	0.9980
49	0.0060	0.9965
50	0.0095	0.9940
51	0.0145	0.9905
52	0.0210	0.9855
53	0.0300	0.9790
54	0.0415	0.9700
55	0.0559	0.9585
56	0.0734	0.9441
57	0.0949	0.9266
58	0.1199	0.9051
59	0.1489	0.8801
60	0.1818	0.8511
61	0.2188	0.8182
62	0.2592	0.7812
63	0.3032	0.7408
64	0.3497	0.6968
65	0.3986	0.6503
66	0.4491	0.6014
67	0.5000	0.5509
68	0.5509	0.5000
69	0.6014	0.4491
70	0.6503	0.3986
71	0.6968	0.3497
72	0.7408	0.3032
73	0.7812	0.2592
74	0.8182	0.2188
75	0.8511	0.1818
76	0.8801	0.1489
77	0.9051	0.1199
78	0.9266	0.0949
79	0.9441	0.0734
80	0.9585	0.0559
81	0.9700	0.0415
82	0.9790	0.0300
83	0.9855	0.0210
84	0.9905	0.0145
85	0.9940	0.0095
86	0.9965	0.0060
87	0.9980	0.0035
88	0.9990	0.0020
89	0.9995	0.0010
90	1.0000	0.0005

• m = 6, n = 9

45	0.0002	1.0000
46	0.0004	0.9998
47	0.0008	0.9996
48	0.0014	0.9992
49	0.0024	0.9986
50	0.0038	0.9976
51	0.0060	0.9962
52	0.0088	0.9940
53	0.0128	0.9912
54	0.0180	0.9872
55	0.0248	0.9820
56	0.0332	0.9752
57	0.0440	0.9668
58	0.0567	0.9560
59	0.0723	0.9433
60	0.0905	0.9277
61	0.1119	0.9095
62	0.1361	0.8881
63	0.1638	0.8639
64	0.1942	0.8362
65	0.2280	0.8058
66	0.2643	0.7720
67	0.3035	0.7357
68	0.3445	0.6965
69	0.3878	0.6555
70	0.4320	0.6122
71	0.4773	0.5680
72	0.5227	0.5227
73	0.5680	0.4773
74	0.6122	0.4320
75	0.6555	0.3878
76	0.6965	0.3445
77	0.7357	0.3035
78	0.7720	0.2643
79	0.8058	0.2280
80	0.8362	0.1942
81	0.8639	0.1638
82	0.8881	0.1361
83	0.9095	0.1119
84	0.9277	0.0905
85	0.9433	0.0723
86	0.9560	0.0567
87	0.9668	0.0440
88	0.9752	0.0332
89	0.9820	0.0248
90	0.9872	0.0180
91	0.9912	0.0128
92	0.9940	0.0088
93	0.9962	0.0060
94	0.9976	0.0038
95	0.9986	0.0024
96	0.9992	0.0014
97	0.9996	0.0008
98	0.9998	0.0004
99	1.0000	0.0002

• m = 7, n = 9

45	0.0001	1.0000
46	0.0002	0.9999
47	0.0003	0.9998
48	0.0006	0.9997
49	0.0010	0.9994
50	0.0017	0.9990
51	0.0026	0.9983
52	0.0039	0.9974
53	0.0058	0.9961
54	0.0082	0.9942
55	0.0115	0.9918
56	0.0156	0.9885
57	0.0209	0.9844
58	0.0274	0.9791
59	0.0356	0.9726
60	0.0454	0.9644
61	0.0571	0.9546
62	0.0708	0.9429
63	0.0869	0.9292
64	0.1052	0.9131
65	0.1261	0.8948
66	0.1496	0.8739
67	0.1755	0.8504
68	0.2039	0.8245
69	0.2349	0.7961
70	0.2680	0.7651
71	0.3032	0.7320
72	0.3403	0.6968
73	0.3788	0.6597
74	0.4185	0.6212
75	0.4591	0.5815
76	0.5000	0.5409
77	0.5409	0.5000
78	0.5815	0.4591
79	0.6212	0.4185
80	0.6597	0.3788
81	0.6968	0.3403
82	0.7320	0.3032
83	0.7651	0.2680
84	0.7961	0.2349
85	0.8245	0.2039
86	0.8504	0.1755
87	0.8739	0.1496
88	0.8948	0.1261
89	0.9131	0.1052
90	0.9292	0.0869
91	0.9429	0.0708
92	0.9546	0.0571
93	0.9644	0.0454
94	0.9726	0.0356
95	0.9791	0.0274
96	0.9844	0.0209
97	0.9885	0.0156
98	0.9918	0.0115
99	0.9942	0.0082
100	0.9961	0.0058
101	0.9974	0.0039
102	0.9983	0.0026
103	0.9990	0.0017
104	0.9994	0.0010
105	0.9997	0.0006
106	0.9998	0.0003
107	0.9999	0.0002
108	1.0000	0.0001

표 7. (계속)

• m = 8, n = 9

45	0.0000	1.0000
46	0.0001	1.0000
47	0.0002	0.9999
48	0.0003	0.9998
49	0.0005	0.9997
50	0.0008	0.9995
51	0.0012	0.9992
52	0.0019	0.9988
53	0.0028	0.9981
54	0.0039	0.9972
55	0.0056	0.9961
56	0.0076	0.9944
57	0.0103	0.9924
58	0.0137	0.9897
59	0.0180	0.9863
60	0.0232	0.9820
61	0.0296	0.9768
62	0.0372	0.9704
63	0.0464	0.9628
64	0.0570	0.9536
65	0.0694	0.9430
66	0.0836	0.9306
67	0.0998	0.9164
68	0.1179	0.9002
69	0.1383	0.8821
70	0.1606	0.8617
71	0.1852	0.8394
72	0.2117	0.8148
73	0.2404	0.7883
74	0.2707	0.7596
75	0.3029	0.7293
76	0.3365	0.6971
77	0.3715	0.6635
78	0.4074	0.6285
79	0.4442	0.5926
80	0.4813	0.5558
81	0.5187	0.5187
82	0.5558	0.4813
83	0.5926	0.4442
84	0.6285	0.4074
85	0.6635	0.3715
86	0.6971	0.3365
87	0.7293	0.3029
88	0.7596	0.2707
89	0.7883	0.2404
90	0.8148	0.2117
91	0.8394	0.1852
92	0.8617	0.1606
93	0.8821	0.1383
94	0.9002	0.1179
95	0.9164	0.0998
96	0.9306	0.0836
97	0.9430	0.0694
98	0.9536	0.0570
99	0.9628	0.0464
100	0.9704	0.0372
101	0.9768	0.0296
102	0.9820	0.0232
103	0.9863	0.0180
104	0.9897	0.0137
105	0.9924	0.0103
106	0.9944	0.0076
107	0.9961	0.0056
108	0.9972	0.0039
109	0.9981	0.0028
110	0.9988	0.0019
111	0.9992	0.0012
112	0.9995	0.0008
113	0.9997	0.0005
114	0.9998	0.0003
115	0.9999	0.0002
116	1.0000	0.0001
117	1.0000	0.0000

• m = 9, n = 9

45	0.0000	1.0000
46	0.0000	1.0000
47	0.0001	1.0000
48	0.0001	0.9999
49	0.0002	0.9999
50	0.0004	0.9998
51	0.0006	0.9996
52	0.0009	0.9994
53	0.0014	0.9991
54	0.0020	0.9986
55	0.0028	0.9980
56	0.0039	0.9972
57	0.0053	0.9961
58	0.0071	0.9947
59	0.0094	0.9929
60	0.0122	0.9906
61	0.0157	0.9878
62	0.0200	0.9843
63	0.0252	0.9800
64	0.0313	0.9748
65	0.0385	0.9687
66	0.0470	0.9615
67	0.0567	0.9530
68	0.0680	0.9433
69	0.0807	0.9320
70	0.0951	0.9193
71	0.1112	0.9049
72	0.1290	0.8888
73	0.1487	0.8710
74	0.1701	0.8513
75	0.1933	0.8299
76	0.2181	0.8067
77	0.2447	0.7819
78	0.2729	0.7553
79	0.3024	0.7271
80	0.3332	0.6976
81	0.3652	0.6668
82	0.3981	0.6348
83	0.4317	0.6019
84	0.4657	0.5683
85	0.5000	0.5343
86	0.5343	0.5000
87	0.5683	0.4657
88	0.6019	0.4317
89	0.6348	0.3981
90	0.6668	0.3652
91	0.6976	0.3332
92	0.7271	0.3024
93	0.7553	0.2729
94	0.7819	0.2447
95	0.8067	0.2181
96	0.8299	0.1933
97	0.8513	0.1701
98	0.8710	0.1487
99	0.8888	0.1290
100	0.9049	0.1112
101	0.9193	0.0951
102	0.9320	0.0807
103	0.9433	0.0680
104	0.9530	0.0567
105	0.9615	0.0470
106	0.9687	0.0385
107	0.9748	0.0313
108	0.9800	0.0252
109	0.9843	0.0200
110	0.9878	0.0157
111	0.9906	0.0122
112	0.9929	0.0094
113	0.9947	0.0071
114	0.9961	0.0053
115	0.9972	0.0039
116	0.9980	0.0028
117	0.9986	0.0020
118	0.9991	0.0014
119	0.9994	0.0009
120	0.9996	0.0006
121	0.9998	0.0004
122	0.9999	0.0002
123	0.9999	0.0001
124	1.0000	0.0001
125	1.0000	0.0000
126	1.0000	0.0000

• m = 10, n = 9

45	0.0000	1.0000
46	0.0000	1.0000
47	0.0000	1.0000
48	0.0001	1.0000
49	0.0001	0.9999
50	0.0002	0.9999
51	0.0003	0.9998
52	0.0005	0.9997
53	0.0007	0.9995
54	0.0011	0.9993
55	0.0015	0.9989
56	0.0021	0.9985
57	0.0028	0.9979
58	0.0038	0.9972
59	0.0051	0.9962
60	0.0066	0.9949
61	0.0086	0.9934
62	0.0110	0.9914
63	0.0140	0.9890
64	0.0175	0.9860
65	0.0217	0.9825
66	0.0267	0.9783
67	0.0326	0.9733
68	0.0394	0.9674
69	0.0474	0.9606
70	0.0564	0.9526
71	0.0667	0.9436
72	0.0782	0.9333
73	0.0912	0.9218
74	0.1055	0.9088
75	0.1214	0.8945
76	0.1388	0.8786
77	0.1577	0.8612
78	0.1781	0.8423
79	0.2001	0.8219
80	0.2235	0.7999
81	0.2483	0.7765
82	0.2745	0.7517
83	0.3019	0.7255
84	0.3304	0.6981
85	0.3598	0.6696
86	0.3901	0.6402
87	0.4211	0.6099
88	0.4524	0.5789
89	0.4841	0.5476
90	0.5159	0.5159
91	0.5476	0.4841
92	0.5789	0.4524
93	0.6099	0.4211
94	0.6402	0.3901
95	0.6696	0.3598
96	0.6981	0.3304
97	0.7255	0.3019
98	0.7517	0.2745
99	0.7765	0.2483
100	0.7999	0.2235
101	0.8219	0.2001
102	0.8423	0.1781
103	0.8612	0.1577
104	0.8786	0.1388
105	0.8945	0.1214
106	0.9088	0.1055
107	0.9218	0.0912
108	0.9333	0.0782
109	0.9436	0.0667

표 7. (계속)

110	0.9526	0.0564
111	0.9606	0.0474
112	0.9674	0.0394
113	0.9733	0.0326
114	0.9783	0.0267
115	0.9825	0.0217
116	0.9860	0.0175
117	0.9890	0.0140
118	0.9914	0.0110
119	0.9934	0.0086
120	0.9949	0.0066
121	0.9962	0.0051
122	0.9972	0.0038
123	0.9979	0.0028
124	0.9985	0.0021
125	0.9989	0.0015
126	0.9993	0.0011
127	0.9995	0.0007
128	0.9997	0.0005
129	0.9998	0.0003
130	0.9999	0.0002
131	0.9999	0.0001
132	1.0000	0.0001
133	1.0000	0.0000
134	1.0000	0.0000
135	1.0000	0.0000

▶ n = 10

• m = 3, n = 10

55	0.0035	1.0000
56	0.0070	0.9965
57	0.0140	0.9930
58	0.0245	0.9860
59	0.0385	0.9755
60	0.0559	0.9615
61	0.0804	0.9441
62	0.1084	0.9196
63	0.1434	0.8916
64	0.1853	0.8566
65	0.2343	0.8147
66	0.2867	0.7657
67	0.3462	0.7133
68	0.4056	0.6538
69	0.4685	0.5944
70	0.5315	0.5315
71	0.5944	0.4685
72	0.6538	0.4056
73	0.7133	0.3462
74	0.7657	0.2867
75	0.8147	0.2343
76	0.8566	0.1853
77	0.8916	0.1434
78	0.9196	0.1084
79	0.9441	0.0804
80	0.9615	0.0559
81	0.9755	0.0385
82	0.9860	0.0245
83	0.9930	0.0140
84	0.9965	0.0070
85	1.0000	0.0035

• m = 4, n = 10

55	0.0010	1.0000
56	0.0020	0.9990
57	0.0040	0.9980
58	0.0070	0.9960
59	0.0120	0.9930
60	0.0180	0.9880
61	0.0270	0.9820
62	0.0380	0.9730
63	0.0529	0.9620
64	0.0709	0.9471
65	0.0939	0.9291
66	0.1199	0.9061
67	0.1518	0.8801
68	0.1868	0.8482
69	0.2268	0.8132
70	0.2697	0.7732
71	0.3177	0.7303
72	0.3666	0.6823
73	0.4196	0.6334
74	0.4725	0.5804
75	0.5275	0.5275
76	0.5804	0.4725
77	0.6334	0.4196
78	0.6823	0.3666
79	0.7303	0.3177
80	0.7732	0.2697
81	0.8132	0.2268
82	0.8482	0.1868
83	0.8801	0.1518
84	0.9061	0.1199
85	0.9291	0.0939
86	0.9471	0.0709
87	0.9620	0.0529
88	0.9730	0.0380
89	0.9820	0.0270
90	0.9880	0.0180
91	0.9930	0.0120
92	0.9960	0.0070
93	0.9980	0.0040
94	0.9990	0.0020
95	1.0000	0.0010

• m = 5, n = 10

55	0.0003	1.0000
56	0.0007	0.9997
57	0.0013	0.9993
58	0.0023	0.9987
59	0.0040	0.9977
60	0.0063	0.9960
61	0.0097	0.9937
62	0.0140	0.9903
63	0.0200	0.9860
64	0.0276	0.9800
65	0.0376	0.9724
66	0.0496	0.9624
67	0.0646	0.9504
68	0.0823	0.9354
69	0.1032	0.9177
70	0.1272	0.8968
71	0.1548	0.8728
72	0.1855	0.8452
73	0.2198	0.8145
74	0.2567	0.7802
75	0.2970	0.7433
76	0.3393	0.7030
77	0.3839	0.6607
78	0.4296	0.6161
79	0.4765	0.5704
80	0.5235	0.5235
81	0.5704	0.4765
82	0.6161	0.4296
83	0.6607	0.3839
84	0.7030	0.3393
85	0.7433	0.2970
86	0.7802	0.2567
87	0.8145	0.2198
88	0.8452	0.1855
89	0.8728	0.1548
90	0.8968	0.1272
91	0.9177	0.1032
92	0.9354	0.0823
93	0.9504	0.0646
94	0.9624	0.0496
95	0.9724	0.0376
96	0.9800	0.0276
97	0.9860	0.0200
98	0.9903	0.0140
99	0.9937	0.0097
100	0.9960	0.0063
101	0.9977	0.0040
102	0.9987	0.0023
103	0.9993	0.0013
104	0.9997	0.0007
105	1.0000	0.0003

• m = 6, n = 10

55	0.0001	1.0000
56	0.0002	0.9999
57	0.0005	0.9998
58	0.0009	0.9995
59	0.0015	0.9991
60	0.0024	0.9985
61	0.0037	0.9976
62	0.0055	0.9963
63	0.0080	0.9945
64	0.0112	0.9920
65	0.0156	0.9888
66	0.0210	0.9844
67	0.0280	0.9790
68	0.0363	0.9720
69	0.0467	0.9637
70	0.0589	0.9533
71	0.0736	0.9411
72	0.0903	0.9264
73	0.1099	0.9097
74	0.1317	0.8901
75	0.1566	0.8683
76	0.1838	0.8434
77	0.2139	0.8162
78	0.2461	0.7861
79	0.2811	0.7539
80	0.3177	0.7189
81	0.3564	0.6823
82	0.3962	0.6436
83	0.4374	0.6038
84	0.4789	0.5626
85	0.5211	0.5211
86	0.5626	0.4789
87	0.6038	0.4374
88	0.6436	0.3962
89	0.6823	0.3564
90	0.7189	0.3177
91	0.7539	0.2811
92	0.7861	0.2461
93	0.8162	0.2139
94	0.8434	0.1838
95	0.8683	0.1566
96	0.8901	0.1317
97	0.9097	0.1099
98	0.9264	0.0903
99	0.9411	0.0736
100	0.9533	0.0589
101	0.9637	0.0467
102	0.9720	0.0363
103	0.9790	0.0280
104	0.9844	0.0210
105	0.9888	0.0156
106	0.9920	0.0112
107	0.9945	0.0080
108	0.9963	0.0055
109	0.9976	0.0037
110	0.9985	0.0024
111	0.9991	0.0015
112	0.9995	0.0009
113	0.9998	0.0005
114	0.9999	0.0002
115	1.0000	0.0001

• m = 7, n = 10

55	0.0001	1.0000

표 7. (계속)

56	0.0001	0.9999
57	0.0002	0.9999
58	0.0004	0.9998
59	0.0006	0.9996
60	0.0010	0.9994
61	0.0015	0.9990
62	0.0023	0.9985
63	0.0034	0.9977
64	0.0048	0.9966
65	0.0068	0.9952
66	0.0093	0.9932
67	0.0125	0.9907
68	0.0165	0.9875
69	0.0215	0.9835
70	0.0277	0.9785
71	0.0351	0.9723
72	0.0439	0.9649
73	0.0544	0.9561
74	0.0665	0.9456
75	0.0806	0.9335
76	0.0966	0.9194
77	0.1148	0.9034
78	0.1349	0.8852
79	0.1574	0.8651
80	0.1819	0.8426
81	0.2087	0.8181
82	0.2374	0.7913
83	0.2681	0.7626
84	0.3004	0.7319
85	0.3345	0.6996
86	0.3698	0.6655
87	0.4063	0.6302
88	0.4434	0.5937
89	0.4811	0.5566
90	0.5189	0.5189
91	0.5566	0.4811
92	0.5937	0.4434
93	0.6302	0.4063
94	0.6655	0.3698
95	0.6996	0.3345
96	0.7319	0.3004
97	0.7626	0.2681
98	0.7913	0.2374
99	0.8181	0.2087
100	0.8426	0.1819
101	0.8651	0.1574
102	0.8852	0.1349
103	0.9034	0.1148
104	0.9194	0.0966
105	0.9335	0.0806
106	0.9456	0.0665
107	0.9561	0.0544
108	0.9649	0.0439
109	0.9723	0.0351
110	0.9785	0.0277
111	0.9835	0.0215
112	0.9875	0.0165
113	0.9907	0.0125
114	0.9932	0.0093
115	0.9952	0.0068
116	0.9966	0.0048
117	0.9977	0.0034
118	0.9985	0.0023
119	0.9990	0.0015
120	0.9994	0.0010
121	0.9996	0.0006
122	0.9998	0.0004
123	0.9999	0.0002
124	0.9999	0.0001
125	1.0000	0.0001

• m = 8, n = 10

55	0.0000	1.0000
56	0.0000	1.0000
57	0.0001	1.0000
58	0.0002	0.9999
59	0.0003	0.9998
60	0.0004	0.9997
61	0.0007	0.9996
62	0.0010	0.9993
63	0.0015	0.9990
64	0.0022	0.9985
65	0.0031	0.9978
66	0.0043	0.9969
67	0.0058	0.9957
68	0.0078	0.9942
69	0.0103	0.9922
70	0.0133	0.9897
71	0.0171	0.9867
72	0.0217	0.9829
73	0.0273	0.9783
74	0.0338	0.9727
75	0.0416	0.9662
76	0.0506	0.9584
77	0.0610	0.9494
78	0.0729	0.9390
79	0.0864	0.9271
80	0.1015	0.9136
81	0.1185	0.8985
82	0.1371	0.8815
83	0.1577	0.8629
84	0.1800	0.8423
85	0.2041	0.8200
86	0.2299	0.7959
87	0.2574	0.7701
88	0.2863	0.7426
89	0.3167	0.7137
90	0.3482	0.6833
91	0.3809	0.6518
92	0.4143	0.6191
93	0.4484	0.5857
94	0.4827	0.5516
95	0.5173	0.5173
96	0.5516	0.4827
97	0.5857	0.4484
98	0.6191	0.4143
99	0.6518	0.3809
100	0.6833	0.3482
101	0.7137	0.3167
102	0.7426	0.2863
103	0.7701	0.2574
104	0.7959	0.2299
105	0.8200	0.2041
106	0.8423	0.1800
107	0.8629	0.1577
108	0.8815	0.1371
109	0.8985	0.1185
110	0.9136	0.1015
111	0.9271	0.0864
112	0.9390	0.0729
113	0.9494	0.0610
114	0.9584	0.0506
115	0.9662	0.0416
116	0.9727	0.0338
117	0.9783	0.0273
118	0.9829	0.0217
119	0.9867	0.0171
120	0.9897	0.0133
121	0.9922	0.0103
122	0.9942	0.0078
123	0.9957	0.0058
124	0.9969	0.0043
125	0.9978	0.0031
126	0.9985	0.0022
127	0.9990	0.0015
128	0.9993	0.0010
129	0.9996	0.0007
130	0.9997	0.0004
131	0.9998	0.0003
132	0.9999	0.0002
133	1.0000	0.0001
134	1.0000	0.0000
135	1.0000	0.0000

• m = 9, n = 10

55	0.0000	1.0000
56	0.0000	1.0000
57	0.0000	1.0000
58	0.0001	1.0000
59	0.0001	0.9999
60	0.0002	0.9999
61	0.0003	0.9998
62	0.0005	0.9997
63	0.0007	0.9995
64	0.0011	0.9993
65	0.0015	0.9989
66	0.0021	0.9985
67	0.0028	0.9979
68	0.0038	0.9972
69	0.0051	0.9962
70	0.0066	0.9949
71	0.0086	0.9934
72	0.0110	0.9914
73	0.0140	0.9890
74	0.0175	0.9860
75	0.0217	0.9825
76	0.0267	0.9783
77	0.0326	0.9733
78	0.0394	0.9674
79	0.0474	0.9606
80	0.0564	0.9526
81	0.0667	0.9436
82	0.0782	0.9333
83	0.0912	0.9218
84	0.1055	0.9088
85	0.1214	0.8945
86	0.1388	0.8786
87	0.1577	0.8612
88	0.1781	0.8423
89	0.2001	0.8219
90	0.2235	0.7999
91	0.2483	0.7765
92	0.2745	0.7517
93	0.3019	0.7255
94	0.3304	0.6981
95	0.3598	0.6696
96	0.3901	0.6402
97	0.4211	0.6099
98	0.4524	0.5789
99	0.4841	0.5476
100	0.5159	0.5159
101	0.5476	0.4841
102	0.5789	0.4524
103	0.6099	0.4211
104	0.6402	0.3901
105	0.6696	0.3598
106	0.6981	0.3304
107	0.7255	0.3019
108	0.7517	0.2745
109	0.7765	0.2483
110	0.7999	0.2235
111	0.8219	0.2001
112	0.8423	0.1781
113	0.8612	0.1577
114	0.8786	0.1388
115	0.8945	0.1214
116	0.9088	0.1055
117	0.9218	0.0912
118	0.9333	0.0782
119	0.9436	0.0667
120	0.9526	0.0564
121	0.9606	0.0474
122	0.9674	0.0394
123	0.9733	0.0326
124	0.9783	0.0267
125	0.9825	0.0217

표 7. (계속)

126	0.9860	0.0175
127	0.9890	0.0140
128	0.9914	0.0110
129	0.9934	0.0086
130	0.9949	0.0066
131	0.9962	0.0051
132	0.9972	0.0038
133	0.9979	0.0028
134	0.9985	0.0021
135	0.9989	0.0015
136	0.9993	0.0011
137	0.9995	0.0007
138	0.9997	0.0005
139	0.9998	0.0003
140	0.9999	0.0002
141	0.9999	0.0001
142	1.0000	0.0001
143	1.0000	0.0000
144	1.0000	0.0000
145	1.0000	0.0000

• m = 10, n = 10

55	0.0000	1.0000
56	0.0000	1.0000
57	0.0000	1.0000
58	0.0000	1.0000
59	0.0001	1.0000
60	0.0001	0.9999
61	0.0002	0.9999
62	0.0002	0.9998
63	0.0004	0.9998
64	0.0005	0.9996
65	0.0008	0.9995
66	0.0010	0.9992
67	0.0014	0.9990
68	0.0019	0.9986
69	0.0026	0.9981
70	0.0034	0.9974
71	0.0045	0.9966
72	0.0057	0.9955
73	0.0073	0.9943
74	0.0093	0.9927
75	0.0116	0.9907
76	0.0144	0.9884
77	0.0177	0.9856
78	0.0216	0.9823
79	0.0262	0.9784
80	0.0315	0.9738
81	0.0376	0.9685
82	0.0446	0.9624
83	0.0526	0.9554
84	0.0615	0.9474
85	0.0716	0.9385
86	0.0827	0.9284
87	0.0952	0.9173
88	0.1088	0.9048
89	0.1237	0.8912
90	0.1399	0.8763
91	0.1575	0.8601
92	0.1763	0.8425
93	0.1965	0.8237
94	0.2179	0.8035
95	0.2406	0.7821
96	0.2644	0.7594
97	0.2894	0.7356
98	0.3153	0.7106
99	0.3421	0.6847
100	0.3697	0.6579
101	0.3980	0.6303
102	0.4267	0.6020
103	0.4559	0.5733
104	0.4853	0.5441
105	0.5147	0.5147
106	0.5441	0.4853
107	0.5733	0.4559
108	0.6020	0.4267
109	0.6303	0.3980
110	0.6579	0.3697
111	0.6847	0.3421
112	0.7106	0.3153
113	0.7356	0.2894
114	0.7594	0.2644
115	0.7821	0.2406
116	0.8035	0.2179
117	0.8237	0.1965
118	0.8425	0.1763
119	0.8601	0.1575
120	0.8763	0.1399
121	0.8912	0.1237
122	0.9048	0.1088
123	0.9173	0.0952
124	0.9284	0.0827
125	0.9385	0.0716
126	0.9474	0.0615
127	0.9554	0.0526
128	0.9624	0.0446
129	0.9685	0.0376
130	0.9738	0.0315
131	0.9784	0.0262
132	0.9823	0.0216
133	0.9856	0.0177
134	0.9884	0.0144
135	0.9907	0.0116
136	0.9927	0.0093
137	0.9943	0.0073
138	0.9955	0.0057
139	0.9966	0.0045
140	0.9974	0.0034
141	0.9981	0.0026
142	0.9986	0.0019
143	0.9990	0.0014
144	0.9992	0.0010
145	0.9995	0.0008
146	0.9996	0.0005
147	0.9998	0.0004
148	0.9998	0.0002
149	0.9999	0.0002
150	0.9999	0.0001
151	1.0000	0.0001
152	1.0000	0.0000
153	1.0000	0.0000
154	1.0000	0.0000
155	1.0000	0.0000

표 8. 앤서리-브래들리 통계량(T_{AB}) 분포표: $P_0\{T_{AB} \geq x\}$

$P_0\ \{T_{AB} \geq x\} = \alpha$ 이면 $t_{AB}(\alpha, m, n) = x,\ P_0(T_{AB} \leq x) = 1 - P_0(T_{AB} \geq x+1)$

$m = 2$

x	$n=2$	$n=3$	$n=4$	$n=5$	$n=6$	$n=7$	$n=8$	$n=9$	$n=10$
2	1.0000	1.0000	1.0000	1.0000	1.0000	1.0000	1.0000	1.0000	1.0000
3	.8333	.9000	.9333	.9524	.9643	.9722	.9778	.9818	.9848
4	.1667	.5000	.6667	.7619	.8214	.8611	.8889	.9091	.9242
5		.2000	.3333	.5238	.6429	.7222	.7778	.8182	.8485
6			.0667	.2381	.3571	.5000	.6000	.6727	.7273
7				.0952	.1786	.3056	.4000	.5091	.5909
8					.3057	.1389	.2222	.3273	.4091
9						.0556	.1111	.2000	.2727
10							.2222	.0909	.1515
11								.0364	.0758
12									.0152

$m = 2$

x	$n=11$	$n=12$	$n=13$	$n=14$	$n=15$	$n=16$	$n=17$	$n=18$
2	1.0000	1.0000	1.0000	1.0000	1.0000	1.0000	1.0000	1.0000
3	.9872	.9890	.9905	.9917	.9926	.9935	.9942	.9947
4	.9359	.9451	.9524	.9583	.9632	.9673	.9708	.9737
5	.8718	.8901	.9048	.9167	.9265	.9346	.9415	.9474
6	.7692	.8022	.8286	.8500	.8676	.8824	.8947	.9053
7	.6538	.7033	.7429	.7750	.8015	.8235	.8421	.8579
8	.5000	.5714	.6286	.6750	.7132	.7451	.7719	.7947
9	.3590	.4286	.5048	.5667	.6176	.6601	.6959	.7263
10	.2308	.2967	.3714	.4333	.5000	.5556	.6023	.6421
11	.1410	.1978	.2667	.3250	.3897	.4444	.5029	.5526
12	.0641	.1099	.1714	.2250	.2868	.3399	.3977	.4474
13	.0256	.0549	.1048	.1500	.2059	.2549	.3099	.3579
14		.0110	.0476	.0833	.1324	.1765	.2281	.2737
15			.0190	.0417	.0809	.1176	.1637	.2053
16				.0083	.0368	.0654	.1053	.1421
17					.0147	.0327	.0643	.0947
18						.0065	.0292	.0526
19							.0117	.0263
20								.0053

표 8. (계속)

$m=3$

x	$n=3$	$n=4$	$n=5$	$n=6$	$n=7$	$n=8$	$n=9$	$n=10$	$n=11$
4	1.0000	1.0000	1.0000	1.0000	1.0000	1.0000	1.0000	1.0000	1.0000
5	.9000	.9429	.9643	.9762	.9833	.9879	.9909	.9930	.9945
6	.7000	.8286	.8929	.9286	.9500	.9636	.9727	.9790	.9835
7	.3000	.5714	.7143	.8095	.8667	.9030	.9273	.9441	.9560
8	.1000	.3429	.5000	.6548	.7500	.8182	.8636	.8951	.9176
9		.1429	.2857	.4643	.5833	.6909	.7636	.8182	.8571
10		.0286	.1071	.2857	.4167	.5455	.6364	.7168	.7747
11			.0357	.1429	.2500	.3939	.5000	.5979	.6703
12				.0595	.1333	.2606	.3636	.4755	.5604
13				.0119	.0500	.1455	.2364	.3497	.4396
14					.0167	.0727	.1364	.2413	.3297
15						.0303	.0727	.1503	.2253
16						.0061	.0273	.0839	.1429
17							.0091	.0420	.0824
18								.0175	.0440
19								.0035	.0165
20									.0055

표 8. (계속)

$m=3$

x	$n=12$	$n=13$	$n=14$	$n=15$	$n=16$	$n=17$
4	1.0000	1.0000	1.0000	1.0000	1.0000	1.0000
5	.9956	.9964	.9971	.9975	.9979	.9982
6	.9868	.9893	.9912	.9926	.9938	.9947
7	.9648	.9714	.9765	.9804	.9835	.9860
8	.9341	.9464	.9559	.9632	.9690	.9737
9	.8857	.9071	.9235	.9363	.9463	.9544
10	.8198	.8536	.8794	.8995	.9154	.9281
11	.7341	.7821	.8206	.8505	.8741	.8930
12	.6374	.6964	.7485	.7892	.8225	.8491
13	.5297	.6000	.6632	.7132	.7575	.7930
14	.4242	.5000	.5735	.6324	.6852	.7281
15	.3209	.4000	.4794	.5441	.6058	.6561
16	.2286	.3036	.3868	.4559	.5232	.5789
17	.1516	.2179	.2985	.3676	.4396	.5000
18	.0945	.1464	.2206	.2868	.3591	.4211
19	.0527	.0929	.1529	.2108	.2817	.3439
20	.0264	.0536	.1015	.1495	.2136	.2719
21	.0110	.0286	.0632	.1005	.1548	.2070
22	.0022	.0107	.0353	.0637	.1073	.1509
23		.0036	.0176	.0368	.0712	.1070
24			.0074	.0196	.0444	.0719
25			.0015	.0074	.0248	.0456
26				.0025	.0124	.0263
27					.0052	.0140
28					.0010	.0053
29						.0018

표 8. (계속)

$m=4$

x	$n=4$	$n=5$	$n=6$	$n=7$	$n=8$	$n=9$	$n=10$	$n=11$	$n=12$
6	1.0000	1.0000	1.0000	1.0000	1.0000	1.0000	1.0000	1.0000	1.0000
7	.9857	.9921	.9952	.9970	.9980	.9986	.9990	.9993	.9995
8	.9286	.9603	.9762	.9848	.9899	.9930	.9950	.9963	.9973
9	.8000	.8889	.9333	.9576	.9717	.9804	.9860	.9897	.9923
10	.6286	.7778	.8571	.9091	.9394	.9580	.9700	.9780	.9835
11	.3714	.6032	.7333	.8242	.8788	.9161	.9401	.9560	.9670
12	.2000	.4286	.5810	.7152	.7980	.8573	.8961	.9238	.9429
13	.0714	.2619	.4190	.5818	.6889	.7762	.8342	.8769	.9066
14	.0143	.1349	.2667	.4424	.5677	.6783	.7542	.8154	.8582
15		.0476	.1429	.3030	.4323	.5650	.6593	.7385	.7951
16		.0159	.0667	.1939	.3111	.4503	.5554	.6520	.7225
17			.0238	.1061	.2020	.3357	.4446	.5546	.6374
18			.0048	.0515	.1212	.2378	.3407	.4564	.5473
19				.0182	.0606	.1538	.2458	.3590	.4527
20				.0061	.0283	.0923	.1658	.2711	.3626
21					.0101	.0490	.1039	.1934	.2775
22					.0020	.0238	.0599	.1319	.2049
23						.0084	.0300	.0821	.1418
24						.0028	.0140	.0484	.0934
25							.0050	.0256	.0571
26							.0010	.0125	.0330
27								.0044	.0165
28								.0015	.0077
29									.0027
30									.0005

표 8. (계속)

$m = 4$

x	$n=13$	$n=14$	$n=15$	$n=16$
6	1.0000	1.0000	1.0000	1.0000
7	.9996	.9997	.9997	.9998
8	.9979	.9984	.9987	.9990
9	.9941	.9954	.9964	.9971
10	.9874	.9902	.9923	.9938
11	.9748	.9804	.9845	.9876
12	.9563	.9660	.9732	.9785
13	.9286	.9444	.9561	.9649
14	.8908	.9144	.9324	.9459
15	.8408	.8742	.9002	.9197
16	.7811	.8245	.8599	.8867
17	.7101	.7647	.8101	.8448
18	.6319	.6967	.7528	.7961
19	.5471	.6209	.6873	.7391
20	.4613	.5412	.6166	.6764
21	.3761	.4588	.5413	.6078
22	.2979	.3791	.4654	.5368
23	.2261	.3033	.3896	.4632
24	.1655	.2353	.3189	.3922
25	.1151	.1755	.2531	.3236
26	.0765	.1258	.1953	.2609
27	.0471	.0856	.1450	.2039
28	.0277	.0556	.1042	.1552
29	.0147	.0340	.0712	.1133
30	.0071	.0196	.0470	.0803
31	.0025	.0098	.0289	.0541
32	.0008	.0046	.0170	.0351
33		.0016	.0090	.0215
34		.0003	.0044	.0124
35			.0015	.0062
36			.0005	.0029
37				.0010
38				.0002

표 8. (계속)

$m=5$

x	$n=5$	$n=6$	$n=7$	$n=8$	$n=9$	$n=10$	$n=11$
9	1.0000	1.0000	1.0000	1.0000	1.0000	1.0000	1.0000
10	.9921	.9957	.9975	.9984	.9990	.9993	.9995
11	.9762	.9870	.9924	.9953	.9970	.9980	.9986
12	.9286	.9610	.9773	.9860	.9910	.9940	.9959
13	.8492	.9156	.9495	.9689	.9800	.9867	.9908
14	.7302	.8420	.9015	.9386	.9600	.9734	.9817
15	.5873	.7446	.8333	.8936	.9291	.9524	.9670
16	.4127	.6147	.7374	.8275	.8821	.9197	.9437
17	.2698	.4805	.6237	.7451	.8212	.8761	.9116
18	.1508	.3463	.5000	.6457	.7423	.8182	.8681
19	.0714	.2294	.3763	.5385	.6523	.7483	.8132
20	.0238	.1342	.2626	.4266	.5514	.6663	.7468
21	.0079	.0693	.1667	.3209	.4486	.5771	.6708
22		.0303	.0985	.2269	.3477	.4832	.5870
23		.0108	.0505	.1507	.2577	.3916	.5000
24		.0022	.0227	.0917	.1788	.3044	.4130
25			.0076	.0513	.1179	.2268	.3292
26			.0025	.0249	.0709	.1608	.2532
27				.0109	.0400	.1086	.1868
28				.0039	.0200	.0686	.1319
29				.0008	.0090	.0406	.0884
30					.0030	.0220	.0563
31					.0010	.0107	.0330
32						.0047	.0183
33						.0017	.0092
34						.0003	.0041
35							.0014
36							.0005
37							
38							
39							

표 8. (계속)

$m = 5$

x	$n=12$	$n=13$	$n=14$	$n=15$
9	1.0000	1.0000	1.0000	1.0000
10	.9997	.9998	.9998	.9999
11	.9990	.9993	.9995	.9996
12	.9971	.9979	.9985	.9988
13	.9935	.9953	.9966	.9974
14	.9871	.9907	.9931	.9948
15	.9767	.9832	.9876	.9907
16	.9601	.9711	.9787	.9840
17	.9368	.9538	.9659	.9743
18	.9047	.9295	.9476	.9604
19	.8633	.8978	.9235	.9417
20	.8116	.8569	.8920	.9171
21	.7508	.8079	.8533	.8861
22	.6810	.7498	.8067	.8483
23	.6054	.6846	.7530	.8038
24	.5254	.6130	.6923	.7523
25	.4449	.5383	.6267	.6950
26	.3662	.4617	.5572	.6329
27	.2928	.3870	.4864	.5673
28	.2262	.3154	.4157	.5000
29	.1690	.2502	.3478	.4327
30	.1214	.1921	.2840	.3671
31	.0835	.1431	.2262	.3050
32	.0546	.1022	.1751	.2477
33	.0339	.0705	.1318	.1962
34	.0197	.0462	.0960	.1517
35	.0107	.0289	.0675	.1139
36	.0052	.0168	.0455	.0829
37	.0023	.0093	.0294	.0583
38	.0008	.0047	.0181	.0396
39	.0002	.0021	.0105	.0257
40		.0007	.0057	.0160
41		.0002	.0028	.0093
42			.0012	.0052
43			.0004	.0026
44			.0001	.0012
45				.0004
46				.0001

표 8. (계속)

$m=6$

x	$n=6$	$n=7$	$n=8$	$n=9$	$n=10$	$n=11$	$n=12$	$n=13$	$n=14$
12	1.0000	1.0000	1.0000	1.0000	1.0000	1.0000	1.0000	1.0000	1.0000
13	.9989	.9994	.9997	.9998	.9999	.9999	.9999	1.0000	1.0000
14	.9946	.9971	.9983	.9990	.9994	.9996	.9997	.9998	.9999
15	.9848	.9918	.9953	.9972	.9983	.9989	.9992	.9995	.9996
16	.9632	.9802	.9887	.9932	.9958	.9973	.9982	.9987	.9991
17	.9264	.9592	.9760	.9856	.9910	.9942	.9961	.9973	.9981
18	.8658	.9242	.9547	.9724	.9825	.9887	.9925	.9948	.9964
19	.7846	.8735	.9217	.9518	.9692	.9799	.9865	.9907	.9935
20	.6807	.8048	.8751	.9215	.9487	.9663	.9772	.9843	.9890
21	.5649	.7203	.8139	.8803	.9202	.9469	.9636	.9749	.9823
22	.4351	.6189	.7366	.8260	.8812	.9199	.9445	.9613	.9725
23	.3193	.5122	.6474	.7600	.8322	.8849	.9190	.9431	.9591
24	.2154	.4038	.5501	.6829	.7717	.8407	.8860	.9191	.9413
25	.1342	.3030	.4499	.5984	.7025	.7877	.8451	.8887	.9184
26	.0736	.2133	.3526	.5085	.6246	.7259	.7962	.8514	.8896
27	.0368	.1410	.2634	.4190	.5425	.6574	.7398	.8074	.8549
28	.0152	.0851	.1861	.3323	.4575	.5831	.6765	.7564	.8138
29	.0054	.0484	.1249	.2543	.3754	.5065	.6082	.6996	.7668
30	.0011	.0239	.0783	.1860	.2975	.4292	.5364	.6376	.7139
31		.0105	.0453	.1303	.2283	.3549	.4636	.5723	.6566
32		.0035	.0240	.0859	.1678	.2851	.3918	.5049	.5954
33		.0012	.0113	.0539	.1188	.2226	.3235	.4376	.5322
34			.0047	.0312	.0798	.1678	.2602	.3716	.4678
35			.0017	.0170	.0513	.1226	.2038	.3094	.4046
36			.0003	.0082	.0308	.0859	.1549	.2518	.3434
37				.0036	.0175	.0579	.1140	.2002	.2861
38				.0012	.0090	.0370	.0810	.1550	.2332
39				.0004	.0042	.0226	.0555	.1170	.1862
40					.0017	.0128	.0364	.0855	.1451
41					.0006	.0069	.0228	.0608	.1104
42					.0001	.0033	.0135	.0415	.0816
43						.0015	.0075	.0274	.0587
44						.0005	.0039	.0172	.0409
45						.0002	.0018	.0104	.0275
46							.0008	.0058	.0177
47							.0003	.0031	.0110
48							.0001	.0015	.0065

표 8. (계속)

$m=6$

x	$n=6$	$n=7$	$n=8$	$n=9$	$n=10$	$n=11$	$n=12$	$n=13$	$n=14$
49								.0007	.0036
50								.0002	.0019
51								.0001	.0009
52									.0004
53									.0001
54									.0000

$m=7$

x	$n=7$	$n=8$	$n=9$	$n=10$	$n=11$	$n=12$	$n=13$
16	1.0000	1.0000	1.0000	1.0000	1.0000	1.0000	1.0000
17	.9994	.9997	.9998	.9999	1.0000	1.0000	1.0000
18	.9983	.9991	.9995	.9997	.9998	.9999	.9999
19	.9948	.9972	.9984	.9991	.9994	.9996	.9998
20	.9878	.9935	.9963	.9978	.9987	.9992	.9995
21	.9744	.9862	.9921	.9954	.9972	.9982	.9988
22	.9534	.9744	.9851	.9912	.9946	.9966	.9978
23	.9196	.9549	.9734	.9841	.9901	.9937	.9959
24	.8730	.9270	.9559	.9734	.9833	.9893	.9930
25	.8106	.8878	.9306	.9574	.9729	.9826	.9885
26	.7348	.8375	.8965	.9354	.9583	.9730	.9820
27	.6463	.7748	.8523	.9059	.9381	.9595	.9727
28	.5507	.7021	.7981	.8685	.9118	.9415	.9602
29	.4493	.6194	.7336	.8221	.8782	.9181	.9435
30	.3537	.5324	.6608	.7676	.8374	.8889	.9223
31	.2652	.4435	.5820	.7052	.7887	.8532	.8958
32	.1894	.3577	.5000	.6368	.7333	.8111	.8637
33	.1270	.2777	.4180	.5637	.6714	.7626	.8258
34	.0804	.2075	.3392	.4888	.6050	.7085	.7822
35	.0466	.1478	.2664	.4139	.5353	.6494	.7332
36	.0256	.1005	.2019	.3421	.4647	.5869	.6795
37	.0122	.0648	.1477	.2753	.3950	.5220	.6219
38	.0052	.0393	.1035	.2154	.3286	.4568	.5616
39	.0017	.0221	.0694	.1633	.2667	.3925	.5000
40	.0006	.0115	.0441	.1199	.2113	.3311	.4384
41		.0053	.0266	.0847	.1626	.2735	.3781
42		.0022	.0149	.0576	.1218	.2213	.3205

표 8. (계속)

$m=7$

x	$n=7$	$n=8$	$n=9$	$n=10$	$n=11$	$n=12$	$n=13$
43		.0008	.0079	.0375	.0882	.1749	.2668
44		.0002	.0037	.0233	.0619	.1350	.2178
45			.0016	.0136	.0417	.1014	.1742
46			.0005	.0075	.0271	.0742	.1363
47			.0002	.0038	.0167	.0526	.1042
48				.0017	.0099	.0361	.0777
49				.0007	.0054	.0239	.0565
50				.0003	.0028	.0152	.0398
51				.0001	.0013	.0092	.0273
52					.0006	.0053	.0180
53					.0002	.0029	.0115
54					.0001	.0015	.0070
55						.0007	.0041
56						.0003	.0022
57						.0001	.0012
58						.0000	.0005
59							.0002
60							.0001
61							.0000

$m=8$

x	$n=8$	$n=9$	$n=10$	$n=11$	$n=12$
20	1.0000	1.0000	1.0000	1.0000	1.0000
21	.9999	1.0000	1.0000	1.0000	1.0000
22	.9996	.9998	.9999	.9999	1.0000
23	.9989	.9994	.9997	.9998	.9999
24	.9974	.9986	.9992	.9996	.9997
25	.9941	.9938	.9983	.9990	.9994
26	.9885	.9886	.9965	.9980	.9988
27	.9789	.9804	.9935	.9962	.9977
28	.9643	.9680	.9887	.9934	.9960
29	.9428	.9504	.9813	.9889	.9932
30	.9133	.9262	.9704	.9823	.9890
31	.8737	.8947	.9551	.9728	.9830
32	.8246	.8549	.9344	.9598	.9745
33	.7650	.8069	.9075	.9423	.9629

표 8. (계속)

$m=8$

x	$n=8$	$n=9$	$n=10$	$n=11$	$n=12$
34	.6970	.8069	.8738	.9199	.9477
35	.6212	.7508	.8328	.8918	.9281
36	.5413	.6877	.7847	.8578	.9038
37	.4587	.6184	.7296	.8174	.8742
38	.3788	.5457	.6686	.7710	.8392
39	.3030	.4714	.6031	.7189	.7986
40	.2350	.3983	.5347	.6621	.7528
41	.1754	.3281	.4653	.6015	.7022
42	.1263	.2636	.3969	.5386	.6476
43	.0867	.2055	.3314	.4746	.5898
44	.0572	.1557	.2704	.4113	.5302
45	.0357	.1139	.2153	.3500	.4698
46	.0211	.0807	.1672	.2925	.4102
47	.0115	.0548	.1262	.2394	.3524
48	.0059	.0358	.0925	.1919	.2978
49	.0026	.0221	.0656	.1503	.2472
50	.0011	.0131	.0449	.1150	.2014
51	.0004	.0072	.0296	.0856	.1608
52	.0001	.0037	.0187	.0621	.1258
53		.0017	.0113	.0437	.0962
54		.0007	.0065	.0298	.0719
55		.0002	.0035	.0196	.0523
56		.0001	.0017	.0124	.0371
57			.0008	.0075	.0255
58			.0003	.0043	.0170
59			.0001	.0023	.0110
60			.0000	.0012	.0068
61				.0006	.0040
62				.0002	.0023
63				.0001	.0012
64				.0000	.0006
65					.0003
66					.0001
67					.0000
68					.0000

표 8. (계속)

$m=9$			
x	$n=9$	$n=10$	$n=11$
25	1.0000	1.0000	1.0000
26	1.0000	1.0000	1.0000
27	.9999	.9999	1.0000
28	.9996	.9998	.9999
29	.9991	.9995	.9997
30	.9981	.9990	.9995
31	.9963	.9980	.9989
32	.9932	.9964	.9980
33	.9882	.9937	.9964
34	.9805	.9894	.9940
35	.9695	.9831	.9903
36	.9540	.9741	.9849
37	.9332	.9618	.9773
38	.9062	.9453	.9669
39	.8724	.9240	.9532
40	.8313	.8972	.9355
41	.7833	.8646	.9133
42	.7283	.8259	.8862
43	.6677	.7813	.8538
44	.6025	.7310	.8160
45	.5346	.6759	.7731
46	.4654	.6166	.7251
47	.3975	.5548	.6729
48	.3323	.4916	.6173
49	.2717	.4287	.5593

$m=9$			
x	$n=9$	$n=10$	$n=11$
50	.2167	.3673	.5000
51	.1687	.3092	.4407
52	.1276	.2552	.3827
53	.0938	.2064	.3271
54	.0668	.1632	.2749
55	.0460	.1262	.2269
56	.0305	.0952	.1840
57	.0195	.0700	.1462
58	.0118	.0500	.1138
59	.0068	.0347	.0867
60	.0037	.0232	.0645
61	.0019	.0150	.0468
62	.0009	.0093	.0331
63	.0004	.0056	.0227
64	.0001	.0031	.0151
65	.0000	.0017	.0097
66		.0008	.0060
67		.0004	.0036
68		.0002	.0020
69		.0001	.0011
70		.0000	.0005
71			.0003
72			.0001
73			.0000
74			.0000

표 8. (계속)

$m=10$	
x	$n=10$
30	1.0000
31	1.0000
32	1.0000
33	.9999
34	.9998
35	.9996
36	.9992
37	.9984
38	.9971
39	.9951
40	.9920
41	.9874
42	.9808
43	.9718
44	.9597
45	.9440
46	.9239

$m=10$	
x	$n=10$
47	.8993
48	.8694
49	.8344
50	.7940
51	.7486
52	.6986
53	.6449
54	.5881
55	.5296
56	.4704
57	.4119
58	.3551
59	.3014
60	.2514
61	.2060
62	.1656
63	.1306

$m=10$	
x	$n=10$
64	.1007
65	.0761
66	.0560
67	.0403
68	.0282
69	.0192
70	.0126
71	.0080
72	.0049
73	.0029
74	.0016
75	.0008
76	.0004
77	.0002
78	.0001
79	.0000
80	.0000

표 9. 콜모고로프 통계량(D^+ 또는 D^-) 분포표: $d(\alpha,\ n)$

$P_0\{D^+ > d(\alpha, n)\} = \alpha$를 만족하는 $d\ (\alpha,\ n)$값

	α=0.10	0.05	0.025	0.01	0.005		α=0.10	0.05	0.025	0.01	0.005
n=1	.900	.950	.975	.990	.995	n=21	.226	.259	.287	.321	.344
2	.684	.776	.842	.900	.929	22	.221	.253	.281	.314	.337
3	.565	.636	.708	.785	.829	23	.216	.247	.275	.307	.330
4	.493	.565	.624	.689	.734	24	.212	.242	.269	.301	.323
5	.447	.509	.563	.627	.669	25	.208	.238	.264	.295	.317
6	.410	.468	.519	.577	.617	26	.204	.233	.259	.290	.311
7	.381	.436	.483	.538	.576	27	.200	.229	.254	.284	.305
8	.358	.410	.454	.507	.542	28	.197	.225	.250	.279	.300
9	.339	.387	.430	.480	.513	29	.193	.221	.246	.275	.295
10	.323	.369	.409	.457	.489	30	.190	.218	.242	.270	.290
11	.308	.352	.391	.437	.468	31	.187	.214	.238	.266	.285
12	.296	.338	.375	.419	.449	32	.184	.211	.234	.262	.281
13	.285	.325	.361	.404	.432	33	.182	.208	.231	.258	.277
14	.275	.314	.349	.390	.418	34	.179	.205	.227	.254	.273
15	.266	.304	.338	.377	.404	35	.177	.202	.224	.251	.269
16	.258	.295	.327	.366	.392	36	.174	.199	.221	.247	.265
17	.250	.286	.318	.355	.381	37	.172	.196	.218	.244	.262
18	.244	.279	.309	.346	.371	38	.170	.194	.215	.241	.258
19	.237	.271	.301	.337	.361	39	.168	.191	.213	.238	.255
20	.232	.265	.294	.329	.352	40	.165	.189	.210	.235	.252
						$n > 40$일 때 근삿값	$\frac{1.07}{\sqrt{n}}$	$\frac{1.22}{\sqrt{n}}$	$\frac{1.36}{\sqrt{n}}$	$\frac{1.52}{\sqrt{n}}$	$\frac{1.63}{\sqrt{n}}$

표 10. 스미르노프 통계량(D_1^+ 또는 D_1^-) 분포표: $d_1(\alpha,m,n)$

$P_0\{D_1^+ > d_1(\alpha,m,n)\} = \alpha$를 만족하는 $d_1(\alpha,m,n)$값

(i) $m = n$일 때

	α=0.10	0.05	0.025	0.01	0.005		α=0.10	0.05	0.025	0.01	0.005
n=3	2/3	2/3				n=20	6/20	7/20	8/20	9/20	10/20
4	3/4	3/4	3/4			21	6/21	7/21	8/21	9/21	10/21
5	3/5	3/5	4/5	4/5	4/5	22	7/22	8/22	8/22	10/22	10/22
6	3/6	4/6	4/6	5/6	5/6	23	7/23	8/23	9/23	10/23	10/23
7	4/7	4/7	5/7	5/7	5/7	24	7/24	8/24	9/24	10/24	11/24
8	4/8	4/8	5/8	5/8	6/8	25	7/25	8/25	9/25	10/25	11/25
9	4/9	5/9	5/9	6/9	6/9	26	7/26	8/26	9/26	10/26	11/26
10	4/10	5/10	6/10	6/10	7/10	27	7/27	8/27	9/27	11/27	11/27
11	5/11	5/11	6/11	7/11	7/11	28	8/28	9/28	10/28	11/28	12/28
12	5/12	5/12	6/12	7/12	7/12	29	8/29	9/29	10/29	11/29	12/29
13	5/13	6/13	6/13	7/13	8/13	30	8/30	9/30	10/30	11/30	12/30
14	5/14	6/14	7/14	7/14	8/14	31	8/31	9/31	10/31	11/31	12/31
15	5/15	6/15	7/15	8/15	8/15	32	8/32	9/32	10/32	12/32	12/32
16	6/16	6/16	7/16	8/16	9/16	34	8/34	10/34	11/34	12/34	13/34
17	6/17	7/17	7/17	8/17	9/17	36	9/36	10/36	11/36	12/36	13/36
18	6/18	7/18	8/18	9/18	9/18	38	9/38	10/38	11/38	13/38	14/38
19	6/19	7/19	8/19	9/19	9/19	40	9/40	10/40	12/40	13/40	14/40
			$n > 40$일 때 근삿값				$\frac{1.52}{\sqrt{n}}$	$\frac{1.73}{\sqrt{n}}$	$\frac{1.92}{\sqrt{n}}$	$\frac{2.15}{\sqrt{n}}$	$\frac{2.30}{\sqrt{n}}$

표 10. (계속)

(ii) $m<n$일 때

		α=0.10	0.05	0.025	0.01	0.005
m=1	n=9	17/18				
	10	9/10				
m=2	n=3	5/6				
	4	3/4				
	5	4/5	4/5			
	6	5/6	5/6			
	7	5/7	6/7			
	8	3/4	7/8	7/8		
	9	7/9	8/9	8/9		
	10	7/10	4/5	9/10		
m=3	n=4	3/4	3/4			
	5	2/3	4/5	4/5		
	6	2/3	2/3	5/6		
	7	2/3	5/7	6/7	6/7	
	8	5/8	3/4	3/4	7/8	
	9	2/3	2/3	7/9	8/9	8/9
	10	3/5	7/10	4/5	9/10	9/10
	12	7/12	2/3	3/4	5/6	11/12
m=4	n=5	3/5	3/4	4/5	4/5	
	6	7/12	2/3	3/4	5/6	5/6
	7	17/28	5/7	3/4	6/7	6/7
	8	5/8	5/8	3/4	7/8	7/8
	9	5/9	2/3	3/4	7/9	8/9
	10	11/20	13/20	7/10	4/5	4/5
	12	7/12	2/3	2/3	3/4	5/6
	16	9/16	5/8	11/16	3/4	13/16
m=5	n=6	3/5	2/3	2/3	5/6	5/6
	7	4/7	23/35	5/7	29/35	6/7
	8	11/20	5/8	27/40	4/5	4/5
	9	5/9	3/5	31/45	7/9	4/5
	10	1/2	3/5	7/10	7/10	4/5
	15	8/15	3/5	2/3	11/15	11/15
	20	1/2	11/20	3/5	7/10	3/4
m=6	n=7	23/42	4/7	29/42	5/7	5/6
	8	1/2	7/12	2/3	3/4	3/4
	9	1/2	5/9	2/3	13/18	7/9
	10	1/2	17/30	19/30	7/10	11/15
	12	1/2	7/12	7/12	2/3	3/4
	18	4/9	5/9	11/18	2/3	13/18
	24	11/24	1/2	7/12	5/8	2/3

표 10. (계속)

		α=0.10	0.05	0.025	0.01	0.005
m=7	n=8	27/56	33/56	5/8	41/56	3/4
	9	31/63	5/9	40/63	5/7	47/63
	10	33/70	39/70	43/70	7/10	5/7
	14	3/7	1/2	4/7	9/14	5/7
	28	3/7	13/28	15/28	17/28	9/14
m=8	n=9	4/9	13/24	5/8	2/3	3/4
	10	19/40	21/40	23/40	27/40	7/10
	12	11/24	1/2	7/12	5/8	2/3
	16	7/16	1/2	9/16	5/8	5/8
	32	13/32	7/16	1/2	9/16	19/32
m=9	n=10	7/15	1/2	26/45	2/3	31/45
	12	4/9	1/2	5/9	11/18	2/3
	15	19/45	22/45	8/15	3/5	29/45
	18	7/18	4/9	1/2	5/9	11/18
	36	13/36	5/12	17/36	19/36	5/9
m=10	n=15	2/5	7/15	1/2	17/30	19/30
	20	2/5	9/20	1/2	11/20	3/5
	40	7/20	2/5	9/20	1/2	
m=12	n=15	23/60	9/20	1/2	11/20	7/12
	16	3/8	7/16	23/48	13/24	7/12
	18	13/36	5/12	17/36	19/36	5/9
	20	11/30	5/12	7/15	31/60	17/30
m=15	n=20	7/20	2/5	13/30	29/60	31/60
m=16	n=20	27/80	31/80	17/40	19/40	41/80
대표본 근사		$1.07\sqrt{\frac{m+n}{mn}}$	$1.22\sqrt{\frac{m+n}{mn}}$	$1.36\sqrt{\frac{m+n}{mn}}$	$1.52\sqrt{\frac{m+n}{mn}}$	$1.63\sqrt{\frac{m+n}{mn}}$

표 11. 크러스칼-월리스 통계량(H) 분포표 : $P_0\{H \geq x\}$ ($k=3$일 때)

$P_0\{H \geq x\} = \alpha$ 이면 $h(\alpha, 3, (n_1, n_2, n_3)) = x$

$n_1=1, n_2=1, n_3=2$

x	$P_0\{H \geq x\}$
.300	1.000
1.800	.833
2.700	.500

$n_1=1, n_2=1, n_3=3$

x	$P_0\{H \geq x\}$
.533	1.000
.800	.800
2.133	.700
3.200	.300

$n_1=1, n_2=1, n_3=4$

x	$P_0\{H \geq x\}$
.143	1.000
.786	.933
1.000	.800
1.286	.667
2.143	.600
2.500	.467
3.571	.200

$n_1=1, n_2=1, n_3=5$

x	$P_0\{H \geq x\}$
.257	1.000
.429	.905
1.029	.857
1.114	.762
1.457	.667
1.714	.571

$n_1=1, n_2=1, n_3=5$

x	$P_0\{H \geq x\}$
2.314	.524
2.829	.333
3.857	.143

$n_1=1, n_2=2, n_3=2$

x	$P_0\{H \geq x\}$
.000	1.000
.400	.933
.600	.867
1.400	.733
2.000	.600
2.400	.467
3.000	.333
3.600	.200

$n_1=1, n_2=1, n_3=3$

x	$P_0\{H \geq x\}$
.095	1.000
.238	.933
.429	.900
.810	.833
.857	.800
1.238	.700
1.381	.600
1.952	.567
2.143	.533
2.381	.433
3.095	.267
3.524	.200
3.857	.133
4.286	.100

$n_1=1, n_2=2, n_3=4$

x	$P_0\{H \geq x\}$
.000	1.000
.161	.971
.268	.933
.321	.895
.536	.857
.643	.819
.696	.800
1.018	.781
1.071	.743
1.125	.705
1.286	.667
1.393	.629
1.446	.590
1.875	.533
2.036	.495
2.143	.476
2.250	.457
2.411	.400
2.571	.305
2.786	.286
2.893	.267
3.161	.190
3.696	.171
3.750	.133
4.018	.114
4.500	.076
4.821	.057

$n_1=1, n_2=2, n_3=5$

x	$P_0\{H \geq x\}$
.050	1.000
.133	.964
.200	.940
.450	.905
.467	.845

$n_1=1, n_2=2, n_3=5$

x	$P_0\{H \geq x\}$
.583	.821
.667	.798
.717	.774
1.000	.750
1.117	.738
1.200	.714
1.250	.655
1.383	.619
1.533	.583
1.783	.560
1.800	.536
1.917	.488
2.050	.464
2.333	.429
2.450	.393
2.717	.298
2.800	.286
2.867	.214
3.133	.202
3.333	.190
3.383	.179
3.783	.131
4.050	.119
4.200	.095
4.450	.071
5.000	.048
5.250	.036

$n_1=1, n_2=3, n_3=3$

x	$P_0\{H \geq x\}$
.000	1.000
.143	.986
.286	.957
.571	.871
1.000	.771

표 11. (계속)

$n_1=1, n_2=3, n_3=3$

x	$P_0\{H \geq x\}$
1.143	.743
1.286	.600
1.571	.571
2.000	.514
2.286	.486
2.571	.329
3.143	.243
3.286	.157
4.000	.129
4.571	.100
5.143	.043

$n_1=1, n_2=3, n_3=4$

x	$P_0\{H \geq x\}$
.056	1.000
.097	.971
.208	.950
.333	.921
.431	.900
.500	.871
.556	.843
.764	.786
.875	.743
1.097	.721
1.208	.707
1.222	.679
1.389	.629
1.431	.557
1.764	.536
1.833	.514
1.875	.471
2.097	.457
2.208	.443
2.333	.429
2.431	.371
2.722	.300
2.764	.229
3.000	.221
3.097	.214
3.208	.200
3.222	.157

$n_1=1, n_2=3, n_3=4$

x	$P_0\{H \geq x\}$
3.764	.136
3.889	.129
4.056	.093
4.097	.086
4.208	.079
4.764	.071
5.000	.057
5.208	.050
5.389	.036
5.833	.021

$n_1=1, n_2=3, n_3=5$

x	$P_0\{H \geq x\}$
.000	1.000
.071	.992
.160	.972
.178	.952
.284	.929
.338	.889
.551	.869
.604	.853
.640	.833
.711	.770
.818	.750
.960	.730
1.084	.694
1.138	.683
1.351	.651
1.404	.611
1.440	.591
1.511	.571
1.600	.560
1.671	.520
1.778	.488
1.884	.480
1.938	.468
2.044	.452
2.204	.437
2.400	.413
2.418	.405
2.560	.341

$n_1=1, n_2=3, n_3=5$

x	$P_0\{H \geq x\}$
2.844	.258
2.951	.218
3.040	.210
3.218	.190
3.271	.183
3.378	.143
3.484	.135
3.804	.131
3.840	.123
4.018	.095
4.284	.083
4.338	.079
4.551	.075
4.711	.056
4.871	.052
4.960	.048
5.404	.044
5.440	.036
5.760	.028
6.044	.020
6.400	.012

$n_1=1, n_2=4, n_3=4$

x	$P_0\{H \geq x\}$
.000	1.000
.067	.987
.167	.968
.267	.930
.300	.911
.567	.873
.600	.835
.667	.803
.867	.759
.967	.721
1.067	.689
1.200	.676
1.367	.644
1.500	.600
1.667	.537
1.767	.498
2.167	.460

$n_1=1, n_2=4, n_3=4$

x	$P_0\{H \geq x\}$
2.267	.410
2.400	.384
2.467	.349
2.667	.305
2.700	.260
2.967	.235
3.000	.222
3.267	.178
3.367	.171
3.467	.152
3.867	.121
3.900	.108
4.067	.102
4.167	.083
4.267	.070
4.800	.067
4.867	.054
4.967	.048
5.100	.041
5.667	.035
6.000	.029
6.167	.022
6.667	.010

$n_1=1, n_2=4, n_3=5$

x	$P_0\{H \geq x\}$
.033	1.000
.060	.983
.104	.968
.186	.952
.273	.938
.278	.922
.295	.906
.360	.890
.409	.875
.540	.848
.622	.821
.731	.806
.758	.794
.796	.778
.818	.762

표 11. (계속)

$n_1=1, n_2=4, n_3=5$

x	$P_0\{H \geq x\}$
.906	.730
.933	.719
.976	.690
1.151	.676
1.167	.665
1.195	.651
1.233	.640
1.342	.625
1.369	.614
1.495	.606
1.500	.589
1.587	.562
1.604	.535
1.669	.517
1.778	.498
1.806	.483
1.849	.468
1.931	.460
2.040	.441
2.067	.432
2.106	.419
2.242	.406
2.286	.400
2.455	.394
2.460	.354
2.504	.346
2.591	.300
2.651	.286
2.896	.251
2.913	.222
2.940	.216
3.000	.208
3.087	.194
3.158	.187
3.240	.183
3.349	.151
3.524	.146
3.595	.138
3.682	.132
3.813	.110
3.960	.102
3.987	.098
4.206	.095
4.222	.087

$n_1=1, n_2=4, n_3=5$

x	$P_0\{H \geq x\}$
4.287	.071
4.549	.067
4.636	.063
4.724	.060
4.833	.059
4.860	.056
4.986	.044
5.078	.041
5.160	.038
5.515	.037
5.558	.035
5.596	.033
5.733	.027
5.776	.025
5.858	.024
5.864	.022
5.967	.021
6.431	.019
6.578	.016
6.818	.013
6.840	.011
6.954	.008
7.364	.005

$n_1=1, n_2=5, n_3=5$

x	$P_0\{H \geq x\}$
.000	1.000
.036	.994
.109	.982
.146	.956
.182	.944
.327	.920
.400	.885
.436	.872
.546	.847
.582	.802
.727	.792
.836	.771
.909	.752
.982	.716
1.127	.669
1.200	.646

$n_1=1, n_2=5, n_3=5$

x	$P_0\{H \geq x\}$
1.309	.630
1.346	.605
1.600	.584
1.636	.571
1.709	.509
1.746	.493
1.782	.468
1.927	.462
2.000	.438
2.146	.422
2.182	.411
2.327	.379
2.436	.374
2.509	.361
2.582	.314
2.727	.286
2.909	.242
2.946	.227
3.236	.188
3.346	.168
3.382	.161
3.527	.141
3.600	.132
3.636	.116
3.927	.113
4.036	.105
4.109	.086
4.182	.082
4.400	.076
4.546	.074
4.800	.056
4.909	.053
5.127	.046
5.236	.039
5.636	.033
5.709	.030
5.782	.027
6.000	.022
6.146	.019
6.509	.018
6.546	.015
6.582	.014
6.727	.012
6.836	.011

$n_1=1, n_2=5, n_3=5$

x	$P_0\{H \geq x\}$
7.309	.009
7.527	.008
7.746	.005
8.182	.002

$n_1=2, n_2=2, n_3=2$

x	$P_0\{H \geq x\}$
.000	1.000
.286	.933
.857	.800
1.143	.667
2.000	.533
2.571	.400
3.429	.333
3.714	.200
4.571	.067

$n_1=2, n_2=2, n_3=3$

x	$P_0\{H \geq x\}$
.000	1.000
.179	.971
.214	.895
.500	.857
.607	.800
.714	.743
.857	.686
1.179	.657
1.357	.619
1.464	.562
1.607	.524
1.929	.467
2.000	.438
2.214	.419
2.429	.381
2.464	.362
2.750	.324
2.857	.286
3.179	.267
3.429	.248

표 11. (계속)

$n_1=2, n_2=2, n_3=3$

x	$P_0\{H \geq x\}$
3.607	.238
3.750	.219
3.929	.181
4.464	.105
4.500	.067
4.714	.048
5.357	.029

$n_1=2, n_2=2, n_3=4$

x	$P_0\{H \geq x\}$
.000	1.000
.125	.971
.167	.914
.333	.890
.458	.862
.500	.814
.667	.757
.792	.733
1.000	.695
1.125	.657
1.333	.581
1.500	.552
1.792	.514
1.833	.486
2.000	.448
2.125	.410
2.458	.362
2.667	.333
2.792	.314
2.833	.295
3.000	.276
3.125	.248
3.167	.229
3.458	.210
3.667	.190
4.000	.181
4.125	.152
4.167	.105
4.458	.100
4.500	.090
5.125	.052

$n_1=2, n_2=2, n_3=4$

x	$P_0\{H \geq x\}$
5.333	.033
5.500	.024
6.000	.014

$n_1=2, n_2=2, n_3=5$

x	$P_0\{H \geq x\}$
.000	1.000
.093	.984
.133	.937
.240	.913
.360	.881
.373	.844
.533	.807
.573	.791
.773	.759
.840	.722
.893	.685
.960	.653
1.093	.638
1.200	.606
1.373	.590
1.440	.563
1.493	.542
1.533	.516
1.693	.495
1.800	.474
2.133	.452
2.160	.444
2.173	.402
2.293	.381
2.333	.365
2.373	.344
2.693	.317
2.760	.296
2.973	.275
3.093	.265
3.133	.254
3.240	.238
3.333	.206
3.360	.196
3.573	.185

$n_1=2, n_2=2, n_3=5$

x	$P_0\{H \geq x\}$
3.773	.175
3.840	.164
3.973	.159
4.093	.148
4.200	.138
4.293	.122
4.373	.090
4.573	.085
4.800	.063
4.893	.061
5.040	.056
5.160	.034
5.693	.029
6.000	.019
6.133	.013
6.533	.008

$n_1=2, n_2=3, n_3=3$

x	$P_0\{H \geq x\}$
.028	1.000
.111	.968
.222	.946
.250	.896
.472	.864
.556	.807
.694	.757
1.000	.686
1.111	.671
1.139	.600
1.361	.564
1.444	.539
1.806	.511
1.889	.446
2.000	.425
2.028	.396
2.250	.368
2.472	.357
2.694	.329
2.778	.307
2.889	.286
3.139	.243

$n_1=2, n_2=3, n_3=3$

x	$P_0\{H \geq x\}$
3.222	.221
3.361	.207
3.778	.200
3.806	.179
4.028	.164
4.111	.129
4.250	.121
4.556	.100
4.694	.093
5.000	.075
5.139	.061
5.361	.032
5.556	.025
6.250	.011

$n_1=2, n_2=3, n_3=4$

x	$P_0\{H \geq x\}$
.000	1.000
.078	.987
.100	.965
.111	.944
.244	.922
.278	.902
.311	.881
.344	.862
.400	.844
.444	.829
.544	.811
.600	.794
.611	.770
.700	.756
.778	.722
.811	.703
.900	.689
.978	.673
1.000	.660
1.078	.627
1.111	.614
1.178	.602
1.244	.586
1.344	.571

표 11. (계속)

$n_1=2, n_2=3, n_3=4$

x	$P_0\{H \geq x\}$
1.378	.559
1.411	.548
1.500	.537
1.600	.511
1.611	.502
1.678	.478
1.711	.468
1.778	.457
1.844	.448
1.944	.437
2.144	.417
2.178	.406
2.200	.398
2.211	.376
2.244	.368
2.378	.357
2.400	.346
2.411	.338
2.444	.329
2.500	.321
2.778	.294
2.800	.284
2.911	.271
2.944	.262
3.011	.256
3.100	.251
3.111	.238
3.244	.232
3.278	.225
3.300	.216
3.311	.203
3.444	.197
3.478	.190
3.544	.184
3.600	.175
3.811	.168
3.844	.163
3.911	.159
3.978	.156
4.000	.149
4.078	.140
4.200	.137
4.278	.124
4.311	.108

$n_1=2, n_2=3, n_3=4$

x	$P_0\{H \geq x\}$
4.378	.105
4.444	.102
4.511	.098
4.544	.086
4.611	.083
4.711	.079
4.811	.076
4.878	.073
4.900	.071
4.978	.059
5.078	.057
5.144	.054
5.378	.052
5.400	.051
5.444	.046
5.500	.040
5.611	.032
5.800	.030
6.000	.024
6.111	.021
6.144	.014
6.300	.011
6.444	.008
7.000	.005

$n_1=2, n_2=3, n_3=5$

x	$P_0\{H \geq x\}$
.014	1.000
.069	.981
.113	.966
.131	.951
.142	.932
.273	.917
.276	.901
.306	.886
.331	.869
.364	.855
.451	.823
.549	.807
.567	.794
.622	.781
.636	.769

$n_1=2, n_2=3, n_3=5$

x	$P_0\{H \geq x\}$
.713	.743
.724	.714
.767	.703
.887	.692
.942	.680
1.014	.659
1.058	.648
1.091	.638
1.149	.616
1.178	.593
1.276	.579
1.324	.569
1.378	.537
1.451	.529
1.586	.519
1.596	.510
1.614	.502
1.713	.483
1.727	.474
1.760	.459
1.814	.451
1.858	.444
1.876	.429
2.022	.420
2.033	.403
2.076	.396
2.106	.389
2.196	.382
2.251	.375
2.294	.368
2.367	.362
2.454	.356
2.458	.350
2.469	.336
2.487	.330
2.546	.321
2.633	.294
2.749	.287
2.818	.279
2.894	.269
2.924	.263
2.949	.257
2.798	.252
3.022	.248

$n_1=2, n_2=3, n_3=5$

x	$P_0\{H \geq x\}$
3.069	.243
3.167	.237
3.186	.233
3.273	.222
3.331	.211
3.342	.206
3.386	.201
3.414	.193
3.506	.189
3.546	.183
3.604	.175
3.676	.171
3.767	.167
3.778	.159
3.822	.156
3.909	.152
3.942	.146
3.996	.139
4.058	.137
4.069	.132
4.204	.129
4.214	.125
4.233	.122
4.258	.120
4.331	.117
4.378	.113
4.494	.101
4.651	.091
4.694	.089
4.724	.087
4.727	.085
4.814	.071
4.869	.067
4.913	.063
4.942	.062
5.076	.060
5.087	.053
5.106	.052
5.251	.049
5.349	.046
5.513	.044
5.524	.043
5.542	.041
5.727	.037

표 11. (계속)

$n_1=2, n_2=3, n_3=5$

x	$P_0\{H \geq x\}$
5.742	.034
5.786	.033
5.804	.033
5.949	.026
6.004	.025
6.033	.024
6.091	.021
6.124	.020
6.294	.017
6.386	.016
6.414	.015
6.818	.012
6.822	.010
6.909	.009
6.949	.006
7.182	.004
7.636	.002

$n_1=2, n_2=4, n_3=4$

x	$P_0\{H \geq x\}$
.000	1.000
.054	.988
.082	.970
.191	.940
.218	.910
.273	.893
.327	.879
.409	.848
.491	.820
.627	.779
.736	.757
.764	.712
.873	.685
.954	.671
1.091	.651
1.146	.638
1.173	.596
1.282	.577
1.309	.559
1.364	.537
1.582	.526

$n_1=2, n_2=4, n_3=4$

x	$P_0\{H \geq x\}$
1.636	.510
1.718	.488
1.827	.441
1.964	.426
2.046	.400
2.236	.386
2.264	.375
2.373	.363
2.454	.338
2.509	.317
2.673	.301
2.809	.281
2.918	.272
2.946	.263
3.054	.239
3.136	.228
3.327	.220
3.354	.210
3.464	.192
3.491	.185
3.682	.180
3.764	.166
3.818	.152
4.009	.142
4.364	.125
4.418	.120
4.446	.103
4.554	.098
4.582	.094
4.691	.080
4.773	.075
4.854	.071
4.991	.065
5.127	.057
5.236	.052
5.454	.046
5.509	.044
5.536	.042
5.646	.039
5.727	.034
5.946	.028
6.082	.025
6.327	.024
6.409	.022

$n_1=2, n_2=4, n_3=4$

x	$P_0\{H \geq x\}$
6.546	.020
6.600	.017
6.627	.016
6.873	.011
7.036	.006
7.282	.004
7.854	.002

$n_1=2, n_2=4, n_3=5$

x	$P_0\{H \geq x\}$
.000	1.000
.041	.992
.064	.979
.068	.965
.141	.952
.154	.939
.164	.926
.223	.913
.254	.902
.273	.891
.300	.880
.323	.866
.368	.855
.404	.832
.504	.823
.518	.812
.541	.801
.564	.791
.573	.781
.614	.759
.618	.749
.654	.740
.723	.730
.791	.720
.841	.710
.864	.701
.891	.691
.904	.683
.914	.674
.950	.657
.954	.649
1.018	.640
1.023	.632

$n_1=2, n_2=4, n_3=5$

x	$P_0\{H \geq x\}$
1.050	.623
1.091	.614
1.200	.607
1.204	.599
1.268	.592
1.291	.576
1.314	.569
1.318	.562
1.391	.554
1.414	.537
1.450	.529
1.473	.521
1.518	.507
1.591	.499
1.618	.491
1.641	.485
1.664	.479
1.704	.472
1.750	.465
1.754	.459
1.814	.452
1.823	.432
1.973	.427
2.004	.420
2.018	.403
2.073	.398
2.114	.392
2.118	.387
2.141	.381
2.164	.375
2.223	.371
2.254	.366
2.291	.361
2.318	.351
2.323	.346
2.391	.335
2.454	.329
2.473	.324
2.504	.320
2.550	.315
2.618	.311
2.700	.306
2.723	.301
2.754	.296

표 11. (계속)

$n_1=2, n_2=4, n_3=5$

x	$P_0\{H \ge x\}$
2.768	.285
2.773	.273
2.868	.267
2.891	.262
2.904	.258
2.914	.249
2.973	.246
3.023	.237
3.050	.234
3.064	.231
3.118	.226
3.164	.221
3.268	.217
3.314	.214
3.341	.208
3.364	.200
3.414	.197
3.454	.193
3.523	.190
3.564	.187
3.568	.184
3.573	.181
3.618	.178
3.641	.175
3.654	.170
3.700	.164
3.704	.160
3.791	.157
3.800	.151
3.818	.148
3.823	.145
3.864	.143
4.041	.139
4.064	.135
4.073	.133
4.091	.130
4.141	.128
4.154	.126
4.200	.123
4.223	.121
4.250	.119
4.323	.116
4.364	.114
4.368	.112

$n_1=2, n_2=4, n_3=5$

x	$P_0\{H \ge x\}$
4.404	.110
4.500	.104
4.518	.101
4.541	.098
4.614	.090
4.664	.088
4.768	.079
4.791	.078
4.800	.076
4.818	.074
4.841	.072
4.868	.071
4.950	.063
5.073	.061
5.154	.059
5.164	.053
5.254	.052
5.268	.051
5.273	.049
5.300	.048
5.314	.046
5.414	.045
5.518	.043
5.523	.042
5.564	.038
5.641	.037
5.664	.036
5.754	.035
5.823	.034
5.891	.032
5.954	.030
5.973	.029
6.004	.026
6.041	.025
6.068	.025
6.118	.024
6.141	.023
6.223	.022
6.368	.021
6.391	.021
6.473	.020
6.504	.020
6.541	.017
6.550	.017

$n_1=2, n_2=4, n_3=5$

x	$P_0\{H \ge x\}$
6.564	.016
6.654	.016
6.723	.015
6.904	.014
6.914	.013
7.000	.013
7.018	.012
7.064	.012
7.118	.010
7.204	.009
7.254	.009
7.291	.008
7.450	.007
7.500	.007
7.568	.006
7.573	.005
7.773	.004
7.814	.003
8.018	.002
8.114	.001
8.591	.001

$n_1=2, n_2=5, n_3=5$

x	$P_0\{H \ge x\}$
.008	1.000
.046	.988
.069	.978
.077	.966
.169	.947
.192	.928
.254	.896
.323	.877
.377	.859
.415	.830
.446	.822
.538	.807
.562	.775
.623	.759
.692	.749
.746	.735
.808	.719
.815	.688

$n_1=2, n_2=5, n_3=5$

x	$P_0\{H \ge x\}$
.908	.674
.931	.661
1.115	.638
1.154	.611
1.185	.593
1.277	.569
1.300	.558
1.362	.552
1.431	.539
1.485	.528
1.523	.516
1.554	.506
1.646	.496
1.669	.486
1.731	.463
1.854	.445
1.915	.434
1.923	.424
2.015	.407
2.038	.398
2.223	.379
2.262	.374
2.285	.363
2.292	.353
2.385	.345
2.408	.330
2.469	.323
2.538	.315
2.592	.300
2.662	.292
2.754	.286
2.777	.279
2.908	.276
2.962	.270
3.023	.243
3.031	.234
3.123	.228
3.146	.218
3.331	.210
3.369	.203
3.392	.198
3.492	.190
3.515	.186
3.577	.181

표 11. (계속)

$n_1=2, n_2=5, n_3=5$

x	$P_0\{H \geq x\}$
3.646	.169
3.738	.165
3.769	.163
3.862	.150
3.885	.146
4.015	.136
4.069	.132
4.131	.130
4.138	.127
4.231	.124
4.254	.114
4.438	.106
4.477	.103
4.508	.100
4.623	.097
4.685	.092
4.754	.084
4.808	.081
4.846	.073
4.877	.068
4.992	.066
5.054	.060
5.177	.057
5.238	.054
5.246	.051
5.338	.047
5.546	.045
5.585	.041
5.608	.040
5.615	.039
5.708	.037
5.731	.036
5.792	.032
5.915	.030
5.985	.028
6.077	.027
6.231	.026
6.346	.025
6.354	.021
6.446	.020
6.469	.019
6.654	.017
6.692	.016
6.815	.015
6.838	.014

$n_1=2, n_2=5, n_3=5$

x	$P_0\{H \geq x\}$
6.969	.013
7.023	.013
7.185	.012
7.208	.011
7.269	.010
7.338	.010
7.392	.009
7.462	.008
7.577	.007
7.762	.007
7.923	.006
8.008	.006
8.077	.006
8.131	.005
8.169	.003
8.292	.003
8.377	.002
8.562	.002
8.685	.001
8.938	.001
9.423	.000

$n_1=2, n_2=3, n_3=3$

x	$P_0\{H \geq x\}$
.000	1.000
.089	.993
.267	.929
.356	.879
.622	.829
.800	.721
1.067	.664
1.156	.629
1.422	.543
1.689	.511
1.867	.439
2.222	.382
2.400	.361
2.489	.339
2.756	.296
3.200	.254
3.289	.232

$n_1=3, n_2=3, n_3=3$

x	$P_0\{H \geq x\}$
3.467	.196
3.822	.168
4.267	.139
4.356	.132
4.622	.100
5.067	.086
5.422	.071
5.600	.050
5.689	.029
5.956	.025
6.489	.011
7.200	.004

$n_1=3, n_2=3, n_3=4$

x	$P_0\{H \geq x\}$
.018	1.000
.046	.984
.118	.970
.164	.941
.200	.925
.336	.895
.346	.869
.409	.842
.454	.830
.482	.817
.636	.791
.700	.764
.746	.717
.891	.690
1.064	.656
1.073	.633
1.136	.611
1.182	.602
1.209	.582
1.427	.541
1.473	.523
1.573	.513
1.618	.497
1.654	.481
1.791	.447
1.800	.433

$n_1=3, n_2=3, n_3=4$

x	$P_0\{H \geq x\}$
1.864	.415
2.091	.402
2.200	.389
2.227	.368
2.300	.351
2.382	.326
2.518	.314
2.527	.303
2.664	.291
2.882	.281
2.927	.273
2.954	.253
3.027	.244
3.073	.234
3.109	.220
3.254	.212
3.364	.203
3.391	.196
3.609	.188
3.682	.180
3.754	.178
3.800	.165
3.836	.150
3.973	.143
4.046	.132
4.091	.126
4.273	.123
4.336	.117
4.382	.111
4.564	.106
4.700	.101
4.709	.092
4.818	.085
4.846	.081
5.000	.074
5.064	.070
5.109	.068
5.254	.064
5.436	.062
5.500	.056
5.573	.053
5.727	.050
5.791	.046
5.936	.036

표 11. (계속)

$n_1=3, n_2=3, n_3=4$

x	$P_0\{H \geq x\}$
5.982	.034
6.018	.027
6.154	.025
6.300	.023
6.564	.017
6.664	.014
6.709	.013
6.746	.010
7.000	.006
7.318	.004
7.436	.002
8.018	.001

$n_1=3, n_2=3, n_3=5$

x	$P_0\{H \geq x\}$
.000	1.000
.048	.994
.061	.970
.133	.958
.170	.948
.194	.926
.242	.902
.315	.890
.376	.868
.412	.847
.436	.826
.533	.804
.546	.794
.594	.783
.679	.765
.776	.725
.848	.686
.970	.668
1.042	.641
1.079	.624
1.103	.609
1.200	.594
1.212	.587
1.261	.571
1.442	.539
1.503	.526

$n_1=3, n_2=3, n_3=5$

x	$P_0\{H \geq x\}$
1.515	.512
1.527	.505
1.576	.491
1.648	.478
1.746	.450
1.770	.437
1.867	.425
2.012	.414
2.048	.403
2.061	.393
2.133	.382
2.170	.367
2.182	.358
2.194	.352
2.315	.342
2.376	.334
2.594	.315
2.667	.306
2.679	.298
2.715	.291
2.836	.267
2.861	.258
2.970	.242
3.079	.239
3.103	.232
3.333	.218
3.382	.215
3.394	.209
3.442	.196
3.467	.184
3.503	.179
3.576	.173
3.648	.167
3.709	.162
3.879	.156
3.927	.149
4.012	.144
4.048	.139
4.170	.135
4.194	.126
4.242	.122
4.303	.117
4.315	.113
4.412	.109

$n_1=3, n_2=3, n_3=5$

x	$P_0\{H \geq x\}$
4.533	.097
4.679	.094
4.776	.090
4.800	.087
4.848	.085
4.861	.082
4.909	.079
5.042	.077
5.079	.069
5.103	.067
5.212	.065
5.261	.062
5.346	.058
5.442	.055
5.503	.053
5.515	.051
5.648	.049
5.770	.047
5.867	.042
6.012	.040
6.061	.033
6.109	.032
6.194	.027
6.303	.026
6.315	.021
6.376	.020
6.533	.019
6.594	.019
6.715	.014
6.776	.013
6.861	.012
6.982	.011
7.079	.009
7.333	.008
7.467	.008
7.503	.006
7.515	.005
7.636	.004
7.879	.003
8.048	.002
8.242	.001
8.727	.001

$n_1=3, n_2=4, n_3=4$

x	$P_0\{H \geq x\}$
.000	1.000
.046	.993
.053	.981
.144	.959
.167	.937
.182	.925
.212	.913
.326	.890
.348	.870
.386	.850
.409	.829
.477	.819
.576	.799
.598	.779
.659	.761
.667	.742
.712	.731
.727	.713
.848	.704
.894	.685
.932	.668
.962	.651
1.053	.635
1.076	.620
1.136	.604
1.144	.597
1.296	.582
1.303	.568
1.326	.553
1.394	.539
1.417	.524
1.500	.510
1.546	.503
1.598	.490
1.636	.477
1.682	.470
1.750	.457
1.803	.444
1.909	.421
1.962	.409
2.053	.388
2.144	.378
2.227	.368
2.296	.354

표 11. (계속)

$n_1=3, n_2=4, n_3=4$

x	$P_0\{H \geq x\}$
2.303	.344
2.326	.334
3.394	.325
2.417	.315
2.598	.306
2.636	.290
2.667	.281
2.712	.276
2.848	.269
2.894	.261
2.909	.254
2.932	.250
2.962	.243
3.076	.230
3.136	.218
3.326	.212
3.386	.207
3.394	.201
3.417	.195
3.477	.190
3.576	.184
3.598	.178
3.659	.173
3.682	.162
3.727	.160
3.803	.154
3.848	.150
3.932	.145
3.962	.140
4.144	.135
4.167	.131
4.212	.129
4.296	.125
4.303	.121
4.326	.116
4.348	.113
4.409	.106
4.477	.102
4.546	.099
4.576	.097
4.598	.093
4.712	.090
4.750	.087
4.894	.084

$n_1=3, n_2=4, n_3=4$

x	$P_0\{H \geq x\}$
5.053	.078
5.144	.073
5.182	.068
5.212	.066
5.296	.063
5.303	.061
5.326	.058
5.386	.054
5.500	.052
5.576	.051
5.598	.049
5.667	.047
5.803	.045
5.932	.043
5.962	.041
6.000	.040
6.046	.039
6.053	.035
6.144	.032
6.167	.031
6.182	.030
6.348	.027
6.386	.026
6.394	.025
6.409	.023
6.417	.022
6.546	.021
6.659	.020
6.712	.019
6.727	.018
6.962	.017
7.000	.016
7.053	.014
7.076	.011
7.136	.011
7.144	.010
7.212	.009
7.477	.006
7.598	.004
7.636	.004
7.682	.003
7.848	.003
8.227	.002
8.326	.001

$n_1=3, n_2=4, n_3=4$

x	$P_0\{H \geq x\}$
8.909	.001

$n_1=3, n_2=4, n_3=5$

x	$P_0\{H \geq x\}$
.010	1.000
.030	.990
.060	.981
.081	.972
.092	.963
.118	.953
.138	.944
.173	.935
.180	.926
.214	.917
.241	.908
.256	.900
.265	.891
.276	.882
.323	.874
.337	.865
.368	.857
.426	.841
.430	.833
.462	.825
.491	.817
.503	.809
.542	.784
.549	.777
.626	.769
.645	.754
.692	.746
.727	.738
.737	.716
.799	.709
.830	.696
.831	.689
.856	.667
.953	.660
1.004	.654
1.041	.641
1.045	.628

$n_1=3, n_2=4, n_3=5$

x	$P_0\{H \geq x\}$
1.062	.621
1.103	.615
1.106	.609
1.118	.602
1.137	.590
1.164	.584
1.188	.578
1.241	.572
1.246	.566
1.260	.553
1.349	.548
1.414	.542
1.445	.537
1.465	.522
1.472	.516
1.487	.506
1.506	.495
1.558	.490
1.568	.479
1.599	.475
1.615	.465
1.718	.460
1.733	.455
1.753	.450
1.780	.446
1.814	.441
1.856	.437
1.906	.427
1.927	.423
1.938	.418
1.964	.400
1.968	.396
1.985	.391
2.019	.387
2.030	.383
2.060	.379
2.103	.375
2.112	.366
2.169	.358
2.272	.354
2.308	.350
2.337	.346
2.349	.343
2.368	.335

표 11. (계속)

$n_1 = 3, n_2 = 4, n_3 = 5$

x	$P_0\{H \geq x\}$
2.388	.332
2.395	.321
2.472	.318
2.481	.311
2.491	.307
2.522	.301
2.573	.294
2.580	.291
2.641	.288
2.645	.284
2.676	.281
2.677	.278
2.737	.271
2.830	.266
2.887	.263
2.908	.260
2.949	.251
2.953	.248
2.964	.240
3.010	.238
3.035	.235
3.087	.232
3.092	.222
3.106	.219
3.137	.216
3.195	.214
3.256	.209
3.260	.206
3.312	.204
3.318	.199
3.353	.197
3.414	.194
3.445	.192
3.462	.190
3.496	.188
3.503	.183
3.506	.181
3.568	.179
3.580	.177
3.599	.173
3.626	.169
3.703	.165
3.722	.163

$n_1 = 3, n_2 = 4, n_3 = 5$

x	$P_0\{H \geq x\}$
3.753	.161
3.773	.159
3.785	.156
3.810	.152
3.831	.150
3.865	.148
3.876	.146
3.958	.144
4.015	.140
4.030	.137
4.060	.134
4.122	.132
4.154	.131
4.180	.125
4.195	.124
4.235	.121
4.241	.119
4.276	.117
4.318	.115
4.327	.112
4.368	.110
4.419	.109
4.426	.107
4.487	.106
4.522	.105
4.523	.103
4.549	.099
4.564	.097
4.645	.095
4.676	.093
4.754	.091
4.789	.089
4.810	.088
4.830	.083
4.856	.082
4.881	.081
4.891	.078
4.939	.075
4.953	.074
4.983	.073
5.041	.072
5.045	.071
5.106	.070

$n_1 = 3, n_2 = 4, n_3 = 5$

x	$P_0\{H \geq x\}$
5.137	.068
5.158	.067
5.180	.065
5.291	.063
5.308	.062
5.342	.061
5.349	.061
5.353	.059
5.414	.058
5.426	.057
5.549	.054
5.568	.052
5.619	.051
5.631	.050
5.656	.049
5.660	.048
5.677	.047
5.718	.046
5.722	.045
5.753	.044
5.780	.043
5.804	.041
5.814	.040
5.862	.040
5.876	.039
5.964	.038
6.026	.038
6.030	.037
6.060	.037
6.087	.035
6.164	.035
6.173	.034
6.231	.033
6.265	.032
6.272	.030
6.337	.030
6.368	.029
6.369	.029
6.395	.026
6.410	.025
6.491	.025
6.522	.024
6.542	.023

$n_1 = 3, n_2 = 4, n_3 = 5$

x	$P_0\{H \geq x\}$
6.580	.021
6.635	.020
6.676	.020
6.703	.019
6.780	.019
6.785	.018
6.799	.016
6.830	.016
6.891	.015
7.004	.015
7.010	.015
7.096	.014
7.106	.014
7.188	.013
7.195	.012
7.256	.012
7.260	.012
7.272	.012
7.291	.011
7.318	.011
7.395	.011
7.445	.010
7.465	.010
7.477	.009
7.523	.007
7.568	.007
7.641	.007
7.708	.006
7.753	.006
7.810	.006
7.876	.006
7.887	.006
7.906	.005
7.927	.005
8.030	.005
8.060	.004
8.077	.004
8.118	.004
8.122	.004
8.215	.003
8.256	.003
8.430	.002
8.446	.002

표 11. (계속)

$n_1=3, n_2=4, n_3=5$

x	$P_0\{H \geq x\}$
8.481	.002
8.503	.001
8.573	.001
8.626	.001
8.795	.001
9.035	.001
9.118	.001
9.199	.000
9.692	.000

$n_1=3, n_2=5, n_3=5$

x	$P_0\{H \geq x\}$
.000	1.000
.026	.996
.035	.989
.088	.974
.106	.959
.114	.951
.141	.944
.193	.930
.220	.916
.237	.902
.264	.895
.316	.880
.352	.866
.422	.840
.457	.819
.484	.813
.536	.800
.563	.788
.580	.763
.659	.751
.695	.745
.721	.733
.774	.721
.791	.698
.826	.686
.879	.675
.950	.653
1.029	.648

$n_1=3, n_2=5, n_3=5$

x	$P_0\{H \geq x\}$
1.037	.643
1.055	.632
1.064	.611
1.116	.602
1.134	.592
1.143	.583
1.248	.573
1.266	.563
1.292	.554
1.371	.550
1.407	.541
1.450	.514
1.459	.506
1.512	.497
1.565	.480
1.688	.472
1.723	.460
1.741	.453
1.750	.445
1.802	.438
1.829	.431
1.855	.420
1.934	.413
1.978	.393
2.066	.386
2.136	.380
2.145	.377
2.163	.370
2.198	.364
2.250	.351
2.321	.339
2.374	.327
2.409	.321
2.479	.315
2.488	.310
2.514	.305
2.593	.299
2.620	.294
2.637	.289
2.716	.276
2.752	.271
2.778	.267
2.848	.262

$n_1=3, n_2=5, n_3=5$

x	$P_0\{H \geq x\}$
2.857	.257
2.884	.255
2.936	.246
2.963	.241
3.094	.237
3.112	.224
3.121	.220
3.165	.216
3.191	.208
3.279	.206
3.306	.202
3.429	.195
3.464	.191
3.516	.187
3.622	.173
3.648	.167
3.666	.164
3.745	.161
3.780	.158
3.798	.152
3.807	.147
3.912	.144
3.965	.142
3.991	.139
4.114	.136
4.141	.135
4.150	.132
4.202	.127
4.220	.125
4.255	.117
4.308	.112
4.352	.110
4.378	.107
4.457	.105
4.466	.104
4.536	.102
4.545	.100
4.571	.098
4.694	.094
4.774	.092
4.826	.089
4.835	.088
4.888	.082

$n_1=3, n_2=5, n_3=5$

x	$P_0\{H \geq x\}$
4.914	.079
4.941	.077
4.993	.075
5.020	.072
5.064	.070
5.152	.067
5.169	.065
5.222	.065
5.284	.063
5.363	.062
5.407	.059
5.486	.057
5.494	.056
5.521	.055
5.574	.053
5.600	.051
5.626	.051
5.706	.046
5.802	.045
5.837	.042
5.934	.040
5.943	.039
6.022	.038
6.048	.037
6.198	.035
6.207	.034
6.250	.034
6.259	.033
6.286	.031
6.312	.030
6.365	.030
6.391	.028
6.435	.027
6.488	.025
6.550	.024
6.593	.024
6.655	.022
6.734	.022
6.752	.021
6.866	.019
6.892	.018
6.945	.018
6.963	.017

표 11. (계속)

$n_1 = 3, n_2 = 4, n_3 = 5$

x	$P_0\{H \geq x\}$
6.998	.015
7.050	.015
7.121	.014
7.209	.014
7.226	.012
7.288	.012
7.306	.012
7.314	.011
7.437	.011
7.543	.010
7.578	.010
7.622	.009
7.736	.009
7.763	.008
7.780	.008
7.859	.007
7.894	.007
7.912	.007
8.026	.006
8.079	.006
8.106	.006
8.237	.005
8.264	.005
8.316	.005
8.334	.005
8.545	.004
8.571	.004
8.580	.004
8.650	.003
8.659	.003
8.791	.002
8.809	.002
8.950	.002
9.002	.002
9.055	.001
9.284	.001
9.336	.001
9.398	.001
9.521	.000
9.635	.000
9.916	.000
10.057	.000
10.550	.000

$n_1 = 4, n_2 = 4, n_3 = 4$

x	$P_0\{H \geq x\}$
.000	1.000
.038	.994
.115	.968
.154	.941
.269	.913
.346	.864
.462	.840
.500	.815
.615	.770
.731	.746
.808	.706
.962	.667
1.038	.648
1.077	.630
1.192	.592
1.385	.557
1.423	.540
1.500	.510
1.654	.480
1.846	.452
1.885	.436
2.000	.397
2.192	.370
2.346	.348
2.423	.327
2.462	.307
2.577	.296
2.808	.277
2.885	.260
2.923	.252
3.038	.234
3.115	.219
3.231	.212
3.500	.197
3.577	.173
3.731	.162
3.846	.151
3.962	.145
4.154	.136
4.192	.131
4.269	.122
4.308	.114
4.500	.104

$n_1 = 4, n_2 = 4, n_3 = 4$

x	$P_0\{H \geq x\}$
4.654	.097
4.769	.094
4.885	.086
4.962	.080
5.115	.074
5.346	.063
5.538	.057
6.654	.055
5.692	.049
5.808	.044
6.000	.040
6.038	.037
6.269	.033
6.500	.030
6.577	.026
6.615	.024
6.731	.021
6.962	.019
7.038	.018
7.269	.016
7.385	.015
7.423	.013
7.538	.011
7.654	.008
7.731	.007
8.000	.005
8.115	.003
8.346	.002
8.654	.001
8.769	.001
9.269	.001
9.846	.000

$n_1 = 4, n_2 = 4, n_3 = 5$

x	$P_0\{H \geq x\}$
.000	1.000
.030	.996
.033	.981
.086	.974
.096	.967

$n_1 = 4, n_2 = 4, n_3 = 5$

x	$P_0\{H \geq x\}$
.119	.952
.132	.937
.201	.930
.218	.916
.228	.903
.267	.889
.297	.875
.343	.869
.376	.862
.382	.849
.399	.836
.425	.823
.475	.811
.528	.798
.544	.792
.597	.780
.610	.768
.613	.757
.640	.745
.689	.734
.742	.723
.771	.711
.804	.706
.824	.695
.860	.690
.870	.679
.903	.668
.910	.658
.940	.647
1.019	.637
1.058	.627
1.068	.617
1.124	.607
1.167	.598
1.187	.589
1.190	.584
1.203	.574
1.256	.565
1.272	.556
1.299	.548
1.371	.539
1.404	.534
1.414	.526

표 11. (계속)

$n_1=4, n_2=4, n_3=5$

x	$P_0\{H \geq x\}$
1.454	.518
1.503	.509
1.530	.501
1.533	.493
1.586	.485
1.596	.477
1.615	.469
1.668	.465
1.701	.458
1.718	.450
1.744	.443
1.810	.436
1.876	.429
1.899	.422
1.929	.414
1.942	.408
1.958	.401
2.047	.388
2.110	.375
2.140	.371
2.143	.365
2.176	.362
2.196	.356
2.275	.344
2.387	.338
2.390	.332
2.403	.327
2.440	.316
2.443	.310
2.453	.305
2.558	.299
2.575	.293
2.601	.288
2.667	.283
2.670	.279
2.733	.271
2.756	.267
2.799	.262
2.881	.257
2.904	.253
2.918	.249
2.967	.245
2.987	.240
2.997	.236

$n_1=4, n_2=4, n_3=5$

x	$P_0\{H \geq x\}$
3.013	.228
3.086	.224
3.119	.221
3.129	.217
3.168	.214
3.218	.210
3.260	.206
3.297	.202
3.330	.200
3.382	.197
3.432	.190
3.442	.187
3.481	.183
3.511	.180
3.590	.176
3.613	.170
3.630	.167
3.640	.164
3.656	.160
3.696	.157
3.758	.154
3.828	.151
3.910	.146
3.986	.143
3.989	.141
4.025	.139
4.042	.134
4.068	.132
4.075	.130
4.118	.127
4.170	.125
4.200	.122
4.233	.121
4.253	.119
4.272	.117
4.289	.114
4.332	.112
4.381	.108
4.447	.106
4.497	.104
4.553	.102
4.619	.100
4.668	.098
4.685	.096

$n_1=4, n_2=4, n_3=5$

x	$P_0\{H \geq x\}$
4.701	.094
4.711	.092
4.728	.091
4.747	.089
4.760	.088
4.813	.086
4.830	.084
4.833	.082
4.896	.081
4.975	.077
5.014	.076
5.024	.074
5.028	.073
5.090	.071
5.172	.069
5.196	.068
5.225	.066
5.344	.065
5.360	.063
5.370	.062
5.387	.061
5.410	.060
5.440	.059
5.476	.057
5.486	.056
5.489	.056
5.519	.054
5.568	.052
5.571	.051
5.618	.050
5.657	.049
5.687	.048
5.756	.047
5.782	.046
5.815	.045
5.819	.043
5.914	.042
6.003	.042
6.013	.041
6.030	.040
6.096	.039
6.119	.038
6.132	.037
6.201	.036

$n_1=4, n_2=4, n_3=5$

x	$P_0\{H \geq x\}$
6.214	.034
6.228	.033
6.267	.032
6.310	.031
6.343	.030
6.382	.029
6.399	.028
6.462	.027
6.544	.027
6.547	.026
6.597	.026
6.672	.024
6.676	.024
6.804	.023
6.860	.022
6.870	.022
6.887	.021
6.890	.021
6.943	.020
6.953	.020
6.976	.019
7.058	.018
7.075	.017
7.101	.017
7.124	.016
7.190	.016
7.203	.015
7.233	.015
7.240	.014
7.256	.014
7.418	.014
7.467	.013
7.470	.013
7.497	.013
7.503	.012
7.586	.012
7.596	.012
7.714	.011
7.744	.011
7.760	.009
7.767	.009
7.797	.009
7.810	.009
7.833	.008

표 11. (계속)

$n_1=4, n_2=4, n_3=5$

x	$P_0\{H \geq x\}$
7.942	.007
7.981	.007
8.047	.006
8.113	.006
8.130	.006
8.140	.005
8.156	.005
8.189	.005
8.403	.004
8.440	.004
8.456	.004
8.525	.003
8.558	.003
8.571	.003
8.604	.003
8.703	.003
8.733	.003
8.782	.002
8.868	.002
8.997	.002
9.053	.001
9.099	.001
9.129	.001
9.168	.001
9.396	.001
9.528	.001
9.590	.001
9.613	.000
9.758	.000
10.118	.000
10.187	.000
10.681	.000

$n_1=4, n_2=5, n_3=5$

x	$P_0\{H \geq x\}$
.006	1.000
.020	.994
.043	.988
.051	.976
.086	970
.111	.958
.131	.946
.143	.935
.180	.929
.203	.923
.223	.912
.226	.901
.271	.890
.280	.879
.326	.874
.360	.863
.371	.852
.386	.841
.463	.821
.500	.805
.523	.800
.543	.790
.546	.781
.591	.771
.600	.752
.691	.742
.706	.738
.726	.729
.751	.720
.771	.711
.783	.693
.843	.684
.863	.675
.866	.667
.966	.658
.980	.654
1.000	.650
1.003	.642
1.011	.626
1.046	.617
1.071	.610
1.140	.594
1.183	.587
1.186	.579
1.286	.572
1.300	.553
1.323	.547
1.331	.540
1.346	.532
1.366	.525
1.411	.518
1.423	.512
1.483	.505
1.551	.498
1.560	.492
1.606	.485
1.620	.479
1.643	.470
1.651	.458
1.686	.455
1.711	.449
1.731	.443
1.743	.437
1.803	.431
1.826	.425
1.871	.420
1.963	.414
1.971	.409
1.986	.398
2.006	.393
2.031	.382
2.051	.377
2.063	.372
2.100	.369
2.143	.364
2.191	.354
2.246	.349
2.280	.344
2.306	.339
2.351	.335
2.371	.330
2.383	.326
2.420	.322
2.443	.319
2.463	.307
2.466	.302
2.511	.298
2.520	.294
2.566	.292
2.600	.288
2.626	.284
2.691	.280
2.740	.276
2.783	.272
2.786	.268
2.831	.257
2.840	.254
2.886	.250
2.931	.246
2.946	.239
2.966	.236
2.991	.232
3.023	.229
3.083	.224
3.103	.221
3.160	.218
3.240	.215
3.243	.211
3.266	.209
3.286	.203
3.311	.200
3.343	.197
3.380	.188
3.403	.187
3.471	.184
3.540	.176
3.571	.174
3.586	.170
3.651	.167
3.743	.162
3.746	.160
3.791	.155
3.800	.153
3.846	.151
3.883	.148
3.891	.144
3.906	.142
3.926	.140
3.951	.137
3.971	.135
4.043	.133
4.063	.131
4.166	.127
4.200	.124
4.203	.122
4.246	.120
4.271	.118

표 11. (계속)

$n_1=4, n_2=4, n_3=5$

x	$P_0\{H \geq x\}$
4.291	.115
4.303	.113
4.363	.111
4.383	.110
4.386	.108
4.486	.106
4.500	.105
4.520	.101
4.523	.099
4.531	.098
4.591	.096
4.611	.095
4.660	.093
4.706	.092
4.806	.089
4.843	.088
4.851	.086
4.866	.084
4.886	.083
4.911	.079
4.943	.078
4.980	.076
5.023	.075
5.071	.074
5.126	.073
5.163	.070
5.171	.069
5.186	.068
5.206	.067
5.231	.066
5.263	.064
5.323	.063
5.400	.061
5.446	.059
5.460	.058
5.483	.057
5.491	.056
5.526	.056
5.571	.055
5.583	.052
5.620	.051
5.643	.050
5.666	.049

$n_1=4, n_2=4, n_3=5$

x	$P_0\{H \geq x\}$
5.711	.048
5.780	.048
5.803	.047
5.811	.046
5.871	.045
5.903	.043
5.963	.042
5.983	.042
5.986	.041
6.031	.040
6.086	.040
6.100	.038
6.123	.037
6.146	.037
6.166	.035
6.211	.035
6.223	.034
6.283	.034
6.303	.033
6.351	.032
6.406	.031
6.440	.030
6.451	.029
6.486	.029
6.531	.028
6.543	.028
6.603	.027
6.623	.026
6.626	.026
6.671	.025
6.760	.025
6.763	.024
6.771	.024
6.786	.023
6.806	.022
6.831	.022
6.900	.021
6.943	.020
7.000	.019
7.046	.019
7.080	.018
7.106	.018
7.171	.018

$n_1=4, n_2=4, n_3=5$

x	$P_0\{H \geq x\}$
7.183	.017
7.220	.017
7.243	.017
7.266	.016
7.311	.015
7.320	.015
7.426	.015
7.446	.014
7.471	.014
7.491	.014
7.503	.013
7.563	.013
7.586	.012
7.631	.012
7.640	.011
7.686	.011
7.720	.011
7.766	.010
7.791	.010
7.823	.010
7.860	.010
7.903	.009
7.906	.009
8.006	.009
8.043	.009
8.051	.008
8.066	.008
8.086	.008
8.131	.008
8.143	.007
8.223	.007
8.226	.007
8.271	.006
8.280	.006
8.340	.006
8.363	.006
8.371	.005
8.386	.005
8.431	.005
8.463	.005
8.523	.005
8.543	.005
8.546	.004

$n_1=4, n_2=4, n_3=5$

x	$P_0\{H \geq x\}$
8.683	.004
8.691	.004
8.726	.004
8.751	.004
8.771	.004
8.969	.003
8.980	.003
9.000	.003
9.011	.003
9.026	.003
9.071	.002
9.103	.002
9.163	.002
9.231	.002
9.286	.002
9.323	.001
9.411	.001
9.503	.001
9.506	.001
9.606	.001
9.643	.001
9.651	.001
9.686	.001
9.926	.001
9.986	.000
10.051	.000
10.063	.000
10.100	.000
10.260	.000
10.511	.000
10.520	.000
10.566	.000
10.646	.000
11.023	.000
11.083	.000
11.571	.000

$n_1=5, n_2=5, n_3=5$

x	$P_0\{H \geq x\}$
.000	1.000
.020	.998

표 11. (계속)

$n_1 = 5, n_2 = 5, n_3 = 5$

x	$P_0\{H \geq x\}$
.060	.983
.080	.968
.140	.954
.180	.925
.240	.911
.260	.898
.320	.871
.380	.858
.420	.832
.500	.807
.540	.794
.560	.783
.620	.759
.720	.736
.740	.725
.780	.703
.860	.681
.960	.660
.980	.650
1.040	.620
1.140	.601
1.220	.582
1.260	.564
1.280	.547
1.340	.538
1.460	.521
1.500	.505
1.520	.497
1.580	.481
1.620	.466
1.680	.459
1.820	.444
1.860	.416
1.940	.403
2.000	.390
2.060	.383
2.160	.371
2.180	.365
2.220	.353
2.240	.342

$n_1 = 5, n_2 = 5, n_3 = 5$

x	$P_0\{H \geq x\}$
2.340	.330
2.420	.319
2.480	.314
2.540	.304
2.580	.294
2.660	.284
2.780	.265
2.880	.256
2.940	.252
2.960	.239
3.020	.231
3.120	.223
3.140	.216
3.260	.208
3.380	.201
3.420	.190
3.440	.184
3.500	.177
3.620	.171
3.660	.165
3.780	.159
3.840	.153
3.760	.150
3.920	.145
3.980	.137
4.020	.132
4.160	.127
4.220	.123
4.340	.118
.4380	.110
4.460	.105
4.500	.102
4.560	.100
4.580	.096
4.740	.092
4.820	.089
4.860	.085
4.880	.084
4.940	.081
5.040	.075

$n_1 = 5, n_2 = 5, n_3 = 5$

x	$P_0\{H \geq x\}$
5.120	.072
5.180	.070
5.360	.065
5.420	.063
5.460	.060
5.540	.055
5.580	.053
5.660	.051
5.780	.049
5.820	.048
5.840	.046
6.000	.044
6.020	.043
6.080	.040
6.140	.038
6.180	.036
6.260	.035
6.320	.033
6.480	.032
6.500	.031
6.540	.030
6.620	.028
6.660	.027
6.720	.026
6.740	.025
6.860	.024
6.980	.021
7.020	.020
7.220	.019
7.260	.018
7.280	.018
7.340	.016
7.440	.015
7.460	.015
7.580	.014
7.620	.013
7.740	.012
7.760	.012
7.940	.011
7.980	.011

$n_1 = 5, n_2 = 5, n_3 = 5$

x	$P_0\{H \geq x\}$
8.000	.009
8.060	.009
8.180	.008
8.240	.008
8.340	.007
8.420	.007
8.540	.006
8.640	.006
8.660	.006
8.720	.005
8.780	.005
8.820	.005
8.880	.004
8.960	.004
9.060	.004
9.140	.003
9.260	.003
9.360	.003
9.380	.003
9.420	.002
9.500	.002
9.620	.002
9.680	.001
9.740	.001
9.780	.001
9.920	.001
9.980	.001
10.140	.001
10.220	.001
10.260	.000
10.500	.000
10.580	.000
10.640	.000
10.820	.000
11.060	.000
11.180	.000
11.520	.000
11.580	.000
12.020	.000
12.500	.000

표 12. 존키어 통계량(J) 분포표 : $j(\alpha,k,(n_1,\cdots,n_k))$

$P_0\{J \geq j(\alpha,k,(n_1,\cdots,n_k)\}=\alpha$를 만족하는 $j(\alpha,k,(n_1,\cdots,n_k))$ 값

$k=3$

$n_1\ n_2\ n_3$	α	$j(\alpha,3,(n_1,n_2,n_3))$
2 2 2	.5778	6
	.4222	7
	.2889	8
	.1667	9
	.0889	10
	.0333	11
	.0111	12
2 2 3	.5619	8
	.4381	9
	.2191	11
	.1381	12
	.0762	13
	.0381	14
	.0143	15
	.0048	16
2 2 4	.5524	10
	.4476	11
	.2571	13
	.1810	14
	.1167	15
	.0714	16
	.0381	17
	.0191	18
	.0071	19
	.0024	20
2 2 5	.5450	12
	.4550	13
	.2156	16
	.1534	17
	.1045	18
	.0661	19
	.0397	20
	.0212	21
	.0106	22
	.0040	23

$k=3$

$n_1\ n_2\ n_3$	α	$j(\alpha,3,(n_1,n_2,n_3))$
2 2 6	.5397	14
	.4603	15
	.2444	18
	.1849	19
	.1357	20
	.0944	21
	.0635	22
	.0397	23
	.0238	24
	.0127	25
	.0064	26
	.0024	27
2 2 7	.5354	16
	.4647	17
	.2121	21
	.1636	22
	.1217	23
	.0879	24
	.0606	25
	.0404	26
	.0253	27
	.0152	28
	.0081	29
	.0040	30
2 2 8	.5320	18
	.4680	19
	.2354	23
	.1886	24
	.1118	26
	.0822	27
	.0589	28
	.0404	29
	.0269	30
	.0168	31
	.0101	32
	.0054	33
	.0027	34

표 12. (계속)

$k=3$

n_1 n_2 n_3	α	$j(\alpha,3,(n_1,n_2,n_3))$
2 3 3	.5000	11
	.4000	12
	.2214	14
	.1518	15
	.0964	16
	.0571	17
	.0304	18
	.0143	19
	.0054	20
	.0018	21
2 3 4	.5429	13
	.4571	14
	.2222	17
	.1619	18
	.1119	19
	.0738	20
	.0452	21
	.0262	22
	.0135	23
	.0064	24
	.0024	25
2 3 5	.5000	16
	.4250	17
	.2230	20
	.1694	21
	.1242	22
	.0877	23
	.0591	24
	.0381	25
	.0230	26
	.0131	27
	.0068	28
	.0032	29
2 3 6	.5336	18
	.4665	19
	.2234	23
	.1755	24
	.1340	25
	.0996	26
	.0714	27
	.0496	28

$k=3$

n_1 n_2 n_3	α	$j(\alpha,3,(n_1,n_2,n_3))$
2 3 6	.0329	29
	.0210	30
	.0126	31
	.0071	32
	.0037	33
2 3 7	.5000	21
	.4400	22
	.2237	26
	.1803	27
	.1096	29
	.0823	30
	.0602	31
	.0427	32
	.0293	33
	.0193	34
	.0123	35
	.0073	36
	.0042	37
2 3 8	.5273	23
	.4727	24
	.2239	29
	.1843	30
	.1183	32
	.0919	33
	.0520	35
	.0377	36
	.0265	37
	.0181	38
	.0119	39
	.0075	40
	.0045	41
2 4 4	.5375	16
	.4625	17
	.2559	20
	.1981	21
	.1079	23
	.0756	24
	.0502	25
	.0321	26
	.0191	27
	.0108	28

표 12. (계속)

$k=3$		
n_1 n_2 n_3	α	$j(\alpha,3,(n_1,n_2,n_3))$
2 4 4	.0054	29
	.0025	30
2 4 5	.5326	19
	.4674	20
	.2287	24
	.1810	25
	.1049	27
	.0766	28
	.0540	29
	.0368	30
	.0240	31
	.0150	32
	.0088	33
	.0049	34
2 4 6	.5293	22
	.4707	23
	.2086	28
	.1680	29
	.1025	31
	.0774	32
	.0569	33
	.0408	34
	.0282	35
	.0190	36
	.0122	37
	.0076	38
	.0044	39
2 4 7	.5263	25
	.4737	26
	.2321	31
	.1931	32
	.1005	35
	.0780	36
	.0592	37
	.0441	38
	.0319	39
	.0226	40
	.0103	42
	.0066	43
	.0041	44

$k=3$		
n_1 n_2 n_3	α	$j(\alpha,3,(n_1,n_2,n_3))$
2 4 8	.5241	28
	.4759	29
	.2150	35
	.1808	36
	.1227	38
	.0988	39
	.0611	41
	.0469	42
	.0259	44
	.0186	45
	.0131	46
	.0089	47
	.0059	48
	.0038	49
2 5 5	.5000	23
	.4423	24
	.2327	28
	.1900	29
	.1194	31
	.0916	32
	.0501	34
	.0357	35
	.0245	36
	.0105	38
	.0064	39
	.0037	40
2 5 6	.5260	26
	.4740	27
	.2360	32
	.1971	33
	.1046	36
	.0818	37
	.0628	38
	.0472	39
	.0347	40
	.0249	41
	.0118	43
	.0078	44
	.0049	45

표 12. (계속)

$k=3$		
$n_1\ n_2\ n_3$	α	$j(\alpha,3,(n_1,n_2,n_3))$
2 5 7	.5000	30
	.4530	31
	.2029	37
	.1706	38
	.1159	40
	.0936	41
	.0582	43
	.0448	44
	.0251	46
	.0182	47
	.0129	48
	.0089	49
	.0060	50
	.0039	51
2 5 8	.5215	33
	.4785	34
	.2077	41
	.1776	42
	.1040	45
	.0850	46
	.0546	48
	.0428	49
	.0252	51
	.0189	52
	.0138	53
	.0100	54
	.0070	55
	.0048	56
2 6 6	.5234	30
	.4766	31
	.2220	37
	.1882	38
	.1061	41
	.0853	42
	.0526	44
	.0403	45
	.0303	46
	.0224	47
	.0114	49
	.0079	50
	.0053	51
	.0034	52

$k=3$		
$n_1\ n_2\ n_3$	α	$j(\alpha,3,(n_1,n_2,n_3))$
2 6 7	.5213	34
	.4788	35
	.2109	42
	.1809	43
	.1072	46
	.0880	47
	.0572	49
	.0452	50
	.0270	52
	.0204	53
	.0110	55
	.0079	56
	.0055	57
	.0038	58
2 6 8	.5195	38
	.4805	39
	.2018	47
	.1749	48
	.1080	51
	.0903	52
	.0612	54
	.0495	55
	.0314	57
	.0245	58
	.0107	61
	.0079	62
	.0057	63
	.0040	64
2 7 7	.5000	39
	.4613	40
	.2174	47
	.1895	48
	.1003	52
	.0836	53
	.0563	55
	.0454	56
	.0286	58
	.0223	59
	.0129	61
	.0096	62
	.0051	64
	.0036	65

표 12. (계속)

$k=3$

$n_1\ n_2\ n_3$	α	$j(\alpha,3,(n_1,n_2,n_3))$
2 7 8	.5178	43
	.4822	44
	.2229	52
	.1968	53
	.1113	57
	.0947	58
	.0554	61
	.0456	62
	.0299	64
	.0238	65
	.0113	68
	.0086	69
	.0064	70
	.0047	71
2 8 8	.5164	48
	.4836	49
	.2162	58
	.1925	59
	.1139	63
	.0983	64
	.0509	68
	.0423	69
	.0286	71
	.0232	72
	.0117	75
	.0091	76
	.0054	78
	.0040	79
3 3 3	.5000	14
	.4155	15
	.2595	17
	.1941	18
	.1387	19
	.0946	20
	.0613	21
	.0369	22
	.0208	23
	.0107	24
	.0048	25

$k=3$

$n_1\ n_2\ n_3$	α	$j(\alpha,3,(n_1,n_2,n_3))$
3 3 4	.5000	17
	.4267	18
	.2283	21
	.1750	22
	.1300	23
	.0931	24
	.0641	25
	.0421	26
	.0264	27
	.0155	28
	.0086	29
	.0043	30
3 3 5	.5000	20
	.4353	21
	.2058	25
	.1615	26
	.1235	27
	.0918	28
	.0662	29
	.0462	30
	.0311	31
	.0200	32
	.0123	33
	.0071	34
	.0039	35
3 3 6	.5000	23
	.4421	24
	.2319	28
	.1891	29
	.1185	31
	.0908	32
	.0679	33
	.0495	34
	.0351	35
	.0241	36
	.0102	38
	.0062	39
	.0036	40

표 12. (계속)

n_1 n_2 n_3	α	$j(\alpha,3,(n_1,n_2,n_3))$
3 3 7	.5000	26
	.4476	27
	.2132	32
	.1762	33
	.1145	35
	.0899	36
	.0522	38
	.0385	39
	.0277	40
	.0194	41
	.0132	42
	.0087	43
	.0055	44
	.0034	45
3 3 8	.5000	29
	.4522	30
	.2343	35
	.1984	36
	.1113	39
	.0891	40
	.0545	42
	.0414	43
	.0309	44
	.0226	45
	.0112	47
	.0076	48
	.0050	49
3 4 4	.5322	20
	.4678	21
	.2325	25
	.1853	26
	.1093	28
	.0804	29
	.0576	30
	.0397	31
	.0265	32
	.0169	33
	.0103	34
	.0059	35
	.0032	36
3 4 5	.5000	24
	.4430	25
	.2358	29
	.1933	30
	.1227	32
	.0948	33
	.0528	35
	.0379	36
	.0265	37
	.0179	38
	.0117	39
	.0073	40
	.0044	41
3 4 6	.5257	27
	.4743	28
	.2383	33
	.1997	34
	.1072	37
	.0843	38
	.0651	39
	.0492	40
	.0264	42
	.0187	43
	.0128	44
	.0086	45
	.0055	46
	.0034	47
3 4 7	.5000	31
	.4534	32
	.2050	38
	.1728	39
	.1181	41
	.0957	42
	.0600	44
	.0464	45
	.0263	47
	.0193	48
	.0138	49
	.0096	50
	.0066	51
	.0044	52

표 12. (계속)

$k=3$		
n_1 n_2 n_3	α	$j(\alpha,3,(n_1,n_2,n_3))$
3 4 8	.5214	34
	.4786	35
	.2095	42
	.1795	43
	.1058	46
	.0867	47
	.0561	49
	.0442	50
	.0262	52
	.0197	53
	.0106	55
	.0075	56
	.0052	57
	.0035	58
3 5 5	.5000	28
	.4491	29
	.2203	34
	.1837	35
	.1220	37
	.0971	38
	.0582	40
	.0438	41
	.0323	42
	.0232	43
	.0112	45
	.0074	46
	.0048	47
3 5 6	.5000	32
	.4541	33
	.2082	39
	.1761	40
	.1214	42
	.0988	43
	.0628	45
	.0489	46
	.0282	48
	.0209	49
	.0107	51
	.0074	52
	.0050	53
	.0033	54

$k=3$		
n_1 n_2 n_3	α	$j(\alpha,3,(n_1,n_2,n_3))$
3 5 7	.5000	36
	.4581	37
	.2296	43
	.1985	44
	.1002	48
	.0822	49
	.0533	51
	.0421	52
	.0252	54
	.0190	55
	.0103	57
	.0074	58
	.0052	59
	.0036	60
3 5 8	.5000	40
	.4615	41
	.2184	48
	.1906	49
	.1014	53
	.0846	54
	.0572	56
	.0463	57
	.0293	59
	.0228	60
	.0100	63
	.0074	64
	.0053	65
	.0038	66
3 6 6	.5209	36
	.4791	37
	.2151	44
	.1853	45
	.1116	48
	.0923	49
	.0609	51
	.0486	52
	.0297	54
	.0227	55
	.0126	57
	.0092	58
	.0066	59
	.0046	60

표 12. (계속)

$k=3$		
n_1 n_2 n_3	α	$j(\alpha,3,(n_1,n_2,n_3))$
3 6 7	.5000	41
	.4619	42
	.2209	49
	.1932	50
	.1039	54
	.0870	55
	.0593	57
	.0482	58
	.0308	60
	.0242	61
	.0109	64
	.0081	65
	.0059	66
	.0043	67
3 6 8	.5176	45
	.4824	46
	.2258	54
	.1998	55
	.1144	59
	.0977	60
	.0580	63
	.0479	64
	.0255	67
	.0203	68
	.0124	70
	.0095	71
	.0054	73
	.0040	74
3 7 7	.5000	46
	.4650	47
	.2137	55
	.1887	56
	.1070	60
	.0911	61
	.0537	64
	.0442	65
	.0292	67
	.0234	68
	.0113	71
	.0086	72
	.0065	73
	.0049	74

$k=3$		
n_1 n_2 n_3	α	$j(\alpha,3,(n_1,n_2,n_3))$
3 7 8	.5000	51
	.4677	52
	.2077	61
	.1849	62
	.1095	66
	.0946	67
	.0585	70
	.0492	71
	.0278	74
	.0227	75
	.0116	78
	.0091	79
	.0054	81
	.0041	82
3 8 8	.5150	56
	.4850	57
	.2144	67
	.1929	68
	.1054	73
	.0920	74
	.0502	78
	.0425	79
	.0299	81
	.0248	82
	.0109	86
	.0087	87
	.0054	89
	.0042	90
4 4 4	.5284	24
	.4716	25
	.2157	30
	.1756	31
	.1099	33
	.0844	34
	.0632	35
	.0463	36
	.0330	37
	.0229	38
	.0153	39
	.0099	40
	.0062	41
	.0037	42

표 12. (계속)

$k=3$				$k=3$		
$n_1\ n_2\ n_3$	α	$j(\alpha,3,(n_1,n_2,n_3))$		$n_1\ n_2\ n_3$	α	$j(\alpha,3,(n_1,n_2,n_3))$
4 4 5	.5254	28		4 4 8	.5192	40
	.4747	29			.4808	41
	.2029	35			.2050	49
	.1683	36			.1783	50
	.1105	38			.1114	53
	.0874	39			.0935	54
	.0518	41			.0522	57
	.0387	42			.0420	58
	.0283	43			.0264	60
	.0203	44			.0205	61
	.0141	45			.0119	63
	.0096	46			.0089	64
	.0063	47			.0065	65
	.0040	48			.0047	66
4 4 6	.5229	32		4 5 5	.5000	33
	.4771	33			.4545	34
	.2265	39			.2107	40
	.1929	40			.1787	41
	.1109	43			.1014	44
	.0898	44			.0818	45
	.0565	46			.0509	47
	.0438	47			.0393	48
	.0334	48			.0298	49
	.0250	49			.0222	50
	.0132	51			.0116	52
	.0093	52			.0082	53
	.0064	53			.0056	54
	.0043	54			.0037	55
4 4 7	.5209	36		4 5 6	.5207	37
	.4791	37			.4793	38
	.2147	44			.2172	45
	.1849	45			.1875	46
	.1112	48			.1138	49
	.0918	49			.0944	50
	.0605	51			.0502	53
	.0482	52			.0397	54
	.0294	54			.0310	55
	.0224	55			.0238	56
	.0125	57			.0135	58
	.0091	58			.0099	59
	.0065	59			.0050	61
	.0045	60			.0035	62

표 12. (계속)

$k=3$		
$n_1\ n_2\ n_3$	α	$j(\alpha,3,(n_1,n_2,n_3))$
4 5 7	.5000	42
	.4622	43
	.2226	50
	.1949	51
	.1057	55
	.0888	56
	.0608	58
	.0496	59
	.0252	62
	.0196	63
	.0115	65
	.0086	66
	.0063	67
	.0046	68
4 5 8	.5175	46
	.4825	47
	.2013	56
	.1772	57
	.1159	60
	.0992	61
	.0592	64
	.0491	65
	.0264	68
	.0210	69
	.0129	71
	.0100	72
	.0057	74
	.0043	75
4 6 6	.5189	42
	.4811	43
	.2097	51
	.1831	52
	.1161	55
	.0981	56
	.0559	59
	.0455	60
	.0291	62
	.0229	63
	.0103	66
	.0077	67
	.0057	68
	.0041	69

$k=3$		
$n_1\ n_2\ n_3$	α	$j(\alpha,3,(n_1,n_2,n_3))$
4 6 7	.5173	47
	.4827	48
	.2034	57
	.1794	58
	.1013	62
	.0862	63
	.0507	66
	.0417	67
	.0276	69
	.0221	70
	.0107	73
	.0082	74
	.0062	75
	.0046	76
4 6 8	.5160	52
	.4840	53
	.2217	62
	.1982	63
	.1040	68
	.0897	69
	.0554	72
	.0465	73
	.0263	76
	.0214	77
	.0110	80
	.0086	81
	.0051	83
	.0039	84
4 7 7	.5000	53
	.4681	54
	.2107	63
	.1880	64
	.1126	68
	.0976	69
	.0515	73
	.0432	74
	.0296	76
	.0243	77
	.0100	81
	.0078	82
	.0061	83
	.0047	84

표 12. (계속)

$k=3$

n_1 n_2 n_3	α	$j(\alpha,3,(n_1,n_2,n_3))$
4 7 8	.5148	58
	.4852	59
	.2170	69
	.1955	70
	.1081	75
	.0945	76
	.0523	80
	.0444	81
	.0262	84
	.0217	85
	.0118	88
	.0095	89
	.0060	91
	.0047	92
4 8 8	.5138	64
	.4862	65
	.2129	76
	.1932	77
	.1116	82
	.0987	83
	.0575	87
	.0497	88
	.0261	92
	.0219	93
	.0102	97
	.0083	98
	.0054	100
	.0043	101
5 5 5	.5000	38
	.4589	39
	.2032	46
	.1748	47
	.1049	50
	.0867	51
	.0572	53
	.0456	54
	.0279	56
	.0214	57
	.0120	59
	.0087	60
	.0063	61
	.0044	62

$k=3$

n_1 n_2 n_3	α	$j(\alpha,3,(n_1,n_2,n_3))$
5 5 6	.5000	43
	.4625	44
	.2246	51
	.1971	52
	.1078	56
	.0908	57
	.0512	60
	.0415	61
	.0264	63
	.0207	64
	.0122	66
	.0092	67
	.0050	69
	.0036	70
5 5 7	.5000	48
	.4655	49
	.2169	57
	.1920	58
	.1103	62
	.0943	63
	.0563	66
	.0467	67
	.0251	70
	.0201	71
	.0124	73
	.0096	74
	.0055	76
	.0041	77
5 5 8	.5000	53
	.4681	54
	.2104	63
	.1877	64
	.1124	68
	.0973	69
	.0514	73
	.0430	74
	.0295	76
	.0241	77
	.0126	80
	.0099	81
	.0060	83
	.0046	84

표 12. (계속)

$k=3$			$k=3$		
$n_1\ n_2\ n_3$	α	$j(\alpha,3,(n_1,n_2,n_3))$	$n_1\ n_2\ n_3$	α	$j(\alpha,3,(n_1,n_2,n_3))$
5 6 6	.5172	48	5 7 7	.5000	60
	.4828	49		.4707	61
	.2052	58		.2081	71
	.1812	59		.1874	72
	.1030	63		.1032	77
	.0879	64		.0902	78
	.0521	67		.0583	81
	.0430	68		.0498	82
	.0286	70		.0300	85
	.0230	71		.0250	86
	.0113	74		.0113	90
	.0087	75		.0090	91
	.0066	76		.0057	93
	.0050	77		.0045	94
5 6 7	.5000	54	5 7 8	.5000	66
	.4683	55		.4727	67
	.2122	64		.2047	78
	.1895	65		.1856	79
	.1141	69		.1068	84
	.0991	70		.0944	85
	.0527	74		.0549	89
	.0443	75		.0474	90
	.0251	78		.0295	93
	.0204	79		.0249	94
	.0105	82		.0119	98
	.0082	83		.0098	99
	.0064	84		.0052	102
	.0049	85		.0041	103
5 6 8	.5147	59	5 8 8	.5127	72
	.4853	60		.4873	73
	.2182	70		.2117	85
	.1968	71		.1934	86
	.1094	76		.1046	92
	.0958	77		.0932	93
	.0533	81		.0564	97
	.0454	82		.0492	98
	.0269	85		.0272	102
	.0224	86		.0232	103
	.0122	89		.0117	107
	.0099	90		.0097	108
	.0062	92		.0054	111
	.0049	93		.0043	112

표 12. (계속)

$k=3$				$k=3$		
$n_1\ n_2\ n_3$	α	$j(\alpha,3,(n_1,n_2,n_3))$		$n_1\ n_2\ n_3$	α	$j(\alpha,3,(n_1,n_2,n_3))$
6 6 6	.5158	54		6 7 7	.5000	67
	.4842	55			.4729	68
	.2015	65			.2060	79
	.1796	66			.1869	80
	.1072	70			.1081	85
	.0929	71			.0956	86
	.0581	74			.0560	90
	.0490	75			.0484	91
	.0282	78			.0256	95
	.0231	79			.0215	96
	.0121	82			.0102	100
	.0095	83			.0083	101
	.0058	85			.0054	103
	.0045	86			.0043	104
6 6 7	.5146	60		6 7 8	.5127	73
	.4854	61			.4873	74
	.2196	71			.2127	86
	.1983	72			.1946	87
	.1108	77			.1057	93
	.0972	78			.0943	94
	.0545	82			.0500	99
	.0465	83			.0435	100
	.0278	86			.0279	103
	.0231	87			.0238	104
	.0103	91			.0100	109
	.0083	92			.0083	110
	.0052	94			.0056	112
	.0041	95			.0045	113
6 6 8	.5136	66		6 8 8	.5118	80
	.4864	67			.4882	81
	.2153	78			.2106	94
	.1956	79			.1936	95
	.1010	85			.1099	101
	.0891	86			.0989	102
	.0515	90			.0553	107
	.0444	91			.0487	108
	.0275	94			.0282	112
	.0231	95			.0244	113
	.0110	99			.0110	118
	.0090	100			.0092	119
	.0059	102			.0053	122
	.0047	103			.0044	123

표 12. (계속)

$n_1\ n_2\ n_3$	α	$j(\alpha,3,(n_1,n_2,n_3))$
	$k=3$	
7 7 7	.5000	74
	.4747	75
	.2041	87
	.1864	88
	.1005	94
	.0894	95
	.0540	99
	.0471	100
	.0261	104
	.0223	105
	.0112	109
	.0093	110
	.0052	113
	.0042	114
7 7 8	.5000	81
	.4764	82
	.2025	95
	.1860	96
	.1048	102
	.0941	103
	.0524	108
	.0461	109
	.0265	113
	.0229	114
	.0102	119
	.0086	120
	.0060	122
	.0049	123
7 8 8	.5111	88
	.4889	89
	.2096	103
	.1938	104
	.1039	111
	.0940	112
	.0544	117
	.0483	118
	.0254	123
	.0221	124
	.0104	129
	.0089	130
	.0053	133
	.0044	134

$n_1\ n_2\ n_3$	α	$j(\alpha,3,(n_1,n_2,n_3))$
	$k=3$	
8 8 8	.5104	96
	.4896	97
	.2087	112
	.1939	113
	.1085	120
	.0989	121
	.0537	127
	.0480	128
	.0263	133
	.0231	134
	.0115	139
	.0099	140
	.0053	144
	.0045	145

$n_1\ n_2\ n_3\ n_4$	α	$j(\alpha,4,(n_1,\cdots,n_4))$
	$k=4$	
2 2 2 2	.5492	12
	.4508	13
	.2683	15
	.1929	16
	.1302	17
	.0829	18
	.0484	19
	.0262	20
	.0123	21
	.0052	22
	.0016	23
3 3 3 3	.5276	27
	.4724	28
	.2220	33
	.1823	34
	.1166	36
	.0907	37
	.0515	39
	.0374	40
	.0266	41
	.0183	42
	.0123	43
	.0080	44
	.0050	45

표 12. (계속)

$k=4$

$n_1\ n_2\ n_3\ n_4$	α	$j(\alpha,4,(n_1,\cdots,n_4))$
4 4 4 4	.5183	48
	.4817	49
	.2172	57
	.1910	58
	.1058	62
	.0895	63
	.0514	66
	.0420	67
	.0272	69
	.0215	70
	.0130	72
	.0100	73
	.0056	75
	.0041	76
5 5 5 5	.5132	75
	.4868	76
	.2030	88
	.1846	89
	.1083	94
	.0962	95
	.0574	99
	.0498	100
	.0271	104
	.0230	105
	.0113	109
	.0093	110
	.0050	113
	.0040	114
6 6 6 6	.5101	108
	.4899	109
	.2004	125
	.1863	126
	.1052	133
	.0961	134
	.0529	140
	.0474	141
	.0265	146
	.0234	147
	.0104	153
	.0089	154
	.0057	157
	.0048	158

$k=4$

$n_1\ n_2\ n_3\ n_4$	α	$j(\alpha,4,(n_1,\cdots,n_4))$
2 2 2 2	.5353	20
	.4647	21
	.2110	25
	.1625	26
	.1213	27
	.0878	28
	.0613	29
	.0412	30
	.0265	31
	.0162	32
	.0094	33
	.0051	34
	.0026	35
3 3 3 3	.5198	45
	.4802	46
	.2274	53
	.1982	54
	.1049	58
	.0874	59
	.0588	61
	.0475	62
	.0300	64
	.0234	65
	.0102	68
	.0076	69
	.0055	70
	.0039	71
4 4 4 4	.5131	80
	.4870	81
	.2059	93
	.1876	94
	.1113	99
	.0991	100
	.0521	105
	.0452	106
	.0288	109
	.0245	110
	.0102	115
	.0084	116
	.0056	118
	.0046	119

표 12. (계속)

$k=5$

$n_1n_2n_3n_4n_5$	α	$j(\alpha,5,(n_1,\cdots,n_5))$
5 5 5 5 5	.5094	125
	.4906	126
	.2035	143
	.1903	144
	.1039	152
	.0954	153
	.0549	159
	.0497	160
	.0260	166
	.0232	167
	.0110	173
	.0096	174
	.0055	178
	.0047	179
6 6 6 6 6	.5072	180
	.4928	181
	.2075	203
	.1972	204
	.1049	215
	.0984	216
	.0523	225
	.0484	226
	.0251	234
	.0229	235
	.0107	243
	.0097	244
	.0051	250
	.0046	251

$k=6$

$n_1n_2n_3n_4n_5n_6$	α	$j(\alpha,6,(n_1,\cdots,n_6))$
2 2 2 2 2 2	.5271	30
	.4729	31
	.2265	36
	.1871	37
	.1215	39
	.0953	40
	.0553	42
	.0408	43
	.0294	44
	.0207	45

$k=6$

$n_1n_2n_3n_4n_5n_6$	α	$j(\alpha,6,(n_1,\cdots,n_6))$
2 2 2 2 2 2	.0142	46
	.0094	47
	.0061	48
	.0038	49
3 3 3 3 3 3	.5000	68
	.4698	69
	.2015	79
	.1806	80
	.1109	84
	.0969	85
	.0533	89
	.0452	90
	.0266	93
	.0220	94
	.0119	97
	.0096	98
	.0060	100
	.0047	101
4 4 4 4 4 4	.5099	120
	.4901	121
	.2049	137
	.1909	138
	.1005	146
	.0918	147
	.0508	153
	.0457	154
	.0257	159
	.0227	160
	.0103	166
	.0089	167
	.0057	170
	.0049	171
5 5 5 5 5 5	.5000	188
	.4857	189
	.2039	211
	.1938	212
	.1032	223
	.0968	224
	.0515	233
	.0478	234
	.0270	241

표 12. (계속)

$k=6$		
$n_1n_2n_3n_4n_5n_6$	α	$j(\alpha,6,(n_1,\cdots,n_6))$
5 5 5 5 5 5	.0248	242
	.0107	251
	.0096	252
	.0051	258
	.0046	259
6 6 6 6 6 6	.5055	270
	.4945	271
	.2007	301
	.1930	302

$k=6$		
$n_1n_2n_3n_4n_5n_6$	α	$j(\alpha,6,(n_1,\cdots,n_6))$
6 6 6 6 6 6	.1048	316
	.0998	317
	.0529	329
	.0499	330
	.0252	341
	.0236	342
	.0108	353
	.0100	354
	.0053	362
	.0049	363

표 13. 튜키의 전체처리비교 기각값 : $q(\alpha,k,v)$

$\alpha = .05$

v \ k	2	3	4	5	6	7	8	9	10
1	17.97	26.98	32.82	37.08	40.41	43.12	45.40	47.36	49.07
2	6.085	8.331	9.798	10.88	11.74	12.44	13.03	13.54	13.99
3	4.501	5.910	6.825	7.502	8.037	8.478	8.853	9.177	9.462
4	3.927	5.040	5.757	6.287	6.707	7.053	7.347	7.602	7.826
5	3.635	4.602	5.218	5.673	6.033	6.330	6.582	6.802	6.995
6	3.461	4.339	4.896	5.305	5.628	5.895	6.122	6.319	6.493
7	3.344	4.165	4.681	5.060	5.359	5.606	5.815	5.998	6.158
8	3.261	4.041	4.529	4.886	5.167	5.399	5.597	5.767	5.918
9	3.199	3.949	4.415	4.756	5.024	5.244	5.432	5.595	5.739
10	3.151	3.877	4.327	4.654	4.912	5.124	5.305	5.461	5.599
11	3.113	3.820	4.256	4.574	4.823	5.028	5.202	5.353	5.487
12	3.082	3.773	4.199	4.508	4.751	4.950	5.119	5.265	5.395
13	3.055	3.735	4.151	4.453	4.690	4.885	5.049	5.192	5.318
14	3.033	3.702	4.111	4.407	4.639	4.829	4.990	5.131	5.254
15	3.014	3.674	4.076	4.367	4.595	4.782	4.940	5.077	5.198
16	2.998	3.649	4.046	4.333	4.557	4.741	4.897	5.031	5.150
17	2.984	3.628	4.020	4.303	4.524	4.705	4.858	4.991	5.108
18	2.971	3.609	3.997	4.277	4.495	4.673	4.824	4.956	5.071
19	2.960	3.593	3.977	4.253	4.469	4.645	4.794	4.924	5.038
20	2.950	3.578	3.958	4.232	4.445	4.620	4.768	4.896	5.008
24	2.919	3.532	3.901	4.166	4.373	4.541	4.684	4.807	4.915
30	2.888	3.486	3.845	4.102	4.302	4.464	4.602	4.720	4.824
40	2.858	3.442	3.791	4.039	4.232	4.389	4.521	4.635	4.735
60	2.829	3.399	3.737	3.977	4.163	4.314	4.441	4.550	4.646
120	2.800	3.356	3.685	3.917	4.096	4.241	4.363	4.468	4.560
∞	2.772	3.314	3.633	3.858	4.030	4.170	4.286	4.387	4.474

표 13. (계속)

$\alpha = .05$									
v \ k	11	12	13	14	15	16	17	18	19
1	50.59	51.96	53.20	54.33	55.36	56.32	57.22	58.04	58.83
2	14.39	14.75	15.08	15.38	15.65	15.91	16.14	16.37	16.57
3	9.717	9.946	10.15	10.35	10.53	10.69	10.84	10.98	11.11
4	8.027	8.208	8.373	8.525	8.664	8.794	8.914	9.028	9.134
5	7.168	7.324	7.466	7.596	7.717	7.828	7.932	8.030	8.122
6	6.649	6.789	6.917	7.034	7.143	7.244	7.338	7.426	7.508
7	6.302	6.431	6.550	6.658	6.759	6.852	6.939	7.020	7.097
8	6.054	6.175	6.287	6.389	6.483	6.571	6.653	6.729	6.802
9	5.867	5.983	6.089	6.186	6.276	6.359	6.437	6.510	6.579
10	5.722	5.833	5.935	6.028	6.114	6.194	6.269	6.339	6.405
11	5.605	5.713	5.811	5.901	5.984	6.062	6.134	6.202	6.265
12	5.511	5.615	5.710	5.798	5.878	5.953	6.023	6.089	6.151
13	5.431	5.533	5.625	5.711	5.789	5.862	5.931	5.995	6.055
14	5.364	5.463	5.554	5.637	5.714	5.786	5.852	5.915	5.974
15	5.306	5.404	5.493	5.574	5.649	5.720	5.785	5.846	5.904
16	5.256	5.352	5.439	5.520	5.593	5.662	5.727	5.786	5.843
17	5.212	5.307	5.392	5.471	5.544	5.612	5.675	5.734	5.790
18	5.174	5.267	5.352	5.429	5.501	5.568	5.630	5.688	5.743
19	5.140	5.231	5.315	5.391	5.462	5.528	5.589	5.647	5.701
20	5.108	5.199	5.282	5.357	5.427	5.493	5.553	5.610	5.663
24	5.012	5.099	5.179	5.251	5.319	5.381	5.439	5.494	5.545
30	4.917	5.001	5.077	5.147	5.211	5.271	5.327	5.379	5.429
40	4.824	4.904	4.977	5.044	5.106	5.163	5.216	5.266	5.313
60	4.732	4.808	4.878	4.942	5.001	5.056	5.107	5.154	5.199
120	4.641	4.714	4.781	4.842	4.898	4.950	4.998	5.044	5.086
∞	4.552	4.622	4.685	4.743	4.796	4.845	4.891	4.934	4.974

표 13. (계속)

$\alpha = .05$

v \ k	20	22	24	26	28	30	32	34	36
1	59.56	60.91	62.12	63.22	64.23	65.15	66.01	66.81	67.56
2	16.77	17.13	17.45	17.75	18.02	18.27	18.50	18.72	18.92
3	11.24	11.47	11.68	11.87	12.05	12.21	12.36	12.50	12.63
4	9.233	9.418	9.584	9.736	9.875	10.00	10.12	10.23	10.34
5	8.208	8.368	8.512	8.643	8.764	8.875	8.979	9.075	9.165
6	7.587	7.730	7.861	7.979	8.088	8.189	8.283	8.370	8.452
7	7.170	7.303	7.423	7.533	7.634	7.728	7.814	7.895	7.972
8	6.870	6.995	7.109	7.212	7.307	7.395	7.477	7.554	7.625
9	6.644	6.763	6.871	6.970	7.061	7.145	7.222	7.295	7.363
10	6.467	6.582	6.686	6.781	6.868	6.948	7.023	7.093	7.159
11	6.326	6.436	6.536	6.628	6.712	6.790	6.863	6.930	6.994
12	6.209	6.317	6.414	6.503	6.585	6.660	6.731	6.796	6.858
13	6.112	6.217	6.312	6.398	6.478	6.551	6.620	6.684	6.744
14	6.029	6.132	6.224	6.309	6.387	6.459	6.526	6.588	6.647
15	5.958	6.059	6.149	6.233	6.309	6.379	6.445	6.506	6.564
16	5.897	5.995	6.084	6.166	6.241	6.310	6.374	6.434	6.491
17	5.842	5.940	6.027	6.107	6.181	6.249	6.313	6.372	6.427
18	5.794	5.890	5.977	6.055	6.128	6.195	6.258	6.316	6.371
19	5.752	5.846	5.932	6.009	6.081	6.147	6.209	6.267	6.321
20	5.714	5.807	5.891	5.968	6.039	6.104	6.165	6.222	6.275
24	5.594	5.683	5.764	5.838	5.906	5.968	6.027	6.081	6.132
30	5.475	5.561	5.638	5.709	5.774	5.833	5.889	5.941	5.990
40	5.358	5.439	5.513	5.581	5.642	5.700	5.753	5.803	5.849
60	5.241	5.319	5.389	5.453	5.512	5.566	5.617	5.664	5.708
120	5.126	5.200	5.266	5.327	5.382	5.434	5.481	5.526	5.568
∞	5.012	5.081	5.144	5.201	5.253	5.301	5.346	5.388	5.427

표 13. (계속)

$\alpha = .05$								
v \ k	38	40	50	60	70	80	90	100
1	66.26	68.92	71.73	73.97	75.82	77.40	78.77	79.98
2	19.11	19.28	20.05	20.66	21.16	21.59	21.96	22.29
3	12.75	12.87	13.36	13.76	14.08	14.36	14.61	14.82
4	10.44	10.53	10.93	11.24	11.51	11.73	11.92	12.09
5	9.250	9.330	9.674	9.949	10.18	10.38	10.54	10.69
6	8.529	8.601	8.913	9.163	9.370	9.548	9.702	9.839
7	8.043	8.110	8.400	8.632	8.824	8.989	9.133	9.261
8	7.693	7.756	8.029	8.248	8.430	8.586	8.722	8.843
9	7.428	7.488	7.749	7.958	8.132	8.281	8.410	8.526
10	7.220	7.279	7.529	7.730	7.897	8.041	8.166	8.276
11	7.053	7.110	7.352	7.546	7.708	7.847	7.968	8.075
12	6.916	6.970	7.205	7.394	7.552	7.687	7.804	7.909
13	6.800	6.854	7.083	7.267	7.421	7.552	7.667	7.769
14	6.702	6.754	6.979	7.159	7.309	7.438	7.550	7.650
15	6.618	6.669	6.888	7.065	7.212	7.339	7.449	7.546
16	6.544	6.594	6.810	6.984	7.128	7.252	7.360	7.457
17	6.479	6.529	6.741	6.912	7.054	7.176	7.283	7.377
18	6.422	6.471	6.680	6.848	6.989	7.109	7.213	7.307
19	6.371	6.419	6.626	6.792	6.930	7.048	7.152	7.244
20	6.325	6.373	6.576	6.740	6.877	6.994	7.097	7.187
24	6.181	6.226	6.421	6.579	6.710	6.822	6.920	7.008
30	6.037	6.080	6.267	6.417	6.543	6.650	6.744	6.827
40	5.893	5.934	6.112	6.255	6.375	6.477	6.566	6.645
60	5.750	5.789	5.958	6.093	6.206	6.303	6.387	6.462
120	5.607	5.644	5.802	5.929	6.035	6.126	6.205	6.275
∞	5.463	5.498	5.646	5.764	5.863	5.947	6.020	6.085

표 13. (계속)

v \ k	2	3	4	5	6	7	8	9	10
	$\alpha = .01$								
1	90.03	135.0	164.3	185.6	202.2	215.8	227.2	237.0	245.6
2	14.04	19.02	22.29	24.72	26.63	28.20	29.53	30.68	31.69
3	8.261	10.62	12.17	13.33	14.24	15.00	15.64	16.20	16.69
4	6.512	8.120	9.173	9.958	10.58	11.1	11.55	11.93	12.27
5	5.702	6.976	7.804	8.421	8.913	9.321	9.669	9.972	10.24
6	5.243	6.331	7.033	7.556	7.973	8.318	8.613	8.869	9.097
7	4.949	5.919	6.543	7.005	7.373	7.679	7.939	8.166	8.368
8	4.746	5.635	6.204	6.625	6.960	7.237	7.474	7.681	7.863
9	4.596	5.428	5.957	6.348	6.658	6.915	7.134	7.325	7.495
10	4.482	5.270	5.769	6.136	6.428	6.669	6.875	7.055	7.213
11	4.392	5.146	5.621	5.970	6.247	6.476	6.672	6.842	6.992
12	4.320	5.046	5.502	5.836	6.101	6.321	6.507	6.670	6.814
13	4.260	4.964	5.404	5.727	5.981	6.192	6.372	6.528	6.667
14	4.210	4.895	5.322	5.634	5.881	6.085	6.258	6.409	6.543
15	4.168	4.836	5.252	5.556	5.796	5.994	6.162	6.309	6.439
16	4.131	4.786	5.192	5.489	5.722	5.915	6.079	6.222	6.349
17	4.099	4.742	5.140	5.430	5.659	5.847	6.007	6.147	6.270
18	4.071	4.703	5.094	5.379	5.603	5.788	5.944	6.081	6.201
19	4.046	4.670	5.054	5.334	5.554	5.735	5.889	6.022	6.141
20	4.024	4.639	5.018	5.294	5.510	5.688	5.839	5.970	6.087
24	3.956	4.546	4.907	5.168	5.374	5.542	5.685	5.809	5.919
30	3.889	4.455	4.799	5.048	5.242	5.401	5.536	5.653	5.756
40	3.825	4.367	4.696	4.931	5.114	5.265	5.392	5.502	5.599
60	3.762	4.282	4.595	4.818	4.991	5.133	5.253	5.356	5.447
120	3.702	4.200	4.497	4.709	4.872	5.005	5.118	5.214	5.299
∞	3.643	4.120	4.403	4.603	4.757	4.882	4.987	5.078	5.157

표 13. (계속)

$\alpha = .01$									
v \ k	11	12	13	14	15	16	17	18	19
1	253.2	260.0	266.2	271.8	277.0	281.8	286.3	290.4	294.3
2	32.59	33.40	34.13	34.81	35.43	36.00	36.53	37.03	37.50
3	17.13	17.53	17.89	18.22	18.52	18.81	19.07	19.32	19.55
4	12.57	12.84	13.09	13.32	13.53	13.73	13.91	14.08	14.24
5	10.48	10.70	10.89	11.08	11.24	11.40	11.55	11.68	11.81
6	9.301	9.485	9.653	9.808	9.951	10.08	10.21	10.32	10.43
7	8.548	8.711	8.860	8.997	9.124	9.242	9.353	9.456	9.554
8	8.027	8.176	8.312	8.436	8.552	8.659	8.760	8.854	8.943
9	7.647	7.784	7.910	8.025	8.132	8.232	8.325	8.412	8.495
10	7.356	7.485	7.603	7.712	7.812	7.906	7.993	8.076	8.153
11	7.128	7.250	7.362	7.465	7.560	7.649	7.732	7.809	7.883
12	6.943	7.060	7.167	7.265	7.356	7.441	7.520	7.594	7.665
13	6.791	6.903	7.006	7.101	7.188	7.269	7.345	7.417	7.485
14	6.664	6.772	6.871	6.962	7.047	7.126	7.199	7.268	7.333
15	6.555	6.660	6.757	6.845	6.927	7.003	7.074	7.142	7.204
16	6.462	6.564	6.658	6.744	6.823	6.898	6.967	7.032	7.093
17	6.381	6.480	6.572	6.656	6.734	6.806	6.873	6.937	6.997
18	6.310	6.407	6.497	6.579	6.655	6.725	6.792	6.854	6.912
19	6.247	6.342	6.430	6.510	6.585	6.654	6.719	6.780	6.837
20	6.191	6.285	6.371	6.450	6.523	6.591	6.654	6.714	6.771
24	6.017	6.106	6.186	6.261	6.330	6.394	6.453	6.510	6.563
30	5.849	5.932	6.008	6.078	6.143	6.203	6.259	6.311	6.361
40	5.686	5.764	5.835	5.900	5.961	6.017	6.069	6.119	6.165
60	5.528	5.601	5.667	5.728	5.785	5.837	5.886	5.931	5.974
120	5.375	5.443	5.505	5.562	5.614	5.662	5.708	5.750	5.790
∞	5.227	5.290	5.348	5.400	5.448	5.493	5.535	5.574	5.611

표 13. (계속)

$\alpha = .01$

v \ k	20	22	24	26	28	30	32	34	36
1	298.0	304.7	310.8	316.3	321.3	326.0	330.3	334.3	338.0
2	37.95	38.76	39.49	40.15	40.76	41.32	41.84	42.33	42.78
3	19.77	20.17	20.53	20.86	21.16	21.44	21.70	21.95	22.17
4	14.40	14.68	14.93	15.16	15.37	15.57	15.75	15.92	16.08
5	11.93	12.16	12.36	12.54	12.71	12.87	13.02	13.15	13.28
6	10.54	10.73	10.91	11.06	11.21	11.34	11.47	11.58	11.69
7	9.646	9.815	9.970	10.11	10.24	10.36	10.47	10.58	10.67
8	9.027	9.182	9.322	9.450	9.569	9.678	9.779	9.874	9.964
9	8.573	8.717	8.847	8.966	9.075	9.177	9.271	9.360	9.443
10	8.226	8.361	8.483	8.595	8.698	8.794	8.883	8.966	9.044
11	7.952	8.080	8.196	8.303	8.400	8.491	8.575	8.654	8.728
12	7.731	7.853	7.964	8.066	8.159	8.246	8.327	8.402	8.473
13	7.548	7.665	7.772	7.870	7.960	8.043	8.121	8.193	8.262
14	7.395	7.508	7.611	7.705	7.792	7.873	7.948	8.018	8.084
15	7.264	7.374	7.474	7.566	7.650	7.728	7.800	7.869	7.932
16	7.152	7.258	7.356	7.445	7.527	7.602	7.673	7.739	7.802
17	7.053	7.158	7.253	7.340	7.420	7.493	7.563	7.627	7.687
18	6.968	7.070	7.163	7.247	7.325	7.398	7.465	7.528	7.587
19	6.891	6.992	7.082	7.166	7.242	7.313	7.379	7.440	7.498
20	6.823	6.922	7.011	7.092	7.168	7.237	7.302	7.362	7.419
24	6.612	6.705	6.789	6.865	6.936	7.001	7.062	7.119	7.173
30	6.407	6.494	6.572	6.644	6.710	6.772	6.828	6.881	6.932
40	6.209	6.289	6.362	6.429	6.490	6.547	6.600	6.650	6.697
60	6.015	6.090	6.158	6.220	6.277	6.330	6.378	6.424	6.467
120	5.827	5.897	5.959	6.016	6.069	6.117	6.162	6.204	6.244
∞	5.645	5.709	5.766	5.818	5.866	5.911	5.952	5.990	6.026

표 13. (계속)

v \ k	38	40	50	60	70	80	90	100
				$\alpha = .01$				
1	341.5	344.8	358.9	370.1	379.4	387.3	394.1	400.1
2	43.21	43.61	45.33	46.70	47.83	48.80	49.64	50.38
3	22.39	22.59	23.45	24.13	24.71	25.19	25.62	25.99
4	16.23	16.37	16.98	17.46	17.86	18.20	18.50	18.77
5	13.40	13.52	14.00	14.39	14.72	14.99	15.23	15.45
6	11.80	11.90	12.31	12.65	12.92	13.16	13.37	13.55
7	10.77	10.85	11.23	11.52	11.77	11.99	12.17	12.34
8	10.05	10.13	10.47	10.75	10.97	11.17	11.34	11.49
9	9.521	9.594	9.912	10.17	10.38	10.57	10.73	10.87
10	9.117	9.187	9.486	9.726	9.927	10.10	10.25	10.39
11	8.798	8.864	9.148	9.377	9.568	9.732	9.875	10.00
12	8.539	8.603	8.875	9.094	9.277	9.434	9.571	9.693
13	8.326	8.387	8.648	8.859	9.035	9.187	9.318	9.436
14	8.146	8.204	8.457	8.661	8.832	8.978	9.106	9.219
15	7.992	8.049	8.295	8.492	8.658	8.800	8.924	9.035
16	7.860	7.916	8.154	8.347	8.507	8.646	8.767	8.874
17	7.745	7.799	8.031	8.219	8.377	8.511	8.630	8.735
18	7.643	7.696	7.924	8.107	8.261	8.393	8.508	8.611
19	7.553	7.605	7.828	8.008	8.159	8.288	8.401	8.502
20	7.473	7.523	7.742	7.919	8.067	8.194	8.305	8.404
24	7.223	7.270	7.476	7.642	7.780	7.900	8.004	8.097
30	6.978	7.023	7.215	7.370	7.500	7.611	7.709	7.796
40	6.740	6.782	6.960	7.104	7.225	7.328	7.419	7.500
60	6.507	6.546	6.710	6.843	6.954	7.050	7.133	7.207
120	6.281	6.316	6.467	6.588	6.689	6.776	6.852	6.919
∞	6.060	6.092	6.228	6.338	6.429	6.507	6.575	6.636

표 14. 던넷의 다대일 t 통계량 기각값 – 한쪽절차 : $d(\alpha,k,v)$

v \ k	1	2	3	4	5	6	7	8	9
	$\alpha = .05$								
5	2.02	2.44	2.68	2.85	2.98	3.08	3.16	3.24	3.30
6	1.94	2.34	2.56	2.71	2.83	2.92	3.00	3.07	3.12
7	1.89	2.27	2.48	2.62	2.73	2.82	2.89	2.95	3.01
8	1.86	2.22	2.42	2.55	2.66	2.74	2.81	2.87	2.92
9	1.83	2.18	2.37	2.50	2.60	2.68	2.75	2.81	2.86
10	1.81	2.15	2.34	2.47	2.56	2.64	2.70	2.76	2.81
11	1.80	2.13	2.31	2.44	2.53	2.60	2.67	2.72	2.77
12	1.78	2.11	2.29	2.41	2.50	2.58	2.64	2.69	2.74
13	1.77	2.09	2.27	2.39	2.48	2.55	2.61	2.66	2.71
14	1.76	2.08	2.25	2.37	2.46	2.53	2.59	2.64	2.69
15	1.75	2.07	2.24	2.36	2.44	2.51	2.57	2.62	2.67
16	1.75	2.06	2.23	2.34	2.43	2.50	2.56	2.61	2.65
17	1.74	2.05	2.22	2.33	2.42	2.49	2.54	2.59	2.64
18	1.73	2.04	2.21	2.32	2.41	2.48	2.53	2.58	2.62
19	1.73	2.03	2.20	2.31	2.40	2.47	2.52	2.57	2.61
20	1.72	2.03	2.19	2.30	2.39	2.46	2.51	2.56	2.60
24	1.71	2.01	5.17	2.28	2.36	2.43	2.48	2.53	2.57
30	1.70	1.99	2.15	2.25	2.33	2.40	2.45	2.50	2.54
40	1.68	1.97	2.13	2.23	2.31	2.37	2.42	2.47	2.51
60	1.67	1.95	2.10	2.21	2.28	2.35	2.39	2.44	2.48
120	1.66	1.93	2.08	2.18	2.26	2.32	2.37	2.41	2.45
∞	1.64	1.92	2.06	2.16	2.23	2.29	2.34	2.38	2.42

표 14. (계속)

v \ k ($\alpha = .01$)	1	2	3	4	5	6	7	8	9
5	3.37	3.90	4.21	4.43	4.60	4.73	4.85	4.94	5.03
6	3.14	3.61	3.88	4.07	4.21	4.33	4.43	4.51	4.59
7	3.00	3.42	3.66	3.83	3.96	4.07	4.15	4.23	4.30
8	2.90	3.29	3.51	3.67	3.79	3.88	3.96	4.03	4.09
9	2.82	3.19	3.40	3.55	3.66	3.75	3.82	3.89	3.94
10	2.76	3.11	3.31	3.45	3.56	3.64	3.71	3.78	3.83
11	2.72	3.06	3.25	3.38	3.48	3.56	3.63	3.69	3.74
12	2.68	3.01	3.19	3.32	3.42	3.50	3.56	3.62	3.67
13	2.65	2.97	3.15	3.27	3.37	3.44	3.51	3.56	3.61
14	2.62	2.94	3.11	3.23	3.32	3.40	3.46	3.51	3.56
15	2.60	2.91	3.08	3.20	3.29	3.36	3.42	3.47	3.52
16	2.58	2.88	3.05	3.17	3.26	3.33	3.39	3.44	3.48
17	2.57	2.86	3.03	3.14	3.23	3.30	3.36	3.41	3.45
18	2.55	2.84	3.01	3.12	3.21	3.27	3.33	3.38	3.42
19	2.54	2.83	2.99	3.10	3.18	3.25	3.31	3.36	3.40
20	2.53	2.81	2.97	3.08	3.17	3.23	3.29	3.34	3.38
24	2.49	2.77	2.92	3.03	3.11	3.17	3.22	3.27	3.31
30	2.46	2.72	2.87	2.97	3.05	3.11	3.16	3.21	3.24
40	2.42	2.68	2.82	2.92	2.99	3.05	3.10	3.14	3.18
60	2.39	2.64	2.78	2.87	2.94	3.00	3.04	3.08	3.12
120	2.36	2.60	2.73	2.82	2.89	2.94	2.99	3.03	3.06
∞	2.33	2.56	2.68	2.77	2.84	2.89	2.93	2.97	3.00

표 15. 던넷의 다대일 t 통계량 기각값 – 양쪽절차 : $\bar{d}(\alpha,k,v)$

$\alpha = .05$

v \ k	1	2	3	4	5	6	7	8	9	10	11	12	15	20
5	2.57	3.03	3.29	3.48	3.62	3.73	3.82	3.90	3.97	4.03	4.09	4.14	4.26	4.42
6	2.45	2.86	3.10	3.26	3.39	3.49	3.57	3.64	3.71	3.76	3.81	3.86	3.97	4.11
7	2.36	2.75	2.97	3.12	3.24	3.33	3.41	3.47	3.53	3.58	3.63	3.67	3.78	3.91
8	2.31	2.67	2.88	3.02	3.13	3.22	3.29	3.35	3.41	3.46	3.50	3.54	3.64	3.76
9	2.26	2.61	2.81	2.95	3.05	3.14	3.20	3.26	3.32	3.36	3.40	3.44	3.53	3.65
10	2.23	2.57	2.76	2.89	2.99	3.07	3.14	3.19	3.24	3.29	3.33	3.36	3.45	3.57
11	2.20	2.53	2.72	2.84	2.94	3.02	3.08	3.14	3.19	3.23	3.27	3.30	3.39	3.50
12	2.18	2.50	2.68	2.81	2.90	2.98	3.04	3.09	3.14	3.18	3.22	3.25	3.34	3.45
13	2.16	2.48	2.65	2.78	2.87	2.94	3.00	3.06	3.10	3.14	3.18	3.21	3.29	3.40
14	2.14	2.46	2.63	2.75	2.84	2.91	2.97	3.02	3.07	3.11	3.14	3.18	3.26	3.36
15	2.13	2.44	2.61	2.73	2.82	2.89	2.95	3.00	3.04	3.08	3.12	3.15	3.23	3.33
16	2.12	2.42	2.59	2.71	2.80	2.87	2.92	2.97	3.02	3.06	3.09	3.12	3.20	3.30
17	2.11	2.41	2.58	2.69	2.78	2.85	2.90	2.95	3.00	3.03	3.07	3.10	3.18	3.27
18	2.10	2.40	2.56	2.68	2.76	2.83	2.89	2.94	2.98	3.01	3.05	3.08	3.16	3.25
19	2.09	2.39	2.55	2.66	2.75	2.81	2.87	2.92	2.96	3.00	3.03	3.06	3.14	3.23
20	2.09	2.38	2.54	2.65	2.73	2.80	2.86	2.90	2.95	2.98	3.02	3.05	3.12	3.22
24	2.06	2.35	2.51	2.61	2.70	2.76	2.81	2.86	2.90	2.94	2.97	3.00	3.07	3.16
30	2.04	2.32	2.47	2.58	2.66	2.72	2.77	2.82	2.86	2.89	2.92	2.95	3.02	3.11
40	2.02	2.29	2.44	2.54	2.62	2.68	2.73	2.77	2.81	2.85	2.87	2.90	2.97	3.06
60	2.00	2.27	2.41	2.51	2.58	2.64	2.69	2.73	2.77	2.80	2.83	2.86	2.92	3.00
120	1.98	2.24	2.38	2.47	2.55	2.60	2.65	2.69	2.73	2.76	2.79	2.81	2.87	2.95
∞	1.96	2.21	2.35	2.44	2.51	2.57	2.61	2.65	2.69	2.72	2.74	2.77	2.83	2.91

표 15. (계속)

$\alpha = .01$														
v \ k	1	2	3	4	5	6	7	8	9	10	11	12	15	20
5	4.03	4.63	4.98	5.22	5.41	5.56	5.69	5.80	5.89	5.98	6.05	6.12	6.30	6.52
6	3.71	4.21	4.51	4.71	4.87	5.00	5.10	5.20	5.28	5.35	5.41	5.47	5.62	5.81
7	3.50	3.95	4.21	4.39	4.53	4.64	4.74	4.82	4.89	4.95	5.01	5.06	5.19	5.36
8	3.36	3.77	4.00	4.17	4.29	4.40	4.48	4.56	4.62	4.68	4.73	4.78	4.90	5.05
9	3.25	3.63	3.85	4.01	4.12	4.22	4.30	4.37	4.43	4.48	4.53	4.57	4.68	4.82
10	3.17	3.53	3.74	3.88	3.99	4.08	4.16	4.22	4.28	4.33	4.37	4.42	4.52	4.65
11	3.11	3.45	3.65	3.79	3.89	3.98	4.05	4.11	4.16	4.21	4.25	4.29	4.39	4.52
12	3.05	3.39	3.58	3.71	3.81	3.89	3.96	4.02	4.07	4.12	4.16	4.19	4.29	4.41
13	3.01	3.33	3.52	3.65	3.74	3.82	3.89	3.94	3.99	4.04	4.08	4.11	4.20	4.32
14	2.98	3.29	3.47	3.59	3.69	3.76	3.83	3.88	3.93	3.97	4.01	4.05	4.13	4.24
15	2.95	3.25	3.43	3.55	3.64	3.71	3.78	3.83	3.88	3.92	3.95	3.99	4.07	4.18
16	2.92	3.22	3.39	3.51	3.60	3.67	3.73	3.78	3.83	3.87	3.91	3.94	4.02	4.13
17	2.90	3.19	3.36	3.47	3.56	3.63	3.69	3.74	3.79	3.83	3.86	3.90	3.98	4.08
18	2.88	3.17	3.33	3.44	3.53	3.60	3.66	3.71	3.75	3.79	3.83	3.86	3.94	4.04
19	2.86	3.15	3.31	3.42	3.50	3.57	3.63	3.68	3.72	3.76	3.79	3.83	3.90	4.00
20	2.85	3.13	3.29	3.40	3.48	3.55	3.60	3.65	3.69	3.73	3.77	3.80	3.87	3.97
24	2.80	3.07	3.22	3.32	3.40	3.47	3.52	3.57	3.61	3.64	3.68	3.70	3.78	3.87
30	2.75	3.01	3.15	3.25	3.33	3.39	3.44	3.49	3.52	3.56	3.59	3.62	3.69	3.78
40	2.70	2.95	3.09	3.19	3.26	3.32	3.37	3.41	3.44	3.48	3.51	3.53	3.60	3.68
60	2.66	2.90	3.03	3.12	3.19	3.25	3.29	3.33	3.37	3.40	3.42	3.45	3.51	3.59
120	2.62	2.85	2.97	3.06	3.12	3.18	3.22	3.26	3.29	3.32	3.35	3.37	3.43	3.51
∞	2.58	2.79	2.92	3.00	3.06	3.11	3.15	3.19	3.22	3.25	3.27	3.29	3.35	3.42

표 16. 크러스칼-월리스 순위합에 기초한 전체처리비교 기각값 : $y(\alpha,k,n)$

	n = 2		3		4		5		6	
k	$y(\alpha,k,2)$	α	$y(\alpha,k,3)$	α	$y(\alpha,k,4)$	α	$y(\alpha,k,5)$	α	$y(\alpha,k,6)$	α
3	8	.067	15 *	.064	24 *	.045	33 *	.048	43 *	.049
			16	.029	25	.031	35	.031	51 *	.011
			17 *	.011	27 *	.011	39 *	.009		
4	12	.029	22	.043	34	.049				
			23	.023	36	.026				
			24	.012	38	.012				
5	15	.048	28	.060	44	.056				
	16	.016	30	.023	46	.033				
			32	.007	50	.010				
6	19	.030	35	.055						
	20	.010	37	.024						
			39	.009						
7	22	.056	42	.054						
	23	.021	44	.026						
	24	.007	46	.012						
8	26	.041	49	.055						
	28	.005	51	.029						
			54	.010						
9	29	.063								
	30	.031								
	31	.012								
10	33	.050								
	34	.025								
	35	.009								
11	37	.040								
	38	.020								
	39	.008								

	$n=2$	
k	$y(\alpha,k,2)$	α
12	40	.062
	41	.033
	43	.006
13	44	.052
	45	.028
	46	.014
14	48	.044
	49	.024
	50	.012
15	52	.038
	54	.010

표 17. 밀러의 대표본 근사 전체처리비교 기각값 : $q(\alpha, k, \infty)$

k	α .0001	.0005	.001	.005	.01	.025	.05	.10	.20
2	5.502	4.923	4.654	3.970	3.643	3.170	2.772	2.326	1.812
3	5.864	5.316	5.063	4.424	4.120	3.682	3.314	2.902	2.424
4	6.083	5.553	5.309	4.694	4.403	3.984	3.633	3.240	2.784
5	6.240	5.722	5.484	4.886	4.603	4.197	3.858	3.478	3.037
6	6.362	5.853	5.619	5.033	4.757	4.361	4.030	3.661	3.232
7	6.461	5.960	5.730	5.154	4.882	4.494	4.170	3.808	3.389
8	6.546	6.050	5.823	5.255	4.987	4.605	4.286	3.931	3.520
9	6.618	6.127	5.903	5.341	5.078	4.700	4.387	4.037	3.632
10	6.682	6.196	5.973	5.418	5.157	4.784	4.474	4.129	3.730
11	6.739	6.257	6.036	5.485	5.227	4.858	4.552	4.211	3.817
12	6.791	6.311	6.092	5.546	5.290	4.925	4.622	4.285	3.895
13	6.837	6.361	6.144	5.602	5.348	4.985	4.685	4.351	3.966
14	6.880	6.407	6.191	5.652	5.400	5.041	4.743	4.412	4.030
15	6.920	6.449	6.234	5.699	5.448	5.092	4.796	4.468	4.089
16	6.957	6.488	6.274	5.742	5.493	5.139	4.845	4.519	4.144
17	6.991	6.525	6.312	5.783	5.535	5.183	4.891	4.568	4.195
18	7.023	6.559	6.347	5.820	5.574	5.224	4.934	4.612	4.242
19	7.054	6.591	6.380	5.856	5.611	5.262	4.974	4.654	4.287
20	7.082	6.621	6.411	5.889	5.645	5.299	5.012	4.694	4.329
22	7.135	6.677	6.469	5.951	5.709	5.365	5.081	4.767	4.405
24	7.183	6.727	6.520	6.006	5.766	5.425	5.144	4.832	4.475
26	7.226	6.773	6.568	6.057	5.818	5.480	5.201	4.892	4.537
28	7.266	6.816	6.611	6.103	5.866	5.530	5.253	4.947	4.595
30	7.303	6.855	6.651	6.146	5.911	5.577	5.301	4.997	4.648
32	7.337	6.891	6.689	6.186	5.952	5.620	5.346	5.044	4.697
34	7.370	6.925	6.723	6.223	5.990	5.660	5.388	5.087	4.743
36	7.400	6.957	6.756	6.258	6.026	5.698	5.427	5.128	4.786
38	7.428	6.987	6.787	6.291	6.060	5.733	5.463	5.166	4.826
40	7.455	7.015	6.816	6.322	6.092	5.766	5.498	5.202	4.864
50	7.571	7.137	6.941	6.454	6.228	5.909	5.646	5.357	5.026
60	7.664	7.235	7.041	6.561	6.338	6.023	5.764	5.480	5.155
70	7.741	7.317	7.124	6.649	6.429	6.118	5.863	5.582	5.262
80	7.808	7.387	7.196	6.725	6.507	6.199	5.947	5.669	5.353
90	7.866	7.448	7.259	6.792	6.575	6.270	6.020	5.745	5.433
100	7.918	7.502	7.314	6.850	6.636	6.333	6.085	5.812	5.503

표 18. 크러스칼-월리스 순위합에 기초한 처리-대조비교 기각값-한쪽절차 :
$y*(\alpha,k-1,n)$, $k=3$일 때 $P_0\{(R_u-R_1)<x, u=2,3\}$ 값

$k=3$

x	$n=2$	$n=3$	$n=4$	$n=5$	$n=6$
1	.4222	.3571	.3541	.3471	.3442
2	.4889	.4179	.3896	.3745	.3649
3	.6000	.4810	.4317	.4038	.3873
4	.6889	.5429	.4711	.4331	.4093
5	.7778	.5976	.5118	.4615	.4313
6	.8444	.6619	.5530	.4921	.4543
7	.9333	.7179	.5942	.5217	.4772
8	.9778	.7702	.6316	.5507	.4995
9		.8179	.6717	.5807	.5230
10		.8560	.7071	.6099	.5457
11		.8869	.7419	.6357	.5680
12		.9190	.7748	.6661	.5908
13		.9429	.8068	.6930	.6131
14		.9631	.8342	.7188	.6345
15		.9786	.8612	.7442	.6564
16		.9905	.8836	.7681	.6773
17		.9964	.9044	.7902	.3979
18		.9988	.9221	.8122	.7178
19			.9378	.8323	.7372
20			.9505	.8509	.7555
21			.9621	.8686	.7738
22			.9710	.8848	.7910
23			.9787	.8993	.8073
24			.9849	.9130	.8232
25			.9898	.9252	.8382
26			.9935	.9361	.8522
27			.9962	.9460	.8657
28			.9978	.9547	.8782
29			.9990	.9621	.8899
30			.9995	.9688	.9010
31			.9998	.9744	.9112
32			.9999	.9793	.9205
33				.9834	.9293
34				.9869	.9373

표 18. (계속)

$k=3$

x	$n=2$	$n=3$	$n=4$	$n=5$	$n=6$
35				.9898	.9446
36				.9922	.9514
37				.9941	.9574
38				.9956	.9629
39				.9969	.9679
40				.9979	.9723
41				.9986	.9762
42				.9991	.9797
43				.9994	.9828
44				.9997	.9854
45				.9998	.9878
46				.9999	.9898
47				1.0000	.9916
48					.9931
49					.9944
50					.9954
51					.9964
52					.9971
53					.9977
54					.9983
55					.9986
56					.9990
57					.9993
58					.9995
59					.9996
60					.9997
61					.9998
62					.9999
63					.9999
64					1.0000

표 19. 크러스칼-월리스 순위합에 기초한 처리-대조비교 기각값-양쪽절차 :

$y^{**}(\alpha, k-1, n)$, $k=3$일 때

$k=3$					
x	$n=2$	$n=3$	$n=4$	$n=5$	$n=6$
1	.0667	.0071	.0055	.0024	.0015
2	.1111	.0286	.0145	.0074	.0045
3	.2444	.0881	.0417	.0222	.0133
4	.4000	.0571	.0763	.0414	.0249
5	.5556	.2369	.1191	.0647	.0393
6	.6889	.3440	.1733	.0967	.0589
7	.8667	.4440	.2330	.1315	.0808
8	.9556	.5429	.2924	.1692	.1047
9		.6369	.3608	.2127	.1332
10		.7119	.4248	.2577	.1629
11		.7738	.4894	.3027	.1940
12		.8381	.5524	.3517	.2282
13		.8857	.6147	.3995	.2631
14		.9262	.6689	.4465	.2980
15		.9571	.7226	.4942	.3352
16		.9810	.7672	.5399	.3718
17		.9929	.8087	.5827	.4080
18		.9976	.8443	.6257	.4451
19			.8757	.6652	.4812
20			.9011	.7022	.5160
21			.9243	.7373	.5511
22			.9419	.7697	.5843
23			.9574	.7986	.6163
24			.9698	.8261	.6475
25			.9796	.8504	.6771
26			.9870	.8722	.7047
27			.9924	.8919	.7317
28			.9956	.9093	.7566
29			.9979	.9243	.7799
30			.9991	.9375	.8019
31			.9997	.9489	.8224
32			.9999	.9585	.8410
33				.9668	.8587
34				.9738	.8746
35				.9795	.8893

표 19. (계속)

$k=3$

x	$n=2$	$n=3$	$n=4$	$n=5$	$n=6$
36				.9843	.9027
37				.9882	.9149
38				.9913	.9258
39				.9938	.9357
40				.9957	.9445
41				.9971	.9524
42				.9981	.9594
43				.9988	.9655
44				.9993	.9709
45				.9996	.9756
46				.9998	.9797
47				.9999	.9832
48				1.0000	.9862
49					.9887
50					.9909
51					.9927
52					.9943
53					.9955
54					.9966
55					.9974
56					.9981
57					.9986
58					.9990
59					.9993
60					.9995
61					.9997
62					.9998
63					.9998
64					.9999
65					.9999
66					1.0000

표 20. 공통상관 $\rho=\frac{1}{2}$ 인 ℓ개의 $N(0,1)$ 확률변수의 최댓값 누적분포표 : $P\{X \le x\}$

$X=(\rho=\frac{1}{2}$ 인 ℓ개의 $N(0,1)$ 확률변수의 최댓값)일 때 $P\{X \le x\}=1-\alpha$ 이면 $m(\alpha, \ell, 1/2)=x$

x \ ℓ	1	2	3	4	5	6	7	8	9	10	11	12
3.50	.00023	.00001	.00000	.00000	.00000	.00000	.00000	.00000	.00000	.00000	.00000	.00000
3.40	.00034	.00001	.00000	.00000	.00000	.00000	.00000	.00000	.00000	.00000	.00000	.00000
3.30	.00048	.00002	.00000	.00000	.00000	.00000	.00000	.00000	.00000	.00000	.00000	.00000
3.20	.00069	.00003	.00001	.00000	.00000	.00000	.00000	.00000	.00000	.00000	.00000	.00000
3.10	.00097	.00005	.00001	.00000	.00000	.00000	.00000	.00000	.00000	.00000	.00000	.00000
3.00	.00135	0.0008	.00002	.00000	.00000	.00000	.00000	.00000	.00000	.00000	.00000	.00000
2.90	.00187	.00013	.00003	.00001	.00000	.00000	.00000	.00000	.00000	.00000	.00000	.00000
2.80	.00256	.00020	.00004	.00001	.00001	.00000	.00000	.00000	.00000	.00000	.00000	.00000
2.70	.00347	.00030	.00007	.00002	.00001	.00001	.00000	.00000	.00000	.00000	.00000	.00000
2.60	.00466	.00045	.00011	.00004	.00002	.00001	.00001	.00000	.00000	.00000	.00000	.00000
2.50	.00621	.00067	.00017	.00006	.00003	.00002	.00001	.00001	.00000	.00000	.00000	.00000
2.40	.00820	.00098	.00027	.00011	.00005	.00003	.00002	.00001	.00001	.00001	.00000	.00000
2.30	.01072	.00143	.00041	.00017	.00009	.00005	.00003	.00002	.00001	.00001	.00001	.00001
2.20	.01390	.00204	.00062	.00027	.00014	.00008	.00005	.00004	.00003	.00002	.00001	.00001
2.10	.01786	.00289	.00093	.00041	.00022	.00013	.00009	.00006	.00004	.00003	.00003	.00002
2.00	.02275	.00405	.00137	.00063	.00035	.00021	.00014	.00010	.00007	.00006	.00004	.00004
1.90	.02872	.00561	.00201	.00096	.00054	.00034	.00023	.00016	.00012	.00009	.00007	.00006
1.80	.03593	.00767	.00289	.00143	.00083	.00053	.00037	.00026	.00020	.00016	.00012	.00010
1.70	.04457	.01037	.00411	.00210	.00125	.00082	.00057	.00042	.00032	.00025	.00020	.00017
1.60	.05480	.01386	.00576	.00305	.00185	.00124	.00088	.00066	.00051	.00040	.00033	.00027
1.50	.06681	.01832	.00799	.00436	.00272	.00185	.00133	.00101	.00079	.00063	.00052	.00043
1.40	.08076	.02394	.01093	.00616	.00393	.00272	.00200	.00153	.00121	.00098	.00081	.00068
1.30	.09680	.03094	.01476	.00858	.00560	.00395	.00294	.00228	.00182	.00149	.00124	.00105
1.20	.11507	.03955	.01970	.01179	.00788	.00232	.00427	.00335	.00270	.00223	.00188	.00160
1.10	.13567	.04999	.02596	.01600	.01092	.00797	.00611	.00485	.00395	.00329	.00279	.00241
1.00	.15866	.06251	.03380	.02142	.01494	.01109	.00861	.00692	.00570	.00479	.00410	.00355
0.90	.18406	.07734	.04347	.02832	.02015	.01521	.01197	.00973	.00809	.00686	.00591	.00516
0.80	.21186	.09469	.05526	.03695	.02683	.02058	.01641	.01348	.01133	.00969	.00841	.00739
0.70	.24196	.11472	.06941	.04762	.03525	.02746	.02218	.01842	.01562	.01348	.01179	.01043
0.60	.27425	.13757	.08619	.06060	.04570	.03614	.02957	.02481	.02124	.01847	.01627	.01449
0.50	.30854	.16332	.10580	.07617	.05850	.04694	.03887	.03296	.02847	.02495	.02214	.01984
0.40	.34458	.19198	.12841	.09458	.07393	.06017	.05041	.04318	.03762	.03323	.02969	.02677
0.30	.38209	.22349	.15414	.11606	.09227	.07612	.06451	.05579	.04902	.04363	.03924	.03561
0.20	.42074	.25771	.18303	.14075	.11374	.09508	.08147	.07113	.06302	.05650	.05115	.04668
0.10	.46017	.29442	.21503	.16873	.13850	.11727	.10156	.08948	.07991	.07215	.06574	.06034
0.00	.50000	.33333	.25000	.20000	.16667	.14286	.12500	.11111	.10000	.09091	.08333	.07692

표 20. (계속)

x \ ℓ	1	2	3	4	5	6	7	8	9	10	11	12
0.00	.50000	.33333	.25000	.20000	.16667	.14286	.12500	.11111	.10000	.09091	.08333	.07692
0.10	.53983	.37408	.28772	.23446	.19823	.17192	.15193	.13620	.12350	.11302	.10422	.09673
0.20	.57926	.41623	.32788	.27192	.23308	.20445	.18240	.16487	.15058	.13869	.12863	.12000
0.30	.61791	.45931	.37006	.31206	.27104	.24032	.21637	.19713	.18129	.16801	.15669	.14692
0.40	.65542	.50282	.41379	.35450	.31177	.27930	.25368	.23287	.21559	.20099	.18845	.17757
0.50	.69146	.54624	.45855	.39874	.35486	.32104	.29403	.27187	.25332	.23750	.22384	.21190
0.60	.72575	.58906	.50376	.44425	.39981	.36509	.33704	.31380	.29417	.27732	.26266	.24977
0.70	.75804	.63079	.54885	.49041	.44605	.41091	.38220	.35820	.33775	.32006	.30458	.29089
0.80	.78814	.67098	.59323	.53661	.49293	.45788	.42894	.40451	.38353	.36525	.34915	.33483
0.90	.81594	.70922	.63638	.58224	.53983	.50536	.47660	.45211	.43090	.41231	.39582	.38107
1.00	.84134	.74520	.67778	.62670	.58608	.55267	.52450	.50030	.47920	.46056	.44394	.42898
1.10	.86433	.77866	.71701	.66944	.63107	.59913	.57195	.54839	.52770	.50930	.49279	.47786
1.20	.88493	.80941	.75373	.71000	.67424	.64414	.61828	.59568	.57569	.55780	.54166	.52698
1.30	.90320	.83734	.78766	.74799	.71510	.68713	.66287	.64151	.62248	.60535	.58980	.57559
1.40	.91924	.86243	.81864	.78309	.75326	.72763	.70519	.68529	.66744	.65127	.63652	.62297
1.50	.93319	.88471	.84656	.81513	.78843	.76525	.74480	.72652	.71001	.69498	.68119	.66847
1.60	.94520	.90427	.87143	.84398	.82040	.79973	.78134	.76479	.74975	.73598	.72328	.71151
1.70	.95543	.92124	.89331	.86964	.84908	.83090	.81459	.79982	.78631	.77388	.76236	.75163
1.80	.96407	.93581	.91233	.89218	.87448	.85870	.84444	.83144	.81948	.80841	.79811	.78848
1.90	.97128	.94817	.92867	.91172	.89669	.88317	.87087	.85958	.84914	.83943	.83036	.82183
2.00	.97725	.95855	.94253	.92845	.91585	.90442	.89395	.88429	.87531	.86691	.85902	.85159
2.10	.98214	.96717	.95416	.94260	.93217	.92264	.91385	.90569	.89806	.89090	.88415	.87776
2.20	.98610	.97424	.96380	.95443	.94590	.93805	.93077	.92397	.91758	.91156	.90586	.90045
2.30	.98928	.97998	.97169	.96149	.95730	.95092	.94497	.93938	.93411	.92911	.92437	.91984
2.40	.99180	.98459	.97809	.97215	.96665	.96153	.95673	.95220	.94790	.94382	.93992	.93619
2.50	.99379	.98825	.98321	.97856	.97423	.97017	.96635	.96272	.95927	.95597	.95282	.94979
2.60	.99534	.99113	.98726	.98366	.98030	.97712	.97411	.97125	.96851	.96588	.96337	.96094
2.70	.99653	.99336	.99043	.98768	.98509	.98264	.98030	.97807	.97592	.97386	.97188	.96996
2.80	.99744	.99509	.99288	.99081	.98884	.98697	.98517	.98345	.98180	.98020	.97865	.97716
2.90	.99813	.99640	.99476	.99321	.99173	.99032	.98896	.98765	.98639	.98517	.98398	.98283
3.00	.99865	.99738	.99618	.99504	.99394	.99288	.99187	.99089	.98994	.98901	.98812	.98724
3.10	.99903	.99812	.99724	.99641	.99560	.99483	.99408	.99335	.99264	.99195	.99128	.99063
3.20	.99931	.99866	.99803	.99743	.99684	.99628	.99573	.99520	.99468	.99417	.99367	.99319
3.30	.99952	.99905	.99861	.99817	.99776	.99735	.99695	.99657	.99619	.99582	.99546	.99511
3.40	.99966	.99934	.99902	.99872	.99842	.99813	.99785	.99757	.99730	.99704	.99678	.99652
3.50	.99977	.99954	.99932	.99911	.99890	.99870	.99850	.99830	.99811	.99792	.99774	.99756

표 21. 공통상관 $\rho=\frac{1}{2}$ 인 ℓ개의 $N(0,1)$ 확률변수의 최대절댓값 기각값 : $\overline{m}(\alpha,\ell,1/2)$

	α	
ℓ	.01	.05
1	2.58	1.96
2	2.79	2.21
3	2.92	2.35
4	3.00	2.44
5	3.06	2.51
6	3.11	2.57
7	3.15	2.61
8	3.19	2.65
9	3.22	2.69
10	3.25	2.72
11	3.27	2.74
12	3.29	2.77
15	3.35	2.83
20	3.42	2.91

표 22. 프리드만 통계량(S) 분포표 : $P_0\{S \geq x\}$

$P_0\{S \geq x\} = \alpha$ 이면 $s(\alpha, k, n) = x$

$k=3, n=2$

x	$P_0\{S \geq x\}$
0	1.000
1	.833
3	.500
4	.167

$k=3, n=3$

x	$P_0\{S \geq x\}$
.000	1.000
.667	.944
2.000	.528
2.667	.361
4.667	.194
6.000	.028

$k=3, n=4$

x	$P_0\{S \geq x\}$
.0	1.000
.5	.931
1.5	.653
2.0	.431
3.5	.273
4.5	.125
6.0	.069
6.5	.042
8.0	.005

$k=3, n=5$

x	$P_0\{S \geq x\}$
.0	1.000
.4	.954
1.2	.691
1.6	.522
2.8	.367
3.6	.182
4.8	.124
5.2	.093
6.4	.039
7.6	.024
8.4	.008
10.0	.001

$k=3, n=6$

x	$P_0\{S \geq x\}$
.000	1.000
.333	.956
1.000	.740
1.333	.570
2.333	.430
3.000	.252
4.000	.184
4.333	.142
5.333	.072
6.333	.052
7.000	.029
8.333	.012
9.000	.008
9.333	.006
10.333	.002
12.000	.000

$k=3, n=7$

x	$P_0\{S \geq x\}$
.000	1.000
.286	.964
.857	.768
1.143	.620
2.000	.486
2.571	.305
3.429	.237
3.714	.192
4.571	.112
5.429	.085
6.000	.051
7.143	.027
7.714	.021
8.000	.016
8.857	.008
10.286	.004
10.571	.003
11.143	.001
12.286	.000

$k=3, n=8$

x	$P_0\{S \geq x\}$
.00	1.000
.25	.967
.75	.794
1.00	.654
1.75	.531
2.25	.355
3.00	.285
3.25	.236
4.00	.149
4.75	.120

$k=3, n=8$

x	$P_0\{S \geq x\}$
5.25	.079
6.25	.047
6.75	.038
7.00	.030
7.75	.018
9.00	.010
9.25	.008
9.75	.005
10.75	.002
12.00	.001
12.25	.001
13.00	.000

$k=3, n=9$

x	$P_0\{S \geq x\}$
.000	1.000
.222	.971
.667	.814
.889	.685
1.556	.569
2.000	.398
2.667	.328
2.889	.278
3.556	.187
4.222	.154
4.667	.107
5.556	.069
6.000	.057
6.222	.048
6.889	.031
8.000	.019

표 22. (계속)

$k=3, n=9$

x	$P_0\{S \geq x\}$
8.222	.016
8.667	.010
9.556	.006
10.667	.004
10.889	.003
11.556	.001
12.667	.001
13.556	.000

$k=3, n=10$

x	$P_0\{S \geq x\}$
.0	1.000
.2	.974
.6	.830
.8	.710
1.4	.601
1.8	.436
2.4	.368
2.6	.316
3.2	.222
3.8	.187
4.2	.135
5.0	.092
5.4	.078
5.6	.066
6.2	.046
7.2	.030
7.4	.026
7.8	.018
8.6	.012
9.6	.007
9.8	.006
10.4	.003
11.4	.002
12.2	.001
12.6	.001
12.8	.001
13.4	.000

$k=3, n=11$

x	$P_0\{S \geq x\}$
.000	1.000
.182	.976
.545	.844
.727	.732
1.273	.629
1.636	.470
2.182	.403
2.364	.351
2.909	.256
3.455	.219
3.818	.163
4.545	.116
4.909	.100
5.091	.087
5.636	.062
6.545	.043
6.727	.038
7.091	.027
7.818	.019
8.727	.013
8.909	.011
9.455	.006
10.364	.004
11.091	.003
11.455	.002
11.636	.001
12.182	.001
13.273	.001
13.636	.000

$k=3, n=12$

x	$P_0\{S \geq x\}$
.000	1.000
.167	.978
.500	.856
.667	.751

$k=3, n=12$

x	$P_0\{S \geq x\}$
1.167	.654
1.500	.500
2.000	.434
2.167	.383
2.667	.287
3.167	.249
3.500	.191
4.167	.141
4.500	.123
4.667	.108
5.167	.080
6.000	.058
6.167	.051
6.500	.038
7.167	.027
8.000	.020
8.167	.017
8.667	.011
9.500	.007
10.167	.005
10.500	.004
10.667	.003
11.167	.002
12.167	.002
12.500	.001
12.667	.001
13.167	.001
13.500	.000

$k=3, n=13$

x	$P_0\{S \geq x\}$
.000	1.000
.154	.980
.462	.866
.615	.767
1.077	.675

$k=3, n=13$

x	$P_0\{S \geq x\}$
1.385	.527
1.846	.463
2.000	.412
2.462	.316
2.923	.278
3.231	.217
3.846	.165
4.154	.145
4.308	.129
4.769	.098
5.538	.073
5.692	.065
6.000	.050
6.615	.037
7.385	.028
7.538	.025
8.000	.016
8.769	.012
9.385	.009
9.692	.007
9.846	.005
10.308	.004
11.231	.003
11.538	.002
11.692	.002
12.154	.001
12.462	.001
12.923	.001
14.000	.001
14.308	.000

$k=4, n=2$

x	$P_0\{S \geq x\}$
.0	1.000
.6	.958
1.2	.833

표 22. (계속)

$k=4, n=2$

x	$P_0\{S \geq x\}$
1.8	.792
2.4	.625
3.0	.542
3.6	.458
4.2	.375
4.8	.208
5.4	.167
6.0	.042

$k=4, n=3$

x	$P_0\{S \geq x\}$
.2	1.000
.6	.958
1.0	.910
1.8	.727
2.2	.608
2.6	.524
3.4	.446
3.8	.342
4.2	.300
5.0	.207
5.4	.175
5.8	.148
6.6	.075
7.0	.054
7.4	.033
8.2	.017
9.0	.002

$k=4, n=4$

x	$P_0\{S \geq x\}$
.0	1.000
.3	.992
.6	.928
.9	.900
1.2	.800
1.5	.754
1.8	.677

$k=4, n=4$

x	$P_0\{S \geq x\}$
2.1	.649
2.4	.524
2.7	.508
3.0	.432
3.3	.389
3.6	.355
3.9	.324
4.5	.242
4.8	.200
5.1	.190
5.4	.158
5.7	.141
6.0	.105
6.3	.094
6.6	.077
6.9	.068
7.2	.054
7.5	.052
7.8	.036
8.1	.033
8.4	.019
8.7	.014
9.3	.012
9.6	.007
9.9	.006
10.2	.003
10.8	.002
11.1	.001
12.0	.000

$k=4, n=5$

x	$P_0\{S \geq x\}$
.12	1.000
.36	.975
.60	.944
1.08	.857
1.32	.771
1.56	.709
2.04	.652
2.28	.561
2.52	.521

$k=4, n=5$

x	$P_0\{S \geq x\}$
3.00	.445
3.24	.408
3.48	.372
3.96	.298
4.20	.260
4.44	.226
4.92	.210
5.16	.162
5.40	.151
5.88	.123
6.12	.107
6.36	.093
6.84	.075
7.08	.067
7.32	.055
7.80	.044
8.04	.034
8.28	.031
8.76	.023
9.00	.020
9.24	.017
9.72	.012
9.96	.009
10.20	.007
10.68	.005
10.92	.003
11.16	.002
11.64	.002
11.88	.002
12.12	.001
12.60	.001
12.84	.000

$k=4, n=6$

x	$P_0\{S \geq x\}$
.0	1.000
.2	.996
.4	.957
.6	.940
.8	.874
1.0	.844
1.2	.789

$k=4, n=6$

x	$P_0\{S \geq x\}$
1.4	.772
1.6	.679
1.8	.668
2.0	.609
2.2	.574
2.4	.541
2.6	.512
3.0	.431
3.2	.386
3.4	.375
3.6	.338
3.8	.317
4.0	.270
4.2	.256
4.4	.230
4.6	.218
4.8	.197
5.0	.194
5.2	.163
5.4	.155
5.6	.127
5.8	.114
6.2	.108
6.4	.089
6.6	.088
6.8	.073
7.0	.066
7.2	.060
7.4	.056
7.6	.043
7.8	.041
8.0	.037
8.2	.035
8.4	.032
8.6	.029
8.8	.023
9.0	.022
9.4	.017
9.6	.014
9.8	.013
10.0	.010
10.2	.010
10.4	.009
10.6	.007

표 22. (계속)

$k=4, n=6$

x	$P_0\{S \geq x\}$
10.8	.006
11.0	.006
11.4	.004
11.6	.003
11.8	.003
12.0	.002
12.2	.002
12.6	.001
12.8	.001
13.0	.001
13.2	.001
13.4	.001
13.6	.000

$k=4, n=7$

x	$P_0\{S \geq x\}$
.086	1.000
.257	.984
.429	.963
.771	.906
.943	.845
1.114	.800
1.457	.757
1.629	.685
1.800	.652
2.143	.590
2.314	.557
2.486	.524
2.829	.456
3.000	.418
3.171	.382
3.514	.366
3.686	.310
3.857	.297
4.200	.262
4.371	.239
4.543	.220
4.886	.195
5.057	.180

$k=4, n=7$

x	$P_0\{S \geq x\}$
5.229	.161
5.571	.143
5.743	.122
5.914	.118
6.257	.100
6.429	.093
6.600	.085
6.943	.073
7.114	.063
7.286	.056
7.629	.052
7.800	.041
7.971	.038
8.314	.035
8.486	.033
8.657	.030
9.000	.023
9.171	.020
9.343	.017
9.686	.015
9.857	.013
10.029	.012
10.371	.010
10.543	.009
10.714	.008
11.057	.007
11.229	.005
11.400	.004
11.743	.004
11.914	.003
12.086	.003
12.429	.002
12.600	.002
12.771	.002
13.114	.001
13.286	.001
13.457	.001
13.800	.001
13.971	.001
14.143	.001
14.486	.000

$k=4, n=8$

x	$P_0\{S \geq x\}$
.00	1.000
.15	.998
.30	.971
.45	.959
.60	.912
.75	.890
.90	.849
1.05	.837
1.20	.765
1.35	.757
1.50	.710
1.65	.681
1.80	.654
1.95	.629
2.25	.558
2.40	.517
2.55	.507
2.70	.471
2.85	.450
3.00	.404
3.15	.389
3.30	.362
3.45	.350
3.60	.326
3.75	.323
3.90	.287
4.05	.278
4.20	.242
4.35	.226
4.65	.219
4.80	.193
4.95	.191
5.10	.168
5.25	.158
5.40	.148
5.55	.141
5.70	.121
5.85	.117
6.00	.110
6.15	.106
6.30	.100
6.45	.094

$k=4, n=8$

x	$P_0\{S \geq x\}$
6.60	.081
6.75	.079
7.05	.068
7.20	.060
7.35	.058
7.50	.051
7.65	.049
7.80	.046
7.95	.042
8.10	.038
8.25	.037
8.55	.031
8.70	.028
8.85	.025
9.00	.023
9.15	.022
9.45	.019
9.60	.016
9.75	.015
9.90	.014
10.05	.014
10.20	.011
10.35	.011
10.50	.009
10.65	.009
10.80	.008
10.95	.008
11.10	.006
11.25	.006
11.40	.005
11.55	.005
11.85	.004
12.00	.004
12.15	.004
12.30	.003
12.45	.003
12.60	.002
12.75	.002
12.90	.002
13.05	.002
13.20	.002
13.35	.001
13.50	.001

표 22. (계속)

$k=4, n=9$

x	$P_0\{S \geq x\}$
13.65	.001
13.80	.001
13.95	.001
14.25	.001
14.40	.001
14.55	.001
14.70	.001
14.85	.000

$k=5, n=3$

x	$P_0\{S \geq x\}$
.000	1.000
.267	1.000
.533	.988
.800	.972
1.067	.941
1.333	.914
1.600	.845
1.867	.831
2.133	.768
2.400	.720
2.667	.682
2.933	.649
3.200	.595
3.467	.559
3.733	.493
4.000	.475
4.267	.432
4.533	.406
4.800	.347
5.067	.326
5.333	.291
5.600	.253
5.867	.236
6.133	.213
6.400	.172
6.667	.163
6.933	.127
7.200	.117
7.467	.096
7.733	.080

$k=5, n=3$

x	$P_0\{S \geq x\}$
8.000	.063
8.267	.056
8.533	.045
8.800	.038
9.067	.028
9.333	.026
9.600	.017
9.867	.015
10.133	.008
10.400	.005
10.667	.004
10.933	.003
11.467	.001
12.000	.000

$k=5, n=4$

x	$P_0\{S \geq x\}$
.0	1.000
.2	.999
.4	.991
.6	.980
.8	.959
1.0	.940
1.2	.906
1.4	.895
1.6	.850
1.8	.815
2.0	.785
2.2	.759
2.4	.715
2.6	.685
2.8	.630
3.0	.612
3.2	.579
3.4	.552
3.6	.500
3.8	.479
4.0	.442
4.2	.413
4.4	.395
4.6	.370

$k=5, n=4$

x	$P_0\{S \geq x\}$
4.8	.329
5.0	.317
5.2	.286
5.4	.275
5.6	.249
5.8	.227
6.0	.205
6.2	.197
6.4	.178
6.6	.161
6.8	.143
7.0	.136
7.2	.121
7.4	.113
7.6	.095
7.8	.086
8.0	.080
8.2	.072
8.4	.063
8.6	.060
8.8	.049
9.0	.043
9.2	.038
9.4	.035
9.6	.028
9.8	.025
10.0	.021
10.2	.019
10.4	.017
10.6	.014
10.8	.011
11.0	.010
11.2	.008
11.4	.007
11.6	.006
11.8	.005
12.0	.004
12.2	.004
12.4	.003
12.6	.002
12.8	.002
13.0	.001
13.2	.001
13.4	.001

$k=5, n=4$

x	$P_0\{S \geq x\}$
13.6	.001
13.8	.000

$k=5, n=5$

x	$P_0\{S \geq x\}$
.00	1.000
.16	1.000
.32	.994
.48	.986
.64	.972
.80	.958
.96	.932
1.12	.925
1.28	.891
1.44	.865
1.60	.842
1.76	.823
1.92	.789
2.08	.765
2.24	.721
2.40	.707
2.56	.679
2.72	.657
2.88	.613
3.04	.594
3.20	.562
3.36	.535
3.52	.518
3.68	.494
3.84	.454
4.00	.443
4.16	.410
4.32	.398
4.48	.371
4.64	.349
4.80	.325
4.96	.316
5.12	.295
5.28	.275
5.44	.255
5.60	.246

표 22. (계속)

$k=5, n=5$

x	$P_0\{S \geq x\}$
5.76	.227
5.92	.218
6.08	.195
6.24	.183
6.40	.174
6.56	.164
6.72	.151
6.88	.146
7.04	.130
7.20	.121
7.36	.112
7.52	.107
7.68	.094
7.84	.089
8.00	.082

$k=5, n=5$

x	$P_0\{S \geq x\}$
8.16	.077
8.32	.073
8.48	.066
8.64	.058
8.80	.056
8.96	.049
9.12	.046
9.28	.042
9.44	.038
9.60	.035
9.76	.032
9.92	.029
10.08	.026
10.24	.024
10.40	.022

$k=5, n=5$

x	$P_0\{S \geq x\}$
10.56	.019
10.72	.018
10.88	.015
11.04	.013
11.20	.012
11.36	.012
11.52	.010
11.68	.009
11.84	.008
12.00	.007
12.16	.006
12.32	.006
12.48	.005
12.64	.004
12.80	.004

$k=5, n=5$

x	$P_0\{S \geq x\}$
12.96	.003
13.12	.003
13.28	.003
13.44	.002
13.60	.002
13.76	.002
13.92	.002
14.08	.001
14.24	.001
14.40	.001
14.56	.001
14.72	.001
14.88	.001
15.04	.000

표 23. 페이지 통계량(L) 분포표 : $\ell(\alpha,k,n)$

$P_0\{L \geq \ell(\alpha,k,n)\} \approx \alpha$를 만족하는 $\ell(\alpha,k,n)$값

	k								
	3			4			5		
	α			α			α		
n	.001	.01	.05	.001	.01	.05	.001	.01	.05
2			28		60	58	109	106	103
3		42	41	89	87	84	160	155	150
4	56	55	54	117	114	111	210	204	197
5	70	68	66	145	141	137	259	251	244
6	83	81	79	172	167	163	307	299	291
7	96	93	91	198	193	189	355	346	338
8	109	106	104	225	220	214	403	393	384
9	121	119	116	252	246	240	451	441	431
10	134	131	128	278	272	266	499	487	477
11	147	144	141	305	298	292	546	534	523
12	160	156	153	331	324	317	593	581	570
13	172	169	165						
14	185	181	178						
15	197	194	190						
16	210	206	202						
17	223	218	215						
18	235	231	227						
19	248	243	239						
20	260	256	251						

	k								
	6			7			8		
	α			α			α		
n	.001	.01	.05	.001	.01	.05	.001	.01	.05
2	178	173	166	269	261	252	388	376	362
3	260	252	244	394	382	370	567	549	532
4	341	331	321	516	501	487	743	722	701
5	420	409	397	637	620	603	917	893	869
6	499	486	474	757	737	719	1,090	1,063	1,037
7	577	563	550	876	855	835	1,262	1,232	1,204
8	655	640	625	994	972	950	1,433	1,401	1,371
9	733	717	701	1,113	1,065	1,065	1,603	1,569	1,537
10	811	793	777	1,230	1,180	1,180	1,773	1,736	1,703
11	888	869	852	1,348	1,295	1,295	1,943	1,905	1,868
12	965	946	928	1,465	1,410	1,410	2,112	2,072	2,035

표 24. 두 부호순위통계량 사이의 귀무상관에 대한 상계 : ρ_u^n

n	ρ_U^n	n	ρ_U^n
1	.333	26	.488
2	.389	27	.488
3	.416	28	.488
4	.433	29	.489
5	.444	30	.489
6	.452	31	.490
7	.458	32	.490
8	.463	33	.490
9	.467	34	.490
10	.470	35	.491
11	.472	36	.491
12	.474	37	.491
13	.476	38	.491
14	.478	39	.492
15	.479	40	.492
16	.480	41	.492
17	.481	42	.492
18	.482	43	.492
19	.483	44	.493
20	.484	45	.493
21	.485	46	.493
22	.485	47	.493
23	.486	48	.493
24	.487	49	.493
25	.487	50	.493

표 25. 프리드만 순위합에 기초한 전체처리비교 기각값 : $r(\alpha,k,n)$

$k=3$

n	$r(\alpha,3,n)$	α
3	6 *	.028
4	7 *	.042
	8 *	.005
5	8 *	.039
	9 *	.008
6	9 *	.029
	10 *	.009
7	9 *	.051
	10	.023
	11 *	.008
8	10 *	.039
	11	.018
	12 *	.007
9	10 *	.048
	11	.026
	12 *	.013
10	11 *	.037
	12	.019
	13 *	.010
11	11 *	.049
	12	.028
	14 *	.008
12	12 *	.038
	13	.022
	14 *	.012
13	12 *	.049
	13	.030
	15 *	.009

$k=3$

n	$r(\alpha,3,n)$	α
14	13 *	.038
	14	.023
	16 *	.007
15	13 *	.047
	14	.028
	16 *	.010

$k=4$

n	$r(\alpha,4,n)$	α
2	6 *	.083
3	8 *	.049
	9 *	.007
4	10 *	.026
	11 *	.005
5	11 *	.037
	12 *	.013
6	12 *	.037
	13	.018
	14 *	.006
7	13 *	.037
	14	.020
	15 *	.008
8	14 *	.034
	15	.019
	16 *	.009
9	15	.032
	17 *	.010

$k=4$

n	$r(\alpha,4,n)$	α
10	15 *	.046
	16	.029
	18 *	.010
11	16	.041
	17	.026
	19	.009
12	17	.038
	18	.023
	20	.008
13	18	.032
	19	.021
	21	.008
14	18	.042
	19	.028
	21	.011
15	19	.037
	20	.024
	22	.010

$k=5$

n	$r(\alpha,5,n)$	α
2	8	.050
3	10	.067
	11	.018
	12	.002
4	12	.054
	13	.020
	14	.006

표 25. (계속)

$k=5$		
n	$r(\alpha,5,n)$	α
5	14	.040
	16	.006
6	15	.049
	16	.028
	17	.013
7	16	.052
	17	.033
	19	.009
8	18	.036
	19	.022
	20	.012
9	19	.037
	20	.024
	22	.008
10	20	.038
	21	.025
	23	.009
11	21	.038
	22	.028
	24	.010
12	22	.038
	23	.025
	25	.011
13	23	.035
	24	.024
	26	.011
14	24	.034
	25	.024
	27	.011
15	24	.045
	26	.022
	28	.010

$k=6$		
n	$r(\alpha,6,n)$	α
2	10	.033
3	13	.030
	14	.008
4	15	.047
	16	.018
	17	.006
5	17	.047
	18	.022
	19	.010
6	19	.040
	20	.021
	21	.010
7	20	.049
	21	.032
	23	.010
8	22	.039
	23	.026
	25	.008
9	23	.043
	24	.030
	26	.012
10	24	.047
	26	.023
	28	.009
11	26	.036
	27	.026
	29	.012
12	27	.039
	28	.028
	31	.009

$k=6$		
n	$r(\alpha,6,n)$	α
13	28	.039
	29	.028
	32	.010
14	29	.040
	30	.030
	33	.011
15	30	.040
	32	.023
	34	.012

$k=7$		
n	$r(\alpha,7,n)$	α
2	12	.024
3	15	.048
	16	.016
4	18	.040
	20	.007
5	20	.052
	21	.028
	22	.014
6	22	.050
	23	.032
	25	.009
7	24	.047
	25	.032
	27	.011
8	26	.041
	27	.030
	29	.011

표 25. (계속)

$k=7$		
n	$r(\alpha,7,n)$	α
9	27	.050
	29	.026
	31	.011
10	29	.042
	30	.031
	33	.010
11	30	.049
	32	.027
	35	.009
12	32	.040
	33	.030
	36	.011
13	33	.043
	35	.025
	38	.009
14	34	.047
	36	.028
	39	.011
15	36	.038
	37	.030
	41	.009

$k=8$		
n	$r(\alpha,8,n)$	α
2	14	.018
3	17	.067
	18	.027
	19	.009
4	21	.036
	23	.007

$k=8$		
n	$r(\alpha,8,n)$	α
5	23	.057
	24	.034
	26	.009
6	26	.045
	27	.027
	29	.009
7	28	.048
	29	.032
	31	.012
8	30	.046
	31	.033
	34	.009
9	32	.043
	33	.032
	36	.010
10	34	.040
	35	.031
	38	.010
11	35	.048
	37	.028
	40	.010
12	37	.042
	39	.026
	42	.010
13	39	.039
	40	.030
	44	.009
14	40	.042
	42	.027
	45	.012
15	42	.037
	43	.030
	47	.011

$k=9$		
n	$r(\alpha,9,n)$	α
2	15	.069
	16	.014
3	20	.041
	22	.005
4	23	.064
	24	.034
	26	.008
5	27	.040
	28	.023
	29	.013
6	29	.058
	30	.038
	33	.008
7	32	.046
	33	.032
	36	.008
8	34	.049
	36	.026
	38	.012
9	36	.050
	38	.030
	41	.010
10	38	.050
	40	.031
	43	.011
11	40	.048
	42	.030
	46	.009
12	42	.046
	44	.029
	48	.009

표 25. (계속)

$k=9$		
n	$r(\alpha,9,n)$	α
13	44	.042
	46	.027
	50	.009
14	46	.041
	48	.026
	52	.009
15	47	.046
	50	.025
	54	.009

$k=10$		
n	$r(\alpha,10,n)$	α
2	17	.056
	18	.011
3	22	.057
	23	.026
	24	.010
4	26	.060
	27	.033
	29	.009
5	30	.047
	31	.029
	33	.010
6	33	.051
	34	.033
	37	.008
7	36	.047
	37	.033
	40	.010
8	38	.052
	40	.031
	43	.010
9	41	.046
	43	.027
	46	.009
10	43	.047
	45	.030
	49	.009
11	45	.049
	47	.032
	51	.010
12	48	.040
	50	.027
	54	.009
13	50	.039
	52	.026
	56	.009
14	52	.039
	54	.026
	58	.010
15	53	.045
	56	.026
	60	.010

$k=11$		
n	$r(\alpha,11,n)$	α
2	19	.045
	20	.009
3	25	.038
	27	.007
4	29	.057
	30	.033
	32	.010
5	33	.055
	34	.035
	37	.008
6	37	.045
	38	.030
	41	.008
7	40	.049
	41	.035
	44	.011
8	43	.046
	44	.035
	48	.009
9	46	.043
	47	.034
	51	.009
10	48	.047
	50	.031
	54	.009
11	51	.040
	53	.027
	57	.009
12	53	.043
	55	.029
	59	.011
13	55	.046
	57	.031
	62	.010
14	57	.045
	60	.026
	64	.011
15	59	.046
	62	.027
	67	.009

표 25. (계속)

$k=12$

n	$r(\alpha,10,n)$	α
2	21	.038
	22	.008
3	27	.053
	28	.027
	29	.012
4	32	.055
	33	.033
	35	.011
5	37	.042
	38	.027
	40	.011
6	40	.059
	42	.028
	45	.008
7	44	.050
	46	.026
	49	.009
8	47	.050
	49	.030
	52	.011
9	50	.048
	52	.032
	56	.010
10	53	.047
	55	.032
	59	.010
11	56	.043
	58	.029
	62	.011
12	58	.048
	61	.027
	65	.011

$k=12$

n	$r(\alpha,10,n)$	α
13	61	.043
	63	.030
	68	.010
14	63	.046
	66	.027
	71	.009
15	66	.040
	68	.028
	73	.011

$k=13$

n	$r(\alpha,13,n)$	α
2	23	.032
	24	.006
3	30	.038
	32	.009
4	35	.054
	36	.033
	38	.012
5	40	.049
	41	.033
	44	.009
6	44	.054
	46	.027
	49	.009
7	48	.051
	50	.028
	53	.010
8	52	.046
	53	.035
	57	.010

$k=13$

n	$r(\alpha,13,n)$	α
9	55	.048
	57	.030
	61	.010
10	58	.047
	60	.032
	65	.009
11	61	.046
	63	.032
	68	.010
12	64	.045
	66	.032
	71	.010
13	67	.041
	69	.030
	74	.011
14	69	.046
	72	.028
	77	.010
15	72	.040
	74	.030
	80	.010

$k=14$

n	$r(\alpha,14,n)$	α
2	25	.027
	26	.005
3	32	.052
	33	.028
	35	.006
4	38	.053
	39	.034
	41	.013

표 25. (계속)

$k=14$		
n	$r(\alpha,14,n)$	α
5	43	.057
	45	.027
	47	.012
6	48	.050
	50	.026
	53	.009
7	52	.053
	54	.030
	57	.012
8	56	.051
	58	.031
	62	.010
9	60	.047
	62	.029
	66	.010
10	63	.048
	65	.033
	70	.010
11	66	.049
	69	.029
	74	.009
12	69	.048
	72	.030
	77	.010
13	72	.047
	75	.030
	80	.011
14	75	.045
	78	.028
	84	.009
15	78	.043
	81	.028
	87	.010

$k=15$		
n	$r(\alpha,15,n)$	α
2	26	.071
	27	.024
	28	.005
3	35	.039
	37	.010
4	41	.053
	42	.035
	45	.008
5	47	.046
	48	.033
	51	.010
6	52	.047
	53	.035
	57	.009
7	56	.055
	58	.032
	62	.010
8	60	.056
	63	.027
	67	.009
9	64	.052
	67	.028
	71	.011
10	68	.049
	71	.028
	75	.011
11	72	.043
	74	.032
	79	.011
12	75	.045
	78	.028
	83	.010
13	78	.046
	81	.030
	87	.009
14	81	.046
	84	.030
	90	.010
15	84	.043
	87	.029
	94	.009

표 26. 프리드만 순위합에 기초한 처리-대조비교 기각값-한쪽절차 : $r*(\alpha, k-1, n)$

$k=3$

x	$n=2$	$n=3$	$n=4$	$n=5$	$n=6$	$n=7$	$n=8$	$n=9$	$n=10$
1	.5000	.3981	.4213	.3976	.3983	.3903	.3879	.3840	.3816
2	.6111	.5648	.5386	.5185	.5037	.4918	.4821	.4739	.4670
3	.7778	.7593	.6899	.6664	.6349	.6161	.5976	.5834	.5706
4	.9444	.8519	.8194	.7719	.7453	.7173	.6967	.6776	.6617
5		.9352	.8982	.8594	.8288	.8017	.7784	.7580	.7400
6		.9907	.9537	.9303	.9008	.8777	.8546	.8348	.8161
7			.9861	.9663	.9476	.9272	.9086	.8904	.8735
8			.9985	.9869	.9749	.9602	.9456	.9308	.9163
9				.9972	.9899	.9817	.9714	.9608	.9496
10				.9997	.9969	.9922	.9861	.9788	.9708
11					.9994	.9972	.9939	.9894	.9841
12					1.0000	.9993	.9977	.9954	.9922
13						.9999	.9993	.9982	.9964
14						1.0000	.9998	.9994	.9985
15							1.0000	.9998	.9995
16								1.0000	.9998
17									1.0000

$k=3$

x	$n=11$	$n=12$	$n=13$	$n=14$	$n=15$	$n=16$	$n=17$	$n=18$
1	.3791	.3771	.3753	.3737	.3723	.3710	.3698	.3687
2	.4610	.4557	.4590	.4468	.4431	.4396	.4365	.4336
3	.5598	.5502	.5417	.5341	.5272	.5210	.5154	.5101
4	.6474	.6349	.6236	.6135	.6043	.5960	.5883	.5812
5	.7239	.7095	.6965	.6847	.6739	.6640	.6549	.6464
6	.7995	.7840	.7840	.7570	.7451	.7340	.7237	.7141
7	.8576	.8429	.8290	.8160	.8039	.7926n	.7819	.7718
8	.9023	.8889	.8761	.8639	.8523	.8413	.8308	.8208
9	.9383	.9271	.9161	.9054	.8950	.8849	.8752	.8658
10	.9623	.9536	.9446	.9357	.9268	.9180	.9094	.9010
11	.9781	.9716	.9647	.9576	.9504	.9431	.9358	.9285
12	.9884	.9840	.9791	.9739	.9683	.9626	.9568	.9508
13	.9942	.9913	.9880	.9844	.9803	.9760	.9715	.9668

표 26. (계속)

$k=3$

x	$n=11$	$n=12$	$n=13$	$n=14$	$n=15$	$n=16$	$n=17$	$n=18$
14	.9973	.9956	.9935	.9910	.9882	.9851	.9817	.9782
15	.9989	.9979	.9967	.9952	.9934	.9913	.9889	.9863
16	.9996	.9991	.9984	.9975	.9965	.9950	.9935	.9917
17	.9999	.9997	.9993	.9988	.9981	.9973	.9963	.9951
18	1.0000	.9999	.9997	.9995	.9991	.9986	.9980	.9972
19		1.0000	.9999	.9998	.9996	.9993	.9990	.9985
20			1.0000	.9999	.9998	.9997	.9995	.9992
21				1.0000	.9999	.9999	.9998	.9996
22					1.0000	.9999	.9999	.9998
23						1.0000	1.0000	.9999
24								1.0000

$k=4$

x	$n=2$	$n=3$	$n=4$	$n=5$
1	.3542	.3029	.3033	.2960
2	.4792	.4358	.4121	.3957
3	.6354	.5733	.5325	.5019
4	.7708	.7105	.6481	.6095
5	.9062	.8121	.7563	.7091
6	.9792	.8954	.8434	.7960
7		.9540	.9082	.8666
8		.9878	.9519	.9196
9		.9983	.9795	.9554
10			.9935	.9778
11			.9987	.9905
12			.9999	.9968
13				.9992
14				.9999
15				1.0000

표 27. 프리드만 순위합에 기초한 처리 대조비교 기각값-양쪽절차 : $r^{**}(\alpha, k-1, n)$

$k=3$

x	$n=2$	$n=3$	$n=4$	$n=5$	$n=6$	$n=7$	$n=8$	$n=9$	$n=10$
1	.1667	.0556	.0695	.0463	.0437	.0360	.0326	.0288	.0263
2	.2778	.1944	.1620	.1337	.1157	.1013	.0903	.0814	.0741
3	.5556	.5278	.3997	.3601	.3067	.2763	.2469	.2253	.2061
4	.8889	.7037	.6404	.5491	.4992	.4475	.4104	.3765	.3489
5		.8704	.7963	.7189	.6589	.6058	.5612	.5222	.4883
6		.9815	.9074	.8606	.8017	.7556	.7099	.6708	.6343
7			.9722	.9326	.8952	.8543	.8173	.7809	.7475
8			.9969	.9738	.9498	.9205	.8912	.8615	.8327
9				.9943	.9799	.9634	.9428	.9216	.8991
10				.9995	.9937	.9844	.9722	.9576	.9417
11					.9989	.9944	.9878	.9789	.9682
12					.9999	.9986	.9955	.9908	.9844
13						.9998	.9986	.9963	.9929
14						1.0000	.9997	.9987	.9971
15							1.0000	.9997	.9989
16								.9999	.9997
17								1.0000	.9999
18									1.0000

$k=3$

x	$n=11$	$n=12$	$n=13$	$n=14$	$n=15$	$n=16$	$n=17$	$n=18$
1	.0239	.0220	.0204	.0190	.0178	.0167	.0157	.0149
2	.0680	.0628	.0584	.0545	.0512	.0482	.0455	.0432
3	.1904	.1768	.1650	.1547	.1456	.1375	.1303	.1238
4	.3245	.3036	.2851	.2688	.2542	.2411	.2293	.2186
5	.4584	.4320	.4084	.3873	.3682	.3509	.3351	.3207
6	.6019	.5722	.5454	.5207	.4982	.4775	.4584	.4408
7	.7160	.6868	.6596	.6342	.6106	.5886	.5680	.5488
8	.8048	.7780	.7526	.7284	.7054	.6837	.6630	.6435
9	.8767	.8543	.8324	.8110	.7902	.7701	.7508	.7321
10	.9246	.9071	.8893	.8714	.8537	.8362	.8190	.8022
11	.9562	.9432	.9295	.9153	.9008	.8862	.8716	.8570
12	.9768	.9679	.9582	.9477	.9367	.9252	.9135	.9016

표 27. (계속)

$k=3$

x	$n=11$	$n=12$	$n=13$	$n=14$	$n=15$	$n=16$	$n=17$	$n=18$
13	.9883	.9827	.9761	.9687	.9607	.9521	.9430	.9336
14	.9945	.9912	.9870	.9821	.9764	.9702	.9635	.9563
15	.9977	.9959	.9934	.9904	.9867	.9825	.9778	.9727
16	.9991	.9982	.9969	.9951	.9928	.9901	.9869	.9833
17	.9997	.9993	.9987	.9976	.9963	.9946	.9926	.9901
18	.9999	.9998	.9994	.9989	.9982	.9972	.9960	.9945
19	1.0000	.9999	.9998	.9996	.9992	.9986	.9979	.9970
20		1.0000	.9999	.9998	.9997	.9994	.9990	.9984
21			1.0000	.9999	.9999	.9997	.9995	.9992
22				1.0000	1.0000	.9999	.9998	.9996
23						1.0000	.9999	.9998
24							1.0000	.9999
25								1.0000

$k=4$

x	$n=2$	$n=3$	$n=4$	$n=5$
1	.0417	.0000	.0076	.0000
2	.1042	.0417	.0397	.0254
3	.2917	.2023	.1477	.1153
4	.5417	.4288	.3182	.2578
5	.8125	.6241	.5155	.4277
6	.9583	.7908	.6870	.5932
7		.9080	.8165	.7332
8		.9757	.9039	.8392
9		.9965	.9590	.9107
10			.9871	.9556
11			.9974	.9811
12			.9997	.9936
13				.9984
14				.9997
15				1.0000

표 28. 켄달 통계량(K) 분포표 : $P_0\{K \geq x\}$

$P_0\{K \geq x\} = \alpha$ 이면 $k(\alpha,n) = x$

	n								
x	4	5	8	9	12	13	16	17	20
0	.625	.592	.548	.540	.527	.524	.518	.516	.513
2	.375	.408	.452	.460	.473	.476	.482	.484	.487
4	.167	.242	.360	.381	.420	.429	.447	.452	.462
6	.042	.117	.274	.306	.369	.383	.412	.420	.436
8		.042	.199	.238	.319	.338	.378	.388	.411
10		.008	.138	.179	.273	.295	.345	.358	.387
12			.089	.130	.230	.255	.313	.328	.362
14			.054	.090	.190	.218	.282	.299	.339
16			.031	.060	.155	.184	.253	.271	.315
18			.016	.038	.125	.153	.225	.245	.293
20			.007	.022	.098	.126	.199	.220	.271
22			.002	.012	.076	.102	.175	.196	.250
24			.001	.006	.058	.082	.153	.174	.230
26			.000	.003	.043	.064	.133	.154	.211
28				.001	.031	.050	.114	.135	.193
30				.000	.022	.038	.097	.118	.176
32					.016	.029	.083	.102	.159
34					.010	.021	.070	.088	.144
36					.007	.015	.058	.076	.130
38					.004	.011	.048	.064	.117
40					.003	.007	.039	.054	.104
42					.002	.005	.032	.046	.093
44					.001	.003	.026	.038	.082
46					.000	.002	.021	.032	.073
48						.001	.016	.026	.064
50						.001	.013	.021	.056
52						.000	.010	.017	.049
54							.008	.014	.043
56							.006	.011	.037
58							.004	.009	.032
60							.003	.007	.027
62							.002	.005	.023
64							.002	.004	.020
66							.001	.003	.017
68							.001	.002	.014
70							.001	.002	.012

표 28. (계속)

x	n 4	5	8	9	12	13	16	17	20
72							.000	.001	.010
74								.001	.008
76								.001	.007
78								.000	.006
80									.005
82									.004
84									.003
86									.002
88									.002
90									.002
92									.001
94									.001
96									.001
98									.001
100									.000

x	n 21	24	25	28	29	32	33	36	37	40
0	.512	.510	.509	.508	.507	.506	.506	.505	.505	.505
2	.488	.490	.491	.492	.493	.494	.494	.495	.495	.495
4	.464	.471	.472	.477	.478	.481	.482	.484	.484	.486
6	.441	.451	.454	.461	.463	.468	.469	.473	.474	.477
8	.417	.432	.436	.446	.448	.455	.457	.462	.464	.468
10	.394	.413	.418	.430	.434	.442	.445	.452	.453	.459
12	.371	.394	.400	.415	.419	.430	.433	.441	.443	.449
14	.349	.375	.382	.400	.405	.417	.421	.430	.433	.440
16	.327	.356	.364	.385	.390	.405	.409	.420	.423	.431
18	.306	.338	.347	.370	.376	.392	.397	.409	.413	.422
20	.285	.320	.330	.355	.362	.380	.385	.399	.403	.413
22	.265	.303	.314	.341	.348	.368	.373	.388	.393	.404
24	.246	.286	.297	.326	.334	.356	.362	.378	.383	.395
26	.228	.270	.282	.312	.321	.344	.350	.368	.373	.386
28	.210	.254	.266	.298	.308	.332	.339	.358	.363	.377
30	.193	.238	.251	.285	.295	.320	.328	.347	.353	.369
35	.177	.223	.237	.272	.282	.309	.317	.338	.344	.360
34	.162	.209	.222	.259	.270	.298	.306	.328	.334	.351
36	.147	.195	.209	.246	.257	.287	.295	.318	.325	.343
38	.134	.181	.196	.234	.246	.276	.285	.308	.315	.334
40	.121	.169	.183	.222	.234	.265	.274	.299	.306	.326
42	.109	.156	.171	.211	.223	.255	.264	.290	.297	.318
44	.098	.145	.159	.200	.212	.244	.254	.280	.288	.309

표 28. (계속)

x	n 21	24	25	28	29	32	33	36	37	40
46	.088	.134	.148	.189	.201	.234	.244	.271	.279	.301
48	.079	.123	.138	.178	.191	.224	.235	.262	.271	.293
50	.070	.113	.128	.168	.181	.215	.225	.254	.262	.285
52	.062	.104	.118	.158	.171	.206	.216	.245	.254	.277
54	.055	.095	.109	.149	.162	.197	.207	.237	.245	.270
56	.049	.087	.101	.140	.153	.188	.199	.228	.237	.262
58	.043	.079	.093	.131	.144	.179	.190	.220	.229	.255
60	.037	.072	.085	.123	.136	.171	.182	.212	.222	.247
62	.032	.066	.078	.115	.128	.163	.174	.204	.214	.240
64	.028	.059	.071	.108	.120	.155	.166	.197	.206	.233
66	.024	.054	.065	.101	.112	.147	.158	.189	.199	.226
68	.021	.048	.059	.094	.105	.140	.151	.182	.192	.219
70	.018	.044	.054	.087	.099	.133	.144	.175	.185	.212
72	.015	.039	.049	.081	.092	.126	.137	.168	.178	.205
74	.013	.035	.044	.075	.086	.119	.130	.161	.171	.199
76	.011	.031	.040	.070	.080	.113	.124	.155	.165	.192
78	.009	.028	.036	.065	.075	.107	.117	.148	.158	.186
80	.008	.025	.032	.060	.070	.101	.111	.142	.152	.180
82	.007	.022	.029	.055	.065	.095	.106	.136	.146	.174
84	.005	.019	.026	.051	.060	.090	.100	.130	.140	.168
86	.005	.017	.023	.047	.056	.085	.095	.124	.134	.162
88	.004	.015	.021	.043	.052	.080	.090	.119	.129	.156
90	.003	.013	.018	.039	.048	.075	.085	.114	.123	.151
92	.002	.011	.016	.036	.044	.070	.080	.108	.118	.146
94	.002	.010	.014	.033	.041	.066	.075	.103	.113	.140
96	.002	.009	.013	.030	.037	.062	.071	.099	.108	.135
98	.001	.007	.011	.027	.034	.058	.067	.094	.103	.130
100	.001	.006	.010	.025	.031	.054	.063	.089	.098	.125
102	.001	.006	.009	.023	.029	.051	.059	.085	.094	.121
104	.001	.005	.008	.021	.026	.048	.055	.081	.090	.116
106	.001	.004	.007	.019	.024	.044	.052	.077	.085	.111
108	.000	.003	.006	.017	.022	.041	.049	.073	.081	.107
110		.003	.005	.015	.020	.039	.046	.069	.077	.103
112		.003	.004	.014	.018	.036	.043	.066	.074	.099
114		.002	.004	.012	.017	.033	.040	.062	.070	.095
116		.002	.003	.011	.015	.031	.037	.059	.067	.091
118		.001	.003	.010	.014	.029	.035	.056	.063	.087
120		.001	.002	.009	.012	.027	.032	.053	.060	.083
122		.001	.002	.008	.011	.025	.030	.050	.057	.080
124		.001	.002	.007	.010	.023	.028	.047	.054	.076
126		.001	.001	.006	.009	.021	.026	.044	.051	.073
128		.001	.001	.006	.008	.019	.024	.042	.048	.070
130		.000	.001	.005	.007	.018	.023	.039	.046	.067
132			.001	.004	.007	.016	.021	.037	.043	.064

표 28. (계속)

x	21	24	25	28	29	32	33	36	37	40
134			.001	.004	.006	.015	.019	.035	.041	.061
136			.001	.003	.005	.014	.018	.033	.039	.058
138			.000	.003	.005	.013	.017	.031	.037	.055
140				.003	.004	.012	.015	.029	.034	.053
142				.002	.004	.011	.014	.027	.032	.050
144				.002	.003	.010	.013	.025	.031	.048
146				.002	.003	.009	.012	.024	.029	.046
148				.002	.003	.008	.011	.022	.027	.043
150				.001	.002	.007	.010	.021	.025	.041
152				.001	.002	.007	.009	.020	.024	.039
154				.001	.002	.006	.008	.018	.022	.037
156				.001	.002	.006	.008	.017	.021	.035
158				.001	.001	.005	.007	.016	.020	.034
160				.001	.001	.005	.006	.015	.018	.032
162				.001	.001	.004	.006	.014	.017	.030
164				.000	.001	.004	.005	.013	.016	.029
166					.001	.003	.005	.012	.015	.027
168					.001	.003	.004	.011	.014	.026
170					.001	.003	.004	.010	.013	.024
172					.001	.002	.004	.010	.012	.023
174					.000	.002	.003	.009	.011	.022
176						.002	.003	.008	.011	.020
178						.002	.003	.008	.010	.019
180						.002	.002	.007	.009	.018
182						.001	.002	.006	.009	.017
184						.001	.002	.006	.008	.016
186						.001	.002	.006	.007	.015
188						.001	.002	.005	.007	.014
190						.001	.001	.005	.006	.014
192						.001	.001	.004	.006	.013
194						.001	.001	.004	.005	.012
196						.001	.001	.004	.005	.011
198						.001	.001	.003	.005	.011
200						.000	.001	.003	.004	.010
202							.001	.003	.004	.009
204							.001	.003	.004	.009
206							.001	.002	.003	.008
208							.001	.002	.003	.008
210							.000	.002	.003	.007
212								.002	.003	.007
214								.002	.002	.006
216								.001	.002	.006
218								.001	.002	.005
220								.001	.002	.005

표 28. (계속)

x	n 21	24	25	28	29	32	33	36	37	40
222								.001	.002	.005
224								.001	.002	.004
226								.001	.001	.004
228								.001	.001	.004
230								.001	.001	.004
232								.001	.001	.003
234								.001	.001	.003
236								.001	.001	.003
238								.000	.001	.003
240									.001	.002
242									.001	.002
244									.001	.002
246									.001	.002
248									.000	.002
250										.002
252										.002
254										.001
256										.001
258										.001
260										.001
262										.001
264										.001
266										.001
268										.001
270										.001
272										.001
274										.001
276										.001
278										.001
280										.000

표 28. (계속)

	n								
x	6	7	10	11	14	15	18	19	22
1	.500	.500	.500	.500	.500	.500	.500	.500	.500
3	.360	.386	.431	.440	.457	.461	.470	.473	.478
5	.235	.281	.364	.381	.415	.423	.441	.445	.456
7	.136	.191	.300	.324	.374	.385	.411	.418	.434
9	.068	.119	.242	.271	.334	.349	.383	.391	.412
11	.028	.068	.190	.223	.295	.313	.354	.365	.390
13	.008	.035	.146	.179	.259	.279	.327	.339	.369
15	.001	.015	.108	.141	.225	.248	.300	.314	.348
17		.005	.078	.109	.194	.218	.275	.290	.328
19		.001	.054	.082	.165	.190	.250	.267	.308
21		.000	.036	.060	.140	.164	.227	.245	.289
23			.023	.043	.117	.141	.205	.223	.270
25			.014	.030	.096	.120	.184	.203	.252
27			.008	.020	.079	.101	.165	.184	.234
29			.005	.013	.063	.084	.147	.166	.217
31			.002	.008	.050	.070	.130	.149	.201
33			.001	.005	.040	.057	.115	.133	.186
35			.000	.003	.031	.046	.100	.119	.171
37				.002	.024	.037	.088	.105	.157
39				.001	.018	.029	.076	.093	.144
41				.000	.013	.023	.066	.082	.131
43					.010	.018	.056	.072	.120
45					.007	.014	.048	.062	.109
47					.005	.010	.041	.054	.099
49					.003	.008	.034	.047	.089
51					.002	.006	.029	.040	.080
53					.002	.004	.024	.034	.072
55					.001	.003	.020	.029	.064
57					.001	.002	.016	.025	.058
59					.000	.001	.013	.021	.051
61						.001	.011	.017	.045
63						.001	.009	.014	.040
65						.000	.007	.012	.035
67							.005	.010	.031
69							.004	.008	.027
71							.003	.006	.024
73							.003	.005	.021
75							.002	.004	.018
77							.001	.003	.015
79							.001	.003	.013
81							.001	.002	.011
83							.001	.002	.010
85							.000	.001	.008
87								.001	.007

표 28. (계속)

x	n 6	7	10	11	14	15	18	19	22
89								.001	.006
91								.001	.005
93								.000	.004
95									.003
97									.003
99									.002
101									.002
103									.002
105									.001
107									.001
109									.001
111									.001
113									.001
115									.000

x	n 23	26	27	30	31	34	35	38	39
1	.500	.500	.500	.500	.500	.500	.500	.500	.500
3	.479	.483	.484	.486	.487	.488	.489	.490	.490
5	.458	.465	.467	.472	.473	.477	.478	.480	.481
7	.438	.448	.451	.458	.460	.465	.466	.470	.472
9	.417	.431	.434	.444	.446	.453	.455	.460	.462
11	.397	.414	.418	.430	.433	.442	.444	.450	.452
13	.377	.397	.402	.416	.420	.430	.433	.440	.443
15	.357	.380	.386	.402	.407	.418	.422	.431	.433
17	.338	.363	.371	.389	.394	.407	.411	.421	.424
19	.319	.347	.355	.375	.381	.396	.400	.411	.414
21	.301	.331	.340	.362	.368	.384	.389	.401	.405
23	.283	.316	.325	.349	.355	.373	.378	.392	.396
25	.265	.300	.310	.336	.343	.362	.368	.382	.387
27	.248	.285	.296	.323	.331	.351	.357	.373	.377
29	.232	.270	.281	.310	.318	.340	.347	.363	.368
31	.216	.256	.268	.298	.306	.329	.336	.354	.359
33	.201	.242	.254	.286	.295	.319	.326	.345	.350
35	.187	.229	.241	.274	.283	.308	.316	.336	.341
37	.173	.216	.228	.262	.272	.298	.306	.327	.333
39	.160	.203	.216	.251	.261	.288	.296	.318	.324
41	.147	.191	.204	.239	.250	.278	.286	.309	.315
43	.135	.179	.192	.228	.239	.268	.277	.300	.307
45	.124	.168	.181	.218	.229	.259	.267	.291	.298
47	.114	.157	.170	.208	.219	.249	.258	.283	.290

표 28. (계속)

x	n 23	26	27	30	31	34	35	38	39
49	.104	.147	.160	.198	.209	.240	.249	.274	.282
51	.094	.137	.150	.188	.199	.231	.240	.266	.274
53	.086	.127	.141	.178	.190	.222	.232	.258	.266
55	.078	.118	.132	.169	.181	.213	.223	.250	.258
57	.070	.110	.123	.160	.172	.205	.215	.242	.250
59	.063	.102	.115	.152	.164	.196	.206	.234	.243
61	.057	.094	.107	.144	.155	.188	.198	.227	.235
63	.051	.087	.099	.136	.147	.180	.191	.219	.228
65	.046	.080	.092	.128	.140	.173	.183	.212	.221
67	.041	.073	.085	.121	.132	.165	.176	.205	.214
69	.036	.067	.079	.114	.125	.158	.168	.198	.207
71	.032	.062	.073	.107	.118	.151	.161	.191	.200
73	.028	.057	.067	.100	.112	.144	.154	.184	.193
75	.025	.052	.062	.094	.105	.137	.148	.177	.187
77	.022	.047	.057	.088	.099	.131	.141	.171	.180
79	.019	.043	.052	.083	.093	.125	.135	.165	.174
81	.017	.039	.048	.077	.088	.119	.129	.158	.168
83	.015	.035	.044	.072	.082	.113	.123	.152	.162
85	.013	.032	.040	.067	.077	.107	.117	.147	.156
87	.011	.029	.036	.063	.072	.102	.112	.141	.150
89	.009	.026	.033	.059	.068	.097	.107	.135	.145
91	.008	.023	.030	.054	.063	.092	.101	.130	.139
93	.007	.021	.027	.051	.059	.087	.096	.125	.134
95	.006	.019	.025	.047	.055	.082	.092	.120	.129
97	.005	.017	.022	.043	.052	.078	.087	.115	.124
99	.004	.015	.020	.040	.048	.074	.083	.110	.119
101	.004	.013	.018	.037	.045	.070	078	.105	.114
103	.003	.012	.016	.034	.041	.066	.074	.101	.109
105	.003	.010	.015	.032	.038	.062	.070	.096	.105
107	.002	.009	.013	.029	.036	.058	.066	.092	.101
109	.002	.008	.012	.027	.033	.055	.063	.088	.096
111	.001	.007	.010	.025	.031	.052	.059	.084	.092
113	.001	.006	.009	.023	.028	.049	.056	.080	.088
115	.001	.005	.008	.021	.026	.046	.053	.076	.084
117	.001	.005	.007	.019	.024	.043	.050	.073	.081
119	.001	.004	.006	.017	.022	.040	.047	.069	.077
121	.000	.004	.006	.016	.020	.038	.044	.066	.074
123		.003	.005	.014	.019	.035	.042	.063	.070
125		.003	.004	.013	.017	.033	.039	.060	.067
127		.002	.004	.012	.016	.031	.037	.057	.064
129		.002	.003	.011	.014	.029	.034	.054	.061
131		.002	.003	.010	.013	.027	.032	.051	.058
133		.001	.003	.009	.012	.025	.030	.049	.055
135		.001	.002	.008	.011	.023	.028	.046	.053

표 28. (계속)

x	n 23	26	27	30	31	34	35	38	39
137		.001	.002	.007	.010	.022	.026	.044	.050
139		.001	.002	.006	.009	.020	.025	.041	.048
141		.001	.001	.006	.008	.019	.023	.039	.045
143		.001	.001	.005	.007	.017	.022	.037	.043
145		.001	.001	.005	.007	.016	.020	.035	.041
147		.000	.001	.004	.006	.015	.019	.033	.039
149			.001	.004	.006	.014	.017	.031	.037
151			.001	.003	.005	.013	.016	.029	.035
153			.001	.003	.004	.012	.015	.028	.033
155			.000	.003	.004	.011	.014	.026	.031
157				.002	.004	.010	.013	.025	.029
159				.002	.003	.009	.012	.023	.028
161				.002	.003	.008	.011	.022	.026
163				.002	.003	.008	.010	.021	.025
165				.001	.002	.007	.010	.019	.023
167				.001	.002	.007	.009	.018	.022
169				.001	.002	.006	.008	.017	.021
171				.001	.002	.005	.007	.016	.020
173				.001	.001	.005	.007	.015	.018
175				.001	.001	.005	.006	.014	.017
177				.001	.001	.004	.006	.013	.016
179				.001	.001	.004	.005	.012	.015
181				.000	.001	.003	.005	.011	.014
183					.001	.003	.005	.011	.014
185					.001	.003	.004	.010	.013
187					.001	.003	.004	.009	.012
189					.001	.002	.003	.009	.011
191					.000	.002	.003	.008	.010
193						.002	.003	.008	.010
195						.002	.003	.007	.009
197						.002	.002	.007	.009
199						.001	.002	.006	.008
201						.001	.002	.006	.007
203						.001	.002	.005	.007
205						.001	.002	.005	.006
207						.001	.001	.004	.006
209						.001	.001	.004	.006
211						.001	.001	.004	.005
213						.001	.001	.004	.005
215						.001	.001	.003	.004
217						.001	.001	.003	.004
219						.000	.001	.003	.004
221							.001	.003	.004
223							.001	.002	.003

표 28. (계속)

x	23	26	27	30	31	34	35	38	39
225							.001	.002	.003
227							.001	.002	.003
229							.000	.002	.003
231								.002	.002
233								.002	.002
235								.001	.002
237								.001	.002
239								.001	.002
241								.001	.002
243								.001	.001
245								.001	.001
247								.001	.001
249								.001	.001
251								.001	.001
253								.001	.001
255								.001	.001
257								.001	.001
259								.000	.001
261									.001
263									.001
265									.001
267									.001
269									.000

표 29. 스피어만 순위상관계수(r_s) 분포표 : $r_s(\alpha,n)$

$P_0\{r_s \geq r_s(\alpha,n)\}=\alpha$를 만족하는 $r_s(\alpha,n)$값

			α			
n	.001	.005	.010	.025	.050	.100
4					.8000	.8000
5			.9000	.9000	.8000	.7000
6		.9429	.8857	.8286	.7714	.6000
7	.9643	.8929	.8571	.7450	.6786	.5357
8	.9286	.8571	.8095	.7143	.6190	.5000
9	.9000	.8167	.7667	.6833	.5833	.4667
10	.8667	.7818	.7333	.6364	.5515	.4424
11	.8364	.7545	.7000	.6091	.5273	.4182
12	.8182	.7273	.6713	.5804	.4965	.3986
13	.7912	.6978	.6429	.5549	.4780	.3791
14	.7670	.6747	.6220	.5341	.4593	.3626
15	.7464	.6536	.6000	.5179	.4429	.3500
16	.7265	.6324	.5824	.5000	.4265	.3382
17	.7083	.6152	.5637	.4853	.4118	.3260
18	.6904	.5975	.5480	.4716	.3994	.3148
19	.6737	.5825	.5333	.4579	.3895	.3070
20	.6586	.5684	.5203	.4451	.3789	.2977
21	.6455	.5545	.5078	.4351	.3688	.2909
22	.6318	.5426	.4963	.4241	.3597	.2829
23	.6186	.5306	.4852	.4150	.3518	.2767
24	.6070	.5200	.4748	.4061	.3435	.2704
25	.5962	.5100	.4654	.3977	.3362	.2646
26	.5856	.5002	.4564	.3894	.3299	.2588
27	.5757	.4915	.4481	.3822	.3236	.2540
28	.5660	.4828	.4401	.3749	.3175	.2490
29	.5567	.4744	.4320	.3685	.3113	.2443
30	.5479	.4665	.4251	.3620	.3059	.2400

찾아보기

| 저자 소개 |

송 문 섭

서울대학교 사범대학 수학과 학사
웨인주립대(Wayne State University) 수학 석사
웨인주립대(Wayne State University) 통계학 박사
워터루대(University of Wateroo) 컴퓨터학 석사
현: 서울대학교 통계학과 명예교수

박 창 순

서울대학교 자연과학대학 계산통계학과 학사
서울대학교 대학원 계산통계학과 통계학 석사
버지니아 주립대(Virginia Tech. University) 통계학 박사
현: 중앙대학교 응용통계학과 교수

김 홍 기

서울대학교 자연과학대학 계산통계학과 학사
사우스 캐롤라이나 대학(University of South Carolira) 통계학 석사
위스콘신 대학(University of Wisconsin) 통계학 박사
현: 충남대학교 정보통계학과 교수

비모수통계학 – R과 함께

저 자	송문섭 · 박창순 · 김홍기
발 행 인	김지영
발 행 처	자유아카데미
주 소	경기도 파주시 회동길 37-42 파주출판도시
전 화	031-955-1321
팩 스	031-955-1322
홈페이지	www.freeaca.com
전자우편	main@freeaca.com(대표) editor@freeaca.com(편집) crm@freeaca.com(영업)
등 록	제406-2003-017호, 1980. 7. 12
제1판1쇄	2015년 3월 2일 발행
제1판8쇄	2023년 12월 26일 발행
정 가	34,000원

ISBN 979-11-5808-004-4 93310

θ	위치모수
Δ	이동모수
H_0	귀무가설
H_1	대립가설
$P_0(\mathrm{A})$	귀무가설 H_0가 사실일 때 사건 A가 일어날 확률
$N(\mu,\sigma^2)$	평균 μ, 분산 σ^2인 정규분포
$N(0,1)$	표준정규분포(평균 0, 분산 1인 정규분포)
α	유의수준
z_α	표준정규분포의 상위 100α 백분위수
$\hat{\theta}$	모수 θ의 점추정량
ARE	점근상대효율(asymptotic relative efficiency)
$\mathrm{ARE}(\hat{\theta}_1,\hat{\theta}_2)$	$\hat{\theta}_1$의 $\hat{\theta}_2$에 대한 점근상대효율
$X_{(1)}, X_{(2)}, \cdots, X_{(n)}$	표본 $X_1, X_2, \cdots, X_n$으로부터 구한 순서통계량
$\overline{X}$	표본평균, 즉 표본 $X_1, X_2, \cdots, X_n$의 평균
$\mathrm{med}\{X_i,\ \mathrm{i}=1,2,\cdots,\mathrm{n}\}$	표본 $X_1, X_2, \cdots, X_n$의 중앙값
$t(n)$	자유도 n인 t분포
$t(\alpha,n)$	자유도 n인 t분포의 상위 100α 백분위수
$B(n,p)$	성공의 확률이 p이고 전체시행횟수가 n인 이항분포
B	부호검정 통계량
$b(\alpha,n)$	크기 n인 표본에서 부호검정통계량 B의 상위 100α 백분위수
W^+	부호순위검정통계량
$w^+(\alpha,\ \mathrm{n})$	크기 n인 표본에서 부호순위검정통계량 W^+의 상위 100α 백분위수
W	순위합검정 통계량
$w(\alpha,\mathrm{m},\mathrm{n})$	크기 m과 n인 이표본에서 순위합검정통계량 W의 상위 100α 백분위수
U	맨-휘트니 U-통계량
$F(m,n)$	자유도 m과 n인 F분포
$F(\alpha,m,n)$	자유도 m과 n인 F분포의 상위 100α 백분위수
T_{AB}	앤서리-브래들리의 검정통계량
$t_{AB}(\alpha,\mathrm{m},\mathrm{n})$	크기 m과 n인 이표본에서 앤서리-브래들리 검정통계량 T_{AB}의 100α 백분위수
$F_n(x)$	크기 n인 표본의 표본분포함수
D^+, D^-, D	콜모고로프 검정통계량
D_1^+, D_1^-, D_1	스미로노프 검정통계량
$\chi^2(n)$	자유도 n인 χ^2분포
$\chi^2(\alpha,n)$	자유도 n인 χ^2분포의 상위 100α백분위수
H	크러스칼-월리스 검정통계량
J	죤키어 검정통계량
S	프리드만 검정통계량
$s(\alpha,k,n)$	처리수 k, 블록수 n인 경우 프리드만 검정통계량 S의 상위 100α백분위수
L	페이지 검정통계량
$l(\alpha,k,n)$	처리수 k, 블록수 n인 경우 페이지 검정통계량 L의 상위 100α백분위수
ρ	상관계수
r	표본상관계수
K	켄달 통계량
τ	켄달의 타우
r_s	스피어만의 순위상관계수
β^*	회귀직선의 기울기 β의 쎈 추정량